Fischer-Colbrie • Groß • Hluchy • Hofmann • Knoll • Pleininger • Stolz

# ATLAS DER KRANKHEITEN, SCHÄDLINGE UND NÜTZLINGE IM OBST- UND WEINBAU

stv

Fischer-Colbrie • Groß • Hluchy • Hofmann • Knoll • Pleininger • Stolz

# Atlas der Krankheiten, Schädlinge und Nützlinge im Obst- und Weinbau

## Mit umweltschonenden Strategien für gesunde Kulturen

Leopold Stocker Verlag
Graz – Stuttgart

Umschlaggestaltung: DSR Werbeagentur Rypka GmbH, 8143 Dobl/Graz, www.rypka.at

Umschlagbilder: Alle Fotos wurden dankenswerterweise von den Autoren zur Verfügung gestellt.

Der Inhalt dieses Buches wurde von den Autoren und vom Verlag nach bestem Gewissen geprüft, eine Garantie kann jedoch nicht übernommen werden. Es werden alle wichtigen Substanzen der Vollständigkeithalber erwähnt, auch wenn sie derzeit nicht zugelassen sind. Für die jeweilige rechtliche Lage wenden Sie sich bitte an die zuständigen Stellen. Die juristische Haftung ist ausgeschlossen.

Bibliografische Information der Deutschen Nationalbibliothek
Die Deutsche Nationalbibliothek verzeichnet diese Publikation in der Deutschen Nationalbibliografie; detaillierte bibliografische Daten sind im Internet unter http://dnb.d-nb.de abrufbar.

Hinweis: Dieses Buch wurde auf chlorfrei gebleichtem Papier gedruckt. Die zum Schutz vor Verschmutzung verwendete Einschweißfolie ist aus Polyethylen chlor- und schwefelfrei hergestellt. Diese umweltfreundliche Folie verhält sich grundwasserneutral, ist voll recyclingfähig und verbrennt in Müllverbrennungsanlagen völlig ungiftig.

Auf Wunsch senden wir Ihnen gerne kostenlos unser Verlagsverzeichnis zu:
Leopold Stocker Verlag GmbH
Hofgasse 5 / Postfach 438
A-8011 Graz
Tel.: +43 (0)316/82 16 36
Fax: +43 (0)316/83 56 12
E-Mail: stocker-verlag@stocker-verlag.com
www.stocker-verlag.com

ISBN 978-3-7020-1489-6

Layout und Repro: DSR Werbeagentur Rypka GmbH, 8143 Dobl/Graz

# Inhalt

# Haftungsausschluss

Jede Anwendung und Verwendung der in diesem Werk enthaltenen Informationen erfolgt auf eigene Gefahr des Nutzers. Obwohl die Autoren sämtliche Ausführungen in diesem Buch nach bestem Wissen und Gewissen zum Zeitpunkt der Veröffentlichung gemacht haben, kann keine Gewähr für sämtliche Angaben geleistet werden, zumal sich die rechtlichen Rahmenbedingungen und sonstige Bedingungen jederzeit ändern können. Eine Haftung der Autoren, der Herausgeber oder des Verlages aus dem Inhalt dieses Werkes ist jedenfalls ausgeschlossen; dies gilt insbesondere für Sachschäden an Kulturen und Schäden bei der spezifischen Anwendung.

# Danksagung

Das vorliegende Buch wäre ohne die unterstützende Mitwirkung zahlreicher Freunde, Kollegen und externer Fachleute nicht in dieser Qualität realisierbar gewesen. Wir müssen jedoch betonen, dass diese Personen in keiner Weise für Fehler in diesem Buch verantwortlich gemacht werden können.

Wir sind dankbar für die Hilfe bei der Klärung aktueller systematischer Stellungen sowie der Bereitstellung von Fotomaterial durch unsere Kollegen der Österreichischen Agentur für Gesundheit und Ernährungssicherheit (AGES), Herrn Univ.-Doz. Dr. G. Bedlan, Frau Dr. C. Lethmayer, Herrn Dr. F. Polesny, Herrn DI R. Steffek und Herrn Dr. N. Zeisner.

Weiters sei den Herren DI S. Reißner und DI F. Volk von der Biofa AG für die Durchsicht und die Anmerkungen im Kapitel der ökologischen Wirkstoffe, Herrn Dipl.-Ing. Agronom ETH D. Zingg von Andermatt Biocontrol AG für die Überarbeitung des Kapitels der Granuloseviren, Frau DI Dr. C. Donat von der bioferm GmbH für ihren Beitrag über *Aureobasidium pullulans* sowie Herrn Prof. Dr. R.-U. Ehlers und Herrn M. Lichtenberg von e-nema für ihre Bearbeitung des Nematoden-Kapitels gedankt.

Unser Dank gebührt auch den vielen Kollegen, Experten und privaten Fotografen, die uns zahlreiche Fotos aller Bereiche der „Krankheiten, Schädlinge und Nützlinge" zur Komplettierung unseres Werkes zur Verfügung gestellt haben. Stellvertretend für alle im Quellennachweis am Ende des Buches genannten Fotografen sei hier unseren Hauptunterstützern, Herrn Mag. P. Buchner und Frau H. Melzer von lepiforum.de, Herrn B. Chaubet von INRA, Herrn Dr. C. Benisch von www.kerbtier.de, Herrn Dr. G. Csóka vom Hungarian Forest Research Institute, Herrn Dransfield von InfluentialPoints.com, Herrn Dr. M. Maspero von Fondazione Minoprio sowie Herrn Ing. PhD. J. Beránek von der Mendel Universität in Brno gedankt.

Bei der Zusammenstellung der aktuellsten Bekämpfungsmethoden konnten wir uns auf das Wissen und die Erfahrung unserer Kollegen der biohelp GmbH, Herrn Mag. H. Gottschlich, Herrn DI D. Fuchs, Herrn DI C. Klaftenegger, Herrn Dr. M. Fürnkranz, Frau DI C. Judt und Herrn C. Eitler BSc verlassen.

Dem Obstbau-Praktiker Fritz Prem, Obmann der Österreichischen Arbeitsgemeinschaft für Bio-Obst und Präsident des Europäischen Bio-Obst-Forums, sei ausdrücklichst für die fachliche Begutachtung gedankt.

Schließlich gebührt unser Dank Frau Dipl.-Päd. E. Tschernutter für die Erstellung der Formatvorlage und das Grundlektorat.

# Vorwort

Pflanzenschutz hat für Obstgehölze und Weinreben einen hohen Stellenwert in der Ertragssicherung. Dabei wurden insbesondere in den letzten 30 Jahren unterschiedlichste Strategien weiterentwickelt. Abseits vom klassischen Pestizideinsatz haben sich im Pflanzenschutz neue, erfolgreiche Wege etabliert, die verstärkt auf umweltgerechte Methoden setzen. Gemeinsam ist dem „Integrierten und Ökologischen/Biologischen Pflanzenschutz", dass der Betriebserfolg eng mit den pflanzenbaulichen Kulturmaßnahmen und verstärkt vorbeugenden Pflanzenschutzkonzepten verbunden ist.

Grundvoraussetzung im Ökologischen/Biologischen Pflanzenschutz ist eine gute Beobachtung durch den Betriebsführer, ein begleitendes Beratungsangebot sowie die optimale Verfügbarkeit der einsetzbaren, empfohlenen Präparate. So entwickelte sich in der Landwirtschaft für diesen Bereich ein eigenes, hochspezialisiertes Netzwerk an Betrieben, Fachberatern und Firmen!

Das vorliegende Buch bietet nicht nur dem praktizierenden Obst- und Weinbauern sowie Fachberater, sondern auch dem interessierten Hobbygärtner ein umfassendes, aktuelles und übersichtlich gegliedertes Nachschlagewerk mit mehr als 450 Beschreibungen und mehr als 1.500 Abbildungen zu den wichtigsten Krankheiten, Schädlingen und aktuellsten biologischen Strategien im mitteleuropäischen Obst- und Weinbau.

### Das Autorenkollegium

**Herr DI Dr. Peter Fischer-Colbrie** (ehem. Leiter der Abteilung für Integrierten und Biologischen Pflanzenschutz im Obst-, Wein- und Hopfenbau an der Bundesanstalt für Pflanzenschutz; Direktor der österreichischen Bundesgärten i. R.; ehem. Präsident der Österreichischen Gartenbau-Gesellschaft),
**Herr Dr. Michael Groß** (Biologe und Gründer der biohelp GmbH),
**Herr Dr. Milan Hluchy** (Entomologe und Geschäftsführer von Bicont Tschechien),
**Herr DI Dr. Uwe Hofmann** (Oenologe – Fachberater Bio-Weinbau, Referent für Ökologischen Land- und Weinbau im Klimaschutzministerium (MKUEM) Rheinland-Pfalz),
**Frau DI Dr. Mathilde Knoll** (Agrarwissenschafterin; Registrierung biohelp GmbH)
**Frau DI Sabine Pleininger** (Geschäftsführerin home&garden biohelp GmbH) und
**Frau Mag. Dr. Michaela Stolz** (Entomologin; Nützlingszucht, Forschung und Entwicklung biohelp GmbH).

Die Autoren setzten sich zum Ziel, diesen großen Themenkomplex im vorliegenden Atlas zusammenzufassen.

# Hinweise zur Benutzung des Buches

**Werte Leser,**
vorliegendes Nachschlagewerk bündelt hohes Fachwissen zu den aktuellsten Krankheiten und Schädlingen im Obst- und Weinbau. Vorangestellt werden in einem allgemeinen Teil bedeutende Grundsätze ökologischer Strategien, um „proaktiv" Krankheits- und Schädlingsdruck vermeiden zu können! Eine weitere Besonderheit bildet das ausführliche Kapitel zu natürlich vorkommenden Gegenspielern – den sogenannten Nützlingen.

Die hohe Konzentration an Fachwissen erforderte einige grundsätzliche Überlegungen zur Gliederung, damit das Buch sowohl praktizierenden Obst- und Weinbauern sowie Fachberatern als auch interessierten Hobbygärtnern als anwenderfreundliches Nachschlagewerk den gewünschten Nutzen bietet bzw. viel Freude bereitet.

## Folgende Überlegungen wurden im Autorenkollegium festgesetzt

**Grundsätzliches** von der Ökologie bis zur richtigen Standortwahl finden Sie in den Einleitungskapiteln.

Die Natur stellt gratis viele Werkzeuge zur Befallsregulierung von Schädlingen zur Verfügung, deshalb wurden diese sogenannten „Nützlinge" in einem eigenen, nach zoologisch-systematischen Prinzipien aufgebauten System geordnet. Vereinfacht ausgedrückt bedeutet dies, dass zuerst niedrige, nützliche Lebensformen wie insektenpathogene (Insekten krankmachende) Viren, Bakterien, Pilze und Fadenwürmer (Nematoden) vorgestellt werden, gefolgt von nützlichen Spinnentieren und Insekten sowie höher geordneten Wirbeltieren. Sowohl Förderungsmaßnahmen als auch der Einfluss dieser Nützlingsgruppen auf die Befallsreduktion von Schädlingen werden ausführlich beschrieben.

Wertvolle Informationen zu den aktuell gängigsten Techniken/Methoden der Biologischen Schädlingsbekämpfung findet man im darauffolgenden Kapitel „Gegenmaßnahmen – Biologische Strategien". Von einer Differenzierung auf Basis der unterschiedlichsten „Ökoproduktionsrichtlinien" wurde Abstand genommen, da dies den Rahmen des Werkes sprengen würde und sich auch ständig ändern kann.

Der Hauptteil setzt sich mit den Kulturen „Obst- und Weinbau" auseinander.

Die in dem Buch vorgenommene Aufteilung der verschiedenen Beeren- und Nussobstarten liegt darin begründet, für den Leser eine gute Übersicht und Zusammenfassung aller vorkommenden Krankheiten und Schädlinge zu schaffen. Die Autoren sind sich dessen bewusst, dass die getroffene Einteilung keiner botanisch-systematischen Ordnung entspricht. Auch eine Kategorisierung nach Fruchtform (Schließfrucht, Sammelfrucht) hätte für den Leser Verwirrung gebracht.

**Beschreibungen der jeweiligen Kulturen** (beispielsweise Kernobst) beginnen pro Kapitel mit dem Themenkreis „Abiotische Störungen", teilweise gefolgt von „Physiologischen Störungen"; danach findet man die „Krankheiten" und als Abschluss die „Schädlinge".

Oben genannte systematische Gliederung, beginnend bei den niedrigen Lebensformen, über Spinnentiere und Insekten bis hin zu den Wirbeltieren, wurde auch bei der Beschreibung der Schadorganismen jeder Kultur angewendet.

Ein wichtiger Diskussionspunkt war die Reihung der Unterüberschriften der großen Kapitel wie der „Schädlinge" und die Festlegung, ob vorrangig wissenschaftliche Bezeichnungen oder die geläufigeren deutschen Fachausdrücke genannt werden sollten:

Da die zoologische Systematik lediglich Biologen oder Ökologen geläufig ist (siehe Kapitel Biologische Begleit- und Gegenmaßnahmen > Natürlich vorkommende Gegenspieler > Prädatoren und Parasitoide unter den Gliederfüßern), haben die Autoren beschlossen, nur bis zur Ebene der Tierklasse (z. B.: Insekten) zoologisch, systematisch zu reihen und die darunter liegenden „Tierordnungen" (Schmetterlinge, Käfer) alphabetisch aufzulisten. Die überwiegende Leserschaft weiß wohl, dass Schmetterlinge und Käfer zur Tierklasse der Insekten gehören und wird deshalb dort rasch fündig werden, wenn weiterführend alphabetisch gereiht wird. Eine Fortsetzung der Reihung nach wissenschaftlichen Regeln würde den Großteil der Interessierten lediglich verwirren.

Weiters wurde der Schwerpunkt bewusst auf die deutschen Namensbezeichnungen gelegt, da diese gebräuchlicher sind. Existiert kein deutscher Name, dann wird alphabetisch richtig die „wissenschaftlich-lateinische" Bezeichnung verwendet. Aber auch die deutschen Bezeichnungen der Jugendstadien von Gliederfüßern können für Verwirrung sorgen: Im vorliegenden Buch wurden daher juvenile Stadien der Insekten zwischen Ei und Puppe (Holometabola: Insekten mit vollständiger Verwandlung) bzw. zwischen Ei und Adulttier (Hemimetabola: Insekten mit unvollständiger Verwandlung) vorwiegend mit dem Begriff „Larve" bezeichnet. Ausnahme bildet hier nur der Begriff „Raupe" bei Schmetterlingslarven. Bei juvenilen Milben wird zwischen Larve und Nymphe (älteres Larvenstadium) unterschieden.

Eine Reihung nach Schädlingshäufigkeit wurde abgelehnt, da diese saisonal und regional sehr unterschiedlich ausfallen kann.

Aus Gründen der Übersichtlichkeit wurde darauf verzichtet, alle Überschriftenebenen der Krankheiten, Schädlinge und Nützlinge in das Inhaltsverzeichnis zu übernehmen. Ist der deutsche oder wissenschaftliche Name bekannt, kann man sehr gut über den Index am Ende des Buches zum entsprechenden Fachkapitel finden.

Eine Besonderheit des Buches ist mit Sicherheit die reichhaltige Bebilderung, die in dieser Form und Dichte in keinem deutschsprachigen Nachschlagewerk vorliegt.

**Nachschlagemöglichkeiten:**
- Das **Inhaltsverzeichnis** bringt den interessierten Leser sehr rasch in die Nähe des gesuchten Fachwissens (Beschreibung der Biologie, Schadbild und Gegenmaßnahmen).
- Der **Index** führt – bei Kenntnis des deutschen oder wissenschaftlichen Namens – direkt zur Hauptbeschreibung des relevanten Themas.
- **Zahlreiche Bilder** erleichtern ebenfalls die Suche durch Bildervergleich.

## Schlussbemerkung

Angegebene Schadschwellen beziehen sich auf den Erwerbsobst- und Weinbau. Da für den Hausgartenbesitzer beispielsweise 5 % Apfelwickler-Befall unproblematisch ist, hingegen für den professionellen Landwirt dies einen massiven Mehraufwand bedeuten kann, sind die angegebenen Werte als Richtlinie zu verstehen. Darüber hinaus findet keine Differenzierung in Schadschwellen für ökologisch/biologisch und integriert produzierende Betriebe statt.

In Deutschland wird der biologische Landbau oft als „Ökolandbau" bezeichnet. In Österreich wird hingegen meist vom „Biolandbau" gesprochen! Grundsätzlich sind bei Gebrauch des Buches beide Begriffe als gleichrangig zu sehen! Dennoch haben sich die Autoren entschlossen, den allgemein gefassten Begriff „ökologisch" bevorzugt einzusetzen.

In den allgemeinen Kapiteln, beispielsweise zur Ökologischen/Biologischen Produktion, werden die jeweiligen thematischen Grundlagen besprochen. Bewusst wird die Auseinandersetzung mit detaillierten Gesetzesverordnungstexten vermieden, da diese in gewissen Zyklen Änderungen unterworfen sind und somit das vorliegende Buch in kürzester Zeit an Aktualität verlieren könnte.

Im Pflanzenschutzbereich erfolgt innerhalb der Europäischen Union die Umsetzung der VO (EU) 1107/2009. Pflanzenstärkungsmittel und Pflanzenhilfsmittel sind einerseits mit nationalen Regelungen, andererseits durch die Umsetzung der EU-Düngemittelvordnung 2019/1009 geregelt. Wirkstoffe, die für den ökologischen Landbau zugelassen sind, sind in der aktuellen gültigen Fassung der Durchführungsverordnung (EU) 2021/1165 zu finden. Da diese Rechtsgrundlagen mit Aktualitätsstand 2022 laufend überarbeitet werden, kann es sein, dass es Änderungen in der Produktverfügbarkeit geben wird. Es empfiehlt sich daher, bei jeder Pflanzenschutzbehandlung Fachauskünfte über die Fachberatung, Landwirtschaftskammern, Pflanzenschutzämter oder den Fachhandel (Biofa GmbH für Deutschland und biohelp GmbH für Österreich) einzuholen (siehe auch Haftungsausschluss, Seite 9).

# Grundlagen der Integrierten und Ökologischen Produktion

In der obst- und weinbaulichen Produktion haben sich in den letzten 40 Jahren sowohl der Ökologische als auch der Integrierte Anbau als Standard-Methoden entwickelt. Beiden Methoden ist gemeinsam, dass auf eine Kombination von Pflanzenbau, Kulturmaßnahmen sowie vorbeugenden und gezielten, umweltschonenden Pflanzenschutzstrategien gesetzt wird.

Viele Länder formulieren mittels Richtlinien einen rechtlichen Rahmen, der einzuhalten ist, um den Ansprüchen einer „Integrierten Produktion (IP)“ zu entsprechen. Als Motivation, um auf diese umwelt- und ressourcenschonendere Produktionsweise umzusteigen, werden in der Regel finanzielle Anreize angeboten! Mit der Neuausrichtung der GAP[1]-Strategieplan-Verordnung 2021/ 2115 der EU werden „Integrierte Produktion, Integrierter Pflanzenbau und Pflanzenschutz“ zur Grundlage einer „ordentlichen“ landwirtschaftlichen, obst- und weinbaulichen Praxis.

Im Detail unterscheiden sich diese Richtlinien je nach Kultur (Obst-, Weinbau) und sind beispielsweise für Österreich über das ÖPUL[2]-Programm geregelt. In Deutschland gelten die Regelungen der einzelnen Bundesländer. Aktualisierte Listen sind im Internet bei den zuständigen Ministerien bzw. Verwaltungsstellen abzurufen.

Der Ökogische Landbau gilt allgemein als das anspruchsvollere und den Anforderungen an Biodiversität und Umweltschutz weitestgehend entsprechende Bewirtschaftungssystem im Obst- und Weinbau. In der Umsetzung erfordert es von den Betriebsleitenden viel Erfahrung und Organisationstalent sowie die Bereitschaft zur Weiterbildung und Auseinandersetzung. Die Bioproduktion – sowohl im Anbau wie auch im Ausbau (Weinproduktion) – wird durch die EU-Verordnungen 2018/848 sowie 2021/1165 und nationale wie auch privatrechtliche Richtlinien der Bio-Verbände geregelt. Diese Regelungen und Vorschriften sind vom Betrieb einzuhalten und werden jährlich durch staatlich akkreditierte Kontrollinstitute geprüft. Jeder Bio-Betrieb ist verpflichtet, mit einer Kontrollstelle einen Kontrollvertrag abzuschließen. In

**Standortwahl und Pflege beeinflussen Pflanzengesundheit und Blüte.** (Stolz, M.)

[1] GAP – Good Agricultural Practice, Gemeinsames europäisches Förderprogramm der Landwirtschaft

[2] ÖPUL – Österreichisches Programm zur Förderung einer umweltgerechten, extensiven und den natürlichen Lebensraum schützenden Landschaft

der Umstellungszeit empfiehlt es sich, Einführungs- und Fortbildungsveranstaltungen zum Ökologischen Obst- und Weinbau zu besuchen und beratende Hilfe in Anspruch zu nehmen.

Im Ökologischen Obst- und Weinbau wird den kulturtechnischen, pflanzenbaulichen Maßnahmen zum vorbeugenden Schutz der Pflanzen vor Krankheiten und Schädlingen großer Wert beigemessen, da auf den Einsatz chemisch-synthetischer Pflanzenschutzmittel sowie mineralischer Düngemittel verzichtet wird.

## Standortwahl

Die Standortwahl spielt bei der Ökologischen wie auch der Integrierten Produktion eine bedeutende Rolle. Wesentliche Kriterien sind – neben den Bodeneigenschaften – die kleinklimatischen Bedingungen des Standortes, die die Anbauwürdigkeit von Obst und Reben beeinflussen. Das Mikroklima der Lage kann sehr starken Einfluss auf den Infektionsdruck durch Pilzkrankheiten sowie z. B. eine Frostgefährdung haben. Allgemein sollte der Anbauer an Problemstandorten mit höherer Pilzgefährdung, geringer

Standortwahl und Pflege beeinflussen Widerstandskraft und Fruchtbildung. (Judt, C)

An geeigneten Standorten ist ideales Wachstum möglich – Streuobstwiese mit Mostbirnbäumen. (Fischer-Colbrie, P.)

Stark windexponierte Lagen eigenen sich nur bedingt für Obstbau. (Stolz, M.)

Luftzirkulation und schlechtem Abtrocknen der Blätter Sorten den Vortritt lassen, die weniger anfällig für Krankheiten sind. Mit den heute vorliegenden Kenntnissen des Pflanzenschutzes im System des Ökologischen Anbaus können in geeigneten Lagen auch anspruchsvollere Sorten angepflanzt und kultiviert werden, ohne dass eine bedeutende Schädigung durch Krankheiten oder Schädlinge zu befürchten ist.

## Sortenwahl

Die Wahl der richtigen Sorte hängt von zahlreichen Faktoren ab, die unter anderem durch Standort, Klima und Boden vorgegeben sind. Aufgrund der angestrebten Belastungsminimierung der Umwelt durch Fremdstoffe werden in der Integrierten Produktion weniger krankheitsanfällige, traditionelle Sorten bevorzugt! Im Ökologischen Obst- und Weinbau steht der Anbau von „traditionellen" Sorten ebenfalls nach wie vor im Vordergrund. Allerdings werden mehr und mehr Flächen mit neuen pilzwiderstandsfähigen (PIWI) Sorten bepflanzt. Während im Obstbau generell der Anbau von toleranten und resistenten Sorten akzeptiert ist, war dies im Weinbau aufgrund rechtlicher wie auch qualitativer Gesichtspunkte schwieriger. In der heutigen Zeit sind in Europa jedoch PIWI-Rebsorten entweder in der Phase der

Bodenerosion bei fehlender Begrünung der Zwischenzeilen (Hluchy, M.)

Anmeldung oder bereits als Qualitätsreben registriert und finden bei den Kunden großen Zuspruch. Bei der Wahl von europäischen Rebsorten ist es wichtig, dass man auf die Widerstandsfähigkeit vor allem gegen *Oidium* achtet.

## Bodenpflege und Begrünung

Im Ökologischen Obst- und Weinbau wie auch in der Integrierten Produktion nimmt die Bodenpflege eine grundlegende Stellung ein. Der Boden ist einer der bedeutendsten Bestandteile des Ökosystems und es ist nicht nur wichtig ihn zu verstehen, sondern ihn auch entsprechend zu behandeln. Fruchtbarer, humoser Boden, angereichert mit Nährstoffen, organischer Masse und Bodenlebewesen, der nicht mit Rückständen von Pestiziden belastet ist, ist in der Lage, der Kulturpflanze optimale Bedingungen zu verschaffen. Im Ökologischen Obst- und Weinbau wird noch mehr Augenmerk auf die Anbaubedingungen gelegt als in der Integrierten Produktion. Der Ökologische Anbau ist in der Lage, über eine nachhaltige Bodenpflege die physikalische Bodenstruktur zu optimieren (Minimierung der Bodenverdichtungen durch Begrünungen und eine tiefe Auflockerung) und dadurch die organische Masse des Bodens zu erhöhen, den Boden biologisch zu

Auflockerung durch mechanische Bodenbearbeitung (Hluchy, M.)

Kräutermischungen bieten Schutz vor Erosion. (Hluchy, M.)

verbauen (Lebendverbauung) und die Aktivität der Bodenlebewesen sowie die Wasserhaltekraft zu steigern. Dies führt langfristig zur Erhöhung des Humusgehaltes und der biologischen Aktivität des Bodens. Da im Ökologischen Anbau die Anwendung von leicht löslichen Mineraldüngern, insbesondere Stickstoff und Phosphor, sowie synthetischen Präparaten für die Pflanzenernährung verboten ist, wird die Ausbringung von Kompost, Stallmist oder organischer Handelsdünger sowie die optimale Begrünung zwischen den Zeilen von großer Bedeutung. Artenreiche Begrünungen im Allgemeinen sowie verschiedenste Kräuter-Leguminosen-Mischungen im Speziellen haben eine Vielzahl von **Funktionen**:

- Schutz vor Erosion und verbesserte Befahrbarkeit
- Produktion größerer Humusmengen und Anreicherung des Bodens mit organischer Masse
- Verringerung des oberflächlichen Abtrags von Nährstoffen wie auch deren Auswaschung in tieferen Schichten

Artenreiche Kräutermischungen mit Leguminosen reichern den Boden mit Stickstoff an. (biohelp)

- Verbesserung der physikalischen Bodeneigenschaften sowie der Wasserhaltekraft
- Erhöhung der Anzahl an Regenwürmern, die der Pflanze Nährstoffe zur Verfügung stellen, indem sie den Boden bis unter den gepflügten Bodenhorizont mit Humus anreichern und dabei gleichzeitig den Boden durchlüften.
- Ermöglichung des Gedeihens von Leguminosen, die mit Knöllchenbakterien in Symbiose leben, welche Luftstickstoff binden und so den Boden mit einer ausreichenden Menge an Stickstoff versorgen können.
- Förderung der Mykorrhiza-Pilze an und in den Pflanzenwurzeln und generelle Steigerung der biologischen Aktivität des Bodens

Aus Sicht des Pflanzenschutzes trägt eine vielartige Kräuter- und Leguminosen-Vegetation zur **Verbesserung des Gesundheitszustandes** der Kulturpflanzen bei:

- Eine artenreiche und vielfältige Kräuterbegrünung zwischen den Reihen sollte eine Vielzahl an einzigartigen und auch gefährdeten heimischen Pflanzenarten beinhalten.
- Die Artenvielfalt einer blühenden Kräutervegetation fördert während der gesamten Saison eine Vielfalt von Nützlingen, wie z. B. Eiparasitoide der Gattung Trichogramma, Schlupfwespen, Raupenfliegen, Raubwanzen, aber auch von Wirbeltieren. Diese Nützlinge tragen dazu bei, dass das Verbreitungs- und Vermehrungspotenzial von Schädlingen reduziert wird. Die Mischung von ein-, zwei- und mehrjährigen Arten von Kräutern erhöht die Diversität an Tracht- und Nahrungsquellen (Pollen, Nektar, grüne Pflanzenteile, Samen) sowie an Versteck- und Vermehrungsmöglichkeiten.
- Durch die zeitlich verbesserte Verfügbarkeit des Stickstoffangebots im Boden bleibt der Befall der Kulturpflanzen durch Echten Mehltau und Graufäule niedrig.

Tröpfchenbewässerung ist die ideale Bewässerungsmethode, um die Bodenstruktur nicht zu beschädigen. (Hluchy, M.)

In der Ökologischen wie auch in der Integrierten Produktion gilt, dass mindestens jede zweite Zeile während der Vegetation mit einer Kräuterbegrünung bzw. einem Grasgemisch bepflanzt sein sollte. Allerdings setzten sich die positiven Erfahrungen mit Kräuter-Leguminosen-Mischungen in der Ökologischen Produktion auch im Integrierten Anbau durch und finden verstärkt Anwendung. Während in der Integrierten Produktion die Befahrbarkeit wie auch der Erosionsschutz im Vordergrund stehen, spielen gerade die Artenvielfalt, der blühende Pflanzenbestand wie auch der Bodenaufschluss durch intensive Wurzelbildung sowie die „kostenlose" Stickstoff-Nachlieferung durch Leguminosen und die Ernährung des Bodenlebens die Hauptrolle im Ökologischen Anbau. Im Ökologischen Landbau ist im Gegensatz zur Integrierten Produktion die Benutzung jeglichen Herbizides verboten. Deshalb etablierten sich angepasste, mechanische

Schädlingsregulierung durch naturnahe Randstreifen, in denen Nützlinge Zuflucht finden und sich vermehren können. (Hluchy, M.)

Bearbeitungsgeräte wie auch die Möglichkeit der Begrünung im Unterstockbereich.

## Düngung und Nährstoffversorgung

In der Integrierten Produktion können alle gängigen Mineraldünger entsprechend den Empfehlungen zur Entzugs- und Erhaltungsdüngung und nach entsprechenden Bodenanalysen eingesetzt werden. Die Humusversorgung erfolgt über die Begrünung sowie die Anwendung von Siedlungskomposten oder Stallmist. Im Ökologischen Obst- und Weinbau ist die Anwendung von mineralischen Stickstoffdüngern und leicht löslichen Mineraldüngern verboten. Zugelassen sind neben verschiedenen Arten von tierischen Misten und Komposten, Gesteinsmehl und organischen Handelsdüngern schwer lösliche Phosphat- und Kaliumdünger sowie Kalke gemäß der Verordnung (EU) Nr. 2021/1165. Ebenfalls erlaubt ist das Mulchen mit Stroh und Rindenmulch zwischen den Zeilen. Für die Blattdüngung sind verschiedene Pflanzen- und Algenextrakte sowie Auszüge aus Vermikompost (Regenwurmkompost), Chelatdünger oder hydrolysierte Eiweiße erlaubt.

## Krankheitsregulierung

Das Grundprinzip einer Krankheitsregulierung im Ökologischen Obst- und Weinbau basiert auf der Stärkung der natürlichen pflanzeneigenen Abwehrkraft. Sämtliche pflanzenbaulichen Maßnahmen wie Standort- und Sortenwahl wie auch notwendige Laubarbeiten tragen dazu bei. Der direkte Einsatz von Pflanzenschutz- sowie Pflanzenstärkungsmitteln und Pflanzenextrakten sollte überwiegend vorbeugend erfolgen, um als Auslöser für die Bildung von Abwehrstoffen vor einer möglichen Infektion durch Krankheitserreger zu fungieren. Nach ihrer Applikation kommt es in den grünen Teilen der Pflanze zur Erhöhung von Phytoalexinen (pflanzliche Abwehrstoffe) und sogenannten Abwehrproteinen (Zerstörung von in die Pflanze eindringenden Krankheitserregern). Sie sind verantwortlich für die Widerstandsfähigkeit der Kulturpflanze gegenüber Krankheitsbefall. Eine weitere Maßnahme zur Erhöhung der natürlichen Abwehrkraft der Kulturpflanze ist die Einbettung in ein artenreiches Agrarökosystem. Zusätzlich können die im Anhang II der Verordnung 2021/1165 zugelassenen Grundstoffe sowie Pflanzenschutzmittel bei Bedarf eingesetzt werden. In der Integrierten Produktion besteht der Schwerpunkt der Krankheitsregulierung darin, die Kulturpflanze rechtzeitig zu schützen und zu behandeln, bevor Krankheiten auftreten können. Dabei ist es wichtig, vor dem Einsatz von chemisch-synthetischen zugelassenen Pflanzenschutzmitteln alle Möglichkeiten des vorbeugenden Pflanzenschutzes durch Anwendung von pflanzenbaulichen Maßnahmen wie auch biologischer und biotechnischer Pflanzenschutz-Verfahren zu nutzen.

## Schädlingsregulierung

Die Begrünung der Zwischenzeilen und ein kompletter Verzicht auf synthetische Insektizid-Behandlungen führen im Ökologischen Anbau zu einer Zunahme an Prädatoren und Parasitoiden, die die Schädlingspopulation unterdrücken. Der Förderung, der Ansiedlung und dem gezielten Einsatz von Nützlingen sowie dem Einsatz biologischer Pflanzenschutzmaßnahmen (z. B. Pheromone) kommt dabei eine wichtige Bedeutung zu. Im Ökologischen Obst- und Weinbau sind natürliche pflanzliche oder mikrobielle Insektizide sowie einige bio-taugliche Wirkstoffe (Näheres im Kapitel Gegenmaßnahmen – Biologische Pflanzenschutzstrategien > Biologische Pflanzenschutzmittel und Nützlinge > Mikroorganismen) zur Regulierung diverser Schaderreger zugelassen. In der Integrierten Produktion können zusätzlich zugelassene selektive, chemische Insektizide zur gezielten Bekämpfung eingesetzt werden.

# Biologische Begleit- und Gegenmaßnahmen

## Allgemeines

### Bedeutung der Biodiversität

Das Wort Biodiversität kommt aus dem Griechischen und bedeutet so viel wie „Vielfalt des Lebens"! Man unterscheidet im Wesentlichen drei Ebenen:

1. Die **genetische Biodiversität** bezieht sich auf die Vielfalt von Genotypen im Rahmen einer Population!
2. Die **artspezifische Biodiversität** weist die Vielfalt an Arten im Rahmen einer geografischen Lokalität aus.
3. Die **Biodiversität von Ökosystemen** (Lebensräumen) bezeichnet die Vielfalt und Variabilität an Lebensräumen auf der Erde!

Seit den 50er-Jahren des vorigen Jahrhunderts beobachtet man einen Rückgang der Biodiversität im Allgemeinen und spricht von einer Biodiversitätskrise! Einige Gründe dafür sind:

- Die Fragmentierung der Natur durch Siedlungs- und Straßenbau!
- Die Einwanderung bzw. Einschleppung und Verbreitung von gebietsfremden Arten (Neobiota: Tiere und Pflanzen), die die heimische Flora und Fauna bedrängen und verdrängen!
- Eine zu harte Exploration der natürlichen Ressourcen!
- Die großflächige Verunreinigung von Boden, Luft und Wasser!
- Der großflächige Zusammenschluss diverser Biotope in Monokulturen (Entwässerungsprojekte, industrielle Nutzung von Forsten etc.)!

**Trotz vieler kritischer Stellungnahmen setzt sich dieser globale Trend weiter fort!**

Postillon-Raupe an Vogelknöterich
(Hluchy, M.)

Postillon (*Colias croceus*) – Luzerne und Klee als Futterpflanze für Larve und Imago (Hluchy, M.)

Wolfsmilchschwärmer (*Hyles euphorbiae*) – Sind auf natürliche Standorte wie Ruderalflächen und Feldränder mit Vorkommen von Wolfsmilchgewächsen (Euphorbiaceae) angewiesen. (Hluchy, M.)

Biodiversität von Tagfaltern in Biotopen mit weitgefächerter Futterpflanzendiversität (Hluchy, M.)

Osterluzeifalter (*Zerynthia polyxena*) – Imago (Hluchy, M.)

Osterluzeifalter – Die Larve ist auf die Osterluzei als Nahrungspflanze angewiesen. (Hluchy, M.)

Die Osterluzei (*Aristolochia clematitis*) bildet die Nahrungsgrundlage des Osterluzeifalters. (Hluchy, M.)

Die angeführte Reduktion von Biodiversität führt nicht zwangsläufig sofort zu einer kompletten Destabilisierung aller Ökosysteme, allerdings zu einer unterschiedlich stark ausgeprägten Beeinflussung derselben! Buchenwälder sind beispielsweise wenig biodiverse, aber doch sehr stabile Ökosysteme.

Auch der menschliche Einfluss muss sich nicht zwingend negativ durch verringerte Biodiversität bemerkbar machen. So wirkte sich die kleinflächige Landwirtschaft zwischen 1700 und 1850 sogar besonders positiv auf die Vegetation aus und man beschreibt für die damalige Zeit die höchste Klimaxstufe (stabiler Endzustand der Vegetation)! In Großstädten beispielsweise kann die Biodiversität höher sein als in monotonen Fichtenwäldern! Es siedeln sich – auch ohne gezielte Düngung und Pflanzenschutzmaßnahmen – die vielfältigsten Tier- und Pflanzenarten aus der freien Natur an! Damit sich einzelne Arten in Ökosystemen behaupten können, müssen die Ansprüche nicht immer optimal erfüllt sein, aber sie müssen doch die grundsätzlichen Ansprüche der Art bedienen.

Fichtenforst – Artenarme Monokultur (Stolz, M.)

Fragmentierung der Natur durch Straßenbau (Stolz, M.)

Artenreicher Mischwald mit Unterwuchs (Fischer-Colbrie, P.)

Trennung von Lebensräumen und Tierpopulationen durch Lärmschutzwände (Stolz, M.)

Hausgarten mit hoher Artendiversität (Fischer-Colbrie, P.)

Artenvielfalt in der Großstadt – Leerstehender Kasten als Nistquartier (Rotschwanz) (Stolz, M.)

Mauerbienen nützen jede Gelegenheit als Nisthilfe. (Stolz, M.)

Einschleppung gebietsfremder Arten: Der Asiatische Marienkäfer ist zwar ein Nützling, verdrängt jedoch heimische Marienkäferarten. (Stolz, M.)

Die heutigen negativen Einflüsse ergeben sich unter anderem aus besonders großflächigen, sehr massiven Veränderungen der Umwelt: Als Beispiele seien großflächige Luftverunreinigungen (saurer Regen) oder die Verwendung von Breitbandinsektiziden genannt, die neben den Zielorganismen viele sogenannte „indifferente/neutrale" Arten (Bienen durch Neonicotinoide), aber leider auch nützliche Arten (Raubmilben) beeinträchtigen können!

Gerade in der Landwirtschaft sind eine hohe Biodiversität zur Erhaltung des natürlichen Gleichgewichtes und die selbstständige Regulierung von Schädlingen besonders wichtig! Wenn nun einerseits botanisch durch exzessiv angebaute Monokulturen und andererseits im Pflanzenschutz durch die intensive Ausbringung von Pestiziden massiv in das landwirtschaftliche Ökosystem eingegriffen wird, dann kann dies zu schwer beherrschbaren Schädlingskalamitäten führen (!), da die natürlichen Regulationsmechanismen beeinträchtigt sind! Gerade in der Ökologischen Landwirtschaft sind die hohe Biodiversität und die von ihr ausgehende Selbstregulation von besonderer Bedeutung für eine erfolgreiche Kulturführung!

Generell bedeutet der Schutz der Biodiversität die Basis für eine langfristige Erhaltung der heutigen Umwelt und Lebensqualität!

Gewährleisten kann man dies über Erhaltung der Wasserkreisläufe, einen schonenden Umgang mit Rohstoffen und eine weitsichtige und nachhaltige Produktion von Nahrungsmitteln.

Der Artenschutz (siehe internationale Artenschutzabkommen) und die Erhaltung der genetischen Variabilitäten sind ebenso essenzielle Bestandteile bei den Bemühungen, die bestehende Biodiversität zu erhalten!

## Nachhaltigkeit in der Landwirtschaft

Zum Thema „Nachhaltigkeit" existieren bedeutende Interpretationen bis hin zu politischen Programmen! Grundsätzlich bedeutet Nachhaltigkeit, Maßnahmen zu setzen, die eine gewisse Beständigkeit aufweisen!

Nachhaltigkeitsdenken kann gerade in der Landwirtschaft auch zu einer Verbesserung der Biodiversität beitragen. Beispielsweise wäre eine nachhaltige landwirtschaftliche Produktion auf eine robuste Kultivierung von Nutzpflanzen mit geringerer Schädlings- und Krankheitsempfindlichkeit ausgerichtet!

**Typisch negative Einflüsse in der Landwirtschaft wären:**

Monokulturen, ersatzlose Rodung solitärer Bäume, Verdrängung standortspezifischer Pflanzenarten durch Entwässerungsprojekte (Trockenlegung von Sümpfen), der intensive Einsatz synthetischer Dünger und Pestizide und/oder der Einsatz hochgezüchteter ertragreicher Kulturpflanzen, die oftmals besonders empfindlich gegenüber unterschiedlichsten Krankheiten sind!

**Typische unterstützende Maßnahmen in der Landwirtschaft wären:**

- Beispielsweise eine Vernetzung von Kulturpflanzen mit dem natürlichen Ökosystem, da nur in einem artenreichen System natürlich vorkommende Nützlinge entsprechende Ersatzpartner/Wirtstiere finden, um ihren Bestand bei schwachem Schädlingsaufkommen dennoch erhalten zu können. Die Erzwespe *Trichogramma* sp. z. B. kann alle zwei bis drei Wochen eine neue Generation bilden. Dazu

Weinberge bestimmen vielerorts ein vielfältiges Landschaftsbild. (biohelp)

Weinberge bieten vielfältige Lebensräume. (biohelp)

Natürliche Weingartenbegrünung (Stolz, M.)

Weingarten – Alternierende Mahd (Stolz, M.)

benötigt diese Nützlings-Familie Ersatzwirte zum Parasitieren.

- Die Pflege von Bäumen und Sträuchern in – oder zumindest am Rand – der Kulturfläche gilt als unterstützende Maßnahme.
- Aber auch die heterogenen landwirtschaftlichen Kulturen wie begrünte Obst- und Weinberge oder der Anbau zweier statt einer Weizenart durchbrechen bereits die klassischen Monokulturen.
- Weitere Beispiele sind die Nutzung resistenter Sorten (PIWI) im Weinbau und die Einhaltung der Fruchtfolge (dies stört z. B. die Populationsdynamik des westlichen Maiswurzelbohrers, *Diabrotica virgifera*, in Mais).
- Auch natürlich im Boden vorkommende insektenpathogene Pilze (*Beauveria* sp.) sind imstande, Populationen von Schädlingen zu regulieren (siehe auch Kapitel Gegenmaßnahmen – Biologische Pflanzenschutzstrategien > Biologische Pflanzenschutzmittel und Nützlinge > Mikroorganismen).
- Letztlich wirken sich die kleinstrukturierte Landwirtschaft und der Einsatz biologischer und selektiver Pflanzenschutzmaßnahmen vorteilhaft auf die Biodiversität aus!

All diese Maßnahmen helfen, das ökologische Gleichgewicht zu erhalten oder wieder herzustellen!

Die Natur kennt keine Unterscheidung in „schädlich und nützlich" (gut und böse)! Dies ist eine rein menschliche/anthropogene Definition, die unter anderem mit dem hohen Vermehrungspotenzial mancher Arten auf unseren Kulturpflanzen zusammenhängen kann und von uns – wegen Ertrags-

Biokorridor – Extensiv bewirtschaftete Wiese (Fischer-Colbrie, P.)

Die Vegetation an Feldrändern sollte zeitlich versetzt gemäht werden. (Stolz, M.)

Heterogene landwirtschaftliche Kulturen – Buchweizen (Stolz, M.)

Seltene Arten wie der Federbuschkäfer (*Cerocoma schaefferi*) finden hier einen geeigneten Lebensraum. (Stolz, M.)

Auf Wacholder sollte in Biokorridoren verzichtet werden, da er Überträger des Birnengitterrostes ist. (Státní rostlinolékaîská)

Ersatz nicht selektiver Insektizide durch selektive, nützlingsschonende Pheromone (Hofmann, U.)

Weingarten-Begrünungsmischung mit Klee (biohelp)

Blühende Begrünungen ziehen Insekten an. (Stolz, M.)

Weingartenbegrünung – Löwenzahn (biohelp)

Weingartenbegrünung – Gräsermischung (biohelp)

gefährdung und daher Nahrungskonkurrenz – als „schädlich" empfunden wird. Nachhaltiger moderner Pflanzenschutz konzentriert sich nicht nur auf die Behandlung beginnender Gradationen (Massenvermehrungen), sondern versucht bereits im Vorfeld die Rahmenbedingungen für beispielsweise natürliche Gegenspieler zu verbessern, um so eine Balance im landwirtschaftlichen Ökosystem zu etablieren.

Sogenannte Nützlinge findet man in Monokulturen (z. B. Gewächshaus mit Gurke) naturgemäß seltener oder zumindest später als in offenen Obst- und Weinbauflächen! Sorgt man allerdings dafür, dass blühende Grünstreifen/Feldraine vorhanden sind, dann entwickeln sich darin „Biozentren" mit hoher Artenvielfalt! In der kleiner strukturierten früheren Landwirtschaft waren diese Biozentren noch untereinander über Biokorridore (Feldraine, extensiv bewirtschaftete Wiesen, Alleen und ungepflegte Wegränder) vernetzt. Diese waren wiederum wichtig für die Verbreitung der Nützlinge! Auch die Ökotone (Randbiotope; beispielsweise an Waldrändern) sind besonders artenreich! Diese Vernetzung der Strukturen bezeichnet man auch bildlich als die Säule der ökologischen Stabilität und deshalb ist deren Pflege besonders wichtig!

### Biokorridore können nach gewissen Grundregeln gepflegt werden:

Baumalleen sollen 3–5 m breit angelegt werden und in mehreren Etagen – von Gras über Sträucher zu niederen und hohen Bäumen – strukturiert sein! Günstig ist eine Nord-Süd-Ausrichtung, damit wird Schatten auf den Kulturflächen vermieden. Regelmäßige Pflege (Ausdünnung) unterstützt den Artenreichtum der Bewohner! Typische Gewächse wären: Hartriegel (*Cornus mas*), Holunder (*Sambucus* sp.), Hainbuche (*Carpinus betulus*), Eichen (*Quercus* spp.), Birken (*Betula* spp.), Linden (*Tilia* spp.) etc.!

Vermeiden sollte man hingegen Wirtspflanzen, die ihrerseits Zwischenwirte für Krankheiten darstellen können, wie Rosengewächse als Wirtpflanzen von Feuerbrand (*Erwinia* sp.) oder Wacholder (*Juniperus* sp.) als Wirtspflanze für den Birnengitterrost (*Gymnosporangium* sp.) und generell Wirtspflanzen, auf denen

Apfel-Neuanlage – Geringe Artendiversität und Bodenverdichtung (Stolz, M.)

Apfelanlage 1 Jahr nach Anlage – Steigende Artendiversität (Stolz, M.)

Etablierte Apfelanlage – Flächendeckender Unterwuchs (biohelp)

Erhöhte Widerstandskraft der Pflanze durch bedarfsgerechten Schnitt (Stolz, M.)

Überernährung kann zu erhöhter Anfälligkeit gegenüber Krankheiten führen, wie z. B. *Botrytis.* (Pokorný, V.)

Nährstoffmangel kann Chlorosen verursachen. (Hofmann, U.)

landwirtschaftlich gefährliche Schädlinge (Blattläuse) überwintern können.

Die Stickstoffdüngung der Korridore sollte – wenn überhaupt – mager ausfallen, da dies wiederum Schädlinge wie Blattläuse anlocken könnte!

Empfohlen wird, Rasenflächen jährlich nur 2–3 Mal schachbrett- oder mosaikartig zu mähen, damit Nützlinge die Möglichkeit haben, ins höhere Gras zu wechseln und Basisbestände nicht neu aufgebaut werden müssen.

Ein ähnliches Prinzip kann man für die Vegetation der Feldränder verfolgen, wobei es zu beachten gilt, dass den Nützlingen die Möglichkeit, aus der Kultur in die Feldraine und umgekehrt aus den Feldrainen in die Kultur zurückzuwechseln, gewährleistet wird! Dies gelingt beispielsweise mit einer um 14 Tage bis drei Wochen versetzten Pflege des einen oder anderen Bereiches.

Das Schnittgut sollte entfernt werden! Für Grünstreifen können Mischungen gesät werden, die eine hohe Artenvielfalt an ständig blühenden Beständen aufweisen!

Im Rahmen der Zwischenzeilenbegrünung oder als Randstreifen können im Obst- und Weinbau vielartige Begrünungsmischungen durch extensive Mahd oder Walzen als ganzjährige Blühstreifen (Biokorridore) etabliert werden. Ebenso kann ein alternierendes Walzen/Mähen zur biologischen Vielfalt beitragen.

## Faktoren, die die Bodenfruchtbarkeit und Widerstandsfähigkeit der Pflanzen beeinflussen

Im Obst- und Weinbau ist eine dem Standort gut angepasste und auf die jeweilige Sorte ausgerichtete Bodenbewirtschaftung zu betreiben. Unterschiedlichste Begrünungsmischungen (z. B. Sommer- und Winterbegrünung oder eine Begrünung für den Obstbau oder gezielt für den Weinbau) spielen dabei eine wichtige Rolle:

Einerseits schließen diese Pflanzen den Boden auf und stellen eine an das Pflanzenwachstum angepasste Nährstoffquelle für das Bodenleben dar. Durch eine gezielte Auswahl von Begrünungspflanzen verbessern sich die chemischen und physikalischen Bodeneigenschaften. Das Bodenleben wird aktiviert und damit die Nährstoffversorgung der Kulturen weitgehend autonomisiert (Weinbau beispielsweise: Dauerbegrünung durch Leguminosen, also stickstoffbindende Blütenpflanzen). Durch den Humusaufbau steigt das Nährstoff- und Wasserrückhaltevermögen. Der Boden wird besser durchwurzelbar, die Nährstoffe leichter verfügbar und es wird klimaaktives $CO_2$ gespeichert. In Begrünungsmischungen mit hohem Gräser-Anteil (z. B. im Obstbau) macht die Grasnarbe den Boden zusätzlich tragfähig. Dadurch ist dieser nach Niederschlägen wieder früher befahrbar und besser gegen Verdichtungen geschützt. Andererseits bilden Begrünungspflanzen ein wichtiges Habitat für indifferente Insekten (Artenvielfalt) und zahlreiche Nützlinge. Eine blühende Begrünung (z. B. Kümmel, Wilde Möhre, Schafgarbe) wirkt generell anziehend für Insekten.

Gleichzeitig führt eine kontinuierliche Nährstoffquelle zu einer Optimierung des Pflanzenwachstums und damit zu einer Erhöhung der Widerstandskraft gegen pilzliche oder bakterielle Schaderreger. Eine durch Mineraldünger – insbesondere Stickstoff – überernährte Pflanze wird sehr schnell von Pilzen (z. B. *Botrytis* sp.) oder von tierischen Schädlingen (z. B. Obstbaumspinnmilbe *Panonychus ulmi*) befallen und geschädigt. Optimal ernährte Pflanzen hingegen können sich aktiv gegen Schaderreger wehren und somit einem Befall länger widerstehen.

Neben der Begrünung, einer optimalen Pflanzenernährung und einem bedarfsgerechten, der jeweiligen Kultur angepassten Schnitt hat natürlich auch der Bodenzustand einen wesentlichen Einfluss auf die Widerstandskraft der Pflanzen. In verdichteten Böden kommt es verstärkt zu Mangelerscheinungen wie Chlorose (durch Chlorophyllmangel bedingtes Krankheitssymptom) sowie zum Auftreten von Wurzelschimmelerregern. Nährstoffmangel, z. B. Kalium, Magnesium, Kalzium oder Phosphor, kann ebenfalls zu einer Reduzierung der Widerstandskraft der Pflanze führen. Kalium ist verantwortlich für eine optimale Wasseraufnahme wie auch Nährstoffeinlagerung in das Holzgewebe und damit für die Frosthärte der Kulturen. Phosphor steuert die Mechanismen der induzierten Resistenz. Nährstoffmangel bedeutet immer eine anfälligere Pflanze. Spurenelementmangel kann zu Chlorose, Stippigkeit wie auch zu einer Chlorophyll-Reduktion mit nekrotischen Blattverfärbungen führen.

Honigbiene – Auf Birne (Stolz, M.)

Gehörnte Mauerbiene (*Osmia cornuta*) – Auf Apfel (Stolz, M.)

Hummel (*Bombus* sp.) – Auf Himbeere (Stolz, M.)

Hummel – Auf Jostabeere (Stolz, M.)

## Die Bedeutung der Befruchtung

Die im Obstbau so bedeutungsvolle Bildung von Fruchtkörpern mit ihren Samenanlagen wird mit wenigen Ausnahmen durch die geschlechtliche (generative) Vermehrung garantiert. Für diese Art der Vermehrung ist eine erfolgreiche Befruchtung durch die Übertragung des männlichen Pollens von den Staubbeuteln auf die Narben der weiblichen Fruchtblätter unabdingbar. Diese als Bestäubung bezeichnete Übertragung erfolgt in der Regel durch äußere Einflüsse.

Reichlicher Blütenansatz garantiert jedoch nicht immer auch den gewünschten Fruchtertrag, wofür genetische Faktoren der verschiedenen Arten und Sorten der Obstgehölze sowie die Umweltverhältnisse während des Befruchtungsvorganges verantwortlich sind.

### Genetische Faktoren

#### Selbstfruchtbarkeit (Autofertilität)

Bei selbstfruchtbaren Pflanzen eignet sich der blüten- bzw. sorteneigene Pollen zur Befruchtung. Der Grad der Selbstfruchtbarkeit ist je nach Art oder Sorte unterschiedlich und genetisch festgelegt. Vollständig selbstfruchtbare Obstpflanzen benötigen keine Befruchtungspartner und können bei geeigneten Bestäubungsverhältnissen auch als Solitärpflanzen oder in sortenreinen Anlagen regelmäßige Fruchterträge liefern. Für nur teilweise selbstfruchtbare Obstsorten sollten für ausreichende Erträge Voraussetzungen wie für selbstunfruchtbare Sorten geschaffen werden.

#### Selbstunfruchtbarkeit (Autosterilität)

Bei selbstunfruchtbaren Obstsorten besteht eine vollkommene oder zumindest überwiegende Inkompatibilität zwischen den sorteneigenen, genotypisch gleichen, Pollen und Narben. Sorteneigene Bestäubung führt daher zu keinem Fruchtertrag. Für einen ausreichenden Fruchtertrag sind aus diesem Grunde möglichst nahe, zeitgleich und regelmäßig blühende Befruchtungspartner notwendig.

#### Jungfernfrüchtigkeit (Parthenokarpie)

Einige Arten und Sorten von Obstpflanzen können auch ohne erfolgreiche Befruchtung Früchte entwickeln, die jedoch samenlos sind. Obwohl der Ertrag in diesem Falle meist geringer und die Fruchtform (z. B. bei Birnen) verändert ist, kann Jungfernfrüchtigkeit im Erwerbsobstbau eine gewisse wirtschaftliche Rolle spielen.

Turm der Artenvielfalt – Rückzugsort für Bestäuber und viele andere Nützlinge (Fischer-Colbrie, P.)

Nisthilfe für Wildbienen (Hluchy, M.)

Hummelkasten zur Erhöhung des Bestäubungserfolges (biohelp)

### Umweltfaktoren

Bei selbstfruchtbaren, vor allem aber bei selbstunfruchtbaren Obstpflanzen, sind Pollenüberträger unverzichtbar.

### Tiere

Bis auf wenige Ausnahmen sind Obstpflanzen auf die Pollenübertragung durch Tiere, vorwiegend Insekten, angewiesen.

Zu den wichtigsten Pollenüberträgern im Obstbau zählt nach wie vor die Europäische Honigbiene (*Apis mellifera*). Als staatenbildende Bienenart überwintert sie als Volk und ist daher im Frühjahr zur Blütezeit in ausreichender Individuenzahl vorhanden.

Da der Honigbienenbestand durch ungünstige Umwelteinflüsse, parasitische Krankheiten (Varroamilbenbefall), sinkende Imkerzahlen, aber auch durch die Verwendung bestimmter Pestizide – die in Verdacht stehen, Nebenwirkungen auf Bienen zu haben – besorgniserregend abnimmt, kommt den solitär lebenden Wildbienen zunehmend größere Bedeutung zu. Um den Wildbienenbestand zu fördern, sollten in Obstanlagen und deren Umgebung geeignete natürliche und künstliche Nistmöglichkeiten (z. B. Insektennisthilfen) angeboten werden. Auch durch das befristete Einbringen gezüchteter Hummelvölker kann der Bestäubungserfolg wesentlich erhöht werden. Dabei werden sechs bis neun Hummelvölker pro Hektar Obstanlage aufgestellt. Ein Hummelvolk beherbergt ca. 80–120 Arbeiterinnen, Brut sowie eine Königin.

Weiters können geeignete Saumstrukturen um die Obstanlagen Wildinsektenpopulationen fördern, die ebenfalls zur Verbesserung der Bestäubungssituation beitragen.

### Wind

Mit Ausnahme von Nuss und Hasel spielt der Wind bei der Bestäubung von Obstpflanzen eine geringe Rolle.

### Vorzeitiger Fruchtfall

Natürlicher, vorzeitiger Fruchtfall hat je nach Ausmaß und Zeitpunkt positive oder negative Auswirkungen auf die Quantität und Qualität der Ernte. Im Normalfall versucht die Pflanze ein optimiertes Verhältnis zwischen Blatt- und Fruchtmasse durch mehrere natürliche Fruchtfallperioden (bei Apfel z. B. kurz nach der Blüte, im Juni und kurz vor der Ernte) herzustellen (natürliche Ausdünnung).

Vorzeitiger Blüten- und Fruchtfall kann jedoch auch durch äußere Einflüsse verursacht werden. So werden zum Beispiel sehr bald unbefruchtete oder ungenügend befruchtete Blüten und Früchte (z. B. „Röteln" bei den Kirschen) abgestoßen. Ursachen für diese ungenügende Befruchtung können sowohl ungünstiges (kalt, regnerisch) Blühwetter als auch das Fehlen geeigneter Befruchtungspartner und Pollenüberträger sein.

Späterer Fruchtfall kann durch Trockenheit sowie mangelhafte oder unausgewogene Ernährung begünstigt werden. Eine Verhinderung von ungewolltem Fruchtfall kann daher bereits vorbeugend durch die Bereitstellung geeigneter Befruchtungspartner, Förderung der Pollenüberträger sowie ausreichende Nährstoff- und Wasserversorgung erreicht werden.

# Natürlich vorkommende Gegenspieler

## Mikroorganismen

Auch Schädlinge sind krankheitsanfällig wie vergleichbar höher geordnete Tiere und Menschen! In der Vergangenheit gelang es, von erkrankten Schädlingen spezielle Bakterien, Viren oder Pilze zu isolieren, die für den Menschen völlig ungefährlich sind. Viele der in weiterer Folge beschriebenen Pathogene können bei menschlichen Körpertemperaturen nicht überleben und werden bei zufälliger Aufnahme (z. B. durch die Nahrung) im Darm biologisch abgebaut und ausgeschieden.

Jene Gruppen von pathogenen Mikroorganismen, die für uns Menschen unproblematisch sind, spielen in der biologischen Schädlingsbekämpfung eine wesentliche Rolle.

### Bakterien

**Beschreibung**

Bakterien sind mikroskopisch klein und können stäbchenförmig, zylinderförmig oder kugelig bzw. in vielen anderen Gestalten vorkommen. Die Vermehrung erfolgt ungeschlechtlich durch Zellteilung (bakterielles Wachstum).

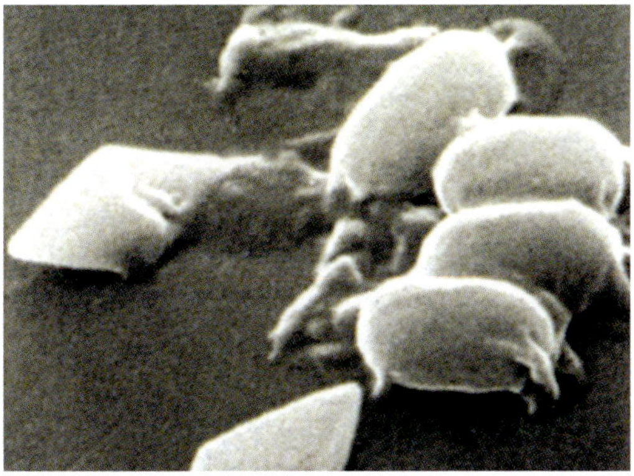

*Bacillus thuringiensis* (Abbot Laboratories, North Chicago, Illinois, USA)

**Bedeutung und Förderung**

Bakterien sind in allen Lebensprozessen von essenzieller Bedeutung. Beispielsweise unterstützen sie die Nahrungsaufschließung in unserem Darm oder helfen beim Abbau (Destruktion) organischer Substanzen im Boden. Sie können an den unwirtlichsten Stellen („hot vents" – heiße Quellen in Ozeanen) nachgewiesen werden und haben auch eine Bedeutung als Krankheitserreger!

Sogenannte entomopathogene (insektenpathogene) Bakterien der Gruppe *Bacillus thuringiensis* sind für unterschiedlichste Insektengruppen pathogen (potenziell krankmachend) und für den Menschen ungefährlich. Diese Bakterien bilden ein Eiweißkristall, welches den Tod der befallenen Insekten herbeiführt. Dieses Toxin wirkt sehr spezifisch für unterschiedliche Insektengruppen und kann somit gezielt gegen einzelne Schadinsektenordnungen oder -familien eingesetzt werden. Die bekanntesten Beispiele sind:

- *B. thuringiensis* subspecies *kurstaki* wirkt gegen Wickler (Tortricidae) und Eulenraupen (Noctuidae).
- *B. thuringiensis* subspecies *aizawai* wirkt ebenfalls gegen Schmetterlingsraupen, geringfügig bessere Wirkung gegen Eulenraupen (Noctuidae).
- *B. thuringiensis* subspecies *tenebrionis* wirkt gegen Blattkäfer (Chrysomelidae).
- *B. thuringiensis* subspecies *israelensis* wirkt gut gegen Mückenlarven (Diptera).

Über die Bedeutung von *B. thuringensis* in der biologischen Schädlingsbekämpfung informiert weiterführend das Kapitel Gegenmaßnahmen – Biologische Pflanzenschutzstrategien > Biologische Pflanzenschutzmittel und Nützlinge > Mikroorganismen.

## Viren

### Beschreibung

Viren sind deutlich kleiner als Bakterien und erst unter einem Rasterelektronen-Mikroskop sichtbar. Sie werden außerhalb von Zellen durch Übertragung (Tröpfchen, Kontakt) verbreitet und besitzen meistens eine Hülle aus Proteinen, die ein Überdauern auch ohne Wirtsorganismus ermöglicht. Viren haben keinen eigenen Stoffwechsel und können sich deshalb nur innerhalb von geeigneten Wirtszellen fortpflanzen, indem sie ihr Erbmaterial (Nukleinsäuren) in die Wirtszelle injizieren und deren Stoffwechsel zur eigenen Vermehrung nutzen.

Es sind Hunderte entomopathogene (insektenpathogene) Viren bekannt, die sich in riesigen Mengen im Körper befallener Insekten anhäufen und dabei bis zu 20 % deren Körpergewichtes ausmachen können.

Besonders gut vermehren sich die sogenannten Baculoviren in den Larven von Schmetterlingen (Lepidoptera), Hautflüglern (Hymenoptera) und Zweiflüglern (Diptera), wo sie Zellen der Epidermis, des Fettkörpers, der Tracheen, der Haemolymphe und des Darmes befallen können.

**Folgende Symptome weisen auf einen Virusbefall hin:**

- Aufgeblasener Körper,
- Vergilben des Körpers und
- Zersetzung des Körpers.

Die toten Insekten sind mit milchig-weißer Flüssigkeit gefüllt, die Millionen an Viren enthält.

Erkrankte Tiere findet man oft kopfüber, mit dem Hinterleib an Blättern, Ästen oder Früchten haftend. Die Inkubationszeit zwischen Befall und Tod des Insektes beträgt circa sieben bis zwölf Tage (abhängig von der Insektenart, Temperatur und dem Stadium bzw. Alter des befallenen Insektes).

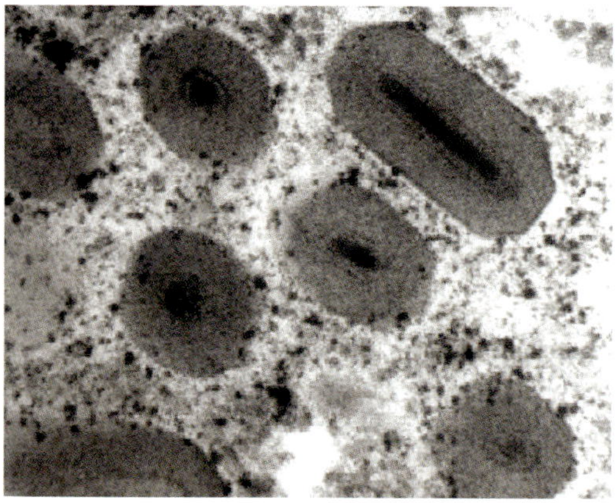

Entomopathogene Viren (Andermatt Biocontrol)

Die Infektion kann über das Futter, mechanische Verletzungen des Tieres oder über das Muttertier, welches die eigenen Eier infiziert, erfolgen. Virenerkrankungen können oftmals latent (ohne größere Epidemien) vorhanden sein und erst bei Stress (Nahrungsmangel, innerartliche Gradationen, klimatische Extreme) ausbrechen oder sofort akut auftreten.

### Bedeutung und Förderung

Über die Bedeutung von Granuloseviren in der biologischen Schädlingsbekämpfung informiert weiterführend das Kapitel Gegenmaßnahmen – Biologische Pflanzenschutzstrategien > Biologische Pflanzenschutzmittel und Nützlinge > Mikroorganismen.

## Pilze (Fungi) – Deuteromycetes

Pilze stellen ein eigenes Reich zwischen Pflanzen und Tieren dar!

### Beschreibung

Deuteromycetes – auch Fungi imperfecti oder imperfekte Pilze genannt – gehören zu den Höheren Pilzen. Sie besitzen ein verzweigtes, vielzelliges Myzel (Geflecht an Hyphen), vermehren sich jedoch nur vegetativ, also ungeschlechtlich, zumeist durch Konidien (bestimmte Sporenform) oder Sklerotien (Dauerform).

In der Systematik der Fungi imperfecti unterscheidet man innerhalb der Klasse der Coelomycetes zwei Ordnungen mit wichtigen insektenpathogenen Vertretern: die Melanconiales und die Sphaeropsidales (bilden komplizierte hohle Gebilde in Nestform; hier ist z. B. *Aschersonia* sp. einzureihen). Zur leichteren Systematik im Reich der Pilze werden jedoch im Folgenden die derzeit gültigen Taxa verwendet.

Clavicipitaceae/Hypocreales: *Lecanicillium lecanii* (früher *Verticillium lecanii*) parasitiert Blattläuse und Weiße Fliegen. *Beauveria*-Arten sind weitverbreitete insektenpathogene Pilze mit der beispielsweise bekannten Spezies *Beauveria bassiana*, die über 150 Insektenarten wie Weiße Fliege, Thripse, Käferlarven, aber auch Spinnmilben befällt. Tropische und subtropische Arten der Gattung *Aschersonia* können ebenfalls gegen die Weiße Fliege eingesetzt werden. Befallene und abgetötete Insekten weisen an der Cuticula (Körperoberfläche) ein weißes Myzel auf.

*Beauveria bassiana* – Befallene Larve einer Weißen Fliege (Landa, Z.)

Parasitische Fadenwürmer © e-nema

Trichocomaceae/Eurotiales: *Paecilomyces lilacinum* wird gegen Schmetterlinge (Lepidoptera), Heuschrecken (Orthoptera), Hautflügler (Hymenoptera) und Zweiflügler (Diptera) eingesetzt.

**Bedeutung und Förderung**

Da synthetische Fungizide, aber auch einige Herbizide auf entomopathogene (insektenpathogene) Pilze tödlich wirken, unterstützt idealerweise die Reduktion des Einsatzes dieser Pestizidgruppe die Populationen dieser natürlich vorkommenden „nützlichen" Pilzkrankheiten.

Weitere Informationen zu insektenpathogenen Pilzen in der biologischen Schädlingsbekämpfung bietet das Kapitel Gegenmaßnahmen – Biologische Pflanzenschutzstrategien > Biologische Pflanzenschutzmittel und Nützlinge > Mikroorganismen.

## Parasitische Fadenwürmer (Nematoda)

Im Fall der Nematoden wurde zur leichteren Identifizierung nicht die Klassen-, sondern die Stammesbezeichnung verwendet.

**Beschreibung**

Fadenwürmer sind mikroskopisch kleine, weißlich-durchscheinende (im Fall der nützlichen Arten) Bodenlebewesen, die sich in schädlichen Nacktschnecken sowie Käfer-, Schmetterlings- oder Fliegenlarven vermehren und diese dabei abtöten.

**Bedeutung und Förderung**

Schon zwei bis drei Larven der nützlichen Nematoden können ein Wirtstier zum Absterben bringen. Aus dem Kadaver entlassene Nachkommen der Nematoden sorgen für die Infektion weiterer Schadschnecken bzw. -insekten. Gefördert wird diese Tiergruppe durch Feuchthalten des Bodensubstrates. Siehe weiterführend das Kapitel Gegenmaßnahmen – Biologische Pflanzenschutzstrategien > Biologische Pflanzenschutzmittel und Nützlinge > Nützlinge.

## Prädatoren und Parasitoide unter den Gliederfüßern (Arthropoda)

Während sich Prädatoren von anderen, noch lebenden Organismen ernähren, leben Parasitoide in ihrer Entwicklung parasitisch, töten ihren Wirt am Ende der Parasitierung jedoch ab.

Als Gliederfüßer bezeichnet man im Tierreich den Stamm der Arthropoden. Dazu zählen beispielsweise Insekten, Tausendfüßer und Spinnentiere.

Allgemein muss darauf hingewiesen werden, dass die Untergliederung (Systematik) eine wesentliche Rolle bei der Einteilung des Tierreiches spielt. Für das bessere Verständnis findet man im gegenständlichen Buch eine kurze, schematische Darstellung zur systematischen Reihung der Arthropoden-Familien.

Prädatoren – Der Marienkäfer ist ein effektiver Räuber. (Beránek, J.)

Parasitoide – Schlupfwespen nutzen ihre Wirte zur Vermehrung. (Wyss, U.)

Fettgedruckte Bereiche zeigen für dieses Buch relevante Arthropodengruppen.

**Das System der Gliederfüßer:**
- **Spinnentiere** (Milben, Weberknechte)
- **Tausendfüßer**
- **Hexapoda** (Insekten und Sackkiefler (*Entognatha*))

**Innerhalb der Insekten gilt die Reihenfolge:**
- Unterklasse Felsenspringer (*Archaeognatha*)
- Unterklasse Fischchen (*Zygentoma*)
- **Unterklasse Fluginsekten** (*Pterygota*)
  - Überordnung Eintagsfliegen (*Ephemeroptera*)
  - Überordnung Libellen (*Odonata*)
  - **Überordnung Neuflügler** (*Neoptera*)
    - Ordnung Steinfliegen (*Plecoptera*)
    - Ordnung Tarsenspinner (*Embioptera*)
    - Ordnung Grillenschaben (*Notoptera*)
    - Ordnung **Ohrwürmer** (*Dermaptera*)
    - Ordnung Fangschrecken (*Mantodea*)
    - Ordnung Schaben (*Blattodea*)
    - Ordnung Termiten (*Isoptera*)
    - Ordnung Gespenstschrecken (*Phasmatodea*)
    - Ordnung Gladiatoren (*Mantophasmatodea*)
    - Ordnung **Heuschrecken** (*Orthoptera*)
    - Ordnung Bodenläuse (*Zoraptera*)
    - Ordnung Staubläuse (*Psocoptera*)
    - Ordnung Tierläuse (*Phthiraptera*)
    - Ordnung Fransenflügler (*Thysanoptera*)
    - Ordnung **Schnabelkerfe** (*Hemiptera*)
    - Ordnung **Kamelhalsfliegen** (*Raphidioptera*)
    - Ordnung Großflügler (*Megaloptera*)
    - Ordnung **Netzflügler** (*Neuroptera*)
    - Ordnung **Käfer** (*Coleoptera*)
    - Ordnung Fächerflügler (*Strepsiptera*)
    - Ordnung **Hautflügler** (*Hymenoptera*)
    - Ordnung Köcherfliegen (*Trichoptera*)
    - Ordnung **Schmetterlinge** (*Lepidoptera*)
    - Ordnung Schnabelfliegen (*Mecoptera*)
    - Ordnung Flöhe (*Siphonaptera*)
    - Ordnung **Zweiflügler** (*Diptera*)

Das folgende Beispiel zeigt stark vereinfacht den relevanten Teil der Gliederung/Hierarchie in der Biologie. Am Beispiel des Marienkäfers *Coccinella septempunctata* wird die grobe Einteilung in *Tierreich > Stamm > Klasse > Ordnung > Familie > Gattung > Art* verdeutlicht!

**Systematische Reihung:**
Reich: Vielzellige Tiere (Metazoa)
Stamm: Gliederfüßer (Arthropoda)
Klasse: Insekten (Insecta)

**Alphabetische Reihung**
Ordnung: Käfer (Coleoptera)
Familie: Marienkäfer (Coccinelidae)
Gattung: Marienkäfer (*Coccinella* sp.)
Art: Siebenpunkt-Marienkäfer (*Coccinella septempunctata*)

Die Untergliederung – Systematik zur Einteilung von Tiergruppen – fasst in Familien (= bei der wissenschaftlichen Bezeichnung das Wortsende mit „*idae*") Tiere mit bestimmten Ähnlichkeitsmerkmalen zusammen. Die Gliederungsstufe „Familie" der Coccinelidae beschreibt beispielsweise alle Marienkäfer – vom Zweipunkt-Marienkäfer (*Adalia bipunctata*) bis zum Vierundzwanzigpunkt-Marienkäfer (*Subcoccinella vigintiquatuorpunctata*).

Im gegenständlichen Kapitel werden – ohne Anspruch auf Vollständigkeit – bedeutende natürlich vorkommende Nützlinge im Tierstamm der Arthropoden besprochen, in manchen Kapiteln wird auch die übergeordnete Tiergruppe = Ordnung beschrieben.

## Spinnentiere (Arachnida)

### Milben (Acari)

#### *Raubmilben (Mesostigmata)*

Familien der Phytoseiidae, Tydeidae und Anystidae

Aufgrund der gemeinsamen räuberischen Lebensweise und der systematischen Nähe werden diese drei Raubmilbenfamilien zusammenfassend

Raubmilbe *Typhlodromus pyri* – REM-Aufnahme (Blahutiaková, A.)

*Neoseiulus californicus* – Aussaugen einer Spinnmilbe (Wyss, U.)

beschrieben. Angaben zu den Artenzahlen in Mitteleuropa entfallen.

**Beschreibung**

Die bekanntesten Nützlinge dieser Gruppe sind die Raubmilben der Familie Phytoseiidae mit einer Körpergröße von 0,4 mm. Adulte Milben besitzen einen ungegliederten Körper mit vier Beinpaaren, jedoch ohne Flügel und Fühler! Wirklich gut betrachten kann man Raubmilben aufgrund ihrer Größe nur mit einer Lupe oder unter dem Mikroskop/Binokular. Eier werden vorrangig an der Blattunterseite und in der Nähe von Beutetierkolonien abgelegt. Die hellen bis blassrosa gefärbten Jugendstadien werden im Laufe ihrer Larvalentwicklung den geschlechtsreifen Tieren immer ähnlicher.

Allgemein gelten Raubmilben gegenüber phytophag (pflanzenfressenden) oder parasitisch lebenden Milben als beweglicher und schneller! Abhängig von der Temperatur können im Jahr zahlreiche Generationen gebildet werden.

**Bedeutung und Förderung**

Aufgrund ihrer Beweglichkeit können Raubmilben gegen diverseste Schädlinge eingesetzt werden. Sie zählen zu den bedeutendsten Nützlingen, die in Gewächshäusern zur Schädlingsbekämpfung zum Einsatz kommen. Auch hier werden zahlreiche Arten (*Phytoseiulus persimilis, Neoseiulus* sp. etc.) in speziellen Vermehrungsstationen oder Nützlingszuchten in großen Mengen gezüchtet, um diese Tiere dann gezielt bei Schädlingsbefall einzusetzen.

Im Obst- und Weinbau hat sich der Einsatz von *Typhlodromus pyri* zur Bekämpfung diverser Milbenpopulationen (Kräusel-, Pocken-, Spinn- und Rostmilben) bewährt.

Raubmilben gelten als sogenannte „Bioindikatoren", weil sie besonders sensibel auf die Anwendung mancher Pestizide reagieren. Deshalb entwickeln sich Raubmilbenpopulationen besonders gut, wenn der Pestizideinsatz gering gehalten wird bzw. nur raubmilbenschonende Pflanzenschutzmittel eingesetzt werden. Versteckmöglichkeiten und ein gutes Pol-

*Neoseiulus cucumeris* – Aussaugen einer Thripslarve (Wyss, U.)

Phytoseiidae – Ei an Blattrippe (Hluchy, M.)

*T. pyri* – Anbringung eines Nützlings-Streifchens (Judt, C)

Englischer Weberknecht (*Phalangium opilio*) (Zacharda, M.)

lenangebot infolge einer blühenden, vielartigen Begrünung/Begleitpflanzung, welche einigen Raubmilbenarten als Ersatznahrung und Grundlage zur Vermehrung (z. B. *Thyphlodromus pyri*) dient, stellen weitere wichtige nützlingsfördernde Begleitmaßnahmen dar.

## Weberknechte (Opiliones)

### *Phalangiidae*

**Beschreibung**

In Mitteleuropa leben circa 35 Arten von Weberknechten, deren Körper ohne Beine bis zu 7 mm lang werden können. Charakteristisch ist, dass Kopf, Brust und Abdomen eine Einheit bilden. Weberknechte sind bräunlich-schwarz gefärbt und besitzen keine Spinndrüsen. Hervorstechend sind die vier fadenförmigen, zarten langen Beinpaare. Es existieren viele Formen der Brutpflege: Beispielsweise bewachen bei manchen Arten die Männchen die Eier vor weiblichen Weberknechten, welche die Eigelege verzehren würden. Larven sind adulten Tieren sehr ähnlich. Die Lebensweise ist vorrangig räuberisch. Weberknechte bilden eine Generation pro Jahr und benötigen für ihre Entwicklung bis zu acht Monate.

**Bedeutung und Förderung**

Die überwiegend nachtaktiv lebenden Weberknechte findet man auf dem Boden kriechend oder auf Hausmauern (z. B. *Opilio parietinus*) und auf Pflanzen (z. B. *Phalangium opilio*). Dort erbeuten sie kleine Insekten, Schnecken und Regenwürmer.

Weberknechte stellen einen weiteren wichtigen Bestandteil seitens der natürlichen Gegenspieler in einem ausgewogenen, formenreichen Ökosystem dar! Gefördert werden sie, ähnlich wie andere Spinnentiere, über die Erhaltung von Nischenvegetation

Weberknecht (*Egaenus* sp.) (Stolz, M.)

Weberknecht (*Opilio parietinus*) (Hluchy, M.)

und Feldrainen beziehungsweise unbehandelten Wegrändern.

## Webspinnen (Araneae)

Innerhalb der Webspinnen ist in Europa einzig die Unterordnung der Echten Webspinnen (Araneomorphae) mit der Überfamilie der Radnetzspinnen (Familien der Radnetz- (Araneidae), Baldachin- (Linyphiidae) und Haubennetzspinnen (Theridiidae)) sowie den Familien der Lauf- (Philodromidae), Trichter- (Agelenidae), Wolfs- (Lycosidae), Spring- (Salticidae) und Krabbenspinnen (Thomisidae) von Bedeutung.

Aufgrund der gemeinsamen räuberischen Lebensweise und der systematischen Nähe werden diese acht Spinnenfamilien zusammenfassend beschrieben. Angaben zu den Artenzahlen in Mitteleuropa entfallen.

### Beschreibung

Die Größe des Spinnenkörpers variiert mit 0,5–20 mm gewaltig. Spinnen haben einen zweigeteilten Körper, der sich in einen Kopf-Brust-Abschnitt mit sechs bis acht Augen, Cheliceren (Mundwerkzeuge) und vier Beinpaaren und in einen Hinterleib aufgliedert, in dem sich neben den Atmungs- und Geschlechtsorganen auch die Spinndrüsen befinden. Eier werden meist in großer Zahl (Hunderte bis Tausende) in Kokons abgelegt. Schlüpfende Jungspinnen sehen adulten Tieren bereits sehr ähnlich und unterscheiden sich äußerlich nur in der Größe. Ihre Ernährung erfolgt ausschließlich räuberisch! Heimische Arten werden in der Regel ein Jahr (selten zwei Jahre) alt.

Spinnen besitzen KEINE Flügel oder Fühler.

### Bedeutung und Förderung

Spinnen ernähren sich großteils von Insekten, die in ihrem Habitat vorkommen. Dabei existieren unterschiedliche Techniken, die Beute zu überwältigen. Radnetzspinnen warten, bis sich ein Beutetier in ihrem Netz verfängt, um es dann zu bezwingen und auszusaugen. In Getreidefeldern wurden enorme Blattlausfänge in Netzen ausgezählt. In Weinanlagen finden sich vor allem die adulten Stadien der Grünen

Südl. Glanz-Krabbenspinne (*Synema globosum*) (Hluchy, M.)

Springspinne (*Macaroeris nidicolens*) (Beránek, J.)

Krabbenspinne (*Thomisus onustus*) (Hluchy, M.)

Krabbenspinne (*T. onustus*) – Mit Fliege als Beute (Hluchy, M.)

Rebzikade sowie Kleinschmetterlinge in Radnetzen. Andere Arten jagen ihre Beute auf dem Boden oder auf Pflanzen. So können beispielsweise Krabbenspinnen den Populationsaufbau von Blattlauskolonien in Wiesen stören. Jagdspinnen, insbesondere Wolfsspinnen, zählen zu den wichtigsten Bodenräubern im Ackerland.

Damit Spinnen einen ungestörten Bestand aufbauen können, benötigen sie Flächen (Feldraine, Ackerrandstreifen, blühende Begrünungsbestände, biologische Korridore), die während der Ernte nicht geschnitten werden, da mit dem Schnitt die Spinneneikokons entfernt werden würden. Liegen gebliebener Schnitt hilft, Spinnenpopulationen zu erhalten.

Für Jagdspinnen sind Versteckmöglichkeiten wichtig. Negativ wirken sich auf Spinnenpopulationen die Anwendung von Breitbandinsektiziden und intensive Bodenbearbeitung aus.

Eichblatt-Radspinne oder Eichblatt-Kreuzspinne (*Aculepeira ceropegia*) (Zacharda, M.)

Wolfsspinne (*Pardosa* sp.) mit Jungtieren auf dem Hinterleib (Stolz, M.)

Wespenspinne (*Argiope bruennichi*) (Stolz, M.)

Gartenkreuzspinne (*Araneus diadematus*) (Stolz, M.)

Netz einer Radnetzspinne (Hluchy, M.)

*Aculepeira ceropegia* – Einspinnen der Beute (Hluchy, M.)

## Hundertfüßer (Chilopoda)

### Beschreibung

In Mitteleuropa gibt es 60 Arten von Hundertfüßern. Ihre Größe kann bis zu 10 cm – in den Tropen sogar 25 cm – betragen. Diese terrestrisch lebenden, hellgelben bis schwarzen Gliedertiere fallen durch den langen, gleichförmig gegliederten Körper auf, wobei jedes Körperglied ein Beinpaar trägt. Die Kopfkapsel mit langen Antennen ist deutlich abgesetzt und das letzte Körpersegment besitzt speziell geformte Beine, die mit einer Tastfunktion ausgestattet sind. Ebenfalls interessant ist das Beinpaar des ersten Körpergliedes (Greifbein), welches hakenförmig ausgebildet und mit Giftdrüsen bewehrt ist. Bei allen Arten legen die Männchen Spermapakete (Spermatophore) ab, die von den Weibchen aufgenommen werden. Nach der Befruchtung legen die Weibchen ihre Eier einzeln oder in Paketen ab. Bei einigen Arten ist Brutpflege durch die Weibchen bekannt. Larven sehen den ausgewachsenen Tieren sehr ähnlich! Steinläufer können bis zu sechs Jahre alt werden.

### Bedeutung und Förderung

Die nachtaktiven und räuberisch lebenden Hundertfüßer findet man beispielsweise unter altem Holz, Steinen, in der Borke oder in der Laubschicht! Sie ernähren sich von kleinen Würmern, Nacktschnecken und Gliederfüßern, welche sie mit ihren Giftklauen überwältigen. So stellen sie einen weiteren wichtigen Gegenspieler in einem intakten Ökosystem dar. Es bedarf keiner gezielten Schutz- und Fördermaßnahmen.

Gemeiner Steinläufer (*Lithobius forficatus*) (Stolz, M.)

Gemeiner Erdläufer (*Geophilus flavus*) (Stolz, M.)

## Insekten (Insecta)

### Hautflügler (Hymenoptera)

#### *Blattlauswespen (Aphidiidae) und Erzwespen (Aphelinidae)*

Aufgrund der gemeinsamen Wirtstierfamilie (Blattläuse) und der gemeinsamen parasitischen Lebensweise werden die beiden Familien zusammenfassend beschrieben. Angaben zum Vorkommen in Mitteleuropa entfallen!

### Beschreibung

Die bis zu 3 mm großen, schlanken und vorwiegend schwarz gefärbten zumeist geflügelten „Wespen" tragen in Ruheposition den Legestachel kaum sichtbar in den Hinterleib eingezogen. Weibchen legen ihre Eier meist einzeln in Blattläusen ab. In der anfangs noch lebenden Blattlaus entwickelt sich, auch wenn der Wirt mehrfach angestochen wurde, immer nur eine Wespenlarve. Die madenförmigen Larven besitzen weder Kopfkapsel noch Beine und fressen den Wirt von innen her auf. Die Verpuppung erfolgt in einem Kokon innerhalb der Blattlaus. Einige Tage nach der Eiablage stirbt der Schädling und sein Aussehen verändert sich zu einer kugeligen, meist braun, selten schwarz gefärbten Blattlausmumie (siehe Bild nächste Seite). Nach der Puppenruhe beißt das schlüpfende Adulttier eine kreisrunde Öffnung in die Körperhülle der Blattlausmumie, um zu schlüpfen. Es können bis zu sechs Generationen pro Jahr gebildet werden, wenn ein entsprechendes Angebot an Wirtstieren besteht.

### Bedeutung und Förderung

Blattlauswespen zählen zu den bedeutendsten Gegenspielern von Blattläusen. Zahlreiche Vertreter dieser Gruppe (*Aphidius colemani, Aphidius matricariae, Aphidius abdominalis, Aphidius ervi* etc.) werden in Massen vermehrt und als biologische Pflanzenschutzmittel insbesondere in Erwerbsgewächshäusern eingesetzt. Es besteht relativ hohe Wirtsspezialisierung. Dennoch können einige Arten gegen unterschiedliche Blattlausarten eingesetzt werden: Beispielsweise parasitiert die Schlupfwespe *Aphidius colemani* sowohl die Gurkenblattlaus (*Aphis gossypii*) auf Gurken als auch die Kreuzdornlaus (*Aphis*

Blattlauswespe – *Aphidius* sp. (Wyss, U.)

Blattlauswespen – Blattlausmumien mit Schlupflöchern adulter Wespen (Hluchy, M.)

Blattlauswespe – Blattlausmumie (Hluchy, M.)

*Trichogramma* sp. – Parasitiertes Schmetterlingsgelege (Hluchy, M.)

*nasturtii*) auf Paprika. Dieser Aspekt eröffnet raffinierte Bekämpfungsansätze: Beispielsweise mit der Einbringung und Vermehrung von Blattlausarten, die für die Gewächshauskultur ungefährlich sind, da sie sich nur auf einer speziell zur Verfügung gestellten Nebenkultur aufhalten können (z. B. Getreideblattlaus *Rhopalosiphum* sp. auf Gerste). Auf Basis dieser Blattläuse kann eine Grundpopulation an Nützlingen aufgebaut werden, die bei einsetzendem Schädlingszuflug sofort als Gegenspieler vor Ort verfügbar ist (Offenes Zuchtsystem).

Gefördert werden diese Nützlinge, indem man Lebensräume für Ersatzwirte schafft, die dafür sorgen (wie oben beschrieben), dass immer ein gewisser „eiserner Bestand" an Nützlingen vorhanden ist. Zudem ermöglichen naturnahe Strukturen die Überwinterung. Nektar von Doldenblütlern bzw. Honigtau bieten beispielsweise hervorragende Nahrungsquellen für adulte Nützlinge.

### *Faltenwespen (Vespidae)*

#### Beschreibung

In Mitteleuropa leben circa 100 Arten von Faltenwespen, wobei die Hornissenkönigin mit bis zu 35 mm die größte Vertreterin der heimischen Faltenwespen darstellt. Die meisten Wespen erkennt man an ihrer schwarzgelben Färbung und dem typisch eng geschnürten ersten Abdominalsegment, der sogenannten Wespentaille. Sowohl die eckigen Antennen als auch die großen Augen und die kräftigen Mundwerkzeuge stechen bei näherer Betrachtung hervor. Eier werden in extra gefertigte, papierartige Zellen abgelegt, in denen die beinlosen Larven (siehe Bild) schlüpfen und von Arbeiterinnen gepflegt werden. Später erfolgt ebendort die Verpuppung.

Wespen sind soziale Insekten, wobei die Königin im Frühjahr mit der Koloniegründung beginnt und anfangs alleine für die Brutpflege sorgt. Der Großteil der Nachkommen sind Arbeiterinnen, die die Aufzucht der jüngeren Larven und die Fütterung der Königin übernehmen. Im Herbst werden neue Königinnen geboren, die nach erfolgter Paarung überwintern und im Frühjahr neue Kolonien gründen können.

#### Bedeutung und Förderung

Faltenwespen fressen viele schädliche Insekten, vor allem Fliegen, können allerdings auch Schaden an Früchten anrichten. In einem ausgewogenen Öko-

Hornisse (*Vespa crabro*) (Pokorný, V.)

Gallische Feldwespe (*Polistes gallicus*) (Beránek, J.)

Deutsche Wespe (*Vespula germanica*) (Pokorný, V.)

Gemeine Wespe (*Vespa vulgaris*) – Obst als alternative Nahrungsquelle (Pokorný, V.)

Gallische Feldwespe (*P. gallicus*) – Nest (Stolz, M.)

system sollte man sie tolerieren, solange keine wirtschaftlichen Schäden entstehen. Hagelschutznetze können im Weinbau neben Fangflaschen zur Wespenabwehr beitragen.

## Grabwespen (Spheciformes)

### *Sphecidae und Crabronidae*

**Beschreibung**

Vielfältig gefärbte Wespen mit Wespentaille und einer Größe von wenigen Millimetern bis einigen Zentimetern. In Mitteleuropa ist diese Gruppe mit 300 Arten vertreten. Adulte Tiere ernähren sich von Pollen und Nektar. Die Brutfürsorge betreibenden Weibchen lähmen ihre Beutetiere, wie z. B. Insekten und deren Larven, als Nahrungsvorrat für ihre Nachkommen. Paralysierte Wirtstiere werden in selbst gegrabenen Gängen mit je einem Ei belegt. Die Brutkammer wird verschlossen. Ist die Larval- und Puppenphase abgeschlossen, verlässt das fertige Insekt die Brutkammer im Boden.

**Bedeutung und Förderung**

Förderung durch ein breites Angebot an Blütenpflanzen und die Bereitschaft, einen geringen Schädlingsbefall als Nahrungsreservoir zu tolerieren.

Grabwespe (*Mellinus arvensis*) – Legt ihre Eier in paralysierte Beutetiere, die in Nestgängen vergraben werden. (Zacharda, M.)

Gemeine Sandwespe (*Ammophila sabulosa*) – Trägt eine paralysierte Raupe. (Hluchy, M.)

## Schlupfwespen (Ichneumonidea)
### *Ichneumonidae und Braconidae*
## und
## Erzwespen (Chalcidoidea)
### *Encyrtidae, Trichogrammatidae, Pteromalidae*

Aufgrund der gemeinsamen Wirtstierfamilie (Schmetterlinge) und der gemeinsamen parasitischen Lebensweise dieser Gegenspieler werden die oben genannten Wespenfamilien zusammenfassend beschrieben. Mengenangaben zu den in Mitteleuropa vorkommenden Arten entfallen!

Als wirtschaftlich bedeutende Nützlinge werden die Familien der Trichogrammatidae sowie der Aphidiidae und Aphelinidae in eigenen Kapiteln hervorgehoben.

**Beschreibung**

Es werden unterschiedlichste Entwicklungsstadien (Ei, Larve, Puppe) der Schmetterlinge parasitiert. Entsprechend variiert die Größe der Nützlinge von 0,5 mm (Eiparasitoide) bis 25 mm (Larven/Puppenparasitoide). Die Färbung variiert stark, wobei schwarz vorherrscht und gelbe und rote Musterungen vorkommen können. Der für die Eiablage wichtige Legestachel bzw. Legebohrer kann entweder groß und deutlich sichtbar getragen werden oder schwer erkennbar und klein ausgeprägt sein.

Die Verpuppung kann im Wirtstier stattfinden. Einige Arten verlassen ihren Wirt auch zur Verpuppung. Die jährliche Anzahl an Generationen korreliert direkt mit dem Vorhandensein parasitierbarer Wirtstiere.

**Bedeutung und Förderung**

Bedeutende Eiparasitoide finden sich bei den *Trichogramma*-Erzwespen (siehe nachfolgend Trichogrammatidae). Encyrtidae legen ebenfalls ihre Eier in Schmetterlingseier. Die Larven entwickeln sich

Schlupfwespe (*Ophion* sp.) (Beránek, J.)

Schlupfwespe – Nektarsaugende Imago (Hluchy, M.)

Brackwespenlarven (*Apalanteles* sp.) – Parasitierte Schmetterlingsraupe (Pokorný, V.)

Schlupfwespe *Ephialtes manifestator* (Pokorný, V.)

Kohlweißlings-Brackwespe *Cotesia glomerata* – Puppenkokons an einer parasitierten Weißlingslarve
© Whitney Cranshaw, Colorado State University, Bugwood.org

Schlupfwespe *Virgichneumon monostagon* (Pokorný, V.)

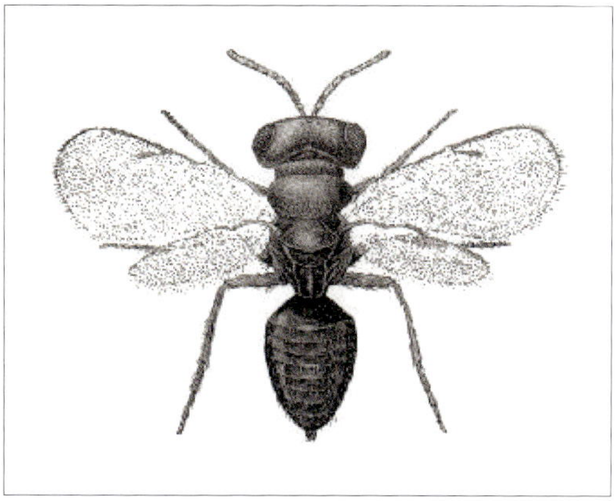

*Pteromalus puparum* (Public domain)

vollends in den Raupen. Bekannt ist die Kohlweißlings-Brackwespe (*Cotesia glomerata*) als bedeutender Parasit der Larven des Kohlweißlings. Als Beispiel eines Puppenparasitoiden sei *Pteromalus puparum* angeführt.

Abhängig sowohl von der Wirts- als auch der Wespenart können sich bis zu einige Tausend Nützlinge in einem Schmetterlingsstadium entwickeln. Dabei ergeben sich Parasitierungsraten einer Schädlingspopulation von bis zu 93 %. Adulte Nützlinge ernähren sich von Honigtau, Blütennektar, aber auch von Körpersäften parasitierter Tiere.

Die beschriebenen Wespenarten sind gegenüber chemischen Pestiziden sehr empfindlich! Selektiver nützlingsschonender Pflanzenschutz gekoppelt mit der Förderung und der Erhaltung naturnaher Lebensräume bei großer Artenvielfalt an Blütenpflanzen sind hilfreiche Rahmenbedingungen, um einen natürlich vorkommenden Bestand dieser Nützlinge bei Bedarf rasch verfügbar zu haben.

### *Trichogramma-Erzwespen (Trichogrammatidae)*

**Beschreibung**

In Mitteleuropa kennt man circa zehn Arten der 0,5–2 mm großen Eiparasitoiden.

Die äußerst kleinen, gelben bis dunkelbraunen Insekten fallen in der freien Natur aufgrund ihrer Größe kaum auf. Die parasitischen Larven entwickeln sich meist in Schmetterlingseigelegen, seltener in Käfer-, Fliegen- oder Wanzeneiern. Die typische Verfärbung parasitierter Eigelege ist schwarz, wodurch diese gut von nicht parasitierten Eiern unterschieden werden können. Die Verpuppung erfolgt ebenfalls im Wirts-

*Trichogramma*-Erzwespe – Eiablage (Wyss, U.)

*Trichogramma*-Erzwespe – Schlupf aus parasitiertem Wirtsei (Wyss, U.)

*Trichogramma*-Erzwespe (Wyss, U.)

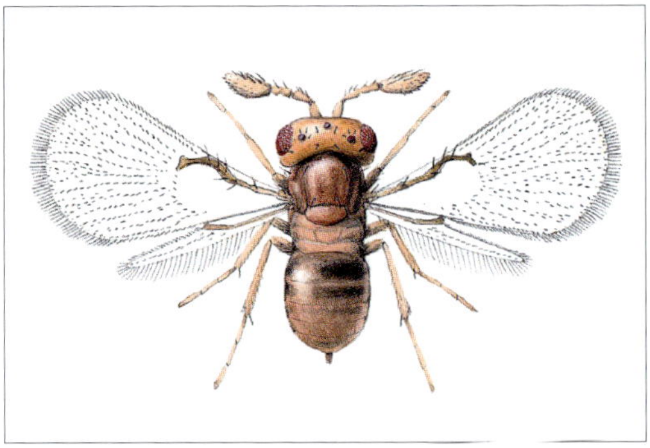

*Trichogramma*-Erzwespe – Körperbau (Gregor, F.)

ei, aus dem in weiterer Folge die adulte Erzwespe schlüpft, um erneut Schmetterlingseier aufzuspüren. Es werden bis zu acht Generationen pro Jahr gebildet.

**Bedeutung und Förderung**

*Trichogramma*-Arten zählen zu den bekanntesten in Labors vermehrten Nützlingen. Ihr Einsatzspektrum ist gewaltig und reicht vom großflächigen Freilandeinsatz (Maiszünslerbekämpfung) über den Einsatz in Gewächshäusern (beispielsweise gegen diverse Eulenfalter/Noctuidae) bis zum Vorratsschutz in großen „Silobehältern" gegen Dörrobstmotten und zur Pflaumenwickler-Bekämpfung in Obstanlagen.

Am besten fördert man die Etablierung eines eigenen Bestandes durch hohe Artenvielfalt an potenziellen Wirtstieren und Toleranz gegenüber einem geringen Schmetterlingsbefall an neutralen Wirtspflanzen z. B. in der vielartigen Begrünung, deren Eier als Vermehrungsgrundlage für diverse *Trichogramma*-Arten dienen können. Besonders bedeutend ist der Verzicht auf den Einsatz von Breitbandinsektiziden.

## Heuschrecken (Orthoptera)

### *Langfühlerschrecken (Ensifera)*

Speziell Laubheuschrecken (Tettigonioidea) und Grillen (Grylloidea)

**Beschreibung**

In Mitteleuropa leben circa 35 Arten von Langfühlerschrecken mit einer Körperlänge von 1,5 bis 50 mm. Auffallend sind die kräftigen Hinterbeine, die auch bei Heimchen und manchen Grillen stärker ausgeprägt sind. Bei den im Boden lebenden Maulwurfsgrillen stechen wiederum besonders die kurzen, gedrungenen, schaufelförmigen Vorderbeine hervor.

Erwähnenswert sind auch die Schrillvorrichtungen (Stridulationsorgan) auf den Flügeldecken, die im Sommer für das typische „Grillenzirpen" verantwortlich sind. Es entsteht durch das Aneinanderreiben der sogenannten Schrilladern der Vorderflügel.

Die Eiablage kann in den Boden einzeln oder bei den Maulwurfsgrillen in Gelegen erfolgen. Junglarven kriechen aus dem Boden und ernähren sich unter anderem von Blattläusen, kleinen Bodeninsekten und Aas. Es gibt kein Puppenstadium. Pro Jahr wird eine

Große Sägeschrecke (*Saga pedo*) – Seltene, räuberisch lebende Art (Macháček, P.)

Nadelholz-Säbelschrecke (*Barbitistes constrictus*) (Hluchy, M.)

Feldgrille © Eric Steinert, CC BY-SA 3.0

Maulwurfsgrille © George Chernilevsky, public domain

Großes Grünes Heupferd (*Tettigonia viridissima*) (Stolz, M.)

Säbelschrecke (*Barbitistes* sp.) (Stolz, M.)

Weinhähnchen (*Oecanthus pellucens*) (Stolz, M.)

Gemeine Strauchschrecke (*Pholidoptera griseoaptera*) (Hluchy, M.)

Generation gebildet. Die Feldgrille (*Gryllus campestris*) und Maulwurfsgrille (*Gryllotalpa gryllotalpa*) können mehrere Jahre leben.

**Bedeutung und Förderung**

Heuschrecken ernähren sich meist phytophag, was sie auch zu Schädlingen werden lassen kann. Nützlich sind sowohl die rein räuberisch lebenden Arten von Langfühlerheuschrecken, wie z. B. die Große Sägeschrecke (*Saga pedo*), als auch sogenannte „Mischköstler", wie das Große Grüne Heupferd (*Tettigonia viridissima*), das sich sowohl von Insekten wie Fliegen, Käferlarven und Raupen als auch von Pflanzenteilen ernährt.

Eine gezielte Förderung bzw. Ansiedlung von Langfühlerschrecken wird deshalb in diesem Zusammenhang nicht empfohlen.

## Käfer (Coleoptera)

### *Kurzflügler (Staphylinidae)*

**Beschreibung**

Von dieser äußerst artenreichen Käferfamilie findet man in Mitteleuropa circa 2.000 Arten, meist mit einer Größe von 2–8 mm (selten bis zu 40 mm). Typisch sind die stark verkürzten Flügeldecken, wodurch bis zu sieben Segmente des Hinterleibes frei liegen können. Oberflächlich betrachtet besteht eine gewisse Ähnlichkeit mit Ohrwürmern, allerdings fehlen den Kurzflügel-Käfern die Zangen am Hinterleib. Die Hinterflügel liegen in Ruhe geschickt gefaltet unter den Vorderflügeln verborgen. Die Eiablage der 100–300 Eier erfolgt entweder im Boden in der Nähe der Nahrungsquellen oder, bei parasitisch lebenden Arten, am oder im Wirtstier. Kurzflügler verpuppen sich im Boden. Sie bilden bis zu drei Generationen pro Jahr. Die Überwinterung erfolgt im Larven- oder Puppenstadium.

Räuberisch lebende Arten ernähren sich beispielsweise von Milbeneiern, Fliegenmaden (Kohlfliege), Schmetterlingsraupen (Kohlweißling) oder leben in Ameisennestern. Den Großteil dieser Insektenfamilie bilden Aasfresser oder Arten, die sich von Pollen oder Pilzen ernähren.

**Bedeutung und Förderung**

Die meisten Kurzflüglerarten leben in feuchten Lebensräumen. Oftmals findet man faszinierende gemeinsame Lebensformen von Staphylinidae mit Ameisen. Unter den räuberisch lebenden Larven und adulten Käfern gibt es kaum Nahrungsspezialisten, sondern eher Generalisten. Bei parasitisch lebenden Arten kennt man bedeutende Gegenspieler, deren

Schwarzer Moderkäfer (*Ocypus olens*) (Hluchy, M.)

Kaiserlicher Kurzflügler (*Staphylinus caesareus*) (Hluchy, M.)

Mauer-Kurzflügler (*Ontholestes murinus*) (Beránek, J.)

Feld-Sandlaufkäfer (*Cicindela campestris*) (Beránek, J.)

Larven Fliegenpuppen befallen (Rübenfliege). Mit der Schaffung von Versteckmöglichkeiten und einer gewissen Toleranz gegenüber Beikräutern fördert man Kurzflüglerbestände! Der Einsatz von Breitband-Pestiziden (Insektiziden) würde auch Kurzflügler-Populationen reduzieren.

### *Laufkäfer (Carabidae) und Sandlaufkäfer (Cicindelidae)*

**Beschreibung**

In Mitteleuropa leben ungefähr 760 Arten von Laufkäfern und zwölf Arten von Sandlaufkäfern, deren Körperlänge 1,7–70 mm beträgt. Die Tiere besitzen kräftige und lange Laufbeine. Der deutsche Name „Laufkäfer" deutet an, dass es sich um schnelle und

Kupferfarbener Listkäfer (*Poecilus cupreus*) (Beránek, J.)

Wald-Sandlaufkäfer (*Cicindela sylvatica*) (Macháček, P.)

Lederlaufkäfer (*Carabus coriaceus*) (Pokorný, V.)

Großer Puppenräuber (*Calosoma sycophanta*) (Macháček, P.)

Glatter Laufkäfer (*Carabus glabratus*) (Beránek, J.)

Grabkäfer (*Pterostichus* sp.) (Pokorný, V.)

Hainlaufkäfer (*Carabus* sp.) – Larve (Pokorný, V.)

gute Läufer handelt. Bei vielen Arten fehlen die Hinterflügel und oft sind die Flügeldecken miteinander verschmolzen. Die Grundfärbung ist schwarz und kann metallisch glänzen. Eier (20–60 Stück) werden meist einzeln in Erdhöhlen abgelegt. Die schlanken, beweglichen Larven leben wie die adulten Tiere ebenfalls meist räuberisch! Die Puppenruhe findet im Boden statt. Adulte Tiere können mehrere Jahre alt werden. Gejagt werden Würmer, Schnecken und Insekten. Vegetarisch ernährt sich in dieser Insektenfamilie beispielsweise der Getreidelaufkäfer!

**Bedeutung und Förderung**

Die meisten Laufkäferarten gelten als besonders gefräßig! Manche Arten können täglich Nahrung bis zum Dreifachen des eigenen Körpergewichtes zu sich nehmen. In dieser enorm wichtigen Gruppe finden sich effiziente Gegenspieler von Getreideblattläusen, Fliegen- und Kartoffelkäferlarven.

Durch Schaffung von Versteckmöglichkeiten, wie sie Wiesen, Feldränder oder Hecken bieten, kann man einerseits die Vermehrung und andererseits die Etablierung hoher Laufkäferdichten (Abundanzen) unterstützen. Aus diesen Lebensräumen wandern Laufkäfer in Kulturpflanzbestände ein und können sich dort ebenfalls gut etablieren. Voraussetzung ist, dass auch dort gute Verstecke und Schutzmöglichkeiten bestehen, indem die Ackerböden gelockert bleiben und idealerweise Untersaaten oder Begrünungen vorgesehen sind. Auch auf eine gewisse Feuchtigkeit ist zu achten.

Der Einsatz von Breitbandpestiziden, insbesondere bei fehlenden Versteckmöglichkeiten, kann sich negativ auf die Populationsdynamik der Carabidae auswirken.

### *Marienkäfer (Coccinellidae)*

**Beschreibung**

In Mitteleuropa findet man circa 70 bis 80 Arten von Marienkäfern. Auffallend ist die halbkugelige Körperform der 1–12 mm großen adulten Tiere, die bei vielen Arten eine leuchtend farbige (rote, gelbe oder schwarze) Warntracht aufweisen. Ab Ende April werden bis zu 400 Eier in Gruppen von 10–60 Stück oftmals an der Blattunterseite abgelegt. Die länglichen Larven können an den Körperseiten Warzen besitzen oder wachsartige Fäden (Zwergmarienkäfer/*Scymnus* sp.) tragen. Das Puppenstadium findet man oft an der Oberseite von Pflanzenteilen. In Mitteleuropa werden meist zwei Generationen pro Jahr gebildet. Die räuberisch lebenden Marienkäferarten fressen großteils Blattläuse – wie der bekannteste Vertreter, der Siebenpunkt-Marienkäfer (*Coccinella septempunctata*). Einige Arten ernähren sich von Spinnmilben, Schildläusen, Zikadennymphen, aber auch von Mehltaupilzen.

**Bedeutung und Förderung**

Bei den meisten Marienkäfern leben sowohl Larven als auch adulte Tiere räuberisch! Deshalb gelten Marienkäfer in der Landwirtschaft als äußerst wichtige Nützlinge! Der Siebenpunkt-Marienkäfer kann wäh-

Siebenpunkt-Marienkäfer (*Coccinella septempunctata*) (Beránek, J.)

Zweipunkt-Marienkäfer (*Adalia bipunctata*) – Formenvariabilität (Wyss, U.)

Zweiundzwanzigpunkt-Marienkäfer (*Psyllobora vigintiduopunctata*) (Beránek, J.)

rend seines gesamten Lebens bis zu 3.000 Blattläuse vertilgen. Der Schwarze Kugelmarienkäfer (*Stethorus punctillum*) spielt eine wichtige Rolle als Fraßfeind von Milben. Der Zweiundzwanzigpunkt- bzw. Pilz-Marienkäfer (*Psyllobora vigintiduopunctata*) ist mycetophag und lebt von Mehltaupilzen.

Fördern kann man die Ansiedlung von Marienkäfern über Pflege von artenreichen Naturwiesen und Begrünungen. Es sollte ein natürliches Blattlausangebot vorhanden sein, da die Marienkäfer als effektive Räuber auch auf hohe Beutedichten angewiesen sind. Für die Überwinterung adulter Tiere bieten Hecken und Böschungen an den Randflächen

Marienkäfer – Distel mit Blattlausbefall und natürlicher Blattlausbekämpfung (Hluchy, M.)

Zwergmarienkäfer (*Scymnus* sp.) – Larve (Beránek, J.)

Vierzehnpunkt- oder Schachbrett-Marienkäfer (*Propylea quatuordecimpunctata*) (Pokorný, V.)

Marienkäfer – Larve (Wyss, U.)

Asiatischer Marienkäfer (*Harmonia axyridis*) – Larve (Beránek, J.)

Marienkäfer – Puppe (Wyss, U.)

Asiatischer Marienkäfer (*Harmonia axyridis*) – Farbvarianten (Beránek, J.)

Rundfleckiger Schildlausmarienkäfer (*Chilocorus renipustulatus*) (Stolz, M.)

Rundfleckiger Schildlausmarienkäfer – Larve (Stolz, M.)

Rundfleckiger Schildlausmarienkäfer – Puppen (Stolz, M.)

gute Versteck- und Schutzmöglichkeiten. Nisthilfen für Insekten oder Lebenstürme werden ebenfalls als Überwinterungsmöglichkeiten genutzt.

Pflanzenschutzmaßnahmen an Kulturpflanzen sollten sorgfältig gewählt werden, da Breitbandinsektizide auch natürlich vorkommende Nützlinge wie Marienkäfer treffen würden. Sowohl mit einer vernünftigen Wirkstoffauswahl als auch guter Applikationstechnik und wohl überlegter Wirkstoffdosierung gelingt es, die natürlichen Gegenspieler gegenüber Schädlingen zu schonen.

Erwähnenswert ist auch der Asiatische Marienkäfer (*Harmonia axyridis*), der aufgrund der Färbung seines Halsschildes auch Vielfarbiger Marienkäfer oder Harlekin-Marienkäfer genannt wird. Er gilt als interessantes Beispiel für einen sehr erfolgreichen Nützling, der allerdings auch problematische Eigenschaften aufweist: Zu Beginn dieses Jahrhunderts zur biologischen Schädlingsbekämpfung über die USA aus seiner Heimat, Asien, nach Europa importiert, droht er durch Massenauftreten und Selektionsvorteil heimische Arten zu verdrängen und die heimische Insektenfaunen zu verändern. Nach der Traubenernte in die Kelter gelangende und mitgepresste Käfer können dem Wein durch ein Biomolekül eine unangenehme Geruchsnote geben. Dies gilt allerdings auch für die einheimischen Marienkäfer wie auch den Ohrwurm. Ein Abladen über Sortier- und Rüttelpulte reduziert den Besatz an Insekten im Lesegut.

### *Weichkäfer (Cantharidae)*

**Beschreibung**

Circa 100 Arten fand man bisher in Mitteleuropa mit Körpergrößen zwischen 4 und 15 mm. Diese langen, schlanken, meist leicht behaarten Käfer besitzen einen weichen Körper mit ebenso schwach chitinisierten Flügeldecken. Farblich erscheinen sie braun, rot und schwarz, wobei das Halsschild auch anders gefärbt sein kann. Im Mai erfolgt die Eiablage im Boden oder in Totholz. Ab Juni leben die Larven am oder im Boden und ernähren sich von kleinen Insekten, Schnecken oder Pflanzenteilen. Es überwintern die Larven unter Moos, Blättern oder Steinen. Die Verpuppung erfolgt in einer Puppenwiege in der Laubschicht. Weichkäfer bilden in gemäßigten Breiten eine Generation pro Jahr. Räuberisch lebende adulte Käfer lauern an Blütenbüscheln (Doldenblütlern) auf ihre Beute und können sich zusätzlich von Pflanzenteilen ernähren. Zur Abwehr von Fressfeinden können sie ein „übelriechendes" Sekret absondern.

Soldatenkäfer (*Podabrus rugosulus*) (Pokorný, V.)

Gemeiner Weichkäfer (*Cantharis fusca*) (Pokorný, V.)

Roter Weichkäfer (*Rhagonycha fulva*) (Pokorný, V.)

**Bedeutung und Förderung**

Der Lebensraum der Weichkäfer ist zumeist nicht die landwirtschaftliche Nutzkultur, sondern die Krautschicht oder die Randstreifen. Beschrieben wird, dass sie in Getreidekulturen als Blattlausgegenspieler auftreten.

Fördern kann man ihr Vorkommen mit der gezielten Pflege von Doldengewächsen (wie z. B. Wilde Möhre, Schafgarbe), die nicht nur für die räuberische Lebensweise (Lauern auf Beute), sondern auch als Nahrungsquelle eine gewisse Bedeutung haben.

## Kamelhalsfliegen (Raphidioptera)

**Beschreibung**

In Mitteleuropa kommen 16 Arten dieser 8–18 mm großen Insekten vor. Die deutsche Bezeichnung dieser Insektenordnung leitet sich von dem auffällig langen ersten Brustsegment (Prothorax) ab, der dazu führt, dass die Tiere einen charakteristisch langen „Hals" aufweisen.

Der Kopf erscheint groß und birnenförmig. Kamelhalsfliegen haben eine fleckig braune Farbe und bei den Weibchen findet man am Hinterleibsende eine Legeröhre, die zur Eiablage in Rindenspalten eingeführt wird. Die Larven leben ein bis drei Jahre in der Borke, wo sie sich auch von forstschädigenden Käfer- und Schmetterlingslarven ernähren und auch verpuppen. Imagines ernähren sich ebenfalls räuberisch von kleinen Insekten, vor allem von Blatt- und Schildläusen.

**Bedeutung und Förderung**

Kamelhalsfliegen haben aufgrund ihres seltenen Vorkommens nur geringe Bedeutung bei der Schädlingsminimierung im Obst- und Weinbau. Sie sind jedoch ein weiterer „Puzzlestein" in der Heterogenität (Vielfältigkeit) der großen Gruppe an natürlichen Gegenspielern. Fördern kann man diese Nützlinge durch Schutz des Habitates! Wegen ihrer langen Lebensdauer (ein bis zwei Jahre) sind Kamelhalsfliegen sehr anfällig gegenüber Pestizideinsätzen, die ganze Populationen vernichten können.

Gefleckte Kamelhalsfliege (*Phaeostigma notata*) – Weibchen (Beránek, J.)

Kamelhalsfliege (*Phaeostigma* sp.) – Larve (Pokorný, V.)

## Netzflügler (Neuroptera)

### *Florfliegen (Chrysopidae)*

**Beschreibung**

In Mitteleuropa leben circa 35 Arten dieser 8–18 mm langen Tiere. Auffallend ist die netzartige Struktur der Flügel, die in Ruhe dachförmig über dem Hinterleib getragen werden. Die Tiere selbst sind gelbgrün, grün bis braun gefärbt. Die deutsche Bezeichnung „Goldauge" kommt von den großen, goldglänzenden Augen. Die gestielten Eier werden an Borke oder Blattunterseiten abgelegt. Die räuberisch lebenden Larven sind äußerst beweglich und tragen zwei unproportional große zangenförmige Kiefer, mit denen sie ihre Beutetiere packen und aussaugen.

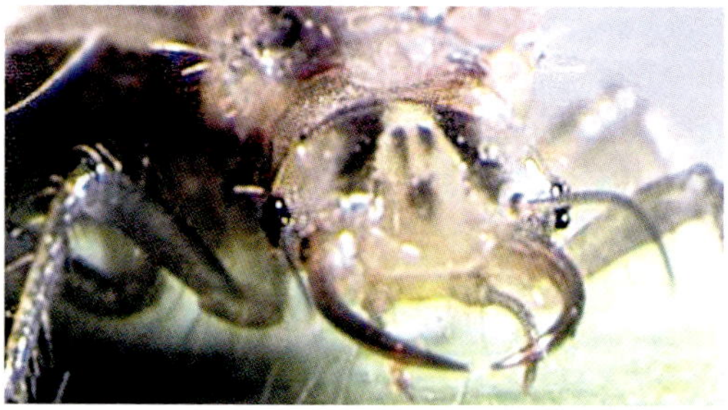

Florfliege – Mundwerkzeuge der Larve (Wyss, U.)

Die Verpuppung erfolgt in einem Kokon an Pflanzenteilen. Die Imago überwintert an geschützten Orten u. a. gerne in Häusern, aber auch in bereitgestellten Florfliegenhäuschen, Nisthilfen für Insekten oder Lebenstürmen.

Bei der Gattung *Chysoperla* leben Larven und Imagines räuberisch von Milben und Insekten. Die Larven der meisten übrigen Florfliegenarten ernähren sich fast ausschließlich von Arthropoden; deren Imagines vorwiegend von Pollen, Nektar und Honigtau. Es werden ein bis zwei Generationen pro Jahr gebildet.

**Bedeutung und Förderung**

*Chrysoperla „Chrysopa" carnea* ist eine besonders nützliche Art, die sich als ausgesprochener Nahrungsgeneralist von vielen verschiedenen Schädlingen ernähren kann. Da sie sich relativ einfach vermehren lässt, wird sie häufig zur biologischen Schädlingsbekämpfung, beispielsweise in Gewächshäusern zur Blattlaus- oder Spinnmilbenbekämpfung, eingesetzt.

Um Florfliegen anzusiedeln, sollte man darauf achten, dass einerseits Blütenpflanzen, aber auch Schädlinge wie Blattläuse in ihrem Lebensraum verfügbar sind. Der begleitende Pflanzenschutz in Kulturflächen sollte mit nützlingsschonenden Wirkstoffen erfolgen.

Florfliege – Eier (Hluchy, M.)

Florfliege – Larve (Pokorný, V.)

Florfliege – Puppe im Kokon (Hluchy, M.)

Florfliege – Imago (Stolz, M.)

### *Taghafte (Hemerobiidae)*

**Beschreibung**

Taghafte sind mit 40 Arten die größte einheimische Familie der Ordnung der Netzflügler in Mitteleuropa. Die meisten dieser Arten ähneln in ihrem Aussehen den Florfliegen. Der größte Vertreter mit bis zu 30 mm Spannweite, *Drepanepteryx phalaenoides*, ähnelt im Aussehen einem braunen Blatt (Mimese). Die Eier sind, im Gegensatz zu jenen der Florfliege, nicht oder nur sehr kurz gestielt. Die Larven, die sogenannten „Blattlauslöwen", sind sehr effektive Blattlausgegenspieler. Die meisten Arten überwintern als verpuppungsreife Larve in einem in Pflanzenteilen eingesponnenen Kokon.

**Bedeutung und Förderung**

Gefördert werden Taghafte durch artenreiche Vegetation, das Zulassen eines Blattlausbestandes und den Einsatz von nützlingsschonenden Wirkstoffen.

Taghafte *Micromus variegatus* © entomart

Taghafte *Drepanepteryx phalaenoides*
© G. Schuster, Wikimedia CC

## Ohrwürmer (Dermaptera)

**Beschreibung**

In Mitteleuropa leben sieben Arten von Ohrwürmern. Auffallend sind die kräftigen Zangen (Cerci) am Körperende der 10–20 mm lang gestreckten Tiere. Die kurzen Flügeldecken enden vor dem Hinterleib. Die Grundfarbe der Tiere ist braun. Im Herbst bzw. im Frühjahr werden Eier in Erdröhren abgelegt und von den Muttertieren umsorgt. Larven sehen den adulten Tieren bereits sehr ähnlich! Sie werden oftmals eine gewisse Zeit vom Muttertier gepflegt und gefüttert. Es gibt kein Puppenstadium. In der Regel bilden Ohrwürmer eine Generation pro Jahr. Ihre Nahrung besteht aus Aas, Pflanzenteilen und weichhäutigen Insekten.

**Bedeutung und Förderung**

Ohrwürmer werden nicht immer eindeutig den Nützlingen zugeordnet und können mitunter aufgrund des breiten Nahrungsspektrums auch schädlich sein. Dennoch tragen sie in einer ausgewogenen landwirtschaftlichen Kultur durch ihre räuberische Lebensweise zur Schädlingsreduktion (Blattläuse, Schmetterlingsraupen) bei.

Einen Ohrwurmbestand kann man sehr gut aufbauen und schützen, indem man zusätzliche Versteckmöglichkeiten wie umgedrehte, mit Stroh gefüllte Blumentöpfe oder „Ohrwurmsäckli" anbietet. Diese ohrwurmfördernden Versteckmöglichkeiten müssen in Obstkulturen im Zeitraum von vor der Fruchtreife bis nach der Fruchternte entfernt werden, da Ohrwürmer auch Früchte als Nahrungsquelle nut-

Gemeiner Ohrwurm (*Forficula auricularia*) (Pokorný, V.)

Gemeiner Ohrwurm – Nahrungsaufnahme in Blattlauskolonie (Pokorný, V.)

Ohrwurmtopf (Fischer-Colbrie, P.)

Ohrwurmsäckli (Fischer-Colbrie, P.)

zen und durch Fruchtschädigung, dadurch bedingtes Verpilzen und zusätzliches Verkoten der Früchte die Erntequalität und -quantität reduzieren können.

## Schmetterlinge (Lepidoptera)

### Beschreibung

In Mitteleuropa sind circa 4.000 Arten von Schmetterlingen mit einer Körperlänge von 1,5 mm bis 100 mm beschrieben. Diese Insektenordnung besitzt in der Regel zwei Paar häutiger Flügel. Im Normalfall ist das gesamte Tier von Wachsschuppen bedeckt. Farblich besteht eine enorme Bandbreite. Die Eiablage – je nach Spezies 20–1.000 Stück – erfolgt einzeln oder in Gruppen, meist an Pflanzenteile. Manche Arten befallen aber auch Textilien oder Lebensmittelvorräte. In der Landwirtschaft sind viele Schmetterlingslarven als Schädlinge bekannt. Nach der Puppenruhe schlüpfen die adulten Falter, die von mehrjährigen Zyklen bis zu vier Generationen pro Jahr bilden können. Räuberisch lebende Arten der Noctuidae sind meist univoltin (eine Generation pro Jahr).

### Bedeutung und Förderung

Einerseits dienen Larven, Puppen und Imagines oft als wichtige Futterquelle für viele Räuber, Parasitoide und insektenpathogene Mikroorganismen wie Pilze, Viren oder Bakterien. Andererseits, und dies ist weniger bekannt, gibt es räuberisch lebende „Eulenraupen" (Schmetterlingsfamilie der Noctuidae) wie die Trapezeule (*Cosmia trapezina*) und die Satellit-Wintereule (*Eupsilia transversa*), die sich von anderen Schmetterlingsarten wie Zünslern und Wicklern ernähren können, oder die Raupen von *Calymma communimacula*, die auf Obstbaum-Schmierläuse spezialisiert sind.

Das Vorhandensein gewisser Schmetterlingsarten ist ein guter Bioindikator für die Qualität der Umwelt (Nahrungsangebot sowohl für Larven als auch für Imagines vorhanden). Fördern kann man die Artenvielfalt an Schmetterlingen durch die Bereitstellung von NICHT-Kulturpflanzen (Ersatzkulturpflanzen, Kräutermischungen), dem selektiven Einsatz von Insektiziden sowie beispielsweise den Sexualpheromonen in der Verwirrungstechnik zur Bekämpfung landwirtschaftlich relevanter Schadfalter (für weiterführende Informationen siehe Kapitel Gegenmaßnahmen – biologische Pflanzenschutzstrategien > Biologische Pflanzenschutzmittel und Nützlinge > Pheromone).

Trapezeule – Raupe © H. Melzer

Trapezeule – Imago (Hrabák, R.)

*Calymma communimacula* – Falter © P. Buchner

*Calymma communimacula* – Falter, seitlich © P. Buchner

Satellit-Wintereule – Falter © P. Buchner

Satellit-Wintereule – Falter, Farbvariante © P. Buchner

Satellit-Wintereule – Raupe (Pokorný, V.)

## Schnabelkerfe (Hemiptera)

### *Wanzen (Heteroptera) – räuberische Wanzen: Blumenwanzen (Anthocoridae), Sichelwanzen (Nabidae), Weichwanzen (Miridae), Baumwanzen (Pentatomidae)*

Aufgrund der gemeinsamen räuberischen Lebensweise und der systematischen Nähe im Insektenreich werden diese vier Familien der Raubwanzen zusammenfassend beschrieben. Angaben zu den Artenzahlen in Mitteleuropa entfallen.

**Beschreibung**

Manche Vertreter der angeführten Raubwanzenfamilien werden bis zu 15 mm lang. Sie besitzen alle einen gut sichtbaren Saugrüssel. Abgesehen von Bestimmungsmerkmalen auf den Flügeln, können sich Raubwanzen in Gestalt, Farbe und Größe deutlich voneinander unterscheiden.

Eier werden oft in pflanzliches Gewebe gelegt und bilden beispielsweise bei Sichelwanzen (Nabidae) die Überwinterungsform. Im Frühjahr schlüpfen die Larven, welche in den ersten beiden Stadien flügellos sind. Erst nach der zweiten Häutung werden Flügelscheiden ausgebildet. Abgesehen davon unterscheiden sich die älteren Larvenstadien kaum von den adulten Tieren. Es gibt keine Puppenruhe und oft wird in Mitteleuropa nur eine Generation pro Jahr gebildet. Eine wichtige Ausnahme wären die Blumenwanzen, die bis zu drei Generationen bilden können.

**Bedeutung und Förderung**

Viele Wanzen sind als pflanzensaftsaugende Schädlinge bekannt. Räuberisch lebende Arten saugen Spinnmilben, Blattläuse, Zikadennymphen oder Thripse aus.

Diverse Blumenwanzenarten (*Orius* sp.) spielen eine vorrangige Rolle in der biologischen Schädlingsbekämpfung in Gewächshäusern. Dazu werden sie in großen Mengen von sogenannten Nützlingszuchten vermehrt, in kleine Plastikdosen verpackt und dann in der zu schützenden Kultur ausgebracht. Viele Raubwanzenarten können neben der karnivoren Lebensweise auch phytophag lebend gewisse beutearme Phasen überbrücken. Deshalb sind Blumenwiesen und Feldraine wichtige Rückzugsgebiete für diese Tiere, deren Adultformen (beispielsweise Blumenwanzen) oder Eistadien (beispielsweise bei den Weichwanzen) hier geschützt überwintern können.

Zweizähnige Dornwanze oder Zweispitzwanze (*Picromerus bidens*) (Zacharda, M.)

Blumenwanze (*Orius laevigatus*) (Wyss, U.)

Baumsichelwanze (*Himacerus apterus*) (Beránek, J.)

Blumenwanze – Imago beim Anstechen einer Thripslarve (Wyss, U.)

Ameisen-Sichelwanze (*Himacerus mirmicoides*) (Pokorný, V.)

Blumenwanze – Larve beim Anstechen einer Thripslarve (Wyss, U.)

## Zweiflügler (Diptera)

### *Gallmücken (Cecidomyiidae)*

**Beschreibung**

In Mitteleuropa leben circa 700 Arten von Gallmücken. Ihre Körpergröße liegt zwischen 0,4 und 5 mm. Wenige Ausnahmen werden bis zu 8 mm groß. Adulte Gallmücken besitzen sehr lange zarte Beine. Besonders auffallend sind die langen feingliedrigen Antennen. Räuberisch lebende Arten legen ihre orange gefärbten Eier in Blattlauskolonien ab, wo ebenfalls gelb bis orange gefärbte Larven durch diese Färbung hervorstechen. Die madenförmigen Gallmückenlarven besitzen keine Beine! Die Larven der meisten Arten leben phytophag und verursachen oft typische Gallenbildungen an verschiedensten Pflanzenteilen. Die Puppenruhe findet in der Regel an der Bodenoberfläche oder in den Gallen statt. Gallmücken können ein bis fünf Generationen pro Jahr bilden.

Gallmücke – Weibchen (Wyss, U.)

**Bedeutung und Förderung**

Diese natürlich vorkommenden Gegenspieler der Blattläuse stellen in Bekämpfungskonzepten des Erwerbsgartenbaues einen der wichtigsten Nützlinge dar und werden in großen Mengen gezielt dafür vermehrt. Die Hauptart ist *Aphidoletes aphidimyza.* Gallmücken gelten als omnipräsent, weshalb die Vermeidung von Pestizideinsätzen bzw. die Verwendung gering toxischer und wenig persistenter Wirkstoffe als ihre wertvollste Unterstützung gilt.

### *Raubfliegen (Asilidae)*

**Beschreibung**

In Deutschland kommen circa 80 Arten von Raubfliegen vor. Weltweit sind mehr als 7.000 Arten beschrieben, wobei manche Exemplare bis zu 30 mm groß werden. Besonders auffallend sind bei diesen mittelgroßen behaarten und schlanken Fliegen die

Gallmücke – Männchen mit typischen Antennen (Wyss, U.)

Raubfliege – Beim Aussaugen einer Schwebfliege (Hluchy, M.)

Gallmücke – Larve © W. Cranshaw, Colorado State University, Bugwood.org

Raubfliege (Stolz, M.)

Raubfliege (Beránek, J.)

kräftig beborsteten Beine und die scharfen Mundwerkzeuge.

Adulte Tiere jagen im Flug unter anderem Schmetterlinge, andere Fliegen und Bienen, aber auch Käfer.

Eier werden entweder im Flug fallen gelassen, in Rindenritzen oder an die Basis von Blättern gelegt. Die Larvalentwicklung kann zwischen einem und mehreren Jahren dauern. Die Ernährung bilden andere Insektenlarven – vor allem pflanzenfressende Käferlarven.

**Bedeutung und Förderung**

In der großen Gruppe der natürlichen Gegenspieler spielen Asilidae in einem intakten Ökosystem eine bedeutende Rolle, um die Balance zu Schadinsekten aufrecht zu erhalten. Eine abwechslungsreiche Umgebung mit hoher Artenvielfalt unterstützt das Vorkommen dieser eindrucksvollen Insektenfamilie. Der Einsatz von Breitbandinsektiziden sollte vermieden werden.

### *Raupenfliegen (Tachinidae)*

**Beschreibung**

In Mitteleuropa findet man circa 500 Tachinidae-Arten. Erwachsene Raupen- oder Schmarotzerfliegen sind mittelgroß und auf den ersten Blick kaum von Stubenfliegen zu unterscheiden. Ihre Färbung ist grau bis braun. Die ausschließlich parasitisch lebenden Insekten legen ihre Eier entweder direkt auf den Wirt oder in dessen unmittelbarer Nähe ab.

Larven sitzen oft am Wirtstier oder dringen aktiv in dieses ein, wo sie sich anfangs von dessen Hämolymphe und später von dessen lebenswichtigen Organen ernähren. In weiterer Folge stirbt der Wirt ab. Die Puppenruhe erfolgt in der Regel außerhalb des Wirtskadavers in sogenannten Tönnchenpuppen. Meist werden ein bis zwei Generationen pro Jahr gebildet.

**Bedeutung und Förderung**

Viele landwirtschaftliche Schädlinge wie Eulenraupen (Erdraupen), Blattwespenlarven, Rapsstängelrüssler oder Maiszünsler werden von Schmarotzerflie-

Igelfliege (*Tachina fera*) (Pokorný, V.)

Schmarotzerfliege *Dexia rustica* © Rui Andrade, CC BY-SA 3.0

Raupenfliege – Parasitierte Gamma-Eule (*Autographa gamma*) (Pokorný, V.)

gen parasitiert. Die wirtschaftliche Bedeutung lässt sich schwer einschätzen, da Raupenfliegen meist im Rahmen, also parallel zum Massenauftreten von Schädlingen beobachtet werden und somit der vorbeugende Effekt nicht eindeutig bewertbar ist.

Beim Maikäfer, Junikäfer und deren Engerlingen tritt die Schmarotzerfliege *Dexia rustica* auf.

Fördern sollte man Schmarotzerfliegen indirekt über Bereitstellung eines breiten Pflanzenangebotes für ihre Wirtstiere und durch Verzicht auf Breitbandinsektizide.

### *Schwebfliegen (Syrphidae)*

#### Beschreibung

In Mitteleuropa gibt es circa 800 Schwebfliegenarten. Manche dieser Arten werden bis zu 15 mm groß. Charakteristisch ist die kontrastreiche Bänderung des Hinterleibes adulter Tiere. Speziell die gelbschwarze Färbung führt beim ungeübten Betrachter immer wieder zu Verwechslungen mit Wespen und Bienen, was allerdings rasch mit dem Hinweis auf die fehlende Wespentaille ausgeräumt werden kann.

Etwa 25 % der Schwebfliegenlarven leben räuberisch von Blattläusen und gelten als wichtige natürlich vorkommende Gegenspieler. Die Eiablage der räuberisch lebenden Arten erfolgt in der Nähe der Nahrungsquelle (Blattlausherde). Schwebfliegen-Larven sehen unförmig plump aus und besitzen keine Beine. Sie erbeuten Blattläuse mithilfe eines Mundhakens, welcher auch zum Aussaugen der Beute dient. Die meisten Arten überwintern im letzten Larvenstadium oder als Imago. Die Puppenruhe findet entweder auf der Pflanze oder im Boden statt. Adulte Tiere ernähren sich von Blütennektar, Honigtau und Pollen. Je nach Art werden ein bis fünf Generationen pro Jahr gebildet.

#### Bedeutung und Förderung

Schwebfliegen spielen eine bedeutende Rolle in der biologischen Blattlausbekämpfung und sind in Blattlausherden rasch anzutreffen, da die Imagines gezielt Blattlauskolonien aufsuchen, um dort ihre Eier abzulegen.

Die bedeutendste Art ist die Hainschwebfliege (*Episyrphus balteatus*), die über weite Strecken „wandern" kann. Schwebfliegen findet man in fast allen landwirtschaftlichen Kulturen, in denen sich Blattlausvermehrungen aufbauen.

Hainschwebfliege (*Episyrphus balteatus*) (Hluchy, M.)

Schwebfliege – Eiablage (Wyss, U.)

Schwebfliege – Larve in Blattlauskolonie (Hluchy, M.)

Schwebfliege – Larve bei der Nahrungsaufnahme (Wyss, U.)

Späte Großstirnschwebfliege (*Scaeva pyrastri*) (Pokorný, V.)

Späte Großstirnschwebfliege (*S. pyrastri*) – Larve (Pokorný, V.)

Kleine Schwebfliege (*Syrphus vitripennis*) (Pokorný, V.)

Kleine Schwebfliege (*S. vitripennis*) – Larve (Pokorný, V.)

Adulte Tiere kann man gut mit Nektarpflanzen als Nahrungsquelle anlocken. Von dort aus können vorhandene Schwebfliegen jederzeit auf Blattlauskolonien, die in den eigentlichen Kulturpflanzen Probleme verursachen, überwandern und früh die Bekämpfung übernehmen.

Sollten unterstützende Pestizidanwendungen notwendig sein, ist der Gebrauch von nützlingsschonenden Wirkstoffen zu empfehlen bzw. sollte bei der Dosierung nicht mit Höchstkonzentrationen gearbeitet werden.

## Prädatoren unter den Wirbeltieren (Chordata)

Während der Begriff „Nützlinge" bei den Arthropoden seit einigen Jahrzehnten etabliert ist, haben die Gruppe der zoophagen Wirbeltiere und deren Bedeutung für ein ausgewogenes Ökosystem einen noch geringen Bekanntheitsgrad. Das altgriechische Wort „Zoophagie" bezeichnet das Fressen von lebenden Tieren durch andere Lebewesen und sei in der Folge an wichtigen Beispielen der Wirbeltiere dargestellt.

### Lurche (Amphibia)

#### *Froschlurche (Anura)*

**Beschreibung**

In Europa kommen 25 Froschlurch-Arten vor, die sich in „echte" Frösche (Ranidae), Kröten (Bufonidae) und Unken (Bombinatoridae) aufgliedern lassen. Die Hinterbeine adulter Tiere sind deutlich kräftiger ausgeprägt als die Vorderextremitäten. Charakteristisch ist die hüpfende und springende Fortbewegung. In der Lurchhaut befinden sich zahlreiche Schleimdrüsen, die diese so feucht halten, sodass Hautatmung möglich ist. Die Färbung reicht von weißlich über rötlich, braun, grau, grün bis schwarz (Bauch unterseitig sogar orange). Manche Arten produzieren zudem ein giftiges Wehrsekret. Eier (Laich) werden meistens in Gewässer abgelegt. Ausschlüpfende Kaulquappen tragen während ihrer Larvalentwicklung im Wasser einen Schwanz, der mit der Metamorphose zum Landtier verloren geht. Unken können – als langlebigste Vertreter dieser Wirbeltierklasse – bis zu 13 Jahre alt werden.

**Bedeutung und Förderung**

Die im Wasser lebenden „Kaulquappen" ernähren sich vorwiegend vegetarisch. Erwachsene Froschlurche sind ausschließlich Fleischfresser. Ihre Hauptnahrungsquellen sind Würmer, Insekten und Schnecken. Insekten werden dabei oft im Sprung erbeutet.

Es gibt einige geschützte Froscharten. Da Frösche beim Überqueren von Fahrbahnen überfahren werden, helfen sogenannte Amphibienleitsysteme (beispielsweise auf Routen zwischen Winterquartier und Laichgewässern), die Opferzahlen unter den Fröschen stark zu reduzieren. Grundsätzlich benötigen Frösche saubere Gewässer (Bäche, Teiche, Flüsse), die für die laichenden Weibchen im Frühjahr gut erreichbar sind.

Europäischer Laubfrosch (*Hyla europaea*) (Stolz, M.)

## Kriechtiere (Reptilia)

### *Echte Eidechsen (Lacertidae), Schleichen (Anguidae) und Schlangen (Serpentes)*

**Beschreibung**

In Europa können wir 120 Arten von Kriechtieren antreffen. Im Unterschied zu den Amphibien gibt es bei den Reptilien kein Larvenstadium. Es werden entweder Eier abgelegt, aus denen Jungtiere schlüpfen oder lebende Jungtiere geboren: Sowohl im Körper des Muttertieres (Viviparie: „Viper" lässt sich von „vivipar" ableiten!) als auch während des Geburtsvorganges (Ovoviviparie, z. B. Blindschleiche, Kreuzotter) können die Jungtiere bereits aus den Eiern schlüpfen. Hauptmerkmale sind ein Schwanz, eine Haut mit Schuppen und zwei Beinpaare, die allerdings bei den Schlangen verkümmert sind. Männchen sind in der Regel farbenprächtiger als Weibchen; generell reicht die Färbung von braun über grün und grau bis zu schwarz. Hautareale mit gelber Warnfarbe (Ringelnatter) bzw. blaue Areale (Paarungskleid der Östlichen Smaragdeidechse *Lacerta viridis*) sind möglich. Es findet eine innere Befruchtung statt, der beispielsweise bei Echsen „Lock-Tänze" der Männchen vorangehen. Bei Eidechsen liegt die Gelegegröße

Erdkröte (*Bufo bufo*) (Hluchy, M.)

Ringelnatter (*Natrix natrix*) (Macháček, P.)

Wechselkröte (*Bufo viridis*) (Stolz, M.)

Zauneidechse (*Lacerta agilis*) – Jungtier (Beránek, J.)

zwischen 5 und 20 Eiern – bei Schlangen zwischen 5 und 30. Zauneidechsen können bis zu zwölf und Schlangen bis 30 Jahre alt werden.

**Bedeutung und Förderung**

Reptilien sind Gegenspieler von Schädlingen wie Nacktschnecken, Mäusen und einigen größeren Insekten (Heuschrecken, Zikaden, Käfer). Sie benötigen eine strukturierte Umwelt, die einerseits ungestörte Sonnenplätze und andererseits gute Versteckmöglichkeiten bietet. Da die kleineren Vertreter dieser Tierklasse viele natürliche Feinde haben, stellen Feldränder und Böschungen wichtige Rückzugsgebiete dar, wo sie sich rasch unter Steinen, am Boden liegenden Ästen oder in Erdhöhlen verstecken können. Straßen und Wege erweisen sich immer wieder als gefährliche Fallen für diese Tiere, wo sie vom Verkehr, aber auch den landwirtschaftlichen Nutzfahrzeugen erfasst und getötet werden.

Mauereidechse (*Podarcis muralis maculiventris*) – Männchen (Stolz, M.)

Blindschleiche (*Anguis fragilis*) (Stolz, M.)

Balkanzornnatter (*Hierophis gemonensis*) (Stolz, M.)

## Vögel (Aves)

### *Sperlingsvögel (Passeriformes)*

**Beschreibung**

Sperlingsvögel sind eher kleine Vertreter dieser Tierklasse, wobei 60 % aller Vögel dieser Ordnung zugerechnet werden. In Mitteleuropa leben circa 230 Arten. Ab 8 cm Körperlänge (Goldhähnchen, *Regulus* sp.) sind sie eher klein, allerdings gibt es exotische Vertreter mit einer Länge bis zu 120 cm (Paradiesvogel).

Meist sind männliche Sperlingsvögel farbenprächtiger gefärbt als weibliche. Allerdings finden sich in dieser artenreichen Gruppe sowohl einfarbige Arten (Amsel, Krähe) als auch gut getarnte Vertreter (Sperling, Grünling, Zaunkönig, Lerche, Grasmücke etc.). Ein Kennzeichen sind die drei nach vorne gestreckten Zehen – die vierte Zehe ist nach hinten ausgestreckt und ermöglicht auch das Sitzen auf dünnen Ästen. Man findet zahlreiche Zugvögel in dieser Ordnung. Weibliche Sperlingsvögel legen ein bis fünf Eier. Die Brutpflege ab Eiablage dauert beispielsweise beim Rotkehlchen (*Erithacus rubecula*) zwischen 12–15 Tage und bei der Saatkrähe (*Corvus frugilegus*) bis zu einen Monat.

Die durchschnittliche Lebensdauer kleinerer Sperlingsvögel beträgt zwei bis fünf Jahre. Größere Ver-

Sperlingsvogel – Brütendes Weibchen (Macháček, P.)

treter, wie die Saatkrähe, können bis zu 22 Jahre alt werden.

**Bedeutung und Förderung**

Es gibt rein vegetarisch und rein karnivor (fleischfressend) lebende Arten. Spezialisierte Insektenfresser sind beispielsweise Schwalben (Hirundinidae) und Mauersegler (*Apus apus*). Meisen wiederum picken in Obstanlagen überwinternde Apfelwickler-Larven aus der Borke der Apfelbäume. Die Ansiedlung von Meisen in Obstanlagen kann gefördert werden, indem man Rohre mit einem Durchmesser von 12 cm und einer Länge von 20 cm als Übernachtungsquartier bereitstellt. Dennoch ist die Ansiedlung von Vögeln zur Regulierung eines Massenauftretens an Schädlin-

Star (*Sturnus vulgaris*) – Am Nesteingang (Macháček, P.)

Buntspecht (*Dendrocopos major*) (Macháček, P.)

Amsel (*Turdus merula*) – Nest mit Küken in Rebanlage (Hofmann, U.)

Kohlmeise (*Parus major*) (Macháček, P.)

Blaumeise (*Cyanistes caeruleus*) (Macháček, P.)

Sperbergrasmücke (*Sylvia nisoria*) (Macháček, P.)

gen weit weniger erfolgreich als beispielsweise der Einsatz insektenpathogener Krankheiten (beispielsweise Granuloseviren).

Hecken und Bäume bieten wichtige Rückzugs- und Versteckmöglichkeiten für Vögel. Auch der Verzicht des Einsatzes von Breitbandpestiziden wirkt sich positiv auf die Populationsdynamik von Vögeln aus, da vergiftete Insekten über die Verfütterung an die Jungtiere zu deren Tod führen können.

### *Greifvögel (Falconiformes) und Eulenartige (Strigiformes)*

**Beschreibung**

Der Körperbau dieser Vögel wirkt gedrungen und kräftig – nur Vertreter der Falkenartigen sind zierlichere und leichtgewichtige Räuber. In Europa leben 13 Arten der Falkenartigen (Falconidae), 36 Arten der Habichtsartigen (Accipitriformes) sowie 12 Eulenarten. Ihr Gefieder ist bauchseitig meist hell und geht zur Körperoberseite hin in eine graue, braune oder rötliche Färbung über. Ein zumeist kurzer Hals trägt einen großen Kopf mit ebenfalls großen Augen. Der Schnabel ist kurz und hakenförmig. Eulen können zusätzlich Federohren besitzen.

Je nach Art werden ein bis maximal fünf Eier gelegt. Nach 28–45 Tagen Bebrütung und Fütterung durch das Weibchen unternehmen die Jungvögel erste Flugversuche. In der folgenden Bettelflug- bzw. Ästlingsphase werden die flüggen Jungvögel von beiden Elternvögeln versorgt. Greifvögel werden zwischen 18 (Wanderfalke, *Falco peregrinus*) und 30 Jahre (Steinadler, *Aquila chrysaetos*), Eulen

Mäusebussard (*Buteo buteo*) (Macháček, P.)

Turmfalke (*Falco tinnunculus*) – Paar bei der Aufzucht der Nestlinge (Macháček, P.)

Waldkauz (*Strix aluco*) (Macháček, P.)

Falken – Künstlicher Nistplatz (Hluchy, M.)

zwischen 10 und 50 Jahre (Uhu, *Bubo bubo*) alt. Eulen sind dämmerungs- und nachtaktiv.

**Bedeutung und Förderung**

Greifvögel und Eulen ernähren sich ausschließlich karnivor. Beutetiere sind – je nach Größe und Spezialisierung – große Insekten, Amphibien und Reptilien sowie kleine Säugetiere und Vögel. Ein Turmfalke frisst drei bis fünf, ein Bussard fünf bis 14 und ein Waldkauz bis zu 4 Mäuse täglich.

Limitierender Faktor für die Etablierung eines ausgeglichenen Bestandes ist das Vorhandensein von genügend Nistmöglichkeiten.

## Säugetiere (Mammalia)

### *Flatter- oder Fledertiere (Chiroptera)*

**Beschreibung**

In Europa leben circa 25 Fledermausarten, jedoch keine Flughunde. In dieser Ordnung findet man Vertreter der kleinsten lebenden Säugetiere. Ihr Körper ist von dichtem, braunem oder grauem Fell bedeckt. Charakteristisch ist die Flugmembran, die sich von den Handgelenken bis zu den Fußgelenken spannt und von den Fingergliedern aufgespannt wird. Sie ermöglicht den Tieren einen aktiven, an Höhe gewinnenden Flug. Interessant ist die Jagd, die per Ultraschall-Echopeilung während der Dämmerung oder in der Nacht im Flug erfolgt. Eine niedrige Fortpflanzungsrate mit einem Jungtier pro Jahr wird durch eine lange Lebensdauer von bis zu 20 Jahren ausgeglichen.

Fledermaus – Nächtlicher Beutefang (Zacharda, M.)

Zwergfledermaus (*Pipistrellus pipistrellus*)
(Jeffdelonge, Wikimedia CC BY-SA 3.0)

**Bedeutung und Förderung**

Viele europäische Fledertiere, wie z. B. die Zwergfledermaus *Pipistrellus pipistrellus*, ernähren sich von Insekten. Südamerikanische Arten ernähren sich auch von Blut anderer Säugetiere und Vögel; daneben gibt es vegetarisch lebende Arten.

Bedauerlicherweise sind einige Arten bedroht! Dies hängt damit zusammen, dass ihnen Ruheplätze und Rückzugsmöglichkeiten fehlen. Oftmals ist der Mensch schuld, da große Lebensräume versiegelt oder zerstört werden.

Fördern kann man die Flatter- oder Fledertiere durch die Bereitstellung von Tages- und Winterverstecken. Wichtig ist dabei, dass diese Orte möglichst ungestört bleiben.

### *Insektenfresser (Insectivora)*

**Beschreibung**

Die wichtigsten Vertreter der 13 Insektenfresser-Arten in Europa sind Maulwürfe (Talpidae), Igel (Erinaceidae) und Spitzmäuse (Soricidae). Sie sind, je nach Art, 3–45 cm groß. Mit der Etrusker-Spitzmaus findet man in dieser Ordnung die kleinsten Säugetiere (8 cm inkl. Schwanz). Die meisten Vertreter tragen ein kurzes Fell, welches bei den größten Arten der Gruppe – den Igeln – an der Körperoberseite zu Stacheln umgewandelt ist. Die Fellfarbe ist meist dunkel bis schwarz. Kopf und Schnauze sind langgestreckt. Die Zähne sind gut an die karnivore (fleischfressende) Lebensweise angepasst. Der Geruchssinn ist für die Nahrungssuche sehr wichtig. Manche Spitzmausarten (Wasserspitzmäuse der Gattung *Neomys*) können in ihrer Speicheldrüse ein Gift produzieren, welches größere Beutetiere lähmen kann. Die meisten Insectivora leben außerhalb der Paarungszeit als Einzelgänger. Die Tragzeit beträgt zwischen 20 und 50 Tage. Auch die Anzahl an Nachkommen variiert stark zwischen zwei und zehn Jungtieren, die blind, als sogenannte Nesthocker, geworfen werden. Die Lebensdauer beträgt bei Spitzmäusen ein bis zwei, bei Maulwürfen drei bis vier und bei Igeln bis zu sieben Jahre.

Maulwurf (*Talpa europaea*) (Stolz, M.)

Braunbrustigel – Weibchen mit Jungtier (Rödl, P.)

Spitzmaus (Stolz, M.)

**Bedeutung und Förderung**

Wie der Name ausdrückt, ernähren sich Insektenfresser großteils von Insekten und anderen Gliedertieren. Neben Würmern, Schnecken und Aas werden auch Früchte und Samen verzehrt. Das Gewicht der täglichen Nahrungsrationen kann beispielsweise bei Spitzmäusen dem eigenen Körpergewicht entsprechen.

Die beste Förderung ist, Insektenfressern gute Versteckmöglichkeiten anzubieten.

### *Raubtiere (Carnivora)*

**Beschreibung**

Diese bekannte Tiergruppe umfasst in Europa circa 20 Arten, wie beispielsweise Bären, Wölfe, Marder, Wildkatzen oder Otter. Bekannt sind domestizierte Arten wie Hunde und Katzen.

Tiere dieser Ordnung besitzen eine ausgesprochen unterschiedliche Gestalt; so findet man hunde- oder katzenartige Tiere oder an das Wasser angepasste Formen, wie beispielsweise Robben und Seelöwen. Charakteristisch sind die dominanten Eckzähne und die Krallen an den Zehen. Meistens gibt es einen Wurf pro Jahr. Größere Arten werfen nur alle 2–3 Jahre (Großkatzen, Bären). Die meisten Raubtiere werden zwischen acht und zwölf Jahre alt. Deutlich übertroffen werden diese von den Bären, die bis zu 30 Jahre alt werden können.

**Bedeutung und Förderung**

Wichtige Vertreter sind das Wiesel und der Marder als natürliche Feinde der Feldmaus. Gerade das Wiesel fördert man in Obst- und Weingärten mit der Bereitstellung von Steinhaufen (Steinriegel), wo sich die Tiere gerne aufhalten und verstecken können.

Mauswiesel (*Mustela nivalis*) (Rödl, P.)

# Gegenmaßnahmen – Biologische Pflanzenschutzstrategien

Der folgende „Allgemeine Teil" der biologischen Pflanzenschutzstrategien befasst sich ausführlich mit der Bedeutung natürlich vorkommender Gegenspieler für die Selbstregulierung von Ökosystemen!

Spezielle klimatische Parameter, wie feuchte Witterungslagen (günstig für Pilzkrankheiten) oder warme Winter (begünstigen das Überleben höherer Schädlingspopulationen), aber natürlich auch der Trend zur immer intensiveren Nutzung der Kulturflächen führen dazu, dass – trotz Ausschöpfung aller vorbeugender Maßnahmen – schwierige Situationen für ökologisch wirtschaftende landwirtschaftliche Betriebe entstehen können.

In der Folge werden Strategien besprochen, die vor allem im Ökolandbau helfen können, Ertragsausfälle zu vermeiden. Gerade in den letzten 30 Jahren wurden zahlreiche Gegenmaßnahmen entwickelt, die sich durch geringe oder kaum vorhandene toxikologische Relevanz (Rückstandsprotokolle, Anwenderschutz), eine nachhaltige Wirkung und oftmals eine spannende Wirkungsgeschichte auszeichnen.

Die Schwerpunkte der ersten beiden Kapitel (Monitoring und Pflanzenstärkung) sind dem Thema Vorbeugung gewidmet. Bei den nachfolgend beschriebenen biologischen Pflanzenschutzmitteln – beginnend mit gezieltem Nützlingseinsatz – ist der rechtzeitig gewählte Einsatzzeitpunkt von entscheidender Bedeutung für den Erfolg oder Misserfolg der gewählten Maßnahme.

**Folgendes Beispiel unterstreicht die Bedeutung des richtigen Einsatzzeitpunktes:**
Eine Raubmilbe kann gut einen Spinnmilbenbefall von 30 Tieren auf einer Pflanze bewältigen (bei einer Fraßleistung von täglich fünf Spinnmilben). Übersieht man diese Schadschwelle und setzt die Raubmilbe zu spät ein, also z. B. bei einem Befall von 5.000 Spinnmilben pro Pflanze, würde eine tägliche Bekämpfung von fünf Spinnmilben wie ein „Tropfen auf den heißen Stein" wirken, da sich die übrigen 4.995 Spinnmilben schneller vermehren als die einzelne Raubmilbe. Andererseits kann nach Ansiedlung von Raubmilben wie z. B. *Typhlodromus pyri* in Obst- und Rebanlagen bei einem Besatz von zwei Raubmilben pro Blatt – rechtzeitig angewandt – ein dauerhafter Schutz vor einem Spinnmilbenbefall erzielt werden.

## Monitoring

Die Bezeichnung „Monitoring" kommt aus dem Englischen und bedeutet „Beobachtung" oder „Überwachung". In der Landwirtschaft werden vielfältige „Monitoringmethoden" eingesetzt, um den Krankheits- und Schädlingsbefall von Kulturpflanzen auf Erstbefall und Verlauf zu kontrollieren!

Eine besondere Bedeutung haben Monitoringmethoden in biologischen Pflanzenschutzkonzepten, da der Bekämpfungserfolg direkt mit dem Befallsdruck korreliert. Anders ausgedrückt: Je stärker eine Pilzinfektion oder ein Problemschädling bereits im Bestand etabliert ist, desto schwieriger ist die biologische Bekämpfung!

Zahlreiche Methoden stehen für die Überwachung von Kulturpflanzen zur Verfügung! Nachfolgend seien die gängigsten **Monitoringverfahren** (ohne Anspruch auf Vollständigkeit) kurz erklärt:

- Visuelle Kontrolle
- Klopftrichter
- Käfigmethode
- Prognosemodelle
- Farbtafeln
- Pheromonfallen

**Visuelle Kontrolle**

Die meisten Landwirte kennen ihre Weinberge oder Obstgärten sehr gut und wissen genau, an welchen Stellen Schädlinge und Krankheiten jährlich zuerst auftreten. Genau an diesen Orten sollte bei den Kulturarbeiten ganz besonders auf Veränderungen geachtet werden!

Visuelle Kontrolle (Stolz, M.)

Klopftrichter © AGES GmbH, Christa Lethmayer, 2013

Astkäfig © AGES GmbH, Josef Altenburger, 2013

Lichtfalle zur Überwachung des Fluges von Schadinsekten (Hluchy, M.)

Gelbe Farbtafel für Haut- und Zweiflügler (Stolz, M.)

Blaue Farbtafel für Thripse
© AGES GmbH, 2013

Pheromonfalle (Bagar, M.)

Pheromonfalle mit Pheromondispenser (Fischer-Colbrie, P.)

### Klopftrichter

Diese Methode stellt eine Ergänzung zur visuellen Kontrolle dar: Sowohl Schädlinge als auch Nützlinge und zufällig anwesende Arten werden erfasst. Klopftrichter bestehen aus festem Gewebe mit genau definiertem Durchmesser (0,25 $m^2$), an dessen verjüngtem Ende ein Schraubglas befestigt ist. Darin sammeln sich die Arthropoden, die mit einem gepolsterten Stock von dem zu untersuchenden Ast/der jeweiligen Rebe geschlagen werden.

### Käfigmethode

Bei Schädlingen ist es sehr wichtig, die ersten schlüpfenden Individuen zu erfassen. Da dies zwischen den einzelnen Standorten aufgrund der unterschiedlichen Mikroklimate und zahlreicher weiterer Einflussfaktoren stark variieren kann, werden überwinternde Schädlingsstadien, beispielsweise Schmetterlingspuppen, in einem Käfig an einem bestimmten Standort ausgebracht und deren Schlupfzeitpunkt beobachtet.

### Prognosemodelle

Bei einigen Krankheiten, wie dem Falschen Mehltau (*Peronospora* sp.) der Weinrebe oder dem Schorf der Äpfel, ist die Epidemiologie (v. a. Auftreten und die Verbreitung von Krankheiten in einer Population) und Schädlichkeit des Krankheitserreger relativ eng mit Wetterfaktoren (Blattnässe, Niederschlag, Temperatur) korreliert und kann dadurch in Kombination mit vollautomatischen Wetterstationen sehr gut prognostiziert werden. Auch bei einigen anderen Krankheiten, wie beispielsweise Echtem Mehltau an Wein (*Oidium*), liefern die rein mathematisch basierten Berechnungsmodelle der Prognoseverfahren gute Richtwerte, nach denen der Einsatz von Pflanzenschutzmitteln sowohl im ökologischen wie auch im integrierten Anbau gezielt vorgenommen werden kann.

Pheromonfalle – Fang auf beleimtem Einlegeblatt (Judt, C)

Messstation für Prognosemodelle (Litschmann, T.)

### Farbtafeln

Für viele Insekten simulieren einfärbige Tafeln eine „Superblüte", die bevorzugt angesteuert wird! Sind diese Tafeln beleimt, bleiben die Tiere kleben und man hat so einerseits einen Indikator für das Erstauftreten und erhält andererseits auch interessante Informationen zur Flugintensität.

Die Farbe Weiß wirkt sehr attraktiv für Sägewespen, Gelb für Kirschfruchtfliegen und Zikaden, Blau für Thripse, Rot für den Holzbohrer usw.!

Bei einigen Schadinsekten, z. B. Zikaden, können Leimtafeln auch zum Massenfang und damit zur direkten Populationsreduktion eingesetzt werden.

### Pheromonfallen

Schmetterlingsweibchen geben ein Sexualpheromon ab, welches die Männchen anlockt! Diese Duftstoffe wurden chemisch analysiert und synthetisch nachgebaut. Legt man nun eine „Duftkapsel" (Pheromon-Nukleus) in eine Falle mit klebrigem Leimpapier, dann finden die Männchen diese Duftquelle und bleiben auf dem Leimpapier kleben. Ähnlich wie bei den Farbtafeln können Flugdichte und Flugbeginn abgelesen werden!

Zu beachten ist, dass mit Pheromonfallen nur Männchen gefangen werden, Weibchen reagieren auf das Sexualpheromon nicht!

## Pflanzenstärkungsmittel, Pflanzenschutzmittel und Nützlinge

Die Bezeichnung Pflanzenstärkungsmittel wurde in den 80er-Jahren in Deutschland aus einer Gruppe unterschiedlichster Substanzen etabliert. Die Bandbreite war enorm: So finden sich beispielsweise Produkte mit einer für eine Registrierung zu geringen pflanzenschützerischen Wirkung (beispielsweise „schwefelsaure Tonerden") bis hin zu Produkten auf Basis von

Tees, symbiontisch lebenden Mikroorganismen oder Nahrungsgrundstoffen.

Gerade im Biologischen Pflanzenschutz begann man sich mit diesen Produkten intensiver auseinanderzusetzen. Dabei wurden viele gelistete Stärkungsmittel zu Säulen biologischer Strategien bei der Ertragsabsicherung (Risikominimierung) des Ökolandbaues!

Mit 14. Februar 2013 wurde die bestehende Liste an Pflanzenstärkungsmitteln außer Kraft gesetzt und Produkte, deren primärer Zweck es ist, Pflanzen vor Schadorganismen zu schützen, werden nun unter den Definitionen des neuen Pflanzenschutzmittelgesetzes auf Basis der Verordnung (EU) Nr. 1107/2009 neu bewertet.

Produkte, die dazu bestimmt sind, der allgemeinen Gesunderhaltung der Pflanzen zu dienen oder vor nichtparasitären Beeinträchtigungen zu schützen, werden in Deutschland weiterhin als Pflanzenstärkungsmittel in Verkehr gebracht. Diese Gruppe hat Österreich 1 : 1 in die Düngemittelverordnung als Pflanzenhilfsmittel übernommen und diese Mittel können somit auch in Österreich angewandt werden. Weiters gibt es die Möglichkeit, Pflanzenhilfsmittel im Zuge des Österreichischen Düngemittelgesetzes (DMG 2021) oder auf Basis der EU-Düngemittelvordnung (2019/2009) zuzulassen, wo die Pflanzenstärkungsmittel in der Kategorie Pflanzen-Biostimulantien angeführt sind. Der Einsatz von Nützlingen zur biologischen Schädlingsbekämpfung findet aktuell auf Basis nationaler Regelungen der einzelnen EU-Mitgliedstaaten statt. In Österreich müssen Nützlinge gemäß der österreichischen Pflanzenschutzmittelverordnung 2011 vor dem Einsatz zugelassen werden. Aktuell werden Möglichkeiten einer EU-weiten Harmonisierung der zum Teil sehr unterschiedlichen nationalen Regelungen diskutiert.

Pflanzenschutzmittel nie während der heißen Tageszeit ausbringen! (Ausnahme: Pheromondispenser)

## Mikroorganismen (Microbials)

Produkte mit Mikroorganismen als Wirkstoff können sowohl im Pflanzenschutz als auch im Bereich der Pflanzenstärkung und der Düngung eingesetzt werden. Sowohl Pilze als auch Bakterien und Viren fallen unter diese Kategorie.

In Form von Pflanzenschutzmitteln können sie entweder direkt abtötend, antagonistisch oder resistenzbildend wirken oder ihre sekundären Stoffwechselprodukte haben antibiotische Eigenschaften, um einem Schädlings- bzw. Pathogenbefall vorzubeugen. Mikroorganismen können auch als Pflanzenstärkungsmittel die Widerstandskraft von Pflanzen in Stresssituationen erhöhen.

### Bakterien

***Insektenpathogene Bakterien – Bakterien gegen Insekten***

*Bacillus thuringiensis*

**Produktbeispiele**

Florbac®, Xentari®

**Spezifizierung**

*Bacillus thuringiensis* wurde erstmals im Jahre 1911 bei Raupen der Mehlmotte (*Ephestia kuehniella*) gefunden und als entomopathogenes Bakterium beschrieben.

Die Bakterienart *Bacillus thuringiensis* bildet bei der Sporulation ein spezifisches achteckiges toxisches Eiweiß-Kristall, welches selektiv nur auf Insekten (Schmetterlinge, Fliegen, Käfer, Zweiflügler) pathogen wirkt. Heute ist eine Vielzahl von spezifischen Eiweißproteinen verschiedenster *B.-thuringiensis*-Stämme bekannt, die auf unterschiedliche Insektengruppen wirken. Einige dieser Stämme werden heute in moderner Form in hochselektiven Insektizidpräparaten verarbeitet. Einige Präparate enthalten deren eiweißhaltige Kristalle als Wirkstoff.

Der Stamm *B. thuringiensis* ssp. *tenebrionis*, welcher aus den Larven des Schwarzkäfers der Gattung *Tenebrio* isoliert wurde, wirkt gegen die Larvengeneration von Blattkäfern (z. B. Kartoffelkäfer) und Rüsselkäfern. Gegen Mückenlarven und einige weitere Diptera wird der Stamm *Bacillus thuringiensis* ssp. *israelensis* benutzt. Circa 3.000 Insektenarten aus 15 Ordnungen gelten als empfindlich gegenüber *Bacillus-thuringiensis*-Proteinen.

*B. thuringiensis* – Nach einer Infektion verendete Raupe des Kiefernspinners (Hluchy, M.)

Spannerraupen sind allgemein gegen Präparate mit *B. thuringiensis* sehr empfindlich. (Pokorný, V.)

Schwammspinner – Raupe (Traxler, L.)

### Wirkungsweise

Die Sporen des Bakteriums *Bacillus thuringiensis* bzw. die endotoxischen Protein-Kristalle, die in den Sporen enthalten sind, bewirken einen raschen Fraßstopp und den Tod der Larven: Die Protein-Kristalle werden im Insektendarm durch körpereigene Verdauungsenzyme in aktive Untereinheiten gespalten, die sich an die Zellen der Darmwand anheften und diese perforieren. Dies führt zum Fraßstopp der Raupen. Die Tiere sterben nach wenigen Tagen durch bakterielle Sepsis. Zu einer Übertragung des Giftes von befallenen Raupen auf weitere Raupen nach der Behandlung von kommerziell hergestellten Präparaten, die oben aufgeführt sind, kommt es nicht.

*Der Stamm Bacillus thuringiensis* ssp. *tenebrionis* ist sowohl für die Larvenstadien als auch die Adulttiere von Kartoffelkäfern (*Leptinotarsa decemlineata*) und diversen Rüsselkäferarten, wie z. B. Rebstichler (*Byctiscus betulae*) und Apfelblütenstecher (*Anthonomus pomorum*), giftig. Das Gift erhöht nicht nur die Mortalität, sondern senkt auch die Eiablage der Weibchen (die genügend bakterielles Gift beim Fraß bei der vorangegangenen Paarung aufgenommen haben) um 95 %.

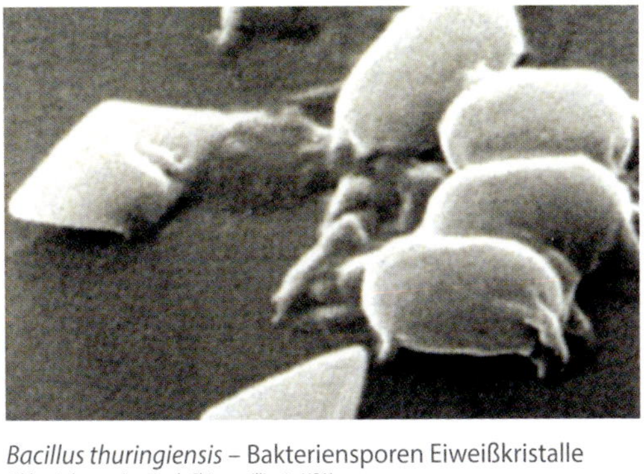

*Bacillus thuringiensis* – Bakteriensporen Eiweißkristalle (Abbot Laboratories, North Chicago, Illinois, USA)

Der Stamm *Bacillus thuringiensis* ssp. *israelensis* wurde aus Mückenlarven isoliert und wirkt gegen Stechmückenlarven und weitere Zweiflügler (Trauermücke, Kriebelmücken usw.).

### Anwendung

Kommerziell formulierte Präparate (flüssig, pulverförmig, granuliert) sind, wenn sie richtig im Trockenen und Dunkeln gelagert werden, mehrere Jahre haltbar. Die Präparate werden mit Pflanzenschutzgeräten in einer Wasserlösung ausgebracht. Bei der Applikation ist es wichtig, dass eine gleichmäßige Benetzung der Laubwand gewährleistet ist, die schnell eintrocknen kann. Mit dem Fraß nimmt das Insekt eine tödliche Dosis des Präparates auf und stirbt. Die Wirkungsdauer beträgt in Abhängigkeit von Temperatur und UV-Strahlung sechs bis acht Tage. Ultraviolette Strahlung und direktes Sonnenlicht bewirken den Zerfall des Wirkstoffes. Darum ist es notwendig, die Blattunterseite und auch das Traubenstielgerüst optimal zu benetzen.

Die Behandlung ist vorzugsweise in der Zeit des Raupenschlupfes durchzuführen, da die Raupen der ersten Larvenstadien die größte Empfindlichkeit gegenüber dem bakteriellen Gift aufweisen. Bei länger anhaltendem Raupenschlupf der zweiten und dritten Generation – besonders beim Bekreuzten Traubenwickler (*Lobesia botrana*) – sollte die Behandlung wiederholt werden. Präparate mit *Bacillus thuringiensis* ssp. *kurstaki* als Wirkstoff werden vorzugsweise gegen blattfressende Spannerraupen (Frostspanner, Rosenspanner auf Obstbäumen, Rhombenspanner an der Rebe), weiters gegen Raupen der Trägspin-

*B. amyloliquefaciens* wirkt unter anderem gegen *Botrytis*. (Judt, C)

ner (Schwammspinner, Goldafter usw.), Prozessionsspinner (z. B. der Ringelspinner), Bärenspinner (Amerikanischer Webebär, *Hyphantria cunea*) und Wickler, deren Raupen wenigstens teilweise frei leben (z. B. Schalen- und Puppenwickler auf Obstbäumen, Einbindiger (*Eupoecilia ambiguella*) und Bekreuzter Traubenwickler (*Lobesia botrana*) auf Weinrebe usw.) eingesetzt, da diese Larven auf das Toxin sehr empfindlich reagieren. Auch bei niedriger Konzentration des Präparates wird eine hohe Wirkung erreicht, die mit jener von chemischen Insektiziden vergleichbar ist. Das hochwirksame *Bacillus-thuringiensis*-Präparat gegen Schmetterlingsraupen, insbesondere gegen *Lobesia botrana* und *Eupoecilia ambiguella*, basiert auf *Bacillus-thuringiensis*-ssp.-*aizawai*-Stämmen. Wichtig ist, dass trotz der jahrelangen Anwendung von *Bacillus thuringiensis* bisher keine Resistenz gegen dieses Produkt festgestellt werden konnte. Ergänzend zu Pheromontechniken werden Präparate auf der Basis von *Bacillus thuringiensis* dank ihrer Selektivität und Nützlingsschonung zur Regulierung hoher Populationsdichten von Schadraupen eingesetzt.

### Mischbarkeit

Präparate mit *B. thuringiensis* kann man mit den meisten Fungiziden und Pflanzenstärkungsmitteln mischen. Eine Ausnahme bilden hochalkalische Präparate (Kaliumbicarbonat, Wasserglas). Eine Verbesserung der Wirkung wird bei einer Kombination mit Pflanzenölen (Orangenöl) erzielt.

## *Pilzpathogene Bakterien – Bakterien gegen Pilze*

*Bacillus amyloliquefaciens*

### Produktbeispiel

Bodenhilfsstoffe/Pflanzenhilfmittel: RhizoVital® 42 flüssig und TB
Fungizide: Amylo-X® WG, Taegro®, Serenade® ASO

### Spezifizierung

Die pflanzenwachstumsfördernden Bakterien wurden ursprünglich als *Bacillus subtilis* beschrieben und in Verkehr gebracht. Seit der systematischen Neuaufteilung der *Bacillus*-Gruppe um die Jahrtausendwende ist *Bacillus amyloliquefaciens* die richtige Bezeichnung dieser Stämme. Von dieser, in der Natur weitverbreiteten gram-positiven, aeroben Bakterienart wurden mehrere Unterarten beschrieben, von denen einige vor allem in der Rhizosphäre siedeln. 2011 wurde deshalb die Gruppe *Bacillus amyloliquefaciens* in zwei Untergruppen aufgeteilt. Zum einen wurde die Untergruppe *Bacillus amyloliquefaciens* ssp. *amyloliquefaciens* mit dem Typstamm $DSM7^T$ (Verwendung in der Industrie als Amylasebildner) und zum anderen die Untergruppe *Bacillus amyloliquefaciens* ssp. *plantarum* mit dem Typstamm $FZB42^T$ geschaffen. Alle derzeitig auf dem Markt befindlichen wachstumsfördernden *Bacillus*-Produkte in Landwirtschaft und Gartenbau beinhalten Vertreter der Art *Bacillus amyloliquefaciens,* wohingegen Subspezies von *Bacillus subtilis* in der Pharmazie, der Medizin und der

Nahrungsmittelindustrie z. B. als Indikator bei Sterilisationsprozessen eingesetzt werden.

Bei den *Bacillus-amyloliquefaciens*-Produkten stehen dem Markt zwei verschiedene Produktgruppen zur Verfügung. Zum einen die Bodenhilfsstoffe wie RhizoVital® 42 flüssig und TB zur Verbesserung des Pflanzenwachstums, welche ausschließlich *Bacillus*-Sporen enthalten, und zugelassene Fungizide, die zum Schutz von Rebe, Steinobst und Beerenobst gegen verschiedene Pilzkrankheiten eingesetzt werden.

**Wirkungsweise und Anwendung Bodenhilfsstoffe**

*B. amyloliquefaciens* besiedelt aktiv die Pflanzenwurzel und lebt in Konkurrenz um Nährstoffe und Platz mit anderen Bodenmikroorganismen und fördert ein gesundes Bodenleben sowie das Wurzel- und Pflanzenwachstum durch wuchsstimulierende Metabolite. Eine höhere Vitalität der Pflanzen führt zu höheren Erträgen sowie teilweise kürzerer Kulturzeit.

Die Applikation von RhizoVital® 42 flüssig und TB mit ca. 0,5–1,0 l/ha erfolgt üblicherweise zu Kulturmaßnahmen wie Aussaat, Pikieren oder Pflanzung, maximal zwei- bis dreimal pro Jahr. Alle technischen Möglichkeiten von Beizen, Spritzen, Gießen oder Beimischung zu Erden oder Nährlösung können zur Ausbringung genutzt werden. Durch Kombination mit Düngungs- oder Pflanzenschutzmaßnahmen können Arbeitsgänge eingespart werden.

**Wirkungsweise und Anwendung Fungizide**

Einige Vertreter der Art. B. *amyloliquefaciens* (Stamm D747, Stamm FZB24, Stamm QST 713) sind in der Lage, verschiedene Metaboliten und Stoffwechselprodukte zu bilden, die direkt die Zellen der pflanzenpathogenen Pilze angreifen und diese zerstören. Darüber hinaus werden durch die Anwendung von *B. amyloliquefaciens* systemische Resistenz- und Abwehrmechanismen in der zu schützenden Pflanze induziert. Zusätzlich wird die weitere Ausbreitung der Schaderreger durch die Besiedlung der Wurzel- oder Blattoberfläche mit *B. amyloliquefaciens* verhindert. Die Anwendung muss stets vorbeugend erfolgen. Für einen guten Schutz ist eine mehrfache Anwendung empfehlenswert, eine Ausbringung in Tankmischungen ist möglich.

**Mischbarkeit**

*Bacillus-amyloliquefaciens*-Bodenhilfsstoff-Präparate sind gut mit *Trichoderma*-Präparaten (Trichostar) mischbar.

## Viren

***Insektenpathogene Viren – Viren gegen Insekten***

*Granuloseviren*

**Produktbeispiele**

Madex®-Produktgruppe, Capex®

**Spezifizierung**

Von Viren, die Krankheiten bei Insekten verursachen, kennt man hunderte Arten. Am bedeutendsten sind sogenannte Granuloseviren, die verstärkt im Obstbau zur Anwendung kommen. Namensgebend ist die als „Granulat" bezeichnete Anhäufung dieser Viren, die unter dem optischen Mikroskop sichtbar ist. Die Viruspartikel sind von einer lipophilen, eiweißhaltigen Hülle umgeben. Granuloseviren sind größtenteils artspezifisch und verursachen bei ihren Wirtstieren hohe Mortalität. Die angeführten Eigenschaften – hohe Selektivität und gleichzeitige hohe Pathogenität gegenüber Wirtsarten – werden in modernen Pflanzenschutzstrategien genutzt. Im Obstbau wird am häufigsten das Granulosevirus des Apfelwicklers verwendet (CpGV– *Cydia pomonella*

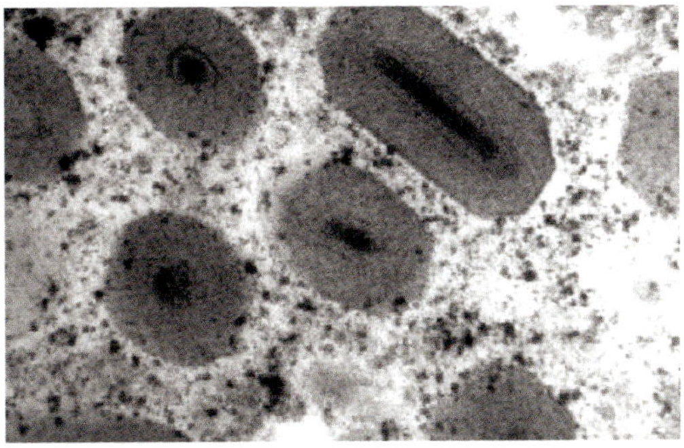

Viruspartikel, die Virionen beinhalten – Dunkler Mittelpunkt (Andermatt Biocontrol)

Fruchtschalenwickler – Raupe an behandeltem Apfel (Andermatt Biocontrol)

*granulosis virus*), welches in den 60er-Jahren des 20. Jahrhunderts in Mexiko entdeckt wurde. Dieses Isolat sowie weitere in der Zwischenzeit aufgefundene CpGV-Isolate werden heute als Wirkstoff in vielen kommerziell benutzten Präparaten (Madex, Carpovirusine u. a.) eingesetzt. Ein weiteres weitverbreitetes, im Obstbau genutztes Virus ist das AoGV (*Adoxophyes orana granulosis virus*), welches man im Präparat Capex findet und welches den Schalenwickler *Adoxophyes orana* befällt.

### Wirkungsweise

Virenpräparate sind klassische Fraßgifte, d. h., sie müssen vom Wirtstier aufgenommen werden. Sie sind extrem virulent und schon nach der Aufnahme geringster Viruspartikeln durch eine Larve im ersten Larvenstadium (Instarium) verursacht dies in 50 % der Fälle den Tod der Raupen. Die Virenpartikel werden nach der Aufnahme durch die Raupen durch den hohen pH-Wert im Verdauungstrakt aktiviert, indem die lipophile Proteinhülle aufgelöst wird. Die so freigesetzten Virionen werden in die Darmzellen eingeschleust und in deren Zellkern vermehrt. Durch Transport in der Hämolymphe werden die Virionen anschließend im ganzen Körper verteilt und dort weiter vermehrt. Sobald die Raupen genügend Virionen enthalten, wird der Wirtskörper durch einen enzymatischen Prozess aufgelöst und das nun wieder mit einer Proteinhülle versehene Virus freigesetzt. Die freigesetzten Viren können nun weitere Wirtstiere befallen. Dies kann z. B. bei AoGV zur deutlichen Verringerung der Schadpopulation führen. Durch hohe Viruskonzentrationen sterben Raupen schon im ersten Larvenstadium, bei geringen Viruskonzentrationen kann die Raupe sich teilweise bis ins letzte Larvenstadium entwickeln, bevor sie abstirbt.

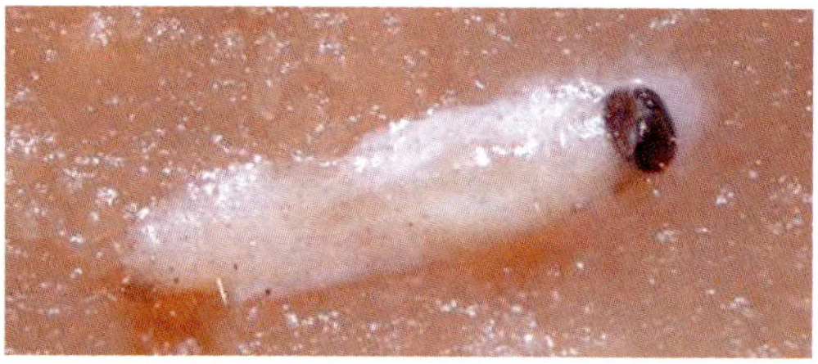

Durch das Virus getötete Larve des 1. Larvenstadiums des Apfelwicklers (Andermatt Biocontrol)

Durch das Virus getötete Larve des 5. Larvenstadiums des Apfelwicklers (Andermatt Biocontrol)

Beim Apfelwickler ist die Vagabundierphase für die Aufnahme der Viren sehr wichtig. Während dieser Phase wandert die aus dem Ei geschlüpfte Raupe auf Blättern und Äpfeln umher, um die ideale Einbohrstelle zu suchen. Dabei wird zufällig über Probebohrungen Virus aufgenommen oder am Körper haftende Viren werden später im Bohrloch abgestreift und aufgenommen. Die Vagabundierphase ist in der ersten Generation des Apfelwicklers ausgeprägter, deshalb resultiert eine bessere Wirkung bei Behandlungen gegen die erste Generation.

### Anwendung

Virenpräparate sind nicht sehr UV-stabil. Ihre Halbwertszeit beträgt ca. 2 Tage. Da das Virus aber schon in sehr geringen Mengen wirkt, resultiert nach einer Spritzung dennoch eine ausreichende Wirkung für 7–14 Tage, je nach Intensität der Sonneneinstrahlung. Die Präparate sind sehr konzentriert, d. h., dass bei der Applikation pro Hektar mit 50–100 ml des Präparates ca. $3 \times 10^{13}$ (Madex) bzw. $5 \times 10^{13}$ (Capex) Viruspartikel ausgebracht werden. Diese Mengen werden im Falle von CpGV drei- bis viermal während des Auftretens jeder Generation ausgebraucht. Im Falle von AoGV genügen zwei Applikationen im Frühjahr während des Raupenfraßes nach der Überwinterung. Die angeführten Präparate sind sehr selektiv und daher extrem nützlingsschonend. Weiters werden Viren-Präparate zur „rückstandsfreien" Obstproduktion (Kindernahrung), bei einsetzender Resistenz der Schädlinge gegenüber Insektiziden sowie bei hohen Populationsdichten eingesetzt. Virenpräparate sind im gefrorenen Zustand Jahrzehnte ohne Wirkungsverlust haltbar. Auf den pH-Wert achten!

### Mischbarkeit

Viren-Präparate können gut mit vielen anderen Pflanzenschutz- und Pflegemitteln gemischt werden (Tankmix; sofern diese einen pH-Wert zwischen 5–8 aufweisen). Nicht mischbar sind Granuloseviren mit kupferhaltigen Präparaten, die Viren inaktivieren können.

## Pilze

### *Insektenpathogene Pilze – Pilze gegen Insekten*

*Beauveria bassiana* und *Beauveria brongniartii*

**Produktbeispiel**

Melocont® Pilzgerste, Botani Gard® WP, Naturalis®

**Spezifizierung**

Einige kommerziell produzierte *Beauveria*-Pilz-Präparate (Mycoinsektizide) basierend auf den Arten *B. bassiana* (Botani Gard® WP, Naturalis®), *B. brongniartii* (Stamm Bb 96 gegen Maikäfer) bzw. *B. brongniartii* (Stämme IMBST 95.031 und 95.041, „Melocont® Pilzgerste“) sind gegen Engerlinge, insbesondere Maikäferlarven, wirksam.

**Wirkungsweise**

Befallene Insekten werden nach dem Tod in feuchter Umgebung mit einem weißen, dichten Myzelbelag des Pilzes überwuchert. Auf ihm bilden sich während der Sporulationsphase weiße, runde, luftige Konidien. Die Pilzarten *B. bassiana* und *B. brongniartii* sind die am häufigsten in mitteleuropäischen Ökosystemen vorkommenden Arten von entomopathogen lebenden Mikroorganismen. Ihre Pilzsporen verbreiten sich über Luft, Wasser und befallene Insekten. Auf der Insektenoberfläche keimt der Pilz bei hoher Luftfeuchtigkeit und durchwächst die Kutikula (äußere Hautschicht bzw. Körperdecke der Tiere). Im Wirtskörper vermehren sich Blastosporangien, wobei das Insekt nach wenigen Tagen stirbt. Falls es zum Verenden des Insektes im Boden kommt, durchwächst das Myzelium den toten Körper und verbreitet sich in der Umgebung, wo es weitere Insekten befällt. Verendet das befallene Insekt außerhalb des Bodens, wird es von einem dichten sporulierenden Belag aus weißem Myzel umwachsen. Aus diesem Myzel werden Konidien frei, welche eine weitere Infektion auslösen oder in trockenen Gebieten längere Zeit überdauern können.

**Anwendung**

Obwohl die Pilze der Gattung *Beauveria* aus Sicht der Pathogenität nicht spezifisch sind, existieren unterschiedliche Stämme gegen verschiedene Schadinsekten, wie z. B. Fadenwürmer oder Engerlinge.

Präparate werden einerseits als trockenes Pulver, andererseits als lebende Konidien angeboten. Das „trockene“ Pulver wird vor der Applikation mit etwas Wasser zu einem dicken Brei angerührt, dann wird die vorgeschriebene Wassermenge zugeführt und die Spritzbrühe kann appliziert werden. Für eine optimale Wirkung ist es notwendig, dass bei der Bekämpfung über einen längeren Zeitraum hohe Luftfeuchtigkeit gegeben ist, damit sich die Konidiosporen auf der Kutikula der Insekten einnisten können. Diese Anforderung erfüllt z. B. das Weibchen des Maikäfers, welches sich bei der Eiablage wiederholt mehrere Tage im Boden aufhält.

*Beauveria bassiana* – Pilzbefall einer Raupe (Hluchy, M.)

*B. bassiana* – Wuchs der Konidienträger auf einer befallenen Raupe (Hluchy, M.)

*B. bassiana* – Durch den Pilz infiziertes Puparium einer Mottenschildlaus (Landa, Z.)

Eine weitere Applikations-Form sind Getreidesamen, die mit dem Pilz-Myzel infiziert sind. In dieser Form werden die Präparate „Engerlingspilz" oder „Melocont-Pilzgerste" ausgebracht. Sie werden bei der Applikation mithilfe einer Sämaschine oder Fräse in die Erde eingebracht, wo es zum Kontakt des Pilzes mit den Engerlingen und somit zur Infektion des Insektes kommt. Voraussetzung für eine gute Wirkung ist eine über mehrere Wochen ausreichende Feuchtigkeit im Boden. Deshalb sollte die Behandlung im Herbst oder Frühjahr durchgeführt werden.

**Mischbarkeit**
Es wird eine separate Ausbringung empfohlen.

## *Trichoderma – Pilze gegen pflanzenpathogene Pilze*

*Trichoderma harzianum, Trichoderma atroviride, Trichoderma asperellum*

**Produktbeispiele**
Pflanzenschutzmittel: Trianum®, Vintec®
Biostimulantien: Trichostar®, T-Gro Easy Flow®

**Spezifizierung**
Pilze der Gattung *Trichoderma* sind in der Natur weit weitverbreitet. Sie treten in der Rhizosphäre vieler Pflanzenarten auf. Die am häufigsten verwendeten Arten sind *T. harzianum*, *T. atroviridae* und *T. asperellum*.

**Wirkungsweise**
*Trichoderma* gehört zu den am meisten verwendeten Mikroorganismen in biologischen Pflanzenschutzmitteln, Düngern und Pflanzenstärkungsmitteln.

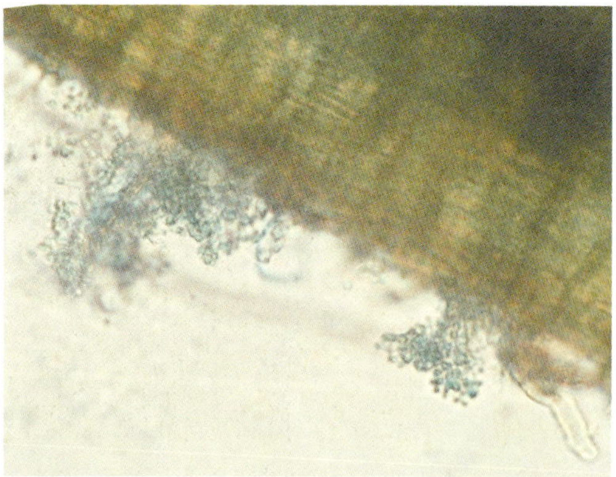

*Trichoderma harzianum* – Grünverfärbte Konidien an der Wurzeloberfläche der Pflanze (Bohár, G.)

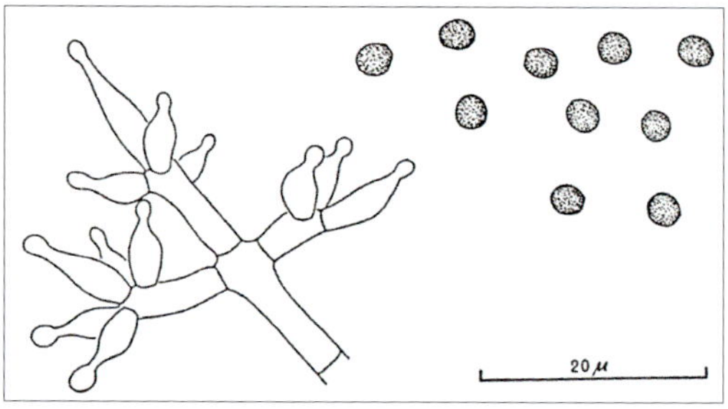


*T. harzianum* – Konidienträger
(Hluchy, M.)

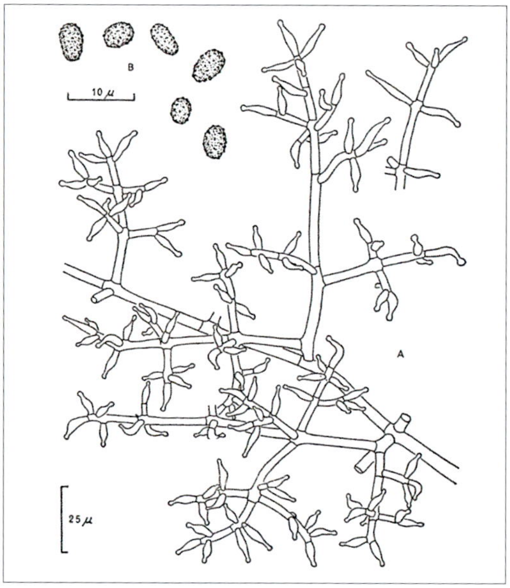


*Trichoderma* spp. (Hluchy, M.)

*Trichoderma sp.* kann Pathogene auf unterschiedliche Weise bekämpfen. Einerseits besitzt *Trichoderma sp.* die Fähigkeit, Hyphen und Myzel des Schadpilzes direkt mit hydrolytischen Enzymen zu attackieren und zu durchwachsen, bis diese absterben.

Während des Wachstums produzieren einige Stämme Antibiotika, womit sie zusätzlich das Wachstum der befallenen Pilze unterdrücken. Ein dritter Wirkungsmechanismus besteht in der direkten Nahrungs- und Platzkonkurrenz. Mit *Trichoderma* können zum Beispiel Schadpilze der Gattungen *Pythium, Fusarium, Botrytis, Rhizoctonia, Sclerotinia, Phytophythora* bekämpft werden.

Weiters kann *Trichoderma* durch eine Verstärkung des Wurzelwachstums die Erhöhung der Photosyntheseleistung, das Pflanzenwachstum, die Entwicklung und den Ertrag verbessern.

**Anwendung**

Grundsätzlich kommen verschiedene Arten und Stämme von *Trichoderma* als Biostimulantien oder biologische Pflanzenschutzmittel zum Einsatz, die verschiedene Anwendungsgebiete bzw. technologische Ansprüche haben. Die als Bodenhilfsstoffe verwendeten Stämme *T. asperellum* (vormals *T. harzianum*) Stamm kd (T-Gro Easy-Flow®) und *T. harzianum* Stamm T58 (Trichostar®) werden als Gieß-, Sprüh- bzw. Beizbehändung von Erde, Pflanzen und Saatgut eingesetzt. Auch die als Pflanzenschutzmittel verwendeten Stämme *Trichoderma asperellum* T34 und *Trichoderma* T22 zur Bekämpfung von bodenbürtigen Krankheiten werden entweder als Granulat in die Saatfurche eingebracht oder mit Gieß- oder Tropfverfahren bei der Saat appliziert.

Der Stamm *Trichoderma atroviridae* SC1 (Produkt Vintec®) hingegen wirkt antagonistisch gegen ESCA-Pilze bei Weinreben und wird entweder im Spritzverfahren in Ertragsanlagen nach dem Rebschnitt oder durch Tauchen und Wässern bei der Veredlung angewandt.

**Mischbarkeit**

*Trichoderma*-Präparate sind, wenn möglich, separat auszubringen. Die Mischbarkeit mit anderen Bakterienpräparaten, wie *Bacillus-thuringiensis*-Präparaten zur Traubenwicklerbekämpfung sowie *Bacillus-subtilis*-Präparaten zur *Oidium*-Bekämpfung, ist möglich.

### *Hefen – konkurrierende Pilze gegen diverse Schaderreger*

*Aureobasidium pullulans, Candida oleophila*

**Produktbeispiele**

Blossom Protect™ und Botector®

**Spezifizierung**

*Aureobasidium pullulans* ist ein Eu-Ascomycet, der sehr gut an das Freiland adaptiert ist. Er reagiert tolerant gegenüber Trockenperioden, unempfindlich gegen Sonnenstrahlung und genügsam bei suboptimalen Nährstoffbedingungen.

Im Jahr 1989 wurden zwei *A.-pullulans*-Stämme von der Universität Konstanz aus einer extensiv bewirtschafteten Apfelproduktionsanlage isoliert, wo sie in natürlichen Mikroorganismen-Gesellschaften an Pflanzenoberflächen bzw. im Boden vorkommen. Auch an Apfel und Weintrauben ist *A. pullulans* während der gesamten Vegetationsperiode häufig zu finden. Die Kombination der beiden Stämme hat sich in Versuchen als optimal erwiesen, da sie sich geringfügig in ihrer optimalen Wachstumstemperatur unterscheiden und somit die Bandbreite der optimalen Wachstumsbedingungen groß ist.

**Wirkungsweise**

Die Wirkung von *A. pullulans* gegenüber verschiedenen Pathogenen, wie z. B. Feuerbrand (*Erwinia amylovora*), Lagerfäuleerreger und Grauschimmelfäule (*Botrytis cinerea*) an der Rebe, an Erd- und Himbeeren, beruht auf der natürlichen Konkurrenz um Platz und Nährstoffe zwischen Pathogenen und Antagonisten. Die hochaktiven Mikroorganismen besiedeln z. B. die feinen Mikrorisse der Beerenoberfläche und blockieren so die Infektion durch *Botrytis*. Es besteht auch bei regelmäßiger Ausbringung keine Gefahr der Resistenzbildung, da *A. pullulans* nicht in den Stoffwechsel des pilzlichen Erregers eingreift.

*A. pullulans* ist bienen- und nützlingsschonend und stellt keine Gefahr für Mensch und Tier dar. Deshalb entfallen Wartefristen bis zur Ernte. *Candida oleophila* wird bei Äpfeln und Birnen zwischen der Ernte und der Einlagerung angewendet, um bestimmte Pilzerreger wie Botrytis und Blaufäule zu bekämpfen.

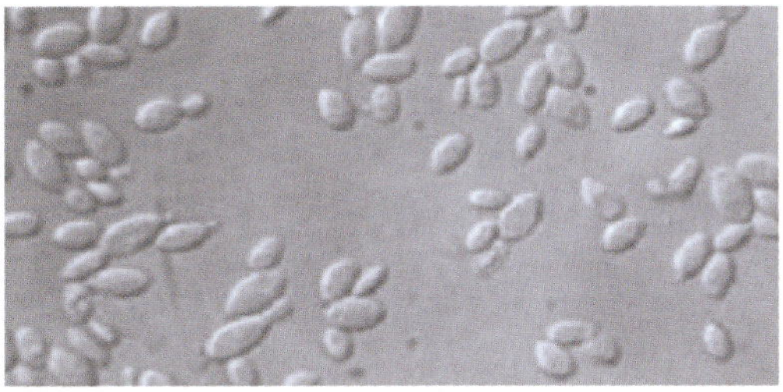

*Aureobasidium pullulans* – Kolonien bzw. Zellen © bio-ferm

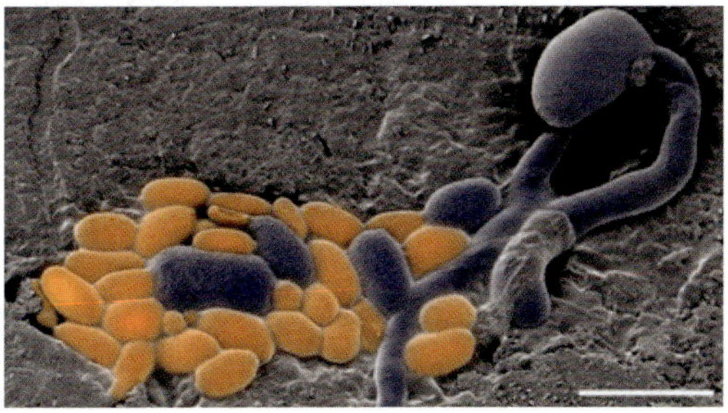

*Aureobasidium pullulans* – Besiedelung eines Mikrorisses auf der Pflanzenoberfläche und Blockade des *Botrytis*-Erregers © bio-ferm

**Anwendung**
Das Produkt wird über die Einspülvorrichtung zugegeben, wobei die Wassertemperatur unter 25 °C liegen sollte. Die angesetzte Spritzflüssigkeit ist innerhalb von acht Stunden auszubringen. Während des Ausbringens rühren! Es ist auf eine gute und gleichmäßige Benetzung der behandelten Pflanzenteile zu achten. Keine Restmengen im Fass belassen, da die darin enthaltenen Mikroorganismen sich vermehren und dann zum Verstopfen der Düsen führen können! Die Lagerung der Mikroorganismen muss unter 25 °C erfolgen. Gekühlt ist Blossom Protect mindestens zwei Jahre haltbar.

**Mischbarkeit**
*Aureobasidium pullulans* kann mit zahlreichen Pflanzenschutz- und Düngemitteln kombiniert werden.

Bei nicht mischbaren Produkten ist ein Spritzabstand von mindestens drei Tagen vor und nach einer Behandlung einzuhalten.

## Nützlinge (Macrobials)

### Fadenwürmer (Nematoda)

#### *Schneckenpathogene Nematoden – Nematoden gegen Schnecken*

*Phasmarhabditis hermaphrodita*

**Spezifizierung und Ursprung**
Der Fadenwurm *Phasmarhabditis hermaphrodita* gehört zur Familie der Rhabditidae innerhalb der Ordnung der Rhabditida. Er kommt in allen Ökosystemen europäischer Böden vor. Die Art *P. hermaphrodita* wurde in Großbritannien isoliert und Anfang der 90er-Jahre des 20. Jahrhunderts als biologisches Pflanzenschutzmittel eingesetzt.

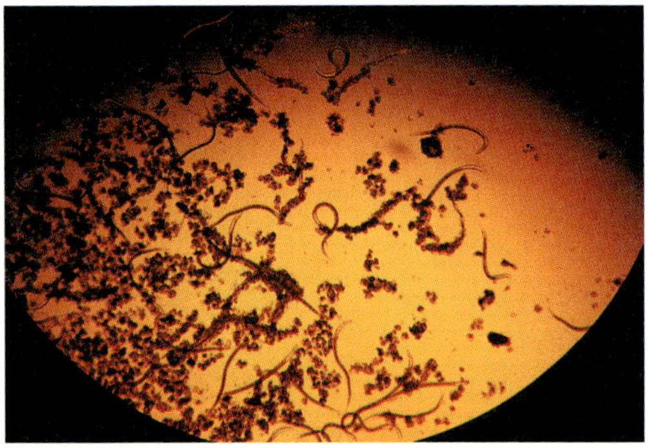

*P. hermaphrodita* – Parasitische Fadenwürmer unter dem Mikroskop (Hluchy, M.)

*P. hermaphrodita* – Von Fadenwürmern befallene Schnecke der Gattung *Deroceras* (vorne) (Becker Underwood)

**Aussehen**
Die Länge dieser Fadenwürmer beträgt ca. 1,1 mm. Die Tiere sind weißlich gefärbt und nur gegen schwarzen Hintergrund gut sichtbar.

**Lebensweise/Wirkungsweise**
Die parasitischen Fadenwürmer *P. hermaphrodita* befallen im Boden Nacktschnecken und dringen über die Atemwege in deren Körper ein, um ihren Wirt abzutöten. Fadenwürmer können das gram-negative Bakterium *Moraxella osloensis* in ihrem Körper tragen, welches sich zusätzlich im Inneren des Wirtes ausbreitet, vermehrt und durch bakterielle Sepsis zum Tod führt. Nach einer bestimmten Zeit entwickelt sich eine neue Generation von Invasionslarven der Fadenwürmer, die den Wirt verlassen und einen weiteren aufsuchen. Eine befallene Schnecke hört nach 3 bis 5 Tagen auf zu fressen und stirbt 7 bis 21 Tage nach der Infektion. *P. hermaphrodita* kann den Wirt bei Bodentemperaturen von 5–28 °C parasitieren. Eine gute Befeuchtung des Bodens erleichtert die Fortbewegung der Fadenwürmer. Das Temperaturpräferendum liegt bei 15–20 °C. *P. hermaphrodita* wird unter einer Bodentemperatur von 5 °C inaktiv und stirbt bei Temperaturen unter –3 °C beziehungsweise über 28 °C ab.

**Anwendung**
Die Applikation erfolgt durch Gießen: auf kleineren Flächen mit der Gießkanne, großflächig mittels Spritztank (wobei der Druck nicht über 5 bar und die Düsenöffnung minimal 1 mm betragen soll). Nach der Behandlung sollte nachgeschwemmt werden, damit die Fadenwürmer in den Boden gelangen. Staunässe ist zu vermeiden! Die Benutzung von Zahnradpumpen ist nicht geeignet. Die Nützlinge sollten abends ausgebracht werden, um eine Beeinträchtigung der UV-empfindlichen Bodenlebewesen

durch Sonneneinstrahlung und Hitze zu vermeiden. Mit einer ausreichenden Menge an Wasser ist eine Applikation während des Tages möglich. Fadenwürmer wirken vor allem bei kleineren Nacktschnecken beziehungsweise bei Jungstadien von Wegschnecken, die sich noch im Boden aufhalten. Die Behandlung wirkt bis ca. sechs Wochen nach der Applikation.

#### Mischbarkeit

Eine gleichzeitige Ausbringung von toxischen Pestiziden (Nematizide, Bodenentseuchungsmittel) und Fadenwürmern ist nicht möglich.

**Hinweis: *Phasmarhabditis hermaphrodita* ist derzeit in Österreich nicht zugelassen.**

### *Insektenpathogene Nematoden – Nematoden gegen Insekten*

*Steinernema* und *Heterorhabditis*

#### Spezifizierung und Ursprung

Entomopathogene Nematoden findet man innerhalb der Gattungen *Heterorhabditis* und *Steinernema. S. carpocapsae* (Syn.: *Neoaplectana carpocapsae*) wurde durch Dr. J. Weiser isoliert und beschrieben.

#### Aussehen

Alle kommerziell vermehrten Nematoden-Arten werden im dritten Larvenstadium als sogenannte Dauer-Larven eingesetzt. Die kleinen Fadenwürmer haben eine Länge von mehreren Zehntel Millimetern und einen Durchmesser von mehreren 100stel Millimetern.

#### Lebensweise

Dauer-Larven können Wirtstiere im Boden aufspüren und entweder über den Verdauungstrakt (Anal- oder Maulöffnung) oder über das Atemsystem (Tracheen) in deren Körper eindringen. Zusätzlich geben die Nematoden ein symbiontisches Bakterium (z. B. *Xenorhabdus* sp. bei der Gattung *Steinernema*) ab, welches für die Insektenlarve immunschädigende Toxine ausscheidet. Es genügen zwei bis drei Dauer-Larven der Nematoden, um einen Engerling abzutöten: Nach dem vierten Larvenstadium bilden *Heterorhabditis megidis* und *H. bacteriophora* große, wenig bewegliche hermaphroditische Stadien, die – je nach Nahrungsquelle – bis zu 1.500 lebende Nachkommen hervorbringen können. Daraus entwickelt sich eine kleinere getrenntgeschlechtliche Generation. Bei *Steinernema feltiae und S. carpocapsae* entwickeln sich bereits nach dem 4. Stadium weibliche und männliche Nachkommen. Weibchen beider Genera bilden – genauso wie Hermaphroditen – noch im Inneren des toten, befallenen Wirtskörpers Jungtiere. Dabei sterben sie selbst ab. Die Dauer-Larven wandern aus dem Wirtskadaver, um entweder ihren Wirtstieren aufzulauern (*S. carpocapsae*), diese aktiv in kurzer Entfernung im Boden zu suchen (*Heterorhabditis* sp.) bzw. um beide Strategien zu verfolgen (*S. feltiae*). Dauer-Larven sind mehrere Monate außerhalb von Wirtslarven überlebensfähig. Die gesamte Entwicklungsdauer ist temperaturabhängig und beträgt normalerweise zwei bis drei Wochen (bei 20 °C).

Rüsselkäfer (*Otiorhynchus* sp.) – Durch parasitäre Fadenwürmer befallene Larven (Hluchy, M.)

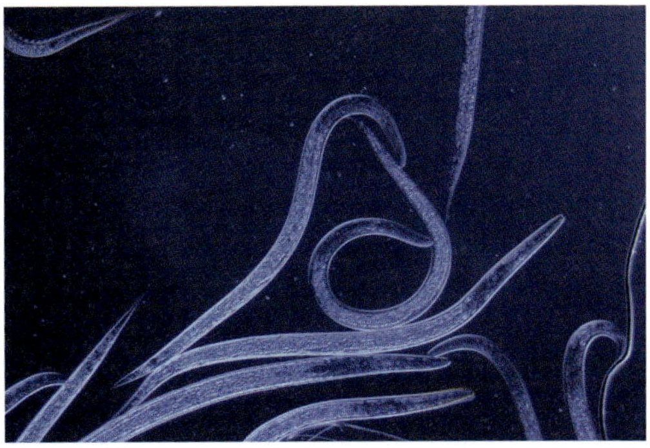

Parasitische Fadenwürmer: *Heterorhabditis* sp. © e-nema

#### Anwendung

*Steinernema carpocapsae* wird gegen Raupen der Saateule (*Agrotis segetum*) und einiger weiterer Falter sowie gegen Schnakenlarven (Diptera: Tipulidae) und Larven von Maulwurfsgrillen (Reit-/Reutwurm; *Gryllotalpa gryllotalpa*) eingesetzt.

*S. feltiae* tötet die Larven des Apfelwicklers ab. Dabei erfolgt die Ausbringung im Herbst (Anfang September bis Dezember) nach der Ernte, nachdem sich die Apfelwicklerlarven in Rindenritzen eingesponnen haben. Da einige Tiere auch im Boden überwintern können, sollte auch dieser in die Behandlung einbezogen werden. Wie bereits bei *P. hermaphrodita* erwähnt, ist bei der Nematodenausbringung zu beachten, dass es nicht zu trocken ist und keine UV-Strahlung die Bodenlebewesen schädigt.

*Heterorhabditis bacteriophora* wirkt gegen Larven des Dickmaulrüsslers (*Otiorhynchus* sp.) und des Gartenlaubkäfers (*Phyllopertha horticola*).

### Mischbarkeit

Siehe *P. hermaphrodita*

## Raubmilben

*Typhlodromus pyri*

### Spezifizierung

*Typhlodromus pyri* wurde im Jahre 1857 erstmals von dem Wissenschaftler P. Scheuten beschrieben. Die Art ist von Skandinavien bis zum Mittelmeer und von Großbritannien bis zum Ural sowie in Nord-Afrika (Ägypten), den USA und in Kanada verbreitet. Eine erfolgreiche Einbürgerung erfolgte in Japan und Neuseeland. Diese geografische Ausweitung spiegelt auch die große ökologische Bedeutung und Anpassungsfähigkeit dieser Raubmilbenart wider.

### Aussehen

Adulte, Nymphen, Larven und Eier sind milchig-weiß. Karminrot färbt sich der Verdauungstrakt jener Tiere, die sich von der Obstbaumspinnmilbe (*Panonychus ulmi*) ernähren. Die Größe eines erwachsenen Tieres beträgt ca. 0,7 mm. Ein charakteristisches Merkmal bildet das große Rückenschild, das bei Sonnenlicht aufblitzt. Erwachsene Tiere und Nymphen haben acht, Larven sechs Beine. Typisch sind schnelle, hektische Beinbewegungen, mit denen sie auch während des Laufens ihre Umgebung, nach Beute suchend, abtasten. *Typhlodromus* bedeutet auf Griechisch „blinder Läufer".

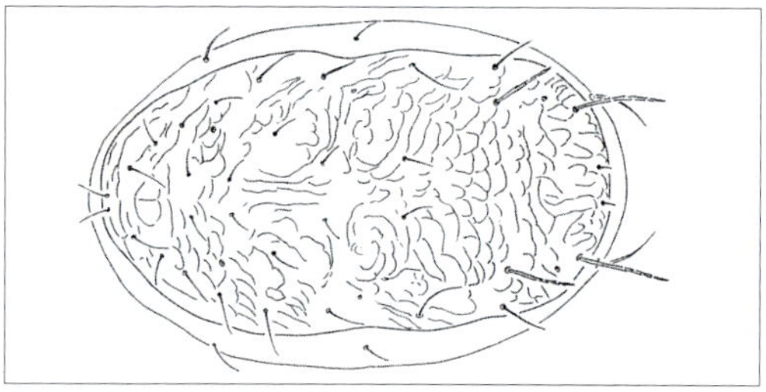

Raubmilbe *T. pyri* – Ansicht des Rückenschildes (Hluchy, M.)

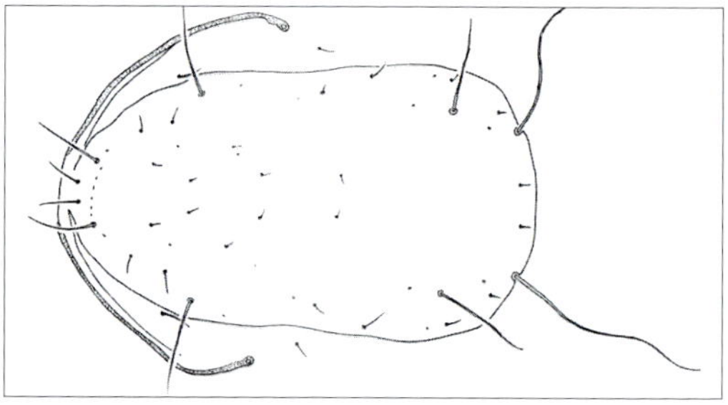

Raubmilbe *Amblyseius andersoni* – Ansicht des Rückenschildes (Hluchy, M.)

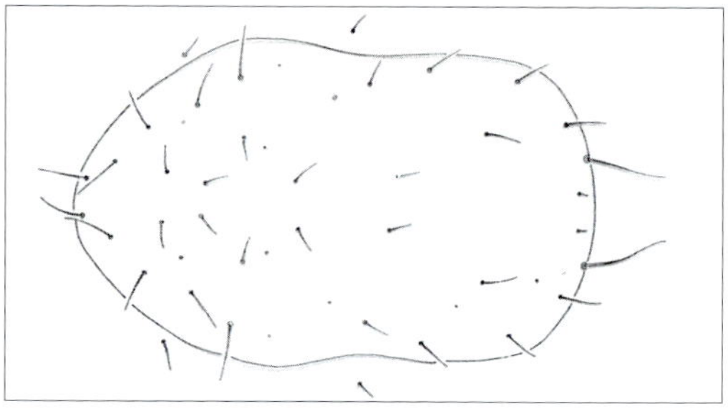

Raubmilbe *Amblyseius findlandicus* – Ansicht des Rückenschildes (Hluchy, M.)

Die 0,3 mm großen Eier werden als Schutz vor Räubern – auch vor den eigenen Artgenossen – auf Pflanzentrichome abgelegt. Eine genaue Bestimmung der Art ist nur unter dem Mikroskop möglich. Wichtige Erkennungsmerkmale sind die Stellung, Anzahl und Größe der Dornen am Körper, die Form der stark sklerotischen Körperschilder sowie die Geschlechtsorgane.

### Lebensweise

Die Raubmilbenart *Typhlodromus pyri* gehört zu der Familie der Phytoseiidae. Sie überwintert als befruchtetes adultes Weibchen und ernährt sich polyphag (räuberisch und vegetarisch). Bevorzugt jagt die Raubmilbe andere lebende Milben (Spinnmilben, Kräuselmilben u. a.), kleinere Insekten, wie beispielsweise die Larven von Thripsen, oder frisst Insekteneier. Alternativ kann sich *T. pyri* von Pollen und diversen Pflanzenzellen, wie Perldrüsen (kugelige oder längliche Haarzellen, die eine wässrige Flüssigkeit ausscheiden), ernähren. Deshalb findet man oft dichte Populationen in jenen Weinbergen und

Obstanlagen, die eine reichhaltig blühende Vegetation aufweisen. Weitere wichtige Nahrungsquellen bilden das Myzel und die Sporen verschiedener Pilze, z. B. des Echten Mehltaus, sowie tröpfchenförmige Pflanzenexsudate (Abgabe von Substanzen über die Wurzel). Ohne Nahrung können sie mehrere Wochen überleben. Sie nutzen dann Pflanzenzellen als einzige Feuchtigkeitsquelle, die sie anstechen und aussaugen, ohne dabei wirklich schädlich zu sein. Bei Beutemangel nimmt deshalb die Populationsdichte langsam (innerhalb von 100 Tagen nur um die Hälfte) ab und kann sich sehr rasch (innerhalb von 17 Tagen) verdoppeln, sobald genügend qualitativ hochwertige Beute verfügbar ist.

Ein sehr wichtiges Phänomen besteht in der Fähigkeit der Weibchen – in Abhängigkeit der Beutedichte – das Geschlecht der Nachkommen so zu beeinflussen, dass bei großem Nahrungsangebot bis zu 70 % der Nachkommen weiblich sind und bei Nahrungsknappheit der Weibchen-Anteil auf 30 % sinkt.

Dies sichert einerseits eine Grundpopulation an Raubmilben bei Schädlingsmangel über Ersatznahrung und garantiert bei eintretendem Schädlingsbefall einen raschen Aufbau der Nützlingspopulation. *T. pyri* ist deshalb ein wichtiger Nützling für die biologische Bekämpfung phytophager Milben im Obst- und Weinbau.

An einem Tag kann ein *T.-pyri*-Weibchen drei bis acht Spinnmilben bzw. 40–80 Gallmilben aussaugen.

### Anwendung und Wirkungsweise

*T. pyri* wird außergewöhnlich erfolgreich im Integrierten und Biologischen Wein- und Obstbau eingesetzt. Weibchen werden im Frühjahr, meist im März, durch die Erwärmung aktiv und beginnen nach Beute zu suchen. Parallel erfolgt die Eiablage. Dies bewirkt, dass bereits sehr früh die Populationsdynamik der Schadmilben durch Aussaugen überwinternder Eier und schlüpfender Larven der Obstbaumspinnmilbe sowie durch Aussaugen überwinternder Weibchen der Bohnenspinnmilbe/Gemeinen Spinnmilbe (*Tetranychus urticae*) und adulter Kräusel- und Blattgallmilben (Eriophydae: *Calepitrimerus vitis* bzw. *Eriophyes vitis*) gestört wird. Während des Austriebes halten sich *T.-pyri*-Weibchen vorrangig auf Blättern auf und ernähren sich von Milben, die in den Knospen überwintert haben. Somit wird zu Beginn der Vegetation die Populationsdichte der schädlichen, phytophagen Milben stark reduziert. Später – sobald

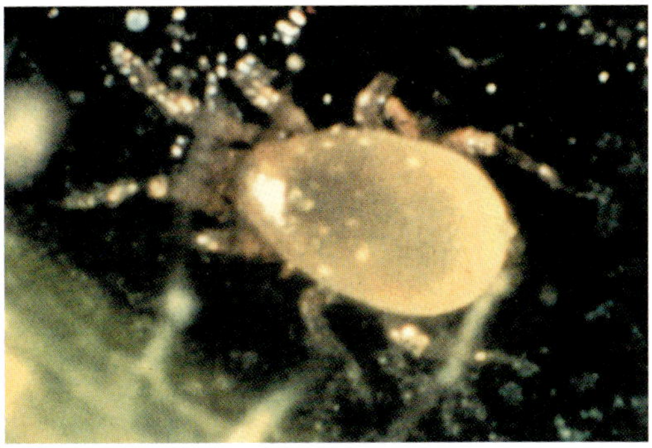

Raubmilbe *Typhlodromus pyri* (Hluchy, M.)

Raubmilbe *Typhlodromus pyri* – RE-mikroskopische Aufnahme (Blahutiaková, A.)

Raubmilben – Ansiedlung durch Filzstreifen (Judt, C)

die bevorzugte tierische Beute nicht mehr ausreichend verfügbar ist – überleben die Raubmilben mit Ersatznahrung. Wenn es in weiterer Folge in der Vegetationsperiode zu einem massiven Obstbaum- oder Bohnenspinnmilben-Aufkommen auf der Weinrebe kommen sollte, sorgt *T. pyri* in wenigen Wochen für deren Bekämpfung.

Die Ansiedlung der nützlichen Raubmilben erfolgt entweder während der Vegetationsruhe, z. B. durch Ausbringung von Filzstreifen, oder im Sommer, indem Jungtriebe aus Anlagen mit *T.-pyri*-Populationen in die zu behandelnde Anlage ausgelegt werden. Bei der Einbringung durch die Jungtriebe ist allerdings vor der gleichzeitigen Übertragung von Schadmilben, insbesondere der Kräuselmilbe (*C. vitis*), zu warnen. Bei der Ausbringung mittels Filzstreifen (pro vier Reben ein Streifen) wird eine garantierte Anzahl von befruchteten Weibchen (ca. sieben bzw. zehn) in der Anlage ausgebracht, die sich ab Vegetationsbeginn rasch weitervermehren und die biologische Bekämpfung der Schadmilbenpopulation übernehmen.

### Einfluss von Pflanzenschutzmitteln

*T. pyri* hat gegen einige Insektizide und Akarizide (chlorhaltige Kohlenwasserstoffe, Organophosphate) Resistenzen entwickelt. Aus diesem Grund konnte diese Art in manchen behandelten Anlagen und Weinbergen überleben. Schwefelhaltige Pflanzenschutzmittel können sich – besonders in hohen Konzentrationen – negativ auf die Population der Raubmilbe auswirken. Bei der Mehrzahl der im integrierten und ökologischen Obst- und Weinbau eingesetzten Pflanzenschutzmittel handelt es sich um Raubmilben-Schonende Mittel.

## Pheromone (Semiochemicals)

### Spezifizierung

Pheromone zur direkten Behandlung und Ermittlung des Flugverlaufes.

Sexual-Pheromone von Schmetterlingen enthalten (artspezifische) Lockstoffe, die von unbefruchteten Weibchen durch spezielle Drüsen am Hinterleib in die Luft abgegeben werden. Dies dient der Anlockung von Männchen der gleichen Art, also der innerartlichen Verständigung. Die Beschreibung „Pheromon" wurde erstmals im Jahre 1959 von Karlson und Luescher verwendet. Im selben Jahr wurde von Prof. Butenandt die erste chemische Struktur für das Pheromon des Seidenspinners beschrieben. Die ersten Versuche zum Einsatz der Verwirrungstechnik der männlichen Falter durch Pheromone wurden im Jahre 1967 in Kalifornien an Kohlweißlingen durchgeführt. Im Jahre 1970 wurde in den USA das erste Mal ein synthetisch hergestelltes Pheromon (Schwammspinner) in Pheromonfallen eingesetzt und zur flächenhaften Überwachung des Schädlingsausbruches angewendet.

Ab Mitte der 70er-Jahre des 20. Jahrhunderts werden synthetisch hergestellte Pheromone unterschiedlichster Arten in Pheromonfallen zur Bestimmung des Flugverlaufs im Pflanzenschutz intensiv eingesetzt. Zur wirklich erfolgreichen, zuverlässigen und ökonomisch vertretbaren Anwendung der Pheromone im direkten Pflanzenschutz, der sogenannte „mating-disruption-Verwirrungstechnik", führten die Arbeiten japanischer Forscher unter der Führung von

Pheromondispenser – Zwetschkenbaum (Hluchy, M.)

Pheromondispenser Isonet LE – Rebe (Hluchy, M.)

Dr. Kinya Ogawa. Diese ermöglichten sowohl die präzise Herstellung von Pheromonen zu akzeptablen Preisen als auch die Herstellung von zuverlässigen Dispensern, die in der Lage sind, während der ganzen Saison (bis zu vier Generationen) gleichmäßig Pheromone verdampfen zu lassen.

### Wirkungsweise

Pheromone werden in der Größenordnung von 10 g/ha appliziert. Dies ist ungefähr $10^{10}$-mal mehr an Pheromonen, wie ein einzelnes Weibchen produzieren kann. Pheromone sind in unterschiedlichen Dispenserformen formiert, z. B. in sogenannten „Spaghetti", aus denen es gleichmäßig während der ganzen Saison (fünf bis sechs Monate) verdampft. Während der Verdampfung „duftet" das Pheromon in der Luft des gesamten zu behandelnden Standortes, wie Obstanlagen oder Weinbergen. Dabei gehen die Pheromone mit der Wachsschicht der grünen Pflanzenteile eine Verbindung ein, die vor Austrocknung schützen soll. Von diesen Wachsschichten der Vegetation verdampfen die Pheromone weiter ab. Somit werden alle grünen Pflanzenteile der zu beschützenden Pflanze bzw. Frucht zu Dispensern. Aus diesem Grund müssen die Dispenser ein bis zwei Wochen vor dem ersten erwarteten Auftreten der zu bekämpfenden Schädlinge aufgehängt werden. Die Männchen (z. B. Traubenwickler, Apfelwickler), deren Pheromon nach der Ausbringung der Dispenser appliziert wurde, finden sich in der hohen Pheromonkonzentration nicht zurecht und es ist ihnen unmöglich, die befruchtungsfähigen Weibchen zu finden. Es kommt kaum zu erfolgreichen Befruchtungen („mating disruption") und damit zu keiner Eiablage.

Apfelwickler – Durch die Larve geschädigte Frucht (Pokorný, V.)

Apfelwickler – Adulttier © P. Buchner

### Anwendung

Eine wichtige Voraussetzung für einen zuverlässigen und nachhaltigen Erfolg der Verwirrungstechnik ist, dass die Populationsdichte einer jeweiligen Schädlingsart niedrig ist, da es bei hoher Populationsdichte trotz Pheromoneinsatz zu visuellem Kontakt zwischen Männchen und Weibchen und damit zu einer Begattung kommen kann. Aus diesem Grund ist es notwendig, die Anzahl der Schädlinge im ersten Jahr des Einsatzes der Pheromone durch zusätzlichen Einsatz selektiver Insektizide (z. B. *Bacillus thuringiensis,* Virenpräparate, eventuell selektive chemische Insektizide) auf ein niedriges Niveau zu bringen (bei der Rebe bis unter 5 % befallener Gescheine, bei Apfelbäumen bis unter 1 % befallener Äpfel). In den Folgejahren werden nur noch Pheromone zur Unterdrückung des Schädlingsbefalls eingesetzt. So ist es möglich, schon nach einem Jahr die Population der entsprechenden Schädlinge durch die Pheromonausbringung unter die Schadensschwelle zu bringen.

Die eigentliche Applikation der Pheromone besteht in dem Aufhängen der Dispenser im Weinberg oder in der Obstanlage. Wichtig für das Gelingen ist eine rechtzeitige Applikation, circa 14 Tage vor

Pheromonfalle – Apfelwickler (Bagar, M.)

dem Flugbeginn der zu bekämpfenden Falterart. Eine weitere wichtige Voraussetzung ist die gleichmäßige Verteilung der Pheromone. Die Menge der Dispenser hängt von der Schädlingsart ab und liegt zwischen 500–1.000 Dispensern pro Hektar. Die geringste Fläche, die ausreichend bedeckt sein muss, liegt zwischen 2–5 ha, wobei Ergebnisse gezeigt haben, dass auf großen Flächen von mehreren zehn bis hundert Hektar die Erfolge deutlich besser sind. Bei großflächigem Einsatz können im Laufe der Einsatzdauer die Dispenserzahl und damit auch die Kosten der Behandlung deutlich reduziert werden (bis 30 %). Bedeutenden Einfluss auf den Erfolg haben die Geländeform, die Windrichtung, befallene Pflanzen in der Umgebung sowie Randbereiche, die mit abgehängt werden müssen. Ein regelmäßiges Erfolgsmonitoring, durchgeführt von den Herstellern, Distributoren, Beratern und beteiligten Anbauern, ist für den Erfolg der Methode unerlässlich. Derzeit werden Dispenser für Apfelwickler (*Cydia pomonella*), Wickler der Gattung *Grapholita* (Pfirsichwickler/Pfirsichtriebbohrer: *G. molesta*, Pflaumenwickler: *G. funebrana*, Kleiner Fruchtwickler *G. lobarzewski*), den Fruchtschalenwickler (*Adoxophyes orana*), den Rotbraunen Schalenwickler (*Pandemis heparana*), den Braunen Obstbaumwickler (*Archips podana*), die Pfirsichmotte (*Anarsia lineatella*), den Kirsch-Rindenwickler (*Enarmonia formosana*), die beiden Traubenwickler-Arten *Lobesia botrana* und *Eupoecilia ambiguella*, Apfelbaum- und Johannisbeerglasflügler (*Synanthedon myopaeformis* und *S. tipuliformis*) sowie den Kastanienbohrer (Blausieb; *Zeuzera pyrina*) angeboten.

Schon ab Mitte der 70er-Jahre des 20. Jahrhunderts werden Pheromone in Pheromonfallen zur Bestimmung des Fluges der männlichen Falter eingesetzt sowie zur Bestimmung des Flugbeginns, des Flughöhepunktes (Eiablagezeitpunkt) und für die Bestimmung des Applikationszeitpunktes selektiver Insektizide (z. B. *B. thuringiensis*, Virenpräparate, eventuell selektive chemische Insektizide) herangezogen. Eine Bekämpfung („mass trapping“) kann mit Pheromonfallen nicht durchgeführt werden.

### Mischbarkeit

Es sind keine Einschränkungen bekannt, da Pheromone als Einzelprodukte aufgehängt werden und nicht mit anderen Pflanzenschutzmitteln gemischt werden.

## Ökotaugliche Wirkstoffe
**(Stand Januar 2023)**

### *Aminosäuren*

**Produktbeispiel**
AminoVital

**Spezifizierung**
AminoVital enthält 75 % Aminosäuren und Peptide in der Trockensubstanz (9 % Gesamtstickstoff, davon 7 % Aminostickstoff). Der Anteil an freien Aminosäuren ist mit 25 % deutlich höher als jener von Vergleichsprodukten.

**Wirkungsweise**
Aminosäuren spielen im Stoffwechsel der Pflanze eine entscheidende Rolle und sind beispielsweise ein Baustein der Eiweiße und des Wachstumshormons Auxin. Die Pflanze synthetisiert Aminosäuren

Ökotaugliche Wirkstoffe – Trotz geringer toxischer Relevanz müssen die angegebenen Sicherheitsrichtlinien eingehalten werden. (Stolz, M.)

Aminosäuren können direkt über das Blatt aufgenommen werden. (Stolz, M.)

aus Kohlenstoff, Wasser und Stickstoff. Spritzt man Aminosäuren auf das Blatt, kann die Pflanze diese direkt aufnehmen und sich die energieaufwendige Synthese „sparen". Insbesondere in Stresssituationen wirkt AminoVital pflanzenstärkend und wachstumsfördernd. Eine gut versorgte Pflanze mit gesunder Wurzelentwicklung hat eine höhere Abwehr- und Widerstandskraft gegen klimatische Extreme, tierische und pilzliche Schaderreger. Auf den Boden gelangendes AminoVital verbessert die Aufnahme von Mikro-Nährstoffen, da diese durch die Aminosäuren pflanzenverfügbar gemacht werden. Ein weiterer positiver Aspekt ist eine gute Netz- und Haftwirkung von Aminosäuren und Peptiden. Der Zusatz von AminoVital zu Pflanzenbehandlungs- und Düngemitteln erhöht daher deren Effektivität und Pflanzenverträglichkeit.

**Anwendung**

Im Weinbau empfiehlt sich eine dreimalige Anwendung mit jeweils 3 l/h je einmal zuerst nach dem Austrieb, dann in der Blüte und abschließend zum Traubenschluss. Im Obstbau sollte Amino Vital zweimal ebenfalls mit einer Konzentration von 3 l/ha je einmal im roten Knospen- und im Ballonstadium (zum Fruchtansatz) beigegeben werden.

**Mischbarkeit**

AminoVital ist nicht mischbar mit Ölen (Promanal). Vorsicht ist bei Kupferprodukten (konzenrationsabhängig!) geboten.

### *Algenextrakte*

**Produktbeispiel**

AlgoVital®, SuperFifty® Prime

**Spezifizierung**

Viele Algenprodukte basieren auf der Braunalge (*Ascophyllum nodosum*).

Spurenelemente, Vitamine und Kohlenhydrate der Algenpräparate werden über das Blatt aufgenommen. (Stolz, M.)

**Wirkungsweise**
Der Einsatz von Algenprodukten in der ökologischen Landwirtschaft hat eine lange Tradition. Die Komplexität und Natürlichkeit der enthaltenen Stoffe gibt mannigfaltige Einsatzmöglichkeiten und ergänzt viele Behandlungsmaßnahmen in hervorragender Art und Weise. Algen enthalten in nennenswertem Umfang Spurenelemente, Vitamine und Kohlenhydrate, die gut pflanzenverfügbar sind. In vielen erfolgreichen Betrieben werden Algenprodukte standardmäßig zu jeder Spritzbrühe dazugegeben.

**Anwendung**
Die Anwendung erfolgt über das Blatt! Im Weinbau werden 4 l/ha Algovital und im Stein- und Beerenobst 4–5 l/ha empfohlen! Eine spezielle Anwendung bei Kernobst ist die Berostungsminderung während der Zellteilungsphase: Dabei werden vier Behandlungen in der berostungskritischen Phase mit je 3–5 l/ha ab Vollblüte bis Haselnussgröße der Frucht empfohlen.

**Mischbarkeit**
In der Kombination von 3–5 l/ha mit Kupferfungiziden kann die Wirkung gegen Schorf verbessert werden. Auch bei sauren/basischen Spritzbrühen sind die Nährstoffe sehr gut pflanzenverfügbar.

### *Azadirachtin (Botanical)*

**Produktbeispiel**
NeemAzal® T/S

**Spezifizierung**
Azadirachtin ist ein Extrakt aus den Samenkernen des Neem-Baumes (*Azadirachta indica*), der in den Tropen Südostasiens, Afrikas und Lateinamerikas beheimatet ist. Ursprünglich stammt er wahrscheinlich aus Birma und Indien. Der Extrakt der Samen weist insektizide Wirkung – zurückzuführen auf den Azadirachtin-Gehalt – auf. In Indien werden Extrakte aus Neem-Samen schon seit Jahrhunderten im Pflanzen- und Vorratsschutz gegen Schadinsekten sowie in der Kosmetik verwendet.

**Wirkungsweise**
Der Wirkstoff Azadirachtin hat mehrere Wirkungsmechanismen: Er blockiert ein spezifisches Hor-

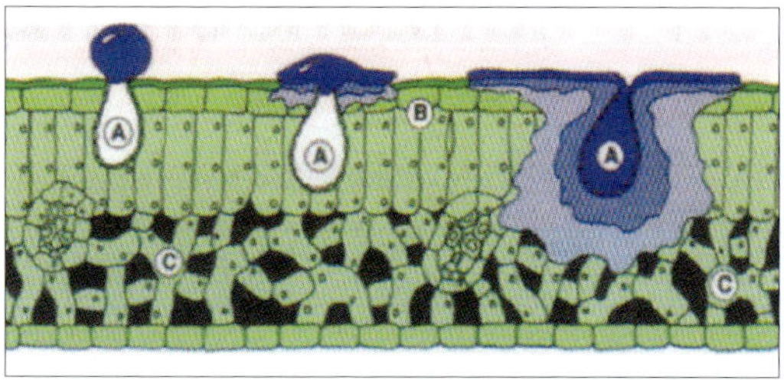


Zwei Stunden nach der Applikation sind bis zu 38 % des Wirkstoffes absorbiert. (Trifolio)

Apfel-Miniermotte (*Leucoptera scitella*) – Befallene Blätter in der Kontrollvariante (Trifolio)

NeemAzal T/S – Gegen Apfel-Miniermotte behandelte Blätter (Trifolio)

mon im Ecdyson-Metabolismus der Gliedertiere, welches für die Häutungsvorgänge der Larvenstadien verantwortlich ist. Als Entwicklungs- und Häutungshemmer hat Azadirachtin ein breites Wirkspektrum an blattfressenden Insekten (Käfer, Falterraupen, Blattwespenlarven, Fliegenlarven usw.) und an saugenden Insekten und Milben (Läuse, Wanzen, Weiße Fliege, Mottenschildlaus, Aleyrodidae), Herbstgrasmilbe, Kräuselmilbe usw.). Weiters besitzt der Wirkstoff einen insektenvergrämenden (vertreibenden) Repellent-Effekt, der sich hemmend auf den Appetit blattfressender Insekten auswirkt. Der dritte Effekt führt zu einer Reduktion der Reproduktionsrate.

**Anwendung**
Neem-Präparate werden in einer 0,3–0,5%igen Wasserlösung appliziert. Der Wirkstoff wird durch die Spaltöffnungen der Blätter absorbiert, wo er mehrere Tage bis Wochen aktiv bleibt. Je länger der Wirkstoff auf der behandelten Blattoberfläche verbleibt, desto länger und besser wird er von der Pflanze aufgenommen. Deshalb ist es sinnvoll, Azadirachtin-Präparate abends oder am frühen Morgen bei hoher Luftfeuchtigkeit anzuwenden. Sehr wirkungsvoll ist eine mehrmalige Wiederholung der Anwendung. Große Wirkung entfaltet Azadirachtin gegen endogen lebende Schädlinge, wie z. B. Larven von Miniermotten (Pfennigminiermotte, Obstbaumminiermotte, Blatttütenmotte), Minierfliegen (Agromyzidae), Kirschfruchtfliege, Larven Echter Blattwespen (Schwarze Apfelsägewespe, Schwarze Pflaumensägewespe), in Gallen lebende Läuse (z. B. die Reblaus) sowie die in den Blatthaargallen lebende Blattgallmilbe *Eriophyes vitis*. In der Ökologischen Landwirtschaft (sofern national zugelassen) werden Präparate auf Azadirachtin-Basis auch gegen saugende Insekten, z. B. Läuse, Wanzen der Gattungen *Lygus* und *Plesiocoris* sowie Milben (Herbstgrasmilbe, Kräuselmilben, Blattgallmilben), benutzt. Im Ökologischen Anbau können diese Präparate auch gegen Traubenwicklerraupen, Spannerraupen, Blattwespen und Käfer (z. B. Maikäfer) eingesetzt werden. Obwohl der Wirkungsmechanismus von Azadirachtin wenig selektiv ist, zeigen sich keine ökotoxikologischen Auswirkungen oder Schädigungen der zoophagen Nützlingspopulation (Räuber, Parasitoide). Neem gilt als ausgesprochen bienen- und hummelfreundlich!

**Mischbarkeit**
Azadirachtin ist nicht mischbar mit Ölen (Promanal).

### *Eisen-III-Phosphat*

**Produktbeispiel**
Schneckenkorn Sluxx® HP

**Spezifizierung**
Eisen-III-Phosphat ist eine chemische Verbindung mit molluskizider (schneckentötender) Wirkung.

**Wirkungsweise**
Schneckenkorn wirkt gegen alle Nacktschneckenarten. Der Wirkstoff Eisen-III-Phosphat verursacht Zellveränderungen im Verdauungstrakt der Schnecken. Die Köderaufnahme bewirkt einen schnellen Fraßstopp.

**Anwendung**
Eisen-III-Phosphat ist hochwirksam und besonders regenfest. Es bestehen keine Wartezeiten. Die zugelassene Aufwandmenge beträgt bei Ferramol 25–50 kg/ha. Empfohlene Aufwandmenge: Bei Anwesenheit von *Deroceras*-Ackerschnecken ist bereits mit 12 kg/ha (schwacher bis mittlerer Befall) bzw. 12–25 kg/ha (starker Befall) eine sehr gute Bekämpfung gewährleistet. Sluxx wird sowohl im Obst- als

Eisen-III-Phosphat – Gute Wirkung gegen die Acker-Nacktschnecke (Stolz, M.)

auch im Weinbau mit 7 kg/ha ausgebracht. Maximal vier Anwendungen je Vegetationsperiode! Die Ausbringung ist vor Kulturbeginn mittels Dünger- oder Schneckenkornstreuer möglich. Schneckenkorn darf wegen eventuell im Erntegut verbleibender Granulatkörner im Obstbau nicht direkt auf die Pflanzen gestreut werden. In der Erde wird Eisen-III-Phosphat in die Pflanzennährstoffe Eisen und Phosphat umgewandelt. Es besteht keine Gefahr der Schädigung von Regenwürmern, Igeln, Haustieren, anderen frei lebenden Tieren oder Laufkäfern.

**Mischbarkeit**
Schneckenkorn ist eine Einzelapplikation, die nicht mit Spritzbrühe gemischt werden kann.

### *Kaliseife*

**Produktbeispiel**
Neudosan®Neu

**Spezifizierung**
Neudosan Neu enthält Kaliumsalze natürlicher Fettsäuren in einer Konzentration von 515 g/l. Diese aus Rapsöl gewonnenen Fettsäuren werden anschließend mit Kalilauge verseift. Wirkung gegen saugende Insekten.

**Wirkungsweise**
Kaliseife wirkt als nützlingsschonendes Kontaktinsektizid und -akarizid gegen saugende Insekten und Milben, das die Zellstruktur weichhäutiger Schädlinge zerstört und deren Atemorgane blockiert.

**Anwendung**
Neudosan Neu wird zur Bekämpfung von Blattläusen, Spinnmilben und Weißer Fliege (Mottenschildlaus, Aleyrodidae) in Obst eingesetzt und ist gut in den Nützlingseinsatz integrierbar. Der Einsatz erfolgt 2%ig mit hoher Wasseraufwandmenge. Es wird eine zweimalige Anwendung im Abstand von 5–7 Tagen empfohlen. Weiches Wasser ist empfehlenswert, denn Wasserhärten über 15° dH können die Wirkung von Kaliseife beeinflussen. Spritzungen sollten in den Morgen- oder Abendstunden durchgeführt werden.

**Mischbarkeit**
Durch Zusatz von Algenextrakten und/oder Aminosäuren (AlgoVital, AminoVital) kann die Wirksamkeit von Kaliseife gesteigert werden. Nicht mit kupfer- oder salzhaltigen Blattdüngern (Cuprozin, Kocide Opti, Promonal, Spruzit, Neudo-Vital) mischen! Ein Nützlingseinsatz ist wenige Stunden nach einer Behandlung möglich. Keine Wartezeiten; nicht bienengefährlich.

### *Kaliumhydrogencarbonat*

**Produktbeispiele**
VitiSan®

**Spezifizierung**
$KHCO_3$

**Wirkungsweise**
Das alkalische Präparat verändert den pH-Wert an der Pflanzenoberfläche und senkt damit ebendort für ca. zwei Tage die Vermehrung von lebensfähigen Pilz-Myzelien und -sporen. Durch das Austrocknen sowie das Verkleben der Tracheen einiger saugender Insekten (Thripse, Rebzikaden) und Milben hat es auch eine sehr gute insektizide/akarizide Nebenwirkung. Kalium wirkt

Kaliseife ist gut mit einem Nützlingseinsatz kombinierbar. (Judt, C.)

gleichzeitig als Blattdünger und trägt zur Steigerung der natürlichen Widerstandskraft der Pflanze bei.

**Anwendung**
Kaliumhydrogencarbonat, auch als Kaliumbicarbonat bezeichnet, wirkt gegen Echten Mehltau und Graufäule. Die Aufwandmenge bewegt sich zwischen 5–10 kg/ha je nach Laubwandhöhe und Dichte. Das Mittel wird bevorzugt im letzten Drittel der Vegetationsperiode (Reduktion der Schwefelanwendung) zusammen mit Pflanzenextrakten sowie Kupferpräparaten eingesetzt.

**Mischbarkeit**
$KHCO_3$ ist mischbar mit kupferhaltigen Präparaten und Orangenöl. Es ist nicht mischbar mit *Bacillus-thuringiensis*-Präparaten und anderen Mikroorganismen-Präparaten. Mischungen mit einigen Pflanzenölen können phytotoxisch wirken.

### *Kupfer*
*Kupferhydroxid, Kupferoxychlorid und weitere Kupferformen*

**Produktbeispiele**
Cuprozin®, Funguran® progress

**Spezifizierung**
Kupferhydroxid, Kupferhydroxychlorid und weitere Kupferformen.

**Wirkungsweise**
Kupferverbindungen wirken toxisch gegen einige Pilz- und Bakteriengruppen, insbesondere gegen Falsche-Mehltau-Pilze, die Kräuselkrankheit bei Pfirsich sowie gegen Obstbaumkrebs und Feuerbrand an Steinobst. Für eine optimale Wirkung der einsetzbaren und zugelassenen Kupferpräparate ist die Formulierung wie auch die physikalische Kristallstruktur von

Von *Oidium* geheilte Beere (Abbrennen des Pilz-Myzels) (Hluchy, M.)

Ölflecken auf Blättern (Ackermann, P.)

*Peronospora* – Früher Befall an Trauben (Vanek, G.)

Junge Traube – Sporangienträger und Sporangium (Státní rostlinolékaŕská)

größter Bedeutung. Allgemein gilt, dass Präparate auf Basis von Kupferhydroxid (bei gleichzeitig geringer Kupfer-Menge pro Applikation) wirksamer sind als Cu-Sulfat oder Kupferoxychlorid.

**Anwendung**

Kupfer, ein biogenes Element, reichert sich stark im Boden an und kann auf sandigen, sauren Böden mit Humusmangel und geringer organischer Masse im Boden für viele Gruppen von Mikroorganismen (Pilze, Bakterien), Würmer (Regenwürmer, entomopathogene Fadenwürmer und andere), aber auch für die Rebe und weitere Pflanzen toxisch wirken. Da Kupferpräparate schon lange intensiv im Pflanzenschutz angewendet werden, ist es notwendig, dass die Mengen an reinem Kupfer strikt eingegrenzt werden müssen. Die aktuellen Zulassungsbedingungen für Kupferpräparate schränken die Kupfermenge auf max. 4 kg/ha und Jahr europaweit sowohl im integrierten wie im ökologischen Anbau bei einer maximalen Gesamtaufwandmenge von 28 kg in 7 Jahren ein. Die Haupttermine für Kupferapplikationen sind – je nach Infektionsdruck – unmittelbar vor der Blüte sowie nach der Blüte und die Abschlussspritzung beim Weichwerden der Beeren. In Verbindung mit Schwefelkalk-Brühe im Obstbau stellen die 3 kg Rein-Kupfer/ha und Jahr im Ökologischen Anbau, beziehungsweise in Kombination mit synthetischen Fungiziden im IP-System, auch bei starkem Infektionsdruck einen guten Schutz dar.

das Wasser mittels Zitronensäure auf einen pH-Wert zwischen 3,6 und 3,8 einstellen. Eine Spritzmittelkonzentration von 2 % sollte nicht überschritten werden, da höhere Konzentrationen bei manchen Rebsorten phytotoxisch wirken können. Die letzte Applikation erfolgt spätestens zu Beginn der Phänophase (klar definierte Erscheinungen an Pflanzen, die im Jahreslauf zu einem bestimmten Zeitpunkt auftreten) des Traubenschließens. Diese Präparate weisen eine mittelmäßige Toxizität gegen Raubmilben auf. Darum ist es sinnvoll, dass man ihre Populationsdichte ermittelt und schwefelsaure Tonerde mit modernen Kupfermitteln abwechselt. Zwischen der Applikation dieser Präparate sollte es mindestens 10 mm geregnet haben.

#### Mischbarkeit

Schwefelsaure-Tonerde-Präparate sind nicht mischbar mit Kupfer (**Vorsicht!** Cu ist bei sehr saurem pH phytotoxisch), alkalischen Präparaten (Kaliumhydrogen- bzw. -bicarbonat) oder Wasserglas. Keine Einschränkungen gibt es bei der Mischbarkeit mit Schwefel-Präparaten, Algenextrakten und Orangenöl (max. 0,2%ig) sowie mikrobiologischen Pflanzenschutzmitteln, wie beispielsweise *Bacillus thuringiensis*.

### *Wasserglas*

#### Produktbeispiel

PottaSol®

#### Spezifizierung

Wasserglas enthält $K_2O$ und $SiO_2$ (Kieselsäure).

#### Wirkungsweise

Kieselsäure stabilisiert die grünen Teile der Pflanzenoberfläche (Verkieselung, Ausbildung vermehrter Lentizellen) und erschwert dadurch das Eindringen von Pilzsporen. Kalium trägt zur Steigerung der natürlichen Widerstandskraft der Pflanze bei. Somit dient der Einsatz von PottaSol der allgemeinen Gesunderhaltung der Pflanze.

#### Anwendung

Wasserglas wird in Kombination mit biologischen Standardpflanzenschutzmitteln wie Kupfer- und Schwefelprodukten gegen *Peronospora*, *Oidium*, Schwarzfleckenkrankheit, Schwarzfäule sowie vorbeugend gegen *Botrytis* eingesetzt.

#### Mischbarkeit

Bei der Herstellung der Spritzbrühe ist es notwendig, dass man Wasserglas vor den anderen Präparaten unter ständigem Rühren in den Tank (zu einem Drittel gefüllt) gibt, den Tank mit Wasser vollfüllt und anschließend die weiteren Agenzien hinzufügt.

Kaliwasserglas ist mischbar mit Kupfer- und Schwefelpräparaten sowie Orangenöl. Es ist nicht mit Schwefelkalk, Kalium- und Natriumbicarbonat, *Bacillus-thuringiensis*-Präparaten sowie anderen Mikroorganismen-Präparaten mischbar.

Bei falscher Anwendung von Wasserglas können Verbrennungen auf den Beeren auftreten. (Hluchy, M.)

## Mischtabelle I

| | Fungizide, Pflanzenstärkungs- und Düngemittel, Netzmittel und Zusatzstoffe | | | | | | | | | | | | | | | | | | | | | | | | | | | | |
|---|---|---|---|---|---|---|---|---|---|---|---|---|---|---|---|---|---|---|---|---|---|---|---|---|---|---|---|---|---|
| | Agro Hi Bor | Alginure | AlgoVital Plus | AminoVital | Diaglutin | Buffer Protect | Blossom Protect | Botector | Diaglutin Fe | Cocana | Cuprozin progress | Funguran progress | CutiSan | Equisetum Plus | PottaSol | SuperFifty Prime | Diaglutin Mg | Netzschwefel Kwizda/Thiovit Jet | Netzschwefel Stulln | OPF | ProFital fluid | ProLiq AminoCalcio | ProLiq Calcium LQ | Resistance | Trifolio S forte | VitiSan | Wetcit | Romeo | Helioterpen Film |
| **Fungizide, Pflanzenstärkungs- und Düngemittel, Netzmittel und Zusatzstoffe** | | | | | | | | | | | | | | | | | | | | | | | | | | | | | |
| Agro Hi Bor | | | | | | - | | | - | | - | - | + | | - | | | + | + | | | | | | | | | + | |
| Alginure | | | | | | | | + | + | + | + | + | | ++ | | | + | ++ | ++ | + | + | | | | ++ | ++ | ++ | + | + |
| AlgoVital Plus | | | | ++ | ++ | | ++ | ++ | + | ++ | ++ | ++ | + | ++ | + | | ++ | ++ | ++ | ++ | + | +- | +- | | + | + | ++ | + | + |
| AminoVital | | | ++ | | ++ | | + | + | + | +- | +- | +- | +- | + | | +- | ++ | ++ | ++ | | + | | | + | + | + | | + | + |
| Diaglutin | | | ++ | ++ | | | + | + | + | +- | +- | +- | +- | + | | +- | ++ | ++ | ++ | | + | | | + | + | + | | + | + |
| Buffer Protect | - | | | | | | | | - | - | - | - | | | - | | | ++ | ++ | | | | | | | - | - | + | |
| Blossom Protect | | | ++ | + | + | | | | + | - | ++ | ++ | + | + | - | | | ++ | ++ | | + | + | + | + | + | + | - | + | |
| Botector | | + | ++ | + | + | | | | + | - | ++ | ++ | + | + | - | | + | ++ | ++ | | + | + | + | + | + | + | - | + | + |
| Diaglutin Fe | - | + | + | + | + | - | + | + | | + | + | + | | + | - | + | | + | + | +- | + | - | - | ++ | + | +- | ++ | + | + |
| Cocana | | + | ++ | +- | +- | - | - | - | + | | + | + | | ++ | - | + | + | ++ | ++ | + | | - | - | + | | ++ | | + | |
| Cuprozin progress | - | + | ++ | +- | +- | - | ++ | ++ | + | + | | | | ++ | + | + | + | ++ | ++ | + | + | - | - | ++ | + | + | + | + | + |
| Funguran progress | - | + | ++ | +- | +- | - | ++ | ++ | + | + | | | | ++ | + | + | + | ++ | ++ | + | + | - | - | ++ | + | + | + | + | + |
| CutiSan | + | | + | +- | +- | | + | + | | | | | | + | | + | | ++ | ++ | | | | | + | | | | + | |
| Equisetum Plus | | ++ | ++ | + | + | | + | + | + | ++ | ++ | ++ | + | | ++ | + | + | ++ | ++ | + | + | + | + | + | + | ++ | + | + | + |
| PottaSol | - | | + | | | - | - | - | - | - | + | + | | ++ | | - | | ++ | ++ | | | | | + | + | - | ++ | + | |
| SuperFifty Prime | | | | +- | +- | | | | + | + | + | + | + | + | - | | + | ++ | ++ | + | + | - | - | + | + | + | + | + | + |
| Diaglutin Mg | | + | ++ | ++ | ++ | | | + | | + | + | + | | + | | + | | ++ | ++ | + | + | | | + | + | -+ | + | + | + |
| Netzschwefel Kwizda/Thiovit Jet | + | ++ | ++ | ++ | ++ | ++ | ++ | ++ | + | ++ | ++ | ++ | ++ | ++ | ++ | ++ | ++ | | | + | ++ | ++ | ++ | ++ | + | ++ | + | + | + |
| Netzschwefel Stulln | + | ++ | ++ | ++ | ++ | ++ | ++ | ++ | + | ++ | ++ | ++ | ++ | ++ | ++ | ++ | ++ | | | + | ++ | ++ | ++ | ++ | + | ++ | + | + | -+ |
| OPF | | + | ++ | | | | | | +- | + | + | + | | + | | + | + | + | + | | + | | | ++ | + | + | + | + | + |
| ProFital fluid | | + | + | + | + | | + | + | + | | + | + | | + | | + | + | ++ | ++ | + | | | | + | + | + | - | + | |
| ProLiq AminoCalcio | | | +- | | | | + | + | - | - | - | - | | + | | - | | ++ | ++ | | | | | ++ | - | - | | + | |
| ProLiq Calcium LQ | | | +- | | | | + | + | - | - | - | - | | + | | - | | ++ | ++ | | | | | ++ | - | - | | + | |
| Resistance | | | | + | + | | + | + | + | + | ++ | ++ | + | + | + | + | + | ++ | ++ | ++ | + | ++ | ++ | | + | + | ++ | + | + |
| Trifolio S forte | | ++ | + | + | + | | + | + | + | | + | + | | + | + | + | + | + | + | + | - | - | - | + | | + | - | + | |
| VitiSan | | ++ | + | + | + | - | + | + | +- | ++ | + | + | | ++ | - | + | -+ | ++ | ++ | + | + | - | - | + | + | | ++ | + | + |
| Wetcit | | ++ | ++ | | | - | - | - | ++ | | + | + | | + | ++ | + | + | + | + | + | - | | | ++ | - | ++ | | + | |
| Romeo | + | + | + | + | + | + | + | + | + | + | + | + | + | + | + | + | + | + | + | + | + | + | + | + | + | + | + | | + |
| Helioterpen Film | | + | + | + | + | | | + | + | | + | + | | + | | + | + | + | +- | + | | | | + | | + | | + | |
| **Insektizide und Akarizide** | | | | | | | | | | | | | | | | | | | | | | | | | | | | | |
| Botanigard | | | + | | | | | | | | + | + | | + | | | | - | | | | | | | + | + | + | + | + |
| Madex Max,-Top,-Twin, Capex 2 | +- | | ++ | + | + | - | + | + | + | - | +- | +- | + | ++ | - | + | | ++ | ++ | + | | + | + | + | + | + | | + | ++ |
| PREV-AM | | + | + | | | | | | | | + | + | | | | | | + | + | | | | | + | | | | + | |
| Micula* | | | | | | | | | | | | | | | | - | | - | - | | | | | | | +- | | + | |
| NeemAzal T/S | - | | ++ | | | | + | + | | +- | + | + | | | | +- | | ++ | ++ | | | - | - | | | | | + | + |
| biohelp Neudosan | | | | | | - | - | - | - | | | | | + | | - | | + | + | | | | | | | + | | + | |
| Eradicoat max | - | - | - | - | - | - | - | - | - | - | - | - | - | - | - | - | - | - | - | - | - | - | - | - | -+ | - | -+ | - | -+ |
| Helicovex | + | + | + | + | + | | | | + | | + | + | | + | | | | + | + | | | + | + | + | + | | + | + | + |
| Promanal HP | | | | - | - | | | | - | -- | + | + | | | - | - | | -+ | -+ | | | - | - | | | | | - | |
| SpinTor | | ++ | ++ | | | - | + | + | | | | | | | | - | | | | | | | | | | | | + | + |
| Spruzit progress/Spruzit | - | | ++ | + | + | | + | + | +- | | ++ | ++ | | + | | - | | - | - | | | | | +- | | +- | + | + | + |
| FlorBac | - | ++ | ++ | + | + | - | + | + | + | - | +- | +- | | + | - | + | | ++ | ++ | + | | ++ | ++ | + | + | - | + | + | ++ |

**Legende**
++ sehr gut mischbar
+ mischbar
+- konzentrationsabhängig (Beratung einholen)
- nicht mischbar

*/Schädlingsfrei Obst & Gemüse Konzentrat

## Mischtabelle II

| | | Insektizide und Akarizide | | | | | | | | | | | |
|---|---|---|---|---|---|---|---|---|---|---|---|---|---|
| | | Botanigard | Madex Max,-Top,-Twin, Capex 2 | PREV-AM | Micula* | NeemAzal T/S | biohelp Neudosan | Eeradicoat max | Helicovex | Promanal HP | SpinTor | Spruzit progress/Spruzit | FlorBac |
| Fungizide, Pflanzenstärkungs- und Düngemittel, Netzmittel und Zusatzstoffe | Agro Hi Bor | | +- | | | - | | - | + | | | - | - |
| | Alginure | | | + | | | | - | + | | ++ | | ++ |
| | AlgoVital Plus | + | ++ | + | | ++ | | - | + | | ++ | ++ | ++ |
| | AminoVital | | + | | | | | - | + | - | | + | + |
| | Diaglutin | | + | | | | | - | + | - | | + | + |
| | Buffer Protect | | - | | | + | - | - | | | - | | - |
| | Blossom Protect | | + | | | + | - | - | | | + | + | + |
| | Botector | | + | | | + | - | - | | | + | + | + |
| | Diaglutin Fe | | + | | | | - | - | + | - | | +- | + |
| | Cocana | | - | | | +- | | - | | -- | | | - |
| | Cuprozin progress | + | +- | + | | + | | - | + | + | | ++ | +- |
| | Funguran progress | + | +- | + | | + | | - | + | + | | ++ | +- |
| | CutiSan | | + | | | | | - | | | | | |
| | Equisetum Plus | + | ++ | | | | + | - | + | | | + | + |
| | PottaSol | | - | | | | | - | | - | | | - |
| | SuperFifty Prime | | + | | - | -+ | - | - | | - | - | - | + |
| | Diaglutin Mg | | | | | | | - | | | | | |
| | Netzschwefel Kwizda/Thiovit Jet | | ++ | + | - | ++ | + | - | + | -+ | | - | ++ |
| | Netzschwefel Stulln | | ++ | + | - | ++ | + | - | + | -+ | | - | ++ |
| | OPF | | + | | | | | - | | | | | + |
| | ProFital fluid | | | | | | | - | | | | | |
| | ProLiq AminoCalcio | | + | | | - | | - | + | - | | | ++ |
| | ProLiq Calcium LQ | | + | | | - | | - | + | - | | | ++ |
| | Resistance | | + | + | | | | - | + | | | +- | + |
| | Trifolio S forte | + | + | | | | | -+ | + | | | | + |
| | VitiSan | + | + | | +- | | + | - | | +- | | +- | - |
| | Wetcit | + | | | | | | -+ | + | | | + | + |
| | Romeo | + | + | + | + | + | + | - | + | - | + | + | + |
| | Helioterpen Film | + | ++ | | | + | | -+ | + | | + | + | ++ |
| Insektizide und Akarizide | Botanigard | | | | | + | | - | + | | + | | + |
| | Madex Max,-Top,-Twin, Capex 2 | | | + | + | + | | - | + | - | | + | ++ |
| | PREV-AM | | + | | | | | - | + | | | +- | + |
| | Micula* | | + | | | + | | - | | - | | + | |
| | NeemAzal T/S | + | + | | + | | | - | + | - | | | ++ |
| | biohelp Neudosan | | | | | | | - | | - | | - | - |
| | Eradicoat max | - | - | - | - | - | - | | | - | - | - | - |
| | Helicovex | + | + | + | | + | | | | | | + | + |
| | Promanal HP | | - | | - | - | - | - | | | | - | - |
| | SpinTor | + | | | | | | - | | | | | |
| | Spruzit progress/Spruzit | | + | +- | + | | - | - | + | - | | | + |
| | FlorBac | + | ++ | + | | ++ | - | - | + | - | | + | |

**Legende**
++ sehr gut mischbar
+ mischbar
+- konzentrationsabhängig (Beratung einholen)
- nicht mischbar

*/Schädlingsfrei Obst & Gemüse Konzentrat

In den meisten Fällen werden bei Pflanzenpflegemaßnahmen verschiedene Produkte kombiniert. Dies geschieht einerseits, um die Anzahl der Behandlungen (und somit die Überfahrten) zu reduzieren, und andererseits, um die Effizienz einzelner Mittel zu erhöhen. Um dem Anwender eine Hilfestellung zu geben, welche Produkte mischbar sind, werden für in der Praxis übliche Kombinationen die Möglichkeiten in einer Mischtabelle dargestellt. Bei Kombinationen von nicht aufgelisteten Produkten bzw. bei Mischung von mehr als zwei Partnern ist unbedingt vorher Fachberatung einzuholen. Durch falsche Kombinationen können Produkte ihre Wirkung verlieren bzw. erhebliche Schäden an der Pflanze oder dem Spritzgerät verursachen.

# Kernobst

Als **Kernobst** werden Früchte aus der Familie der Rosengewächse (Rosaceae) bezeichnet. Ihre Scheinfrüchte (Apfelfrüchte) sind botanisch gesehen Sammelbalgfrüchte, die durch das Umwachsen der Fruchtblätter durch den Blütenboden (Fruchtfleisch) eine sogenannte Scheinfrucht bilden. In ihrem Inneren befinden sich die eigentlichen Balgfrüchte mit den Samen.

Zu den wichtigsten Vertretern der Kernobstgewächse zählen Apfel und Birne, die beide aus Vorderasien stammen.

Die Urformen des heutigen Kulturapfels, Holzapfel (*Malus sylvestris*) und Zwergapfel (*Malus pumila*), stammen wahrscheinlich aus dem Kaukasus und zählen zu den ältesten von Menschen kultivierten Fruchtarten. Von den heute in Europa kultivierten circa 1.600 Sorten haben in etwa 20 wirtschaftliche Bedeutung.

Auch die Urform der Wildbirne (*Pyrus communis* var. *pyraster*) stammt wahrscheinlich aus dem Kaukasus oder Anatolien. Heute haben in Europa circa zehn der 700 kultivierten Birnensorten wirtschaftliche Bedeutung.

## Kernobst-Arten in diesem Buch

Apfel – *Malus domestica*
(Richter, M.)

Birne – *Pyrus communis*
(Richter, M.)

Quitte – *Cydonia oblonga*
(Richter, M.)

Mispel – *Mespilus germanica*
(Richter, M.)

Vogelbeere – *Sorbus aucuparia*
(Richter, M.)

Apfelbeere – *Aronia melanocarpa*
(Richter, M.)

# Abiotische Störungen

## Abiotische Blattbräune

Siehe Steinobst.

## Frostschäden an Stamm und Ästen

### Schadbild

Frostschäden in verholzten Baumbereichen können entweder direkt durch Gefrieren empfindlicher Gewebeteile oder sekundär durch Spannungen aufgrund unterschiedlicher Temperatureinwirkungen entstehen.

Durch tiefe Temperaturen wird vor allem junges Gewebe, wie vorjährige Zuwächse, direkt geschädigt. Die Schäden sind im Schnitt an dunkel verfärbten Jahresringen oder an abgestorbenen jungen Ästen zu erkennen. Frostschäden können jedoch auch durch Sonneneinstrahlung hervorgerufen werden. Besonders an der Süd- und Südwestseite wird durch die Sonneneinwirkung bereits im zeitigen Frühjahr der Saftfluss aktiviert, wodurch das Leitgewebe bei Nachtfrost geschädigt werden kann. Ebenso kann es an sehr kalten, aber sonnigen Tagen zwischen gefrorenen Schatten- und aufgeheizten Sonnenbereichen von Stamm und Starkästen zu großen Temperaturunterschieden kommen, wodurch oft tiefe Längsrisse (Frostrisse) oder durch eindringendes, gefrierendes Wasser aufgesprengte Rindenplatten (Frostplatten) entstehen.

### Bedeutung

Nachhaltige Schädigung von Stamm und Starkästen durch Wachstumsstörungen sowie Infektionsmöglichkeiten durch holzzerstörende Pilze.

Frostschäden – Geschädigter Jahresring (Ackermann, P.)

Frostplatte mit beginnender Überwallung (Hluchy, M.)

Frostschäden – Geschädigtes Holzgewebe (links) (Hluchy, M.)

Frostriss im Stammbereich (Hluchy, M.)

Stammschutz durch Weißanstrich (Fischer-Colbrie, P.)

**Gegenmaßnahmen**

**Vorbeugend**

Vermeiden der Auspflanzung frostempfindlicher Arten, Sorten und Unterlagen in frostgefährdeten Lagen sowie ausgewogene Ernährung.

**Gezielt**

Schutz von Stamm und Starkästen durch Weißanstrich bzw. durch Beschattung.

## Frostschäden an Blättern, Blüten und Früchten

**Schadbild**

Nach dem Austrieb können bereits Temperaturen knapp unter 0 °C Schäden an Blättern verursachen. An der Blattunterseite entstehen unterschiedlich große, unregelmäßige Blasen durch Abtrennung der Epidermis vom Parenchym. Die entstandenen Hohlräume sind mit Luft gefüllt, wodurch diese silbrig erscheinen. Betroffene Blätter zeigen durch unterschiedliches Wachstum zwischen geschädigten und ungeschädigten Gewebeteilen Deformierungen. Vor allem beim Apfel werden ältere Blätter geschädigt, sie nekrotisieren und fallen vorzeitig ab.

Auch während der Winterruhe können extrem tiefe Temperaturen Blüten von empfindlichen Obstarten, wie z. B. Pfirsich, Kirsche oder Marille, schädigen. Im Frühjahr können Blütenknospen bei Temperaturen unter –4 bis –5 °C, Blüten bereits ab –2,5 °C und junge Früchte ab –1 °C geschädigt werden. Bei Blüten werden neben den Blütenblättern auch Staubbeutel, Narben und Fruchtknoten geschädigt. Verstärkt können Frostschäden durch einige Bakterienarten (*Pseudomonas syringae, P. fluorescens* und *Erwinia herbicola*) werden, die die Bildung von Eiskristallen fördern. Bei normalem Blütenansatz müssen bis zu 70–90 % geschädigte Blüten nicht unbedingt Ertragseinbußen bewirken.

An jungen Früchten können Spätfröste vor allem beim Apfel sogenannte Frostringe, bei Birne und Zwetschke flächige Berostungen verursachen, die während des Wachstums aufplatzen.

**Bedeutung**

Ungünstige Witterungsbedingungen können bedeutende Ernteschäden bewirken und bis zum Totalverlust einer Jahresernte führen.

Spätfrost – Unbeschädigte und geschädigte Erdbeerblüte (Hluchy, M.)

Frostringe an jungen Apfelfrüchten (Hluchy, M.)

Spätfrost – Geschädigtes Apfelblatt (Pokorný, V.)

**Gegenmaßnahmen**

Abschirmung gegen Kaltluft durch Schließung der Hagelschutznetze, Frostberegnung, Inbetriebnahme von Öfen oder Windmaschinen.

## Sonnenschäden am Stamm

**Schadbild**

Die Einwirkung vor allem der Nachmittagssonne kann besonders an Jungbäumen, an der nach Südwesten und Westen zugewandten Seite des Stammes, durch Überhitzung Teile des Kambiums schädigen. Da an diesen Stellen das Dickenwachstum gestört ist, unbeschädigte Stammteile aber normal weiterwachsen, kommt es zwischen diesen unterschiedlich stark wachsenden Bereichen zu Spannungen, die Rindenrisse und Rindenablösungen zur Folge haben. Weitere Anzeichen für ein beschädigtes Kambium sind ein gestörter Saftfluss in die Baumkrone, wodurch es zu vorzeitigen Laubverfärbungen und Absterbeerscheinungen in den zu versorgenden Kronenbereichen kommen kann, sowie eine abgeflachte Stammrundung.

**Bedeutung**

Nachhaltige Schädigung von Stammbereichen durch Zuwachsstörungen und Rindenschäden, die willkommene Eintrittspforten für holzzerstörende Organismen, wie z. B. den auf Sonnenbrandschäden spezialisierten, Weißfäule verursachenden Spaltblättling (*Schizophyllum commune*), sind.

Wachstumsstörung durch Überhitzung (links) und Sonnenschaden mit Sekundärbefall durch Spaltblättling (rechts) (Fischer-Colbrie, P.)

Stammschutz durch Weißanstrich (biohelp)

**Gegenmaßnahmen**

Schutz des Stammes durch Weißanstrich oder Beschattung.

## Sonnenbrand an Früchten

**Schadbild**

Besonders an Apfelfrüchten kann man runde, verschieden große, weiße, zimtartige oder braune Flecken finden. Diese Flecken sind meist durch einen hellen Rand begrenzt. Bei stark geschädigten Früchten ist auch das Fruchtfleisch, bei schwächer geschädigten nur die Schale betroffen. Es werden immer jene Früchte geschädigt, die der direkten Nachmittagssonne aus Südwest bzw. West ausgesetzt sind. Zu Schäden kommt es bei direkter Sonnenbestrahlung in Verbindung mit hohen Temperaturen und trockenem Wetter sowie niedriger Luftfeuchte. Die Überhitzung der Früchte erfolgt durch die Infrarotstrahlung. Geschützt werden die Früchte durch genügende Beschattung durch das Laub.

**Bedeutung**

Vor allem bei empfindlicheren gelbschaligen Sorten können Ernteverluste eintreten.

**Gegenmaßnahmen**

Das Risiko eines Sonnenbrands kann durch genügend Kalzium in den Früchten mittels gezielter Blattdüngung gesenkt werden.

Sonnenbrand – Apfelfrucht (Ackermann, P.)

# Physiologische Störungen

## Bormangel

**Schadbild**

An Früchten können Bormangelsymptome je nach Auftrittstermin während der Vegetationsperiode sehr unterschiedlich sein. Sie erscheinen als äußere oder innere Verkorkungen.

An der Außenseite werden die Schäden bereits ab Ende Juni in Form von unregelmäßigen braunen Korkflecken, Einsenkungen und Rissen in der Fruchtschale sowie Verkrüppelung der Frucht sichtbar. Früchte mit starken Schäden fallen meist vorzeitig ab.

Im Inneren der befallenen Früchte findet man ab Ende Juli im Fruchtfleisch dunkle, verschieden große Korkinseln. Bei starkem Befall zeigt sich auch das Kerngehäuse deformiert (Unterschied zur Stippigkeit!).

Starke Mangelerscheinungen können sich bereits nach dem Austrieb auch an jungen Trieben zeigen. Knospen an den Zweigenden bleiben sitzen oder treiben nur kümmerlich aus. Triebspitzen können absterben.

**Bedeutung**

Bormangel kann an Apfel- und Birnenkulturen bedeutende Schäden verursachen. Die Stärke der Mangelerscheinung wird vorwiegend durch Standortsbedingungen (z. B. hohe Temperaturen, Trockenheit, leichte, kalkreiche Böden) und unterschiedliche Sortenempfindlichkeit beeinflusst.

**Gegenmaßnahmen**

Senkung des pH-Wertes im Boden (z. B. Verwendung physiologisch saurer Dünger), Bewässerung, Mulchen. Düngung mit borhaltigen Präparaten über Boden oder Blatt.

Bormangel – Korkinseln im Fruchtfleisch (Hluchy, M.)

## Bräunung der Schale von Äpfeln während der Lagerung

**Schadbild**

Nach längerer Lagerung verfärbt sich die Fruchtschale verschieden stark braun. Unter temperierten Bedingungen breitet sich die Bräune stark aus, das Fruchtfleisch bleibt aber weiterhin unbeschädigt.

**Bedeutung**

Besonders häufig zeigt sich die Bräunung an vorzeitig geernteten, unreifen oder zu spät eingelagerten Früchten. Auch einige Sorten, wie z. B. Idared, Melrose oder Ontario, neigen dazu. Durch Überfüllung und unzureichende Lüftung reichern sich durch den Stoffwechsel der Früchte entstehende aromatische Stoffe an, die den Schaden fördern.

**Gegenmaßnahmen**

Geeignete Lagerung. Auf ausreichende Belüftung achten.

Schalenbräune am Lager (Státní rostlinolékařská)

## Chlorose (Chlorophyllmangel)

**Wirtspflanzen**

Stark zu Chlorose neigen vor allem Birne, Quitte und Pfirsich.

**Schadbild**

Mit Ausnahme der Blattnerven und ihrer Umgebung hellen Blätter gelbgrün bis gelbweiß auf, bleiben kleiner und sterben vom Rand her ab. Schäden beginnen meist an den Triebenden. Stark betroffene Pflanzen entwickeln kürzere und schwächere Triebe, es entstehen besenartige Missbildungen und Endtriebe können absterben.

Chlorose – Schadbild an einem Birnenblatt (Fischer-Colbrie, P.)

Glasigkeit des Apfels – Schädigung des Fruchtfleisches (Ackermann, P.)

**Gegenmaßnahmen**

**Vorbeugend**

An gefährdeten Standorten, wie stark kalkhaltigen, verdichteten, vernässten, kalten Böden, sollten weniger empfindliche Unterlagen verwendet werden. Auf ausgewogene Ernährung achten (kein Phosphorüberschuss!).

**Gezielt**

Lockerung bzw. Drainagierung des Bodens sowie Eisendüngung über Blatt oder Boden.

## Glasigkeit des Apfels

**Schadbild**

Während des Heranreifens, der Vollreife und am Lager kann man beim Aufschneiden der Frucht durchsichtige, glasartige, unterschiedlich große und unregelmäßig geformte Herde im Fruchtfleisch beobachten. Sie breiten sich vom Kerngehäuse nach außen aus und können die gesamte Frucht einnehmen. Gelegentlich findet sich der Herd auch unter der Schale, die an dieser Stelle unauffällig verfärbt ist. Die Ursache liegt in einem zu schnellen Wachstum als Folge eines ergiebigen Regens nach einer Trockenperiode, bei dem das Wasser in die Zellzwischenräume eindringt. Die Wahrscheinlichkeit des Auftretens dieser Störung steigt bei einem Überangebot von Stickstoff.

**Bedeutung**

Erntefrische Früchte erleiden Geschmackseinbußen und sind nur bedingt lagerfähig.

**Gegenmaßnahmen**

Ausreichende Bewässerung in Trockenperioden, ausgewogenes Stickstoffangebot.

## Lentizellenröte (Rotfleckigkeit) des Apfels

**Schadbild**

Bereits während des Reifens, vor allem aber am Lager, zeigt die Fruchtschale von Äpfeln rotviolette, später braune unterschiedlich große, runde Flecken. Sie befinden sich immer in Lentizellennähe.

Die Veränderungen sind Folge von Stoffwechselstörungen, vor allem im Zusammenhang mit einer mangelhaften Ernährung (Kalziummangel, ungünstiges Verhältnis Kalzium/Kalium, Stickstoffüberschuss), und Schlechtwetterperioden. Die Symptome treten vor allem bei großen Früchten von jungen, starkwüchsigen Bäumen und sortenabhängig (z. B. Jonathan) auf. Üblicherweise ist nur die Schale betroffen, während das Fruchtfleisch entweder gar keine oder erst während der Lagerung Verfärbungen aufweist.

Lentizellenröte – Fortgeschrittenes Schadbild an der Fruchtschale (Hluchy, M.)

**Bedeutung**
Lentizellenröte beeinträchtigt nicht nur das Aussehen der Früchte, sondern erleichtert auch die Ausbreitung von sekundären Lagerkrankheiten.

**Gegenmaßnahmen**
Vorbeugend auf ausgewogenes Verhältnis von Fruchtbehang, Wachstum und Ernährung achten. Vor und während der Fruchtreife kalken.

## Magnesiummangel

**Schadbild**
Vor allem ältere, später auch jüngere Blätter verfärben sich an den Rändern und zwischen den Blattadern erst gelblich, später nekrotisieren sie und fallen ab. Die Schadsymptome werden meist erst gegen Ende des Sommers und im Herbst deutlich. Gefördert werden die Symptome durch sandige oder saure Böden sowie durch Kaliüberdüngung.

**Bedeutung**
Früchte von Pflanzen mit Magnesiummangel haben einen geringeren Zuckergehalt und enthalten mehr Säure. Im Frühjahr können Knospen an der Triebbasis absterben.

**Gegenmaßnahmen**
Nach Bestätigung durch Blattanalysen können Düngungen über das Blatt (z. B. Magnesiumsulfat) oder wiederholt über den Boden empfohlen werden. Auf sauren Böden kann auch die Kalkung des Bodens die Magnesiumaufnahme verbessern.

Magnesiummangel – Schadbild an Apfelblättern (Státní rostlinolékaŕská)

## Physiologische Schalenberostung

**Schadbild**
Besonders an Sorten mit gelber Schale (z. B. Golden Delicious u. a.) können verschieden gestaltete, meist netzartige Berostungsflecken auftreten. Berostungen sind als Reaktion der Schale auf verschiedenste Verletzungen zu betrachten.

Die häufigsten Ursachen für Berostung sind: Temperaturen unter 5 °C bzw. schwache Fröste während der ersten Entwicklungsphase der Früchte sowie Spätfröste (Frostringbildung). Schwankungen in der Wasserversorgung und Pflanzenschutzmaßnahmen (z. B. berostungsfördernde Mittel) spielen ebenso eine Rolle wie Viruskrankheiten, die Chlorotische Blattfleckenkrankheit, Mehltau-Befall und die Apfelrostmilbe (*Aculus schlechtendali*).

Physiologische Schalenberostung – Apfel (Fischer-Colbrie, P.)

Physiologische Schalenberostung – Geschädigte Früchte der Sorte Golden Delicious (Státní rostlinolékaŕská)

Physiologische Schalenberostung – Junge Birnenfrucht (biohelp)

Physiologische Schalenberostung – Birne (Stolz, M.)

### Bedeutung
Betroffene Früchte werden durch die physiologische Schalenberostung unansehnlich, sind schwer verkäuflich und verlieren am Lager mehr Feuchtigkeit.

### Gegenmaßnahmen
Vermeidung der angeführten Schadensursachen.

## Stippigkeit des Apfels

### Schadbild
Erste Symptome dieser physiologischen Erkrankung zeigen sich im Fruchtinneren. Später, während der Reife und am Lager, erscheinen an der Schalenoberfläche – vornehmlich im Bereich des Kelches und der Sonnenseite – leicht eingesunkene, graugrün bis bräunlich gefärbte, einige Millimeter große Flecken. Unter der Schale findet man Nester aus braunem, abgestorbenem Gewebe. Stippigkeit wird durch Stoffwechselstörungen, verbunden mit Kalziummangel, der zu Problemen der Wasserversorgung der Früchte führt, ausgelöst sowie durch unausgewogene Nährstoffversorgung – vor allem durch ein Überangebot an Stickstoff und Kalium – gefördert.

### Bedeutung
Befallene Früchte schmecken unangenehm bitter (bittere Fleckenkrankheit) und sind ungenießbar.

### Gegenmaßnahmen
#### Vorbeugend
Zu starkwüchsige Unterlagen, zu scharfer Schnitt, zu starkes Ausdünnen, zu große Früchte, Humusarmut, späte Stickstoffdüngung, Kaliüberdüngung, zu frühe Ernte und zu niedrige Luftfeuchte am Lager sind zu vermeiden.

#### Gezielt
Ab Juli können vor allem bei zu geringem Fruchtbehang und empfindlichen Sorten Blattbehandlungen mit Kalziumchlorid empfohlen werden.

Stippigkeit des Apfels – Schadbild an der Fruchtschale (Státní rostlinolékaiská)

Stippigkeit des Apfels – Schadbild am Fruchtfleisch (Ackermann, P.)

## Zinkmangel

### Schadbild
Kleinere, schmälere, oft fadenförmige, hellgrüne, chlorotische Blätter. Übermäßige Rosettenbildung, da darunterliegende Äste verkahlen. Bei starkem Mangel sterben Triebe vor allem im Winter ab („Wintersterben"). Der Blütenansatz ist reduziert; Früchte sind kleiner und deformiert. Schäden treten vor allem an Apfel, Birne und Pfirsich auf.

### Bedeutung
Zinkmangel ist vor allem auf stark kalkhaltigen Böden durch reduzierten Fruchtansatz schädlich.

### Gegenmaßnahmen
Bei Auftreten des Schadbildes sowie nach Blattanalysen können Blattdüngungen mit Zinksulfat bzw. die Ausbringung von zinkhaltigen Düngern empfohlen werden.

Zinkmangel – Blattverformungen am Apfel (Hluchy, M.)

# Krankheiten

## Bakterienkrankheiten (Bakteriosen)

### Feuerbrand (*Erwinia amylovora*)

**Wirtspflanzen**

Apfel, Birne, Quitte, Mehlbeere, Mispel, Vogelbeere; Cotoneaster, Feuerdorn, Weiß- und Rotdorn, Zierquitte u. a.

**Schadbild**

Alle Pflanzenteile können durch dieses Bakterium befallen werden. Wässrige, immer größer werdende Flecken und das Welken ist das gemeinsame Symptom an allen befallenen, nicht verholzten Pflanzenteilen (Triebe, Blätter, Blüten und Früchte). Befallene Triebe krümmen sich hakenförmig, werden braun bis schwarz, welken und verdorren. Sie sehen wie verbrannt aus (Feuerbrand). Die Blüten werden wässrig, braun und welken. Befallene Früchte werden ebenso wässrig, braun bis schwarz und schrumpfen zusammen. So wie auch die befallenen Blätter und Blüten bleiben sie in der Krone hängen.

Auf der Rinde der Zweige und Äste entstehen verschieden große, unregelmäßig gestaltete Nekrosen. Diese sind anfangs wässrig, später verfärben sie sich braunrot und tiefen sich entlang des Randes ein, wodurch sie sich von gesundem Holz abgrenzen. Es kommt zum Absterben fruchttragender Triebe, größerer Äste und sogar ganzer Bäume. Unter für die Krankheit günstigen Wetterbedingungen (feucht und warm) findet man auf den befallenen Baumteilen weißliche bis bernsteinartige Tröpfchen des Bakterienexsudates. Dieses Befallsmerkmal ist am häufigsten kurz nach der Blüte und gegen Ende des Sommers sichtbar.

**Bedeutung**

Feuerbrand ist eine sehr gefährliche Quarantäne-Krankheit, die unter – für den Erreger – günstigen Bedingungen große Schäden (bis zum Absterben der Pflanzen) an Kernobstkulturen verursachen kann.

Feuerbrand – Bakterienexsudat (Ackermann, P.)

Feuerbrand – Bakterienexsudat auf Birnenfrucht (Ackermann, P.)

Feuerbrand – Typische hakenförmige Krümmung der Triebe (Ackermann, P.)

Feuerbrand – Absterben fruchttragender Triebe (Ackermann, P.)

Feuerbrand – Absterben von Astteilen (Ackermann, P.)

Feuerbrand – Rindennekrose (Ackermann, P.)

**Biologie**

Die Bakterien überwintern in der befallenen Rinde, vor allem am Rande der Nekrosen. Im Frühling wird an den befallenen Stellen unter günstigen Bedingungen Exsudat gebildet. Die Erkrankung gefährdet in Mitteleuropa vor allem die spät blühenden Gehölzarten (Weißdorn, Steinmispel u. a.), die üblicherweise während einer, die Bakterien begünstigenden, Wärmeperiode blühen. Die Erreger dringen nach Verbreitung des Exsudats durch Insekten, Vögel, Regen u. a. während der Blüte (Blüteninfektion nach Insekten erfolgt am häufigsten) durch die Nektarien sowie durch weitere natürliche Eintrittspforten (Stomata, Lentizellen) oder Verletzungen in die Pflanze ein.

**Ökologie**

Die Infektionsgefahr ist vor allem bei lauwarmer Witterung (Minimum 18,5 °C, Optimum: 21–27 °C) am höchsten. Trockenes Wetter verhindert die Ausbreitung der Krankheit. Hauptüberträger sind Bestäuber, weitere Verbreitung kann auch durch andere Tiere, Pollen, Wind, Wasser oder bereits befallenes Pflanzenmaterial erfolgen.

**Gegenmaßnahmen**

**Vorbeugend**

Der Verdacht einer Erkrankung durch Feuerbrand muss den zuständigen Behörden gemeldet werden. Bei Bestätigung (Laborbefund!) der Erkrankung sollte die weitere Ausbreitung durch Rückschnitt der befallenen Pflanzenteile bis in das gesunde Holz verhindert werden. Entfernung von anfälligen Pflanzenarten aus der Umgebung von Erwerbsanlagen ist unverzichtbar, die Bevorzugung toleranter Sorten ist empfehlenswert.

**Gezielt**

Da die Verwendung von Antibiotika (z. B. Streptomycin) umstritten ist, sind Untersuchungen zu Alternativen, wie z. B. Hefepräparaten (z. B. *Candida sake*), im Gange.

## Phytoplasmosen (Vergilbungskrankheiten)

Phytoplasmen stellen die kleinsten bekannten Organismen dar, die – im Gegensatz zu Viren – zur eigenständigen Vermehrung fähig sind. Von Bakterien unterscheiden sie sich durch das Fehlen einer festen Zellwand. Sie parasitieren in Siebröhren infizierter Pflanzen und werden durch phloemsaugende Insekten übertragen. Phytoplasmen sind weltweit verbreitet, konnten jedoch bis heute nicht in vitro kultiviert werden.

### Birnenverfall, Pear decline (*Candidatus Phytoplasma pyri*)

**Wirtspflanzen**

Birne, seltener Quitte.

**Schadbild**

In Abhängigkeit von der Empfindlichkeit der Unterlage kann das Schadbild in zwei Formen auftreten:

Birnenverfall – Triebsterben (Fischer-Colbrie, P.)

Langsamer Verfall: Reduziertes Triebwachstum, verspäteter und reduzierter Blattaustrieb, verkleinerte, aufgehellte Blätter, reichere Blüte, verringerter Fruchtansatz und geringere Fruchtgröße, rötliche Blattverfärbungen im Spätsommer und Herbst.

Schneller Verfall: Vergilben und Welken der Blätter, Verdorren der Triebe und Absterben des Baumes innerhalb von Tagen bis Wochen.

**Bedeutung**

Gefährlichkeit ähnlich dem Feuerbrand. Der Erreger ist im Anhang I A II (d) 3 des PSG 2011 als Schadorganismus gelistet, dessen Einschleppung und Ausbreitung in Mitgliedstaaten der EU verboten ist. Bestätigter Befall (Laborbefund) unterliegt gem. § 40 des PSG 2011 der Meldepflicht an den Amtlichen Pflanzenschutzdienst des jeweiligen Bundeslandes.

**Biologie**

Phytoplasmen als Erreger der Krankheit sind zellwandlose, systematisch niedere Bakterien, die sich in den Siebröhren (Phloem) befallener Pflanzen ausbreiten. Im Winter besiedeln sie den Wurzelbereich, im Frühjahr gelangen sie mit dem aufsteigenden Saftstrom in Stamm- und Kronenbereiche, wo sie die Siebröhren krankhaft verändern (brauner Phloemring im Anschnitt).

**Ökologie**

Die Übertragung der Krankheit erfolgt durch vegetative Vermehrung und tierische Vektoren, wie z. B. die Blattsauger-(Psyllidae-)Arten *Cacopsylla pyricola, C. pyri, C. pyrisuga*. Besonders gefährdet für den Schnellen Verfall sind die Unterlagen *Pyrus pyrifolia* und *P. ussuriensis*. Für den Langsamen Verfall sind die Unterlagen *Pyrus communis*, *P. betulifolia* und *P. calleryana* anfällig. Nach bisherigen Informationen erfolgt keine Übertragung der Krankheit durch Samen, Pollen oder mechanisch durch Schnittmaßnahmen.

**Gegenmaßnahmen**

**Vorbeugend**

Ausschließliche Verwendung von gesundem, zertifiziertem Pflanzenmaterial bzw. befallsfreiem Veredelungsmaterial. In Befallslagen Verwendung weniger anfälliger Sorten (z. B. Bosc's Flaschenbirne, Packhams Triumph u. a.).

**Gezielt**

Rodung eindeutig befallener Bäume (auch der Wurzelstöcke!) als potenzieller Infektionsquellen. Nützlingsschonende Maßnahmen gegen Vektoren (siehe Schädlinge).

## Viruskrankheiten (Virosen)

### Adernvergilbung und Rotfleckigkeit der Birne (Pear vein yellows and red mottle)

**Wirtspflanzen**

Birne, Quitte.

**Schadbild**

Auf den Blättern zeigen sich deutlich hellgrüne bis gelbgrüne Verfärbungen der kleinen Adern und ihrer Umgebung. Im Spätsommer können sich rote bis rotviolette Flecken, die entlang der Rippen kurze Streifen bilden, dazugesellen. Nicht alle Bäume mit Symptomen der Adernvergilbung weisen jedoch gegen Ende der Vegetationsperiode diese Rotfleckigkeit der Blätter auf.

**Bedeutung**

Bei stärker befallenen Bäumen und empfindlichen Sorten ist sowohl das Wachstum als auch die Fruchtbarkeit deutlich reduziert. Diese Bäume zeigen kürze-

Adernvergilbung und Rotfleckigkeit der Birne – Schadbild an Blättern (Ackermann, P.)

Adernvergilbung und Rotfleckigkeit der Birne – Schadbild an Blättern im Detail (Ackermann, P.)

re und schwächere Triebe, hell verfärbte Blätter und eine höhere Frostempfindlichkeit. Einige Sorte, wie z. B. Madame Verte und Grossdemange u. a., sind für diese Krankheit besonders empfindlich.

**Ökologie**

Die Erkrankung kann bei vegetativer Vermehrung (Pfropfung, Okulation) übertragen werden.

**Gegenmaßnahmen**

**Vorbeugend**

Die Verwendung von gesunden Unterlagen und Edelreisern ist der beste Schutz vor der Verbreitung dieser Virose.

## Apfelmosaik (Apple mosaic virus, ApMV)

**Wirtspflanzen**

Apfel und zahlreiche andere Rosengewächse wie Pflaume, Marille, Pfirsich, Süß- und Sauerkirsche, Vogelbeere, Rose sowie Hasel und Hopfen.

**Schadbild**

An den Blättern werden verschieden geformte gelbgrüne bis gelbweiße Zeichnungen sichtbar. Weniger häufig werden Blattadern und ihre Umgebung verfärbt. Bei starkem Befall nekrotisieren die Flecken von der Mitte aus und die Blätter werden deformiert. Die Symptome werden besonders im Frühsommer sichtbar. Blätter, die während der heißen Sommerperiode entstehen, bleiben üblicherweise symptomfrei. Es werden oft nur einzelne Blätter oder Teile der Krone befallen.

Die Befallsintensität hängt von der Empfindlichkeit der Sorte, von der Virulenz des Virusstammes und vom Wetter ab.

**Bedeutung**

Virulente Stämme verursachen bei empfindlichen Sorten eine Wachstumsverzögerung sowie eine Qualitätsverschlechterung der Früchte. Der Ertrag kann um 30–40 % zurückgehen. Stark empfindliche Sorten sind u. a. Golden Delicious, Jonathan, James Grieve, Vistabella und Schöner v. Boskoop.

**Ökologie**

Die Erkrankung wird bei vegetativer Vermehrung (Pfropf, Auge, Unterlage) übertragen. Es ist aber auch die Verbreitung über Pollen, Samen und Wurzelverwachsung möglich. Tierische Überträger sind nicht bekannt.

**Gegenmaßnahmen**

**Vorbeugend**

Es ist vor allem die Produktion von gesundem Pflanzenmaterial wichtig.

Apfelmosaik – Symptome an Blättern (Hluchy, M.)

## Besenwuchs (Apple proliferation phytoplasma)

**Wirtspflanzen**
Apfel, Birne.

**Schadbild**
Typische Merkmale des Besenwuchses sind vergrößerte Nebenblätter vor allem an Kurztrieben und an der Basis der Langtriebe in Form eines kleinen Blattes (Differenzierung in Stiel und Blatt, Blattrand scharf gezähnt). Normale Blätter bleiben kleiner, sind an der Spitze oft abgerundet und unregelmäßig gezähnt. Axillarknospen stark wachsender Zweige und Wasserschosse treiben ab Juli vorzeitig aus, wodurch die dünnen, steil aufwärts gerichteten Triebe die typischen „Hexenbesen" bilden. Früchte mit ungewöhnlich langen Stielen bleiben klein und sind schlecht ausgefärbt. Befallene Bäume treiben oft früher aus. Laubverfärbung und Blattfall im Herbst treten früher auf. Bei empfindlichen Unterlagen kommt es häufig zu auffällig starkem Triebwachstum aus Wurzel und Stammbasis.

**Bedeutung**
Besenwuchs ist eine der gefährlichsten Krankheiten des Apfels, da nicht nur Ertrag, Größe und Qualität der Früchte beeinträchtigt werden, sondern auch die Vitalität des Baumes. Befallene Bäume können eine Ertragsminderung bis zu 75 % erleiden. Die Krankheitsanfälligkeit ist sortenbedingt unterschiedlich. Stark anfällig sind die Sorten Boskoop, Golden Delicious, Jonathan, Berlepsch, Gravensteiner sowie bei den Unterlagen M IV.

**Ökologie**
Übertragen wird die Krankheit bei der vegetativen Vermehrung sowie durch saugende Insekten (Vektoren), wie z. B. die Wiesenschaumzikade (*Philaenus spumarius*). Die Inkubationszeit beträgt bis zu zwei Jahre. Die Ausbreitung in der Kultur geht sehr langsam vor sich.

Besenwuchs – Verkleinerte Frucht mit langem Stiel (Ackermann, P.)

Besenwuchs – Verstärktes Triebwachstum an der Stammbasis (Ackermann, P.)

**Gegenmaßnahmen**

**Vorbeugend**
Zur Vermehrung (Auge, Pfropf, Unterlage) ausschließlich gesundes Pflanzenmaterial verwenden.

**Gezielt**
Pflanzen mit Befallssymptomen sofort entfernen. Ökologisch und ökonomisch sinnvolle Maßnahmen gegen Vektoren durchführen.

Hexenbesen – Vergrößerte Nebenblätter (Státní rostlinolékařská)

Besenwuchs – Hexenbesen (Ackermann, P.)

## Blasiger Rindenkrebs (Pear blister cancer viroid)

**Wirtspflanzen**
Birne, Apfel.

**Schadbild**
An der Rinde von ein- bis zweijährigen Ästen entstehen im Frühjahr verschieden große, blasige Auftreibungen. In der Folge kommt es zum Platzen, Schälen und Absterben der Rinde. Stark befallene Äste können absterben. Bei älteren Bäumen kann es zum Absterben ganzer fruchttragender Astpartien kommen. Befallene Bäume wachsen langsamer, blühen weniger und fallen durch schwache Kronen auf.

**Bedeutung**
Die Empfindlichkeit einzelner Sorten ist sehr unterschiedlich. Besonders empfindlich ist z. B. die Sorte Williams. Ähnliche Symptome wurden auch an Äpfeln der Sorten Golden Delicious oder Goldspur beobachtet.

**Ökologie**
Die Erkrankung kann bei vegetativer Vermehrung (Pfropfung, Okulation) übertragen werden.

**Gegenmaßnahmen**
**Vorbeugend**
Die Verwendung von gesunden Unterlagen und Edelreisern bietet den besten Schutz vor der Verbreitung dieser Virose.

Ähnliche Symptome ruft auch die Rindenrauheit der Birne (Pear rough bark) hervor. Sie verursacht das Platzen und Einsenken der Rinde und eine auffällige Rauheit von Ästen.

Blasiger Rindenkrebs – Schadbild an der Rinde (Státní rostlinolékařská)

## Chlorotische Blattfleckung (Apple chlorotic leafspot virus, ACLSV)

**Wirtspflanzen**
Apfel und zahlreiche weitere Gehölzarten, wie z. B. Birne, Quitte, Vogelbeere, Pflaume, Marille, Pfirsich, Süß- und Sauerkirsche.

**Schadbild**
An den Blättern von Zieräpfeln entstehen hellgrüne Flecken, unregelmäßige Muster und leichte Blattdeformationen.

**Bedeutung**
Es handelt sich hier um eine dauerhafte, latente Erkrankung der Apfelbäume. Bei den meisten Sorten ist sie üblicherweise symptomfrei. Bei empfindlichen Sorten (z. B. Golden Delicious) kann ausnahmsweise eine Berostung der Fruchtschale entstehen. In Kombination mit dem Virus der „Seichten Faltenkrankheit" der Apfelbäume entsteht die sogenannte „Ringkrankheit" der Äpfel.

**Ökologie**
Die Übertragung erfolgt durch vegetative Vermehrung.

**Gegenmaßnahmen**
**Vorbeugend**
Die Schutzmaßnahmen beruhen auf der Produktion von gesundem Pflanzenmaterial.

Apfelbäume können auch durch andere latente Viren befallen werden. Es handelt sich hier vor allem um Rindenschuppigkeit bei *Malus platycarpa,* Rinnigkeit und Furchung des Stammes.

Chlorotische Blattfleckung – Schadbild an Blättern eines Zierapfelbaumes (Ackermann, P.)

Chlorotische Blattfleckung – Schalenberostung bei Golden Delicious (Ackermann, P.)

Flachästigkeit – Schadbild an einem Starkast (Státní rostlinolékařská)

## Flachästigkeit (Apple flat limb/CTV)

**Wirtspflanzen**

Außer Apfel werden auch Birnen und Quitten von dieser Viruskrankheit befallen.

**Schadbild**

An betroffenen Bäumen können an Stamm und Ästen längliche Vertiefungen, Verflachungen oder Verdrehungen auftreten. In fortgeschrittenem Stadium der Krankheit kann es zum Absterben und Platzen der Rinde und zu einem sekundären Befall der Wunden durch Pilze kommen. Baumteile oberhalb der betroffenen Stellen wachsen langsamer, sind weniger ertragreich und brechen bei Belastung leichter ab. Am Querschnitt durch befallene Stellen kann man die unregelmäßige Entwicklung des Holzes durch die gestörte Aktivität des Kambiums erkennen.

**Bedeutung**

Sorten wie Idared oder Ontario sind besonders stark gefährdet.

**Gegenmaßnahmen**

**Vorbeugend**

Ausschließliche Verwendung gesunden Pflanzenmaterials bei der vegetativen Vermehrung ist empfehlenswert.

## Gummiholzkrankheit (Apple rubbery wood)

**Wirtspflanzen**

Apfel, Birne, Quitte, Süß- und Sauerkirsche.

**Schadbild**

Durch unzureichende Lignifizierung (Verholzung) ist das Holzgewebe auffällig biegsam. Befallene Äste biegen sich durch ihr Eigengewicht oder durch das Gewicht der Früchte. Die Symptome sind am zweijährigen Holz am deutlichsten zu beobachten, wobei die Äste in ihren oberen Teilen besonders geschwächt sind. Sie erleiden leichter Frostschäden und sterben oft ab. Aus ihren basalen Abschnitten treiben starke Schosse aus, die ebenfalls geschädigt sind.

**Bedeutung**

Die Ertragsfähigkeit nimmt ab und die Früchte bleiben kleiner.

**Ökologie**

Diese Viruserkrankung wird durch vegetative Vermehrung der Wirtspflanzen verbreitet.

Im Holzgewebe kommt es zu histologischen und zytologischen Veränderungen. Das Wachstum verzögert sich, die Äste brechen bei Belastung ab.

Gummiholzkrankheit – Schadbild an der Baumkrone (Lánský, M.)

Mosaik der Vogelbeere – Schadbild an Vogelbeerblättern (Státní rostlinolékařská)

**Gegenmaßnahmen**

**Vorbeugend**

Die Produktion von gesundem Pflanzenmaterial bietet Schutz.

## Mosaik der Vogelbeere (Apple mosaic virus, ApMV; Apple chlorotic leafspot virus, ACLSV)

**Wirtspflanzen**

Beide Virusarten befallen neben der Vogelbeere auch die meisten Kernobst-, aber auch Steinobstarten sowie eine Reihe anderer Gehölzarten.

**Schadbild**

Auf den Blättern befinden sich hellgrün, gelbgrün, gelblich-weiß bis gelb umrandete, verschieden gestaltete Ringe, Streifen und Zeichnungen oder verschieden große, unregelmäßige Flecken. Die stark beschädigten Teile nekrotisieren in der Mitte und die Blätter deformieren sich. Stark befallene Bäume haben kleinere Blätter und schwächere Zuwächse.

**Bedeutung**

Starker Befall kann bis zu 50 Prozent Ertragsreduktion verursachen.

**Ökologie**

In den meisten Fällen findet man bei der Vogelbeere einen gemeinsamen Befall beider Virusarten. Das Virus kann bei vegetativer Vermehrung (Auge, Pfropf) übertragen werden, aber auch eine Übertragung durch Pollen kann nicht ausgeschlossen werden. Eine Verbreitung durch Samen kommt vermutlich nicht vor.

**Gegenmaßnahmen**

**Vorbeugend**

Verwendung von gesundem Pflanzenmaterial.

## Ringfleckenmosaik der Birne (Apple chlorotic leafspot virus, ACLSV)

**Wirtspflanzen**

Birne.

**Schadbild**

Bereits auf jungen Blättern erscheinen hellgrüne, später gelbgrüne, verschieden große, unregelmäßige Flecken und Streifenmuster. Bei stärkerer Erkrankung und vor allem empfindlichen Sorten nekrotisieren die befallenen Stellen und färben sich schwarz. Infolge ungleichmäßigen Wachstums werden die Blätter deformiert (gekrümmte Mittelrippe, wellige Blattspreite) und reißen auf. Bei empfindlichen Sorten (Hardys Butterbirne) entstehen auf den Früchten hellgrüne oder braune Ringe. Befallene Bäume erleiden bereits in den Baumschulen eine deutliche Wachstumsreduktion mit kleineren Blättern, kürzeren Trieben und schwächerem Stamm.

Ringfleckenmosaik der Birne – Schadbild am Birnenblatt
(Hluchy, M.)

Steinfrüchtigkeit – Schadbild an der Birnenfrucht
(Fischer-Colbrie, P.)

**Bedeutung**
Starker Befall führt langfristig zu reduziertem Wachstum sowie zu Ertrags- und Qualitätseinbußen.

**Ökologie**
Die Erkrankung kann bei vegetativer Vermehrung (Pfropfung, Okulation) übertragen werden.

**Gegenmaßnahmen**
**Vorbeugend**
Verwendung von gesunden Unterlagen und Edelreisern.

## Steinfrüchtigkeit (Pear stony pit)

**Wirtspflanzen**
Birne, Quitte.

**Schadbild**
Erste Frühsymptome zeigen sich bereits 2–3 Wochen nach der Blüte in Form von eingesunkenen, dunkelgrünen Inselchen unter der Epidermis der Früchte.

Steinfrüchtigkeit – Schadbild an der Birnenfrucht (Ackermann, P.)

Durch langsameres Wachstum des befallenen Gewebes kommt es zu Deformierungen. Im Fruchtfleisch unter den Einsenkungen sind sklerenchymatische Zellen zu finden, die anfangs gelb, später braun verfärbt sind. Sie sind im gesamten Fruchtfleisch verteilt. Im Vergleich dazu befinden sich jene Sklereiden, die als Folge von Bormangel entstehen, vor allem in der Nähe der Gefäßbündel. Befallene Früchte sind unansehnlich und für den Verzehr ungeeignet.

**Bedeutung**
Zwischen den Sorten gibt es deutliche Unterschiede in der Empfindlichkeit. Als besonders empfindlich gilt z. B. Bosc's Flaschenbirne.

**Ökologie**
Die Erkrankung kann bei vegetativer Vermehrung (Pfropfung, Okulation) übertragen werden.

**Gegenmaßnahmen**
**Vorbeugend**
Die Verwendung von gesunden Unterlagen und Edelreisern bietet den besten Schutz vor der Verbreitung dieser Viruskrankheit.

# Pilzkrankheiten (Mykosen)

## Alternaria Blattfall *(Alternaria alternata)*

**Wirtspflanzen**
Apfel.

### Schadbild
Ab Frühsommer sind an Blättern und Früchten die ersten kleinen, braunen bis schwarzen Flecken, häufig mit violetter Umrandung, sichtbar. An den Blättern vergrößern sich diese in den Folgewochen, an den vorderen Triebteilen beginnend, zu unregelmäßigen, zunehmend sich silbergrau verfärbenden Flecken. Alte Flecken können bis zu 3 cm groß werden und brechen häufig fransig aus. An den Früchten treten erste typische, kleine (bis 0,5 mm), braune bis schwarze Lentizellenflecken, häufig im Bereich der Kelchgrube, später auch an anderen Teilen der Frucht, auf. An den Sonnenseiten ist häufig ein roter Ring um die Befallsstellen zu beobachten. Verwechslungsmöglichkeit besteht mit „physiologischen Blattflecken", die jedoch nach Untersuchungen des Versuchszentrums Laimburg eher an älteren Blättern an der Triebbasis auftreten.

### Bedeutung
Starker Befall kann zu vorzeitigem Blattfall führen. Befallene Früchte werden unansehnlich, sind schwieriger zu vermarkten und weniger lagerfähig.

### Biologie
Alternaria-Pilze leben zwar überwiegend von toter organischer Substanz, einige Rassen können jedoch auch lebendes Pflanzenmaterial angreifen. Der Pilz überwintert im Falllaub und auf Fruchtmumien. Ab Mitte Mai kommt es bei ausreichender Blattnässe zu Infektionen.

### Ökologie
Nach mehrjährigen Erfahrungen aus Südtirol und der Steiermark nimmt die Bedeutung dieser Krankheit im Apfelanbau zu. Vor allem Sorten wie Golden Delicious und Gala scheinen besonders betroffen zu sein.

### Gegenmaßnahmen
#### Vorbeugend
Bevorzugung weniger anfälliger Sorten. Abbau oder Entfernung von infizierter, toter organischer Substanz (Falllaub, Schnittholz, Fruchtmumien ...). An Problemstandorten rechtzeitige und schonende Ernte bei trockener Witterung. Fruchtverletzungen sind dabei zu vermeiden.

#### Gezielt
Der optimale Einsatzzeitpunkt von Fungiziden gegen Lagerkrankheiten ist sehr schwierig zu ermitteln. Der gesamte Pilzkomplex wird indirekt durch gängige Pflanzenschutzmaßnahmen gegen andere Pilzkrankheiten mitbekämpft. Wirkungen zeigen dabei Kupferpräparate und Produkte auf Basis des Hefepilzes *Aureobasidium pullulans.*

Alternaria Blattfall – Blattflecken (Holmes, G.)

## Alternaria-Schwarzfäule *(Alternaria spp.)*

### Wirtspflanzen
Apfel

### Schadbild
*Lagerfäule:* Häufig um primäre Verletzungen der Fruchtschale entstehende, größere schwarze Faulstellen, die nicht tief in das Fruchtfleisch eindringen. *Kernhausschimmel:* Dunkelgraues Schimmelgeflecht im trocken bleibenden Kerngehäuse.

### Bedeutung
Geringe Ansteckungsgefahr am Lager.

### Biologie
Die Infektionen erfolgen durch Konidien des Pilzes während feucht-warmer Perioden der Vegetation am Baum. Infektionsquellen sind vor allem abgestorbene Pflanzenteile. Die Übertragung erfolgt überwiegend durch Regen und Wind über Blüten oder Eintrittspforten, wie Verletzungen und Lentizellen. Der Pilz überdauert im Boden in Form von Dauerfruchtkörpern und Dauersporen.

### Ökologie
Der Pilz tritt häufig in Verbindung mit physiologischen Schäden auf, wie z. B. Sonnenbrand oder Stippigkeit.

Alternaria-Schwarzfäule – Schadbild im Fruchtinneren (Levy, K.)

Apfelmehltau – Blattdeformierung (Hluchy, M.)

**Gegenmaßnahmen**

**Vorbeugend**

Eine konsequente Anlagenhygiene hat großen Einfluss auf den Befallsdruck; in diesem Sinne sind sämtliche Fruchtmumien, Fallobst sowie Totholz aus der Anlage zu entfernen. Eine weitere wichtige Maßnahme zur Befallsreduktion ist eine rechtzeitige und schonende Ernte bei trockener Witterung. Fruchtverletzungen sind dabei zu vermeiden.

**Gezielt**

Der optimale Einsatzzeitpunkt von Fungiziden gegen Lagerfäulen ist sehr schwierig zu ermitteln. Diese werden indirekt durch gängige Pflanzenschutzmaßnahmen gegen andere Pilzkrankheiten mitbekämpft. Kupferpräparate zeigen dabei gute Nebenwirkungen. Das einzig regulär zugelassene Pflanzenschutzmittel im biologischen Kernobstanbau gegen Pilzliche Lagerfäulen ist Blossom Protect; ein Produkt auf Basis des Hefepilzes *Aureobasidium pullulans*.

## Apfelmehltau *(Podosphaera leucotricha)*

**Wirtspflanzen**

Vorwiegend Apfel und andere Arten der Gattung *Malus*; seltener Birne und andere Arten der Gattung *Pyrus*.

**Schadbild**

Bereits während der Winterruhe erscheinen infizierte Knospen vor allem an den Triebspitzen „gespelzt" (die Schuppen sind nicht ganz geschlossen bzw. gespreizt abstehend). Nach dem Austrieb zeigt sich an jungen Trieben, Blättern und Blüten ein weißlicher, mehlartiger Belag. An befallenen Blättern und Trieben sterben Zellen der Oberfläche ab, wodurch es zu graugrünen Verfärbungen, Wachstumsreduktion, Deformation und Welken kommt. Befallene Blüten sind morphologisch verändert (Kronen- und Kelchblätter sind verdickt, Kronenblätter verfärben sich grünlich, Staubgefäße wachsen zusammen, Pollen keimen nicht), welken und fallen ab. Früchte zeigen den Befall durch netzförmige Berostungen, die bis zur Ernte sichtbar bleiben.

Bei einer Sekundärinfektion an voll entwickelten Blättern entstehen hellgrüne, nicht abgegrenzte Flecken mit einem meist unauffälligen Myzeliumbewuchs, der nur mäßige Blattdeformationen bewirkt.

Mehltaukranke Bäume sind an ihrem graugelben, lückenhaften Laubwerk und ihren entlaubten Triebspitzen gut erkennbar.

**Bedeutung**

Vor allem bei anfälligen Sorten an trockenen, warmen Standorten mit flachgründigen Böden kann es durch schwache Zuwächse, kleine Früchte und Hemmung des Fruchtansatzes zu großen Schäden kommen.

Beim Apfel liegen ausgeprägte Sortenunterschiede in der Anfälligkeit vor. Als besonders anfällig gelten die Sorten Jonathan, Weißer Klarapfel, Cox Orange, Jonagold, Elstar, McIntosh, Ontario u. a. Besonders schädlich ist die Ausbreitung vor allem während der intensiven Wachstumsphase (Mai bis Juni). Danach sinkt die wirtschaftliche Bedeutung der Krankheit.

**Biologie**

Das Myzel dieses Echten Mehltaupilzes überwintert vor allem in den Knospen, die bereits im Juni und Juli infiziert wurden. Im Frühjahr werden dann die jungen Pflanzenteile durch das weißliche Myzelium überzogen, auf dem Konidiophoren mit Konidien entstehen, die dann Sekundärinfektionen verursachen. Zu sekundären Infektionen kann es bereits ein bis zwei Wochen vor der Blüte kommen. Gegen Ende des Sommers entstehen in den Myzelien – besonders bei warmer Witterung – dunkle, runde, 0,1 mm große Kleistothecien (Überdauerungsorgane), die jedoch für die Überwinterung und weitere Ausbreitung des Pilzes nur eine untergeordnete Rolle spielen.

**Ökologie**

Für die Keimung des Mehltaupilzes ist im Gegensatz zu anderen Schadpilzen (z. B. Schorf) kein Wasserfilm erforderlich („Schönwetterpilz"). Er breitet sich vor allem bei warmer Witterung mit einer hohen bzw. wechselnden Luftfeuchtigkeit (z. B. durch Tau, Nebel) aus. Temperaturen von 10–32 °C begünstigen sein Wachstum (Optimum 22–24 °C).

Apfelmehltau – Weißer Pilzbelag auf Jungblättern (Beránek, J.)

Apfelmehltau – Befallene Blütenknospen (Beránek, J.)

Apfelmehltau – Befallene (li.) und unbefallene Blüten (Rod, J.)

Apfelmehltau – Netzförm. Berostung an Frucht (Fischer-Colbrie, P.)

### Gegenmaßnahmen

#### Vorbeugend

An Risikostandorten (trockene, eingeschlossene Lagen) sollte die Kultivierung empfindlicher Sorten unterbleiben. Weitere Präventivmaßnahmen sind ein optimiertes Wachstum durch Auswahl sortengerechter Unterlagen bzw. eine ausgewogene Ernährung (Überdosierung von Stickstoff vermeiden!) sowie ein lockerer Kronenaufbau. Im Privatgartenbereich ist der Einsatz von Pflanzenstärkungsmitteln empfehlenswert.

Apfelmehltau – Befallener Ast (Fischer-Colbrie, P.)

Apfelmehltau – Schadbild in der Apfelanlage (Ackermann, P.)

#### Gezielt

Entfernung befallener Triebteile im Zuge des winterlichen Baumschnittes sowie vor Beginn der Sekundärausbreitung (circa ein bis zwei Wochen vor der Blüte) und nach Bedarf auch später bis zum Laubfall. Im Erwerbsobstbau ist ein chemischer Schutz vor allem bei empfindlichen Sorten und auf Standorten mit regelmäßigem Befall unabdingbar. Der Behandlungsbeginn ist ab der ersten Sekundärausbreitung kurz vor der Blüte empfehlenswert. Weitere Behandlungen sollten je nach Notwendigkeit und Eigenschaften des verwendeten Fungizides erfolgen. Zahlreiche Fungizide sind sowohl gegen die Schorfkrankheit als auch gegen den Mehltau anerkannt.

## Birnengitterrost (*Gymnosporangium sabinae*)

### Wirtspflanzen

Der Pilz entwickelt sich auf der Birne und anderen Arten der Gattung *Pyrus* sowie auf dem Zwischenwirt Wacholder (*Juniperus sabina* und *J. chinensis* werden bevorzugt, *J. communis* ist befallsfrei!).

### Schadbild

Befallen werden vor allem die Blätter, aber auch ein Befall der Blattstiele und seltener der jungen Triebe und Früchte ist möglich. An der Blattoberseite erscheinen Anfang des Sommers runde, orange, sich allmählich vergrößernde Flecken mit kleinen dunklen Punkten (Spermogonien). Diese werden später auffällig rot gesäumt. Blattunterseits entstehen an den Flecken hellbraune Gewebeanschwellungen mit kelchartigen, oben verschmälerten „Gitterkörbchen" (Aecidien). Derartige Befallssymptome entstehen auch an den befallenen Jungtrieben und Früchten. Früchte werden durch ungleichmäßiges Wachstum deformiert.

### Bedeutung

Durch deutliche Verringerung der Assimilationsfläche des Blattes (bis zu 80 %) können das Ausmaß und die Qualität der Ernte beeinträchtigt werden. Auch Wachstumsschwächungen sind möglich.

Birnengitterrost – Beginnender Befall an der Blattober- ...

... und fortgeschrittener Befall an der Blattunterseite (Stolz, M.)

Birnengitterrost – Orangefarbige Befallssymptome an der Blattoberseite (Fischer-Colbrie, P.)

Birnengitterrost – Fortgeschrittener Befall an der Blattoberseite (Stolz, M.)

Birnengitterrost – Befallene Blattbasis (Stolz, M.)

Birnengitterrost – Befallene Frucht (biohelp)

Birnengitterrost – Befallssymptome beider Blattseiten (Stolz, M.)

Birnengitterrost – Teleutosporen auf Wacholder (Státní rostlinolékaǐská)

## Fusariumfäule (*Fusarium* spp.)

**Wirtspflanzen**
Apfel.

**Schadbild**
Pilzarten der Gattung *Fusarium* können entweder Fäule an der Oberfläche oder um das Kerngehäuse verursachen. An der Oberfläche erscheint die Fäule hell und wässrig, im Bereich des Kerngehäuses eher kompakt und rötlich-braun. Im Kerngehäuse sind auch weiße bis rosa Myzelien sichtbar.

**Bedeutung**
Die Fäule im Inneren der Früchte kann größere Schäden verursachen. Zunächst äußerlich gesund erscheinende Früchte faulen von der Stielgrube ausgehend. Im Lager kann sich die Infektion auch auf das Fruchtfleisch ausdehnen. Die Krankheit wird mit infizierten Früchten in das Lager verschleppt.

**Biologie**
Die Früchte können durch den Pilz der Ordnung Krustenkugelpilzartige (Hypocreales) innerhalb der Abteilung der Schlauchpilze (Ascomycota) bereits während der Vegetationsperiode über Verletzungen der Schale infiziert werden. Über den Kelch erreichen die Konidien das Kerngehäuse (z. B. Kernhausfäule, *Fusarium avenaceum*).

Fusariumfäule – Befallenes Kerngehäuse und fort-schreitende Ausbreitung © L. Lindner, Land- u. Forstwirtschaftliches Versuchszentrum Laimburg

**Ökologie**
Diese Krankheit tritt in niederschlagsreichen Jahren verstärkt auf.

**Gegenmaßnahmen**
**Vorbeugend**
Vor allem empfindliche Sorten (z. B. Gloster, Fuji) vor der Einlagerung auf Infektionsherde kontrollieren.

## Gloeosporium-Fruchtfäule (*Pezicula* spp.)

**Wirtspflanzen**
Apfel.

**Schadbild**
An Früchten erscheinen hellbraune, runde, scharf abgegrenzte, eingesunkene Faulstellen, auf denen sich milchig-weiße bis rosafarbene Pusteln bilden.

**Bedeutung**
An sensiblen Sorten können in manchen Jahren (verregneter Juli und August) hohe Verluste im Lager auftreten.

**Biologie**
Dieser Pilz gehört zu der Familie der Hautbecherchenartigen (Dermateaceae) innerhalb der Abteilung der Schlauchpilze (Ascomycota). Die Ansteckung durch Krankheitsherde, wie Rindenbrandstellen, Frostplatten, Fruchtmumien, Blattnekrosen u. Ä., erfolgt vor allem über die Lentizellen. Auf den Faulstellen können sich die Acervuli mit den Konidien bilden, die für die Verbreitung der Krankheit sorgen.

**Ökologie**
Der Pilz stellt keine besonderen Temperaturansprüche und kann sich auch unter optimalen Lagerbedingungen ausbreiten. Da mit dem Reifegrad der Frucht auch deren Anfälligkeit für die Infektion steigt, werden überreife Früchte am häufigsten befallen und vernichtet. Die beschriebene Fruchtfäule kann durch die drei Pilzarten *Gloeosporium perennans*, *G. album* und *G. fructigenum* verursacht werden.

Gloeosporium-Fruchtfäule – Schadbild an Früchten
(Ackermann, P.)

#### Gegenmaßnahmen

**Vorbeugend**

Nur zeitgerecht geerntetes Obst auf Lager legen. Laufende Kontrolle des Lagers und Beseitigung befallener Früchte.

**Gezielt**

Besonders nach hohem Infektionsdruck (feuchter Sommer und Herbst) kann vor allem im Bioobstbau eine Heißwasserbehandlung (zwei Minuten bei 53 °C) des geernteten Obstes ohne Schädigung der Früchte den Befall am Lager deutlich verringern.

## Krötenhaut-(Valsa-)Krankheit (*Valsa malicola*)

#### Wirtspflanzen

Vor allem an Apfel, seltener an anderen Kernobstarten.

#### Schadbild

An Stamm und Starkästen werden braune bis braunviolette, scharf abgegrenzte Nekrosen, die sich allmählich ausbreiten, sichtbar. Auf den befallenen Rindenbereichen kann man unauffällige, schwarz gefärbte Fruchtkörperchen (Pyknidien) beobachten. Auf absterbendem Holz entstehen warzenähnliche Verdickungen, die zum deutschen Namen „Krötenkrankheit" geführt haben.

#### Bedeutung

Es kann zum Absterben einzelner Äste bis ganzer Astpartien an Kern- und Steinobst kommen.

#### Biologie

Dieser, zur Unterabteilung der Echten Schlauchpilze (Pezizomycotina) zählende, Pilz ist ein typischer Gelegenheitsparasit, der bevorzugt geschwächte (z. B. durch Unverträglichkeit der Veredelungspartner) und verletzte Bäume befällt. Bei regnerischem Wetter fließen aus den Pyknidien spiralartig geformte Konidienketten. Später bilden sich auf beschädigten Teilen flache, graue Stromata mit Perithecien.

#### Ökologie

Die Infektion erfolgt vor allem bei regnerischem Wetter im Herbst und im Frühling über Eintrittspforten, wie Blattnarben nach dem Laubfall und Wunden.

#### Gegenmaßnahmen

**Vorbeugend**

Vor allem Präventivmaßnahmen wie die Standortwahl, lockerer Bestand und lichte Baumkronen, Vermeidung von Verletzungen, Entfernung von abgestorbenen und befallenen Baumteilen sowie eine sachgemäße Wundpflege nach dem Schnitt sind von Bedeutung.

**Gezielt**

Behandlungen mit Kupferpräparaten vor und nach dem Blattfall im Herbst sowie im Frühjahr können die Infektionsgefahr einschränken.

Krötenhautkrankheit – Schadbild an der Rinde (Hluchy, M.)

## Marssonina Blattfallkrankheit *(Diplocarpon mali Syn.: Marssonina coronaria)*

### Wirtspflanzen
Kultur-, Wild- und Zierapfelbäume. Besonders betroffene Kultursorten sind Golden Delicious, Topaz, Jonagold, Otawa und Gala.

### Schadbild
Der Pilz verursacht charakteristische Blattflecken und frühzeitigen Blattfall. Die einzelnen, 2–10 mm großen, dunkelgrauen bis schwarzen Flecken an der Oberseite der Blätter können bei starkem Befall zusammenfließen.

### Bedeutung
Die Marssonina Blattfallkrankheit tritt bevorzugt in biologisch bzw. extensiv bewirtschafteten Apfelkulturen auf. Bei starkem Befall kann es noch vor der Fruchtreife zu totalem Blattverlust und damit verbundener gestörter Fruchtentwicklung sowie verminderter Frosthärte kommen.

### Biologie
Die Fruchtkörper (Apothecien) des Pilzes überwintern. Im Frühjahr schleudern sie bei feuchtem Wetter die Sporen (Ascosporen) aus, die die jungen Blätter infizieren. Die ersten Blattflecken erscheinen jedoch erst ab Juni an den voll entwickelten Blättern. Die jetzt entstehenden Konidien können neue Blätter infizieren und vor allem bei Wind und Regen zur Verbreitung der Krankheit beitragen.

### Ökologie
Der aus Asien stammende Pilz wurde 2001 erstmals in Italien, ab 2011 auch in Österreich nachgewiesen. Vor allem bei längeren Schlechtwetterperioden kann es zur epidemischen Ausbreitung der Krankheit kommen.

### Gegenmaßnahmen
**Vorbeugend**

Herstellung eines lockeren, luftigen Baumaufbaus durch regelmäßige Schnittmaßnahmen, um für eine schnelle Abtrocknung des Bestandes zu sorgen. Pflanzung weniger anfälliger Sorten.

**Gezielt**

Der vorbeugende Einsatz von Kupferpräparaten (min. 200 g/ha Reinkupfer) bzw. abstoppende Anwendungen mit der Schwefelkalkbrühe während längerer Feuchtphasen zeigen gute Wirkungen. Wiederholte Anwendungen sind notwendig.

Marssonia-Blattfallkrankheit – Schadbild (biohelp)

## Monilia-Fruchtfäule (*Monilia fructigena*)

### Wirtspflanzen
Vor allem Apfel, Birne und Quitte, aber auch Hasel. Steinobst wird seltener befallen.

### Schadbild
Befallen werden vor allem Früchte, seltener Triebe und Blüten. Auf reifen oder reifenden Früchten entstehen braune, nicht einsinkende Faulstellen, aus denen Bündel von weißlichen, später hellbraunen Konidiophoren hervorbrechen. Diese sind meist in konzentrischen Kreisen um die Infektionsstelle (oft eine Verletzung) angeordnet. Befallene Früchte schrumpfen, fallen ab oder bleiben auf dem Baum hängen, wo sie mumifizieren. Das Myzelium kann aus den Früchten in die verholzten Baumteile eindringen. In dunklen Lagerräumen ruft die Erkrankung die sogenannte „Schwarze Fruchtfäule" hervor. Die faulen Früchte sind dabei glänzend und ledrig, es werden jedoch meist keine Konidiophoren gebildet.

### Bedeutung
Der Pilz kann unter für ihn günstigen Bedingungen bei empfindlichen Sorten einen wesentlichen Teil der Ernte befallen sowie Lagerverluste verursachen. Befallene Früchte sind vollkommen entwertet. Un-

terschiede in der Empfindlichkeit gegen Infektionen sind gegeben. Sehr empfindlich sind beispielsweise die Sorten Berlepsch, Cox Orange und James Grieve.

**Biologie**

Der Pilz aus der Familie der Sklerotienbecherlingsverwandten (Sclerotiniaceae) innerhalb der Abteilung der Schlauchpilze (Ascomycota) überwintert als Myzelium im Gewebe befallener Triebe und mumifizierter Früchte. Im Frühjahr bilden sich hier Konidiophoren mit Konidien, die durch Wind und Insekten die Krankheit verbreitet werden. An abgefallenen, mumifizierten Früchten können sich auch Fruchtkörper (Apothecien) mit Schläuchen und Ascosporen bilden, die Quelle für Primärinfektionen sein können.

**Ökologie**

Infektionen finden über Verletzungen bei Früchten oder über die Narben bei Blüten, vor allem bei regnerischer, warmer Witterung (optimale Infektionstemperaturen zwischen 20 und 22 °C) statt, wobei Nässe oder hohe Luftfeuchte für die Übertragung unbedingt notwendig sind.

**Gegenmaßnahmen**

**Vorbeugend**

Folgende Maßnahmen sind besonders wichtig: Verhütung von Verletzungen durch Insekten, andere Pilzkrankheiten sowie Hagel oder Pflückschäden. Bei zu dichtem Behang sollte eine Fruchtausdünnung durchgeführt werden. Eine gute Durchlüftung der Krone ist ebenso wichtig wie die Wahl weniger empfindlicher Sorten.

**Gezielt**

Befallene Pflanzenteile (Triebe, Früchte) regelmäßig entfernen und entsorgen.

## Monilia-Spitzendürre, Monilia-Rindenbrand *(Monilia laxa)*

Siehe Steinobst.

## Obstbaumkrebs (*Neonectria galligena, Syn.: Nectria galligena*)

**Wirtspflanzen**

Apfel, Birne.

Monilia-Fruchtfäule – Fruchtmumie als Infektionsherd für benachbarte Früchte (Hluchy, M.)

Monilia-Fruchtfäule – Schadbild an Birnenfrucht (Ackermann, P.)

Monilia-Fruchtfäule – Schadbild an Quitte (Státní rostlinolékařská)

Monilia-Fruchtfäule – Kreisförmige Ausbreitung um die Infektionsquelle nach Apfelwickler-Befall (Stolz, M.)

Monilia-Fruchtfäule – Schwarze Fruchtfäule am Apfel
(Pokorný, V.)

Monilia-Fruchtfäule – Schwarze Fruchtfäule am Apfel
(Stolz, M.)

### Schadbild

Vom Pilz befallene Rindenbereiche zeigen orangebraune, eingefallene Stellen, die in der Folge trocken und rissig werden und absterben. Häufig entstehen die Befallsherde in Gabelungen, in der Nähe von Schnittzapfen und anderen Verletzungen (z. B. Hagel, Frostrisse u. a.). Die krebsartigen Wucherungen werden durch Abwehrmaßnahmen (Überwallungen) der Pflanze gegen die ständigen Angriffe des Pilzes verursacht.

### Bedeutung

Durch die Wucherungen wird der Wasser- und Nährstofftransport behindert.

### Biologie

Dieser Pilz gehört der Ordnung der Krustenkugelpilzartigen (Hypocreales) innerhalb der Abteilung der Schlauchpilze (Ascomycota) an. An befallenen Pflanzenteilen erscheinen im Frühjahr und Sommer weißliche Konidien in Sporodochien (Fruchtkörper) und bei kalter Witterung – vor allem im Herbst – rote, pustelförmige Perithecien. Die Rindennekrosen können als Eintrittspforten für weitere Krankheitserreger, wie z. B. das Bakterium *Pseudomonas* oder Pilze der Gattungen *Valsa*, *Diaporthe* u. a. dienen.

### Ökologie

Besonders stark leiden anfällige Sorten und Unterlagen sowie geschwächte Bäume an ungünstigen Standorten (kühl; nasse, schwere Böden; Frostgefahr).

Monilia-Fruchtfäule – Fruchtmumie nach dem Laubfall
(Fischer-Colbrie, P.)

Obstbaumkrebs – Schadbild am Ast (Státní rostlinolékaŕská)

### Gegenmaßnahmen

**Vorbeugend**

Auswahl resistenter Sorten und Unterlagen besonders an ungünstigen Standorten. Lichte Krone. Ausgewogene Nährstoffversorgung. Schutz vor Verletzungen (z. B. Frostanstrich, Hagelschutz u. Ä.), Wundversorgung.

**Gezielt**

Befallene Stellen ausschneiden bzw. befallene Baumteile bis ins gesunde Holz zurückschneiden. Einsatz von kupferhaltigen Fungiziden.

Obstbaumkrebs – Perithecien im Herbst (Státní rostlinolékařská)

Obstbaumkrebs – Sekundärbefall durch das Bakterium *Pseudomonas* (Hluchy, M.)

## Penicillium-(Grün-)Fäule (*Penicillium expansum*)

### Wirtspflanzen

Apfel, Birne, Weinrebe und verschiedene Beerenarten.

### Schadbild

Auf der Schale gelagerter Früchte entstehen zuerst hellbraune, üblicherweise runde und gut abgegrenzte Faulstellen. Sie vergrößern sich, die Schale senkt sich leicht ein und das Fruchtfleisch unter den befallenen Stellen wird breiartig weich. An den befallenen Stellen können zuerst weißliche, später blaugrüne Pilzpölsterchen entstehen. Die Fäule breitet sich schnell über die gesamte Frucht aus.

### Bedeutung

Der Pilz ist ein häufiger Fäulniserreger an Früchten und Beeren sowohl in Obst- und Weinkulturen als auch am Lager. Große Schäden können daher nicht nur durch Ernteausfälle, sondern auch an Lagerbeständen entstehen. Befallene Früchte sind nicht nur geschmacklich ungenießbar, sondern durch die Produktion verschiedener Mykotoxine auch gesundheitsschädlich.

### Biologie

Im Freiland werden die Sporen dieses Schimmelpilzes über Wind und Insekten transportiert und gelangen über Verletzungen in die Früchte. Am Lager kann das Myzel bei Berührung durch die Lentizellen von einer Frucht in die andere eindringen.

Penicillium-Fäule – Faulstelle an der Frucht (Hluchy, M.)

### Gegenmaßnahmen

Eine Bekämpfung des Pilzes ist nicht möglich. Am Lager können regelmäßige Kontrollen und die Entfernung faulender Früchte die Ausbreitung einschränken.

Phyllosticta-Blattfleckenkrankheit – Blattflecken mit Fruchtkörpern (Siegfried, W.)

## Phyllosticta-Blattfleckenkrankheit (*Phyllosticta mali*)

**Wirtspflanzen**
Apfel.

**Schadbild**
Auf den Blättern erscheinen ab Mitte Mai kleine, runde, scharf abgegrenzte braune Flecken. Im nekrotischen Gewebe entstehen in der Folge dunkle Fruchtkörper. Stark befallene Blätter vergilben und fallen vorzeitig ab.

**Bedeutung**
Die Phyllosticta-Blattfleckenkrankheit kann mit der physiologischen Fleckenkrankheit der Apfelbäume (Stippigkeit), die vor allem bei den Sorten Golden Delicious und Goldspur vorkommt, verwechselt werden. Sie kommt allerdings nur vereinzelt vor und verursacht kaum nennenswerte Schäden.

**Biologie**
Der Pilz aus der Abteilung der Schlauchpilze (Ascomycota) überwintert im Falllaub. Im Frühjahr bildet er Konidien, mit denen er sich vor allem bei feuchter Witterung ausbreitet.

**Gegenmaßnahmen**
Behandlungen gegen die Schorfkrankheit dämmen auch die Ausbreitung der Phyllosticta-Blattfleckenkrankheit ein.

## Ruß-(Regen-)Fleckenkrankheit (*Gloeodes pomigena*)

**Wirtspflanzen**
Apfel.

**Schadbild**
An der Fruchtschale erscheinen graugrüne bis schwarze, unregelmäßig verwaschene, abwischbare Flecken.

**Bedeutung**
Es ist nur eine äußerliche Beeinträchtigung der Fruchtqualität gegeben. Stark befallene Früchte haben geringere Lagerqualität.

**Biologie**
Dieser zu den Echten Schlauchpilzen (Pezizomycetes) zählende Krankheitserreger infiziert ab Juni junge Früchte. Infektionen können den gesamten Sommer über stattfinden, wobei die Ausbreitung entlang der Schale der Früchte vor allem durch an der Frucht herabrinnende Regentropfen gefördert wird.

Die Überwinterung findet auf Apfel, aber auch auf Ahorn, Weide oder Linde statt.

**Ökologie**
Der Pilzbefall tritt vor allem in niederschlagsreichen Jahren an Spätsorten in Anlagen ohne Fungizideinsatz auf.

**Gegenmaßnahmen**

**Vorbeugend**
Förderung der Abtrocknung durch lockeren, lichten Kronenaufbau. Fruchtausdünnung vornehmen.

**Gezielt**
Nur in feuchten Staulagen ist eine Abschlussbehandlung mit einem geeigneten Fungizid empfehlenswert.

Rußfleckenkrankheit – Schadbild an der Frucht (Ackermann, P.)

## Schorfkrankheit des Apfels (*Venturia inaequalis*)

### Wirtspflanzen

Apfelbäume und andere Arten der Gattung *Malus*.

### Schadbild

Dieser Schlauchpilz (Ascomycota) befällt Blätter, Blüten und Früchte – ganz selten auch junge Triebe. Auf beiden Blattseiten (Apfel vornehmlich Oberseite, Birne eher Unterseite) kann man ab Mai schwärzlich-grüne, rußähnliche Flecken erkennen, die zusammenfließen und größere Nekrosen bilden und in der Folge zum vorzeitigen Laubfall führen können. Ähnliche Schadenssymptome zeigen sich an den Blüten und Früchten. Stark befallene Blüten und kleine Früchte fallen ab. An heranwachsenden Früchten entstehen verschieden große, unregelmäßig braunschwarze Flecken (Frühschorf). Durch das unterschiedliche Wachstum von befallenen und unbefallenen Gewebeteilen kommt es zu oft sternförmigen Rissen der Fruchtschale (Eintrittspforten für sekundäre Fäulniserreger) bis zur Deformation der Früchte. An reifen Früchten können ab September kleine schwarze Punkte (Spätschorf) erscheinen, die jedoch die Schale durch das nahezu abgeschlossene Wachstum nicht mehr zum Aufplatzen bringen.

### Bedeutung

Der Apfelschorf zählt zu den bedeutendsten Pilzkrankheiten des Apfels. Besonders gefährlich ist der Frühbefall (vor, während oder kurz nach der Blüte), wodurch es zum Abfallen der Blüten oder jungen Früchte kommen kann. Durch den vorzeitigen Blattfall wird die Blütenbildung für das Folgejahr beeinträchtigt. Befallene Früchte haben geringere Qualität und sind erschwert lagerfähig. Zwischen den einzelnen Sorten sind wesentliche Unterschiede in der Empfindlichkeit bekannt. Sehr empfindlich sind z. B. die Sorten Arlet, Gala, Gloster, Golden Delicious, Granny Smith, Idared, Mutsu, Summerred, Weißer Winterkalvill u. a. Zu den resistenteren Sorten zählen Alkmene, Charlamowski, Discovery, Florina, James Grieve, Priam, Prima, Weißer Klarapfel u. a. (siehe auch „Besseres Obst" Heft 1, 2011).

### Biologie

Der Pilz überwintert vorwiegend in abgefallenem Laub. Hier entwickelt er sich allmählich. Bis zum Frühjahr reifen die Fruchtkörper (Pseudoperithecien

Schorfkrankheit des Apfels – Befallenes Blatt im Frühsommer (Ackermann, P.)

Schorfkrankheit des Apfels – Blattnekrosen (Ackermann, P.)

Schorfkrankheit des Apfels – Befallene Jungfrüchte (Státní rostlinolékařská)

Schorfkrankheit des Apfels – Frühschorf an Früchten (Ackermann, P.)

Schorfkrankheit des Apfels – Fruchtdeformation
(Státní rostlinolékařská)

Schorfkrankheit des Apfels – Befallssymptom an reifer Frucht (biohelp)

Schorfkrankheit des Apfels – Schaleneinrisse an jungen Golden-Delicious-Früchten (Fischer-Colbrie, P.)

Schorfkrankheit des Apfels – Spätschorf an der Frucht (Státní rostlinolékařská)

mit Ascosporen) und dienen als Quelle der Primärinfektion. Die ersten Ascosporen reifen während des Austriebes, spätestens zur Zeit des Mausohrstadiums, die weiteren bis gegen Ende Juni und werden allmählich freigesetzt. Die Massenreife und gleichzeitig größte Infektionsgefahr ist zwischen Rotknospenstadium und bis zwei Wochen nach der Blüte. Während dieser relativ kurzen Zeit werden bis zu 90–95 % der Ascosporen freigesetzt. Sie werden vor allem durch Luftbewegungen, die Konidien auch durch Wasser, verbreitet. An befallenen Stellen entstehen Konidiophoren. Sie tragen Konidien (einzellige Sporen), welche Sekundärinfektionen an benachbarten Pflanzenteilen verursachen können. Durch diese Konidien kann die Krankheit bis gegen Ende der Vegetationsperiode verbreitet werden.

### Ökologie

Die Schorfkrankheit breitet sich vorwiegend bei regnerischer Witterung aus. Der befeuchtete Fruchtkörper platzt, die Ascosporen werden ausgeschleudert und weiter durch den Wind verbreitet. Zu einer erfolgreichen Infektion ist eine gewisse Feuchtedauer notwendig. Entwicklung und Wachstum des Pilzes werden aber auch durch die Temperatur beeinflusst. Infektionen können in einem Temperaturbereich von 0,5–30 °C entstehen. Bei optimalen Temperaturen von 17–24 °C verkürzt sich die Keimphase und die Infektion entsteht schneller. Während regenfreier Perioden kommt es zu keiner Infektion.

### Gegenmaßnahmen

#### Vorbeugend

Als Präventivmaßnahmen sind vor allem jene von Bedeutung, die günstige Bedingungen für die Ausbreitung der Krankheit vermindern. Dazu zählen z. B. eine ausreichende Kronenauslichtung sowie Baumabstände, die ein möglichst rasches Abtrocknen der gefährdeten Pflanzenbereiche ermöglichen. Auch die mechanische, chemische (Kalkstickstoff im März fördert die Zersetzung) und biologische (Förderung der Regenwürmer) Beseitigung des Falllaubes sowie vor allem im Privatgartenbereich der Einsatz von Pflanzenstärkungsmitteln sind empfehlenswert. In ungünstigen Witterungslagen sind jedenfalls schorfresistente Sorten zu bevorzugen.

**Gezielt**
Die Ausbringung von Pflanzenschutzmitteln mit fungizider Wirkung muss vor allem die Primärinfektionen (April bis Juni) verhindern. Dadurch werden spätere Maßnahmen überflüssig.

Behandlungen können entweder präventiv oder kurativ nach Beobachtung der Infektionsmöglichkeiten bzw. als eine Kombination von beiden Systemen durchgeführt werden.
Bei präventiven Schutzmaßnahmen erfolgen Behandlungen während der gesamten Periode der Primärinfektion, je nach Standort und Wetterbedingungen vom Beginn des Austriebs bis in den Juni in Intervallen von sieben bis 14 und mehr Tagen. Die Intervalle zwischen den Behandlungen richten sich nach dem Infektionsdruck, nach der Wachstumsintensität (zwei bis drei Blätter wöchentlich) und nach den Eigenschaften des Wirkstoffes. Die Schutzintensität muss während der höchsten Infektionsgefahr (Rotknospenstadium bis circa zwei Wochen nach der Blüte) am höchsten sein. Auch präventive Maßnahmen sollten ökologisch und ökonomisch sinnvoll sein, indem sie sich am Witterungsverlauf orientieren. Bei trockenen Witterungsperioden können sie unterbleiben und erst kurz vor neuerlichen Niederschlägen wieder aufgenommen werden.

Nach Eintreten der Infektionsbedingungen sind kurative Schutzmaßnahmen erforderlich. Sie orientieren sich an den Erkenntnissen der Zusammenhänge zwischen der Feuchtigkeitsdauer, Temperatur und dem Infektionsdruck (offizielle Warnmeldungen, elektronische Schorfwarngeräte, Sporenfallen).

Zur Verwendung kommen in diesem Fall kurativ wirkende Fungizide.

In einem kombinierten Schutzprogramm wird üblicherweise vor der Blüte (weniger intensive Wachstumsphase, tiefere Temperaturen) präventiv, später hingegen kurativ behandelt. Kontaktfungizide werden bei präventiven, systemische Fungizide bei kurativen Behandlungen bevorzugt.

Bei einer kurativen Behandlung haben sich systemische Fungizide aus der Gruppe der DMIs (Demetylation) bewährt. Diese Mittel sind jedoch bei tiefen Temperaturen (unter 10 °C) nicht ausreichend wirksam. In einer Periode von häufigen Infektionen ist eine kurative Behandlung mit kombinierten Fungiziden oder Tankmix-Kombinationen (Systemischer und Kontaktwirkstoff), die eine längere Wirkungsdauer aufweisen, zu bevorzugen.

## Schorfkrankheit der Birne (*Venturia pyrina*)

**Wirtspflanzen**
Hausbirne und andere Arten der Gattung *Pyrus*.

**Schadbild**
Der Pilz befällt Blätter, Blüten, Früchte und sehr oft auch junge Triebe. Vorwiegend auf der Blattunterseite, aber auch auf der Oberseite entstehen braunschwarze bis grauschwarze, verschieden große, rußartige Flecken. Diese sind im Vergleich zum Apfelschorf üblicherweise dunkler, kleiner und schärfer abgegrenzt. Ähnliche Flecken entstehen auch auf Blüten und Früchten. Stark befallene Blätter, Blüten und kleine Früchte fallen ab. Auf älteren Früchten entstehen durch den Befall Deformationen und Risse. In Folge werden diese Früchte von Fäulniserregern befallen.

An jungen Trieben entstehen graubraune Flecken, die Rinde wird auffällig rau und es kommt zum Absterben des betroffenen Gewebes. Diese Rauheit der Rinde kann auch bei mehrjährigen Ästen festgestellt werden. Stark befallene Äste zeigen kurze und schwache Zuwächse und können sogar absterben.

**Bedeutung**
Diese sehr schädliche Erkrankung der Birne kann die Qualität und den Ertrag beeinträchtigen. Vor allem Infektionen, die bereits zeitig im Frühjahr erfolgen, sind besonders gefährlich, da diese das Abfallen von Blüten und kleinen Früchten zur Folge haben. Später befallene Früchte sind unansehnlich, deformiert und weniger lagerfähig. Starker Befall der verholzten Teile beeinträchtigt die Zuwächse und die Fruchtbarkeit der Bäume. Kleinere Äste können absterben. Ein vorzeitiger Laubfall kann auch die Blüte im folgenden Jahr beeinträchtigen. Unter den einzelnen Sorten gibt es deutliche Unterschiede in der Empfindlichkeit.

**Biologie**
Der Schlauchpilz (Ascomycota) überwintert auf infizierten Ästen und im Falllaub. Hier entwickelt er sich allmählich, bis im Frühjahr die Fruchtkörper (Pseudoperithecien mit Ascosporen) entstehen. Austreibende Knospen werden durch diese Wintersporen infiziert. Auf befallenen Ästen bilden sich Konidiophoren mit Konidien. Zur ersten Infektion kommt es bereits knapp nach dem Austrieb. Die Infektion durch die Konidien erfolgt

Schorfkrankheit der Birne – Befall an reifender Frucht (Ackermann, P.)

Schorfkrankheit der Birne – Befall an Blättern und jungen Früchten (Ackermann, P.)

Schorfkrankheit der Birne – Befallssymptome an einem Ast (Ackermann, P.)

oft früher als jene durch die Ascosporen. Die Gefahr einer Infektion durch Ascosporen dauert üblicherweise bis Juni an. Während der übrigen Vegetationsperiode breitet sich die Erkrankung durch Konidien aus.

**Ökologie**

Siehe Apfelschorf.

**Gegenmaßnahmen**

Siehe Apfelschorf.

## Schwarzer Rindenbrand *(Diplodia spp.)*

**Wirtspflanzen**

Apfel.

**Schadbild**

An Stamm und Starkästen von Apfelbäumen treten an der Rinde schwarze oder dunkelbraune eingesunkene Stellen mit warzigen Erhebungen auf. Reißen diese auf, werden darunter kleine schwarze Pilzkörper sowie der Holzkörper mit schwarzen Flecken sichtbar. Bei starkem Befall platzt die Borke stammumfassend ab.

**Bedeutung**

Da die offenen Stellen durch die Schwächung nicht oder nur langsam überwallen, können auch andere Krankheitserreger eindringen. Vor allem junge betroffene Bäume können innerhalb kurzer Zeit absterben.

**Biologie**

Der aus verschiedenen Pilzen der Gattung *Diplodia* bestehende Erreger ist ein Schwächepilz, der durch Verletzungen der Borke in das Pflanzengewebe eintritt und hier latent, ohne Symptome zu verursachen, vorhanden ist. Ist der Baum z. B. durch langanhaltende Trockenheit geschwächt, kann es zum Krankheitsausbruch kommen.

**Ökologie**

Da die Schwächung der Bäume vor allem durch länger anhaltende Trockenheit verursacht wird, tritt die Krankheit vorrangig im Streuobstbau auf.

**Gegenmaßnahmen**

**Vorbeugend**

Bei der Pflanzung ist gesundes Pflanzmaterial zu verwenden. Vermeidung von Frostlagen. Befallenes Holz ist aus der Anlage zu entfernen. Rindenschäden (z. B. Frostrisse, Sonnennekrosen) können durch den vorbeugenden Einsatz eines Weißanstrichs verhindert werden.

**Gezielt**
Befallsstellen sind sauber auszuschaben und mit wasserfesten Wundverschlussmitteln zu versiegeln; das Wundverschlussmittel sollte dabei mit einem zugelassenen Kupferhydroxidprodukt versetzt und verstrichen werden. Der praktische Nutzen ist dabei umstritten. Bei starker, stammumfassender Symptomausprägung sollte die Rodung des Baumes erwogen werden, um den Befallsdruck innerhalb der Anlage zu reduzieren.

Schwarzer Rindenbrand – Schadbild (Storch, T.)

## Weißfleckenkrankheit der Birne (*Mycosphaerella sentina*), Gummiholzkrankheit (Apple rubbery wood)

**Wirtspflanzen**
Birne.

**Schadbild**
Auf den Blättern erscheinen zuerst braune, unregelmäßig eckige oder auch runde, 1–2 mm große Flecken. Das Zentrum der Flecken nekrotisiert und verfärbt sich hellgrau. So entstehen meist erst im Spätsommer die typischen grauen, braun gesäumten Befallsstellen. Stark befallene Blätter fallen vorzeitig ab.

**Bedeutung**
Starker Befall führt zu vorzeitigem Laubfall und zur Schwächung des Baumes.

**Biologie**
Der Pilz aus der Abteilung der Schlauchpilze (Ascomycota) überwintert auf befallenem Laub, wo sich Fruchtkörper mit Schläuchen und Ascosporen entwickeln, welche die Hauptquelle der Primärinfektion bilden. Gelegentlich kann auch das Konidienstadium überwintern. Im nekrotisierten Gewebe der Befallsstellen werden Pyknidien mit Konidien gebildet, die ihrerseits die Quelle für Sekundärinfektionen darstellen.

**Ökologie**
Die Ausbreitung erfolgt vor allem bei warmer (ideal für den Erreger sind Temperaturen zwischen 21 und 27 °C), regnerischer Witterung.

Weißfleckenkrankheit der Birne – Blattflecken (Ackermann, P.)

**Gegenmaßnahmen**
**Vorbeugend**
Vor allem die Standortwahl mit guter Durchlüftung des Bestandes und der Krone sowie die Entfernung des Falllaubs sind wirksam.

**Gezielt**
Eine späte Behandlung gegen die Schorfkrankheit hat sich zur Eindämmung der Weißfleckenkrankheit als gut wirksam erwiesen.

## Zinnoberroter Pustelpilz, Rot-Pustelpilz (*Nectria cinnabarina*)

Siehe Beerenobst.

# Schädlinge unter den Höheren Pflanzen

## Mistel, Weißbeerige Mistel (*Viscum album*)

**Wirtspflanzen**

Laub-, selten auch Nadelgehölze.

**Schadbild**

Immergrüne Pflanzen mit buschartigem Wachstum und gabelartig verzweigten Ästen, die in Baumkronen sitzen und besonders nach dem Laubfall des Wirtsbaumes auffallen. Misteln können bis zu einem Meter Durchmesser erreichen.

**Bedeutung**

Die Mistel ist eine Halbschmarotzerpflanze, die ihrer Wirtspflanze mittels Haustorien (wurzelähnliche Saugorgane) Nährstoffe und Wasser direkt aus den Leitbahnen entzieht. Besonders in Trockenzeiten führt dies zu einer Schwächung des Wirtes. Das Wachstum des Baumes wird eingeschränkt. Mistelbefall kann vom Absterben einzelner Äste und Kronenteile bis zum Tod des betroffenen Baumes führen.

In intensiv bewirtschafteten Kulturen hat die Mistel keine Bedeutung.

Misteln finden in der Heilkunde Verwendung.

**Biologie**

Samen werden meist durch Vögel verbreitet. Sie haften mit einer klebrigen Samenschichte (Viscin) an der Rinde des zukünftigen Wirtes an. Der Keimling bildet eine Haftscheibe, aus der in weiterer Folge Haustorien getrieben werden, welche die Leitbahnen des Baumes anzapfen. Die Mistel wächst langam und blüht ab dem fünften Jahr. Die kleinen grüngelben Blüten sind zweihäusig, d. h. männlich und weiblich. Meist werden Misteln nicht älter als 30 Jahre.

Mistel – Detail 

**Ökologie**

Die zu den Sandelholzgewächsen (Santalaceae) gehörenden Misteln sind von den Tropen bis in gemäßigte Breiten anzutreffen. In Europa werden je nach Art des Wirtes hauptsächlich Laubholz-Mistel (*Viscum album* ssp. *album*), Tannen-Mistel (*Viscum album* ssp. *abietis*) und Kiefern- bzw. Föhren-Mistel (*Viscum album* ssp. *austriacum*) unterschieden.

Da die Mistel Fotosynthese betreibt und daher ihrem Wirt keine Assimilate entzieht, wird sie als Halbschmarotzer bezeichnet.

**Gegenmaßnahmen**

**Gezielt**

Abschneiden betroffener Äste mindestens 10 cm unterhalb der befallenen Stelle. Jährliche Nachkontrolle und eventueller Nachschnitt.

Mistel – Apfelbaum auf Streuobstwiese (Fischer-Colbrie, P.)

# Tierische Schädlinge

## Spinnentiere (Arachnida)

## Milben (Acari)

### Gall- und Rostmilben (Eriophyidae)

### *Apfelrostmilbe (Aculus schlechtendali)*

**Wirtspflanzen**

Apfel, seltener auch Birne.

**Schadbild**

Bei starkem Befall kommt es zur Auflichtung bzw. Braunfärbung der Blätter. Der Blattrand rollt sich nach oben und bei einigen Sorten, wie z. B. Golden Delicious, berostet sich die Schale.

**Bedeutung**

Tritt häufig, aber nur selten schädlich auf. Nach Schädigung von Raubmilben durch nützlingstoxische Pestizide kann es zur Massenvermehrung mit Blattschäden, Zuwachsverlusten und Qualitätsbeeinträchtigungen an Früchten kommen.

**Biologie**

Die deutogyne Form des Weibchens („Winterweibchen") überwintert in Rindenspalten und anderen geeigneten Verstecken in der Nähe der Knospen (z. B. auch unter alten Schildchen von Schildläusen, Moosen, Algen u. a.). Im Frühjahr wandern diese Weibchen an die treibenden Knospen und legen hier ihre Eier ab. Die schlüpfenden Larven entwickeln sich zu einer Geschlechtsgeneration von 0,16 bis 0,18 mm langen, gelbbraunen protogynen Weibchen

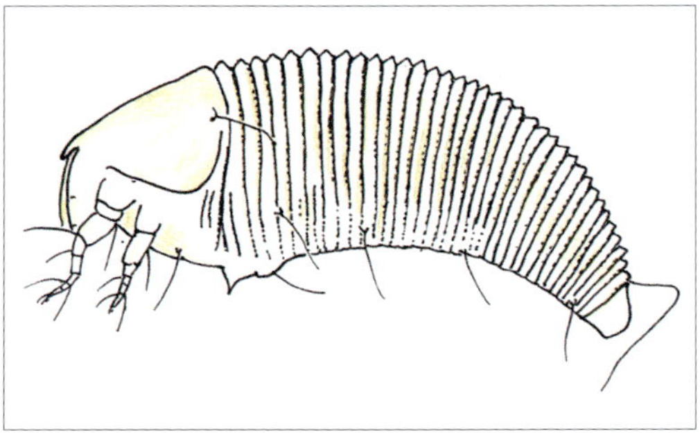

Apfelrostmilbe – *Auculus schlechtendali* (Stolz, M.)

und Männchen. Die Art bildet mehrere, sich überschneidende Generationen pro Jahr. Die maximale Populationsdichte wird im August erreicht. Bereits ab Juni erscheinen die ersten deutogynen Weibchen, die nach Winterquartieren suchen.

**Ökologie**

Die Apfelrostmilbe wird erfolgreich vor allem durch die Raubmilben der Familie Phytoseiidae (siehe Kapitel „Nützlinge") sowie durch Raubwanzen der Gattung *Orius* und andere Prädatoren reduziert.

**Gegenmaßnahmen**

**Vorbeugend**

Schutz und Förderung natürlicher Gegenspieler.

**Gezielt**

Einbringen der Raubmilbe *Typhlodromus pyri* mittels Blättern aus unbehandelten Obst- und Rebanlagen.

Apfelrostmilbe – Blattschäden (Hluchy, M.)

Apfelrostmilbe – Schalenberostung (Hluchy, M.)

Gegen Pilzkrankheiten ausgebrachte Netzschwefelpräparate haben eine gute Nebenwirkung gegen Rostmilbenpopulationen.

Bei starkem Befall (nach der Blüte 200–300 Milben/Blatt) ist die Anwendung von selektiven Akariziden in IP-Anlagen sowie Neem- oder Paraffinölpräparaten in Bio-Anlagen möglich.

### *Birnblattpockenmilbe (Eriophyes pyri, Syn.: Phytoptus pyri)*

**Wirtspflanzen**
Birne, seltener Apfel.

**Schadbild**
Bereits an den jungen Blättern zeigen sich an Ober- und Unterseite grüne pockenartige Gallen, die sich später rötlich, braun und schwarz färben. Stark befallene Blätter rollen sich ein und fallen ab. Auch an Blüten und jungen Früchten kann der Schädling Pustelbildung hervorrufen, was zu vorzeitigem Blüten- und Fruchtfall führen kann. An Früchten können Berostungen verursacht werden.

**Bedeutung**
Weitverbreitet, jedoch nur bei starkem Befall – vor allem in Baumschulen – schädlich.

**Biologie**
Die nur 0,2 mm kleinen, wurmförmigen, weißlichen Milben überwintern in Gruppen unter Knospenschuppen. Bereits bei Knospenaufbruch beginnen sie mit ihrer Saugtätigkeit, wodurch Gallen entstehen. In diese Gallen dringen die Weibchen ein und legen dort ihre Eier ab. Die Entwicklung in den Gallen bis zu den Sommerweibchen (Protogyne) dauert zehn bis 30 Tage. Die Art bildet mehrere Generationen pro Jahr. Ab Herbstbeginn entwickeln sich Winterweibchen (Deutogyne), die in ihre Winterverstecke wandern.

**Gegenmaßnahmen**
**Vorbeugend**
Schonung bzw. Einbringung der Raubmilbe *T. pyri* sowie konsequente Vermeidung aller Präparate, die auf Raubmilben toxisch wirken.

**Gezielt**
Zur Zeit des Austriebs sind Netzschwefelpräparate, später nützlingsschonende Akarizide wirksam.

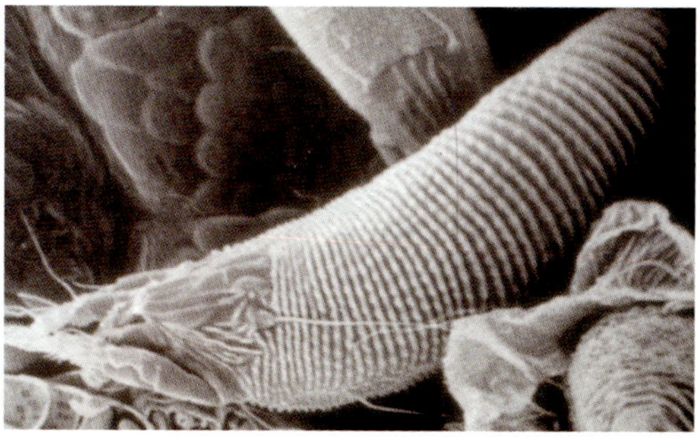

Pockenmilbe *Eriophyes* sp. – REM-Aufnahme

Birnblattpockenmilbe – Schadbild an der Blattoberseite – Befallsbeginn (Fischer-Colbrie, P.)

Birnblattpockenmilbe – Schadbild an der Blattoberseite im fortgeschrittenen Stadium (Fischer-Colbrie, P.)

Birnblattpockenmilbe – Schadbild an der Blattunterseite (Fischer-Colbrie, P.)

### *Birnenrostmilbe (Epitrimerus pyri)*

**Wirtspflanzen**

Birne.

**Schadbild**

Bei starkem Befall färbt sich die Blattunterseite braun. An Früchten tritt vor allem in der Kelchgrube Berostung auf.

**Bedeutung**

Weitverbreitet, aber nur selten schädlich.

**Biologie**

Die Lebensweise ist ähnlich jener der Apfelrostmilbe, *A. schlechtendali*. Die deutogynen Weibchen überwintern unter Knospenschuppen und in Rindenverstecken. Im Frühjahr befallen sie die austreibenden Knospen und später auch die Blüten und Blätter. Die Entwicklung einer Generation dauert während der Vegetationsperiode ein bis zwei Wochen. Diese Milbenart ist ebenso wie *A. schlechtendali* frei lebend und bildet keine Gallen.

Birnenrostmilbe – Blattschäden © F. Polesny

Birnenrostmilbe – Schadbild an der Blattoberseite (Fischer-Colbrie, P.)

Birnenrostmilbe – Schadbild an der Blattunterseite (Fischer-Colbrie, P.)

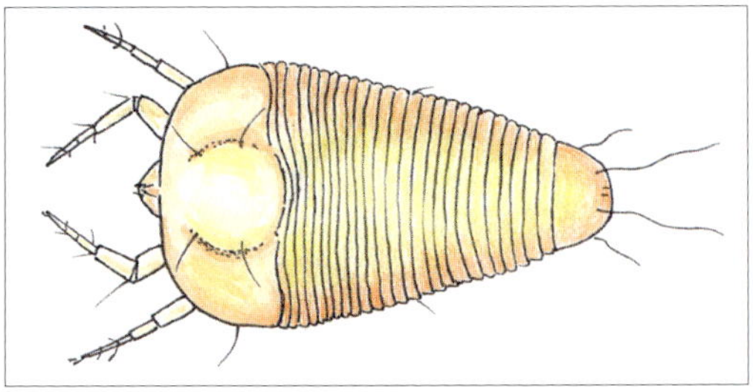

Birnenrostmilbe – *Epitrimerus pyri* (Stolz, M.)

**Gegenmaßnahmen**

**Vorbeugend**

Schonung bzw. Einbringung der Raubmilbe *T. pyri* sowie konsequente Vermeidung aller Präparate, die auf Raubmilben toxisch wirken.

**Gezielt**

Bei starkem Befall wäre kurz nach dem Abfall der Blütenblätter eine Behandlung mit einem selektiven Akarizid empfehlenswert.

## Spinnmilben (Tetranychidae)

### *Gemeine Spinnmilbe (Tetranychus urticae)*

Siehe Beerenobst.

### *Obstbaumspinnmilbe (Panonychus ulmi)*

**Wirtspflanzen**

Als polyphager Schädling befällt sie vor allem Apfel, Birne, Pflaume, Johannisbeere, Stachelbeere und Weinrebe.

**Schadbild**

Im Frühjahr bleiben die austreibenden Blätter klein; die Spitzen der Blattränder sterben ab. Später, wäh-

Raubmilbe *Typhlodromus pyri* – Biologischer Gegenspieler von Spinnmilben (Blahutiaková, A.)

Obstbaumspinnmilbe – Eier (Státní rostlinolékařská)

Obstbaumspinnmilbe – Kolonie mit verschiedenen Entwicklungsstadien (Ackermann, P.)

rend der Vegetationsperiode, vergilben die Blätter, werden bronzefarben und nekrotisieren zwischen den Adern. Von Obstbaumspinnmilben befallene Blätter zeigen kein Spinngewebe!

**Bedeutung**
Eine starke Überwinterungspopulation kann bald nach dem Austrieb Obst- und Weinkulturen bedeutend schädigen. Schwerer Befall während der Vegetationsperiode beeinträchtigt den Ertrag und die Bildung von Fruchtknospen für das nächste Jahr.

**Biologie**
Je nach Witterung schlüpfen ab Mitte April die Larven aus den überwinternden Eiern und beginnen mit ihrer Saugtätigkeit. Sie entwickeln sich – vorwiegend auf den Blattunterseiten – über Nymphen zu den ca. 0,4 mm langen, dunkelroten ovalen Imagines, die gut an den hellen borstentragenden Warzen zu erkennen sind. Je nach Witterungsverlauf können sich vier bis sechs Generationen pro Vegetationsperiode bilden. Ab September – bei abnehmender Tageslänge – beginnen die Weibchen ihre ca. 0,15 mm kleinen, karminroten, zwiebelförmigen Wintereier oft in großer Zahl in der Nähe der Knospen, am Fruchtholz, in Astgabeln sowie in Rindenrissen von zweijährigem Holz abzulegen.

**Ökologie**
Das Auftreten der Obstbaumspinnmilbe wird durch Stickstoffüberdüngung, Dezimierung natürlicher Feinde (Raubmilben, Raubwanzen, Marienkäfer, Florfliegen u. a.), durch nützlingstoxische Pflanzenschutzmaßnahmen sowie durch heiße Witterung gefördert.

**Gegenmaßnahmen**

**Vorbeugend**
Ausgewogene Düngung sowie nützlings- und vor allem raubmilbenschonende Pflanzenschutzmaßnahmen sind empfehlenswert.

**Gezielt**
Einbringung von *Typhlodromus pyri* aus unbehandelten bzw. biologischen Anlagen in Befallsherde.

Eine Austriebbehandlung mit Paraffinölen gegen Wintereier (Apfel: Grün- oder Rotknospenstadium) ist bei Überschreitung der Schadensschwelle (über 1000 Eier auf einem Meter von zwei- bis dreijährigen Zweigen bzw. durchschnittlich mehr als zehn Eier auf mindestens 70 von 140 Knospen) empfehlenswert.

Während der Vegetationsperiode (Schadensschwelle: Milben auf mehr als 60 % der Blätter bzw. durchschnittlich fünf bewegliche Stadien pro Blatt) sind Behandlungen mit nützlingsschonenden Akariziden gegen Larven und Imagines sinnvoll. Ein regelmäßiger Wirkstoffwechsel zur Verminderung von Resistenzbildungen ist empfehlenswert.

## Insekten (Insecta)

## Hautflügler (Hymenoptera)

### Blattwespen (Tenthredinidae)

#### *Apfelsägewespe (Hoplocampa testudinea)*

**Wirtspflanzen**
Apfel.

**Schadbild**
Befallene junge Früchte sind an den Bohrlöchern, die mit feuchtem Kot gefüllt sind und aus denen braune, jauchige Flüssigkeit austritt, gut erkennbar. Diese Früchte mit Fraßgängen bis in das Kerngehäuse fallen ab. Früchte, an denen die Larve nur oberfläch-

Apfelsägewespe – Weibchen (Pultar, O.)

lich frisst, reifen zwar aus, zeigen aber die typische spiralige, verkorkte Narbenbildung.

### Bedeutung

Die Apfelsägewespe ist vor allem in Erwerbsanlagen einer der bedeutendsten Apfelschädlinge. Die Befallsstärke ist sortenabhängig. Die Frühsorten Idared, James Grieve, Vista Bella u. a. sind besonders gefährdet.

### Biologie

Die Imagines der Wespe schlüpfen vor der Apfelblüte. Das Weibchen legt je ein Ei unter die Kelchblätter der Blüten, wozu es einen Schnitt in den Blütenboden sägt. Die geschlüpften Larven minieren anfangs unter der Fruchtschale. Danach suchen sie bis zu drei weitere Früchte auf, die sie von innen aushöhlen. Gegen Ende Juni, Anfang Juli sind die Larven ausgewachsen. Sie lassen sich zu Boden fallen und überwintern in einem Kokon bis zu 25 cm tief in der Erde.

### Ökologie

Die Schlupfwespe *Lathrolestes ensator* ist ein wichtiger Parasitoid, der sich auf die Larven der Apfelsägewespe spezialisiert hat. Die Larven in den Kokons im Boden werden durch die Schlupfwespe *Aptesis nigrocincta* parasitiert.

### Gegenmaßnahmen

#### Vorbeugend

Der Schutz und die Förderung natürlicher Gegenspieler sind besonders wichtig. In nützlingsschonend behandelten Apfelanlagen ist die Schädlichkeit der Apfelsägewespe eher gering.

#### Gezielt

Mithilfe von beleimten Weißtafeln kann der Flugverlauf der Sägewespe beobachtet werden. Die Tafeln sollten eine Woche vor Blühbeginn südseitig an der Kronenaußenseite aufgehängt und nach Blühende unbedingt wieder abmontiert werden (Nützlingsfänge!). An der Kelchregion der Blüten kann eine visuelle Kontrolle auf Eiablagen (Lupe) erfolgen. Bei zwei und mehr Eiern pro 100 Blüten zur Zeit des Blütenblätterfalls muss man mit Schäden rechnen. Der beste Anwendungszeitpunkt möglichst umweltschonender (Bienenschonung!) und für diesen Zweck anerkannter Insektizide ist während des Schlupfes der Larven aus den Eiern. Im Hausgarten können auch die Montage von Weißtafeln und das rechtzeitige Auspflücken befallener Jungfrüchte den Befall reduzieren.

Apfelsägewespe – Schaden an junger Frucht (Ackermann, P.)

Apfelsägewespe – Schadbild an reifer Frucht (Fischer-Colbrie, P.)

### *Birnensägewespe (Hoplocampa brevis)*

**Wirtspflanzen**

Birne.

**Schadbild**

Junge Früchte mit schwarz umrandeten Bohrlöchern, aus denen jaucheartiger, flüssiger Kot austritt.

**Bedeutung**

Besonders bei geringem Fruchtansatz bedeutender Birnenschädling.

**Biologie**

Die circa 5 mm großen Wespen mit oberseits schwarzem, unterseits gelbem Hinterleib schlüpfen zu Beginn der Blüte aus ihren Winterverstecken im Boden. Sie ernähren sich von Nektar und Pollen. Die Weibchen legen mit ihrem sägeartigen Legerohr je ein Ei in die Kelchregion der Blüten. Die 7–9 mm langen grünlichen Larven mit braunem Kopf entwickeln sich innerhalb der jungen Früchte. Ihre Entwicklung ist bereits Ende Mai, Anfang Juni abgeschlossen. Sie verlassen die Frucht und lassen sich zu Boden fallen, wo sie in einer Tiefe von 5–20 cm einen Überwinterungskokon bilden. Die Verpuppung findet im Frühjahr statt. Während ihrer Entwicklung kann eine Larve mehrere Früchte befallen. Die Birnensägewespe entwickelt nur eine Generation.

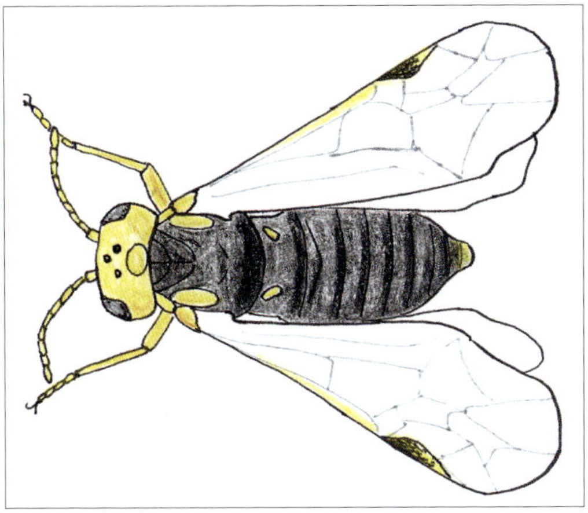

Birnensägewespe – Adult (Stolz, M.)

Birnensägewespe – Schadbild (Stolz, M.)

**Ökologie**

Ähnlich Apfelsägewespe *H. testudinea.*

**Gegenmaßnahmen**

Ähnlich Apfelsägewespe *H. testudinea.*

### *Birnentriebwespe (Janus compressus)*

**Wirtspflanzen**

Birne, seltener Apfel, Weißdorn.

**Schadbild**

Junge Triebspitzen welken und werden schwarz. Unterhalb des welkenden Bereichs sind spiralförmige Einstichstellen sichtbar.

**Bedeutung**

In Baumschulen und an Jungbäumen kann der Befall das Wachstum vermindern. In Ertragsanlagen ist die Bedeutung gering.

**Biologie**

Die Weibchen der ab Mai fliegenden 7 mm großen, schwarzen Wespen mit rötlichem Hinterleib stechen zuerst in einer Spirale den jungen Trieb an und legen oberhalb des Einstichbereiches ein Ei in das Mark des geschädigten Triebes ab. Die geschlüpfte, bis 10 mm lange, weißlich-gelbe Larve frisst im Trieb einen ab-

Birnentriebwespe – Adult © T. Klózer

Birnentriebwespe – Spiralenförmige Einstiche (Hluchy, M.)

Birnentriebwespe – Geschädigte Triebspitze (Státní rostlinolékařská)

wärts gerichteten, mit Kot und Nagemehl angefüllten Gang und überwintert auch dort. Die Verpuppung erfolgt im Mai des Folgejahres.

**Gegenmaßnahmen**
Vor allem in Baumschulen und Junganlagen wird die Entfernung befallener Triebe empfohlen.

***Kirschblattwespe (Caliroa cerasi, Syn.: C. limacina)***
Siehe Steinobst.

## Gespinstblattwespen (Pamphiliidae)

***Birnengespinstwespe (Neurotoma saltuum, Syn.: N. flaviventris)***

**Wirtspflanzen**
Birne, seltener Kirsche, Zwetschke, Weißdorn.

**Schadbild**
Blätter, bei starkem Auftreten oft auch Astteile, werden umsponnen und kahl gefressen.

**Bedeutung**
Nur lokales und vereinzeltes Auftreten. Bei gelegentlichen Massenvermehrungen Kahlfraß vor allem an Jungbäumen möglich.

**Biologie**
Die ca. 13 mm große, schwarze Wespe mit gelben Zeichnungen an Kopf und Brust sowie orangegel-

Birnengespinstwespe – Gespinst mit Raupen © F. Polesny

ber Oberseite des Hinterleibs erscheint von Mai bis Juni und legt ihre Eier an die Unterseite der Blätter. Die gelborangen, bis zu 20 mm großen Larven mit schwarzem Kopf leben gesellig in Nestern aus zusammengesponnenen Blättern. Bis Juli fressen sie an den Blättern ihrer Wirtspflanzen und seilen sich dann ab, um im Boden in Kokons zu überwintern.

Birnengespinstwespe – Gespinst (Pokorný, V.)

Birnengespinstwespe – Gespinst mit Raupen – Detailaufnahme (Pokorný, V.)

**Gegenmaßnahmen**

Als geeignete mechanische Maßnahme hat sich die rechtzeitige Vernichtung der Nester bewährt.

# Käfer (Coleoptera)

## Blatthornkäfer (Scarabaeidae)

### *Feldmaikäfer (Melolontha melolontha)*

**Wirtspflanzen**

Polyphag an zahlreichen Laubgehölzen, seltener an Nadelgehölzen. Die Käfer können vor allem an Apfel- und Rebkulturen, die Larven an Erdbeer- und Rebkulturen schädlich werden.

**Schadbild**

An jungem Laub kann es vor allem in Apfelkulturen bei starkem Auftreten bis zum Kahlfraß kommen. Auch die jungen Früchte können massiv, oft bis zum Kerngehäuse angebissen werden. Solcherart geschädigte Früchte fallen oft ab. Die Engerlinge können frisch gepflanzte Erdbeeren, seltener auch junge Apfel- und Rebkulturen durch ihren Fraß an den Wurzeln zum Absterben bringen.

**Bedeutung**

Vor allem in Jahren mit Massenvermehrung und in Waldnähe können an Obstkulturen massive Schäden entstehen.

**Biologie**

Die Käfer sind 20–30 mm groß. Kopf und Rückenschild sind schwarz mit weißlicher Behaarung. Flügeldecken und Lamellenfühler sind rotbraun. Der

Feldmaikäfer – Imago auf Apfelbaum (Stolz, M.)

Feldmaikäfer – Larve (Pokorný, V.)

Flug der Käfer findet im Frühjahr ab Ende April statt. Nach der Begattung legt das Weibchen 60–70 Eier in einer Tiefe von 5–50 cm in den Boden ab. Die weißen Larven (Engerlinge) mit braunem Kopf und braunen Beinen ernähren sich von Wurzeln und ihre Entwicklung durchläuft drei Stadien. Die Verpuppung erfolgt am Ende des dritten oder vierten Sommers in einer Erdhöhle in oft über 60 cm Tiefe. Die Käfer schlüpfen zu Sommerende, verlassen den Boden aber erst im folgenden Frühjahr. Je nach örtlichem Klima dauert der Entwicklungszyklus drei, vier oder fünf Jahre.

**Ökologie**

Zahlreiche Vogelarten wie Möwen, Rabenvögel, Stare u. a. sind effektive natürliche Feinde der Käfer. Engerlinge werden von entomophagen Pilzen, insbesondere der Gattungen *Beauveria* und *Metarhizium* befallen, die bis zu 75 % der Larven abtöten können. Aber auch entomopathogene Älchen (Fadenwürmer – Nematoden) sowie Larven der Raupenfliegen (*Dexia* sp., *Microphthalma* sp. u. a.) und Fleischfliegen (*Sarcophaga albiceps*) oder Maulwürfe sind in der Lage, die Zahl der Engerlinge zu dezimieren.

**Gegenmaßnahmen**

**Vorbeugend**

Schutz und Förderung natürlicher Gegenspieler.

**Gezielt**

Gute Wirkung zeigt bei starkem Befallsdruck ein Besprühen der Käfer auf den gefährdeten Kulturen während der Hauptflugzeit mit den Pilzpräparaten *Beauveria bassiana* und *B. brongniartii.* Weibchen bringen die auf ihrem Körper haftenden Pilzsporen in den Boden zur Eiablage, wo diese Pilze keimen und nicht nur die Weibchen, sondern auch die Eier und Larven befallen.

### Gartenlaubkäfer (Phyllopertha horticola)

Siehe Beerenobst.

### Gemeiner Rosenkäfer (Cetonia aurata)

Siehe Beerenobst.

### Japankäfer (Popillia japonica)

Siehe Weinreben.

### Junikäfer, Gerippter Brachkäfer (Amphimallon solstitialis)

Siehe Beerenobst.

Waldmaikäfer (Stolz, M.)

### Waldmaikäfer (Melolontha hippocastani)

Sowohl optisch als auch in der Lebensweise vom Feldmaikäfer nur schwer zu unterscheiden.

### Zottiger Rosenkäfer (Tropinota hirta, Syn.: Epicometis hirta)

**Wirtspflanzen**

Polyphag an Blüten, auch an Apfel, Birne und anderen Obstarten sowie Weinrebe.

**Schadbild**

Abgenagte Staubgefäße und Blütennarben.

**Bedeutung**

Bei Massenauftreten der Käfer sind schwere Schäden an Blüten möglich. Die Larven sind unschädlich.

**Biologie**

Die Käfer sind 9–11 mm groß. Ihre lamellenförmigen Fühler sind schwarz, die schwarzen Flügeldecken mit

Zottiger Rosenkäfer – Imago (Vasas László)

Zottiger Rosenkäfer – Imago an Kleeblüte (Stolz, M.)

weißen Flecken sind mit charakteristischen grauweißen Haaren bedeckt. Von März bis Juni sind sie an Blüten zu finden, wo sie Staubgefäße und Blütennarben abfressen. Die Larven leben im Boden von abgestorbenen Pflanzenmaterialien und sind daher unschädlich. Die Käfer überwintern.

**Gegenmaßnahmen**

Selten notwendig, während der Blütezeit auch schwierig.

## Blattroller (Attelabidae)

### *Blattrippenstecher (Neocoenorrhinus pauxillus, Syn.: Rhynchites pauxillus)*

**Wirtspflanzen**

Bevorzugt an Apfel, weniger an Birne, Zwetschke, Sauerkirsche.

**Schadbild**

Befallene Blätter vertrocknen und fallen ab.

**Bedeutung**

Schädigend nur an Jungbäumen und in Baumschulen.

**Biologie**

Die 2–3 mm großen, blau bis grün gefärbten Käfer mit schwarzem Rüssel, Fühlern und Beinen erscheinen im Mai. Das Weibchen bohrt in die Mittelrippe in der Nähe des Blattstiels Löcher, in die es je ein Ei legt. Die heranwachsenden Larven stören durch ihre Fraßtätigkeit in der Blattrippe die Versorgung des Blattes mit Nährstoffen. In der Folge vertrocknet das Blatt und fällt ab. Die ausgewachsenen Larven verlassen das Blatt und verpuppen sich im Boden. Die Käfer schlüpfen noch im Herbst und suchen sich Überwinterungsverstecke in der Rinde oder im Falllaub.

**Ökologie**

Die Larven werden von Schlupfwespen aus der Familie der Braconidae parasitiert.

**Gegenmaßnahmen**

**Vorbeugend**

Schutz und Förderung der natürlichen Gegenspieler.

Blattrippenstecher © Christoph Benisch, www.kerbtier.de

Blattrippenstecher – Geschädigtes Blatt (Hluchy, M.)

**Gezielt**
Gezielte Behandlungen sind meist nicht erforderlich. Bei intensivem Befall an Jungbäumen kann eine Behandlung mit einem geeigneten nützlingsschonenden Insektizid empfohlen werden.

### *Kirschfruchtstecher (Rhynchites auratus)*

Siehe Steinobst.

### *Obstbaumtriebstecher (Haplorhynchites caeruleus, Syn.: Rhynchites coeruleus)*

**Wirtspflanzen**
Rosengewächse wie Apfel, Birne, Quitte, Sauerkirsche, Zwetschke und Mehlbeere sowie Weißdorn.

**Schadbild**
Befallene Triebspitzen vertrocknen in einer Länge von 10 bis 15 cm und hängen herab.

**Bedeutung**
Schädigend nur an Jungbäumen und in Baumschulen.

**Biologie**
Die 2,5–4 mm großen, blau bis grün gefärbten Käfer mit schwarzem Rüssel, Fühlern und Beinen erscheinen nach der Überwinterung im Boden von April bis Juni. Im Gegensatz zum Blattrippenstecher legen sie ihre Eier in eingerollte Blätter junger Triebe, circa 10–15 cm unterhalb der Spitze, wo die Larven zwei bis drei Wochen fressen. Durch die Fraßtätigkeit der Larve vertrocknet der Trieb und hängt herab. Die erwachsenen Larven lassen sich auf den Boden fallen und verbringen weitere 20–30 Tage in einem Hohlraum im Boden, wo auch die Verpuppung stattfindet. Das Puppenstadium dauert 15–20 Tage. Die Käfer schlüpfen noch im Herbst und suchen ein Überwinterungsversteck in der Rinde oder im Falllaub.

Obstbaumtriebstecher © Christoph Benisch, www.kerbtier.de

**Ökologie** und **Gegenmaßnahmen** siehe Blattrippenstecher.

### *Purpurroter Apfelfruchtstecher (Rhynchites bacchus)*

**Wirtspflanzen**
Apfel, Marille, Weißdorn, seltener Zwetschke und Pfirsich.

**Schadbild**
Während des Austriebs verursachen die Käfer an Knospen und Blüten Lochfraß. Während der Zeit der Fortpflanzung können sie durch Anbeißen des Fruchtstieles Fruchtfall hervorrufen. An den Früchten und Fruchtstielen findet man Fraßlöcher mit circa 1 mm Durchmesser und bis zu 7 mm Tiefe, die später verkorken.

**Bedeutung**
Der Käfer frisst sowohl im Herbst an den Knospen wie auch im Frühjahr an den Blüten. Während der Zeit der Fortpflanzung verursacht er durch das Anbeißen des Fruchtstieles das Abfallen der Früchte

Apfelfruchtstecher – Imago, Detailaufnahme © F. Polesny

Purpurroter Apfelfruchtstecher – Imago (Pokorný, V.)

Purpurroter Apfelfruchtstecher – Schadbild an jungen Apfelfrüchten (Pokorný, V.)

Purpurroter Apfelfruchtstecher – Schadbild an reifer Apfelfrucht (Státní rostlinolékaìská)

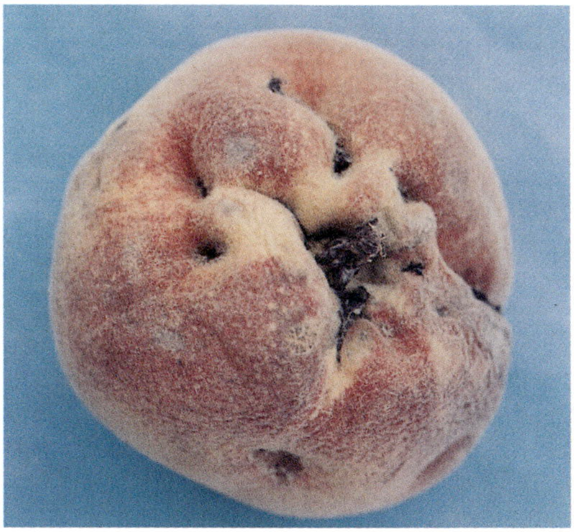

Purpurroter Apfelfruchtstecher – Schadbild an reifer Pfirsichfrucht (Státní rostlinolékaìská)

und entwertet später am Baum verbleibende Früchte durch Bohrlöcher.

**Biologie**

Der goldgrüne, purpurne bis violett glänzende Käfer wird 4,5–5,5 mm groß. Die im Frühjahr das Winterversteck verlassenden Käfer ernähren sich von Knospen, später von Blüten. Von Mai bis August legen die Weibchen je ein Ei in zylindrisch gebohrte Löcher im Fruchtfleisch, die auch Eintrittspforten für den *Monilia*-Pilz bieten. Dort ernähren sich die Larven circa drei Wochen, bis sie ausgewachsen sind und sich zu Boden fallen lassen, wo sie sich nach 13–14 Monaten in Erdhöhlen verpuppen. Gegen Sommerende verlassen die Käfer die Puppe und suchen nach kurzem Fraß an den Knospen einen Überwinterungsplatz in Rindenverstecken. Apfelfruchtstecher haben in der Regel eine zweijährige Entwicklung.

**Ökologie**

Die Larven werden von Schlupfwespen der Familie Braconidae befallen.

**Gegenmaßnahmen**

**Vorbeugend**

Schutz und Förderung der natürlichen Gegenspieler.

**Gezielt**

Bei Überschreitung der Schadensschwelle im Frühjahr (mehr als acht Käfer in Klopfproben von 100 Ästen bzw. 2–3 % befallene Früchte bei visueller Kontrolle) ist eine Behandlung mit einem geeigneten nützlingsschonenden Insektizid bei Auftreten frischer Fraßstellen empfehlenswert.

### Rebstichler, Rebstecher, Zigarrenwickler (*Byctiscus betulae*)

Siehe Weinreben.

### Rotbrauner Apfelfruchtstecher (*Tatianaerhynchites aequatus*, Syn.: *Caenorhinus aequatus*, *Rhynchites aequatus*)

**Wirtspflanzen**

Apfel, seltener Birne, Kirsche, Zwetschke, Marille, Pfirsich, Weißdorn.

**Schadbild**

An den Früchten verursacht der Käfer Fraßlöcher mit 1–3 mm Durchmesser und 3–7 mm Tiefe. Durch das Anbeißen von Fruchtstielen fallen die Früchte ab.

**Bedeutung**

Die Art kann lokal – vor allem in Apfelanlagen durch Verminderung der Fruchtqualität und Verursachung von Fruchtfall – wirtschaftliche Schäden anrichten. In Jahren mit langem Reifungsfraß der adulten Käfer sind die Schäden mit bis zu 50 % am größten.

**Biologie**

Die Käfer beginnen im Frühjahr mit ihrem Reifungsfraß an den Blüten, später an den jungen Früchten. Der Anflug der Käfer in die Obstanlage zieht sich häufig über 2–4 Wochen und der Reifungsfraß kann länger als einen Monat dauern. Die Weibchen legen ihre Eier in oft mehrere Bohrlöcher auf einer Frucht ab und beißen den Fruchtstiel an. Die Larvenentwicklung kann sowohl in abgefallenen als auch in am Baum verbliebenen Früchten stattfinden. Nach circa drei Wochen verlässt die voll entwickelte Larve die Frucht und überwintert im Boden. Die Verpuppung

Rotbrauner Apfelfruchtstecher – Fraßstellen an einer Apfelblütenknospe (Pultar, O.)

Rotbrauner Apfelfruchtstecher – Fraßstellen an Blütenblättern (Beránek, J.)

Rotbrauner Apfelfruchtstecher – Imago (Beránek, J.)

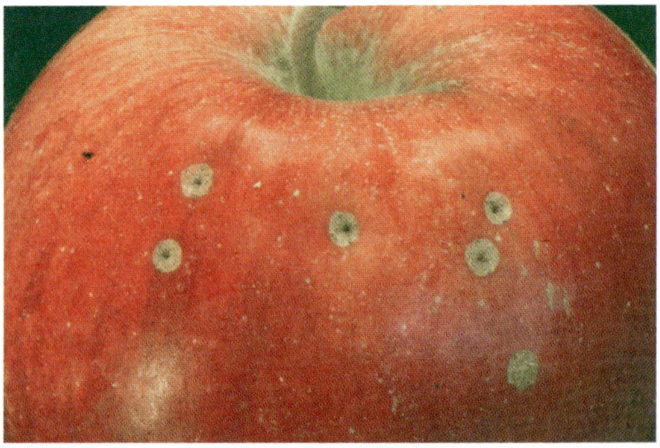

Rotbrauner Apfelfruchtstecher – Schadbild an reifer Frucht (Pultar, O.)

erfolgt im Frühjahr. Die Entwicklungsdauer beträgt ein bis zwei Jahre, wobei in Mitteleuropa die zweijährige Entwicklungsdauer überwiegt.

**Ökologie**

Die Larven werden von Schlupfwespen der Familie Braconidae befallen.

**Gegenmaßnahmen**

**Vorbeugend**

Schutz und Förderung der natürlichen Gegenspieler.

**Gezielt**

Bei Überschreitung der Schadensschwelle im Frühjahr ist eine Behandlung mit einem geeigneten nützlingsschonenden Insektizid bei Auftreten frischer Fraßstellen empfehlenswert. Bei starkem Käferauftreten sollte die Behandlung wiederholt werden.

## Bockkäfer (Cerambycidae)

### *Asiatischer Laubholzbockkäfer (Anoplophora glabripennis)*

Diese aus Asien nach Europa eingeschleppte Bockkäferart ist in Aussehen und Biologie ähnlich dem Citrusbockkäfer. In Österreich wurde dieser Quarantäneschädling bisher nur auf Ahorn gefunden. Aber auch Obstgehölze sind potenziell gefährdet.

Asiatischer Laubholzbockkäfer – Ausbohrlöcher © AGES GmbH, Christa Lethmayer, 2013

Asiatischer Laubholzbockkäfer – Bohrmehl an der Stammbasis © AGES GmbH, Christa Lethmayer, 2013

Asiatischer Laubholzbockkäfer – Larve © AGES GmbH, Christa Lethmayer, 2013

Asiatischer Laubholzbockkäfer – Imago © AGES GmbH, Christa Lethmayer, 2013

Asiatischer Laubholzbockkäfer – Imago im Detail © AGES GmbH, Christa Lethmayer, 2013

Asiatischer Laubholzbockkäfer – Reifungsfraß am Blatt © AGES GmbH, Christa Lethmayer, 2013

Asiatischer Laubholzbockkäfer – Reifungsfraß am Ast © AGES GmbH, Christa Lethmayer, 2013

### *Citrusbockkäfer (Anoplophora chinensis)*

**Wirtspflanzen**

In ihrer Heimat Asien kommt diese Art neben zahlreichen Laubgehölzen bevorzugt an Zitrusbäumen vor. In Europa umfasst das mögliche Wirtspflanzenspektrum neben verschiedenen Laubgehölzen auch Obst- (insbesondere Apfel, Zwetschke, Kirsche) und Ziergehölze.

**Schadbild**

Ausbohrlöcher (Durchmesser 10–15 mm) und Bohrspäne im Stammfuß- und Wurzelbereich sind gut sichtbar. Es kommt zu einer Schwächung bis zum Absterben der befallenen Bäume durch die Larven und zu Welke-Erscheinungen an Trieben durch Reifungsfraß der adulten Käfer.

**Bedeutung**

Der Citrusbockkäfer wurde aus Asien nach Europa eingeschleppt, mit Erstauftreten in Italien (nahe Mailand). Er könnte bei weiterer Ausbreitung zu einem wirtschaftlich bedeutenden Schädling werden.

**Biologie**

Der 20–40 mm lange (die Männchen sind etwas kleiner), glänzend schwarze Käfer mit unregelmäßigen hellen Flecken auf den Flügeldecken und langen, blau gestreiften Fühlern fliegt in Europa von Juni bis August. Die Weibchen schneiden an der Stammbasis oder an den oberflächlichen Wurzeln T-förmige Schlitze, in die sie jeweils ein Ei ablegen. Ein Weibchen legt im Verlauf seines Lebens bis zu 200 Eier ab. Die Larve frisst zuerst im saftigen Phloem unter der Rinde und später 15–20 mm breite Gänge im Wurzelholz. Dabei werden zuerst feine, später grobe Bohrspäne ausgeworfen. Je nach klimatischen Bedingungen dauert die Entwicklung der cremeweißen, 50–60 mm langen Larve ein bis zwei Jahre, bevor sie sich in den Fraßgängen in der Wurzel oder den Wurzelanläufen (freiliegende Wurzelbereiche) verpuppt. Nach vier bis sechs Wochen schlüpft der Käfer durch die kreisrunden Ausfluglöcher an der Stammbasis bzw. den oberflächlichen Wurzeln und beginnt mit seinem Reifungsfraß an Blättern, Blattstielen und der Rinde von jungen Trieben, wodurch es zu Welke-Erscheinungen kommen kann.

**Ökologie**

Der Citrusbockkäfer hat als Einwanderer (invasiver Neozoon) derzeit kaum natürliche Feinde.

**Gegenmaßnahmen**

**Vorbeugend**

Besonders an eingeführter Pflanzenware sowie in gefährdeten Gebieten sind ständige visuelle Kontrollen auf Bohrspäne, Ausbohrlöcher und Käfer notwendig. Bei Befallsverdacht ist sofort der amtliche Pflanzenschutzdienst zu verständigen! Quarantäneschädling!

**Gezielt**

Biologische Verfahren z. B. mit entomophagen Pilzen oder Nematoden sind zur Zeit der Drucklegung dieses Buches noch im Versuchsstadium.

Citrusbockkäfer – Reifungsfraß am Trieb
© Fondazione Minoprio, Matteo Maspero, 2013

Citrusbockkäfer – Larve, Detail
© Fondazione Minoprio, Matteo Maspero, 2013

Citrusbockkäfer – Weibchen bei der Eiablage
© Fondazione Minoprio, Matteo Maspero, 2013

Citrusbockkäfer – Stammanschnitt mit Larven
© Fondazione Minoprio, Matteo Maspero, 2013

Citrusbockkäfer – Ausbohrlöcher an Stammfuß und Wurzel © Fondazione Minoprio, Matteo Maspero, 2013

Citrusbockkäfer – Stammlängsschnitt mit Larve
© Fondazione Minoprio, Matteo Maspero, 2013

Citrusbockkäfer – Bohrmehl an der Stammbasis
© Fondazione Minoprio, Matteo Maspero, 2013

Citrusbockkäfer – Puppe im Fraßgang
© Fondazione Minoprio, Matteo Maspero, 2013

## *Rundköpfiger Apfelbaumbohrer (Saperda candida)*

**Wirtspflanzen**
Bevorzugt Apfel, jedoch auch an Birne, Quitte, Kirsche, Zwetschke, Eberesche, Vogelbeere, Mehlbeere, Weißdorn u. a.

**Schadbild**
Große Ausbohrlöcher mit bis zu 9 mm Durchmesser am Stamm. Die rötlich-braunen Bohrspäne unterhalb des Bohrloches, oft am Stammfuß, sind auffällig. Befallene Pflanzen werden oft durch Ringelung aufgrund der Larvengänge zu übermäßiger Blüte und Fruchtbehang angeregt, bevor sie absterben.

**Bedeutung**
Der Käfer wurde vor wenigen Jahren aus Nordamerika nach Deutschland eingeschleppt. Die Gefahr einer Ausbreitung in Mitteleuropa ist gegeben.

Diese Käferart befällt auch gesunde Bäume und bringt vor allem Jungpflanzen zum Absterben. Durch die mechanische Zerstörung des Holzgewebes besteht Windbruchgefahr.

**Biologie**
Der ca. 20 mm große, olivbraune Käfer weist auf dem Rücken (vom Kopf bis zum Flügelende) zwei typische cremeweiße Längsstreifen auf. Die Fühler sind etwa so lang wie der Körper. Die Käfer erscheinen im Juni und fliegen bis in den September, wobei die Flugstrecken selten mehr als 10 m betragen. Die Eier werden vorwiegend im Juni und Juli einzeln, hauptsächlich in die Rindenwucherungen von Veredelungsstellen abgelegt. Die cremig-weißen Larven bohren ihre Gänge vorerst im Kambiumgewebe, später im Holz. Im letzten (L 6), bis zu 40 mm großen Entwicklungsstadium frisst die Larve ihren Gang einige Zentimeter nach oben und legt eine Verpuppungskammer an, in der sie überwintert. Die Verpuppung erfolgt im folgenden Frühjahr. Der Entwicklungszyklus dauert je nach Klima zwei bis vier Jahre.

**Ökologie**
Durch die geringe natürliche Verbreitungsmöglichkeit ist vorrangig die Einschleppung durch befallenes Pflanzenmaterial gefährlich. Als natürliche Feinde sind Spechtarten und Brackwespen der Gattung *Cenocoelius* bekannt.

**Gegenmaßnahmen**

**Vorbeugend**
Auf gesundes Pflanzenmaterial achten. Stämme von Jungbäumen mit einem im Handel erhältlichen plastischen Weißanstrich gegen die Eiablage behandeln.

**Gezielt**
Entfernen und Vernichten befallener Bäume. Bei Befallsverdacht ist sofort der amtliche Pflanzenschutzdienst zu verständigen (Quarantäneschädling!).

Rundköpfiger Apfelbaumbohrer – Larve
© James Solomon, USDA Forest Service, Bugwood.org

Rundköpfiger Apfelbaumbohrer – Adult
© Dawn Dailey O'Brien, Cornell University, Bugwood.org

## Borkenkäfer (Scolytidae)

### *Großer Obstbaumsplintkäfer (Scolytus mali)*

**Wirtspflanzen**

Apfel, Zwetschke, weniger häufig Birne, Kirsche sowie andere Obst- und Laubgehölze.

**Schadbild**

An Stamm und Starkästen (über 20 cm) werden Bohrlöcher sichtbar, aus denen Bohrmehl austritt. Bei Steinobst auch Austritt von Gummifluss. Unter der Rinde befallener Baumteile sind die typischen Fraßgänge (Muttergang mit davon ausgehenden strahlenförmigen Larvengängen) zu beobachten. Befallene Baumteile werden geschwächt oder sterben ab.

**Bedeutung**

Obstbaumsplintkäfer befallen vor allem durch Trockenheit, mechanische Verletzungen, Frost, Wildverbiss u. Ä. geschwächte Bäume. Starker Befall kann zum völligen Absterben ganzer Bäume führen.

**Biologie**

Die 3,5–4,5 mm großen, walzenförmigen Käfer haben einen schwarzen Kopf und ein schwarzes Halsschild sowie braune Flügeldecken. In wärmeren Gebieten Mitteleuropas bilden sie zwei Generationen aus. Käfer der ersten Generation fliegen bei sonnigem Wetter von Ende April bis Anfang Juni, die der zweiten im August und September. Das

Gr. Obstbaumsplintkäfer © Pest and Diseases Image Library, Bugwood.org

Großer Obstbaumsplintkäfer – Fraßgänge am Apfelstamm
(Hluchy, M.)

Großer Obstbaumsplintkäfer
© Christoph Benisch, www.kerbtier.de

Großer Obstbaumsplintkäfer – Fraßgänge, Detail
© Gyorgy Csoka, Hungary Forest Research Institute, Burgwood.org

Weibchen bohrt sich durch die Rinde und stellt im Splint den 5–12 cm langen, längs zur Wuchsrichtung verlaufenden Muttergang her und legt nach der Kopulation 50–60 Eier beiderseits dieses Ganges ab. Die geschlüpften Larven fressen rechtwinkelig zum Muttergang abzweigende, eng nebeneinanderliegende Gänge, die zunehmend breiter werden und in einer Puppenwiege enden. Die geschlüpften Käfer verlassen diese durch ein selbst gebohrtes Schlupfloch. Die Larven der zweiten Generation überwintern in den Gängen.

**Ökologie**
Obstbaumsplintkäfer werden von zahlreichen Hautflüglerarten parasitiert.

**Gegenmaßnahmen**
**Vorbeugend**
Gesunderhaltung der Bäume.

**Gezielt**
Beseitigung und Vernichtung befallener Baumteile. Behandlungen gegen Neubefall mit einem geeigneten Insektizid sind selten notwendig.

### *Kleiner Holzbohrer (Xyleborus saxeseni)*
Ähnlich dem Ungleichen Holzbohrer. Diese Art tritt allerdings etwas seltener auf. Männchen und Weibchen sind jeweils deutlich kleiner und auch die Einbohrlöcher sind mit 1 mm Durchmesser enger. Die Käfer schwärmen von Mai bis August und haben jährlich zwei Bruten.

Kleiner Holzbohrer – Einbohrloch (Státní rostlinolékařská)

### *Kleiner (Runzeliger) Obstbaumsplintkäfer (Scolytus rugulosus)*
**Wirtspflanzen**
Apfel, Birne, Kirsche, Zwetschke sowie andere Obst- und Laubgehölze.

**Schadbild**
Wie Großer Obstbaumsplintkäfer, jedoch beschränkt auf Stamm und Äste unter 6 cm Durchmesser.

**Bedeutung**
Wie Großer Obstbaumsplintkäfer.

**Biologie**
Die Käfer ähneln dem Großen Obstbaumsplintkäfer, auch in ihrer Lebensweise, jedoch mit nur 2–2,5 mm Länge sind sie deutlich kleiner. Auch der Mutter-

Kleiner Holzbohrer – Adulter Käfer © Natasha Wright, Florida Department of Agriculture and Consumer Services, Bugwood.org

Kleiner Obstbaumsplintkäfer – Fraßgänge am Apfelstamm (Beránek, J.)

gang ist mit 1–3 cm Länge wesentlich kürzer und die Larvengänge sind unregelmäßiger und können sich überschneiden.

**Ökologie** und **Gegenmaßnahmen** siehe Großer Obstbaumsplintkäfer.

Kleiner Obstbaumsplintkäfer – Adulter Käfer © Natasha Wright, Florida Department of Agriculture and Consumer Services, Bugwood.org

Kleiner Obstbaumsplintkäfer – Fraßgang mit Larve (Pokorný, V.)

## *Ungleicher Holzbohrer (Xyleborus dispar, Syn.: Anisandrus dispar)*

**Wirtspflanzen**

Polyphag an Obst- und Laubgehölzen sowie Weinreben.

**Schadbild**

Oft zahlreiche, stricknadeldicke Bohrgänge in der Rinde von Stamm und Starkästen. Das Absterben ganzer Zweige oder Bäume ist möglich. Vom Holzbohrer befallene Triebe bleiben kurz und sterben oberhalb der Einbohrstelle vorzeitig ab.

**Bedeutung**

Befallen werden vorrangig geschwächte Pflanzen. Bei starkem Befallsdruck können jedoch auch gesunde Pflanzen befallen werden.

**Biologie**

Die Weibchen des Käfers sind braun bis braunschwarz, haben einen zylindrischen Körperbau, sind flugfähig und mit 3–4 mm Länge größer als die gelb- bis dunkelbraunen, flügellosen, halbkugeligen, nur 1,8–2 mm langen Männchen. Die Weibchen bohren sich nach der Paarung ab Mai oft in der Nähe einer Astgabelung bis in das Holz, wo sowohl Quergänge entlang der Jahresringe als auch Gänge in der Längsrichtung nach oben und unten angelegt werden. Die Eiablage erfolgt am Beginn der Gänge. Die Larven ernähren sich bis zu zwei Monate lang von Ambrosia-Pilzkulturen (*Monilia* sp.), die die Gänge schwarz färben, und verpuppen sich. Auch die Käfer halten sich in den Gängen auf und überwintern ebenfalls dort.

**Ökologie**

Im Vergleich zu Splintkäfern ist bei Holzbohrern wenig über Parasitoide bekannt. Die wichtigsten natürlichen Feinde dürften Vögel sein.

Ungleicher Holzbohrer – Fraßgang an Trieb (Státní rostlinolékařská)

Ungleicher Holzbohrer – Imago (Státní rostlinolékařská)

### Gegenmaßnahmen
**Vorbeugend**
Gesunderhaltung der Bäume.

**Gezielt**
Entfernung und Vernichtung befallener Baum- und Rebstockteile. Rotfallen können zur Beobachtung des Käferauftretens und zum Abfangen von Käfern verwendet werden. Eine vorbeugende Insektizidbehandlung gegen Neubefall ist selten notwendig.

Apfelblütenstecher – Geschädigte Blüten (Pokorný, V.)

## Rüsselkäfer (Curculionidae)
### *Apfelblütenstecher (Anthonomus pomorum)*

**Wirtspflanzen**
Hauptwirt ist Apfel, aber auch Birne, Quitte und Mispel werden befallen.

**Schadbild**
Kronblätter befallener Blütenknospen entfalten sich nicht. Sie werden braun und vertrocknen. Das Blüteninnere ist ausgefressen.

Apfelblütenstecher – Larve in geschädigter Blüte (Státní rostlinolékařská)

**Bedeutung**
Schwacher Befall ist unschädlich, er kann sogar einen erwünschten Ausdünnungseffekt erzielen. Bei starkem Befall können – insbesondere bei geringem Knospenansatz – bis zu 80 % der Blütenknospen vernichtet werden.

Apfelblütenstecher – Reifungsfraß (Státní rostlinolékařská)

**Biologie**
Die dunkelbraunen Käfer mit ihrem typischen weißgesprenkeltem V auf den Flügeldecken überwintern in Verstecken der Baumrinde (auch an Bäumen benachbarter Wälder). Im Frühjahr (ab März) suchen sie Apfelbäume auf und beginnen mit dem Reifungsfraß an schwellenden Knospen. Das Weibchen legt kurz vor Knospenaufbruch jeweils ein Ei in die Blütenknospen (insgesamt ca. 40–50 Stück). Die bis 8 mm lange, spindelförmige, weißlich-gelbe Larve mit dunkelbraunem Kopf ernährt sich von den inneren Blütenorganen. Befallene Blüten öffnen sich nicht mehr. Nach etwa einem Monat sind die Larven ausgewachsen und verpuppen sich im Schutz der geschlossenen Blütenknospen. Zwei bis drei Wochen danach (ca. Juni) schlüpfen die Käfer und ernähren sich kurzzeitig durch Fraß an der Unterseite der Blätter. Ab August suchen die Käfer ihr Winterversteck auf.

Apfelblütenstecher – Käfer (Beránek, J.)

Apfelblütenstecher – Larve (biohelp)

Apfelblütenstecher – Puppe (Beránek, J.)

**Ökologie**
Der Käfer tritt vor allem in Waldnähe und in Jahren mit kühlem Blühwetter auf.

**Gegenmaßnahmen**
**Vorbeugend**
Schutz und Förderung natürlicher Gegenspieler, wie z. B. Schlupfwespen der Gattungen *Pimpla*, *Apanteles* oder *Scambus*.

**Gezielt**
Intensität und Zeitpunkt des Käferauftretens kann vom Knospenaufbruch an (ab 15 °C) durch Beobachtung des Reifungsfraßes sowie durch Klopfproben ermittelt werden. Falls notwendig, sind eine bzw. bei verzögerter Blütenentwicklung zwei Vorblütebehandlungen mit einem anerkannten Insektizid empfehlenswert.

### *Birnengrünrüssler (Phyllobius pyri)*

**Wirtspflanzen**
Verschiedene Obstbäume, Sträucher, Gräser.

**Schadbild**
Fraßstellen an Laub- und Blütenblättern sowie Knospen.

Birnengrünrüssler – Adult (Beránek, J.)

**Bedeutung**
Außer in Baumschulen gering.

**Biologie**
Die im Boden überwinternden Larven verpuppen sich im Frühjahr. Aus ihnen schlüpfen die 5–7 mm großen, länglichen, schwarzen mit metallisch kupfernen bis bronzegrünen Schuppen bedeckten Käfer. Ab Frühsommer wandern diese auf niedrige Pflanzen ab, wo sie auch ihre Eier ablegen. Die Larven fressen an Wurzeln von Nesseln und Gräsern und überwintern im Boden.

**Gegenmaßnahmen**
In Ertragsanlagen nicht notwendig. In Baumschulen könnte bei starkem Befall der Einsatz eines nützlingsschonenden Insektizids sinnvoll sein.

### *Birnenknospenstecher (Anthonomus piri, Syn.: A. pyri, A. cinctus)*

**Wirtspflanzen**
Birne, Apfel.

**Schadbild**
Befallene Blütenknospen öffnen sich im Frühjahr nicht, vertrocknen und fallen ab. Im ausgefressenen

Birnenknospenstecher – Geschädigte Knospen © F. Polesny

Birnenknospenstecher – Imago © F. Polesny

Inneren solcher Knospen findet man die Larve oder Puppe des Käfers.

**Bedeutung**
In Befallslagen kann vor allem in Birnenanlagen durch die Zerstörung der Blüten- und Blattknospen sowohl der Blütenansatz als auch der Blattaustrieb erheblich vermindert werden.

**Biologie**
Die Überwinterung erfolgt als Ei oder bereits als Larve in den Knospenanlagen. Die ca. 4,5–6 mm großen, braungrauen Käfer mit einem hellen Band auf den Flügeldecken schlüpfen im Mai aus den zerstörten Knospen und gehen nach einem kurzen bedeutungslosen Reifungsfraß an Blättern in „Sommerruhe" in Rindenverstecken. Im Herbst werden sie wieder aktiv und fressen an Laub- und Blütenknospen, die dadurch zerstört werden können. Nach der Begattung legen die Weibchen ihre Eier einzeln in Knospen ab.

**Ökologie**
Der Käfer wird vor allem in wärmeren Gebieten Europas schädlich.

**Gegenmaßnahmen**
Nach starkem Frühjahrsbefall ist eine Beobachtung des Käferauftretens im Herbst (z. B. durch Klopfproben) ratsam. Im Falle eines starken Auftretens ist eine Behandlung zur Zeit des Fraßes bzw. der Eiablage mit einem nützlingsschonenden Insektizid wirksam. Vor der Ernte sind die Wartefristen zu beachten!

### *Birnenzweigrüssler (Magdalis barbicornis)*

**Wirtspflanzen**
Birne und andere Obstarten.

**Schadbild**
Eng begrenzte (1–2 cm) Fraßspuren an der Unterseite von Blättern mit typischen winzig kleinen braunen Pünktchen. Gelegentlich durchdringt der Fraß das Blatt. Das Absterben von larvenbefallenen verholzten Teilen ist selten.

**Bedeutung**
Der Birnenzweigrüssler ist nur geringfügig schädlich.

**Biologie**
Im Frühjahr verpuppen sich die in ihren Fraßgängen unter der Rinde überwinternden Larven. Aus ihnen schlüpft der nur 3–4 mm große, längliche mattschwarze Käfer, der von Ende April bis Juni an der Unterseite der Blätter frisst. Das Weibchen legt seine Eier in die Rinde, unter der sich die Larven ihre Gänge fressen. Auf Kernobst leben noch einige verwandte Arten von *M. barbicornis*, wie z. B. die schwarze Art *M. armigera*.

**Gegenmaßnahmen**
Nicht notwendig.

Birnenzweigrüssler © Christoph Benisch, www.kerbtier.de

### *Kleiner Apfelblattrüssler (Mecinus pyraster)*

**Wirtspflanzen**
Apfel, Birne, Kirsche, Zwetschke.

**Schadbild**
Fraßspuren an Blättern.

**Bedeutung**
Gering.

Kleiner Apfelblattrüssler © Christoph Benisch, www.kerbtier.de

**Biologie**
Der 3–4 mm kleine, zylindrische, schwarz glänzende Käfer erscheint im Juni an Obstbäumen und frisst an Blättern. Die Larve lebt auf den Blüten des Wegerichs.

**Gegenmaßnahmen**
Nicht erforderlich.

***Schmalbauch (Phyllobius oblongus)***
Ähnlich dem Birnengrünrüssler *Phyllobius pyri;* der Käfer hat jedoch einen schwarzen Kopf und Thorax sowie Flügeldecken mit hellen abstehenden Haaren. Fühler und Beine sind braun.

***Seidiger Glanzrüssler (Polydrusus formosus, Syn.: P. sericeus)***

**Wirtspflanzen**
Laubgehölze allgemein, auch Erdbeeren.

**Schadbild**
Fraß an Blättern und Knospen durch Imagines, an den Wurzeln durch Larven.

Seidiger Glanzrüssler (Beránek, J.)

**Bedeutung**
Obwohl die Käfer manchmal zahlreich auftreten, richten sie kaum Schäden an. Die Larven können Wurzelschäden an Erdbeeren hervorrufen.

**Biologie**
Die 6–7 mm langen cremeweißen Larven mit braunem Kopf überwintern im Boden. Nach der Verpuppung im Frühjahr erscheinen die ovalen, 5–8 mm langen schwarzen, mit metallisch grün glänzenden Schuppen bedeckten Käfer. Sie sind im Frühjahr und Sommer aktiv und fressen an Knospen, später an Blättern. Die im Boden lebenden Larven ernähren sich von Wurzeln.

**Gegenmaßnahmen**
Nur sehr selten notwendig.

## Schmetterlinge (Lepidoptera)

### Bärenspinner (Arctiidae)

***Amerikanischer Webebär (Hyphantria cunea)***

**Wirtspflanzen**
Polyphag mit Vorliebe für Maulbeerbäume und Eschenahorn. An Obstgehölzen wurde die Art vorwiegend an Birne, Quitte, Hasel, Marille sowie an Weinrebe gefunden.

**Schadbild**
Skelettierung der Blätter: Im Endstadium bleiben nur noch die Hauptadern übrig. Gespinstbildung durch Jungraupen.

**Bedeutung**
Die Art wurde vom nordamerikanischen Kontinent nach Europa eingeschleppt (Neozoon). Das Erstauftreten fand 1940 in Ungarn statt, von wo die Ausbreitung über Europa erfolgte. Starke Vermehrung hat vor allem an Maulbeere und Eschenahorn zu lokalem Kahlfraß geführt.

**Biologie**
Die schneeweißen Falter – bei einigen Männchen können die Vorderflügel schwarz gepunktet sein – mit einer Flügelspannweite von bis zu 30 mm schlüpfen kurz nach dem Blattaustrieb aus den überwinternden Puppen. Die Eier werden meist in Gruppen an der Blattunterseite abgelegt. Jungraupen spinnen die Blätter gesellig zu einem Gespinst

Amerikanischer Webebär – Männlicher Falter (Beránek, J.)

Amerikanischer Webebär – Weiblicher Falter (Beránek, J.)

Amerikanischer Webebär – Raupe (Beránek, J.)

zusammen. Ältere Raupen verlassen das Gespinst und fressen solitär. Ausgewachsen werden die gelblich bis gelbgrünen, lang behaarten Raupen 30 bis 40 mm lang. Die Verpuppung der ersten Generation erfolgt in geeigneten Rindenverstecken am Baum. Ab der zweiten Julihälfte bis August fliegt die zweite Generation. Die Überwinterung erfolgt als Puppe in Rindenverstecken oder im Boden. Die Art entwickelt in Mitteleuropa zwei Generationen pro Jahr.

**Ökologie**

Der Webebär hat zahlreiche natürliche Feinde, vor allem nicht spezifische Parasitoide. Circa 10 % der Puppen werden z. B. von Schlupfwespen, Brackwespen und Erzwespen befallen. Bei Raupen ist eine Parasitierung von bis zu 50 % durch die Raupenfliege

Amerikan. Webebär – Fraßschaden in Baumkrone (Hluchy, M.)

*Exorista larvarum* bekannt. Auch der Befall der Raupen durch die Mikrosporidie *Thelohania hyphantriae* wird beschrieben.

**Gegenmaßnahmen**

**Vorbeugend**

Schutz und Förderung natürlicher Gegenspieler.

**Gezielt**

Hoch wirksam sind Behandlungen entweder mit *Bacillus-thuringiensis*- oder spezifischen Kernpolyeder-Viruspräparaten.

### Blattminier- bzw. Schlangenminiermotten (Lyonetiidae)

#### *Obstbaum-(Schlangen-)Miniermotte (Lyonetia clerkella)*

**Wirtspflanzen**

Apfel, Birne, Kirsche sowie polyphag an anderen Laubgehölzen.

**Schadbild**

Schmale, meist an der Mittelrippe beginnende, auch zum Ende hin nur gering verbreiterte blassgelbe, schlangenförmige Blattminen mit einem schmalen Kotstreifen in der Mitte.

Obstbaumminiermotte – Falter (Beránek, J.)

Obstbaumminiermotte – Blattmine (Beránek, J.)

**Bedeutung**
Vor allem in Baumschulen und Junganlagen kann starker Befall eine Schwächung der Pflanzen mit Zuwachsverlusten verursachen.

**Biologie**
Die glänzend weißen, nur am Flügelende mit einem dunklen Fleck und einigen schwarzen Streifen gekennzeichneten Falter (Flügelspannweite 8–9 mm) überwintern unter loser Rinde, im Falllaub oder in sonstigen Verstecken. Ab April – in der Regel während der Apfelblüte – kommen sie zum Vorschein und beginnen mit der Ablage von einzelnen Eiern in das Gewebe der Blattunterseite. Geschlüpfte Räupchen beginnen sofort mit dem Ausfressen von Gangminen. Die bis zu 8 mm langen, perlschnurartigen, durchscheinenden ausgewachsenen Raupen verlassen nach circa drei bis vier Wochen die Mine und verpuppen sich in einem hängemattenartig an Blatt oder Borke befestigten schneeweißen Kokon, aus dem nach circa zwei Wochen die Falter der zweiten Generation schlüpfen. Unter normalen Witterungsbedingungen kann die Art drei Generationen pro Jahr entwickeln.

**Ökologie** und **Gegenmaßnahmen** ähnlich wie bei Pfennigminiermotte.

## *Pfennig-(Flecken-)Miniermotte (Leucoptera malifoliella, Syn.: L. scitella)*

**Wirtspflanzen**
Apfel, Birne, Zwetschke, Eberesche und Weißdorn.

**Schadbild**
Pro Blatt oft mehrere, nahezu kreisförmige Minen, in denen der Kot spiralförmig durchscheint. Später werden die Minen braun und schwarz. Befallene Blätter werden nicht verformt, können aber vorzeitig abfallen.

**Bedeutung**
Starker Befall kann vor allem an Jungpflanzen eine vorzeitige Entlaubung sowie die Hemmung des Triebwachstums und Knospenansatzes zur Folge haben.

**Biologie**
Die kleinen Falter (Flügelspannweite ca. 7 mm) schlüpfen Ende April/Anfang Mai aus den in einem weißen Kokon in Rindenverstecken überwinternden Puppen. Die metallisch weißgrau glänzenden Vorderflügel verfügen am Ende über eine deutliche orangefarbene, weiße und schwarze Zeichnung. Sie fliegen zur Zeit der Apfelblüte und legen ihre Eier norma-

Pfennigminiermotte – Falter (Beránek, J.)

Pfennigminiermotte – Blattminen mit Raupen (Státní rostlinolékařská)

Pfennigminiermotte – Kokons in Gespinst (Státní rostlinolékaïská)

Pfennigminiermotte – Blattschäden (Vasas, L.)

Pfennigminiermotte – Blattminen (Státní rostlinolékaïská)

lerweise einzeln an die Blattunterseite. Die flachen, grünlichen, bis zu 4 mm langen Räupchen bohren sich nach dem Schlüpfen direkt in das Blattgewebe. Die Raupen sind nach 3–4 Wochen ausgewachsen und verlassen die Mine. Sie spinnen sich zur Verpuppung einen weißen, weberschiffchenartigen Kokon an der Blattunterseite. Aus diesen schlüpfen die Falter der zweiten Generation. Je nach Klima können bis zu drei Generationen pro Jahr entstehen.

### Ökologie

Zahlreiche Prädatoren und Parasitoide befallen die Eier, Raupen und Puppen des Schädlings. Die Raupen werden oft zu mehr als 50 % parasitiert.

### Gegenmaßnahmen

#### Vorbeugend

Schutz und Förderung natürlicher Gegenspieler (siehe auch Kapitel: Biologische Begleit- und Gegenmaßnahmen > Natürlich vorkommende Gegenspieler). Alternative, nützlingsschonende Maßnahmen gegen Wickler schonen natürliche Feinde der Miniermotten und verhindern dadurch ihr Auftreten in schädlichem Maße.

#### Gezielt

Nur bei zu erwartendem schädlichem Auftreten sollten Behandlungen während der Flugzeiten der Frühjahrsgeneration (Schadensschwelle: durchschnittlich mehr als drei Minen pro Blatt im September des Vorjahres) oder der zweiten Generation (Schadensschwelle: mehr als durchschnittlich 0,5–1 Mine pro Blatt im Juni) mit anerkannten, nützlingsschonenden Entwicklungshemmern durchgeführt werden.

## Echte Miniermotten (*Gracillariidae*)

### *Apfelblattrandmotte (Callisto denticulella, Syn.: Ornix guttea)*

### Wirtspflanzen

Apfel.

### Schadbild

Anfangs unregelmäßige Blattminen, später typische nach unten gefaltete Blattränder.

### Bedeutung

Häufig in ungepflegten Anlagen. Ohne wirtschaftliche Bedeutung.

### Biologie

Die 10–12 mm großen Falter mit vier cremeweißen dreieckigen Flecken am Vorderrand und zwei Flecken am Hinterrand der schwärzlichen Flügel schlüpfen im Mai und Juni aus den, in einem dichten Kokon in der Bodenstreu überwinternden, Puppen und legen ihre Eier einzeln an Blättern ab. Die bis zu 7 mm langen, blassgelben Raupen mit schwarzem Kopf minieren zuerst, später falten sie den Blattrand mit einem Gespinst nach unten und fressen darin. Erwachsene Raupen verpuppen in einem orangegelben Gespinst knapp oberhalb des Blattstiels. Falter der zweiten Generation fliegen im Juli und August.

**Gegenmaßnahmen**

In Erwerbsanlagen wird die Art meist durch jene Maßnahmen dezimiert, die gegen andere tierische Schädlinge vorgenommen werden.

Apfelblattrandmotte – Falter © P. Buchner

Apfelblattrandmotte – Verpuppungsgespinst an der Rinde © H. Melzer

Apfelblattrandmotte – Puppe aus Verpuppungsgespinst herauspräpariert © H. Melzer

Apfelblattrandmotte – Larve © H. Melzer

Apfelblattrandmotte – Gefalteter Blattrand (Hluchy, M.)

Apfelblattrandmotte – Beginnende Mine © P. Buchner

### *Apfelfalten(minier)motte (Phyllonorycter blancardella)*

**Wirtspflanzen**

Vor allem Apfel, seltener Birne, Vogelbeere und Weißdorn.

**Schadbild**

Befallene Blätter zeigen flache, blasenartige Minen, die an der Blattunterseite nur durch eine dünne Epidermisschicht bedeckt sind. An der Blattoberseite sind die Minen durch eine charakteristische mosaikartige Aufhellung zu erkennen.

Apfelfaltenmotte – Falter (Zacharda, M.)

Apfelfaltenmotte – Minen auf der Blattoberseite (Stolz, M.)

Apfelfaltenmotte – Falter in Ruhestellung (Beránek, J.)

Apfelfaltenmotte – Ältere Mine auf der Blattunterseite (Fischer-Colbrie, P.)

**Bedeutung**

Obwohl sich an einem Blatt mehrere Minen befinden können, verursacht diese Art selten nennenswerte Schäden.

**Biologie**

Puppen überwintern in ihren Minen im Falllaub. Ab Mai erscheinen die kupferbraunen Falter mit weißer Flügelzeichnung (Flügelspannweite 6–9 mm) der ersten Generation und legen ihre Eier an die Unterseite der Blätter. Im Inneren der Minen sind gelblichweiße Räupchen oder Puppen zu finden. Die Falter der zweiten Generation schlüpfen im August.

**Ökologie**

Natürliche Feinde sind Raubwanzen (Eier) und zahlreiche Parasitoide aus der Ordnung der Hymenoptera.

**Gegenmaßnahmen**

**Vorbeugend**

Schutz und Förderung natürlicher Gegenspieler.

**Gezielt**

Entfernung und Entsorgung befallener Blätter. Eine Befallsprognose ist über die Zahl der Minen im Herbst oder durch Pheromonfallen im Frühjahr möglich.

Apfelfaltenmotte – Puppe in geöffneter Mine (Stolz, M.)

Ausschließlich bei einem drohenden Starkbefall ist eine Behandlung kurz vor Beginn der Eiablage mit einem selektiven Insektizid (z. B. Wirkstoff Diflubenzuron u. Ä.) empfehlenswert.

### *Rote Weißdornminiermotte (Phyllonorycter corylifoliella)*

**Wirtspflanzen**

Apfel, Birne, Kirsche, Zwetschke, Eberesche, Weißdorn und andere Laubgehölze.

**Schadbild**

An der Blattoberseite, meist an der Hauptader, befinden sich blasige, rotbraun gesprenkelte Minen.

*Phyllonorycter corylifoliella* – Blattminen (Státní rostlinolékařská)

Rote Weißdornminiermotte – Falter © P. Buchner

*Phyllonorycter corylifoliella* – Falter (Zacharda, M.)

**Bedeutung**

Diese Art wird nur selten schädlich.

**Biologie**

Raupen dieser Art überwintern in Minen an abgefallenen Blättern. Die Flügelspannweite der hellbraun gefärbten Tiere mit weiß und dunkelbraun streifig gemusterten Vorderflügeln beträgt 8–9 mm. Falter der ersten Generation fliegen im Mai, jene der zweiten Generation im August. Eier werden einzeln auf die Blattoberseite gelegt. Die Raupen sind gelb und abgeflacht, mit braunem Kopf und einem braunen Strich entlang des Rückengrates. Die Verpuppung findet innerhalb der Mine statt. Es werden zwei Generationen gebildet.

**Gegenmaßnahmen**

**Vorbeugend**

Befallsmindernd wirkt die Entfernung und Vernichtung des Falllaubs.

**Gezielt**

Eine Behandlung zur Flugzeit mit anerkannten, nützlingsschonenden Entwicklungshemmern ist nur bei Überschreitung der Schadensschwelle (durchschnittlich mehr als drei Minen der Vorgeneration pro Blatt) empfehlenswert.

## Eulenfalter (Noctuidae)

### *Ampfer-Rindeneule (Acronicta rumicis)*

**Wirtspflanzen**

Raupen der Arten *Acronicta psi* (Pfeileule), *A. tridens* (Dreizack-Rindeneule) und *A. auricoma* (Goldhaar-Rindeneule) leben auf Apfel, Birne, Zwetschke, Kirsche sowie auf Himbeere und Erdbeere und auf zahlreichen anderen Laubgehölzen; *A. rumicis* lebt vorwiegend

Ampfer-Rindeneule – Raupe (Traxler, L.)

Ampfer-Rindeneule – Falter (Hrabák, R.)

auf Himbeere, Brombeere, Erdbeere und Heidelbeere sowie auf zahlreichen krautigen Pflanzen.

**Schadbild**
Blattfraß.

**Bedeutung**
Trotz zahlreicher Arten kommt es nur selten zu schädlichem Auftreten, da die Raupen nur einzeln leben und erst in der zweiten Vegetationsperiode zu finden sind.

**Biologie**
Falter der genannten Arten sehen sich mit ihren grauen Vorderflügeln mit schwarzen pfeilförmigen Zeichnungen und mit Flügelspannweiten bis 40 mm sehr ähnlich. Man findet sie von Mai bis August. Die Raupen der Sommergeneration fressen im Juni und Juli, die der Herbstgeneration von August bis September. Sie erreichen ausgewachsen eine Länge von 35 mm, sind bunt gefärbt und – im Gegensatz zu Raupen anderer Nachtfalterarten – mit dichten, langen Haaren bewachsen. Die Überwinterung erfolgt im Puppenstadium. Die genannten Arten haben gewöhnlich zwei Generationen pro Jahr.

**Ökologie**
Die relativ zahlreich auftretenden Raupen werden von vielen Parasitoidenarten (Brackwespen, Schlupfwespen, Raupenfliegen u. a.) parasitiert.

**Gegenmaßnahmen**
**Vorbeugend**
Schutz und Förderung der natürlichen Gegenspieler.

**Gezielt**
Nicht notwendig. Siehe auch Kapitel Beerenobst > Tierische Schädlinge.

### *Blaukopf (Diloba caeruleocephala)*

**Wirtspflanzen**
Apfel, Birne sowie alle Steinobstgehölze, Eberesche, Haselnuss u. a.

**Schadbild**
Blattfraß.

**Bedeutung**
Meist gering, bei Übervermehrung Kahlfraß.

**Biologie**
Im Frühjahr während des Austriebs schlüpfen die Räupchen aus den überwinterten Eiern und fressen an den Blattunterseiten, ältere Raupen an den ganzen Blättern. Ausgewachsene Raupen werden bis zu 4 cm lang. Sie sind graublau bis blaugrün. Auf dem Rücken und an den Seiten haben sie je einen gelben Streifen. Jedes Körpersegment hat einige schwarze Warzen, aus denen kurze schwarze Härchen wachsen. Ansonsten sind die Raupen kahl. Die Kopfkapsel ist blau (Name) mit zwei schwarzen Flecken. Ab Juni verpuppen sich die Raupen in einem Kokon. Die Falter mit graubraunen Vorderflügeln mit je einem großen grüngelben, unregelmäßigen Fleck fliegen im Oktober und November. Die Eier werden einzeln an Triebe abgelegt und überwintern dort. Nur eine Generation pro Jahr.

**Ökologie**
Natürliche Gegenspieler der Raupen sind häufig Schlupfwespen, Raupenfliegen und insektenfressende Vögel.

**Gegenmaßnahmen**
In der Regel nicht notwendig.

Blaukopf – Raupe (Traxler, L.)

Blaukopf – Falter (Hrabák, R.)

### *Dreizack-Pfeileule (Acronicta tridens)*

**Wirtspflanzen, Schadbild, Bedeutung**

Siehe Pfeileule.

**Biologie**

Die Falter der Dreizack-Pfeileule sind äußerlich nicht von jenen der Pfeileule *Acronicta psi* unterscheidbar. Auch die Lebensweisen dieser Falterarten sind ähnlich. Die Raupen sind im Unterschied zur Pfeileule

Dreizack-Pfeileule – Raupe des vorletzten Stadiums © H. Melzer

Dreizack-Pfeileule – Raupe, seitlich © H. Melzer

Dreizack-Pfeileule – Raupe, dorsal © H. Melzer

Dreizack-Pfeileule – Puppe in morschem Holz © H. Melzer

Dreizack-Pfeileule – Falter © H. Melzer

jedoch schlanker, weniger behaart und haben einen breiten roten, weiß durchsetzten Rückenstreifen sowie jeweils ein rotes, schwarz unterteiltes Seitenband.

**Ökologie** und **Gegenmaßnahmen** siehe Pfeileule.

### *Flohkraut-Eule (Melanchra persicariae)*

Siehe Beerenobst.

### *Gesäumte Glanzeule (Amphipyra perflua)*

**Wirtspflanzen**

Neben Apfel, Schlehe und Weißdorn polyphag an zahlreichen anderen Laubgehölzen.

**Schadbild**

Raupenfraß an Blättern.

**Bedeutung**

Sie tritt eher selten und einzeln auf. Es sind keine wirtschaftlichen Schäden bekannt.

**Biologie**

Die erwachsenen, bis zu 45 mm langen hellgrünen Raupen mit weißer Rückenlinie, hellen Seitenstreifen und einem pyramidenförmigen Höcker am Hinter-

Gesäumte Glanzeule – Raupe © L. Traxler

Gesäumte Glanzeule – Adult © P. Buchner

leibsende schlüpfen ab April aus den überwinternden Eiern. Ab Mitte Juli fliegen die Falter mit einer Flügelspannweite von ca. 50 mm und dunkelbraunen Flügeln mit einem breiten, wellenförmig abgegrenzten Außensaum. Die Eier überwintern. Die Art hat nur eine Generation.

**Gegenmaßnahmen**
Nicht notwendig.

### *Goldhaar-Rindeneule (Acronicta auricoma)*
Siehe Beerenobst.

### *Kleine Kätzcheneule (Orthosia cruda)*
Ähnlich Rundflügel-Kätzcheneule.

Kleine Kätzcheneule – Falter © P. Buchner

Kleine Kätzcheneule – Raupe, grüne Variante © J. Beránek

Kleine Kätzcheneule – Raupe, rote Variante © H. Melzer

Kleine Kätzcheneule – Raupe, schwarze Variante © H. Melzer

### *Pfeileule (Acronicta psi)*
**Wirtspflanzen**
Polyphag an zahlreichen Laubgehölzen. An Obstgehölzen vor allem an Apfel, Birne, Pflaume, Zwetschke, Süß- und Sauerkirsche sowie Himbeere und Erdbeere.

**Schadbild**
Raupenfraß an Blättern.

**Bedeutung**
Häufig und weitverbreitet. Durch spätes und einzelnes Auftreten der Raupen sind wirtschaftliche Schäden an Obstgehölzen gering. An Himbeeren können fallweise ernstere Schäden auftreten.

**Biologie**
Die grauen Falter mit schwarzen pfeilähnlichen Zeichnungen und einer Flügelspannweite von ca. 40 mm schlüpfen ab Ende Mai aus den überwinternden Puppen. Der Flug der ersten Generation dauert bis Juli, jener der zweiten überlappend bis August. Die Eiablage erfolgt einzeln an die Blätter der Wirtspflanzen. Die bis zu 35 mm langen, bunt gefärbten (breites, erst gelbes, später weißes Rückenband, blaugraue Seitenstreifen, paarweise rote Querstreifen am Rückenbereich der

Pfeileule – Falter (Hrabák, R.)

Pfeileule – Raupe (Traxler, L.)

Segmente) und im Gegensatz zu den meisten anderen Eulenarten dicht und lang behaarten Raupen mit einem auf dem ersten Abdominalsegment auffälligen, schwarzen Horn findet man von Juli bis September. Die Verpuppung und Überwinterung erfolgt in einem Kokon in Rinden- oder anderen Verstecken.

**Ökologie**
Die Raupen werden von zahlreichen Parasitoidenarten, wie z. B. Brackwespen, Schlupfwespen oder Raupenfliegen, parasitiert.

**Gegenmaßnahmen**
**Vorbeugend**
Schutz und Förderung natürlicher Gegenspieler.

**Gezielt**
Nicht notwendig.

### *Pyramideneule (Amphipyra pyramidea)*

**Wirtspflanzen**
Polyphag an Laubgehölzen. An Obstgehölzen vor allem an Apfel, Birne, Zwetschke und anderen Steinobstarten sowie bei Beerenobst an Himbeere.

**Schadbild**
Raupenfraß an Blättern.

**Bedeutung**
Gering. Keine schädlichen Übervermehrungen bekannt.

**Biologie**
Ab Mai schlüpfen die Raupen aus den überwinternden Eiern und fressen bis Juni an den Blattunterseiten. Die bis zu 45 mm langen erwachsenen Raupen sind plump, kahl, blaugrün, weiß gepunktet, mit weißlich-gelben Seitenstreifen und haben einen hornähnlichen Fortsatz am Hinterleibsende. Die Falter mit graubraun gemusterten Vorderflügeln und bis zu 50 mm Flügelspannweite fliegen von Mitte Juli bis Anfang Oktober. Die Überwinterung erfolgt im Eistadium an der Rinde der Futterpflanzen. Die Pyramideneule hat eine Generation pro Jahr.

**Ökologie**
Die Art tritt eher einzeln auf, ist aber häufig zu finden.

**Gegenmaßnahmen**
**Vorbeugend**
Schutz und Förderung natürlicher Gegenspieler.

**Gezielt**
Nicht notwendig.

Pyramideneule – Raupe (Traxler, L.)

Pyramideneule – Falter (Hrabák, R.)

### Rundflügel-Kätzcheneule (Rotgelbe Frühlingseule) (*Orthosia cerasi*, Syn.: *O. stabilis*)

**Wirtspflanzen**
Polyphag an Weiden und anderen Laubgehölzen. An Obstgehölzen gelegentlich an Apfel, Kornelkirsche und Holunder.

**Schadbild**
Raupenfraß an Blättern, selten an Früchten.

**Bedeutung**
In Obstanlagen selten und unproblematisch.

**Biologie**
Bereits ab Ende Februar schlüpfen die mittelgroßen Falter (Flügelspannweite bis zu 40 mm) mit variabel von beigegrau bis ockerfarben gefärbten Vorderflügeln mit hell umrandeten Flecken aus den überwinternden Puppen. Sie legen ihre Eier in kleinen Gruppen an die Blattunterseiten ihrer Wirtspflanzen. Die plumpen, bis zu 40 mm langen, gelblich-grünen, fein gelb punktierten Raupen mit feinen gelben Rücken- und Seitenlinien findet man von Mai bis Juni. Die Verpuppung und Überwinterung erfolgt im Boden.

Rundflügel-Kätzcheneule – Falter (Hrabák, R.)

Rundflügel-Kätzcheneule – Raupe © J. Beránek

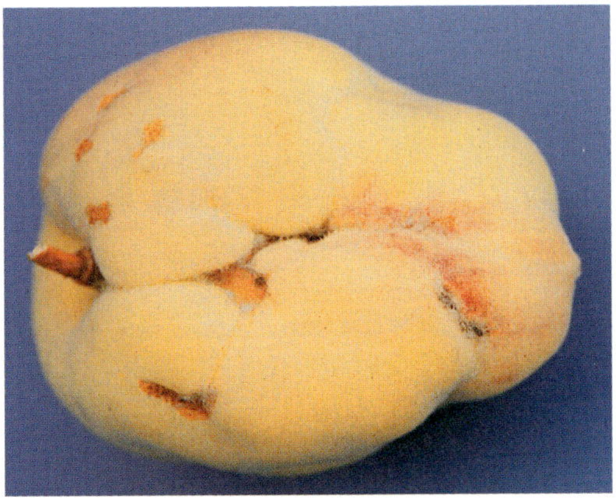

Rundflügel-Kätzcheneule – Raupenschaden an einer Pfirsichfrucht (Státní rostlinolékaïská)

**Ökologie**
Da die meisten Arten der Gattung *Orthosia* vorwiegend in Wäldern, Parks oder Waldbeständen an Flüssen auftreten, sind Obstanlagen in deren Nähe gefährdet. Zahlreiche entomophage Insekten sowie insektenfressende Vögel sind natürliche Feinde der Raupen.

**Gegenmaßnahmen**
Nicht notwendig.

### Spitzflügel-Kätzcheneule (*Orthosia gracilis*)

Siehe Beerenobst.

### Svenssons Pyramideneule (*Amphipyra berbera*)

**Wirtspflanzen**
Bevorzugt an Pflaume und Zwetschke, ansonsten wie Pyramideneule.

**Schadbild**, **Bedeutung**, **Biologie** und **Gegenmaßnahmen** siehe Pyramideneule.

Svenssons Pyramideneule – Falter © P. Buchner

Svenssons Pyramideneule – Raupe (Traxler, L.)

Svenssons Pyramideneule – Raupe © H. Melzer

Svenssons Pyramideneule – Raupe, Farbvariante © H. Melzer

### *Variable Kätzcheneule (Orthosia incerta)*

**Wirtspflanzen**

Polyphag an Laubgehölzen und Sträuchern. Bei Obstgehölzen vor allem an Apfel, seltener an Schlehdorn und Himbeeren.

**Schadbild**

Fraß an Blättern, Blütenbüscheln und jungen Früchten.

**Bedeutung**

Bei Übervermehrung können wirtschaftliche Schäden vor allem durch Fruchtschäden entstehen.

**Biologie**

Die Falter mit einer Flügelspannweite von bis zu 40 mm und variabel von hellgrau bis rotbraun gefärbten Vorderflügeln mit dunkler Zeichnung fliegen von März bis Mai. Die 35–40 mm langen, kahlen, grün, grünbraun bis blaugrün gefärbten, weißgepunkteten Raupen mit hellen Streifen an Rücken und Seiten fressen von Mai bis Juni. Die Verpuppung findet ohne Kokon im Boden statt, wo sie auch überwintern. Die Art hat eine Generation pro Jahr.

**Ökologie**

Da die meisten Arten der Gattung *Orthosia* vorwiegend in Wäldern, Parks oder Waldbeständen an Flüssen auftreten, sind Obstanlagen in deren Nähe gefährdet. Zahlreiche entomophage Insekten sowie insektenfressende Vögel sind natürliche Feinde der Raupen.

Variable Kätzcheneule – Raupe © J. Beránek

Variable Kätzcheneule – Falter, dorsal © P. Buchner

Variable Kätzcheneule – Falter, seitlich © P. Buchner

**Gegenmaßnahmen**

**Vorbeugend**

Schutz und Förderung natürlicher Gegenspieler.

**Gezielt**

Bei Auftreten von mehr als zwei Raupen auf 100 Blütenrosetten ist eine Behandlung mit geeigneten nützlingsschonenden Insektiziden (z. B. Entwicklungshemmer kurz vor der Eiablage) oder *Bacillus-thuringiensis*-Präparaten (eventuell in erhöhter Konzentration gegen Jungraupen) empfehlenswert.

### *Weißdorneule (Allophyes oxyacanthae)*

Siehe Steinobst.

Apfelbaumgespinstmotte – Gespinst mit Raupen und Puppen (Pokorný, V.)

Apfelbaumgespinstmotte – Raupennest (Fischer-Colbrie, P.)

## Gespinstmotten (Yponomeutidae)

### *Apfelbaumgespinstmotte (Yponomeuta malinellus)*

**Wirtspflanzen**

Apfel.

**Schadbild**

Rötlich-braune Blattminen an jungen Blättern. Ältere Raupen bilden nestförmige Gespinste und fressen gesellig (bis mehr als hundert Individuen) an den Blättern, von denen meist nur die untere Epidermis und die Blattrippen übrig bleiben.

**Bedeutung**

Massenvorkommen sind eher selten. Diese Art ist vor allem auf wenig gepflegte Obstgärten und Alleen beschränkt. In diesen Fällen kann jedoch Kahlfraß und Ertragsausfall eintreten.

**Biologie**

Die Apfelbaumgespinstmotte hat nur eine Generation pro Jahr. Die Falter mit ihren typischen grauweißen, schwarz gepunkteten Flügeln fliegen zwischen Juni und August und legen ihre Eier in Gruppen zu 40–80 Stück ab und bedecken diese mit einer erhärtenden Sekretschicht. Die Räupchen schlüpfen noch im Herbst und überwintern unter dieser Sekretschicht. Zur Zeit des Austriebs verlassen sie das Eigelege und minieren gesellig in den treibenden Knospen und jungen Blättern. Später fertigen sie gemeinschaftlich dichte, grauweiße Gespinste an, die ganze Äste und Bäume bedecken können. Die Verpuppung erfolgt Ende Juni innerhalb des Gespinstes in dünnen, weißen, spindelförmigen Kokons.

Apfelbaumgespinstmotte – Falter (Beránek, J.)

**Ökologie**

Raupen und Puppen werden von zahlreichen Hymenopteren (z. B. Schlupfwespe *Pimpla turionellae*) und Dipteren parasitiert.

**Gegenmaßnahmen**

**Vorbeugend**

Schutz und Förderung natürlicher Gegenspieler.

**Gezielt**

Austriebbehandlung mit Ölpräparaten; Einsatz von *Bacillus-thuringiensis*-Präparaten vor der Gespinstbildung.

### *Ebereschenmotte (Argyresthia conjugella)*

**Wirtspflanzen**

Eberesche, gelegentlich Apfel.

**Schadbild**

An der Fruchtschale der Äpfel sind kleine, eingesunkene Flecken mit einem Bohrloch in der Mitte zu beobachten. Darunter findet man im Fruchtfleisch zahlreiche enge Bohrgänge, die sich unregelmäßig kreuzen können.

**Bedeutung**

Meist geringe Bedeutung. In Waldnähe, vor allem bei schwachem Fruchtbehang der Eberesche, kann es jedoch fallweise zu Schäden in Apfelanlagen durch Ernte- und Lagerverluste kommen. Stark befallene Äpfel wachsen nicht weiter und fallen ab.

**Biologie**

Im Juni findet man die Falter in ihrer typischen Sitzposition auf den vorderen Beinpaaren – die Hinterbeine samt Hinterleib stehen in einem Winkel von ca. 45° ab – auf den Blättern der Wirtspflanzen. Die aus den an die Früchte gelegten Eiern schlüpfenden Raupen bohren sich sofort in die Früchte. In einer Frucht kann man bis zu 20 Raupen finden. Gegen Ende des Sommers verlassen die Raupen die befallenen Früchte und verpuppen sich überwiegend im Boden in einem Kokon mit einer feinen netzartigen Außenschicht und einer dichten Innenhülle. Die Art hat eine Generation pro Jahr.

**Ökologie**

In Jahren mit schlechtem Fruchtbehang auf Ebereschen kann es zum Überwandern auf Apfelkulturen kommen.

**Gegenmaßnahmen**

**Vorbeugend**

Vermeidung von Ebereschenbeständen in unmittelbarer Nähe von Apfelanlagen.

**Gezielt**

Befallene Früchte noch im Sommer entfernen und vernichten. Behandlungen gegen den Apfelwickler im Juni sollten auch gegen die Ebereschenmotte genügend wirksam sein.

Ebereschenmotte – Geschädigte Früchte (Státní rostlinolékařská)

Ebereschenmotte – Falter, dorsal © P. Buchner

Ebereschenmotte – Falter, Farbvariante (Beránek, J.)

Ebereschenmotte – Falter © P. Buchner

## Glasflügler (Sesiidae)
### *Apfelbaumglasflügler (Synanthedon myopaeformis)*

**Wirtspflanzen**
Apfel, auch an Birne, Quitte, Zwetschke, Kirsche und Weißdorn.

**Schadbild**
Einzelne Bohrlöcher in der Rinde von Stamm und Starkästen mit austretendem, hellbraunem Bohrmehl. Bei starkem Befall entstehen über den Bohrgängen weiche, dunkle Stellen auf der Rinde, aus denen klebrige Flüssigkeit austreten kann. Die Rinde an solchen Befallsstellen löst sich leicht ab.

**Bedeutung**
Die Art ist eher ein Sekundärschädling an alten, geschwächten Pflanzen mit Rinden- oder Schnittverletzungen. Nur bei starkem Befallsdruck werden auch junge, gesunde Bäume – meist in der Nähe von Veredelungsstellen – befallen. Die Bohrlöcher stellen Eintrittspforten für Krankheitserreger, wie z. B. Obstbaumkrebs, Rindenbrand u. a., dar.

Apfelbaumglasflügler – Falter (Laštůvka, Z.)

Apfelbaumglasflügler – Raupe (Hluchy, M.)

Apfelbaumglasflügler – Aus dem Bohrloch herausgeschobene Puppe (Hluchy, M.)

Apfelbaumglasflügler – Stammschaden (Hluchy, M.)

**Biologie**
Die Falter mit einer Spannweite von bis zu 25 mm, durchsichtigen Flügeln mit braunschwarzen Adern und Rändern sowie einer auffallenden roten Querbinde auf dem schwarzen Hinterleib fliegen von Ende Mai bis in den September. Die Eier werden in der Nähe von Rindenverletzungen oder von bereits vorhandenen arteigenen Befallsstellen abgelegt. Nach dem Schlüpfen bohren sich die Raupen in die Rinde ein und fressen in Gängen zwischen Rinde und äußerem Holzbereich. Nach ca. 20 Monaten – unter günstigen Bedingungen kann dies auch bereits innerhalb einer Vegetationsperiode sein – ist die ca. 15 mm lange, cremeweiße, abgeflachte Raupe mit

braunem Kopf ausgewachsen und verpuppt sich in einem Kokon dicht unterhalb der Rindenoberfläche. An Befallsstellen können oft gleichzeitig ein- und zweijährige Raupen gefunden werden. Beim Schlüpfvorgang schiebt sich die bräunliche Puppe teilweise aus dem Bohrgang heraus.

**Ökologie**
Gesundheit und Wüchsigkeit vermindern die Befallsanfälligkeit. In Befallslagen sollten daher Veredelungen auf schwachwüchsigen Unterlagen vermieden werden.

**Gegenmaßnahmen**
**Vorbeugend**
Vermeiden von Rindenverletzungen und Schwächungen des Baumwuchses. Ein schonender und sauberer Schnitt sowie eventuelle Nachbehandlungen sind empfehlenswert.

**Gezielt**
Unter normalen Umständen selten notwendig. Befallene Stamm- und Astteile sind regelmäßig auszuschneiden und zu verschließen. Pheromone können zur Beobachtung des Flugauftretens sowie als Verwirrungstechnik angewandt werden. Chemische Behandlungsmaßnahmen im Sommer gegen die frisch geschlüpften Raupen sind schwierig und wenig erfolgversprechend.

## Glucken (Lasiocampidae)

### *Kleine Pappelglucke (Poecilocampa populi)*
Siehe Steinobst.

### *Kupferglucke (Gastropacha quercifolia)*
**Wirtspflanzen**
Obstgehölze, wie z. B. Apfel, Birne; weiters Weißdorn, Eberesche und andere Laubgehölze.

**Schadbild**
Blattfraß.

**Bedeutung**
In gepflegten Anlagen selten.

**Biologie**
Raupen mit 2–3 cm Länge überwintern an Zweigen der Wirtspflanzen. Im Frühjahr setzen sie bis Ende

Kupferglucke – Gespinst (Traxler, L.)

Kupferglucke – Raupe (Traxler, L.)

Kupferglucke – Falter (Hrabák, R.)

Juni ihren Fraß an den Blättern fort. Vor der Verpuppung in einem Gespinst an den Zweigen erreicht die kurzhaarige, grau bis braun gefärbte Raupe mit vier roten Warzen auf jedem Hinterleibssegment eine Länge von 10–12 cm. An der Rückenseite des zweiten und dritten Brustsegments kommt bei Störung je ein intensiv blau gefärbter Schrägfleck zum Vorschein. Ab Mitte Juni bis Mitte August fliegen die Falter. Ihre rotbraunen Flügel ähneln einem trockenen Blatt. Auffällig ist die lang gestreckte, nasenartige Mundpartie. Im Spätsommer schlüpfen die Raupen und fressen, bis sie eine Länge von 2–3 cm erreicht haben, um an Zweigen zu überwintern. Die Kupferglucke hat eine Generation pro Jahr.

**Ökologie**
Die Raupen werden von zahlreichen Parasitoiden befallen.

**Gegenmaßnahmen**
**Vorbeugend**
Schutz und Förderung natürlicher Gegenspieler.

**Gezielt**
Selten notwendig. Bei Bedarf sind *Bacillus-thuringiensis*-Präparate gegen Jungraupen wirksam.

### *Pflaumenglucke (Odonestis pruni)*
Siehe Steinobst.

### *Ringelspinner (Malacosoma neustria)*
**Wirtspflanzen**
Polyphag an zahlreichen Laubgehölzen, darunter auch an Obstgehölzen wie Apfel, Birne, Kirsche, Zwetschke sowie Schlehdorn, Weißdorn u. a.

**Schadbild**
Im Frühjahr werden bis zu 30 cm große Gespinste angefertigt, in denen die aus den überwinternden Eiern geschlüpften Räupchen gesellig leben und fressen. Später sind Fraßschäden durch einzelne Raupen und bei starkem Befall Kahlfraß möglich.

**Bedeutung**
Früher fallweise ein bedeutender Schädling. In letzter Zeit sind Gradationen eher selten.

Ringelspinner – Eigelege © Haruta Ovidiu, University of Oradea, Bugwood.org

**Biologie**
Ende April schlüpfen die Raupen aus den überwinternden Eiern. Junge Räupchen fressen in einem zeltähnlichen Gespinst gemeinsam an Blättern. Mit zunehmendem Wachstum werden die Gespinste erweitert bzw. bei Nahrungsmangel auf andere Baum-

Ringelspinner – Raupe (Pokorný, V.)

Ringelspinner – Männlicher Falter (Hrabák, R.)

Ringelspinner – Falter, Farbvariante
© Louis-Michel Nageleisen, Département de la Santé des Forêts, Bugwood.org

teile verlegt. Kurz vor der Verpuppung fressen die 40–50 mm langen, graublauen, rotbraun behaarten Raupen mit weißem Rückenstreifen sowie roten und schwarzen Seitenstreifen einzeln. Die Verpuppung findet in weißen bis gelblichen Kokons im Kronenbereich statt. Die Falter mit hellgelben bis braunen Vorderflügeln mit zwei Querlinien und einer Flügelspannweite bis zu 40 mm fliegen von Juni bis August. Weibchen legen bis zu 200 Eier ringförmig um dünne Zweige ab und überziehen diese mit einem durchsichtigen, lackartigen Sekret. Die Eigelege überwintern.

**Ökologie**
Insektenfressende Vogelarten, zahlreiche parasitoide Hautflügler und Zweiflügler sowie eine Reihe von Prädatoren sind natürliche Feinde der Raupen.

**Gegenmaßnahmen**
**Vorbeugend**
Schutz und Förderung (z. B. Nistkästen für Meisen) der natürlichen Gegenspieler.

**Gezielt**
Ausschneiden und Vernichten der Eigelege und Raupennester. Falls notwendig, sind Behandlungen gegen die Jungraupen mit *Bacillus-thuringiensis*-Präparaten durchzuführen.

## Holzbohrer (Cossidae)

### *Blausieb (Zeuzera pyrina)*

**Wirtspflanzen**
Polyphag an verschiedenen Obst- und anderen Laubgehölzen. Seltener an Weinrebe.

**Schadbild**
An Stamm- und Kronenteilen mit einem Durchmesser unter 10 cm treten Bohrlöcher auf, aus denen Genagsel (Holzteile und Kot) austritt. Befallene Baumteile welken und sterben ab.

**Bedeutung**
In Südeuropa oder in warmen Sommern kann das Blausieb vor allem in Junganlagen bedeutende Schäden anrichten.

**Biologie**
Ab Juni erscheinen die großen (Weibchen mit Flügelspannweite bis zu 65 mm; Männchen sind wesentlich kleiner) weißlichen Falter mit den typischen, metallisch blauschwarzen Flecken. Weibchen legen bis zu 200 Eier, oft in Gruppen, in Wunden, Risse oder auch alte Schlupflöcher in der Rinde von Baumteilen unter 10 cm Durchmesser ab. Die frisch geschlüpften Räupchen zerstreuen sich und dringen oft durch Blattachseln in junge Triebe ein. Später bohren sie sich in stärkere Baumteile ein und legen dort bis zu 40 cm lange Fraßgänge im Kernholz an. Durch ein Ausbohrloch wird das Genagsel nach außen befördert. Die bis zu 60 mm langen, zuerst rosafarbenen, später gelben Raupen mit den typischen schwarzblauen Warzen,

Blausieb – Fraßgang mit Raupe (Státní rostlinolékařská)

Blausieb – Raupe (Hluchy, M.)

Blausieb – Falter (Beránek, J.)

Kopf und Nackenschild verpuppen sich nach zwei- bis dreijähriger Entwicklungszeit in ihrem Fraßgang in einem seidenen Kokon. Im Frühsommer schiebt sich die Puppe aus dem Bohrloch heraus und der Falter schlüpft.

### Ökologie

Die Falter werden vor allem von Fledermäusen und Eulen gejagt. Natürliche Feinde der Raupen und Puppen sind Parasitoide aus der Familie der Schlupfwespen sowie Spechte.

### Gegenmaßnahmen

#### Vorbeugend

Schutz und Förderung der natürlichen Gegenspieler.

#### Gezielt

Abfangen der Falter durch spezifische Pheromonfallen, die ab Mitte Mai (je nach Befallsdruck 6–12 Fallen/ha) über mehrere Jahre möglichst über den Baumkronen ausgehängt werden. Die Erneuerung des Pheromons ist während der Flugsaison nach sechs bis acht Wochen empfehlenswert.

Eine mechanische Gegenmaßnahme ist die Abtötung der Larve durch Einführen eines biegsamen Drahtes in Bohrlöcher mit Auswurf von Genagsel. Stark befallene Bäume sollten gerodet und entsorgt werden.

## *Weidenbohrer (Cossus cossus)*

### Wirtspflanzen

Neben Weiden, Erlen und Pappeln auch an Obstbäumen wie Apfel, Birne, Zwetschke, Kirsche und Walnuss.

### Schadbild

An Stamm und Ästen vorwiegend älterer und kränkelnder Bäume treten große Bohrlöcher auf, aus denen grobes Genagsel ausgeworfen wird. Die Raupe erzeugt einen unangenehmen Essiggeruch. Befallene Bäume sind im Wachstum gehemmt und sterben bei starkem Befall ab.

### Bedeutung

Es werden vorwiegend alte, kranke und häufig auch von Glasflüglern befallene Bäume mit einem Stammdurchmesser von über 10 cm befallen. Wirtschaftlicher Schaden (Absterben, Stammbruch) kann an Jungbäumen entstehen.

### Biologie

Der nachtaktive Falter (tagsüber sitzt er an Baumstämmen, Baumpfählen u. Ä.) erreicht eine Flügelspannweite von bis zu 10 cm. Er hat matt graubraune, mit unregelmäßiger dunkler Zeichnung versehene Flügel. Die Flugzeit erstreckt sich von Ende Mai bis Anfang August. Weibchen legen mehrere 100 Eier in Gruppen von bis zu 50 Stück oft im unteren Stammbereich der Wirtsbäume ab. Die Räupchen fressen

Weidenbohrer – Raupe (Stolz, M.)

Weidenbohrer – Puppe (Pokorný, V.)

Weidenbohrer – Falter (Beránek, J.)

erst gemeinsam unter der Rinde und bohren sich dann meist nach oben ihre Gänge in das Splintholz. Die ausgewachsenen Raupen sind gelblich und haben einen dunkelroten Rücken. Kopf und Nackenschild sind schwarz. Vor der Verpuppung nach zwei- bis dreijähriger Fraßzeit erreichen sie eine Länge von 10 cm. Die ovalen, in der Längsrichtung des Stammes verlaufenden Gänge sind zu dieser Zeit mehr als 1 cm breit und bis zu 1 m lang. Aus ihnen werden große Mengen Genagsel nach außen geschafft. Die Verpuppung erfolgt in einem Kokon entweder im Fraßgang oder im Boden in der Nähe des Stammfußes.

**Ökologie**
Natürliche Feinde der Raupen sind Raupenfliegen, Schlupfwespen, entomophage Pilze, Spechte und Meisen. Eigelege werden von Fledermäusen und Eulen als Nahrungsquelle genutzt. Auch der Kannibalismus der Raupen kann Populationen dezimieren.

**Gegenmaßnahmen**
**Vorbeugend**
Gesunderhaltung der Pflanzen. Vermeidung von Befall durch Glasflügler. Schutz und Förderung natürlicher Gegenspieler.

**Gezielt**
Siehe Blausieb.

## Palpenmotten (Gelechiidae)
### *Kleinere Knospenmotte (Recurvaria nanella)*

**Wirtspflanzen**
Polyphag an Apfel, Birne, Steinobst, Eberesche, Weißdorn und anderen Laubgehölzen.

**Schadbild**
Äußerlich unbeschädigte Knospen sind innen ausgefressen. Typisches Anzeichen für einen Befall ist rötliches Bohrmehl und Kot um die geschädigten Knospen. Später werden innere Blütenteile und das Mark junger Triebe ausgefressen.

**Bedeutung**
Diese Art ist eher in extensiv gepflegten Obstanlagen bedeutend.

**Biologie**
Die überwinternden schmutzig rötlich gefärbten Raupen mit dunkelbraunem Kopf beginnen zur Zeit des Austriebs mit ihrem Fraß in Knospen und an Blüten. Bevor sie sich in einem weißen Kokon zwischen den Blättern oder zwischen der Vegetation am Boden verpuppt, erreicht die Raupe eine Länge von 5–6 mm. Die Falter mit einer Flügelspannweite von 11–12 mm und den für Palpenmotten charakteristisch sichelförmig nach oben gebogenen Fühlern fliegen von Juni bis Juli. Die aus den Eiern schlüpfenden Junglarven minieren anfangs in Blättern, später verlassen sie die Blätter und spinnen in der Nähe der Knospen einen Kokon an die Zweige,

Kleinere Knospenmotte – Falter (Elsner, G.)

Kleinere Knospenmotte – Falter © P. Buchner

Kleinere Knospenmotte – Falter, Farbvariante © P. Buchner

Kleinere Knospenmotte – Raupe © F. Polesny

Kleinere Knospenmotte – Schadbild © P. Buchner

in denen sie überwintern. Diese Art entwickelt eine Generation.

### Gegenmaßnahmen

#### Vorbeugend

Schutz und Förderung natürlicher Gegenspieler.

#### Gezielt

Frühe Austriebbehandlungen bzw. Vorblütebehandlungen sind auch gegen diesen Schädling wirksam.

## Pfauenspinner (Saturniidae)

### *Großes (Wiener) Nachtpfauenauge (Saturnia pyri)*

### Wirtspflanzen

Obstgehölze, wie Apfel, Birne, Pfirsich, Marille, sowie Laubgehölze, wie z. B. Esche u. a.

### Schadbild

Blattfraß.

### Bedeutung

Wirtschaftliche Schäden sind selten. Besonders in wärmeren Klimaten Europas können bei Übervermehrung lokal Schäden durch Kahlfraß entstehen. Das Große Nachtpfauenauge steht auf der Roten Liste gefährdeter Arten!

### Biologie

Die Falter fliegen im April und Mai. Mit seiner Flügelspannweite bis zu 14 cm zählt der Falter zu den größten Europas. Die Farbe der Vorder- und Hinterflügel variiert von dunkelbraun bis weißgrau. Die Flügelenden sind mit einem weißlichen Saum eingefasst. In der Mitte jedes Flügels ist der typische Augenfleck zu finden. Ebenfalls in der Mitte der Vorderflügel bzw. im letzten Drittel der Hinterflügel verläuft eine rot und beige gefärbte, gewellte Linie. Die Falter sind nachtaktiv und nehmen keine Nahrung zu sich. Das Weibchen legt bis zu 200 Eier ab. Im Mai schlüpfende Jungraupen sind schwarz mit roten Warzen, die bis zu 12 cm großen, ausgewachsenen Raupen sind erbsengrün mit markant gefärbten Warzen (je nach Stadium blau, rosa, gelb), auf denen sternförmige

Großes Nachtpfauenauge – Falter (Hrabák, R.)

Großes Nachtpfauenauge – Raupe 3. Stadium (Traxler, L.)

Großes Nachtpfauenauge – Raupe 4. Stadium (Traxler, L.)

Großes Nachtpfauenauge – Raupe 5. Stadium (Traxler, L.)

Borstenhaare stehen. Bei Störungen geben die Raupen einen charakteristischen knirschenden Laut von sich. Die Verpuppung findet in einem braunen, ca. 6 cm großen Kokon im Bereich der Stammbasis statt. Die Puppe überwintert. Die Art hat eine Generation pro Jahr.

### Ökologie

Die Art ist thermophil und daher vorwiegend in Mittel- und Südeuropa verbreitet. Raupen werden von Vögeln und zahlreichen anderen Antagonisten dezimiert.

### Gegenmaßnahmen

Keine. Ausschließlich bei ganz seltenen Übervermehrungen ist der Einsatz von *Bacillus-thuringiensis*-Präparaten gegen Jungraupen empfehlenswert.

## Sackträgermotten oder Miniersackträger (Coleophoridae)

***Coleophora hemerobiella, Coleophora spinella, Coleophora prunifoliae, Coleophora coracipennella, Coleophora anatipennella (Syn.: C. bernoulliella)***

### Wirtspflanzen

Kernobst, Kirsche, Zwetschke, Schlehe, Weißdorn und andere Gehölze.

### Schadbild

Runde Blattminen mit typischem, ausgestülptem Sack. Keine Blattverformungen.

### Bedeutung

Keine wirtschaftliche Bedeutung.

### Biologie

Die Lebensweise aller angeführten Arten ist ähnlich. Die überwinternden Raupen setzen ihren Fraß an Knospen und Blättern zur Zeit des Austriebs fort. Sie bauen sich aus Blattstückchen einen typischen hell- bis dunkelbraunen Sack, in dem sie sich aufhalten und unter dem sie im Blatt minieren. Sie bilden mehrere Säcke, die – je nach Alter der Raupen – gebogen (pistolenförmig) oder gerade sein können. Die 10–12 mm großen Falter mit dunklen, braungrau glänzenden Flügeln fliegen im Juni und Juli und legen ihre Eier meist auf die Blattunterseite. Jungraupen beginnen nach kurzem Fraß an den Blättern in diesen zu minieren und einen vorerst gebogenen Sack anzufertigen. Im Herbst suchen sie an Ästchen und Stängeln ein Überwinterungsversteck.

### Gegenmaßnahmen

#### Gezielt

Maßnahmen mit einem geeigneten, nützlingsschonenden Insektizid zur Zeit des Austriebs sind meist nicht notwendig.

Sackträgermotte – Larve auf Apfelblatt (Stolz, M.)

*Coleophora spinella* – Falter (Zacharda, M.)

*Coleophora hemerobiella* – Falter © P. Buchner

*Coleophora hemerobiella* – Pistolenförmiger Sack der ersten Raupenstadien (Zacharda, M.)

*Coleophora hemerobiella* – Säcke der letzten Raupenstadien (Zacharda, M.)

*Coleophora prunifoliae* – Falter © P. Buchner

*Coleophora prunifoliae* – Falter, seitlich © P. Buchner

*Coleophora anatipennella* – Falter © P. Buchner

*Coleophora anatipennella* – Falter, seitlich © P. Buchner

*Coleophora coracipennella* – Falter (Zacharda, M.)

*Coleophora anatipennella* – Pistolenförmiger Sack (Zacharda, M.)

## Schwärmer (Sphingidae)

### *Abendpfauenauge (Smerinthus ocellata)*

**Wirtspflanzen**

Apfel, Pappel, Weide.

**Schadbild**

Kahlfraß an Trieben und Zweigen. Die Blätter werden einschließlich der Hauptadern gefressen.

**Bedeutung**

Durch die Größe der Raupen können vor allem in Baumschulen oder Junganlagen größere Schäden entstehen. In Erwerbsanlagen ist der Schaden durch einzelne Raupen unbedeutend.

**Biologie**

Die Falter schlüpfen ab Mai aus den überwinternden Puppen und fliegen bis in den Juli. Ihre Flügelspannweite beträgt 75–85 mm. Die Farbe ihrer Vorderflügel ist braun mit rosafarbener Zeichnung. Die rötlichen Hinterflügel zeigen je einen großen, bläulichen Augenfleck. Weibchen legen mehr als 100 Eier einzeln oder in Gruppen an Blätter und Triebe. Die ausgewachsenen 60–70 mm langen, walzenförmigen grünen Raupen mit schrägen weißlichen Linien und einem markanten Dorn am elften Körpersegment fressen im Juli und August einzeln an Blättern und graben sich danach in den Boden ein, um sich dort zu verpuppen.

Abendpfauenauge – Falter (Hrabák, R.)

**Ökologie**

Raupen werden, außer von nicht spezifischen Parasitoiden und Prädatoren, auch von spezialisierten Raupenfliegen befallen. Natürliche Feinde der überwinternden Puppen im Boden sind Mäuse und Maulwürfe.

**Gegenmaßnahmen**

**Vorbeugend**

Schutz und Förderung natürlicher Gegenspieler.

**Gezielt**

Nur selten, eventuell in Baumschulen oder Junganlagen notwendig. Bei Bedarf ist die Anwendung eines *Bacillus-thuringiensis*-Präparates empfehlenswert.

### *Lindenschwärmer (Mimas tiliae)*

**Wirtspflanzen**

Polyphag an zahlreichen Laubgehölzen wie Linden, Ulmen, Erlen, Eichen, Ahorn u. a. An Obstgehölzen findet man die Art vor allem an Apfel, Birne, Walnuss und verschiedenen *Prunus*-Arten.

**Schadbild**

Wie Abendpfauenauge.

**Bedeutung**

Wie Abendpfauenauge.

**Biologie**

Ähnlich jener des Abendpfauenauges. Die Flügel mit einer Spannweite von 60–80 mm sind in der Farbe von braun bis gelb oder grün variabel. Der Hinterrand der Vorderflügel ist gewellt. Ausgewachsene Raupen sind 55–65 mm lang, schlanker als bei verwandten Arten und am Vorderteil sichtbar schlanker als am

Abendpfauenauge – Raupe (Traxler, L.)

Lindenschwärmer – Raupe (Hluchy, M.)

Lindenschwärmer – Falter (Pokorný, V.)

dorntragenden Hinterteil. In wärmeren Klimaten Europas kann diese Art zwei Generationen pro Jahr bilden.

**Gegenmaßnahmen**
Wie Abendpfauenauge.

### *Pappelschwärmer (Laothoe populi)*

**Wirtspflanzen**
Vorwiegend an Pappeln und Weiden, seltener an Obstgehölzen.

**Schadbild**
Wie Abendpfauenauge.

**Bedeutung**
Wie Abendpfauenauge.

**Biologie**
Ähnlich jener des Abendpfauenauges. Die Falter mit einer Flügelspannweite von 72–92 mm sind im Aussehen dem Abendpfauenauge ähnlich, unterscheiden sich jedoch durch einen kleinen, deutlich hellen Fleck an der Oberseite der Vorderflügel. Sie fallen auch durch ihre typische Flügelstellung auf, bei der im Sitzen die deutlich kürzeren Hinterflügel weit vor die Vorderflügel gezogen sind. Die Raupen unterscheiden sich durch ihre gelbgrüne Färbung, feine gelbe bis rötliche Punktierung und ebenfalls feine gelbe Querstreifung.

**Gegenmaßnahmen**
Wie Abendpfauenauge.

Pappelschwärmer – Falter
© Gyorgy Csoka, Hungary Forest Research Institute, Bugwood.org

Pappelschwärmer – Falter, Farbvariante (Traxler, L.)

Pappelschwärmer – Larve © Gyorgy Csoka, Hungary Forest Research Institute, Bugwood.org

## Spanner (Geometridae)

### *Apfelblütenspanner (Pasiphila rectangulata, Syn.: Chloroclystis rectangulata)*

**Wirtspflanzen**
Apfel, Birne, seltener Kirsche und andere Obstarten.

**Schadbild**
Fraßspuren an Knospen und Blütenorganen; später auch an Blättern.

**Bedeutung**
Trotz häufigem Auftreten meist von geringer Bedeutung. Nur bei starkem Auftreten kann der Fruchtansatz verringert werden.

**Biologie**
Die aus den überwinternden Eiern schlüpfenden Räupchen fressen während des Austriebs an Knospen, Staubgefäßen der Blüten und später an Blättern. Die ausgewachsenen, hellgrünen bis gelbgrünen, nur 18–20 mm großen Raupen mit dunkelgrüner oder roter Rückenlinie verpuppen sich Ende Mai im Boden. Die Falter mit dunkelgrün bis schwärzlich gefärbten, mit zahlreichen grauen, quer verlaufenden Wellenlinien gezeichneten Vorderflügeln fliegen im Juni und Juli. Die Weibchen legen bis zu 100 Eier an ruhende Knospen, wo sie überwintern. Die Art hat eine Generation pro Jahr.

**Gegenmaßnahmen**
Bei Bedarf Behandlungen ähnlich jener des Kleinen Frostspanners.

Apfelblütenspanner – Raupe, seitlich © H. Melzer

Apfelblütenspanner – Raupe © H. Melzer

Apfelblütenspanner – Puppe © H. Melzer

Apfelblütenspanner – Falter © P. Buchner

### *Birkenspanner (Biston betularia)*

**Wirtspflanzen**
Apfel, Kirsche, Zwetschke, Johannisbeere, Hopfen u. a.

**Schadbild**
Ausschließlich Blattfraß, keine Fruchtschäden.

**Bedeutung**
Da keine Fruchtschäden verursacht werden, stellt dieser Falter auch bei häufigem Auftreten keine wirtschaftliche Bedeutung dar.

**Biologie**
Die großen Falter (Flügelspannweite 42–55 mm) mit weißen, schwarz gesprenkelten Flügeln (es treten auch schwarze Varietäten auf), fliegen von Mai bis Juli. Die zweigähnlichen, bis zu 50 mm langen, braun bis grün gefärbten Raupen mit rosa Zeichnungen und rötlichen Stigmata (Atemöffnungen) fressen am Laub der Futterpflanzen. In Ruhe steht ihr Körper ähnlich einem abgebrochenen Zweig in einem Winkel von ca. 45° von der Unterlage ab. Puppen überwintern im Boden. Die Art hat eine Generation pro Jahr.

**Gegenmaßnahmen**
Meist nicht notwendig. Bei Bedarf können *Bacillus-thuringiensis*-Präparate gegen Jungraupen empfohlen werden.

Birkenspanner – Männlicher Falter (hell), weiblicher Falter (dunkel) (Hluchy, M.)

Birkenspanner – Raupe in grüner Tarnfarbe (Traxler, L.)

Doppelzahnspanner – Raupe in grüner Tarnfarbe (Mimese in Flechtenoptik) (Traxler, L.)

Doppelzahnspanner – Raupe in brauner Tarnfarbe (Traxler, L.)

### *Doppelzahnspanner (Odontopera bidentata, Syn.: Gonodontis bidentata)*

**Wirtspflanzen**

Polyphag an zahlreichen Baum- und Straucharten.

**Schadbild**

Wie andere Spanner-Arten.

**Bedeutung**

Selten, keine wirtschaftlichen Schäden bekannt.

**Biologie**

Die graubraun bis ockerfarbenen Falter mit schwarzer Flügelzeichnung (Querband in Flügelmitte sowie ein ovales Mal nahe der Flügelmitte an der Außenkante der Vorderflügel) und einer Flügelspannweite von

Doppelzahnspanner – Falter © J. Beránek

33–45 mm fliegen von Mai bis Juni. Sie sind nachtaktiv. Die ausgewachsenen, bis zu 4 cm langen Raupen sind in ihrer Färbung außerordentlich variabel und passen sich damit ihrer Umgebung an. Meist sind sie jedoch braun. Das elfte Körpersegment besitzt einen kleinen Dorn, das siebente und achte Segment Pseudopodienrudimente (Scheinfüßchen). Auf dem Kopf der Raupen befinden sich außerdem zwei dunkle, kapselartige Vorsprünge. Die Verpuppung erfolgt im Boden, wo diese auch überwintert. Die Art hat eine Generation pro Jahr.

**Gegenmaßnahmen**
Nicht erforderlich.

### *Frühlings-Kreuzflügel, Rosskastanienspanner (Alsophila aescularia)*

**Wirtspflanzen**
Polyphag an Laubgehölzen. Auch an Apfel, Birne, Kirsche, Zwetschke, Marille und Johannisbeere.

**Schadbild**
Fraß an Blättern und Blüten.

Frühlings-Kreuzflügel – Eigelege © P. Buchner

Frühlings-Kreuzflügel – Raupe © I. Altmann

Frühlings-Kreuzflügel – Männlicher Falter (Hrabák, R.)

Frühlings-Kreuzflügel – Weibchen mit stark reduzierten Flügeln © P. Buchner

**Bedeutung**
Obwohl weitverbreitet und häufig, sind wirtschaftliche Schäden an Obstgehölzen eher ungewöhnlich.

**Biologie**
Die Falter sind von Februar bis April zu finden. Diese Art weist extremen Geschlechtdimorphismus auf: Männchen haben hellgraue bis bräunlich-graue Vorderflügel (Flügelspannweite 25–30 mm), mit einer hellen gezackten Querlinie, die sie in Ruhestellung gekreuzt übereinander falten. Das hingegen flügellose Weibchen legt seine Eier spiralig um Zweige in der Stärke eines Bleistiftes (ähnlich dem Ringelspinner) und bedeckt diese mit Haaren seines Analbüschels. Die blassgrünen Raupen mit dunkler Rückenlinie und gelben Seitenlinien fressen an Blättern und Blütentrieben. Die ca. 25 mm lange erwachsene Raupe verpuppt sich im Mai oder Juni im Boden. Die Art hat nur eine Generation.

**Gegenmaßnahmen**
Meist nicht notwendig. Maßnahmen gegen den Frostspanner sind auch gegen diese Art wirksam.

### Großer Frostspanner (*Erannis defoliaria*)

**Wirtspflanzen**
Polyphage Art an Laubbäumen und Sträuchern, darunter auch die meisten Obstgehölze sowie Johannisbeere und Stachelbeere.

**Schadbild**
Wie bei Kleinem Frostspanner.

**Bedeutung**
Wie bei Kleinem Frostspanner.

**Biologie**
Die Lebensweise ist ähnlich jener des Kleinen Frostspanners. Die ebenfalls im Oktober schlüpfenden Männchen haben jedoch eine Flügelspannweite von ca. 40 mm. Ihre Vorderflügel sind blassgelb bis rötlich-braun mit variablen dunklen Querbändern und einem schwarzen Mittelpunkt. Die Flügelfarbe ist jedoch sehr variabel, sodass auch einfärbige Individuen vorkommen. Die langbeinigen, schwarzweiß gesprenkelten Weibchen sind flügellos bzw. besitzen nur Flügelrudimente. Sie legen ihre Eier in Knospen ab. Ausgewachsene Raupen werden bis zu 35 mm lang, sind rotbraun gefärbt mit seitlichen gelben oder cremeweißen Feldern.

**Ökologie**
Im Vergleich zum Kleinen Frostspanner hat der Große Frostspanner eine geringere Neigung zu Gradationen. Das Spektrum der Prädatoren und Parasitoiden ist ähnlich wie beim Kleinen Frostspanner.

**Gegenmaßnahmen**
Wie bei Kleinem Frostspanner.

Großer Frostspanner – Männlicher Falter (Pokorný, V.)

Großer Frostspanner – Weiblicher Falter (Pokorný, V.)

Großer Frostspanner – Raupe (Beránek, J.)

Großer Frostspanner – Löffelfraß an Frucht (Pokorný, V.)

### *Kirschenspanner (Lycia hirtaria)*

**Wirtspflanzen**
Polyphag an zahlreichen Laubgehölzen, darunter Birne und Zwetschke.

**Schadbild**
Fraß an Blättern.

**Bedeutung**
Keine schädlichen Übervermehrungen bekannt.

**Biologie**
Die auch unter dem Namen Schwarzfühler-Dickleibspanner bekannten Falter mit grauen, schwarz bestäubten Vorderflügeln und dunklen, gebogenen und geschwungenen Querlinien, haben eine Flügelspannweite von 45 mm und fliegen von März bis Mai. Die ausgewachsenen, bis zu 50 mm langen, graubraunen bis leicht lilafarbenen Raupen mit zwei gelben Flecken auf jedem Körpersegment verpuppen im Boden. Die Art hat eine Generation pro Jahr.

**Gegenmaßnahmen**
Nicht notwendig.

Kirschenspanner – Eiraupe © H. Melzer

Kirschenspanner – Raupe © J. Beránek

Kirschenspanner – Männlicher Falter © P. Buchner

Kirschenspanner – Weiblicher Falter (Pokorný, V.)

### *Kleiner Frostspanner (Operophtera brumata)*

**Wirtspflanzen**
Polyphage Art an Laubbäumen und Sträuchern, darunter auch Apfel, Birne, Zwetschke, Kirsche, Marille, Johannisbeere, Stachelbeere u. a.

**Schadbild**
Ab dem Frühjahr werden Knospen, Blüten, Blätter und junge Früchte geschädigt. Ausgehöhlte Knospen öffnen sich nicht, Blüten werden durch Abfressen von Stempel und Staubgefäßen unfruchtbar. An Blättern entsteht – je nach Befallsstärke – Lochfraß oder Kahlfraß, bei dem nur die Mittelrippe übrig bleibt. An jungen Früchten wird bei Kernobst das Fruchtfleisch, bei Steinobst auch der Kern (Löffelfraß) angefressen.

**Bedeutung**
Einer der bedeutendsten tierischen Schädlinge an Obst- und Laubgehölzen. Starker Befall kann empfindliche Ernteeinbußen verursachen.

**Biologie**
Von Austriebsbeginn bis zur Blüte schlüpfen die Räupchen aus den überwinternden Eiern und fressen junge Blätter, Knospen und Blüten an. Im ersten Raupenstadium spinnen sie auch gerne Fäden, an denen sie sich vom Wind oft über weite Strecken an andere Pflanzen tragen lassen. Bis Ende Mai/Anfang Juni fressen die Raupen ununterbrochen an Blättern und jungen Früchten, die sie auch manchmal zusammenspinnen. Ausgewachsene, 25 mm lange, hellgrüne Raupen mit dunkler Rückenlinie und weißlichen und gelben Seitenlinien spinnen sich zu Boden und verpuppen sich dort. Nach ersten Frostnächten im Oktober erscheinen die Falter. Männchen haben graubraune Vorderflügel mit einer Spannweite von 22–28 mm und dunklen, welligen Querlinien. Das ungeflügelte Weibchen kriecht nach der Paarung den Stamm des Wirtsgehölzes hoch und legt bis zu 200 ovale, rote Eier an geschützten Stellen von Zweigen ab. Die Eier überwintern. Die Art hat eine Generation pro Jahr.

**Ökologie**
Der Kleine Frostspanner ist eine Art mit starker Neigung zu Gradationen. Meisen und andere Vogelarten suchen die Eier während der Wintermonate. Raupen und Puppen werden von zahlreichen Arten parasitoider Haut- und Zweiflügler befallen. Raupen werden auch insbesonders bei Gradationen durch Infektionen mit Viren abgetötet.

Kleiner Frostspanner – Männlicher Falter (Beránek, J.)

Kleiner Frostspanner – Weiblicher Falter (Beránek, J.)

Kleiner Frostspanner – Fraßschaden an jungen Marillenfrüchten (Hluchy, M.)

Kleiner Frostspanner – Raupe (Pokorný, V.)

Kl. Frostspanner – Schadbild an reifen Früchten (Hluchy, M.)

**Gegenmaßnahmen**

**Vorbeugend**

Schutz und Förderung (z. B. Meisennistkästen) natürlicher Gegenspieler.

**Gezielt**

Anlegen von Leimringen an Stämme und Baumpfähle gegen das Aufkriechen der Weibchen zur Eiablage ab Oktober.

Bei Überschreiten der Schadensschwelle an Astproben im Winter (2–5 Eier auf 2 m Fruchtholz) sind Behandlungen zur Zeit des Austriebs mit ölhaltigen Präparaten empfehlenswert. Nach dem Austrieb (Schadensschwellen 5–8 Räupchen je 100 Blütenbüschel, bzw. 8–10 % befallene Knospen) ist eine Behandlung gegen Jungraupen mit einem *Bacillus-thuringiensis*-Präparat oder einem anderen nützlingsschonenden Insektizid empfehlenswert.

Orangegelber Breitflügelspanner – Raupe © J. Beránek

## *Orangegelber Breitflügel-(Frost-)Spanner (Agriopis aurantiaria, Syn.: Erannis aurantiaria)*

**Wirtspflanzen**

Polyphag an zahlreichen Laubgehölzen u. a.; auch an Apfel, Kirsche, Zwetschke, Walnuss und anderen Obstgehölzen.

Orangegelber Breitflügelspanner – Weibchen mit stark reduzierten Flügeln © J. Beránek

**Schadbild**

Fraßschäden an Blüten.

**Bedeutung**

Obwohl die Art weitverbreitet und örtlich oft häufig ist, hat sie keine wirtschaftliche Bedeutung.

**Biologie**

Die Raupen schlüpfen im April aus den überwinterten Eiern und fressen bis Anfang Juni. Die ausge-

Orangegelber Breitflügelspanner – Männchen © J. Beránek

Orangegelber Breitflügelspanner – Männchen © J. Beránek

wachsenen, bis zu 40 mm langen, graugelben bis graubraunen Raupen mit dunklem Streifen auf dem Rücken verpuppen sich im Boden. Erst im Oktober und November schlüpfen die goldgelben, schwarz gesprenkelten Falter. Das plumpe Weibchen hat zu 2–4 mm kurzen Stummeln reduzierte Flügel. Männchen besitzen hellbraune bis gelb gefärbte Flügel mit dunkleren Querbinden und Sprenkeln bei einer Flügelspannweite von 35–40 mm.

### Gegenmaßnahmen

Meist nicht notwendig. Maßnahmen gegen den Frostspanner (z. B. Leimringe) wirken auch gegen diese Art.

## *Rhombenspanner, Rauten-Rindenspanner (Peribatodes rhomboidaria, Syn.: Boarmia rhomboidaria, B. gemmaria)*

Siehe Weinreben.

## *Zackenbindiger Rindenspanner (Ectropis crepuscularia, Syn.: E. bistortata, Boarmia bistortata)*

### Wirtspflanzen

Polyphag an Laub- und Nadelgehölzen sowie anderen Pflanzenarten.

### Bedeutung

Einzelne schädliche Vorkommen sind vor allem aus Wäldern bekannt.

### Biologie

Die grauen bis schmutzig weißen Falter mit ca. 40 mm Spannweite und gezackten, weißlichen Wellenlinien auf den Flügeln schlüpfen ab März aus den überwinternden Puppen und fliegen bis Mai.

Zackenbindiger Rindenspanner – Falter, helle Form © P. Buchner

Die gelbbraunen Raupen mit dunklen Linien an den Körperseiten werden bis zu 30 mm groß. Die Art entwickelt zwei Generationen pro Jahr. Die Falter der zweiten Generation fliegen von Juli bis September. Die Puppen überwintern.

### Gegenmaßnahmen

Meist nicht notwendig. Im Bedarfsfall wären Behandlungen mit *Bacillus-thuringiensis*-Präparaten empfehlenswert.

Zackenbindiger Rindenspanner – Raupe (Traxler, L.)

Zackenbindiger Rindenspanner – Falter, dunkle Form (Traxler, L.)

## Spreizflügler (Choreutidae)

### *Apfelblattmotte (Choreutis pariana)*

**Wirtspflanzen**

Apfel, Birne, Vogelbeere, Weißdorn.

**Schadbild**

Blätter werden im Frühjahr erst oberseits skelettiert, später rollt die Raupe Blattränder mit einem lockeren Gespinst ein und setzt ihren Fraß in diesem Versteck fort. Befallene Blätter sind rotbraun verfärbt, bei starkem Befall sehen sie wie verbrannt aus. Raupen der zweiten Generation können Schabefraß an Früchten verursachen.

**Bedeutung**

In intensiv gepflegten Anlagen kommt diese Art nur sehr selten vor. Gelegentlich können vor allem die Raupen der Sommergeneration in jungen Apfelbeständen größere Schäden anrichten.

**Biologie**

Die Falter mit braunen, grau bereiften, zackenlinienförmig gemusterten Vorderflügeln überwintern in Verstecken (Rindenspalten, Laub u. Ä.) und beginnen im Frühjahr mit der Eiablage an Blättern. Die gelb bis gelbgrünen, ca. 12 mm großen Raupen mit hellbraunem Kopf lassen sich bei Störung zu Boden fallen. Nach etwa drei Wochen verpuppen sie sich in einem dichten, weißen Kokon entweder im versponnenen Blattrand, an der Blattunterseite oder zwischen welken Blättern. Die Falter der Sommergeneration fliegen im Juli oder August, ihre Raupen verpuppen sich im September oder Oktober.

Apfelblattmotte – Raupe (Pokorný, V.)

Apfelblattmotte – Falter (Pokorný, V.)

**Ökologie**

Die Art hat zahlreiche natürliche Feinde unter den Parasitoiden und Prädatoren. In den Verstecken, die durch das Rollen und Verspinnen der Blätter entstehen, findet man häufig Ohrwürmer, die sowohl Prädatoren der Eier als auch der Raupen und Puppen sind.

**Gegenmaßnahmen**

**Vorbeugend**

Schutz und Förderung der natürlichen Gegenspieler.

**Gezielt**

Gezielte Maßnahmen sind nur selten notwendig. Nur bei starkem Frühjahrsbefall wäre eine Behandlung der Jungraupen der Sommergeneration ab Juli mit einem nützlingsschonenden Insektizid (z. B. *Bacillus-thuringiensis*-Präparat) sinnvoll.

Apfelblattmotte – Schadbild (Pokorný, V.)

## Trägspinner (Lymantriidae)

### *Buchen-Streckfuß, (Buchen-)Rotschwanz (Calliteara pudibunda)*

**Wirtspflanzen**
Polyphag an Laubgehölzen. Unter den Obstgehölzen vor allem an Birne, Apfel, Walnuss, Haselnuss, allen Steinobstarten, Himbeere, Brombeere und Hopfen zu finden.

**Schadbild**
Blattfraß.

**Bedeutung**
Da Blattfraß erst im Sommer stattfindet und das Auftreten an Obstgehölzen eher selten vorkommt, ist der Schaden meist gering.

**Biologie**
Die Falter mit silbergrauen Vorderflügeln mit dunkler Zeichnung und einer Flügelspannweite von 45–55 mm schlüpfen im Mai und Juni aus den überwinterten Puppen. Weibchen legen ihre Eier in Gruppen von 10–100 Stück an die Rinde in der Baumkrone. Raupen fressen von Juli bis September an Blättern. Die ausgewachsene, gelbgrüne bis rosa Raupe wird 40–50 mm lang und ist mit gelbgrünen Härchen bedeckt. Charakteristisch sind vier Bürsten heller, gelblicher bis rötlicher Haare auf den ersten vier Hinterleibssegmenten des Rückens und eine lange Bürste rostbrauner Haare auf dem achten Hinterleibssegment. Raupen weiblicher Falter sind größer als jene, aus denen sich Männchen entwickeln. Die Puppen überwintern.

Buchen-Streckfuß – Raupe © J. Beránek

Buchen-Streckfuß – Raupe (Pokorný, V.)

Buchen-Streckfuß – Männlicher Falter © P. Buchner

Buchen-Streckfuß – Weiblicher Falter (Beránek, J.)

**Gegenmaßnahmen**
Kaum notwendig. Im Bedarfsfall ist der Einsatz von *Bacillus-thuringiensis*-Präparaten möglich.

### *Goldafter (Euproctis chrysorrhoea)*

**Wirtspflanzen**
Unter den Obstgehölzen werden vor allem Vertreter aus der Familie der Rosaceae wie Apfel, Birne und andere Kernobstgewächse sowie Zwetschken, Kirschen und andere Steinobstgewächse befallen.

**Schadbild**
Verbreitet Kahlfraß verbunden mit starker Gespinstbildung.

**Bedeutung**
Diese Art neigt oft gebietsweise zu Massenvermehrungen mit damit verbundenem Kahlfraß, wodurch

erhebliche ökonomische Schäden verursacht werden können. Zusätzlich können die Raupenhaare gesundheitliche Probleme (Hautausschläge) verursachen.

**Biologie**
Ab April verlassen die Jungraupen (zweites bis drittes Entwicklungsstadium) ihre Überwinterungsgespinste und beginnen mit dem Fraß an Knospen, Blättern und Blüten. Mit zunehmender Fraßtätigkeit erweitern sie ihre weniger dichten Sommergespinste, in denen sie gesellig leben. Diese Gespinste können ganze Zweige einschließen. Die 3–4 cm langen, ausgewachsenen Raupen sind braunschwarz mit zwei roten Rückenstreifen und langen, auf bräunlichen Warzen stehenden Haaren. Die Verpuppung erfolgt in einem Kokon zwischen zusammengesponnenen Blättern, seltener auch in Rindenverstecken oder am Boden. Der Falter mit flaumig weißen Vorderflügeln hat eine Flügelspannweite von 30–35 mm. Der Hinterleib ist mit braunen Haaren bedeckt, die Weibchen haben am Hinterleibsende einen goldbraunen Haarschopf. Während der Flugzeit von Juli bis August legen diese bis zu 300 Eier in Gelegen an der Unterseite der Blätter und mit den goldbraunen Afterhaaren bedeckt. Nach kurzer Fraßtätigkeit beginnen die Jungraupen mit der Herstellung der dichten Winternester, in denen sie gemeinsam überwintern. Die Art hat eine Generation pro Jahr.

**Ökologie**
Raupen werden von zahlreichen Schlupfwespen-, Brackwespen-, Erzwespen- und Raupenfliegenarten sowie von entomopathogenen Mikroorganismen befallen. Auch insektenfressende Vögel wie Kuckuck oder Meisen sind wirksame natürliche Feinde der Raupen.

Goldafter – Eierlegendes Weibchen
© Jan Samanek, State Phytosanitary Administration, Bugwood.org

Goldafter – Mit braunen Afterhaaren bedecktes Eigelege © Jan Samanek, State Phytosanitary Administration, Bugwood.org

Goldafter – Raupe 3. Stadium (Beránek, J.)

Goldafter – Sommergespinst (Pokorný, V.)

Goldafter – Ausgewachsene Raupe (Traxler, L.)

**Gegenmaßnahmen**

**Vorbeugend**

Schutz und Förderung natürlicher Gegenspieler. Gesunderhaltung gefährdeter Obstgehölze.

**Gezielt**

Entfernen und Vernichten der Winternester mit überwinternden Raupen. Achtung: Schutzkleidung empfehlenswert!

Gegen die im Frühjahr das Wintergespinst verlassenden Jungraupen ist eine Behandlung mit nützlingsschonenden Insektiziden, wie z. B. *Bacillus-thuringiensis*-Präparaten, wirksam.

Goldafter – Männlicher Falter, dorsal, mit gut sichtbarem Haarbüschel am Abdomenende © P. Buchner

Goldafter – Männlicher Falter im typischen Totstellreflex © P. Buchner

Goldafter – Männlicher Falter © P. Buchner

### *Schlehen-Bürstenspinner (Orgya antiqua)*

**Wirtspflanzen**

Zahlreiche Obstarten wie Apfel, Birne, Kirsche, Zwetschke, Himbeere, Vogelbeere, Schlehdorn, Weißdorn und andere Laubgehölze sowie auch Nadelgehölze.

**Schadbild**

Blattfraß.

**Bedeutung**

Gradationen treten nur lokal auf. An Obstgehölzen kaum wirtschaftliche Schäden.

**Biologie**

Ab Mai schlüpfen nach und nach Räupchen aus überwinterten Eiern und fressen an Blättern des Überwinterungsbaumes oder wandern auf Nachbarbäume über. Die ausgewachsenen, bis zu 25 mm langen, grauen oder violetten, stark behaarten (vier bürstenartige gelbe Haarbüschel auf dem Rücken, zwei lange schwarze Haarbüschel hinter dem Kopf) Raupen mit roten, schwarzen und gelben Zeichnungen verpuppen sich in einem Kokon, der an Kronenteile angesponnen wird. Die braungrauen weiblichen Falter sind flügellos. Die Männchen haben ocker- bis kastanienbraune Flügel, auf denen sich am inneren Rand ein deutlicher, dunkel umrandeter weißer Fleck befindet. Ihre Flügelspannweite beträgt 25–33 mm. Die flügellosen, fast unbeweglichen Weibchen legen ihre Eier oft direkt auf das Puppengespinst oder in dessen Nähe ab. Der Flug der ersten Generation findet im Juli/August, jener der zweiten Generation im September statt. Die Eier der zweiten Generation überwintern.

**Ökologie**

Als natürliche Feinde der Raupen sind zahlreiche parasitoide Arten von Hautflüglern und Zweiflüglern

Schlehen-Bürstenspinner – Raupe (Pokorný, V.)

Schlehen-Bürstenspinner – Weiblicher Falter (Pokorný, V.)

Schlehen-Bürstenspinner – Männlicher Falter (Pokorný, V.)

bekannt. Diese Art wird ebenfalls von Polyederviren der Gattung *Borrelia* infiziert, wodurch Gradationen schnell beendet werden können.

**Gegenmaßnahmen**

**Vorbeugend**

Schutz und Förderung natürlicher Gegenspieler.

**Gezielt**

Bei Überschreitung der Schadensschwelle (sechs Raupen auf 100 Blüten- oder Laubrosetten) ist eine Behandlung gegen Jungraupen mit geeigneten, nützlingsschonenden Insektiziden, wie z. B. *Bacillus-thuringiensis*-Präparaten, empfehlenswert.

### *Schwammspinner (Lymantria dispar)*

**Wirtspflanzen**

Alle Obstgehölze sowie Laub- und Nadelgehölze.

**Schadbild**

Zuerst Loch-, dann Kahlfraß. Es werden keine Gespinste gebildet!

**Bedeutung**

Diese Art neigt zu Massenvermehrungen, die drei bis vier Jahre andauern. Solche Gradationen können sich alle 10–12 Jahre wiederholen. Neben Obstkulturen können vor allem an Eichenbeständen durch Kahlfraß bedeutende ökonomische Schäden verursacht werden. Die Raupenhaare können gesundheitliche Probleme (Hautausschläge) verursachen.

**Biologie**

Zur Zeit des Austriebs schlüpfen die Räupchen aus den Eigelegen und beginnen mit ihrer Fraßtätigkeit. Nach 6–12 Wochen sind die 40–70 mm langen, grauen, mit blauen und roten behaarten Warzen versehenen Raupen ausgewachsen und verpuppen sich in Gespinsten in Rindenverstecken. Falter haben einen ausgesprochenen Geschlechtsdimorphismus: Männchen haben eine Flügelspannweite von ca. 40 mm sowie graubraune Vorderflügel mit verwaschenen schwarzen Zackenlinien. Weibchen sind mit ca. 60 mm Flügelspannweite größer und plumper und zeigen auf den weißen Vorderflügeln mehrere

Schwammspinner – Raupe (Traxler, L.)

Schwammspinner – Weiblicher Falter bei der Eiablage
© Ronald S. Kelley, Vermont Department of Forests, Parks and Recreation, Bugwood.org

schwarze Zackenbinden und am Hinterleibsende braune Afterwolle auf. Die Ablage von bis zu 500 Eiern erfolgt in aus Sekret und Afterwolle bestehenden Eischwämmen an tiefer gelegenen Stammbereichen oder Zäunen. Die Überwinterung erfolgt im Eistadium. Die Art hat eine Generation pro Jahr.

**Ökologie**

Die thermophile Art wird vor allem durch warme, trockene Witterung gefördert. Insektenfressende Vögel wie Meisen, Kuckuck u. a., räuberische Laufkäfer wie beispielsweise der Kleine (*Calosoma inquisitor*) und der Große Puppenräuber (*C. sycophanta*) sowie mehr als 100 parasitoide Hautflügler (Schlupfwespen, Brackwespen, Erzwespen u. a.) und zahlreiche Raupenfliegenarten sind effektive natürliche Feinde der Raupen. Der Zusammenbruch von Gradationen wird jedoch in der Regel von entomophagen Mikroorganismen wie Polyederviren, Bakterien (*Bacillus thuringiensis*), einzelligen pilzlichen Parasiten (z. B. Mikrosporidien der Gattungen *Nosema*, *Plistophora*, u. a.) sowie entomophagen Pilzarten beschleunigt.

Schwammspinner – Männlicher Falter (Pokorný, V.)

Schwammspinner – Weiblicher Falter (Pokorný, V.)

**Gegenmaßnahmen**

**Vorbeugend**

Überwachung von gefährdeten Eichenbeständen, wo Gradationen meist bei günstigen Witterungsbedingungen beginnen.

**Gezielt**

Raupen sind gegen Polyederviren und Bakterien wie *Bacillus thuringiensis* sehr empfindlich. Diese Präparate haben besonders gegen Jungraupen eine hohe Wirksamkeit.

### *Schwan (Euproctis similis)*

**Wirtspflanzen**

Polyphag an zahlreichen Laubgehölzen. An Obstgehölzen, z. B. auf Apfel, Birne, Hasel, Walnuss, und allen Steinobstgehölzen.

**Schadbild**

Blattfraß, seltener Fruchtfraß.

**Bedeutung**

Bei Übervermehrung sind wirtschaftliche Schäden möglich.

**Biologie**

Ähnlich dem Goldafter. Raupen des dritten Stadiums überwintern allerdings einzeln in Gespinsten in Rindenspalten und anderen Verstecken. Im Frühjahr fressen sie an den Blättern, seltener an jungen Früchten. Im Gegensatz zum Goldafter leben die

Schwan – Raupe (Traxler, L.)

Raupen einzeln und fertigen keine Gespinste an. Die ca. 35 mm langen ausgewachsenen, bunt schwarzrot gefärbten und schwarz behaarten Raupen verpuppen sich in weißen Gespinsten. Die Falter sind dem Goldafter sehr ähnlich. Sie fliegen im Juli und August. Die Eigelege werden auf die Unterseite von Blättern abgelegt und wie beim Goldafter mit Afterhaaren bedeckt. Nach kurzem Fraß der Raupen und der zweiten Häutung gehen sie in Winterruhe.

**Ökologie**
Wie Goldafter.

**Gegenmaßnahmen**
**Vorbeugend**
Schutz und Förderung natürlicher Gegenspieler.

Schwan – Falter © P. Buchner

Schwan – Falter, dorsal © P. Buchner

Schwan – Falter, Ansicht der Körperunterseite © P. Buchner

**Gezielt**
Bei lokalen Übervermehrungen ist der Einsatz von *Bacillus-thuringiensis*-Präparaten gegen Jungraupen möglich.

## Weißlinge (Pieridae)

### *Baum-Weißling (Aporia crataegi)*

**Wirtspflanzen**
Polyphage Art, deren Raupen sich auch von Blättern der meisten Obstgehölze sowie von Weißdorn, Schlehdorn u. a. ernähren.

**Schadbild**
Blatt- und Knospenfraß.

**Bedeutung**
Der Baum-Weißling neigt zu spontanen und lokalen Übervermehrungen, die Kahlfraß zur Folge haben können. Derzeit ist das Vorkommen des Baum-Weißlings relativ selten, sodass er als potenziell gefährdete Art in die Rote Liste aufgenommen wurde.

**Biologie**
Die kleinen (6–8 mm lang), kurz behaarten, schwarzen Raupen mit orangefarbenen Streifen an den Körperseiten überwintern nach zwei Häutungen in Gruppen von 10–70 Stück in einem an Zweigen befestigten, versponnenen Blattnest (ähnlich jenen des Goldafters). Im Frühjahr, während der Zeit des Knospenaustriebs, werden sie aktiv und beginnen gemeinsam an Knospen und Blättern zu fressen. Im letzten Entwicklungsstadium zerstreuen sie sich und fressen einzeln im gesamten Kronenbereich. Ende Mai/Anfang Juni stellen sie die Fraßtätigkeit ein und verpuppen sich einzeln, an Zweigen angesponnen, in Form einer gelblich-grünen, schwarz gefleckten Gürtelpuppe. Die weißen Falter mit schwarzer Flügeladerung und einer Flügelspannweite von bis zu 60 mm schlüpfen ab Ende Mai. Weibchen legen ihre gelben, spitzen Eier in Spiegeln von bis zu 120 Stück an Blättern ab. Jungraupen skelettieren Blätter, bis sie sich im Juli aus mehreren Blättern ihr Überwinterungsnest spinnen, wo sie überwintern. Die Art hat eine Generation pro Jahr.

**Ökologie**
Das Auftreten dieser Art ist sehr variabel. Gradationen sind oft sehr kurzfristig. An diesen Fluktuationen der

Population sind in beträchtlichem Maße entomopathogene Mikroorganismen beteiligt. Bei Gradationen können auch Meisen die Zahl der überwinternden Raupen um bis zu 80 % reduzieren.

**Gegenmaßnahmen**

**Vorbeugend**

Schutz und Förderung natürlicher Gegenspieler.

Baum-Weißling – Falter (Hrabák, R.)

Baum-Weißling – Raupen (Hrabák, R.)

Baum-Weißling – Parasitierte Raupe (Hrabák, R.)

**Gezielt**

Normalerweise wird keine gezielte Behandlung durchgeführt, da es sich um eine gefährdete Art handelt. Ausschließlich bei Massenauftreten wäre eine Behandlung mit *Bacillus-thuringiensis*-Präparaten im Frühjahr gegen die Jungraupen empfehlenswert.

## Wickler (Tortricidae)

### *Fruchtschalenwickler (Adoxophyes orana, Syn.: A. reticulana)*

**Wirtspflanzen**

Apfel, Birne, Quitte sowie Steinobst und Beerenobst.

**Schadbild**

Vom Frühjahr bis zum Frühsommer zusammengesponnene oder zusammengerollte Blätter mit Fraßspuren (Skelettier- bzw. Fensterfraß). Im Hochsommer und Herbst an Früchte angesponnene Blätter, darunter Flächen- oder Punktfraß an der Fruchtschale.

**Bedeutung**

Der Fraß der Frühjahrsgeneration an Blättern ist selten schädlich. Die Sommergeneration kann jedoch durch die Schädigung der Fruchtschale bedeutende Qualitätseinbußen zur Folge haben.

**Biologie**

Kurz nach dem Austrieb verlassen die Jungraupen ihre Überwinterungsorte in Rindenverstecken oder zwischen versponnenen trockenen Blättern und beginnen mit ihrer Fraßtätigkeit an den jungen Blättern und Blütenbüscheln, später an den Blättern der Jungtriebe. Ab Mitte Mai verpuppen sich die bis zu 20 mm langen, ausgewachsenen, gelb- bis dunkelgrünen

Fruchtschalenwickler – Schadbild © H. Melzer

Fruchtschalenwickler – Falter (Laštůvka, Z.)

Fruchtschalenwickler © H. Melzer

Fruchtschalenwickler – Larve (biohelp)

Fruchtschalenwickler © H. Melzer

Fruchtschalenwickler – Larve © H. Melzer

Fruchtschalenwickler – Farbvariante © H. Melzer

Fruchtschalenwickler – Puppe © H. Melzer

Raupen mit gelbbraunem Kopf- und Nackenschild. Die erste Generation der 18–22 mm großen Falter mit braunen Streifen auf den ockerbraunen Flügeln fliegt ab Mai. Die Weibchen legen bis zu 150 Eier in Spiegeln an Blätter ab. Jüngere Raupen der Sommergeneration fressen unter einem Gespinst an Blättern, ältere Raupen spinnen Blätter an Früchten und fressen darunter flächig an der Fruchtschale. Die zweite Faltergeneration fliegt ab Juli. Raupen der Herbstgeneration fressen noch einige Wochen, verursachen unter angesponnenen Blättern an den Früchten den typischen Punktfraß und suchen sich im zweiten oder dritten Entwicklungsstadium ein Überwinterungsversteck.

### Ökologie

Raupen der Schalenwickler haben aufgrund ihrer wenig geschützten Lebensweise zahlreiche natürliche Feinde, wie z. B. parasitoide Hautflügler, räuberische Wanzen, Ohrwürmer und Spinnen.

### Gegenmaßnahmen

#### Vorbeugend

Unterstützung natürlicher Gegenspieler durch Zwischenraumbegrünung und Verzicht auf nützlingstoxische Pflanzenschutzmittel. Beobachtung des Flugverlaufes durch Pheromonfallen ist möglich.

#### Gezielt

Vor der Blüte (Schadensschwelle 0,5–1 Räupchen pro 100 Blütenbüschel) sind noch vor dem Einspinnen der Räupchen zwischen den Blättern Präparate auf Basis *Bacillus thuringiensis* sehr gut wirksam. Auch Wachstums- und Entwicklungsregulatoren oder andere geeignete, nützlingsschonende Insektizide sind empfehlenswert. Eine Behandlung zur Zeit des Austriebs gegen die Raupen der ersten Generation kann jedenfalls die Gefahr einer zweiten Generation, die Schäden an den reifenden Früchten verursachen kann, verringern. Der Einsatz der Verwirrungstechnik wäre möglich.

## *Apfelwickler (Cydia pomonella, Syn.: Carpocapsa pomonella)*

### Wirtspflanzen

Apfel, Birne, Marille, Pfirsich sowie Walnuss.

### Schadbild

Im Frühjahr werden die von der ersten Generation befallenen Früchte notreif und fallen vorzeitig ab. Früchte, die im Sommer von der zweiten Generation befallen werden, reifen weiter heran. Das Einbohrloch der Raupe ist, im Gegensatz zum unscheinbaren Ausbohrloch, gut sichtbar und mit trockenen Kotkrümeln verschlossen. Normalerweise entwickelt sich nur eine Raupe pro Frucht, deren Fraßgang bis in das Kerngehäuse führt, das zumindest teilweise zerstört wird.

Schneidet man eine befallene Frucht auf, findet man oft noch die bis zu 20 mm große, in jungem Stadium gelblich-weiße, später rötlich gefärbte, braunköpfige Raupe. Befallene Früchte werden häufig sekundär durch den Moniliapilz befallen.

Apfelwickler – Fraßgang mit Raupe (Fischer-Colbrie, P.)

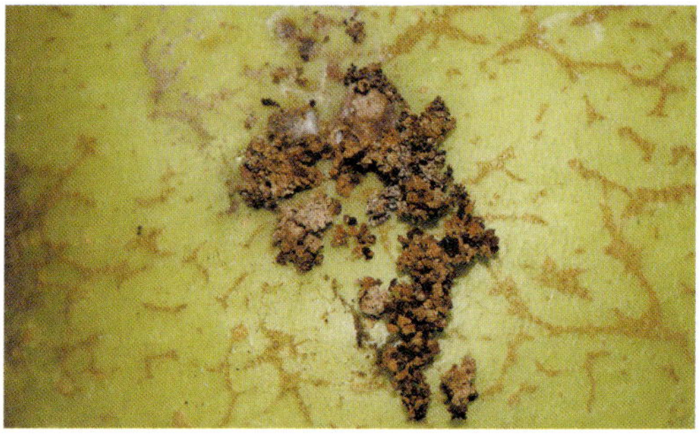

Apfelwickler – Einbohrstelle mit Kotaustritt (Hluchy, M.)

Apfelwickler – Schadbild an der Walnuss (Stolz, M.)

Apfelwickler – Raupe an der Walnuss (Stolz, M.)

Apfelwickler – Ausbohrstelle mit Moniliabefall (Hluchy, M.)

Apfelwickler – Falter (Laštůvka, Z.)

**Bedeutung**

Der Apfelwickler ist der gefährlichste tierische Schädling des Kernobstes. Er kann bedeutende Ernteausfälle verursachen und sekundär Fruchtfäule am Baum und im Lager fördern.

**Biologie**

Der Kleinschmetterling mit bis zu 20 mm Flügelspannweite hat aschgraue, von dunklen Bändern durchzogene Vorderflügel mit einem typischen, metallisch glänzenden bronze-schwarzfarbenen Fleck an der Spitze. Er schlüpft im Mai. Das Weibchen legt nach der Befruchtung abends, bei Temperaturen über 16 °C seine Eier (silbrig glänzende Schildchen) einzeln auf Früchte oder auf umliegende Blätter. Ein Weibchen kann 80–120 Eier ablegen. Nach etwa 8–15 Tagen (bei tieferen Temperaturen auch erst nach 20 Tagen) schlüpfen die Räupchen und bohren sich nach einem kurzen Oberflächenfraß in die Frucht ein. Innerhalb von circa vier Wochen durchlaufen die bis zu 18–20 mm langen, blassrosa Raupen fünf Stadien. Danach verlassen sie die Früchte und suchen ein Versteck unter Borkenschuppen, in Ritzen an Stamm und Ästen oder an Baumpfählen bzw. auch im Boden auf, wo sie sich in einem weißen Kokon einspinnen. Je nach Standortsklima, Höhenlage bzw. genetischer Programmierung entwickelt der Apfelwickler ein oder zwei Generationen pro Jahr. Wird nur eine Generation gebildet, überwintert die ausgewachsene Raupe im Kokon. Wird eine zweite Generation gebildet, verpuppt sich die Raupe und entlässt den Falter der zweiten Generation circa Ende Juli. Dieser legt seine Eier an die bereits reifenden Früchte. Die Raupen der zweiten Generation überwintern nun ebenfalls in einem Kokon in Rindenverstecken oder im Boden.

Apfelwickler – Falter in Ruhestellung (Pokorný, V.)

Apfelwickler – Falter, Farbvariante © P. Buchner

Apfelwickler – Älteres Raupenstadium (Hluchy, M.)

### Ökologie

Das Reproduktionspotenzial des Apfelwicklers kann durch zahlreiche Gegenspieler (Nützlinge) bedeutend reduziert werden. Praxisversuche ergaben, dass bis zu 40 % der Eier sowie bis zu 10 % der frisch geschlüpften Räupchen, noch ehe sie sich in die Frucht einbohren können, durch Ohrwürmer und Raubwanzen aus der Familie der Weichwanzen (Miridae) und Blumenwanzen (Anthocoridae) abgetötet werden. Bis zu 40 % der Raupen können nach dem Verlassen der Frucht auf der Suche nach einem geeigneten Versteck durch Laufkäfer und Kurzflügler und bis zu 90 % der überwinternden Raupen von Meisen vernichtet werden. Die Schlupfwespe *Pimpla turionellae* ist in der Lage bis zu 15 % der Puppen zu parasitieren. Insgesamt kann man daher annehmen, dass unter natürlichen Bedingungen von 120 Eiern eines Weibchens durchschnittlich nur ungefähr ein Weibchen (etwas größere Raupe und daher leichter zu finden) und 1,8 Männchen überleben. Werden Prädatoren und Parasitoide durch ungeeignete Pflanzenschutzmaßnahmen abgetötet, kann die Überlebensrate des Schädlings auf das Sechsfache dieses Wertes steigen.

### Gegenmaßnahmen

#### Vorbeugend

Natürliche Unterdrückung (s. o.) durch Schutz (nützlingsschonende Pflanzenschutzmaßnahmen) und Förderung (Hecken, Nistkästen, Versteckmöglichkeiten u. Ä.) natürlicher Gegenspieler.

#### Gezielt

Zeitgerechte Pflanzenschutzmaßnahmen im beginnenden Frühjahr können in Form von Pheromonfallen-Einsatz, Eiablagebeobachtungen oder Warndienstmeldungen offizieller Pflanzenschutzeinrichtungen gezielt erfolgen. Neben anerkannten chemischen Wirkstoffen stehen auch alternative, besonders umweltschonende Präparate, wie Entwicklungshemmer, *Bacillus-thuringiensis-* (BT-) oder Granuloseviren-Präparate sowie der Einsatz des Apfelwickler-Sexuallockstoffes in der „Verwirrungstechnik“ zur Verfügung (siehe auch Kapitel Biologische Pflanzenschutzstrategien).

Die Bekämpfung mit insektenpathogenen Nematoden der Art *Steinernema feltiae* erfolgt im Herbst, nachdem sich die Apfelwicklerlarven in Rindenritzen eingesponnen haben. Die Sprühbehandlung – in den späten Nachmittagsstunden (UV-Empfindlichkeit!) durchgeführt – umfasst neben Stamm und Leitästen auch den Boden, der einem Teil der überwinternden Raupen als Versteck dient. Es ist auf ausreichende Luftfeuchtigkeit zu achten, um den Nematoden die Fortbewegung zu ihren Wirten zu gewährleisten. Bei Anwendung solcher selektiver Pflanzenschutzmethoden ist es jedenfalls empfehlenswert, die Populationsentwicklung weiterer potenzieller Schädlinge, wie z. B. anderer Wicklerarten, zu beobachten. In Nichterwerbsanlagen kann durch regelmäßiges Ab- und Aufsammeln befallener Früchte sowie Anlegen (Anfang Juli und Anfang September) und Abnehmen (Ende Juli und Oktober) von Fanggürteln aus

**Apfelwickler – Beringung** © AGES GmbH, Josef Altenburger, 2013

**Apfelwickler – Wellpappering als Fanggürtel** (Fischer-Colbrie, P.)

**... und Raupen im Fanggürtel** © AGES GmbH, Hermann Hausdorf, 2013

Wellpappe (ca. 10 cm breit) am Stamm eine Dezimierung der Schädlingspopulation erreicht werden. Abgenommene Fanggürtel sollten nicht ungeöffnet vernichtet werden, da sich neben den Wicklerraupen auch Nützlinge darin aufhalten.

### *Birnenwickler, Marlinger Birnwurm (Cydia pyrivora, Syn.: C. dannehli)*

**Wirtspflanzen**

Birne.

**Schadbild**

Durch den unter dem abgelegten Ei befindlichen Bohrgang entsteht eine Wachstumshemmung, die eine grubige Vertiefung an der Eiablagestelle verursacht. Der Bohrgang reicht bis in das Kerngehäuse. Der Befall wird erst an den reifenden Früchten – oft erst nach der Ernte – durch das Ausbohrloch der Raupe sichtbar.

Birnenwickler – Schadbild (Stolz, M.)

Birnenwickler – Adult © P. Buchner

**Bedeutung**

In einigen Gebieten Europas ein bedeutender Birnenschädling.

**Biologie**

Die Überwinterung der erwachsenen Raupen findet in einem Kokon unter Rindenschuppen, an Obstkisten oder im Boden statt. Im Frühjahr erfolgt die Verpuppung. Das Puppenstadium dauert vier bis sechs Wochen. Ab Juni erscheinen die Falter. Ihre Vorderflügel sind hell- und dunkelbraungrau quergestreift. Die Hinterflügel sind einfärbig braun bis rotbraun. Die Weibchen legen meist nur ein Ei an die Fruchtschale. Die Jungraupe bohrt sich unter oder knapp neben dem Ei in das Fruchtfleisch. Der Bohrgang reicht bis zum Kerngehäuse, das zerstört wird. Die erwachsene Raupe verlässt die Frucht und sucht sich ein Überwinterungsversteck. Es wird eine Generation pro Jahr gebildet.

**Gegenmaßnahmen**

**Vorbeugend**

Schonung und Förderung natürlicher Gegenspieler. In Befallslagen Bevorzugung von Sorten, die für den Wickler weniger attraktiv sind. Der Einsatz von Pheromonen zur Flugbeobachtung ist in einigen Ländern möglich.

**Gezielt**

Behandlung der Früchte kurz vor der Eiablage mit selektiven Insektiziden, wie z. B. Entwicklungshemmern.

### *Blattbüschelwickler (Acleris rhombana)*

**Wirtspflanzen**

Weißdorn, Weide, seltener Apfel, Birne, Pflaume und Zwetschke.

**Schadbild**

Fraß an Knospen, Blütenbüscheln und an zusammengesponnenen Blättern an Triebspitzen.

**Bedeutung**

Weitverbreitet und häufig, jedoch kaum bis keine Schäden an Obstkulturen bekannt.

**Biologie**

Die Falter mit dunkelbraunen bis ockerfarbenen Vorderflügeln mit ausgeschweiften Spitzen und einer Flügelspannweite von 13–19 mm fliegen von August

Blattbüschelwickler – Raupe © H. Melzer

Blattbüschelwickler – Puppe © H. Melzer

Blattbüschelwickler – Falter © P. Buchner

bis Oktober. Die Eier werden einzeln oder in kleineren Gelegen an Zweige gelegt und überwintern dort. Im Frühjahr schlüpfen die Raupen und fressen sich in treibende Knospen und Blütenbüschel. Später fressen sie in zusammengesponnenen Blättern. Ab Juni verpuppen sich die ausgewachsen etwa 12–14 mm langen, blass oder gelblich-grünen Raupen in einem Kokon im Boden. Das Puppenstadium dauert bis August.

**Gegenmaßnahmen**
Meist nicht notwendig.

Blattbüschelwickler – Falter, Farbvariante © P. Buchner

### *Bodenseewickler (Pammene rhediella)*

**Wirtspflanzen**
Weißdorn, Apfel; seltener Birne, Pflaume, Zwetschke, Kirsche und andere Laubgehölze.

**Schadbild**
Oberflächlicher Fraß an jungen Früchten, die an Berührungsstellen zusammengesponnen werden. Später bohrt sich die Raupe in die Frucht. An der Einbohrstelle ist meist ein Blatt angesponnen. Der weißlich ausgekleidete Bohrgang ist frei von Kot und biegt vor dem Kerngehäuse wieder in Richtung Stielbasis ab. Oberflächliche Fraßstellen verkorken. Befallene Früchte sind oft verformt und fallen häufig frühzeitig ab.

**Bedeutung**
An Weißdorn häufig und verbreitet. In Apfelanlagen können fallweise bedeutende Schäden auftreten.

**Biologie**
Im Frühjahr verpuppen sich die in einem Kokon unter Rindenschuppen überwinterten, ausgewachsenen Raupen. Der Falterflug beginnt knapp vor jenem des

Bodenseewickler – Falter © P. Buchner

Apfelwicklers im Mai. Eier werden einzeln an die Unterseite von Blättern in der Nähe von Fruchtbüscheln abgelegt. Geschlüpfte Räupchen fressen zuerst an Blättern, Jungtrieben und Jungfrüchten, bevor sie sich in die ca. 2 cm großen Früchte einbohren. Ab Juli verlassen die ausgewachsenen Raupen die Früchte und suchen ein Überwinterungsversteck. Die Art entwickelt eine Generation pro Jahr.

**Gegenmaßnahmen**

**Vorbeugend**

Die Befallsstärke kann aufgrund des Vorjahresbefalls sowie durch Pheromonfallen, die eine Woche vor Blühbeginn ausgehängt werden sollten, prognostiziert werden.

**Gezielt**

Falls notwendig, sind Entwicklungshemmer kurz nach Blütenblätterfall bzw. andere selektive Präparate ca. 10–14 Tage später wirksam.

### *Brauner Laubholzwickler (Archips xylosteana)*

**Wirtspflanzen**

Wie Brauner Obstbaumwickler.

**Schadbild**

Die Fraßtätigkeit beschränkt sich vorwiegend auf Blätter, die zusammengesponnen werden.

**Bedeutung**

Gering.

**Biologie**

Die Falter haben ockerfarbene Flügel mit rotbrauner Zeichnung (Querband und drei typische Flecken). Die Flügelspannweite beträgt 15–23 mm. Die Flugzeit ist von Ende Juni bis August, wobei die Hauptflugzeit im Juli liegt. Die von einer bräunlichen Ausscheidung bedeckten Eigelege werden an Stamm und Äste gelegt und überwintern dort. Ende April/Anfang Mai schlüpfen die Räupchen, rollen Blätter ein und beginnen darin zu fressen. Die weißlich- bis bläulichgrauen Raupen mit schwarzem Kopf erreichen vor der Verpuppung in den versponnenen Blättern eine Länge von 16 bis 22 mm. Die Art entwickelt eine Generation pro Jahr.

**Gegenmaßnahmen**

**Vorbeugend**

Schutz und Förderung natürlicher Gegenspieler (siehe auch Apfelschalenwickler).

**Gezielt**

Meist nicht notwendig. Falls erforderlich, siehe Apfelschalenwickler.

Brauner Laubholzwickler – Larve
© Gyorgy Csoka, Hungary Forest Research Institute, Bugwood.org

Brauner Laubholzwickler – Raupe des vorletzten Stadiums in geöffnetem Gespinst © H. Melzer

Brauner Laubholzwickler – Ausgewachsene Raupe © H. Melzer

Brauner Laubholzwickler – Schadbild an Ulme © H. Melzer

Brauner Laubholzwickler – Falter, Seitenansicht © P. Buchner

Brauner Laubholzwickler – Falter © P. Buchner

Brauner Laubholzwickler – Falter, Farbvariante © P. Buchner

## *Brauner Obstbaumwickler (Archips podana)*

### Wirtspflanzen

Die Raupen dieser Art leben polyphag an verschiedenen Bäumen und Sträuchern. Im Obstbau sind sie häufig an Apfel, Birne, Kirsche, Zwetschke sowie an verschiedenen Beerenobstarten zu finden.

### Schadbild

Im Frühjahr Fraßstellen an Knospen, Blüten, jungen Blättern und Früchten. An heranreifenden Früchten entsteht durch flächige Verkorkungen eine optische Beeinträchtigung. Im Herbst entstehen an reifen Früchten unter angesponnenen Blättern unregelmäßige, oberflächliche Fraßstellen an der Fruchtschale.

### Bedeutung

Der Frühjahrsfraß an Knospen und Blüten kann bei höherer Populationsdichte wirtschaftlich bedeutend sein. Die Beschädigungen der Fruchtschale in Frühjahr und Herbst können einerseits den Marktwert vermindern und andererseits das Befallsrisiko durch Lagerkrankheiten erhöhen. Der Fraß am entwickelten Laub hat kaum Bedeutung.

### Biologie

Der überwiegende Teil der Raupen der zweiten Generation überwintert im dritten Entwicklungsstadium in einem Gespinst an geschützten Stellen, wie z. B. unter Knospenschuppen oder in der Baumkrone. Im März oder April verlassen sie ihre Überwinterungsverstecke und beginnen an Knospen, später an Blüten und jungen Früchten zu fressen. Die bis zu 22 mm langen, graugrünen älteren Raupenstadien mit kastanien-

Brauner Obstbaumwickler – Fraßspuren an einem Apfel (Státní rostlinolékaĭská)

Brauner Obstbaumwickler – Raupe © H. Melzer

Brauner Obstbaumwickler – Männlicher Falter (Hluchy, M.)

braunem Kopf- und Halsschild fressen an Blättern. Im Juni bis September fliegen die purpur- bis ockerfarbenen Falter und legen bis zu 50 Eier in flachen, mit einem hart werdenden Sekret überzogenen Eispiegeln an Blätter. Die schmutziggelben Jungraupen mit anfangs schwarzem Kopf- und Halsschild fressen unter einem Gespinst an der Unterseite der Blätter. Ab dem zweiten Entwicklungsstadium spinnen sie Blätter aneinander. Ab dem dritten Stadium werden auch reifende Früchte unter angesponnenen Blättern angefressen. Diese Art bildet eine unvollständige zweite Generation: Ein Teil dieser Generation geht nicht in Winterruhe und entwickelt sich unter günstigen Bedingungen an den Früchten am Lager weiter.

**Ökologie**

Siehe Apfelschalenwickler.

**Gegenmaßnahmen**

Siehe Apfelschalenwickler.

Brauner Obstbaumwickler – Flächige Verkorkung an reifem Apfel (Státní rostlinolékaïská)

### *Gestreifter Johannisbeerwickler (Pandemis cerasana, Syn.: P. ribeana)*

**Wirtspflanzen**

Polyphag an Obstgehölzen wie Apfel, Birne, Kirsche, Zwetschke, Walnuss, Johannisbeere, Himbeere, Brombeere und anderen Laubgehölzen.

**Schadbild**

Zusammengerollte und zusammengesponnene Blätter sowie Fraßspuren an Blüten und jungen Früchten.

**Bedeutung**

Der Schaden an Blättern ist gewöhnlich unbedeutend. Der Fraß an Blüten und kleinen Früchten führt zu einer Qualitätsverminderung der Ernte.

**Biologie**

Die Falter dieser Art fliegen von Juni bis August. Ihre Flügel sind blassgelb bis gelbbraun gefärbt mit einer blassbraunen, v-förmigen Zeichnung. Ihre Flügelspannweite erreicht 16–24 mm. Ein Teil der Raupen schlüpft noch Ende des Sommers aus den Eiern, spinnt sich nach kurzem Fraß an Blättern in einem seidenen Schutzgespinst an Zweige und überwintert. Die restlichen Raupen schlüpfen erst im folgenden Frühjahr, wenn auch die überwinternden Räupchen ihre Gespinste verlassen. Bis Mai oder Anfang Juni fressen die grünen bis grünbraunen, bis zu 25 mm langen, schlanken Raupen mit deutlichen hellen Streifen zwischen den Körpersegmenten und dunkelbraunem bis schwarzem Kopf zwischen zusammengesponnenen Blättern und verpuppen sich auch dort in einem weißen Kokon. Diese Art bildet meist nur eine Generation pro Jahr.

**Ökologie**

Alle Entwicklungsstadien können von bereits für den Apfelschalenwickler beschriebenen zahlreichen Prädatoren und Parasitoiden befallen werden.

**Gegenmaßnahmen**

**Vorbeugend**

Unterstützung natürlicher Gegenspieler durch Zwischenzeilenbegrünung und Verzicht auf nützlingstoxische Pflanzenschutzmittel.

**Gezielt**

Gut wirksam sind zur Zeit des Austriebs – noch vor dem Einspinnen der Räupchen zwischen den Blät-

Gestreifter Johannisbeerwickler – Raupe (Pokorný, V.)

Gestreifter Johannisbeerwickler – Falter (Beránek, J.)

tern – Präparate auf Basis *Bacillus thuringiensis* sowie Wachstums- und Entwicklungsregulatoren. Eine Behandlung gegen die Raupen der ersten Generation kann jedenfalls die Gefahr einer möglichen zweiten Generation, die Schäden an den reifenden Früchten verursachen kann, verringern.

### *Grauer Knospenwickler (Hedya nubiferana, Syn.: H. variegana, H. dimidioalba)*

**Wirtspflanzen**

Zahlreiche Bäume und Sträucher. Im Obstbau vor allem an Apfel, Birne, Kirsche, Zwetschke, Vogelbeere, Mandel u. a. schädlich.

**Schadbild**

Im Spätsommer sind an den Schalen von Apfel- und Birnenfrüchten ähnliche Oberflächenschäden zu finden wie sie z. B. vom Fruchtschalenwickler (*Adoxophyes orana*) verursacht werden. Nach der Überwinterung setzen die Raupen im Frühjahr ihren Fraß fort und befallen dabei die austreibenden Blatt- und Blütenknospen.

**Bedeutung**

Der Graue Knospenwickler kann zusammen mit anderen Schalen- und Knospenwicklerarten durch die Beschädigung und damit Reduzierung der Blütenknospen (bis zu vier Knospen pro Raupe) sowie durch die Entwertung der reifenden Früchte stellenweise bedeutende Schäden anrichten.

**Biologie**

Die Flügelspannweite des Falters erreicht 15–21 mm. Die Färbung der Vorderflügel ist variabel ockerfarben bis dunkelbraun mit silbrigen Flecken und heller gefärbten Flügelenden. Die Hinterflügel sind graubraun. Die bis zu 20 mm lange Raupe ist oliv- bis dunkelgrün. Ihr Kopf- und Nackenschild sowie Analplatte, Analkamm und Thorakalbeine sind dunkelbraun bis schwarz. Die Raupe überwintert. Gegen Ende Mai verpuppt sie sich zwischen versponnenen Blättern. Nach ungefähr 14 Tagen schlüpft der Falter und fliegt bis Juni/Juli. Sitzende Falter ähneln oft Vogelkot (Mimese). Die Eier werden einzeln oder in kleinen Gruppen an die Unterseite der Blätter abgelegt. Früchte werden bevorzugt dort beschädigt, wo ihnen Blätter anliegen. Für die Überwinterung spinnen die noch kleinen Raupen

Grauer Knospenwickler – Geschädigte Knospe (Hluchy, M.)

Grauer Knospenwickler – Geschädigtes Blatt (Pokorný, V.)

Grauer Knospenwickler – Raupe (Pokorný, V.)

Grauer Knospenwickler – Puppe (Hluchy, M.)

Grauer Knospenwickler – Falter © P. Buchner

Grauer Knospenwickler – Falter (Laštůvka, Z.)

dichte Kokons in Rindenspalten oder unter Knospenschuppen. Es wird eine Generation pro Jahr gebildet.

**Ökologie**

Alle Entwicklungsstadien können von bereits für den Apfelschalenwickler beschriebenen zahlreichen Prädatoren und Parasitoiden befallen werden.

**Gegenmaßnahmen**

**Vorbeugend**

Unterstützung natürlicher Gegenspieler durch Zwischenzeilenbegrünung und Verzicht auf nützlingstoxische Pflanzenschutzmittel. Beobachtung des Flugverlaufs mittels Pheromonfallen möglich.

**Gezielt**

Selten notwendig. Der Schädling wird mit Pflanzenschutzmaßnahmen gegen andere Wicklerarten miterfasst.

### *Heckenwickler (Archips rosana)*

**Wirtspflanzen**

Wie Brauner Obstbaumwickler.

**Schadbild**

Ab dem Frühjahr Fraßstellen an Blüten und jungen Früchten sowie innerhalb zusammengesponnener, meist eingerollter Blätter.

**Bedeutung**

Die Bedeutung der Blattschäden ist gering. Der Fraß an Blüten und Früchten kann jedoch zu Ernteeinbußen führen.

**Biologie**

Im Frühjahr schlüpfen die Räupchen aus den an der Rinde überwinternden Eiern und beginnen mit ihrer Fraßtätigkeit an Knospen, Blüten, jungen Früchten und später an den zusammengesponnenen, meist eingerollten Blättern. Die Verpuppung der ausgewachsenen, bis 22 mm langen, hell- bis dunkelgrünen Raupen mit hellbraunem bis schwarzem Kopf erfolgt innerhalb der Blattgespinste. Die Falter mit hell- bis purpurbraunen mit rötlich-dunkelbrauner Zeichnung (Männchen) bzw. dunkelbraunen mit diffuserer Zeichnung (Weibchen) versehenen Vorderflügeln und ca. 17–24 mm Flügelspannweite treten von Ende Juni bis Anfang September auf. Sie legen ihre braungrünen Eispiegel an glatte Rindenstellen

Heckenwickler – Raupe © Gyorgy Csoka, Hungary Forest Research Institute, Bugwood.org

Heckenwickler – Falter © Gyorgy Csoka, Hungary Forest Research Institute, Bugwood.org

von Stamm und Ästen, wo sie überwintern. Die Art hat eine Generation.

**Ökologie**
Wie Apfelschalenwickler.

**Gegenmaßnahmen**
Wie Apfelschalenwickler.

### *Obstwickler, Rotbrauner Schalenwickler (Pandemis heparana)*

**Wirtspflanzen**
Polyphag an Apfel, Birne, Zwetschke, Johannisbeere, Himbeere und anderen Laubgehölzen.

**Schadbild**
Zusammengerollte und zusammengesponnene Blätter. Im Frühjahr Fraß an jungen Früchten und Blüten sowie Oberflächenfraß an reifenden Früchten im Sommer.

**Bedeutung**
Blattschäden sind unbedeutend. Der Fraß an Früchten im Frühjahr (Deformierungen, Fruchtfall) und Sommer (Fraß an der Fruchtschale) kann Schäden verursachen.

**Biologie**
Die erste Generation der Falter dieser Art fliegt von Juni bis Anfang Juli, die zweite Generation von Mitte August bis September. Ihre Vorderflügel sind ockerfarben bis rotbraun mit einer dunkleren Schrägbinde. Ihre Flügelspannweite erreicht 16–24 mm. Die hellgrünen Raupen mit grünem Kopf werden bis zu 25 mm lang und fressen während der Frühjahrsgeneration in zusammengesponnenen Blättern, während der Sommergeneration unter angesponnenen Blättern auch flächig an Früchten. Die Herbsträupchen spinnen vor ihrer Überwinterung in einem Gespinst in Rindenverstecken Blätter an reifende Früchte und verursachen ähnlich dem Fruchtschalenwickler einen charakteristischen Punktfraß. Während des Austriebs im nächsten Frühjahr beginnen die überwinternden Räupchen wieder mit ihrer Fraßtätigkeit an Blättern, jungen Früchten und Blüten.

Obstwickler – Falter (Pokorný, V.)

Obstwickler – Larve © I. Altmann

Obstwickler – Larve © Gyorgy Csoka, Hungary Forest Research Institute, Bugwood.org

**Ökologie**
Siehe Apfelschalenwickler.

**Gegenmaßnahmen**
Siehe Apfelschalenwickler.

**Vorbeugend**
Unterstützung natürlicher Gegenspieler durch Zwischenzeilenbegrünung und Verzicht auf nützlingstoxische Pflanzenschutzmittel. Die Beobachtung des Flugverlaufs ist mittels Pheromonfallen möglich.

**Gezielt**
Gut wirksam sind zur Zeit des Austriebs, noch vor dem Einspinnen der Räupchen zwischen den Blättern, Präparate auf Basis *Bacillus thuringiensis* sowie Wachstums- und Entwicklungsregulatoren. Eine Behandlung gegen die Raupen der ersten Generation kann jedenfalls die Gefahr einer zweiten Generation, die Schäden an den reifenden Früchten verursachen kann, verringern.

### Pfirsichtriebbohrer, Pfirsichtriebwickler (*Grapholita molesta*)

Siehe Kernobst > Wickler der Gattung *Grapholita*.

### Rindenwickler (*Enarmonia formosana*)

Siehe Steinobst.

### Roter Knospenwickler (*Spilonota ocellana*)

**Wirtspflanzen**
Apfel, Birne, Stein- und Beerenobst.

**Schadbild**
Im Frühjahr werden zuerst austreibende Knospen, danach auch Blütenbüschel versponnen und angefressen. Im Sommer oberflächliche Fraßstellen an der Fruchtschale unter angesponnenen Blättern.

**Bedeutung**
Schäden können vor allem im Frühjahr an Knospen und Blüten bedeutend sein.

**Biologie**
Die Raupen überwintern in einem dichten Gespinst unter alten Knospenschuppen oder Rindenrissen. Ab April verlassen die Räupchen ihre Gespinste und beginnen austreibende Knospen und Blüten anzufressen und zu verspinnen. Nach der Blüte leben die rotbraunen Raupen meist unschädlich zwischen eingerollten Blättern. Sie erreichen vor der Verpuppung ab Ende Mai eine Länge von 9–12 mm. Der Flug der Falter mit grauweißen Flügeln und einer Spannweite von 12–16 mm findet von Mitte Juni bis Mitte August statt. Die Eier werden an Knospen, Triebe und Blätter abgelegt. Die Jungraupen sind im August und September häufig unter an Früchten angesponnenen Blättern zu finden. Im Herbst suchen sich die halb ausgewachsenen Räupchen ihre Winterverstecke. Es wird eine Generation pro Jahr gebildet.

**Ökologie**
Siehe Grauer Knospenwickler.

**Gegenmaßnahmen**
Siehe Grauer Knospenwickler.

Roter Knospenwickler – Raupe im Raupennest © H. Melzer

Roter Knospenwickler – Raupe © H. Melzer

Roter Knospenwickler – Falter © P. Buchner

### *Rosenwickler (Acleris variegana)*

**Wirtspflanzen**
Verschiedene Rosaceae wie Apfel, Birne, Kirsche, Brombeere und Himbeere.

**Schadbild**
Fraß an Knospen, Skelettierungsfraß an Blättern durch Jungraupen, Fraß in zusammengesponnenen Blättern durch ältere Raupen.

**Bedeutung**
Gering.

**Biologie**
Ähnlich Blattbüschelwickler (*A. rhombana*), jedoch frühere Flugzeit (Juli bis September) und Verpuppung zwischen zusammengesponnenen Blättern.

Rosenwickler – Larve im Gespinst © H. Melzer

Rosenwickler – Larve © H. Melzer

Rosenw. – Falter © Gyorgy Csoka, Hungary Forest Research Institute, Bugwood.org

**Gegenmaßnahmen**
Meist nicht notwendig. Bei Bedarf wie bei Gattung *Archips*.

### *Weißdornwickler (Archips crataegana)*

**Wirtspflanzen**
Wie Brauner Obstbaumwickler.

**Schadbild**
Wie Heckenwickler.

**Bedeutung**
Wie Heckenwickler.

**Biologie**
Ab Ende März schlüpfen die Räupchen aus den an der Rinde überwinternden Eiern und beginnen mit ihrer Fraßtätigkeit an Knospen, Blüten, jungen Früchten und später auch an zusammengesponnenen, meist eingerollten Blättern. Die Verpuppung der ausgewachsenen, bis zu 23 mm langen, schwarzgrünen Raupen mit schwarzen Warzen und glänzend schwarzem Kopf und Halsschild erfolgt im versponnenen Blatt. Die Falter mit schokoladebrauner Zeichnung auf braunen (bei Männchen helleren) Vorderflügeln mit bis zu 27 mm Flügelspannweite, treten von Juni bis August auf. Die Eier werden in Gelegen, die mit einer auffällig weißen Masse (ähnlich Vogelkot) überzogen sind, an die Rinde von Stamm und Ästen abgelegt, wo sie überwintern. Die Art bildet eine Generation.

**Ökologie**
Wie Apfelschalenwickler.

**Gegenmaßnahmen**
Wie Apfelschalenwickler. Die Flugbeobachtung durch ein artspezifisches Pheromon ist möglich.

Weißdornwickler – Raupe © H. Melzer

Weißdornwickler – Raupe © H. Melzer

Weißdornwickler – Falter © Gyorgy Csoka, Hungary Forest Research Institute, Bugwood.org

### *Wickler der Gattung Grapholita: Pfirsichtriebbohrer/Pfirsichtriebwickler (Grapholita molesta), Kleiner Fruchtwickler (Grapholita lobarzewskii), Grapholita janthinana*

**Wirtspflanzen**

Weißdorn, Apfel, Zwetschke, Mispel, Schlehdorn, Eberesche u. a.

**Schadbild**

An befallenen Apfelfrüchten findet man oft mehrere Bohrlöcher, die – im Gegensatz zum Apfelwickler – kleiner sind und nicht mit trockenem, sondern mit feuchtem, klebrigem Kot verschlossen sind. Auch im Inneren der Früchte unterscheiden sich die Bohrgänge von jenen des Apfelwicklers: Sie beginnen unter der Schale breiter und verengen sich zum Fruchtinneren, reichen aber nicht bis zum Kerngehäuse. Den Kot der Raupen findet man ausschließlich im äußeren Gangbereich.

**Bedeutung**

Über die Schädlichkeit der *Grapholita*-Arten an Kernobst ist in Mitteleuropa wenig bekannt.

**Biologie**

Die beschriebenen Arten entwickeln zwei bis drei Generationen pro Jahr. Die Flugzeiten der einzelnen Faltergenerationen sind später als beim Apfelwickler. Raupen sind milchig weiß und nicht rosa wie beim Apfelwickler und mit ca. 10 mm kleiner. Auch die Falter sind mit 10–13 mm kleiner. Die Raupen überwintern im fünften bis sechsten Entwicklungsstadium.

**Ökologie**

Wickler der Gattung *Grapholita* weisen oft große Schwankungen in ihrer Populationsdichte auf. Möglicherweise sind dafür auch zahlreiche, nichtspezifische Räuber wie Ohrwürmer, Raubwanzen, Raubkäfer u. a. verantwortlich.

**Gegenmaßnahmen**

**Vorbeugend**

Schutz und Förderung natürlicher Gegenspieler. Die Flugbeobachtung des Pfirsichtriebwicklers (*G. molesta*) und von *G. janthinana* durch ein artspezifisches Pheromon ist möglich.

*Grapholita* spp. – Raupe (Hluchy, M.)

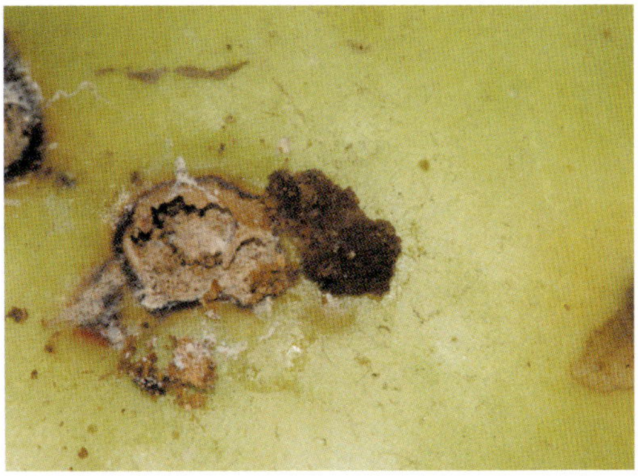

*Grapholita* spp. – Einbohrloch an einer Frucht (Hluchy, M.)

Pfirsichtriebwickler *Grapholita molesta* – Falter © P. Buchner

Kl. Fruchtwickler *Grapholita lobarzewskii* – Falter © I. Altmann

*Grapholita janthinana* – Falter © P. Buchner

**Gezielt**
Durch ihren späteren Flug werden *Grapholita*-Arten von Maßnahmen gegen den Apfelwickler kaum erfasst. Bei starkem Befallsdruck sind biologische Präparate wie *Bacillus thuringiensis* bzw. geeignete nützlingschonende Insektizide empfehlenswert.

## Zahnspinner (*Notodontidae*)

### *Mondvogel (Phalera bucephala)*

**Wirtspflanzen**
Polyphag an zahlreichen Laubgehölzen. An Obstgehölzen vor allem an Apfel, Birne, Kirsche, Zwetschke, Walnuss, Himbeere u. a.

**Schadbild**
Blattfraß.

**Bedeutung**
Übervermehrungen mit wirtschaftlichen Schäden durch Kahlfraß sind selten und meist nur lokal.

**Biologie**
Die großen (Flügelspannweite 50–60 mm) Falter mit silbrig-grauen Vorderflügeln mit dunkelbrauner Zeichnung und einem blassgelben großen Fleck (Mondfleck) an den Flügelspitzen schlüpfen ab Mai aus den im Boden überwinterten Puppen. Sie fliegen bis Juli und legen ihre Eier in Gruppen von ca. 50 Stück an die Unterseite der Blätter. Junge Raupen fressen gesellig, später eher einzeln. Im Frühherbst erreichen die gelblichen ausgewachsenen Raupen mit auffälligen schwarzen Längslinien und orangefarbenen Querlinien eine Länge von 50–55 mm. Die Überwinterung erfolgt als Puppe im Boden. Die Art hat eine Generation pro Jahr.

**Ökologie**
Insektenfressende Vögel sind effektive natürliche Feinde.

Mondvogel – Eigelege (Stolz, M.)

Mondvogel – Jungraupen im Raupennest (Stolz, M.)

Mondvogel – Raupen (Traxler, L.)

Mondvogel – Raupe vor der Verpuppung (Traxler, L.)

Mondvogel – Falter (Beránek, J.)

Mondvogel – Schadbild am Nussbaum (Stolz, M.)

**Gegenmaßnahmen**

**Vorbeugend**

Schutz und Förderung natürlicher Gegenspieler.

**Gezielt**

Nur selten notwendig. Bei Übervermehrung kann das Absammeln und Vernichten der Raupen bzw. eine Behandlung mit *Bacillus-thuringiensis*-Präparaten gegen die Jungraupen empfohlen werden.

## Zwergminiermotten (Nepticulidae)

### *Apfelblattminiermotte (Stigmella malella)*

**Wirtspflanzen**

Apfel, selten Zwetschke.

**Schadbild**

Anfangs kleine, später breitere Minen mit mehreren s-förmigen Windungen. Im Inneren der Mine befindet sich ein mehr oder weniger zusammenhängender, rotbrauner Kotstreifen. Minenlänge kürzer als bei Schlangenminiermotte.

**Bedeutung**

Im Normalfall, mit Ausnahme von Baumschulen, relativ geringe Bedeutung.

**Biologie**

Die bis zu 2 mm großen Falter mit einer hellen Querbinde auf den ockerfarbenen Flügeln (Flügelspannweite 4–6 mm) schlüpfen ab Ende April aus den überwinternden Puppen und legen ab Mai ihre Eier an die Unterseite der Blätter. Die bis ca. 4 mm langen, blassgelben, braunköpfigen Räupchen der ersten Generation minieren im Juni und Juli. Der Falterflug der zweiten Generation findet ab Juli statt. Minierende Raupen findet man von Ende Mai bis Ende September. Die Verpuppung findet in einem Kokon in Überwinterungsverstecken wie der Blattbasis, in Rindenritzen oder auch im Boden statt.

**Ökologie**

Raupen von Zwergminiermotten werden in ihren Gängen häufig durch Parasitoide befallen.

**Gegenmaßnahmen**

**Vorbeugend**

Schutz der sehr effektiven natürl. Gegenspieler durch nützlingsschonende Pflanzenschutzmaßnahmen.

**Gezielt**
In Ertragsanlagen ist eine Behandlung mit Wachstumsregulatoren (z. B. Diflubenzuron) kurz vor der Eiablage selten notwendig.

Ähnlich in **Schadbild** und **Biologie** ist die Zwergminiermotte (*Stigmella incognitella,* Syn.: *pomella*).

Apfelblattminiermotte – Falter (Laštůvka, Z.)

Apfelblattminiermotte – Blattmine (Hluchy, M.)

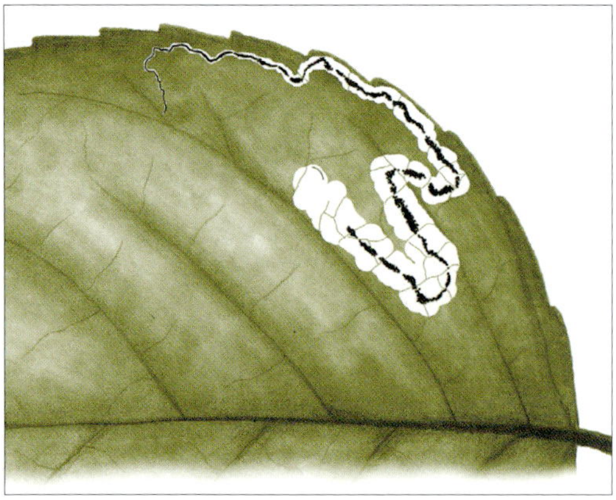

Apfelblattminiermotte – Blattmine (Laštůvka, Z.)

### *Apfel-Zwergminiermotte (Stigmella desperatella)*

**Wirtspflanzen**
Apfel, seltener Birne.

**Schadbild**
Die Minen sind durchschnittlich breiter, ungleichmäßig gekrümmt, der Kotstreifen ist öfter unterbrochen.

**Bedeutung**
Wie Apfelblattminiermotte.

**Biologie**
Der Flug der ersten Generation der ca. 4 mm großen Falter mit schwarzbraunen Flügeln, lila Flügelspitzen und orange bis rostig-gelben Kopfhaaren findet im Mai/Juni, jener der zweiten Generation im Juli/August statt. Die Raupen dieser Art sind grün.

**Ökologie** und **Gegenmaßnahmen** ähnlich Apfelblattminiermotte.

*Stigmella desperatella* – Falter (Laštůvka, Z.)

*Stigmella desperatella* – Mine an Blattoberseite (Laštůvka, Z.)

### *Birnen(blatt)miniermotte (Stigmella pyri)*

**Wirtspflanzen**
Birne.

**Schadbild**
Die mit einem schmalen Gang beginnenden Minen weiten sich schnell flächig aus.

**Bedeutung**
Obwohl von Mitteleuropa bis Südskandinavien verbreitet, ist die Bedeutung dieser Art gering.

**Biologie**
Die Spannweite der schwarzbraunen, vor allem in der Mitte lila oder bronzefarbenen, glänzenden Flügel beträgt ca. 4,2–5 mm. Charakteristisch sind die rostig-orangefarbenen Kopfhaare und ein grauer bis braunschwarzer Kragen mit Schuppen hinter dem Kopf. Die Raupen sind grün. Die Art entwickelt zwei Generationen pro Jahr. Der Flug der ersten Generation findet im Mai und Juni, jener der zweiten in den Sommermonaten statt. Frische Minen findet man im Juli und August/September.

**Ökologie** und **Gegenmaßnahmen** ähnlich Apfelblattminiermotte.

### *Gewöhnliche Obstbaum-Zwergminiermotte (Stigmella oxyacanthella)*

**Wirtspflanzen**
Polyphag. Auch an Apfel, Birne, seltener an Kirsche sowie an Eberesche und Weißdorn zu finden.

**Schadbild**
Die Minen dieser Art sind lang mit einem sehr breiten Kotstreifen.

**Bedeutung**
Trotz Vorkommen in ganz Europa geringe Bedeutung.

**Biologie**
Die Spannweite der Vorderflügel mit typischer lilabrauner Farbe beträgt etwas mehr als 4 mm. Die Hinterflügel sind hellbraun gefärbt. Die Haare auf dem Kopf sind braun, der Kragen hinter dem Kopf ist weißlich-gelb. Die Raupen sind grün. Diese Art hat nur eine Generation. Der Flug der Falter findet im Mai und Juni statt. Die Minen findet man von Mitte September bis Anfang November.

**Ökologie** und **Gegenmaßnahmen** ähnlich Apfelblattminiermotte.

Birnenminiermotte – Falter (Laštůvka, Z.)

*Stigmella oxyacanthella* – Falter (Laštůvka, Z.)

Birnenminiermotte – Blattmine (Laštůvka, Z.)

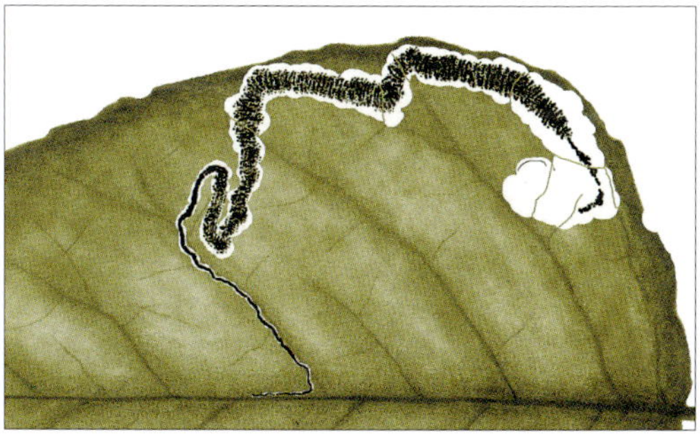

*Stigmella oxyacanthella* – Blattmine (Laštůvka, Z.)

### *Kleine Birnen-Zwergminiermotte (Stigmella minusculella)*

**Wirtspflanzen**
Verschiedene Birnenarten.

**Schadbild**
Die gewundenen Minen beginnen sehr eng mit einem feinen Kotstreifen und verbreitern sich langsam.

**Bedeutung**
Die Art ist in Süd- und Mitteleuropa verbreitet. Wirtschaftliche Schäden sind nicht bekannt.

**Biologie**
Die Flügelspannweite dieser Art reicht von 5–6 mm. Die Vorderflügel sind einfarbig dunkel, braun, silbrig, mit rauen Schuppen und eher matt. Die Haare auf dem Kopf sind orange, ockerfarben bis rostig. Der Schuppenkragen hinter dem Kopf ist gelblich weiß. Die Raupen sind grün. Diese Mottenart hat in Mitteleuropa drei kurz hintereinander folgende Generationen. Der Flug der Falter ist von Mai bis August, die Minen sind von Juni bis September zu beobachten.

**Ökologie** und **Gegenmaßnahmen** ähnlich Apfelblattminiermotte.

### *Mispel-Zwergminiermotte (Stigmella mespilicola)*

**Wirtspflanzen**
Eberesche, Zwergmispel, Felsenbirne.

**Schadbild**
Gangförmige Mine mit schmalem Kotstreifen ähnelt *Stigmella malella*.

**Bedeutung**
Nur bei sehr starkem Befallsdruck (im Juni durchschnittlich fünf Minen pro Blatt) treten Assimilationsverluste auf. Kaum wirtschaftliche Bedeutung.

**Biologie**
Die Spannweite der goldig-braunen Flügel mit goldig-silbrigem Querstreifen beträgt 4–4,8 mm. Die Haare auf dem Kopf und am Kragen sind schwarz; jene an der Schulterpartie bräunlich. Die Raupen sind hellgrün. Die Verpuppung findet außerhalb der Mine statt. Die Art tritt in zwei oder mehreren Generationen pro Jahr auf. Imagines findet man von Mai bis August, Minen mit Raupen von Juni bis September.

Kleine Birnen-Zwergminiermotte – Falter Stainton, Public Domain

Mispel-Zwergminiermotte – Falter (Laštůvka, Z.)

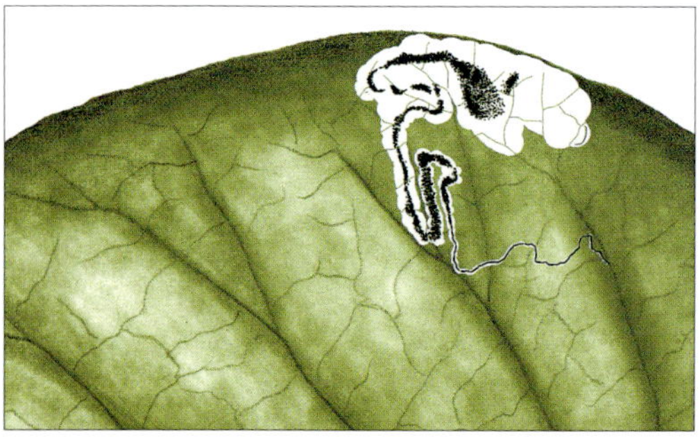

Kleine Birnen-Zwergminiermotte – Blattmine (Laštůvka, Z.)

Mispel-Zwergminiermotte – Blattmine (Laštůvka, Z.)

**Gegenmaßnahmen**
Selten notwendig. An Eberesche sind weiters noch die Elsbeeren-Zwergminiermotte (*Stigmella torminalis*), die Gemeine Vogelbeer-Zwergminiermotte (*S. nylandriella*), die Grünliche Dorn-Zwergminiermotte (*S. hybnerella*), die Vogelbeer-Zwergminiermotte (*S. sorbi*) sowie die Arten *S. hahniella* und *S. magdalenae* zu finden.

### Rosenblattminiermotte (*Ectoedemia atricollis*)

**Wirtspflanzen**
Apfel, seltener Birne, Zwetschke und Kirsche sowie Weißdorn.

**Schadbild**
Die Minen beginnen mit einem schmalen Gang, der sich bald in eine unregelmäßige Platzmine erweitert.

**Bedeutung**
Trotz Vorkommen in ganz Europa ist die Bedeutung gering.

**Biologie**
Die Spannweite der Falter mit grauschwarzen Flügeln mit silbrig-weißen, leicht gebogenen Querstreifen beträgt bis zu 5,8 mm. Raupen sind grünlich-weiß. Die Art hat nur eine Generation. Der Flug der Falter findet im Juni und Juli statt. Minen findet man ab Ende August bis in den November.

**Ökologie** und **Gegenmaßnahmen** ähnlich wie bei Apfelblattminiermotte.

### *Stigmella stettinensis*

**Wirtspflanzen**
Erle, seltener auch Birne.

**Schadbild**
Die Minen beginnen als enger Gang mit einer mittleren Kotspur und weiten sich fortlaufend aus.

**Bedeutung**
Bisher nur aus Mitteleuropa bekannt. An Birne keine wirtschaftliche Bedeutung.

**Biologie**
Die Spannweite der braunschwarzen, glattschuppigen, goldig-glänzenden Flügel beträgt 4–5 mm. Die Haare auf dem Kopf sind schwarz, der Schuppenkragen hinter dem Kopf ist gelblich-weiß. Die Raupen sind grün. Die Art entwickelt in Mitteleuropa drei Generationen pro Jahr. Falter findet man von

Rosenblattminiermotte – Falter (Laštůvka, Z.)

*Stigmella stettinensis* – Falter (Laštůvka, Z.)

Rosenblattminiermotte – Blattmine (Laštůvka, Z.)

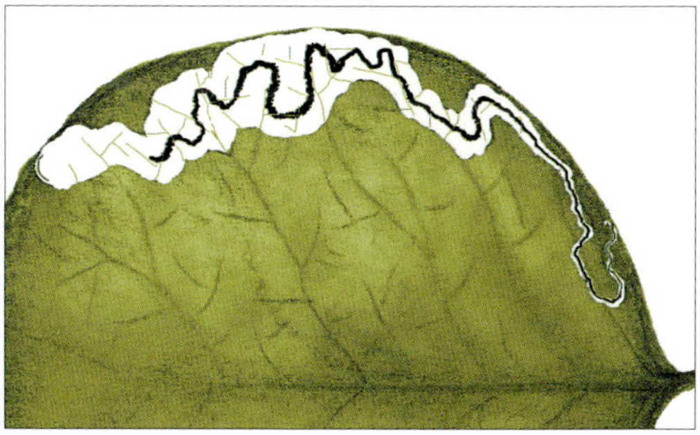

*Stigmella stettinensis* – Blattmine (Laštůvka, Z.)

Ende April bis August, Raupen von Ende Mai bis Ende September.

Außer den beschriebenen Arten findet man an Kernobst gelegentlich weitere Zwergminiermottenarten wie die Graue Apfel-Zwergminiermotte (*Stigmella incognitella*) und die Staubige Apfel-Zwergminiermotte (*Bohemannia pulverosella*). Durch ihr spätes oder seltenes Auftreten kommt ihnen an Kernobst keine größere Bedeutung zu.

Graue Apfel-Zwergminiermotte – Falter (Stolz, M.)

Staubige Apfel-Zwergminiermotte – Falter © B. Gustafsson

## Schnabelkerfe (Hemiptera)

### Blattläuse (Aphididae)

#### *Apfelfaltenlaus (Dysaphis devecta)*

**Wirtspflanzen**

Nur auf Apfel.

**Schadbild**

Blattränder werden in Längsrichtung nach unten gerollt. Charakteristisch ist die leuchtend rote Verfärbung befallener Blattteile.

**Bedeutung**

Tritt vorwiegend an älteren Apfelbäumen mit rauer Borke auf. Wird nur bei sehr starkem Befall durch Triebstauchungen und Rotfleckigkeit der Früchte schädlich.

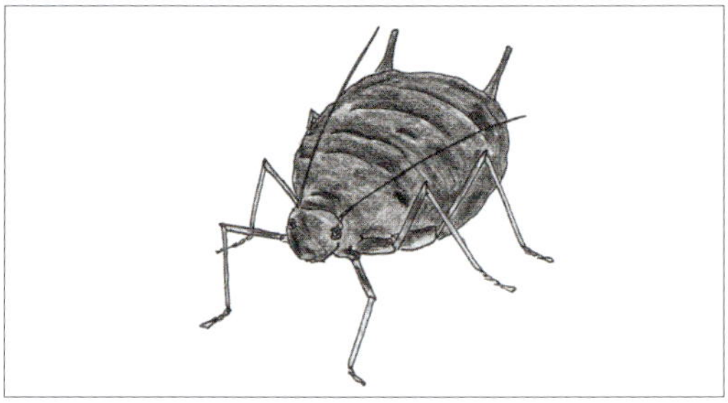

Apfelfaltenlaus – Ungeflügelte Form (Stolz, M.)

**Biologie**

Kurz nach dem Knospenaufbruch findet man die aus den überwinternden Eiern geschlüpften rosa bis bläulich-grauen Nymphen in Kolonien an den Rosettenblättern. Von hier breiten sie sich auf die Jungtriebe aus. Adulte Läuse sind grau bis dunkel blaugrau und ähnlich *D. plantaginea* mit weißem Wachspuder bedeckt. Die schwarzen Siphonen (Hinterleibsröhrchen) sind kurz. In der dritten und vierten Generation entstehen geschlechtliche Formen, die ab Mitte Juni mit der Ablage der Wintereier unter die raue Rinde von Stamm und Ästen beginnen. Ab Ende Juli sind meist keine Kolonien mehr zu finden. Die Apfelfaltenlaus ist nicht wirtswechselnd.

**Ökologie**

Ähnlich Grüne Apfelblattlaus.

**Gegenmaßnahmen**

**Vorbeugend**

Siehe Grüne Apfelblattlaus.

**Gezielt**

Nur bei jährlich starkem Befall ist der Einsatz eines nützlingsschonenden Aphizids empfehlenswert. Ab Auftreten der Blattrollungen sind Gegenmaßnahmen nicht mehr sinnvoll. Austriebsbehandlungen sind weniger wirksam.

Apfelfaltenlaus – Blattrollung (Fischer-Colbrie, P.)

### *Apfelgraslaus (Rhopalosiphum insertum)*

**Wirtspflanzen**
Apfel, Birne, Quitte.

**Schadbild**
Auch bei großen Kolonien meist nur leichte Blattrollungen.

**Bedeutung**
Trotz früher, oft starker Koloniebildung kaum schädlich. Wichtig als erste Futterquelle für natürliche Feinde (z. B. Marienkäfer).

Apfelgraslaus – Ungeflügelte Form © B. Chaubet, INRA

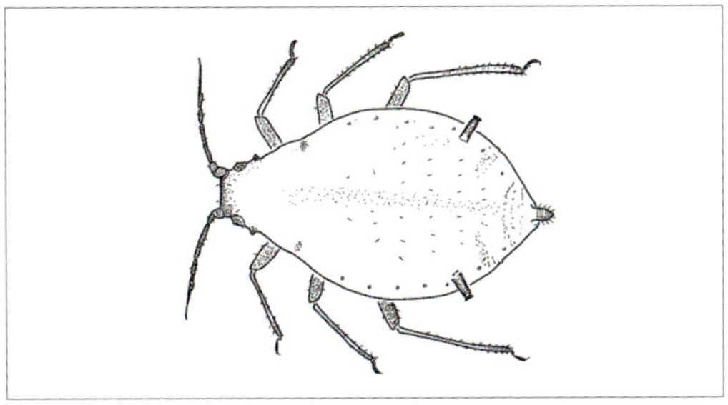

Apfelgraslaus – Ungeflügeltes Weibchen (Zacharda, M.)

**Biologie**
Die grüngelben Nymphen schlüpfen meist als erste Lausart bereits im März und saugen an der Unterseite der Rosettenblätter oder an Blütenknospen sowie gelegentlich auch an Blütenblättchen. Der Körper der ausgewachsenen Apfelgraslaus ist, so wie bei der Apfelblattlaus, grün, jedoch mit zwei dunkel gefärbten Längsstreifen auf dem Rücken. Die kurzen Siphonen und die Beine sind hell. Die kurzen Fühler haben an der Spitze schwarze Punkte. Nach der Vollblüte verschwinden die Kolonien durch Entstehung einer geflügelten Generation, die auf Gräser abwandert. Im Herbst kehren sie wieder auf die Bäume zurück, wo die ungeflügelten Weibchen der letzten

Apfelgraslaus – Ungeflügelte Form © R. Dransfield, InfluentialPoints.com

Apfelgraslaus – Parasitierte Mumie © R. Dransfield, InfluentialPoints.com

Apfelgraslaus – Geflügelte Form © B. Chaubet, INRA

Apfelgraslaus – Schadbild © R. Dransfield, InfluentialPoints.com

Brut noch vor dem Laubfall nach geschlechtlicher Vermehrung ihre elliptischen, schwarz glänzenden Wintereier an Kurztrieben und in Rindenverstecken ablegen.

**Ökologie**

Ähnlich Grüne Apfelblattlaus.

**Gegenmaßnahmen**

**Vorbeugend**

Siehe Grüne Apfelblattlaus.

**Gezielt**

Selten notwendig. Nur bei sehr starkem Befall (meist nach vorhergehendem, regenreichem Sommer) wie bei Grüne Apfelblattlaus.

### Birnentaschengallenlaus (*Anuraphis farfarae*)

**Wirtspflanzen**

Birne.

**Schadbild**

Befallene Blätter falten sich charakteristisch entlang der Mittelader zusammen, fallweise verfärben sie sich rötlich.

*A. farfarae* – Ungeflügelte Form © R. Dransfield, InfluentialPoints.com

*A. farfarae* – Kolonie © R. Dransfield, InfluentialPoints.com

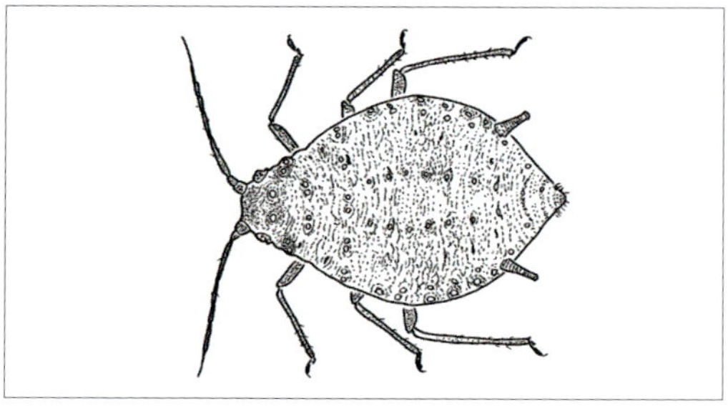

*A. farfarae* – Ungeflügeltes Weibchen (Zacharda, M.)

**Bedeutung**

Trotz des häufigen Vorkommens und des auffallenden Schadbildes nur geringe Bedeutung.

**Biologie**

Die aus den Wintereiern schlüpfenden Nymphen bilden im Mai und Juni winzige Kolonien an den Blattunterseiten. Die ca. 2 mm großen, flügellosen Weibchen sind braun, die geflügelten schwarzgrün. Ab Ende Mai wechseln letztere auf Huflattich (*Tussilago farfara*). Im Herbst kehren sie zur Eiablage auf die Birne zurück.

**Gegenmaßnahmen**

Nicht notwendig.

### Blutlaus (*Eriosoma lanigerum*)

**Wirtspflanzen**

Apfel, selten an Birne, Weißdorn, Zierquitte (*Chaenomeles* sp.) und Feuerdorn (*Pyracantha* sp.).

**Schadbild**

Ab Mai treten an Kurztrieben, Zweigen, Ast- und Stammwunden auffällige weiße, klebrige, watteähnliche Gebilde auf. Während des Sommers dehnt sich der Befall auf Neutriebe, häufig auch auf Wasserschosse an Stamm und Hauptästen aus. An befallenen Baumteilen entstehen beulenartige Rindenwucherungen (Blutlauskrebs).

**Bedeutung**

Ein schwacher Befall, vor allem an fruchttragenden Bäumen, macht keine chemischen Gegenmaßnahmen notwendig. Starker Befall an Jungbäumen, vor allem in Baumschulen, kann Missbildungen künftiger Kronen verursachen. Durch das Platzen der dünnborkigen Geschwülste können Eintrittspforten für andere Erkrankungen entstehen.

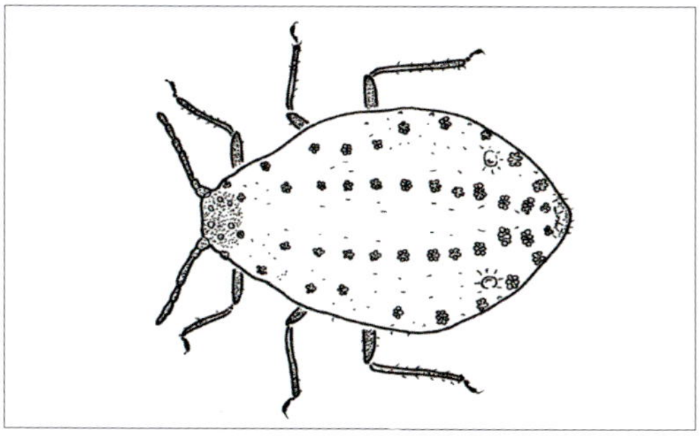

Blutlaus – Ungeflügeltes Weibchen (Zacharda, M.)

Blutlaus – Von einer Zehrwespe parasitierte Kolonie (Hluchy, M.)

**Biologie**

Nymphen des ersten und zweiten Entwicklungsstadiums überwintern in Rindenspalten an Stamm, Ästen und Wurzeln. Ab April wandern sie auf Triebe und Zweige über und beginnen hier mit ihrer Saugtätigkeit. Hier entwickeln sie sich auch zu flügellosen Weibchen, die weitere Nymphen gebären. So können sich innerhalb eines Jahres bis zu zehn Generationen bilden. Im Juni entwickelt sich ein Teil der Population zu geflügelten Weibchen, die aktiv weitere Bäume befallen. Auch flügellose Weibchen können durch passiven Transport zur Weiterverbreitung beitragen. Im September erscheinen vermehrt ungeflügelte Weibchen, die Eier ablegen. Den Winter überdauert jedoch ausschließlich die Nachkommenschaft der lebendgebärenden Weibchen.

**Ökologie**

Zahlreiche Antagonisten halten die Blutlaus in der Regel unter der Schadensschwelle. Im Frühjahr sind Prädatoren wie der Ohrwurm (*Forficula auricularia*), einige Marienkäferarten, Raubwanzen aus der Familie der Blumenwanzen (Anthocoridae) und Schwebfliegenlarven (siehe auch Kapitel Biologische Begleit- und Gegenmaßnahmen > Natürlich vorkommende Gegenspieler > Prädatoren und Parasitoide unter den Gliederfüßern) wichtig. Später, im Sommer, gewinnt die parasitoide Hautflüglerart *Aphelinus mali* an Bedeutung. Starkes Auftreten der Blutlaus lässt daher meist auf die unsachgemäße Anwendung von unspezifischen, nützlingstoxischen Pestiziden schließen.

**Gegenmaßnahmen**

**Vorbeugend**

Verwendung blutlausfreier Setzlinge und Edelreiser. Ausgewogene Düngung sowie Wundbehandlung nach dem Schnitt. Schutz und Förderung natürlicher Gegenspieler.

**Gezielt**

Beim Überschreiten der Schadensschwelle von mehr als zehn Kolonien auf 100 Trieben ist eine Behandlung mit nützlingsschonenden Aphiziden empfehlenswert. Die Behandlung sollte mit höherem Druck erfolgen, damit die eingesetzten Wirkstoffe bis unter die Wachsschutzschicht gelangen können.

Blutlaus – Kolonie an einer Schnittstelle (Beránek, J.)

Blutlaus – Kolonie im Detail © R. Dransfield, InfluentialPoints.com

### *Braune Birnenblattrolllaus (Melanaphis pyraria)*

**Wirtspflanzen**
Birne.

**Schadbild**
Geringere Blattverformungen als bei der Mehligen Birnenblattlaus (*Dysaphis pyri*).

**Bedeutung**
Der Befall beschränkt sich auf wenige Bäume, daher sind wirtschaftliche Schäden selten.

**Biologie**
Die Nymphen schlüpfen kurz vor der Blüte aus den Wintereiern und entwickeln sich bis in den Frühsommer an Blättern und Jungtrieben. Adulte Läuse sind sehr klein und dunkelbraun. Ab Juni wechseln geflügelte Stadien allmählich auf Gräser, von denen sie im Herbst zur Wintereiablage an die Birne zurückkehren.

Braune Birnenblattrolllaus – Ungeflügelte Form
© B. Chaubet, INRA

Braune Birnenblattrolllaus – Kolonie © B. Chaubet, INRA

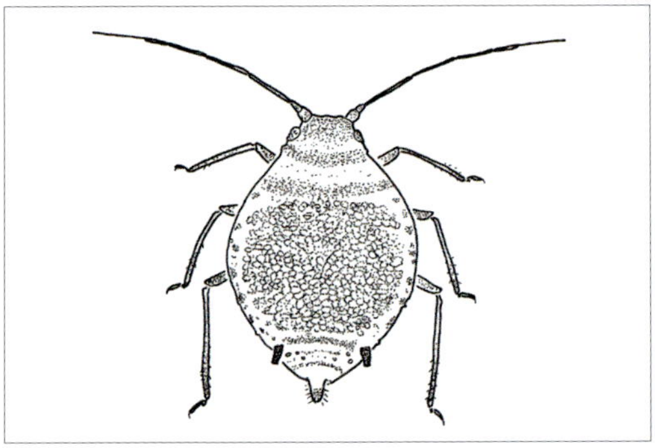

Br. Birnenblattrolllaus – Ungefl. Weibchen (Zacharda, M.)

**Gegenmaßnahmen**
**Vorbeugend**
Ähnlich Grüne Apfelblattlaus (*Aphis pomi*).

**Gezielt**
Meist nicht notwendig.

Braune Birnenblattrolllaus – Schadbild © B. Chaubet, INRA

### *Grüne Apfelblattlaus (Aphis pomi)*

**Wirtspflanzen**
Apfel, Birne, Quitte.

**Schadbild**
Blätter rollen sich ein, Triebspitzen verkrüppeln. Durch starke Honigtauabsonderungen mit Rußtaubildung färben sich Blätter und Früchte schwarz.

**Bedeutung**
Vor allem im Apfelanbau häufig und vor allem an Jungbäumen schädlich. An Altbäumen ist ab Sommer eher die Rußtaubildung an Früchten problematisch.

**Biologie**
Ab April erscheinen auf jungen Blättern und Trieben Nymphen, die sich innerhalb von zwei Wochen zu flügellosen, lebendgebärenden, intensiv grünen Fundatrices (Sg. Fundatrix, Stammmutter einer Generationsfolge) mit schwarzen Siphonen entwickeln. Innerhalb einer Vegetationsperiode können sich bis zu 13 Generationen entwickeln. Bereits ab der zweiten Generation scheinen in den Kolonien einzelne dunkelgrüne, geflügelte, ebenfalls lebendgebärende Weibchen auf, die auf benachbarte Bäume wechseln und dort für starken Befall sorgen können. Im Herbst erscheinen ungeflügelte, geschlechtliche Formen, die ihre schwarz glänzenden Wintereier an die Rinde junger Triebe legen. Diese Art wechselt nicht auf Zwischenwirte.

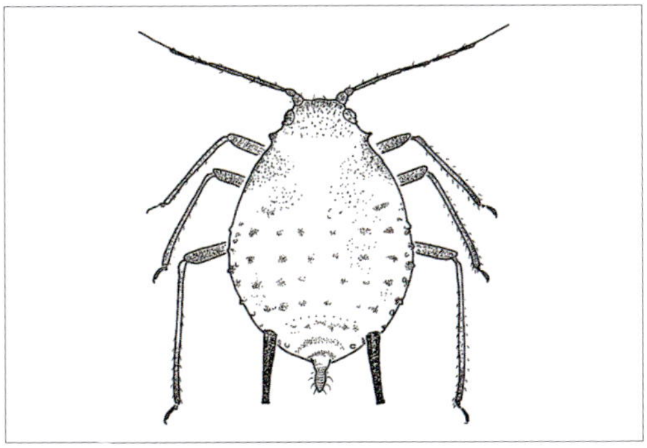

Grüne Apfelblattlaus – Ungefl. Weibchen (Zacharda, M.)

**Ökologie**
Wie andere Blattläuse hat auch diese Art zahlreiche natürliche Feinde wie Florfliegen, Laufkäfer, Marienkäfer, Raubwanzen, Schwebfliegenlarven, Spinnen u. a.

**Gegenmaßnahmen**
**Vorbeugend**
Äste des Winterschnitts rechtzeitig vor Schlupfbeginn der Läuse aus der Anlage entfernen. Schutz und Förderung natürlicher Gegenspieler. Aufwandern von Ameisen in die Krone z. B. durch Leimringe verhindern.

**Gezielt**
Eine Austriebsbehandlung mit Ölpräparaten gegen Wintereier oder eine Frühjahrsbehandlung mit nütz-

Grüne Apfelblattlaus – Blattschäden (Pokorný, V.)

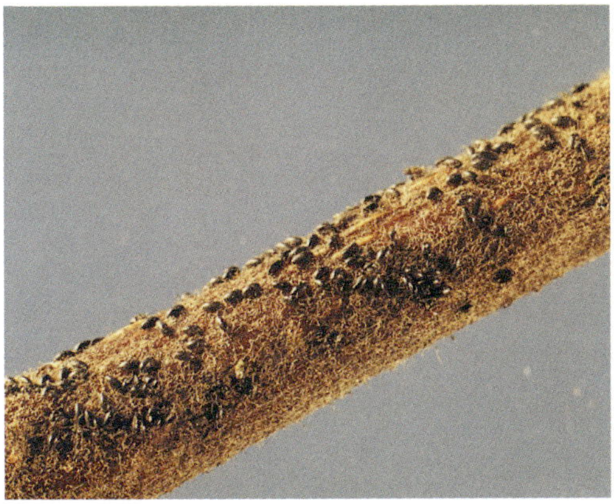

Grüne Apfelblattlaus – Wintereier (Státní rostlinolékařská)

Grüne Apfelblattlaus – Nymphen (Beránek, J.)

lingsschonenden Aphiziden sind empfehlenswert. Bei Jungbäumen können auch spätere Behandlungen notwendig werden.

### *Mehlige Apfelblattlaus (Dysaphis plantaginea)*

**Wirtspflanzen**
Apfel.

**Schadbild**
Ab dem Frühjahr quer zur Mittelrippe eingerollte Blätter, die bei starkem Befall vergilben und abfallen. Triebe werden gestaucht und verdreht, Früchte bleiben klein und sind deformiert. Starke Honigtau- und Rußtaubildung.

**Bedeutung**
Bedeutender Schädling vor allem im extensiven Apfelanbau. Als Überträger von Viruskrankheiten gefährlich.

**Biologie**
Die Jungläuse schlüpfen etwas später (April) als bei den anderen Apfelblattlausarten aus den überwinternden Eiern. Bis zur Entwicklung der Fundatrix (Stammmutter) saugen sie in dichten Nestern an Knospen, Blütenbüscheln und Blattrosetten, bevor sie junge Triebe befallen. Die Vermehrung erfolgt ungeschlechtlich und lebendgebärend, wodurch ein ungeheures Vermehrungspotenzial gegeben ist. Eine Stammmutter kann bis zu 100 Jungläuse absetzen. Ausgewachsene „Mehlige" Blattläuse sind 2–2,5 mm lang, rund, wachsartig bestäubt, von rötlich bis blaugrau gefärbt. Ihre Fühler sind hell, etwas kürzer als der Körper und die Siphonen sind schwarz. Der Anteil

Mehlige Apfelblattlaus – Ungeflügeltes Weibchen (Beránek, J.)

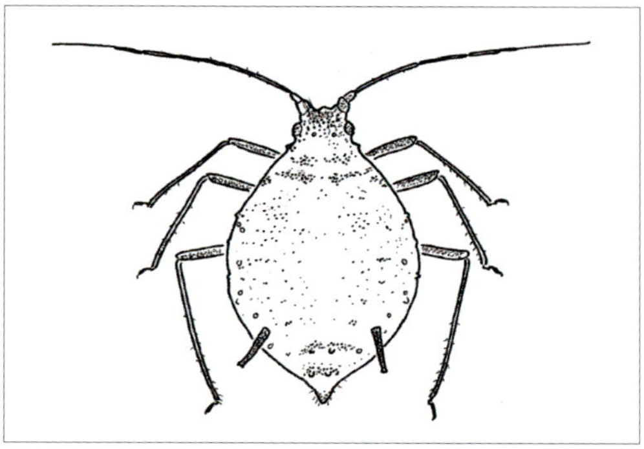

Mehlige Apfelblattlaus – Ungefl. Weibchen (Zacharda, M.)

geflügelter Imagines steigt zunehmend an, bis diese ab Sommerbeginn auf Wegerich-Arten (*Plantago* sp.) abwandern. Erst im September/Oktober kehren sie auf Apfelbäume zurück, um nach geschlechtlicher Vermehrung ihre elliptischen, glänzend schwarzen, 0,5 mm großen Überwinterungseier an geschützten Rindenstellen von mehrjährigem Holz abzulegen.

**Ökologie**
Ähnlich der Grünen Apfelblattlaus.

**Gegenmaßnahmen**
Wie Grüne Apfelblattlaus.

Mehlige Apfelblattlaus – Blattschäden (Beránek, J.)

### *Mehlige Birnenblattlaus (Dysaphis pyri)*

**Wirtspflanzen**

Birne.

**Schadbild**

Befallene Blätter verformen sich stark und vergilben. Bei starkem Befall deutliche Zuwachsverluste. Rußtaubildung durch starke Honigtauabscheidungen.

**Bedeutung**

Durch weite Verbreitung und Schädlichkeit ist sie die wichtigste Blattlausart der Birne.

**Biologie**

Nymphen schlüpfen meist noch vor der Blüte aus den in Rindenrissen von Kurztrieben und Zweigen überwinternden Eiern und befallen Blattrosetten sowie später junge Triebe. Adulte Läuse sind rundlich, rosa und mit weißem Wachsstaub bedeckt. Die Fühler sind deutlich kürzer als der Körper. Ab Ende Mai treten individuenreiche Kolonien auf. Ab Juni entstehen geflügelte Läuse, die auf Labkrautarten (*Galium* sp.) abwandern, von wo sie im Herbst zur Wintereiablage wieder auf Birnbäume zurückwandern.

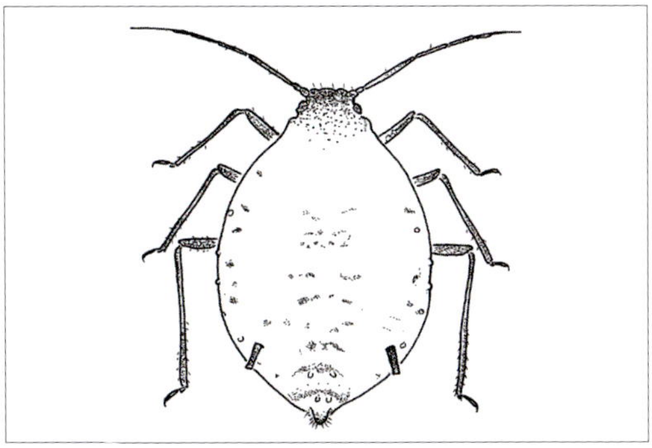

Mehlige Birnenblattlaus – Ungefl. Weibchen (Zacharda, M.)

**Ökologie**

Ähnlich Grüne Apfelblattlaus.

**Gegenmaßnahmen**

**Vorbeugend**

Ähnlich Grüne Apfelblattlaus.

**Gezielt**

Ähnlich Grüne Apfelblattlaus.

Mehlige Birnenblattlaus – Ungefl. Form © B. Chaubet, INRA

Mehlige Birnenblattlaus – Schadbild © B. Chaubet, INRA

Mehlige Birnenblattlaus – Gefl. Form © B. Chaubet, INRA

Mehlige Birnenblattlaus – Kolonie © B. Chaubet, INRA

## Blattsauger (Psyllidae)

### *Apfelblattsauger, Frühjahrsapfelblattsauger (Cacopsylla mali, Syn.: Psylla mali)*

**Wirtspflanzen**

Vor allem Apfel, seltener auch Quitte, Vogelbeere und Birne.

**Schadbild**

Blütenbüschel entfalten sich im Frühjahr langsamer. An von Honigtau verklebten Stellen entwickelt sich Rußtau. Blütenblätter verfärben sich braun, stark befallene Blütenbüschel vertrocknen und sterben ab. Gelegentlich werden diese Symptome mit Frostschäden verwechselt. Auch Triebspitzen verkrümmen sich und vertrocknen. Die Blätter fallen teilweise ab.

**Bedeutung**

Deformierung und Vertrocknen der Blüten durch die frühe Saugtätigkeit der Nymphen kann zur Verringerung des Fruchtansatzes und zu Ernteeinbußen führen. Eine spätere Saugtätigkeit an jungen Blättern ist weniger bedeutend. Während des Sommers sind die vorhandenen Imagines harmlos.

**Biologie**

Während der Winterkontrolle kann man auf den fruchttragenden Ästchen unter den Blütenknospen orangegelbe, 0,4 mm lange, überwinternde Eier finden. Im Frühjahr schlüpfen die flachen, gelblichgrünen, rotäugigen Nymphen und beginnen mit der Saugtätigkeit an austreibenden Knospen. Saugende Nymphen sondern an ihrem Hinterleib die für sie typischen Honigtautröpfchen ab. Gegen Ende Mai verwandeln sich die Nymphen in geflügelte Imagines, die sich über den Sommer an Bäumen aufhalten. Von August bis Oktober legen Weibchen ihre Eier in Knospennähe fruchttragender Äste ab. Die Art entwickelt eine Generation pro Jahr.

**Ökologie**

Der Apfelblattsauger kommt in kühleren Lagen, vor allem aber in extensiv gepflegten Apfelanlagen vor.

**Gegenmaßnahmen**

**Vorbeugend**

Schutz und Förderung natürlicher Gegenspieler. Winterkontrolle.

**Gezielt**

Austriebsbehandlung mit Ölpräparaten.

Apfelblattsauger – Adulte (Pokorný, V.)

Apfelblattsauger – Schadbild an Triebspitze (Pokorný, V.)

Apfelblattsauger – Nymphen (Pokorný, V.)

Apfelblattsauger – Eier (Státní rostlinolékaiská)

### *Gefleckter (Kleiner) Birnblattsauger (Psylla pyricola)*

**Wirtspflanzen**, **Schadbild**, **Lebensweise** und **Gegenmaßnahmen** ähnlich jener des Gemeinen Birnblattsaugers (*C. pyri*).

### *Gemeiner Birnblattsauger (Cacopsylla pyri)*

**Wirtspflanzen**
Birne und andere *Pyrus*-Arten.

**Schadbild**
Im späten Frühjahr zeigen sich eingerollte und gekräuselte Blätter. Triebe werden schwarz und sterben ab. Auf den starken Honigtauabscheidungen bilden sich Rußtaupilze.

**Bedeutung**
Der Gemeine Birnblattsauger tritt zwar weniger häufig auf, kann aber bei massivem Befall zum Absterben von Blättern und Blüten sowie zu Deformierung von Früchten und Wachstumshemmung führen. Zusätzlich wird das Pflanzengewebe durch erhöhten osmotischen Druck – bedingt durch die starke Honigtaubildung – beschädigt. Betroffene Pflanzenteile werden braun, welken und fallen ab. Die erste Generation verursacht geringere Schäden als die folgenden. Gefährlich als Überträger des Birnenverfalls (Pear decline; Phytoplasmose).

**Biologie**
Die Überwinterung erfolgt als Imago in Rindenverstecken auf Birnenbäumen und verschiedenen Gehölzarten in deren Nähe. Bereits im zeitigen Frühjahr legen sie ihre Eier in der Nähe von Knospen ab. Das Schlüpfen der Larven erfolgt bis Ende der Blütezeit. Ende Mai erscheinen die Imagines der ersten Generation. Im Laufe des Jahres entwickeln sich drei bis vier Generationen. Die Herbstimagines sind größer und dunkler gefärbt und nur diese Tiere sind zur Überwinterung fähig.

Gemeiner Birnblattsauger – Schadbild (Pokorný, V.)

Gemeiner Birnblattsauger – Imagines (Státní rostlinolékaïská)

**Ökologie**
Die Larven des Schädlings werden von der Erzwespe *Prionomitus mitratus* (Encyrtidae), Eier und Junglarven von den räuberischen Blumenwanzen *Anthocoris nemorum*, *Camplobrochis* sp. und *Orius* sp. befallen.

**Gegenmaßnahmen**
**Vorbeugend**
Schutz und Förderung natürlicher Gegenspieler (z. B. Raubwanzen). Im Winter durch Reinigen der Rinde und Verbrennen abgelöster Teile.

**Gezielt**
Stark geschädigte Triebe abschneiden und vernichten. Bei stärkerem Befall ist eine Behandlung mit einem anerkannten, nützlingsschonenden Insektizid ca. drei Wochen nach Blütenblätterfall empfehlenswert. Bei sehr starkem Befall ist eine Behandlungswiederholung nach drei Wochen anzuraten.

### *Großer Birnblattsauger (Cacopsylla pyrisuga)*

**Wirtspflanzen**
Birne und andere *Pyrus*-Arten.

**Schadbild**
Ähnlich jenem des Gemeinen Birnblattsaugers, jedoch stärkere Blattrollungen.

**Bedeutung**
Wichtigste Blattsaugerart an der Birne.

Großer Birnblattsauger – Nymphen (Státní rostlinolékařská)

Großer Birnblattsauger – Imago (Beránek, J.)

**Biologie**

Die dunklen, braun bis rotbraunen, 3–4 mm großen Imagines überwintern an Nadelgehölzen. Im zeitigen Frühjahr, zur Zeit des Knospenaufbruchs, wandern sie zur Eiablage in die Obstanlagen. Diese erfolgt in zwei Schüben: zuerst im März in der Nähe von Knospen, 4–6 Wochen später an junge Blätter, Blattstiele und Triebe. Ab Mitte Mai schlüpfen die flachen, anfangs gelben, später dunkel gezeichneten Larven und beginnen mit ihrer Saugtätigkeit an Blättern, Trieben und Früchten. Sie scheiden reichlich Honigtau ab. Ab Juni sind die ersten adulten, geflügelten Tiere zu finden, die nach kurzer Saugtätigkeit aus der Obstanlage abwandern. Es entwickelt sich eine Generation pro Jahr.

**Ökologie**

Ähnlich Gemeiner Birnblattsauger.

**Gegenmaßnahmen**

**Vorbeugend**

Schutz und Förderung natürlicher Feinde.

**Gezielt**

Siehe Gemeiner Birnblattsauger.

## Schildläuse (Coccoidea)

Die zu der Überfamilie der Coccoidea zählenden Familien der Deckelschildläuse (Diaspididae) und Napfschildläuse (Coccidae) werden aufgrund des ähnlichen Aussehens und der ähnlichen Lebensweise im folgenden Kapitel zusammengefasst.

### *Gelbe Austernschildlaus (Diaspidiotus ostreaeformis, Syn.: Quadraspidiotus ostreaeformis)*

**Wirtspflanzen**

Polyphage Art, insbesondere an Birken, Eichen u. a. An Obstgehölzen lebt sie vor allem an Apfel, Birne, Zwetschke, Kirsche, Pfirsich, seltener an Johannisbeere.

**Schadbild**

Bei starkem Befall werden Äste und Stamm mit einer Kruste der Laus-Schildchen überzogen. Rotfärbung an Früchten. Diese Art hat nur geringe wirtschaftliche Bedeutung und ist vor allem in extensiv geführten Kulturen anzutreffen.

**Bedeutung**

Starker, langfristiger Befall kann zum Absterben ganzer Astpartien führen.

**Biologie**

Bei dieser, auch Zitronenfarbige oder Gemeine Austernschildlaus genannten Deckelschildlaus-Art überwintern die Larven des zweiten Stadiums, die durch ein graues bis grauschwarzes Schildchen bedeckt sind. Ab Ende April entwickeln sie sich zu Imagines. Die nur 0,5 mm kleinen, geflügelten Männchen leben nur wenige Tage. Nach der Paarung im Juni und

Gelbe Austernschildlaus – Weibliche Schildläuse mit und ohne (r. o.) Schild (Stolz, M.)

Juli legt das Weibchen unter ihr gelblich bis grauschwarz gefärbtes, rundlich flaches Schildchen mit einem Durchmesser von 1–2 mm 70–100 Eier. Nach wenigen Tagen schlüpfen die Larven und setzen sich in unmittelbarer Nähe des Mutterschildchens fest. Austernschildlauskolonien breiten sich daher nur langsam aus.

**Gegenmaßnahmen**

**Vorbeugend**

Schutz und Förderung der zahlreichen, vor allem parasitischen, Gegenspieler.

**Gezielt**

Nur bei starkem Befall Infektionsherde während des Austriebs mit Paraffinölen, während der Vegetationsperiode mit geeigneten nützlingsschonenden Insektiziden behandeln.

### *Gemeine (Zwetschken-)Napfschildlaus, Große Obstbaumschildlaus (Parthenolecanium corni, Syn.: Eulecanium corni)*

Siehe Steinobst.

### *Kommaschildlaus (Lepidosaphes ulmi, Syn.: Mytilococcus ulmi)*

**Wirtspflanzen**

Polyphag an vielen Pflanzenarten. An Obstgehölzen besonders an Apfel und Birne, aber auch an Zwetschke, Kirsche, Pfirsich, Marille und Maulbeere. Seltener an Beerenobst.

**Schadbild**

An der Rinde findet man typische kommaförmig gebogene Schildchen.

**Bedeutung**

Nur bei stärkerem Befall kann das Triebwachstum gebremst und der Knospenansatz vermindert werden. Früchte werden nur selten befallen.

**Biologie**

Im Mai und Juni schlüpfen die sehr beweglichen Larven der Deckelschildlaus aus den im Schild der Mutter überwinternden Eiern. Sie verbreiten sich selbst oder werden vom Wind vertragen. Nach wenigen Tagen saugen sie sich an der Rinde fest, verlieren ihre Beine und bilden bis zu 3–4 mm lange 1,5 mm breite, kommaförmig gebogene graue bis gelbbrau-

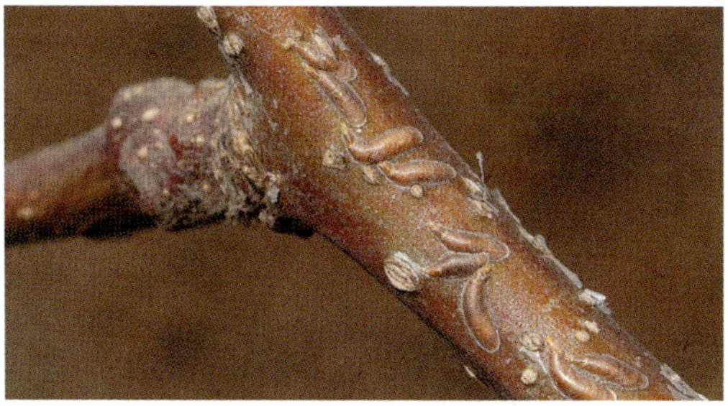

Kommaschildlaus – Schadbild am Zweig (Beránek, J.)

Kommaschildlaus – Schildchen im Detail (Pokorný, V.)

ne Schildchen. Die Art hat nur drei Larvenstadien. Zwischen Juni und August entwickeln sie sich zu Imagines. Nur die kleinen Männchen sind flugfähig. Ende August bis September legen die befruchteten Weibchen ungefähr 80 Eier unter ihr Schildchen und sterben danach ab. Die Art vermehrt sich – je nach Stamm – parthenogenetisch oder geschlechtlich und entwickelt eine Generation (in südlichen Klimaten zwei Generationen) pro Jahr.

**Ökologie**

Die Weibchen werden durch die Erzwespen der Gattungen *Aphytis* und *Chiloneurinus* intensiv parasitiert. Zur Überschreitung der wirtschaftlichen Schadensschwelle kommt es in der Regel nur dann, wenn diese natürlichen Feinde durch Pflanzenschutzmaßnahmen dezimiert werden.

**Gegenmaßnahmen**

**Vorbeugend**

Schutz natürlicher Gegenspieler durch nützlingsschonende Pflanzenschutzmaßnahmen.

**Gezielt**

Nur bei Überschreitung der Schadensschwelle (100 Schildchen mit Eiern auf 20 zweijährigen Ästen mit insgesamt 140 Knospen) wird eine Behandlung während des Austriebs mit Paraffinölen oder während der Wanderungsphase der Larven mit geeigneten nützlingsschonenden Präparaten empfohlen. Bei starkem Befall sollte diese Behandlung nach 14 Tagen wiederholt werden.

### *Nördliche Gelbe Austernschildlaus, Birnenschildlaus (Diaspidiotus pyri, Syn.: Quadraspidiotus pyri)*

**Wirtspflanzen**
Diese Deckelschildlaus tritt vor allem in wärmeren Gegenden an Obstkulturen, insbesondere an Birne und Apfel auf.

**Schadbild**, **Bedeutung**, **Biologie** und **Gegenmaßnahmen** siehe Gelbe Austernschildlaus.

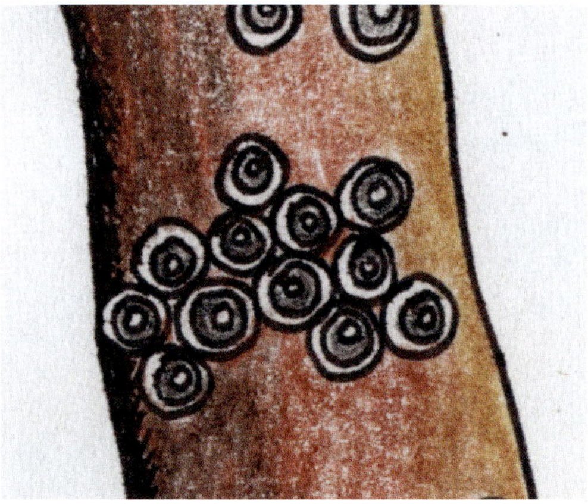

Nördliche Gelbe Austernschildlaus (Stolz, M.)

San-José-Schildlaus – Befallsbild am Apfel (Státní rostlinolékaŕská)

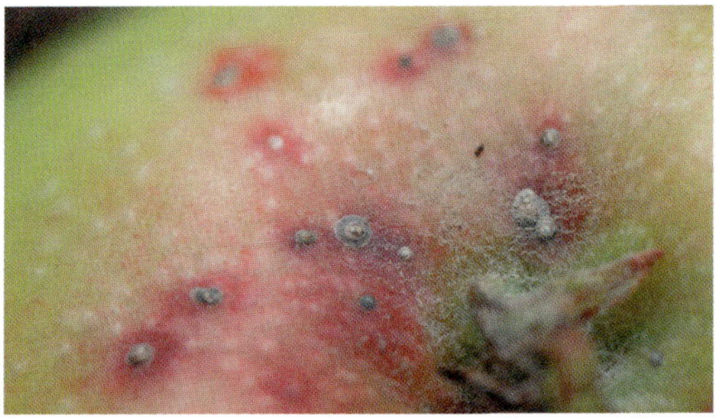

San-José-Schildlaus – Schildchen nahe der Kelchgrube (Beránek, J.)

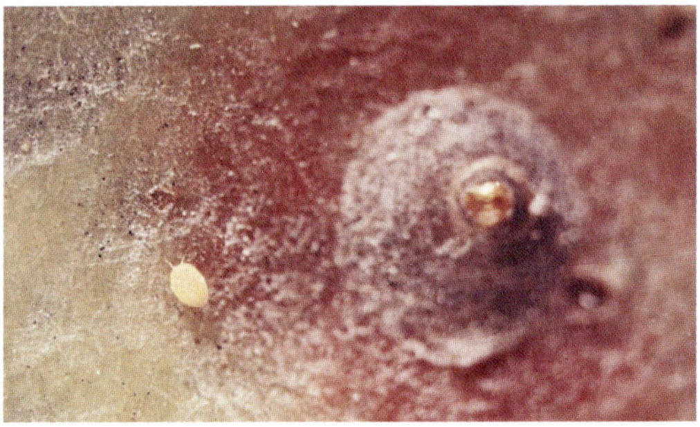

San-José-Schildlaus – Mutterschild mit Larve (links) (Státní rostlinolékaŕská)

### *San-José-Schildlaus (Quadraspidiotus perniciosus, Syn.: Diaspidiotus perniciosus)*

**Wirtspflanzen**
Polyphag an den meisten Obstgehölzen, vor allem aber an Apfel, Birne, Johannisbeere und Rebe.

**Schadbild**
Auffällig ist der Befall an Früchten, bei dem sich meist nahe der Kelch- oder Stielgrube die Schale um die dunklen Schildchen rot verfärbt. Stark befallene Astteile sind von den graubraunen Schildchen krustenförmig bedeckt, die Rinde wird rissig.

**Bedeutung**
Ein ehemaliger Quarantäneschädling. Vor allem im Streuobstbau ist der Befall sehr gefährlich, da er innerhalb weniger Jahre die Gehölze zum Absterben bringt. Befallene Früchte sind bedingt marktfähig.

**Biologie**
Die festgesaugten Junglarven überwintern und entwickeln sich bis Ende April/Anfang Mai zu beweglichen, geflügelten Männchen oder zu unbeweglichen Weibchen unter Schildchen. Nach der Paarung setzen die lebendgebärenden Weibchen bis zu 200 gelblich-orange Junglarven (2–3 pro Tag) ab, die sich nach dem Verlassen des Mutterschildchens an einer geeigneten Stelle festsetzen, nach zehn Tagen häu-

ten, dabei ihre Beine und Antennen verlieren und ein eigenes Schildchen bilden. Die Art hat im gemäßigten Klima zwei, in heißen Jahren drei Generationen. Der erste Larvenlauf findet im Juni, der zweite im August, der dritte im Oktober statt.

**Ökologie**

Die Verbreitung der Jungläuse erfolgt durch Wind, Vögel oder Insekten, die bedeutendste Verbreitungsart ist jedoch mit befallener Baumschulware. Der wirksamste natürliche Feind ist die San-José-Schildlauszehrwespe *Prospaltella perniciosi,* die bis zu 65 % der Larven parasitieren kann. Die Hautflügler der Gattung *Aphytis* zählen zu den wichtigsten Ektoparasitoiden. Auch Prädatoren, wie z. B. Marienkäfer, können von Bedeutung sein.

**Gegenmaßnahmen**

**Vorbeugend**

Schutz der wichtigsten natürlichen Gegenspieler (z. B. Schildlauszehrwespe *P. perniciosi*) durch nützlingsschonende Pflanzenschutzmaßnahmen.

**Gezielt**

Austriebsbehandlung mit Paraffinölen ab dem Knospenaufbruch, wobei auf gute Benetzung aller Baumteile zu achten ist! Während der Zeit der Larvenwanderungen ist die Anwendung geeigneter nützlingsschonender Insektizide empfehlenswert. Schadensschwelle: 1 % befallene Früchte im Vorjahr.

## Zikaden (Auchenorrhyncha)

Die wissenschaftliche Sammelbezeichnung „Auchenorrhyncha" für die Unterordnung der Zikaden umfasst die Unterordnungen Rundkopfzikaden (Cicadomorpha) und Spitzkopfzikaden (Fulgoromorpha). Die in weiterer Folge beschriebenen Arten zählen zur Familie der Buckelzirpen (Membracidae) innerhalb der Rundkopfzikaden.

### *Büffelzikade (Stictocephala bisonia)*

**Wirtspflanzen**

Polyphag, darunter auch Apfel, Birne, Zwetschke, Weißdorn, Weinrebe u. a.

**Schadbild**

An ein- bis dreijährigem Holz findet man oft zahlreiche 8–12 mm lange längsgerichtete Schnitte, die das Weibchen zur Wintereiablage anfertigt. Das Gewebe in der Umgebung der Schnitte verkorkt und das Holz hinter diesen Verletzungen stirbt häufig ab. Durch die Saugtätigkeit der Tiere an grünen Trieben und Blattstielen verfärben sich die Blätter gelb bis karminrot.

**Bedeutung**

Bei starkem Befall können nachhaltige Schäden entstehen, da die Verletzungen und Einstichstellen auch Eintrittspforten für Krankheitserreger darstellen.

**Biologie**

Diese Rundkopfzikade mit ihrem eigentümlichen Körperbau wurde aus Nordamerika nach Europa eingeschleppt. Die leuchtend grünen Imagines werden bis zu 9 mm groß und haben auf ihrem hochgewölbten Halsschild dunkle Dornen. Ihre Eier überwintern in den angefertigten Rindenschnitten. Im Mai schlüpfen die ersten Larven. Ab Ende Juli findet man die erwachsenen Tiere. Die Art hat eine Generation pro Jahr.

Büffelzikade – Imago (Stolz, M.)

Büffelzikade – Imago (Beránek, J.)

Büffelzikade – Rotfärbung befallener Blätter (Vanek, G.)

Büffelzikade – Schadbild am Trieb (Hluchy, M.)

**Ökologie**

Die Büffelzikade ist wärmeliebend und tritt daher verstärkt in Jahren mit längerem, warmem Herbst auf. In Europa hat sie außer dem Eiparasitoiden *Polynema striaticorne* aus der Familie der Zwergwespen (Mymaridae) wenig natürliche Feinde.

**Gegenmaßnahmen**

**Vorbeugend**

Befallskontrolle von Vermehrungsmaterial, vor allem aus wärmeren Gebieten.

**Gezielt**

Nur bei stärkerer Populationsdichte notwendig. Eine Austriebbehandlung ist gegen die Wintereier gut wirksam. Bei Bedarf ist im August eine Behandlung mit einem geeigneten nützlingsschonenden Insektizid möglich.

### *Zwergzikade (Alnetoidia alneti)*

**Wirtspflanzen**

Apfel, Kirsche, Zwetschke.

**Schadbild**

Blätter und Früchte werden durch die Saugtätigkeit und den abgeschiedenen Honigtau bei starkem Befall fleckig und verschmutzt.

**Biologie**

Die 3–4 mm langen, vorwiegend gelblichen Imagines findet man von Juli bis Oktober. In dieser Zeit legen sie ihre Eier unter die Rinde von jungen Trieben ab. Aus den überwinternden Eiern schlüpfen ab Mitte Mai Nymphen, welche vorwiegend an der Blattunterseite von Apfel, Kirschen und Zwetschken saugen. Die Art bildet eine Generation pro Jahr.

Zwergzikade (Beránek, J.)

**Gegenmaßnahmen**

Normalerweise nicht notwendig.

## Wanzen (Heteroptera)

### *Grüne Reiswanze (Nezara viridula)*

**Wirtspflanzen**

Polyphag an zahlreichen Pflanzenarten wie Gemüsearten, Hülsenfrüchten, Ackerkulturen oder Zierpflanzen.

**Schadbild**

Saugschäden an Früchten, Blättern und Trieben. Befallene Pflanzenteile weisen an den Einstichstellen Verfärbungen, Verkorkungen oder Deformationen auf. Triebe können absterben, Früchte früher abfallen. Durch Absonderung ihres giftigen, übelriechenden

Sekrets können an Früchten zusätzlich zu Verformungen Geschmacksbeeinträchtigungen auftreten. Einstichstellen fungieren auch als Eintrittspforten für Krankheitserreger.

**Bedeutung**

Befallene Früchte sind nicht vermarktungsfähig. Durch die Saugtätigkeit können Viren übertragen werden.

**Biologie**

Die Überwinterung erfolgt als Imago in geschützten Verstecken wie z. B. Bodenstreu, Mauerritzen oder unter Baumrinde. Für ihr Überleben sind allerdings eine durchschnittliche Temperatur im Jänner von über 5 °C und eine Minimumtemperatur von nicht unter –3 °C notwendig. Der Klimawandel mit seinen zunehmend wärmeren Wintern erhöht somit ihre Überlebensrate und dauerhafte Ansiedelung. Befruchtete Weibchen legen ab Mai ihre erst gelb, später rötlich gefärbten Eier in Gelegen von 40 bis 80 Stück an die Blattunterseiten. Die nach wenigen Tagen schlüpfenden Larven durchlaufen 5 deutlich unterschiedlich gefärbte Entwicklungsstadien. Die ersten Entwicklungsstadien halten sich gruppenweise auf und dürften keine Nahrung zu sich nehmen. Die beiden letzten Stadien verteilen sich dann auf der Pflanze. Die adulten Wanzen sind meist grün gefärbt, werden 14 bis 16 mm lang und sind gute Flieger. Von der ähnlich aussehenden, unschädlichen Grünen Stinkwanze kann sie gut durch eine weiße Punktreihe am unteren Ende des Halsschildes unterschieden werden. Im Herbst verlassen sie ihre Wirtspflanze und suchen sich ein Überwinterungsversteck. Temperaturabhängig können sie 1–4 Generationen bilden.

**Ökologie**

Ursprünglich im Mittelmeerraum beheimatet, breitet sie sich durch den Klimawandel zunehmend Richtung Mittel- und Nordeuropa aus. Als natürliche Feinde sind Parasitoide an Eiern und Imagines sowie Prädatoren wie Ameisen und Spinnen bekannt.

**Gegenmaßnahmen**

**Vorbeugend**

Durch regelmäßige Kontrollen kann ein frühzeitiger Befall erkannt werden. Dabei gilt es, auf alle Stadien zu achten (Eigelege, Nymphen, Adulttiere).

Von Glashauskulturen durch engmaschige Netze an Lüftungen abhalten.

**Gezielt**

Einsatz gegen saugende Schädlinge anerkannter, nützlingsschonender Insektizide.

Grüne Reiswanze – Imago (Hluchy, M.)

Grüne Reiswanze – Nymphe (Beránek, J.)

Grüne Reiswanze – Eigelege (biohelp)

Nordische Apfelwanze AfroBrazilian, CC BY-SA 3.0

### *Marmorierte Baumwanze (Halyomorpha halys)*

Siehe Steinobst.

### *Nordische Apfelwanze (Lygocoris rugicollis)*

**Wirtspflanzen**

Die ursprünglichen Wirtspflanzen dieser Wanzenart waren Weide und Erle, bevor sie sich auf Apfel, Johannisbeere und Stachelbeere spezialisierte.

**Schadbild**

Junge Triebe können durch die Saugtätigkeit im Wachstum gehemmt werden und sogar absterben. An ihrer Stelle entwickeln sich Sekundärtriebe, wodurch besonders Jungbäume stark deformiert werden. An den Blättern verfärben sich die besonders um die Mittelader sichtbaren Einstichstellen zuerst rötlich, später bräunlich bis schwärzlich. Durch die Saugtätigkeit an jungen Früchten werden diese deformiert und die Einstichnarben verkorken.

**Biologie**

Diese zu den Weichwanzen (Miridae) zählende Wanzenart kommt vor allem in Nordeuropa vor. In Mitteleuropa bevorzugt sie höhere Lagen. Sie hat eine Generation pro Jahr. Den Winter überdauern die Eier, die im Juni und Juli in die Rinde einjähriger, seltener älterer Triebe abgelegt wurden. Die gelblich-grünen Nymphen schlüpfen während des Grünknospenstadiums der Apfelbäume. Adulte Wanzen sind ca. 6 mm groß, glänzend grün, mit gelblichen Beinen und Deckflügeln.

**Gegenmaßnahmen**

Sind normalerweise nicht notwendig, könnten jedoch in Ausnahmefällen zur Zeit des Schlüpfens der Nymphen empfohlen werden. Ähnliche Schäden können auch durch andere Blattwanzen, wie z. B. die im Sommer an Königskerzen lebende Wanzenart *Campylomma verbasci*, verursacht werden.

Apfelblattgallmücke – Junge Larven in eingerolltem Blatt
© M. Gammelgaard

Apfelblattgallmücke – Larven in eingerolltem Blatt
© M. Gammelgaard

Apfelblattgallmücke – Blattrollungen (Státní rostlinolékaŕská)

Apfelblattgallmücke – Schadbild © M. Gammelgaard

## Zweiflügler (Diptera)

### Gallmücken (Cecidomyiidae)

### *Apfelblattgallmücke (Dasineura mali)*

**Wirtspflanzen**

Apfel.

**Schadbild**
Vorwiegend Blätter von Triebspitzen oder Wasserschossen rollen sich am Rand spiralförmig nach oben ein. Später vertrocknen sie und werden brüchig.

**Bedeutung**
In Ertragsanlagen ist die Bedeutung gering. In Baumschulen und Junganlagen können bei starkem Befall Wachstumshemmungen Schäden anrichten.

**Biologie**
Die nur ca. 2 mm winzigen Mücken legen ihre Eier ab Blühbeginn an den Rand junger Blätter. Durch die Fraßtätigkeit der 2,5–3 mm langen, erst weißlichen, später orange bis roten Larven rollt sich das Blatt nach oben. Die erwachsenen Larven lassen sich zu Boden fallen, wo sie sich in einem Kokon verpuppen. Die Art kann bis zu drei Generationen pro Jahr entwickeln. Die Überwinterung erfolgt in einem Kokon im Boden.

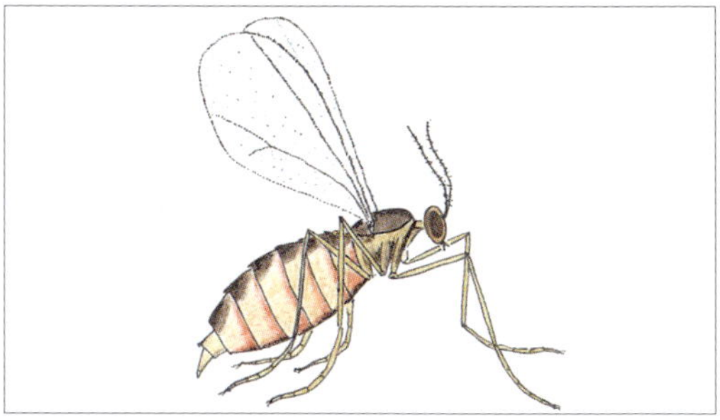

Birnenblattgallmücke – Adult (Stolz, M.)

**Gegenmaßnahmen**
**Gezielt**
Nur in Baumschulen oder Junganlagen kann eine Behandlung zu Beginn des Kräuselns der Blattränder mit einem geeigneten nützlingsschonenden Insektizid empfohlen werden.

### *Birnenblattgallmücke (Dasineura pyri)*
**Wirtspflanzen**
Birne.

**Schadbild**, **Bedeutung**, **Biologie** und **Gegenmaßnahmen** wie Apfelblattgallmücke.

### *Birnengallmücke (Contarinia pyrivora)*
**Wirtspflanzen**
Birne.

Birnengallmücke – Blattrollungen (Rod, J.)

Birnengallmücke – Schadbild an junger Frucht (biohelp)

Birnengallmücke – Geschädigte Frucht (Pokorný, V.)

Birnengallmücke – Larven im Fruchtinneren (Pokorný, V.)

### Schadbild
Befallene Früchte sind anfangs größer, später auch rundlicher oder deformiert. Sie sind innen hohl und schwarz, werden runzelig, faulen und fallen ab. Einige Früchte wachsen weiter, sind jedoch verunstaltet und haben einen verdickten Stiel.

### Bedeutung
Dieser weitverbreitete Schädling der Birne kann die Ernte durch Fruchtverluste, vor allem auf isoliert stehenden Bäumen in Gärten oder an Hauswänden, ernsthaft gefährden.

### Biologie
Die 3–4 mm großen, grauschwarzen Imagines schlüpfen vor der Blüte aus den im Boden überwinternden Puppen. Mit ihrer langen Legeröhre legen die Weibchen 10–20 Eier an Griffel oder Staubgefäße sich gerade öffnender Blüten ab. Die gelblichen, etwa 3–4 mm langen Larven schlüpfen nach 4–6 Tagen und ernähren sich vom Fruchtfleisch der sich entwickelnden Früchtchen. Nach ungefähr sechs Wochen sind sie ausgewachsen, verlassen die Früchte und lassen sich zu Boden fallen, wo sie in 5–10 cm Tiefe einen Überwinterungskokon spinnen. Die Birnengallmücke entwickelt eine Generation pro Jahr.

### Ökologie
Werden Blüten samt Larven durch Spätfrost vernichtet, ist die Population des Schädlings im Folgejahr geschwächt. Auch bei längeren trockenwarmen Witterungsperioden können die heranwachsenden Larven in den vertrocknenden Früchten absterben.

### Gegenmaßnahmen
Sehr früh oder sehr spät blühende Sorten werden weniger befallen. Frühzeitige Entfernung und Vernichtung befallener Früchte.

## Wirbeltiere (Chordata)

## Säugetiere (Mammalia)

### Hasenartige (Lagomorpha)

#### *Feldhase (Lepus europaeus), Kaninchen (Oryctolagus cuniculus)*

Siehe Weinreben.

Feldmaus (Rödl, P.)

### Nagetiere (Rodentia)

#### *Mäuseartige (Muroidea)*

Zu der Überfamilie der Mäuseartigen zählen unter anderen die Familien der Langschwanzmäuse (Muridae) und der Wühler (Cricetidae). Zweitere umfasst die Unterfamilien der Hamster (Cricetinae) und der Wühlmäuse (Arvicolinae). Die folgenden Arten zählen zu der Unterfamilie der Wühlmäuse.

#### *Feldmaus (Microtus arvalis)*

### Wirtspflanzen
Polyphage Ernährung, überwiegend von grünen Pflanzenteilen und Samen. Während des Winters werden auch Wurzeln und Rinde von Gehölzen angefressen.

### Bedeutung
Die Feldmaus ist überwiegend ein beträchtlicher Schädling an Feld- und Gartenpflanzen. Bei Übervermehrungen kann sie auch Obstkulturen schädigen.

### Biologie
Die 9–11 cm lange, graubraun bis gelbliche Maus hat eine hellere Körperunterseite und einen Schwanz mit einem Drittel der Körperlänge. Sie vermehrt sich von Ende Februar bis Mitte November, bei warmer Witterung oder in Stroh- und Heuhaufen auch im Winter. Das Weibchen hat pro Saison 3–4 Würfe mit 5–6 Jungen. Die Jungen sind nach 4–6 Wochen geschlechtsreif.

### Ökologie
Bei Erreichen des Höhepunkts einer Gradation, wo auf einem Hektar bis zu 1.500 Mäuse (in extremen Situationen bis 2.000) zu finden sind, hören die Weibchen schon Anfang August auf, Nachkommen zu gebären. Bei solchen Gradationen kommt es zu ständigen Kämpfen um Raum, Nahrung und Versteckmöglich-

keiten. Die Folge dessen ist Stress und letztlich das Absterben infolge eines hypoglykämischen Schocks (niedriger Blutzuckerspiegel), Ansteckung durch Tuberkulose und andere Krankheiten. Individuen solcher Gradationen gehen gewöhnlich schnell während des Winters zugrunde. Nach drei bis vier Jahren kann es zu einer neuerlichen Gradation kommen.

**Gegenmaßnahmen**

**Vorbeugend**

Große vorbeugende Wirkung gegen Gradationen hat das Mähen und Mulchen der Bodenvegetation in Obst- und Weingärten. Wichtig ist ebenfalls die Unterstützung von Raubvögeln, Eulen und Wieseln durch künstliche Nistplätze und Steinhaufen in der Umgebung von Anlagen.

**Gezielt**

Der Bedarf von Schutzmaßnahmen wird im Oktober und November auf fünf Parzellen in der Größe von 100 $m^2$ durch Zutreten von Gangöffnungen ermittelt. Nach 24 Stunden werden die wieder geöffneten Eingänge gezählt. Das Ergebnis wird auf 1 ha hochgerechnet. Die Schadensschwelle ist bei 40 wieder geöffneten Eingängen erreicht. Bei Bedarf ist die Anwendung anerkannter Ködermittel empfehlenswert.

## *Große Wühlmaus, Schermaus (Arvicola terrestris)*

**Wirtspflanzen**

Neben zahlreichen anderen Kulturpflanzen sind alle Obstgehölze, insbesondere der Apfel, gefährdet.

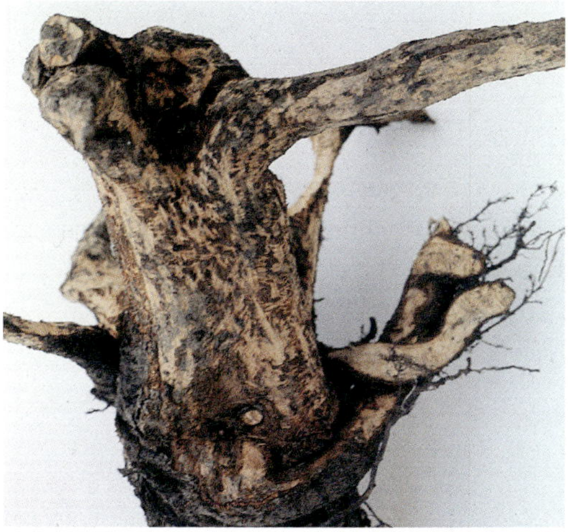

Große Wühlmaus – Fraßbild an Wurzel (Státní rostlinolékaŕská)

Große Wühlmaus (Rödl, P.)

**Schadbild**

Fraßtätigkeit an ober- und unterirdischen Pflanzenteilen. Befallene Pflanzen welken nach dem Austrieb. Vor allem Jungpflanzen sitzen locker im Boden und lassen sich leicht aus dem Boden ziehen. An befallenen Pflanzenteilen sind deutliche Nagespuren zu erkennen.

**Bedeutung**

Bedeutender Schädling in Zier- und Nutzgärten sowie in Obstkulturen. Besonders schädigend an jungen Apfelbäumen und Wurzelgemüse.

**Biologie**

Wühlmäuse sind unterirdisch lebende Pflanzenfresser. Sie ernähren sich während der Vegetationsperiode sowohl oberirdisch von grünen Pflanzenteilen als auch unterirdisch von Wurzeln, Zwiebeln und Knollen. Außerhalb der Vegetationsperiode ernähren sie sich vorwiegend von Wurzeln. Sie leben in einem weitverzweigten, meist flach unter der Oberfläche verlaufenden, ovalen Gangsystem mit flachen, grobscholligen, mit Pflanzenteilen vermischten Auswurfhügeln. Pro Bau lebt meist ein Muttertier, das von März bis Mitte Oktober drei- bis viermal im Durchschnitt fünf bis sechs Junge wirft. Diese sind nach sechs bis acht Wochen geschlechtsreif.

**Ökologie**

Wühlmäuse haben häufig in der Nähe von Gewässern aquatisch geprägte, abseits von Gewässern terrestrisch geprägte Populationen.

**Gegenmaßnahmen**

**Vorbeugend**

Schutz und Förderung natürlicher Gegenspieler wie Greifvögel, Eulen, Wiesel, Marder, Iltis u. a. Vermeidung von hohem Grasbewuchs. Fallobst regelmäßig entfernen. Bei Neupflanzungen den Wurzelballen mit dichtem Maschendrahtgewebe schützen.

**Gezielt**
Der konsequente Einsatz von Fallen mit der notwendigen Erfahrung und mit entsprechendem Zeitaufwand, Begasung mit anerkannten Mitteln sowie das Auslegen von Giftködern sind wirksame Maßnahmen. Bei allen Methoden ist jedoch als Vorbereitung das Aufsuchen der Gänge mittels Suchstock sowie deren Freilegen in einer Länge von 30–40 cm (Verwühlprobe: Bewohnte Gänge sind am nächsten Tag verstopft!) empfehlenswert.

### Hirsche (Cervidae)

***Rehwild (Capreolus capreolus)***

Siehe Weinreben.

# Steinobst

Als **Steinobst** werden zu den Rosengewächsen (Rosaceae) zählende Pflanzenarten bezeichnet, deren Früchte als Steinfrüchte ausgebildet sind.

Ihre Samen werden von einem verholzten Teil der inneren Fruchtwand (Endokarp), einem mittleren fleischigen Teil (Mesokarp) sowie einem äußeren häutigen bis ledrigen Teil (Exokarp) umschlossen. Das Mesokarp ist meist süß und saftig, um Samenverbreiter (z. B. Vögel) anzulocken.

Die meisten unserer Steinobstarten sind ursprünglich nicht in Mitteleuropa beheimatet. So stammen zum Beispiel die Süßkirsche aus dem kaukasischen Raum, die Sauerkirsche wahrscheinlich aus Südwestasien, die Ringlotte und Zwetschke aus Kleinasien, die bereits seit 2.000 Jahren in der Wachau kultivierte Marille aus dem nördlichen China oder der Mongolei und Pfirsich und Nektarine waren bereits 2000 v. Ch. in China bekannt.

## Steinobst-Arten in diesem Buch

Kirsche – *Cerasus avium* (Richter, M.)

Weichsel – *Cerasus vulgaris* (Richter, M.)

Zwetschke – *Prunus domestica* ssp. *domestica* (Richter, M.)

Ringlotte/Reneklode – *Prunus domestica* ssp. *insititia* (Richter, M.)

Marille – *Prunus armeniaca* (Richter, M.)

Pfirsich – *Prunus persica* (Richter, M.)

Pfirsich – *Prunus persica* (Richter, M.)

Nektarine – *Prunus persica* var. *nucipersica* (Richter, M.)

Mandel – *Prunus dulcis* (Richter, M.)

# Abiotische Störungen

## Blattbräune

**Wirtspflanzen**
Pflaumen und Zwetschken (Hauszwetschke), aber auch Birne.

**Schadbild**
Plötzliches Vertrocknen der Blattränder oder ganzer Blätter. Betroffene Blattteile werden bei der Zwetschke hellbraun und sie sind von den grünen Blattteilen scharf abgegrenzt. Bei der Birne ist die Blattverfärbung schwarz. Meist tritt das Schadbild nur an jenen Kronenteilen auf, die Wind und Regen stärker ausgesetzt sind. Nur selten tritt es an allen Kronenteilen auf.

Verursacht werden diese Laubschäden durch Wasserverlust im Gewebe. Dieser Fall tritt meist dann ein, wenn einer längeren Trockenperiode ein ergiebiger Regen folgt, der wiederum von wärmerem, windigem Wetter abgelöst wird. Das Gewebe nimmt während des Regens viel Wasser auf, das durch den warmen Wind schnell wieder entzogen wird.

Abiotische Blattbräune – Schadbild an Birnentrieb (Stolz, M.)

**Gegenmaßnahmen**
Erhaltung eines optimalen physiologischen Zustandes durch Bewässerung während längerer Trockenperioden.

# Krankheiten

## Bakterienkrankheiten (Bakteriosen)

### Bakterienbrand des Steinobstes (*Pseudomonas syringae* pv. *syringae*, *P. mors-prunorum*)

**Wirtspflanzen**
Alle Steinobstarten, auch Unterlagen. Besonders häufig werden Pfirsich, Marille und Kirsche befallen.

**Schadbild**
An der Rinde von Zweigen und Stämmen entstehen dunkle, leicht eingetiefte Stellen, die allmählich nekrotisieren. Die Schadstellen befinden sich meist an Verzweigungen, in Zapfennähe, an abgestorbenen Ästen oder im Bereich von Schnittwunden. Einjähriges Holz wird meist unterhalb von Augen infiziert. Nekrotische Bereiche vergrößern sich und befallen das Leitgewebe. Die Teile oberhalb der Krebswunden welken und vertrocknen allmählich. Bei chronischem Verlauf werden die Blätter kleiner, gelblich verfärbt und die Triebe kürzer. An befallenen Stellen tritt üblicherweise Gummifluss (Gummosis bzw. Gummose: Absonderung einer gummiartigen farblosen bis bernsteinfarbenen Flüssigkeit, die in Krankheitsherden unter der Rinde durch Verflüssigung von Holzteilen entsteht und vor allem Zuckerverbindungen und Säuren enthält) auf.

**Bedeutung**
Bakterienbrand ist eine sehr schädliche Erkrankung, da sie die häufigste Ursache von teilweisem oder vollständigem Absterben von Steinobstpflanzen ist.

Bakterienbrand des Steinobstes – Befallener Zweig mit Gummifluss (Rod, J.)

**Biologie**
Der Erreger überwintert an befallenen Baumteilen, wo sich im Frühjahr und Herbst Bakterienexsudat bildet.

**Ökologie**
Zur Infektion kommt es vor allem im Frühjahr vor und während des Austreibens oder im Herbst während des Blattfalls. Verletzungen, abgestorbene Pflanzenteile und Blattnarben nach dem Laubfall sind Eintrittspforten für Infektionen. Die Erreger sind temperaturunabhängig, sodass Infektionen auch bei relativ tiefen Temperaturen erfolgen können. Die Verbreitung wird durch regnerisches Wetter gefördert.

**Gegenmaßnahmen**
**Vorbeugend**
Sehr wichtig sind alle vorbeugenden Maßnahmen, die die Vitalität der Pflanzen unterstützen und günstige Bedingungen zur Verbreitung der Erkrankung reduzieren. Dazu gehören die richtige Standortwahl (keine feuchten und geschlossenen Lagen, keine Kaltluftseen und keine feuchten, kalten Böden), ausgeglichene Ernährung, richtige Schnittzeit (Schnitt erst nach dem Austrieb bis spätestens Mitte August) und eine Behandlung der Schnittwunden und anderer Verletzungen sowie die Entfernung abgestorbener Pflanzenteile.

**Gezielt**
Behandlungen mit kupferhaltigen Fungiziden im Herbst während des Laubfalls oder im Frühjahr vor oder während des Austriebs sind wirksam.

## Phytoplasmosen (Vergilbungskrankheiten)

### ESFY – Europäische Steinobstvergilbung (Candidatus Phytoplasma prunorum)

**Wirtspflanzen**
Steinobstarten, insbesondere Marille, Japanische Pflaume und Pfirsich.

**Schadbild**
Die Ausprägung der Schadsymptome ist sehr un-

terschiedlich. Häufige Symptome sind: Vorzeitiges Austreiben der Blattknospen im Frühjahr noch vor den Blütenknospen, Chlorose und Einrollen der Blätter nach oben, Blätter vergilben und fallen vorzeitig ab, verkürzte Internodien und Hexen-Besenbildung, nach dem Austrieb vertrocknen ganzer Astpartien bis zur ganzen Pflanze. Runzelige, vorzeitig abfallende Früchte mit wenig Geschmack sind mögliche weitere Symptome.

ESFY – Marille, Schadbild; Chlorose und Einrollen des Blattes nach oben (biohelp)

**Bedeutung**

Befallene Bäume sind Infektionsquellen und müssen sofort samt Wurzeln und Wurzelausschlägen gerodet und entsorgt (verbrannt) werden.

**Biologie**

Phytoplasmen sind weichhäutige Bakterien ohne Zellwand. Sie leben als obligate Parasiten im Phloem (Siebröhren) der befallenen Wirtspflanzen. Die Überwinterung findet großteils im Wurzelbereich statt. Ab dem Frühjahr vermehrt sich das Bakterium in den Leitungsbahnen und breitet sich dadurch schnell in der ganzen Pflanze aus. Da die Phytoplasmen selbst unbeweglich sind, können sie sich nur in lebenden Pflanzenteilen mit dem Saftstrom verteilen.

**Ökologie**

Für die Übertragung auf andere Pflanzen ist daher ein Vector notwendig. Als wichtigster Überträger für ESFY ist der Pflaumenblattsauger *(Cacopsylla pruni)* bekannt, dessen Hauptwirte die Schlehe und die Kirschpflaume sind.

**Gegenmaßnahmen**

**Vorbeugend**

Verwendung von ausschließlich gesundem, zertifiziertem Pflanzenmaterial. Ausläuferbildende Unterlagen sind für Blattsauger besonders interessant und sollten daher nicht verwendet oder die Wurzelausschläge konsequent beseitigt werden.

**Gezielt**

Eine direkte Bekämpfung von bereits mit Phytoplasmosen verseuchten Bäumen ist nicht möglich; befallene Bäume sollten rigoros gerodet werden. Eine Bekämpfung der Krankheitsüberträger (Pflaumenblattsauger) ist im biologischen Anbau kaum zielführend.

ESFY – Marille, Schadbild; vorzeitiger Fruchtfall (biohelp)

Bandmosaik der Zwetschke – Befallsbild auf Chinesischer Pflaume (*Prunus salicina*) © A. Myrta

Bandmosaik der Zwetschke – Befallsbild auf der Vogelkirsche (*Prunus avium*) © A. Myrta

## Viruskrankheiten (Virosen)

### Bandmosaik der Zwetschke (Plum line pattern virus)

**Wirtspflanzen**

Pflaume und Zwetschke, Kirsche, Marille.

**Schadbild**

An Blättern bilden sich hellgrüne bis leuchtend gelbe Flecken, Bänder und Muster, die oft entlang der Blattadern als Eichenblattmuster erscheinen. Die scharfe Begrenzung der Musterränder ist ein wesentliches Unterscheidungsmerkmal zur Scharkakrankheit, bei der die Fleckenränder unscharf, diffus sind. Schwache Virusstämme rufen nur Symptome an einzelnen Blättern hervor. Bei Befall durch starke Stämme findet man diese auf vielen oder auf allen Blättern. Die deutlichsten Merkmale findet man an Blättern, die sich schon im Frühjahr oder Frühsommer entwickelt haben. Bei den Blättern, die sich erst im Sommer unter höheren Temperaturen entwickelt haben, sind die Symptome schwach oder gar nicht ausgeprägt (maskiert).

**Bedeutung**

Eher selten auftretende, schwere Erkrankungen können durch kleinere Blätter und reduziertes Triebwachstum Ertragseinbußen verursachen.

**Biologie und Ökologie**

Das Virus wird durch vegetative Vermehrung, einige Stämme auch durch Pollen und Samen übertragen.

**Gegenmaßnahmen**

Wichtigste vorbeugende Schutzmaßnahme ist die Produktion und Verwendung von virusfreiem Pflanzenmaterial. Stark anfällige Sorten sind z. B. Hauszwetschke, Ersinger Frühzwetschke, Ontario, Große Grüne Reneklode.

### Nekrotische Ringflecken (Stecklenberger Krankheit) (Prunus necrotic ringspot virus; PNRSV)

**Wirtspflanzen**

Vorwiegend an Sauer- und Süßkirsche, weiters auch an Pfirsich, Marille, Pflaume, Zwetschke und anderem Steinobst. Seltener an Apfel oder Hopfen.

**Schadbild**

Blätter zeigen scharf abgegrenzte, chlorotische Flecken, kleine Ringe oder bandförmige Muster. Sie bleiben kleiner und sind verkrümmt. Typisch sind auch an der Blattunterseite Enationsauswüchse (schuppigblattartige Strukturen) in der Nähe von Blattrippen. Nekrotisierte Blattteile fallen aus. Oft bleiben nur enge Blattstreifen entlang der Rippen übrig. Diese Erkrankung zeigt sich oft nur an einem Kronenteil.

Nekrotische Ringfleckenkrankheit – Schadsymptome an Apfelblättern (Státní rostlinolékařská)

Nekrotische Ringfleckenkrankheit – Blattnekrosen an der Kirsche (Státní rostlinolékaĭská)

Nekrotische Ringfleckenkrankheit – Ausfall nekrotischer Blattteile (Státní rostlinolékaĭská)

Meist sind die untersten Zweige an der Nordseite befallen. Allmählich erfolgt auch das Absterben von Knospen und fruchttragenden Zweigen. Das Krankheitsbild ist je nach Wirtspflanze, Virus und Witterung unterschiedlich. Bei warmer Witterung sind die Befallsmerkmale meist deutlicher, in Erholungsphasen des Baumes schwächer zu erkennen.

**Bedeutung**

Diese wirtschaftlich bedeutendste Viruserkrankung von Sauer- und Süßkirsche wird auch Stecklenberger Krankheit genannt. Ihre Schädlichkeit ist von der Sortenempfindlichkeit, vom Virusstamm und von der Witterung abhängig. Sie beeinträchtigt das Wachstum, führt zum Absterben von Knospen und Fruchtzweigen sowie zu schwächerer Befruchtung und Ertragsverlusten.

**Biologie und Ökologie**

Das Virus wird durch vegetative Vermehrung übertragen; bei Kirsche, Sauerkirsche und Steinweichsel auch durch Pollen und Samen. Bei der Vogelkirsche können mehr als 10 % der Samen infiziert sein. Die Symptome sind bereits im ersten Jahr nach der Aussaat bemerkbar. Das Virus ist serologisch aktiv.

**Gegenmaßnahmen**

Die wichtigste Schutzmaßnahme ist die Auswahl von gesundem Vermehrungs- und Pflanzenmaterial. Vor allem Jungpflanzen sind auf Befallssymptome zu kontrollieren, befallene Pflanzen zu roden und zu vernichten.

## Petunia asteroid mosaic virus (PAMV)

**Wirtspflanzen**

Kirsche, Pflaume und Zwetschke, Hopfen.

**Schadbild**

An Jungtrieben erscheinen unterschiedlich große, längliche, nekrotische Flächen. Das Wachstum befallener Triebe wird beeinträchtigt, sie verkümmern und beginnen von den Spitzen her abzusterben. Die Basis der Triebe bleibt ohne Symptome: Die Knospen treiben aus. Die Missbildungen wie kurzer Neuaustrieb, horizontales Triebwachstum, tief ins Holz reichende Krebswunden mit wulstig überwalltem Rand, absterbender Rinde und Gummifluss sind jährlich zu beobachten. Auch die Blattrippen nekrotisieren, was zur Deformation des Blattes führt. Blütenstiele bleiben kürzer und an den Früchten bilden sich scharf begrenzte, braune Faulstellen, unter denen das Fruchtfleisch nekrotisiert. Auch die Steinkerne zeigen Deformationen. An den Wurzeln können knotenartige Vergabelungen beobachtet werden. Teile des Wurzelwerks sterben ab.

Petunia asteroid mosaic virus – Befallene Kronenteile eines Kirschbaumes (Státní rostlinolékaĭská)

Petunia asteroid mosaic virus – Schadbild am Kirschentrieb (Státní rostlinolékaïská)

**Biologie und Ökologie**

Das Virus wird durch vegetative Vermehrung übertragen (Auge, Pfropfreis, Unterlage). Die Inkubationszeit ist sehr lang, meist beträgt sie einige Jahre.

**Gegenmaßnahmen**

Die wichtigste Schutzmaßnahme ist die Produktion und Verwendung von gesundem, virusfreiem Pflanzenmaterial.

## Scharka-(Pocken-)Krankheit (Plumpox virus, PPV)

**Wirtspflanzen**

Fruchttragende *Prunus*-Arten, wie Pflaume und Zwetschke, Marille, Pfirsich, Nektarine, Mandel, und *Prunus*-Wildarten, wie z. B. Schlehdorn u. a.

**Schadbild**

Die Befallssymptome können in Abhängigkeit von der Wirtspflanze, dem Virus (Serotyp) und der Witterung sehr variabel sein:

Bei der Zwetschke sind sie an Blättern, Früchten und vereinzelt auch an den Steinen erkennbar. An Blättern erscheinen schon im Mai helle bis gelbliche Flecken, Ringe, bandförmige oder ornamentale Muster. Die Symptome sind nicht scharf begrenzt, eher diffus. Im Sommer werden sie bei manchen Sorten abgeschwächt. Bei anderen Sorten verfärben sich die Flecken rotviolett oder rotbraun. Bei empfindlichen Sorten erscheinen auch Nekrosen, die Blätter verfärben sich früher und fallen ab. In Ausnahmefällen kann es auch zu Wachstumsbeeinträchtigungen kommen (z. B. Grüne Reneklode). Symptome an den Früchten erscheinen allmählich zu Beginn der Reife. Bei anfälligen Sorten (z. B. Hauszwetschke) entstehen an Früchten ring- oder linienförmige schwache Einsenkungen, die sich vorzeitig verfärben (Pockenkrankheit). Diese Symptome sind deutlicher erkennbar, wenn der Wachsanflug entfernt wird. Das Fruchtfleisch unter den Einsenkungen ist rotbraun, nekrotisiert und sitzt am Stein. Häufig fallen die erkrankten Früchte vorzeitig ab, wobei sie weniger Zucker und Fruchtsäuren beinhalten. Bei den weniger anfälligen Sorten (z. B. Althan-Reneklode) entstehen typische Symptome an Blättern. Früchte weisen Muster ohne Vertiefungen auf und fallen nicht vorzeitig ab.

Bei Marillen entstehen an Blättern, Früchten und Steinen unterschiedliche Symptome. An den Blättern erscheinen hellgrüne Flecken oder bandförmige Muster, die entlang der Hauptadern erkennbar sind. Bei sehr anfälligen Sorten (z. B. Carola) und bei Sämlingen verfärben sich diese Muster violettrot, ausnahmsweise nekrotisieren sie auch. An Früchten erscheinen zur Zeit der Reife Marmormuster. Deformationen und Nekrosen kommen nur ausnahmswei-

Scharka-Krankheit – Schadbild an Früchten der Hauszwetschke (Státní rostlinolékaïská)

Scharka-Krankheit – Schadbild an Früchten der Roten Pflaume (Státní rostlinolékaïská)

se vor. Am Stein können sich typische hellfarbene Ringe, Streifen oder Muster bilden.

Beim Pfirsich sieht man Scharka-Symptome an Blättern und Früchten. An den Blättern erscheinen Adernaufhellungen oder verschiedene Muster. Diese Symptome sind nur an Basalblättern deutlich zu sehen, sie verschwinden aber im Sommer üblicherweise. An den Früchten entstehen Ringe oder landkartenähnliche Muster. Ausnahmsweise kommt es auch zu Deformationen. Die Symptome können von Jahr zu Jahr unterschiedlich sein. Wenn ältere Bäume erkranken, findet man oft nur Teilbefall.

**Bedeutung**

Scharka ist die wirtschaftlich bedeutendste Viruskrankheit des Steinobstes. Bei anfälligen Sorten kommt es zu dauerhaften Beeinträchtigungen der Qualität und Menge der Früchte bis zu völligen Ernteausfällen. Die größten Schäden entstehen bei befallenen Jungbäumen.

**Biologie**

Das Virus kann sowohl bei der Veredelung (Pfropfreis, Auge, Unterlage) als auch durch saugende Insekten (z. B. Blattläuse) und vereinzelt auch durch Samen übertragen werden. Am häufigsten erfolgt die Übertragung durch die Grüne Pfirsichblattlaus, die Mehlige Pflaumenblattlaus, die Kleine Pflaumenblattlaus, die Große Pflaumenblattlaus (*Brachycaudus cardui*), die Grünliche Gänsedistellaus, die Hopfenblattlaus und andere. Viren werden durch die Mundwerkzeuge der Blattläuse übertragen und verlieren schnell ihre Infektionsfähigkeit. Die Effektivität der Krankheitsübertragung der einzelnen Blattlausarten ist unterschiedlich. Jüngere Bäume sind empfindlicher für Infektionen.

Das Scharka-Virus kann in mehreren Stämmen und Serotypen (Serotyp: Subspezies von Viren und Bakterien, die sich durch Variationen der Antigene/der Oberflächstruktur unterscheiden) auftreten. Als Grundtypen wurden Serotyp D (Dideron) und M (Marcus) bezeichnet, wobei der Serotyp M virulenter ist und sein Vorkommen sich nur auf Mittel- und Südosteuropa beschränkt.

**Gegenmaßnahmen**

Wichtigste vorbeugende Maßnahme ist die Verwendung von gesundem Pflanzenmaterial. Ein Sicherheitsabstand von 500–800 m zwischen neuen

Scharka-Krankheit – Schadbild an Renekloden-Früchten
(Státní rostlinolékařská)

Scharka-Krankheit – Befallene Blätter der Kirschpflaume
(Beránek, J.)

Scharka-Krankheit – Befallene Blätter der Filzkirsche (*Prunus tomentosa*) (Ackermann, P.)

Scharka-Krankheit – Schadbild an Marillenfrüchten
(Státní rostlinolékařská)

Scharka-Krankheit – Schadbild an Pfirsichblättern
(Státní rostlinolékaȉská)

Scharka-Krankheit – Schadbild an Pfirsichfrüchten
(Státní rostlinolékaȉská)

Anlagen und möglichen Infektionsquellen wird als ausreichend betrachtet. Sehr wichtig sind Schutzmaßnahmen gegen Blattläuse, die im Herbst durchgeführt werden. In Regionen mit flächendeckendem Vorkommen des Virus sind unbedingt tolerante Sorten zu empfehlen.

## Zwergwuchs (Weidenblättrigkeit) der Zwetschke (Prune dwarf virus, PDV)

**Wirtspflanzen**
Pflaume und Zwetschke, Süß- und Sauerkirsche, Marille, Pfirsich, Kirschpflaume, Steinweichsel und andere verwandte Gehölze.

**Schadbild**
An den Blättern von Kirsche und Sauerkirsche erscheinen hellgrüne, unterschiedlich große Verfärbungen in Form von Ringen, Flecken, Bändern und Zeichnungen. Befallene Blattteile nekrotisieren von der Mitte aus. Es kommt zu Deformierungen des Blattes.

Bei empfindlichen Zwetschken- und Pfirsichsorten verschmälern sich die Blätter (Weidenblättrigkeit) und das Wachstum des Baumes wird beeinträchtigt (Zwergwuchs). Auf der Blattunterseite erscheinen in Adernnähe Enationsauswüchse.

Prune dwarf virus – Schadsymptom am Zwetschkenblatt
(Ackermann, P.)

**Bedeutung**
Durch Knospen- und Triebsterben sowie durch schwaches Wachstum kann es zu Ernteeinbußen kommen.

**Biologie**
Das Auftreten, die Symptome und ihre Intensität sind von der Wirtspflanze, dem Virusstamm und der herrschenden Witterung abhängig. Bei niedrigen Temperaturen ist die Erkrankung deutlicher zu erkennen.

**Ökologie**
Das Virus wird durch vegetative Vermehrung (Pfropfreis, Auge, Unterlage) und bei einigen Arten durch Pollen und Samen (Kirsche, Sauerkirsche, Steinweichsel) übertragen.

**Gegenmaßnahmen**
Wichtigste vorbeugende Maßnahme ist die Produktion und Verwendung von gesundem Pflanzenmaterial. Eine Isolierung von Mutterkulturen und Sämlingsproduktion von Infektionsquellen ist bedeutend, da dadurch die Übertragungsmöglichkeit durch Pollen minimiert wird.

# Pilzkrankheiten (Mykosen)

## Blattbräune der Marille (*Gnomonia erythrostoma* f. *armeniaca*)

**Wirtspflanzen**
Der Pilz ist nur auf Marille spezialisiert.

**Schadbild**
An den Blättern erscheinen undeutlich begrenzte, gelbgrüne Flecken, die sich vergrößern. Blattrippen an der Blattunterseite werden braun. Die weitere Entwicklung der Krankheitssymptome ist wetterabhän-

gig. Bei feuchter und warmer Witterung vergrößern sich die Schadstellen weiter, die Blätter werden vom Zentrum aus braun und fallen oft bereits vor der Ernte ab. Bei trockenem Wetter sind die Symptome weniger deutlich ausgeprägt: Die Blätter werden erst nach einer Witterungsänderung gegen Ende der Vegetationsperiode braun, rollen sich ein und fallen ab. An heranreifenden Früchten können Schalenverfärbungen und Verhärtungen im Fruchtfleisch auftreten.

### Bedeutung

Bei vorzeitigem Blattfall werden die Quantität und Qualität der Ernte, der Blütenknospenansatz, die Zuwächse und die Holzreife beeinträchtigt. Geschwächte Bäume sind besonders frostgefährdet.

### Biologie

Der zu den Echten Schlauchpilzen (Pezizomycotina, Abt. Ascomycota) zählende Pilz überwintert an abgefallenen Blättern, wo sich im Frühjahr Perithecien mit Schläuchen und Ascosporen entwickeln. Die ersten Ascosporen reifen circa zwei bis drei Wochen nach der Blüte und werden, abhängig von Niederschlägen, innerhalb von drei bis fünf Wochen freigesetzt. Sie stellen die einzige Infektionsquelle dar. Zu einer sekundären Infektion im Sommer kommt es nicht, da die Konidien, die sich in den Pyknidien des braunen, nekrotisierten Gewebes bilden, nicht keimen.

### Ökologie

Infektionen erfolgen bei feuchtem, regnerischem und warmem Wetter mit Temperaturen von 22–24 °C. Die Ascosporen werden bei Befeuchtung freigesetzt. Zum Keimen ist Blattfeuchte notwendig. Für Infektionen sind Regenperioden im Mai und Anfang Juni kritisch. Die weitere Entwicklung der Krankheit ist vom Wetter im Juli abhängig. Bei feuchter Witterung fallen die Blätter vorzeitig ab; bei trockener Witterung stagnieren die Symptome und das Laub fällt erst gegen Ende der Vegetationsperiode ab.

### Gegenmaßnahmen

#### Vorbeugend

Es sind alle Maßnahmen günstig, die die Vitalität der Pflanzen steigern und die Ansteckungsgefahr mindern (z. B. gute Durchlüftung der Anlage und Kronenbereiche). Die Entfernung und Vernichtung des Falllaubs bzw. dessen Einarbeitung in den Boden sind empfehlenswert.

Blattbräune der Marille – Erste Schadsymptome an Blättern (Ackermann, P.)

Blattbräune der Marille – Fortgeschrittene Blattbräune (Hluchy, M.)

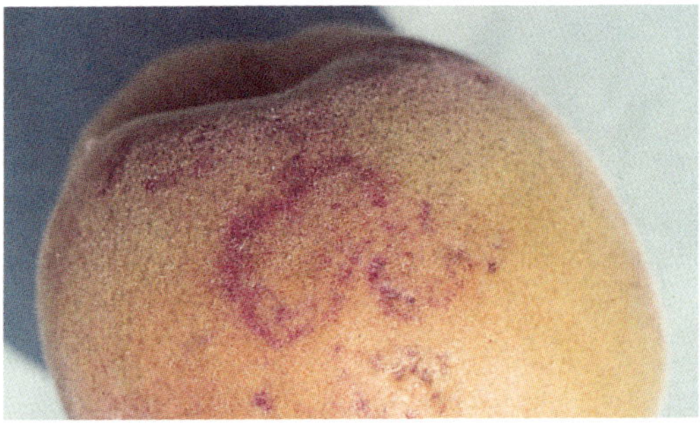

Blattbräune der Marille – Schalenverfärbungen an heranreifender Frucht (Státní rostlinolékařská)

Blattbräune der Marille – Perithecien an überwinterndem Blatt (Státní rostlinolékařská)

### Gezielt
Eine Behandlung mit geeigneten Fungiziden sollte zwei bis drei Wochen nach der Blüte erfolgen, wenn die Ascosporen reif sind, und ein- bis zweimal Mal im Abstand von 7–14 Tagen wiederholt werden. Bei trockenem Wetter kann eine Behandlung entfallen.

## Bleiglanz (*Chondrostereum purpureum*, Syn.: *Stereum purpureum*)

### Wirtspflanzen
Vorrangig an Pflaume und Zwetschke sowie an Apfel; kann aber auch Marille, Süß- und Sauerkirsche, Pfirsich, Birne und andere Gehölzarten befallen.

### Schadbild
Die Oberseite befallener Blätter verfärbt sich silbrig. Bei starkem Befall vertrocknen die Blattränder. Die Symptome sind meist in der gesamten Baumkrone verteilt. Das Holz angeschnittener Stämme und Starkäste verfärbt sich braun. Auf abgestorbenen Teilen wachsen rote bis rotviolette, später braune Fruchtkörper des Pilzes („Violetter Schichtpilz"). Die dünnen, ledrigen Fruchtkörper wachsen aneinander anliegend mit abstehenden Rändern oder dachziegelartig übereinander angeordnet.

### Bedeutung
Befallene Pflanzen werden geschwächt und können absterben.

Bleiglanz – Schadbild an Blättern
(Siegfried, W.)

### Biologie
Der Bleiglanz zählt zur Familie der Schichtpilzverwandten (Stereaceae) innerhalb der Ordnung der Täublinge (Russuaes), die in die Abteilung der Ständerpilze (Basidiomycota) eingereiht werden. Die Verbreitung des Pilzes erfolgt durch Basidiosporen. Die Infektion erfolgt meist im Herbst oder im Frühjahr, ausschließlich über frische Verletzungen innerhalb einer Woche. Das Myzel durchwächst das Holz und produziert Toxine, die durch das Xylem in die Blätter gelangen. Dadurch wird eine Ablösung der Epidermis vom Blattparenchym hervorgerufen, die die Blätter silbrig aussehen lässt.

### Gegenmaßnahmen
Als wichtigste vorbeugende Maßnahmen sind die Minimierung von Verletzungen durch optimalen Schnitttermin (z. B. sofort nach der Ernte) und der unverzügliche Verschluss von Wunden empfehlenswert.

## Fleischfleckenkrankheit der Zwetschke (*Polystigma rubrum*)

### Wirtspflanzen
Pflaume und Zwetschke, Schwarzdorn, selten auch Mandel.

### Schadbild
An Blättern bilden sich zuerst gelbgrüne, später zie-

Fleischfleckenkrankheit – Schadbild an Blättern
(Státní rostlinolékaïská)

Fleischfleckenkrankheit – Blattschäden (Ackermann, P.)

gelrote bis schwarze runde, ledrige Flecken. Sie sind etwa 0,5–1 cm groß, bauchig und abgegrenzt, gegen Ende der Vegetationsperiode werden sie von der Mitte aus schwarz. Stark befallene Blätter verformen sich, vertrocknen und fallen vorzeitig ab.

**Bedeutung**
In Südeuropa als Verursacher von bedeutenden Laubverlusten als gefährlich, in Mittel- und Nordeuropa als ungefährlich eingestuft.

**Biologie**
Der zu den Echten Schlauchpilzen (Pezizomycotina, Abt. Ascomycota) zählende Pilz überwintert im Falllaub. Hier entwickeln sich im Frühjahr Fruchtkörper mit Schläuchen und Ascosporen, die ein bis zwei Wochen nach der Blüte reifen. In Abhängigkeit von Niederschlägen werden Ascosporen freigesetzt und durch Wind auf junge Blätter verfrachtet. Die Infektionsperiode dauert drei bis fünf Wochen. Ascosporen stellen die einzige Infektionsquelle der Krankheit dar. Die Infektion wird vor allem durch feuchtwarme Witterung und Blattnässe gefördert. Während der Vegetationsperiode bilden sich im befallenen Gewebe Pyknidien mit Konidien, die aber nicht keimen und daher keine Infektionen hervorrufen.

**Gegenmaßnahmen**
**Vorbeugend**
Verzicht auf anfällige Sorten (z. B. Hauszwetschke, Wangenheim) in Befallslagen. Entfernung des Falllaubs.

**Gezielt**
Nur nach starkem Vorjahrsbefall kann der Einsatz von nützlingsschonenden Kontaktfungiziden zu Beginn der Infektionsperiode empfohlen werden.

## Kirschenhexenbesen, Kräuselkrankheit der Kirsche (*Taphrina cerasi*)

**Wirtspflanzen**
Süß- und Sauerkirsche.

**Schadbild**
Im Kronenbereich erscheinen Missbildungen, die aufrecht oder hängend wachsen und eine Größe von bis zu 2 m erreichen können. Da sich diese „Hexenbesen" vorzeitig ohne Blütenbildung belauben, fallen sie vor allem im Frühjahr kurz vor dem Austrieb zur Zeit der Blüte deutlich auf. Die Triebe an diesen Stellen sind an der Basis verdickt, haben kurze Internodien und biegen sich säbelartig aufwärts. Sie vertrocknen häufig, es kommt hier aber wieder zu Neuaustrieb.

**Bedeutung**
Obwohl die Befallssymptome besonders auffallend sind, sind die Ausbreitungsgefahr und die wirtschaftliche Bedeutung eher gering.

Kirschenhexenbesen – Befallener Trieb (Ackermann, P.)

**Biologie**
Dieser Pilz zählt zu einer Ordnung Pflanzenparasitischer Schlauchpilze (Taphrinales, Abt. Ascomycota). Er überwintert als Myzel im Holz und dringt durch Äste in Knospen und Blätter ein. Blattbefall kann im Frühjahr auch durch überwinternde Blastosporen erfolgen. Infizierte Blätter verfärben sich gelblichrot bis rot, werden brüchig, sind stark vergrößert und vertrocknen. An der Blattunterseite bildet sich ein weißlicher Belag aus Apothecien mit Schläuchen und Ascosporen.

**Gegenmaßnahmen**
Entfernung des Tragastes unterhalb des Besens.

## Kräuselkrankheit des Pfirsichs (*Taphrina deformans*)

**Wirtspflanzen**
Pfirsich, seltener Mandel.

**Schadbild**
Bereits kurz nach dem Austrieb erscheinen zuerst mäßig, später auffällig gewölbte hellgrüne oder rötlich gefärbte Blasen und Kräuselungen. An den Schadstellen, besonders an der Blattunterseite, entwickelt sich ein weißer Pilzbelag. Befallene Blätter vertrocknen und fallen ab. An befallenen Trieben wird das Wachstum beeinträchtigt, sie schwellen an, deformieren sich und platzen. Stark befallene Triebe vertrocknen. Früchte zeigen rotviolette, rundliche Flecken, die oft unregelmäßig umrandet sind. Sie werden runzelig und fallen vorzeitig ab. Im Juni/Juli erfolgt meist gesunder Neuaustrieb.

**Bedeutung**
Diese Kräuselkrankheit zählt zu den gefährlichsten Krankheiten an Pfirsichkulturen. Der vorzeitige Laubverlust kann zu Ertragsverlusten, einer erheblichen Schwächung sowie einer Zunahme der Frostempfindlichkeit der Bäume führen. Mehrjähriger starker Befall kann ein Absterben der Bäume verursachen.

**Biologie**
Dieser Pilz zählt zu einer Ordnung Pflanzenparasitischer Schlauchpilze (Taphrinales, Abt. Ascomycota). Der Erreger überwintert in Form von Blastosporen an der Oberfläche von Zweigen und teilweise auch unter Knospenschuppen. Die Blastosporen sind

Kräuselkrankheit des Pfirsichs – Befallener Trieb (Rod, J.)

Kräuselkrankheit des Pfirsichs – Blattschäden (Ackermann, P.)

Kräuselkrankheit des Pfirsichs – Pilzbelag an befallenem Blatt (Rod, J.)

Kräuselkrankheit des Pfirsichs – Schadbild an Früchten (Státní rostlinolékaïská)

sehr widerstandsfähig und können länger als ein Jahr überleben. Während des Austriebs im Frühjahr werden die Sporen durch Regen auf die jungen Blätter geschwemmt. Ende Mai und vor allem im Juni entwickeln sich auf den befallenen Pflanzenteilen Fruchtkörper, in denen sich Ascosporen entwickeln. Diese keimen und bilden das Pseudomyzel, wo sich Blastosporen abtrennen, die bis zum nächsten Frühjahr saprophytisch überdauern.

**Ökologie**

Zur Ausbreitung der Krankheit kommt es vor allem bei Nässe (Regen, Tau) und bei Temperaturen zwischen 6 und 26 °C. Die optimale Temperatur für die Infektion und die Entwicklung des Pilzes liegt allerdings bei 20–22 °C. Die Temperatur beeinflusst entscheidend die Dauer der Infektionsperiode (Beginn des Austriebs bis Ende der Blüte). Ist das Wetter während des Austriebs warm, entwickelt sich die Pflanze schneller und die Infektionsperiode verkürzt sich auf zwei bis drei Wochen. Bei kalter Witterung kann sich die Infektionsperiode auf fünf bis sechs Wochen verlängern. Diese Tatsache muss bei der Durchführung von Schutzmaßnahmen berücksichtigt werden.

**Gegenmaßnahmen**

**Vorbeugend**

Bevorzugung weniger anfälliger, z. B. weißfleischiger, Sorten. Entfernung und Vernichtung befallener Pflanzenteile. Durch Kräuselkrankheit geschwächte Bäume sollten durch Stickstoffdüngung und Bewässerung gefördert werden.

**Gezielt**

Erste Behandlungen müssen unbedingt noch vor dem Austrieb, zur Zeit des Knospenschwellens, beginnen. Bei Verwendung von sehr gut wirksamen, kupferhaltigen Fungiziden, die gleichzeitig auch den Befall durch Bakterien der Gattung *Pseudomonas* sowie durch Pilze der Gattung *Leucostoma* verhindern, genügt unter normalen Witterungsbedingungen eine einmalige Behandlung. Bei Verwendung anderer Kontaktfungizide bzw. bei ungünstigen, kalten, feuchten Witterungsbedingungen sind ein- bis zweimalige Behandlungswiederholungen bis spätestens Blühbeginn empfehlenswert. Behandlungen nach der Blüte sind wirkungslos. Für biologisch wirtschaftende Obstbaubetriebe und für den Hausgarten sind vor Knospenaufbruch auch Behandlungen mit

Kräuselkrankheit des Pfirsichs – Blattschaden der Mandel
(Státní rostlinolékařská)

Schwefelkalkbrühe, nach Knospenaufbruch bis zur Blüte Mischungen aus Kupfer, Kaliwasserglas und Netzschwefel oder Pflanzenstärkungsmittel auf Basis natürlicher Fettsäuren empfehlenswert.

## Monilia-Spitzendürre, Monilia-Rindenbrand (*Monilia laxa*)

**Wirtspflanzen**

Tritt als Spitzendürre bzw. Rindenbrand vorwiegend an Sauerkirsche (Schattenmorelle) und Marille, seltener als Blütenwelke und Fruchtfäule an allen Steinobstarten und Apfel (Berlepsch, Cox Orange, James Grieve) auf.

**Schadbild**

Befallen werden Blüten, Jahrestriebe, Zweige und Früchte. Befallene Blüten und junge Früchte verfärben sich braun und vertrocknen. Blätter bzw. Jahrestriebe welken und trocknen ein. Zwischen gesundem und krankem Gewebe kann Gummifluss entstehen. An reifenden Früchten entstehen braune Faulstellen, die sich rasch vergrößern und auf die ganze Frucht ausdehnen. Auf den Faulstellen können in konzentrischen Ringen angeordnete, graubraune Sporenlager (Sporodochia) sichtbar werden. Befallene Früchte fallen ab oder vertrocknen zu Fruchtmumien, die am Baum hängenbleiben.

**Bedeutung**

Unter günstigen Bedingungen kann der Pilz große Schäden an Blüten, Zweigen und Früchten anrichten.

**Biologie**

Der zur Familie der Sclerotienbecherlingsverwandten (Sclerotinaceae, Abt. Ascomycota) zählende Pilz überwintert in befallenen Pflanzenteilen (Mumien, Holz-

Monilia-Spitzendürre – Befallener Marillentrieb
(Hluchy, M.)

Monilia-Spitzendürre – Befallene Marillentriebe
(Ackermann, P.)

Monilia-Spitzendürre – Befallene Kronenteile an der Weichsel (Ackermann, P.)

Monilia-Spitzendürre – Befallene Marillentriebe
(Ackermann, P.)

Monilia-Spitzendürre – Befallene Ringlotte
(Ackermann, P.)

Monilia-Spitzendürre – Befallene Marillenfrüchte
(Hluchy, M.)

Monilia-Spitzendürre – Befallene Marillenfrucht (*Monilia laxa, M. fructigena*) (Ackermann, P.)

Monilia-Spitzendürre – Monilia-Fruchtmumien an Pfirsich (Státní rostlinolékařská)

teile) in Form von Dauerkörpern (Sklerotien), wo sich im Frühjahr Sporenlager mit Konidiophoren bilden. An mumifizierten, abgefallenen Früchten können sich auch Apothecien mit Schläuchen und Ascosporen bilden. Als Infektionsquellen sind daher Konidien und Ascosporen möglich. Ab dem Ballonstadium infiziert der Pilz die Blüten und dringt mit seinem Myzel über den Fruchtknoten durch den Stiel in das Holz. Während der Vegetationsperiode verbreiten sich die Erreger durch auf befallenen Pflanzenteilen gebildete Konidien über Wind und Insekten. Früchte werden bevorzugt über Verletzungen infiziert.

### Ökologie

Die Blüteninfektion wird durch kalte, feuchte Witterung oder hohe Luftfeuchtigkeit (über 85 %) gefördert. Das Temperaturoptimum für Infektionen liegt bei 10–24 °C.

### Gegenmaßnahmen

#### Vorbeugend

Wichtige vorbeugende Maßnahmen sind die laufende Entfernung und Vernichtung von befallenen Pflanzenteilen (Triebe, Früchte). Auch alle Maßnahmen, die eine Durchlüftung des Bestandes fördern, ausgeglichene Ernährung und Maßnahmen, die Verletzungen der Früchte z. B. durch tierische Schädlinge vermindern, sind empfehlenswert. Vorbeugend angewandte Pflanzenstärkungsmittel können die Widerstandsfähigkeit gegen Infektionen erhöhen. Auf Risikostandorten sollten jedenfalls resistente Arten und Sorten bevorzugt werden.

#### Gezielt

Sollte ab Beginn bis Ende der Blüte die Wettersituation die Ausbreitung der Krankheit begünstigen (Regen, Temperatursenkung auf unter 12 °C), sind Behandlungen zu Anfang und Ende der Blütezeit mit geeigneten Fungiziden empfehlenswert. Bei Wetterbesserung genügt auch eine Behandlung. Maßnahmen gegen die Fruchtfäule werden vor der Ernte (Wartefristen!) ausschließlich bei empfindlichen Arten und Sorten bzw. nach starken Fruchtverletzungen (z. B. Hagel) empfohlen.

## Pfirsichmehltau (*Sphaerotheca pannosa*)

### Wirtspflanzen

Pfirsich, Mandel und weitere Gehölze, vor allem der Gattung *Rosa* (*Sphaerotheca pannosa* var. *rosae*).

### Schadbild

Pfirsichmehltau befällt Blätter, Triebe und vor allem Früchte. An den Blattoberseiten entstehen gelbe Flecken – an den entsprechenden Stellen der Blattunterseiten weiße bis rosafarbene Myzelium-(Mehltau-)Beläge. Befallene Blätter deformieren sich und fallen ab. Der Befall der Triebe findet meist in den Sommermonaten statt. Auf ihnen entwickelt sich zuerst ein weißer Belag (Primärmyzel), später ein braunes Sekundärmyzel. Das Wachstum dieser Triebe wird verzögert, das Rindengewebe platzt und die Spitzen vertrocknen. An den Früchten erscheinen unterschiedlich große, meist rundliche Flecken, die anfangs mit weißem, später braunem Myzelium überzogen sind. Diese Flecken vergrößern sich und verfließen. Bei frühem Befall deformieren die Früchte und platzen.

### Bedeutung

Starker Befall kann durch Minderung der Fruchtqualität die gesamte Ernte entwerten. In Baumschulen

Pfirsichmehltau – Braunes sekundäres Myzel an entwickelter Frucht (Státní rostlinolékařská)

Pfirsichmehltau – Befallene Triebe (Státní rostlinolékařská)

Pfirsichmehltau – Weißes Myzel an jungen Früchten (Ackermann, P.)

und Mutterquartieren können bedeutende Zuwachsverluste entstehen.

### Biologie

Der Erreger aus der Familie der Mehltaupilzverwandten (Erysiphaceae, Abt. Ascomycota) überwintert vor allem als Myzel an den Knospen. Im Frühjahr, kurz nach dem Austrieb, durchwächst das Myzel die Jungtriebe. Auf den Konidiophoren bilden sich Konidien, durch die sich die Erkrankung weiter ausbreitet. Gegen Sommerende bilden sich im Myzel Kleistothecien, die auch überwintern können. Sie sind 0,1 mm groß, dunkel und rundlich. Im Inneren eines Fruchtkörpers entwickelt sich der Schlauch mit Ascosporen. Zur sekundären Verbreitung der Krankheit kommt es meist durch Konidien drei bis vier Wochen nach der Blüte. Am empfindlichsten sind kleine Früchte mit bis zu 2,5–3 cm Durchmesser. Ab Beginn der Verholzung des Steines findet keine Infektion mehr statt.

### Ökologie

Die Erkrankung verbreitet sich vor allem bei warmer Witterung (Temperaturoptimum 21–27 °C) und bei höherer oder wechselnder Luftfeuchtigkeit. Die Ausbreitung wird durch Regenschauer, Tau und Nebel unterstützt.

### Gegenmaßnahmen

#### Vorbeugend

Das Ziel von Präventivmaßnahmen sollte eine optimale Pflanzengesundheit (richtiger Standort, ausgeglichene Ernährung ohne übermäßige Stickstoffdüngung!) sein, damit ihre Anfälligkeit vermindert wird. Auch gut durchlüftete Anlagen und Kronen erschweren die Ausbreitung des Pilzes. In gefährdeten Lagen sollten jedenfalls keine empfindlichen Sorten ausgepflanzt werden.

#### Gezielt

Gefährdete Bestände sollten, vor allem wenn die Wetterbedingungen für die Ausbreitung der Krankheit günstig sind, drei bis vier Wochen nach der Blüte, spätestens aber bei ersten Symptomen der Erkrankung mit einem geeigneten Fungizid behandelt werden. Nach Bedarf kann die Behandlung im Intervall von sieben bis zehn Tagen wiederholt werden.

## Phoma pomorum, Syn.: *Phyllosticta prunicola*

### Wirtspflanzen
Pflaume und Zwetschke, Marille, Süß- und Sauerkirsche, seltener andere Steinobstarten.

### Schadbild
An den Blättern erscheinen 1–2 mm große, rotviolett bis violettgrau verfärbte Flecken, die meist dunkler gesäumt sind. In der Mitte der Flecken bilden sich kleine dunkle Fruchtkörper (Pyknidien). Die Flecken vertrocknen und das nekrotische Gewebe fällt aus. Stark befallene Blätter werden vorzeitig abgeworfen. Das Krankheitsbild an den Blättern ähnelt jenem der Schrotschusskrankheit des Steinobstes. Zur genauen Bestimmung des Krankheitserregers benötigt man eine mikroskopische Untersuchung. Manchmal werden Früchte, seltener auch Jungtriebe befallen. An den Früchten bilden sich rot umrandete, kleine graugrüne Flecken, die allmählich verkorken.

### Biologie
Der Pilz aus der Unterabteilung der Echten Schlauchpilze (Pezizomycotina, Abt. Ascomycota) breitet sich vor allem bei regnerischem Wetter aus. Unter solchen Bedingungen kann man die Erkrankung bereits im Frühsommer erkennen.

### Bedeutung
Durch diese Pilzart entstehen keine wesentlichen Schäden.

### Gegenmaßnahmen
Befallene Blätter sollten als Infektionsquellen entfernt und vernichtet werden.

*Phoma pomorum* – Schadbild an Blättern (Státní rostlinolékařská)

## Schorfkrankheit des Steinobstes (*Venturia carpophila*)

### Wirtspflanzen
Vorrangig werden Pfirsich, Marille und Mandel, seltener andere Steinobstarten befallen.

### Schadbild
Dieser Pilz befällt überwiegend Früchte, kann aber auch Triebe (besonders bei Mandel) und Blätter schädigen. An den unreifen Früchten entstehen 1 bis 4 mm große, rundliche, grüngraue bis grauschwarze Flecken, die sich vorwiegend in Stielnähe befinden.

Schorfkrankheit des Steinobstes – Schadbild an einer Pfirsichfrucht (Státní rostlinolékařská)

Schorfkrankheit des Steinobstes – Schadbild an Marillenfrüchten (Státní rostlinolékařská)

Sie werden zahlreicher und größer, wodurch sich grauschwarze Flächen bilden. Im Frühjahr entstehende Flecken an der Marille führen zu Verkorkung der Fruchtschale. Befallene Früchte bleiben in ihrer Entwicklung stehen, deformieren und platzen häufig, wodurch Eintrittspforten für Moniliafäule entstehen. Bevorzugt werden jene Früchte befallen, die sich in dichten Kronenteilen bzw. am unteren, nördlichen Teil der Krone befinden. An den Trieben entstehen rundliche, 3–5 mm große, grünbraune bis braune, abgegrenzte Flecken. An den Blättern sind diese Flecken rundlich, olivgrau bis grau verfärbt. Selten nekrotisieren diese Flecken, wobei in diesem Fall das Gewebe durchbricht und Löcher hinterlässt.

**Bedeutung**

Bei feuchtwarmer Witterung können an empfindlichen Sorten bedeutende Einbußen an Fruchtqualität entstehen.

**Biologie und Ökologie**

Der zu den Echten Schlauchpilzen (Pezizomycotina, Abt. Ascomycota) zählende Pilz überwintert als Myzel an den Trieben oder als Spore an der Rinde. Infektionen werden durch feuchtwarme Witterung (Temperaturoptimum 20–25 °C) begünstigt.

**Gegenmaßnahmen**

Vorbeugende Maßnahmen sind die Auswahl unempfindlicher Sorten, die richtige Standortwahl sowie lichter Bestands- und Kronenaufbau.

## Schrotschusskrankheit des Steinobstes (*Stigmina carpophila*, Syn.: *Wilsonomyces carpophilus*)

**Wirtspflanzen**

Alle Steinobstarten, insbesondere Süß- und Sauerkirsche, Pflaume und Zwetschke, sowie Pfirsich, Marille und Kirschpflaume. Auch andere *Prunus*-Arten, wie z. B. Kirschlorbeer oder Felsenbirne, können befallen werden.

**Schadbild**

An den Blättern entstehen zuerst rundliche, 2–8 mm große, rotviolette bis schwarzbraune Flecken, die oft dunkel umrandet sind. Werden sie zahlreicher, können sie auch zusammenfließen. Später werden die Flecken dunkel, zwischen befallenem und ge-

Schrotschusskrankheit des Steinobstes – Nekrotisierte und ausgefallene Blattflecken an Süßkirschen (Stolz, M.)

Schrotschusskrankheit des Steinobstes – Nekrotisierte und ausgefallene Blattflecken (Ackermann, P.)

Schrotschusskrankheit des Steinobstes – Blatt-, Trieb- und Fruchtschäden an Pfirsich (Ackermann, P.)

Schrotschusskrankheit des Steinobstes – Sich lösender nekrotischer Bereich (Stolz, M.)

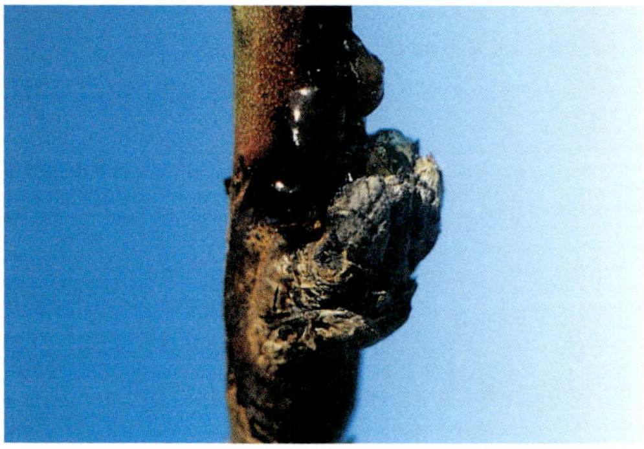

Schrotschusskrankheit des Steinobstes – Geschädigter Trieb mit Gummifluss (Ackermann, P.)

Schrotschusskrankheit des Steinobstes – Verkorkung der Fruchtschale (Ackermann, P.)

Schrotschusskrankheit des Steinobstes – Befallssymptome an einem Marillenblatt (Stolz, M.)

sundem Gewebe bildet sich eine Trennschicht und die nekrotisierten Gewebeteile fallen aus, wodurch Löcher entstehen. Bei starkem Befall zerfallen die Blätter. Nekrosen können sich auch auf Leitungsbahnen ausbreiten, wodurch die Blätter vergilben und vorzeitig (oft bereits im Juli) abfallen. An Trieben entstehen eingesenkte, braune Flecken, oft ist an diesen Stellen starker Gummifluss zu beobachten. Triebteile oberhalb starker Befallsstellen sterben häufig ab. An Früchten entstehen braune, verkorkende Flecken sowie Deformierungen.

### Bedeutung

Starker Befall kann zu Ernteeinbußen und zur nachhaltigen Schwächung bis zum Absterben befallener Pflanzen führen.

### Biologie

Der zu der Ordnung der Rußtaupilzartigen (Capnodiales, Abt. Ascmoycota) zählende Pilz überwintert in Form von Konidien oder als Myzel an Wunden von befallenen Astteilen oder an befallenen Blättern; seltener an Fruchtmumien. Bei Pfirsich auch in Knospen. Die Keimung des Pilzes kann bereits bei niedrigen Temperaturen (2–4 °C) stattfinden, Infektionen werden jedoch erst durch warme (Temperaturoptimum 18–21 °C) und feuchte Witterung begünstigt.

### Gegenmaßnahmen

#### Vorbeugend

Regelmäßige Entfernung und Vernichtung befallener Pflanzenteile, insbesondere von Falllaub. Verzicht auf Überkronenberegnung und übermäßige Stickstoffdüngung. Bevorzugung von weniger anfälligen Sorten und lichtem Kronenaufbau.

#### Gezielt

Der einmalige Einsatz von kupferhaltigen Fungiziden vor Austriebsbeginn bzw. organischen Fungiziden beginnend sofort nach der Blüte ist je nach Befallslage oder ungünstigen Witterungsverhältnissen in den Monaten Mai bis Juli wiederholt empfehlenswert.

Sprühfleckenkrankheit der Kirsche – Befallene Früchte (Ackermann, P.)

Sprühfleckenkrankheit der Kirsche – Symptome an Steinweichselblättern (Ackermann, P.)

Sprühfleckenkrankheit der Kirsche – Befall an Sauerkirschenblättern (Ackermann, P.)

Sprühfleckenkrankheit der Kirsche – Weiße Konidienbeläge an der Blattunterseite (Státní rostlinolékařská)

Sprühfleckenkrankheit der Kirsche – Laubverlust in einer Baumschule (Ackermann, P.)

## Sprühfleckenkrankheit der Kirsche (*Blumeriella jaapii*)

### Wirtspflanzen

Süß- und Sauerkirsche, Steinweichsel/Felsenkirsche, seltener auch Pflaume und Zwetschke, Marille, Pfirsich, Kirschpflaume und andere verwandte Zier- und Wildbäume (z. B. Traubenkirsche).

### Schadbild

Ab Mai findet man an der Blattoberseite runde, weinrote bis bräunliche, 1–2 mm kleine, unscharf begrenzte Flecken. An der Blattunterseite sind die Flecken kleiner, begrenzt, braunrot bis braun und werden bald durch einen weißlichen bis hell rosaroten Belag aus Konidien überzogen. Bei Spätbefall (Ende des Sommers und Herbst) sind die Flecken kleiner, braun und schärfer abgegrenzt. Ältere Blätter werden zuerst befallen. Mit fortschreitendem Befall nimmt die Zahl der Flecken zu, sie verfließen und nekrotisieren. Befallene Blätter vergilben oder färben sich rot. Es kommt zu Deformationen und Laubfall. Unter für die Krankheit günstigen Bedingungen kann es bei empfindlichen Sauerkirschen-Sorten bereits vor der Ernte zum Laubfall kommen. Die Krankheit kann auch Blattstiele, Fruchtstiele und ausnahmsweise auch Früchte befallen. Auf den Stielen entstehen winzige graubraune, umrandete Flecken. Die Flecken auf den Früchten sind oft dunkler, bis grauschwarz, scharf umrandet oder zusammenfließend. Befallene Früchte können deformiert sein. An Blättern anderer Steinobstarten, vor allem an der Steinweichsel, verursacht der Pilz violettbraune bis graubraune, umrandete Flecken, die sich untereinander zu Flächennekrosen verbinden und Laubfall verursachen.

**Bedeutung**

In niederschlagsreichen Jahren und bei anfälligen Arten (Vogelkirsche) und Sorten (z. B. Sauerkirschen der Sorten Spätmorelle, Morellenfeuer und Fanal), können vorwiegend in Baumschulen, aber auch in Ertragsanlagen, bedeutende Schäden durch vorzeitigen Laubfall und damit verbundener Ernteverluste, Schwächung des Triebwachstums, Verzögerung der Holzreife sowie Reduzierung des nächstjährigen Blütenansatzes entstehen.

**Biologie**

Der zu den Echten Schlauchpilzen (Pezizomycotina, Abt. Ascomycota) zählende Pilz überwintert in befallenem Falllaub, wo im Frühjahr seine Fruchtkörper (Apothecien) mit Schläuchen und Ascosporen heranreifen. Die Ascosporen sind im Normalfall drei bis vier Wochen nach dem Verblühen der Kirsche reif. In Abhängigkeit von Niederschlägen werden sie allmählich innerhalb von vier bis sechs Wochen freigesetzt. Auch das Konidienstadium des Pilzes, das im Frühjahr zur selben Zeit wie die Ascosporen voll entwickelt und eine gleichwertige Quelle für Primärinfektionen ist, überwintert im Falllaub. Sekundärinfektionen durch Sommerkonidien werden während der Vegetationszeit durch Regen und Wind gefördert und können zu schweren Blattschäden führen.

**Ökologie**

Da die Ascosporen erst nach Befeuchtung der Fruchtkörper freigesetzt werden und Blattnässe zum Auskeimen und zur Infektion notwendig ist, breitet sich die Erkrankung vor allem bei regnerischem Wetter aus. Optimale Temperaturen für das Keimen der Ascosporen liegen bei 15–20 °C, die Konidien keimen am besten bei 20–25 °C. In regenfreien Wetterperioden ohne ausreichende Blattbefeuchtung besteht keine Infektionsgefahr. Unter günstigen Bedingungen finden Sekundärinfektionen durch die sich in Acervuli auf den Unterseiten befallener Blätter entwickelnden Konidien bis Ende der Vegetationszeit statt.

**Gegenmaßnahmen**

**Vorbeugend**

Präventivmaßnahmen sollen vor allem durch z. B. geeignete Standortwahl, ausreichende Pflanzabstände und Kronenpflege die Bedingungen für die Ausbreitung der Krankheit verschlechtern. Für Risikostandorte sollten weniger anfällige Arten und Sorten bevorzugt werden. Entfernung, Einarbeitung oder beschleunigter Abbau des Falllaubes (Förderung von Regenwürmern, Harnstoffspritzung bei Laubfall) vermindert Frühjahrsinfektionen.

**Gezielt**

Präventivbehandlungen mit geeigneten (Belags-) Fungiziden (z. B. Netzschwefel) gegen Primärinfektionen sollten bei günstigen Infektionsbedingungen drei bis vier Wochen nach der Blüte beginnen. Bei regnerischen Bedingungen sind drei bis vier Behandlungen im Abstand von zehn bis vierzehn Tagen wirksam. Während Trockenperioden wird keine Behandlung durchgeführt, diese erfolgt erst vor einer bevorstehenden Wetteränderung. Kurativbehandlungen erfolgen erst, wenn die Infektionsbedingungen in Abhängigkeit der Blattnässedauer und Temperatur erreicht sind. Zur Verwendung gelangen in diesem Falle kurativ wirkende Fungizide.

## Taschenkrankheit der Zwetschke (*Taphrina pruni*)

**Wirtspflanzen**

Pflaume und Zwetschke, auch Schlehen und Traubenkirschen, seltener Marillen.

**Schadbild**

Bereits kurz nach der Blüte beginnen sich befallene Früchte zu vergrößern, zu verlängern, schotenartig zu verbiegen bzw. unregelmäßig zu verkrümmen. Sie wachsen weiterhin schneller und erreichen eine

Zwetschkenrost – Schadbild an Blättern (Státní rostlinolékaîská)

Taschenkrankheit – Schadbild an Zwetschkenfrüchten (Státní rostlinolékaîská)

Größe von 2–7 cm. Später wird ihre Oberfläche von einem grau-weißlichen Belag aus Schläuchen, in denen sich Ascosporen bilden, überzogen. Statt eines Steines enthalten die befallenen Früchte einen Hohlraum. Die missgebildeten Früchte werden in der Folge braun, vertrocknen und fallen ab.

**Bedeutung**

Besonders an der anfälligen Hauszwetschke können bis zu 70 % der Früchte befallen werden, wodurch große Schäden entstehen können.

**Biologie**

Dieser Pilz zählt zu einer Ordnung pflanzenparasitischer Schlauchpilze (Taphrinales, Abt. Ascomycota) und überwintert saprophytisch als Myzel an Trieben und Knospen oder als Blastosporen an geschützten Stellen der Baumkrone (z. B. unter Knospenschuppen). Besonders bei feuchtkaltem Wetter wird während der Blüte der Fruchtknoten infiziert. Die im pilzlichen Fruchtbelag befallener Früchte entstehenden Blastosporen sorgen für die Verbreitung der Krankheit.

**Gegenmaßnahmen**

**Vorbeugend**

Da es Unterschiede hinsichtlich der Empfindlichkeit gegen Infektionen durch diese Pilzart gibt, sollten in gefährdeten Lagen (feuchte, höhere Lagen) statt anfälliger Sorten (z. B. Hauszwetschke) vorzugsweise eher weniger empfindliche Sorten, wie z. B. Frühzwetschken, angepflanzt werden. Regelmäßiger Schnitt und eine ausgelichtete Krone vermindern die Befallsgefahr.

**Gezielt**

Bei schwachem Befall sollten die befallenen Früchte frühzeitig, noch vor der Freisetzung der Sporen entfernt und vernichtet werden. Eine Behandlung zu Beginn des Austriebs z. B. mit kupferhaltigen Fungiziden kann die Befallsgefahr vermindern.

## Zinnoberroter Pustelpilz, Rot-Pustelpilz (*Nectria cinnabarina*)

Siehe Beerenobst.

## Zwetschkenrost (*Tranzschelia pruni-spinosae, Tranzschelia discolor*)

**Wirtspflanzen**

Pflaume und Zwetschke, Kirschpflaume, Marille, Pfirsich, Mandel, Schwarzdorn u. a. (ausgenommen Süß- und Sauerkirsche).

**Schadbild**

Ab Ende Juni werden an der Blattoberseite kleine, gelbgrüne Flecken sichtbar, die später nekrotisieren. An der

Blattunterseite bilden sich winzige braune, staubende Pusteln von Uredosporen, die entweder einzeln oder in braunen Flecken zusammenfließend auftreten. Stark befallene Blätter vergilben und fallen ab.

**Bedeutung**

In Baumschulen kann der vorzeitige Laubfall Zuwachsverluste, in Erwerbsanlagen Beeinträchtigungen von Fruchtqualität und Erträgen verursachen.

**Biologie**

Der Krankheitserreger ist ein wirtswechselnder Rostpilz aus der Ordnung der Pucciniales innerhalb der Abteilung der Ständerpilze (Basidiomycota). Der Wechsel zum Zwischenwirt Anemone (vor allem Gelbes Windröschen, *Anemone ranunculoides*), auf dem er als Myzel überwintert, ist allerdings nicht obligat. Der Pilz kann nämlich auch in Form von Uredo-(Sommer-)Sporen auf befallenem Laub überwintern. Im Frühjahr bilden sich an Blättern befallener Anemonen Spermogonien und ab April kelchartige Aecidien. Diese Aecidiosporen und die überwinternden Uredosporen infizieren ab Juni die Blätter von Steinobstbäumen. Durch Uredosporen breitet sich die Krankheit von Blatt zu Blatt und von Baum zu Baum aus. Die Infektion erfolgt vor allem bei feuchter, warmer Witterung. Ab August bilden sich an der Blattunterseite dunkelbraune Pusteln aus Teleuto-(Winter-)Sporen, die den Zwischenwirt Anemone infizieren und dort überwintern.

**Gegenmaßnahmen**

**Vorbeugend**

Verzicht auf empfindliche Sorten (z. B. Hauszwetschke) in Befallslagen. Entfernung und Vernichtung des Falllaubs.

**Gezielt**

Bei Sichtbarwerden erster Befallssymptome an den Blattoberseiten bzw. in Befallslagen und bei feuchtwarmer Witterung ab Ende Juni ein bis drei Behandlungen mit anerkannten, nützlingsschonenden Fungiziden.

# Tierische Schädlinge

## Spinnentiere (Arachnida)

## Milben (Acari)

### Gall- und Rostmilben (Eriophyidae)

#### *Pflaumenblatt-Beutelgallmilbe (Eriophyes similis, Syn.: Phytoptus similis)*

**Wirtspflanzen**

Pflaume, Zwetschke, auch Marille, Vogelkirsche und Schlehdorn.

**Schadbild**

Vorwiegend am Rand der Blätter entstehen an der Blattoberseite gelblich-grün bis rosa, an der Blattunterseite grünlich bis rötlich gefärbte Gallen. Bei starkem Befall sind leichte Blattverdrehungen möglich. Seltener werden auch Früchte befallen, wodurch Deformierungen an der Fruchthaut verursacht werden.

**Bedeutung**

Weitverbreitet, jedoch selten stärker auftretend. Nennenswerte Schäden entstehen nur bei Fruchtbefall.

**Biologie**

Die unter Knospenschuppen und in Rindenspalten überwinternden, deutogynen Weibchen befallen im Frühjahr vorwiegend junge Blätter, seltener auch Blüten und junge Früchte. Die ca. 0,2 mm langen, wurmförmigen, weißlichen protogynen Weibchen (Sommerform) und Männchen in allen Entwicklungsstadien halten sich in den Gallen auf. Die Entwicklungsdauer einer Generation dauert je nach Temperatur zwei bis fünf Wochen. Pro Vegetationsperiode werden mehrere Generationen gebildet. Vor dem Blattfall bilden sich wieder deutogyne Weibchen, die ihre Überwinterungsverstecke aufsuchen.

Pflaumenblatt-Beutelgallmilbe – Blattgallen (Stolz, M.)

**Gegenmaßnahmen**

**Vorbeugend**

Schutz natürlicher Feinde (z. B. Raubmilben). Vermeidung von empfindlichen Sorten (z. B. Hauszwetschke) in Befallslagen. Fachgerechter Schnitt.

**Gezielt**

Meist nicht notwendig. Nur in Befallslagen sind zur Verhinderung von Fruchtbefall ein bis zwei Behandlungen ab Austriebsbeginn mit nützlingsschonenden Akariziden (z. B. Schwefel) empfehlenswert.

Pflaumenblatt-Beutelgallmilbe – Blattgallen (Beránek, J.)

#### *Pflaumenrostmilbe (Aculus fockeui)*

**Wirtspflanzen**

Pflaume, Zwetschke, seltener Kirsche.

**Schadbild**

Befallene Blätter zeigen helle Flecken, rollen sich ein, werden pergamentartig und brüchig. Die Blattunterseite verfärbt sich braun, die Oberseite silbrig. Bei massivem Befall kann es zum Absterben der Terminalknospen und gestauchtem, „hexenbesenartigem" Triebwachstum kommen.

**Bedeutung**

Weitverbreitet und häufig. Normalerweise aber nur in Baumschulen von Bedeutung.

**Biologie**

Deutogyne Weibchen überwintern unter Knospenschuppen, vor allem auf einjährigem Holz. Sie wandern sehr früh auf die austreibenden Knospen und legen dort ihre Eier ab. Die schlüpfenden protogynen Weibchen und Männchen sind bräunlichweiß, werden ca. 16–17 mm lang und leben frei auf den Blattunterseiten und vermehren sich sexuell. Pro Vegetationsperiode werden mehrere überlappende Generationen entwickelt. Im Spätsommer erscheinen wieder deutogyne Weibchen, die die Blätter verlassen und ihre Überwinterungsverstecke aufsuchen.

**Ökologie**

Effektive natürliche Feinde sind Raubmilben der Familie Phytoseiidae wie *Typhlodromus pyri.*

**Gegenmaßnahmen**

**Vorbeugend**

Schutz und Förderung (z. B. Einbringung) natürlicher Feinde.

**Gezielt**

In Baumschulen häufiger, in Ertragsanlagen meist nur nach nützlingstoxischen Pflanzenschutzmaßnahmen notwendig (Schadensschwelle: durchschnittlich 300 Milben pro Blatt bei 50 ausgezählten Blättern). Im Bedarfsfall ist die Anwendung von nützlingsschonenden Akariziden (z. B. Schwefel) kurz nach dem Austrieb empfehlenswert.

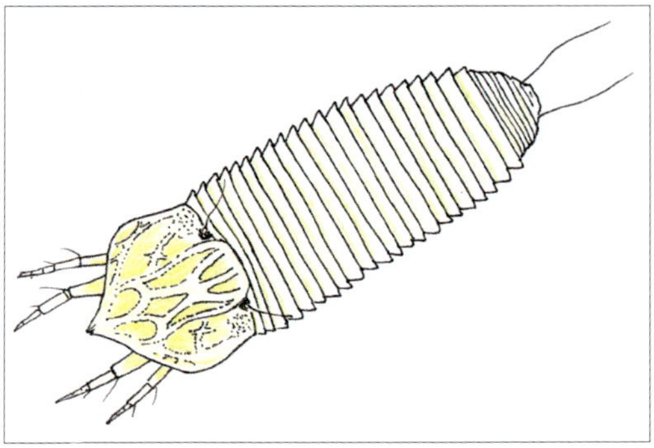

Pflaumenrostmilbe (Stolz, M.)

Pflaumenrostmilbe – Schadbild am Trieb (Falta, V.)

Pflaumenrostmilbe – Schadbild an jungen Früchten (Ackermann, P.)

Pflaumenrostmilbe – Geschädigte notreife Frucht (Falta, V.)

Pflaumenrostmilbe – Blattschaden (Státní rostlinolékaŕská)

## Spinnmilben (Tetranychidae)

### *Gemeine Spinnmilbe (Tetranychus urticae)*

Siehe Beerenobst.

### *Obstbaumspinnmilbe (Panonychus ulmi)*

Siehe Kernobst.

## Insekten (Insecta)

## Hautflügler (Hymenoptera)

### Blattwespen (Tenthredinidae)

### *Kirschblattwespe (Caliroa cerasi, Syn.: C. limacina)*

**Wirtspflanzen**

Süß- und Sauerkirsche, Birne, seltener Zwetschke, Apfel und andere Obstpflanzen.

**Schadbild**

Befallene Blätter werden auf charakteristische Weise skelettiert, indem die obere Blatthaut und das Parenchymgewebe zwar abgefressen, die untere Blatthaut und die Blattrippen jedoch erhalten bleiben. Befallene Blattteile werden braun, stark befallene Blätter fallen ab.

**Bedeutung**

Starker Befall kann vor allem Jungpflanzen, durch Zuwachs- und Ertragsverluste aber auch Ertragspflanzen schädigen.

**Biologie**

Die schwarz glänzenden, 4–6 mm langen Wespen der ersten Generation schlüpfen im Mai/Juni aus ihren Überwinterungskokons im Boden und legen ihre Eier auf das Blattgewebe ab. Die zuerst weißlichen, später grünlich-gelben, 8–10 mm langen, birnenförmigen Larven sind mit schwarzem Schleim bedeckt und erinnern an kleine Nacktschnecken. Ihre Verpuppung erfolgt im Boden. Die Anfang August erscheinenden Larven der zweiten Generation sind meist häufiger und schädlicher. Die Überwinterung erfolgt in einem Kokon im Boden.

Kirschblattwespe – Imago
© Whitney Cranshaw, Colorado State University, Bugwood.org

**Gegenmaßnahmen**

Eine Behandlung gegen die Larven der zweiten Generation mit einem nützlingsschonenden Insektizid vor (Wartefristen!) oder nach der Ernte ist meist nur bei starkem Befall erforderlich.

### *Pflaumensägewespe, Schwarze (Hoplocampa minuta), Gelbe (Hoplocampa flava)*

**Wirtspflanzen**

Gattung *Prunus*, am häufigsten Pflaume und Zwetschke, seltener Kirsche und Marille.

**Schadbild**

An jungen, noch grünen Früchten findet man dunkle Löcher, die mit feuchtem, stinkendem Kot gefüllt sind. Im Inneren sind Fruchtfleisch und Kern zerstört. Befallene Früchte fallen ab.

**Bedeutung**

Jahresweise sehr unterschiedlich. In Befallsjahren können bis zu 90 % der Früchte zerstört werden. Früh- und spätblühende Sorten sind meist weniger befallen.

Kirschblattwespe – Larve (Pokorný, V.)

Schwarze Pflaumensägewespe – Befallene Frucht (Hluchy, M.)

Schwarze Pflaumensägewespe – Querschnitt durch befallene Frucht (Pokorný, V.)

Schwarze Pflaumensägewespe – Ei in Fruchtschlitz (Ackermann, P.)

Schwarze Pflaumensägewespe – Imago (Staub, A.)

**Biologie**

Die Larven beider verwandten Arten verpuppen sich im Frühjahr in ihren Überwinterungskokons. Die ca. 5 mm langen Imagines beider Arten (Schwarze Pflaumensägewespe schwarz, Gelbe Pflaumensägewespe bernsteinfarben) schlüpfen im April kurz vor der Blüte. Während der Blüte legen die Weibchen ihre Eier einzeln in einen Schlitz an den Früchtchen, den sie mit ihrer am Hinterleib befindlichen Säge anfertigen. In dieser Frucht fressen die Larven ca. 9 Tage und befallen dann die benachbarten Früchte. Eine Larve kann daher mehrere Früchte schädigen. Die erwachsenen, 9–11 mm langen Larven fallen mit der zuletzt befallenen Frucht zu Boden, verlassen sie und fertigen im Boden ihren Überwinterungskokon an.

**Ökologie**

Larven der Pflaumensägewespe werden besonders von den Schlupfwespen der Gattungen *Bracon, Angitia* und *Meloboris* sowie von parasitischen Fliegen befallen.

**Gegenmaßnahmen**

**Vorbeugend**

In Befallslagen Auswahl weniger empfindlicher, z. B. früh- oder spätblühender Sorten. Schutz und Förderung natürlicher Feinde.

**Gezielt**

Bei schwachem bis mittlerem Fruchtansatz (Schadensschwelle: fünf befallene unter 100 kontrollierten Früchten) ist nach starkem Vorjahrsbefall bzw. starkem Anflug auf weiße Leimtafeln (Montage eine Woche vor, Demontage eine Woche nach der Blüte!) eine Behandlung mit einem genehmigten, nützlingsschonenden Insektizid sofort nach Blütenblätterfall mit einer eventuellen Wiederholung nach acht Tagen empfehlenswert. Bei starkem Fruchtansatz (Schadensschwelle zehn befallene unter 100 Früchten) und schwachem Befallsdruck können Behandlungen entfallen. In Nichterwerbsanlagen kann das Abfangen der Imagines durch die, je nach Baumgröße, ausreichende Montage von weißen Leimtafeln sowie das laufende Aufsammeln und Vernichten befallener Früchte den Befall deutlich vermindern.

## Gespinstblattwespen (Pamphiliidae)

### *Birnengespinstwespe (Neurotoma saltuum, Syn.: N. flaviventris)*

Siehe Kernobst.

### *Steinobstgespinstwespe (Neurotoma nemoralis)*

**Wirtspflanzen**

Süß- und Sauerkirsche, Pflaume und Zwetschke, Marille, Pfirsich und andere Steinobstarten.

**Schadbild**
Blätter, bei starkem Auftreten oft auch ganze Astspitzen, werden umsponnen und kahl gefressen.

**Bedeutung**
Nur lokales und vereinzeltes Auftreten. Bei gelegentlichen Massenvermehrungen Kahlfraß vor allem an Jungbäumen möglich.

**Biologie**
Ab Ende April verpuppen sich die Larven in ihrem Überwinterungskokon im Boden. Die Imagines fliegen im Mai und legen nach der Begattung Eier in unregelmäßigen Kettchen an die Blattunterseiten der Wirtspflanzen. Die Larven sind grün, haben am Rücken einen dunklen Streifen. Kopf, Schildchen und Beine sind schwarz. Scheinfüßchen fehlen, auf dem letzten Abdominalsegment befinden sich jedoch ein Paar spitzer, stäbchenförmiger Anhängsel. Die Larven leben zuerst in einem gemeinsamen Nest, meist an den Zweigspitzen. Nach der ersten Häutung zerstreuen sie sich und leben solitär in eingerollten Blättern, die gelegentlich mit anderen Blättern zusammengesponnen sein können. Erwachsene Larven erreichen eine Länge von 10–12 mm. Nach einer 30- bis 40-tägigen Entwicklung seilt sich die Larve an einem Gespinstfaden ab und spinnt in ca. 25 cm Tiefe im Boden einen dichten Überwinterungskokon. Die Art entwickelt nur eine Generation pro Jahr.

**Gegenmaßnahmen**
Meist ist die mechanische Entfernung und Vernichtung der Gespinste ausreichend. Nur bei Bedarf ist eine Behandlung zur Flugzeit mit einem geeigneten, nützlingsschonenden Insektizid empfehlenswert.

Steinobstgespinstwespe – Adult © H. Gyurkovics

Steinobstgespinstwespe – Larvennest (Pokorný, V.)

Steinobstgespinstwespe – Larven im Gespinst (Pokorný, V.)

## Käfer (Coleoptera)

### Blatthornkäfer (Scarabaeidae)

***Gartenlaubkäfer (Phyllopertha horticola)***
Siehe Beerenobst.

***Japankäfer (Popillia japonica)***
Siehe Weinreben.

### Blattroller (Attelabidae)

***Blattrippenstecher (Neocoenorrhinus pauxillus, Syn.: Rhynchites pauxillus)***

Siehe Kernobst.

***Kirschfruchtstecher (Rhynchites auratus)***
**Wirtspflanzen**
Süß- und Sauerkirsche, Schlehe, Weißdorn, Marille, Mandel, Pfirsich und andere *Prunus*-Arten, seltener an Apfel und Birne.

**Schadbild**
Während des Austriebs werden Knospen und Blüten angefressen. Fraß an Stängeln ruft Fruchtfall hervor.

An den Früchten entstehen kleine Fraßlöcher mit ca. 1 mm Durchmesser und bis zu 7 mm Tiefe (bei Kirsche und Schlehe bis zum Kern), die später verkorken.

**Bedeutung**

Vorzeitiger Fruchtfall und Qualitätsverlust durch Fraßspuren an Früchten können bei starkem Befall in Erwerbsanlagen wirtschaftliche Schäden verursachen.

**Biologie**

Die im Frühjahr das Winterversteck verlassenden, 7 bis 9 mm großen, behaarten, rotbraun bis rötlich glänzenden Käfer führen ihren Reifungsfraß an Knospen, Blüten und Blättern durch. Weibchen legen ihre Eier einzeln in die jungen Früchte und nagen Gruben und Gänge. Früchte, von denen der Stiel angenagt wurde, fallen ab. Larven ernähren sich von Fruchtfleisch oder Kern und verlassen nach 3–5 Wochen Entwicklungszeit die Frucht und wandern in den Boden. Die Verpuppung kann noch im selben Herbst oder erst nach einem Jahr erfolgen. Die Käfer überwintern in Rindenverstecken an den Wirtsbäumen.

**Ökologie**

Die Larven werden häufig von Schlupfwespen aus der Familie der Brackwespen (Braconidae) befallen.

**Gegenmaßnahmen**

**Vorbeugend**

Schutz und Förderung natürlicher Feinde.

**Gezielt**

Die Stärke des Auftretens kann durch Klopfproben (Schadensschwelle: mehr als acht Käfer in 100 Klopfproben) im Frühjahr ermittelt werden. Bei Bedarf ist eine Behandlung mit einem geeigneten, nützlingsschonenden Insektizid zu Blühende empfehlenswert.

Kirschfruchtstecher © Christoph Benisch, www.kerbtier.de

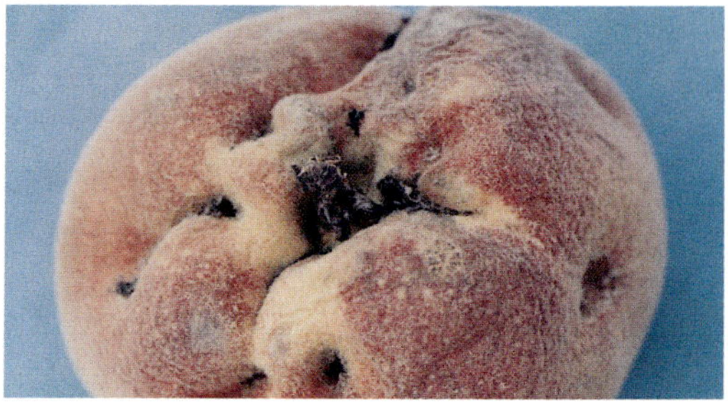

Kirschfruchtstecher – Schadbild an der Pfirsichfrucht (Státní rostlinolékaїská)

### *Obstbaumtriebstecher (Haplorhynchites caeruleus)*

Siehe Kernobst.

### *Purpurroter Apfelfruchtstecher (Rhynchites bacchus)*

Siehe Kernobst.

### *Rebstichler, Rebstecher, Zigarrenwickler (Byctiscus betulae)*

Siehe Weinreben.

### *Rotbrauner Apfelfruchtstecher (Tatianaerhynchites aequatus, Syn.: Caenorhinus aequatus, Rhynchites aequatus)*

Siehe Kernobst.

### *Zweigstecher (Coenorhinus coeruleus, Syn.: Rhynchites coeruleus)*

Siehe Kernobst.

## Bockkäfer (Cerambycidae)

### *Citrusbockkäfer (Anoplophora chinensis)*

Siehe Kernobst.

### *Rundköpfiger Apfelbaumbohrer (Saperda candida)*

Siehe Kernobst.

## Borkenkäfer (Scolytidae)

### *Großer Obstbaumsplintkäfer (Scolytus mali)*

Siehe Kernobst.

### *Kleiner (Runzeliger) Obstbaumsplintkäfer (Scolytus rugulosus)*

Siehe Kernobst.

#### *Ungleicher Holzbohrer (Xyleborus dispar, Syn.: Anisandrus dispar)*
Siehe Kernobst und Weinreben.

### Rüsselkäfer (Curculionidae)
#### *Birnengrünrüssler (Phyllobius pyri)*
Siehe Kernobst.

#### *Kleiner Apfelblattrüssler (Mecinus pyraster)*
Siehe Kernobst.

## Schmetterlinge (Lepidoptera)
### Bärenspinner (Arctiidae)
#### *Amerikanischer Webebär (Hyphantria cunea)*
Siehe Kernobst.

### Bläulinge (Lycaenidae)
#### *Nierenfleck-Zipfelfalter (Thecla betulae)*
**Wirtspflanzen**

Pflaume, Zwetschke, Marille, Schlehe und andere *Prunus*-Arten.

**Bedeutung**

Schädliche Übervermehrungen sind nicht bekannt.

**Biologie**

Die grünen Raupen mit gelben Zeichnungen an Rücken und Seiten schlüpfen kurz vor dem Austrieb. Die Falter mit dunkelbrauner Oberseite – die Weibchen zeigen den namensgebenden, orangen Nierenfleck – und orangebrauner Unterseite der Flügel fliegen von Ende Juli bis Oktober.

Ähnlich, jedoch mit einer etwas früheren Flugzeit ist der Pflaumen-Zipfelfalter (*Satyrium pruni*, Syn.: *Stymonidia pruni, Fixsenia pruni*).

Nierenfleck-Zipfelfalter – Falter (Hrabák, R.)

### Eulen (Noctuidae)
#### *Dreizack-Pfeileule (Acronicta tridens)*
Siehe Kernobst.

#### *Flohkraut-Eule (Melanchra persicariae)*
Siehe Beerenobst.

#### *Gelbes Ordensband (Catocala fulminea, Syn.: Ephesia fulminea)*
**Wirtspflanzen**

Verschiedene Steinobstarten, Birne, Weiß- und Schlehdorn.

**Schadbild**

Raupenfraß an Blättern.

**Bedeutung**

Tritt meist einzeln in wärmeren Lagen auf. Übervermehrungen und wirtschaftliche Schäden sind nicht bekannt.

Nierenfleck-Zipfelfalter – Raupe (Traxler, L.)

Gelbes Ordensband – Raupe (Traxler, L.)

Gelbes Ordensband – Falter © P. Buchner

Gelbes Ordensband – Falter mit gut sichtbarem Band an den Hinterflügeln © P. Buchner

**Biologie**

Die Raupen schlüpfen zu Beginn des Austriebs aus den überwinternden Eiern. Die bizarren, bis zu 5 cm langen, graubraunen Raupen besitzen auf dem Rücken auf dem ersten und achten Segment ein Paar kurzer Dornen und einen längeren Dorn auf dem fünften Hinterleibssegment. Die Verpuppung findet im Boden statt. Die Falter mit einer Flügelspannweite von bis zu 50 mm, braun, gelbbraun bis graubraun gefärbten Vorderflügeln mit charakteristischer dunkler Musterung und gelben Hinterflügeln mit jeweils zwei gebogenen dunklen Linien fliegen von Juni bis August. Die Art entwickelt eine Generation pro Jahr.

**Gegenmaßnahmen**

Nicht notwendig.

### *Pfeileule (Acronicta psi)*

Siehe Kernobst.

### *Pyramideneule (Amphipyra pyramidea)*

Siehe Kernobst.

### *Weißdorneule (Allophyes oxyacanthae)*

**Wirtspflanzen**

Neben Schleh- und Weißdorn an Steinobstgewächsen, vorwiegend an Pflaume, Zwetschke sowie an Apfel.

**Schadbild**

Raupenfraß an Blättern.

**Bedeutung**

Weitverbreitet und häufig, jedoch keine wirtschaftlichen Schäden bekannt.

**Biologie**

Die bis zu 45 mm langen, blaugrünen bis braungrauen Raupen mit einem Paar kurzer Höcker am achten Hinterleibssegment sowie Querstreifen am Rücken und an den Seiten des vierten Körpersegments fressen im April und Mai an Blättern. Die Verpuppung er-

Weißdorneule – Raupe © P. Buchner

Weißdorneule – Falter © P. Buchner

folgt im Boden. Die Falter mit einer Flügelspannweite von ca. 40 mm, braunen Vorderflügeln mit hellerer Zeichnung und grauen Hinterflügeln schlüpfen im Herbst. Die Überwinterung erfolgt als Ei. Die Art entwickelt eine Generation pro Jahr.

**Gegenmaßnahmen**
Nicht notwendig.

## Gespinstmotten (Yponomeutidae)

### *Kirschblütenmotte (Argyresthia pruniella, Syn.: A. ephipella)*

**Wirtspflanzen**
Süß- und Sauerkirsche, Pfirsich sowie andere *Prunus*-Arten.

**Schadbild**
Im Frühjahr werden zuerst Knospen ausgefressen, später Blüten, in denen Staub- und Blütenblätter zerstört werden. Im Inneren befallener, vertrocknender Knospen befindet sich versponnener Kot.

**Bedeutung**
In Befallslagen (z. B. Waldnähe) kann es vor allem bei Kirsche zu größerem Blütenverlust kommen.

**Biologie**
Im Frühjahr, noch vor Knospenaufbruch, schlüpfen die Räupchen aus den überwinterten Eiern und bohren sich in die schwellenden Knospen ein. Eine Raupe kann 5–6 Knospen zerstören. Ende Mai sind die ca. 10 mm großen, grünlich-gelben Raupen mit braunem Kopf erwachsen, seilen sich an einem Gespinstfaden ab und verpuppen sich im Boden in einem

Kirschblütenmotte – Falter © P. Buchner

Kirschblütenmotte – Schadbild an der Blüte (Pultar, O.)

Kokon. Nach einigen Wochen schlüpfen die Falter. Die Spannweite ihrer blassbraunen Vorderflügel mit weißer Zeichnung und gelbbraunem Querband beträgt 10–12 mm. Ihre graugrünen Wintereier legen sie an Blattnarben, unter Knospenschuppen und an andere geschützte Stellen des Fruchtholzes. Die Art entwickelt eine Generation pro Jahr.

**Gegenmaßnahmen**
Meist nicht erforderlich. Nur nach starkem Vorjahrsbefall bzw. in Befallslagen (Schadensschwelle durchschnittlich sechs Eier pro 2 m Fruchtholz) ist eine Behandlung kurz nach Beginn des Raupenschlupfes mit einem geeigneten nützlingsschonenden Insektizid empfehlenswert. Austriebspritzmittel auf Ölbasis zeigen keine zufriedenstellende Wirkung.

## Glucken (Lasiocampidae)

### *Frühlings-Wollafter (Eriogaster lanestris)*

**Wirtspflanzen**
Polyphag an verschiedenen Laubbäumen. An Obstgehölzen kommt er vor allem an Kirsche, Pflaume sowie Zwetschke und Schlehdorn vor.

**Schadbild**
In der Nähe der zusammengesponnenen Nester meist Kahlfraß.

**Biologie**
Ab März schlüpfen die Falter aus den überwinternden Puppen. Ihre Flügelspannweite erreicht bis zu 35 mm, die Grundfarbe der Flügel ist dunkelrotbraun. Am Flügelansatz und in der Flügelmitte befinden sich jeweils weiße Flecken. Die Weibchen haben am Hinterleibsende einen dichten, grauen Haarschopf

Frühlings-Wollafter – Falter (Beránek, J.)

Frühlings-Wollafter – Raupen (Pokorný, V.)

Frühlings-Wollafter – Raupengespinst (Pokorný, V.)

(„Wollafter"). Eier werden an dünnen Ästen abgelegt und mit Afterhaaren bedeckt. Raupen leben von Mai bis Juni gesellig in einem großen, sackförmigen Gespinst, das von befallenen Zweigen hängt, und fressen gemeinsam in dessen Umgebung. Erst am Ende ihrer Entwicklung leben die bis zu 45 mm großen, schwarzen Raupen einzeln. Am Rücken tragen sie paarweise rote, kurze Haarbüschel, aus denen lange, weißliche bis rötliche Haare entspringen. Die Verpuppung erfolgt im Boden, wo auch die Überwinterung stattfindet.

**Ökologie**
Die Art wird von zahlreichen Prädatoren, Parasitoiden und entomophagen Mikroorganismen befallen. Sie verursacht deshalb trotz eines großen Reproduktionspotenzials kaum größere Schäden.

**Gegenmaßnahmen**
**Vorbeugend**
Schutz und Förderung natürlicher Feinde.

**Gezielt**
Bei Massenauftreten Entfernung und Vernichtung der Raupennester. Bei Bedarf ist eine Behandlung mit einem *Bacillus-thuringiensis*-Präparat empfehlenswert.

### *Kleine Pappelglucke (Poecilocampa populi)*
**Wirtspflanzen**
Polyphag an Laubgehölzen, vor allem Pappeln, Weiden, Birken u. a. Von Obstgehölzen werden vor allem Pflaume, Zwetschke, Schlehdorn und Apfel befallen.

**Schadbild**
Raupenfraß an Blättern.

**Bedeutung**
Wie Pflaumenglucke.

Kleine Pappelglucke – Raupe (Traxler, L.)

Kleine Pappelglucke – Falter (Beránek, J.)

**Biologie**
Die Raupen schlüpfen im Frühjahr aus den überwinternden Eiern und fressen nachts an Blättern. Tagsüber sitzen sie gut getarnt in Stamm- und Rindenverstecken. Ausgewachsene unterschiedlich gefärbte Raupen erreichen eine Länge von 50 mm. Ab Ende Mai findet die Verpuppung statt. Ab Oktober, nach den ersten Frösten, beginnt der Flug der, auch Herbstglucke genannten, Falter. Die grauen Flügel mit zwei weißen gezackten Querlinien erreichen eine Spannweite von bis zu 45 mm. Die Eier überwintern.

**Gegenmaßnahmen**
Wie Pflaumenglucke.

### *Pflaumenglucke (Odonestis pruni)*

**Wirtspflanzen**
Polyphag an Obstgehölzen wie Pflaumen, Zwetschken, Kirschen, Birnen, Schlehdorn und anderen Laubgehölzen.

**Schadbild**
Raupenfraß an Blättern.

**Bedeutung**
Diese Art ist vor allem in extensiv bewirtschafteten Obstanlagen und Gärten zu finden. Wirtschaftlich bedeutende Übervermehrungen sind selten.

**Biologie**
Die dunkel- bis bläulich-grauen, behaarten Raupen überwintern und setzen im Frühjahr ihre Entwicklung fort. Ausgewachsene Raupen erreichen eine Länge von 4–6 cm und zeigen am zweiten Segment einen rotgelben Fleck. Die Verpuppung erfolgt in einem weichen Gespinst in Astgabeln oder Rindenrissen. Die rotbraunen Falter mit dem typisch weißen Mittelfleck auf den Vorderflügeln und einer Flügelspannweite bis zu 50 mm fliegen von Mitte Juni bis Anfang August. Ab August sind erneut Raupen zu finden. Die Art entwickelt in Mitteleuropa eine Generation pro Jahr.

**Ökologie**
Die Raupen der Pflaumenglucke werden von zahlreichen Parasitoiden befallen.

**Gegenmaßnahmen**
**Vorbeugend**
Schutz und Förderung natürlicher Feinde.

**Gezielt**
Meist nicht erforderlich. Im Falle einer Übervermehrung kann der Einsatz eines *Bacillus-thuringiensis*-Präparates empfohlen werden.

Pflaumenglucke – Überwinternde Raupe (Traxler, L.)

Pflaumenglucke – Falter (Traxler, L.)

### *Ringelspinner (Malacosoma neustria)*
Siehe Kernobst.

## Holzbohrer (Cossidae)
### *Weidenbohrer (Cossus cossus)*
Siehe Kernobst.

## Miniermotten (Gracillariidae)
### *Obstbaum-(Schlangen-)Miniermotte (Lyonetia clerkella)*
Siehe Kernobst.

### *Pfennig-(Flecken-)Miniermotte (Leucoptera malifoliella, Syn.: L. scitella)*
Siehe Kernobst.

## Palpenmotten (Gelechiidae)
### *Kleinere Knospenmotte (Recurvaria nanella)*
Siehe Kernobst.

### *Pfirsichmotte (Anarsia lineatella)*
**Wirtspflanzen**

Pfirsich, Marille, Mandel sowie andere Steinobstarten.

**Schadbild**

Im Frühjahr Vertrocknen und Absterben von Knospen und jungen Trieben. Später werden Früchte befallen. Vor allem in Stielnähe findet man an den Einbohrstellen Gummitröpfchen. Das Fruchtfleisch unterhalb der Schale wird zerstört.

**Bedeutung**

Die Pfirsichmotte kann vor allem in Baumschulen und Pfirsichertragskulturen schädlich werden.

**Biologie**

Die in einem lockeren Kokon in der Baumkrone überwinternden Jungräupchen bohren sich im Frühjahr in die austreibenden Jungtriebe. Wenn diese vertrocknen, befallen sie noch weitere drei bis vier Triebe. Die ausgewachsene, bis zu 12 mm lange, schwarzköpfige, schokoladenfarbige Raupe mit gelblichrosa gefärbten Zwischensegmenten („Zebraraupe") verpuppt sich ohne Kokonbildung in Rindenspalten oder zusammengesponnenen Blättern. Die Falter (Flügelspannweite 14 mm) der ersten Generation

Pfirsichmotte – Schadbild © Eugene E. Nelson, Bugwood.org

Pfirsichmotte – Schadbild © H. J. Larsen, Bugwood.org

Pfirsichmotte – „Zebraraupe" im Fruchtfleisch eines Pfirsichs © F. Polesny

Pfirsichmotte – Befallener Trieb (biohelp)

Pfirsichmotte – Falter © P. Buchner

Pfirsichmotte – Falter, Seitenansicht © P. Buchner

Pfirsichmotte – Falter, Farbvariante © P. Buchner

Pfirsichmotte – Falter (Elsner, G.)

Pfirsichmotte – Befallene Triebspitze (Judt, C)

fliegen Ende Mai und Juni und legen ihre Eier an die Unterseite der Blätter. Raupen der zweiten Generation entwickeln sich vorwiegend in Früchten. Der Flug der zweiten Generation findet im August und September statt. Eier werden an der Rinde abgelegt, wo die geschlüpften Jungräupchen überwintern. Die Pfirsichmotte bildet zwei Generationen pro Jahr.

**Gegenmaßnahmen**

**Vorbeugend**

In Befallslagen sollten weniger attraktive Frühsorten bevorzugt werden.

**Gezielt**

Befallene Triebe und Früchte abschneiden bzw. pflücken und vernichten. Bei starkem Flug (Pheromonfallen) können nach dem Flughöhepunkt Behandlungen gegen die Jungraupen mit geeigneten, nützlingsschonenden Insektiziden erfolgen. Die Anwendung von Chitinsynthesehemmern ist kurz nach Flugbeginn empfehlenswert.

## Pfauenspinner (Saturniidae)

***Großes (Wiener) Nachtpfauenauge (Saturnia pyri)***

Siehe Kernobst.

## Schwärmer (Sphingidae)

***Abendpfauenauge (Smerinthus ocellata)***

Siehe Kernobst.

***Lindenschwärmer (Mimas tiliae)***

Siehe Kernobst.

***Pappelschwärmer (Laothoe populi)***

Siehe Kernobst.

## Spanner (Geometridae)

### *Birkenspanner (Biston betularia)*

Siehe Kernobst.

### *Doppelzahnspanner (Odontopera bidentata, Syn.: Gonodontis bidentata)*

Siehe Kernobst.

### *Frühlings-Kreuzflügel, Rosskastanienspanner (Alsophila aescularia)*

Siehe Kernobst.

### *Großer Frostspanner (Erannis defoliaria)*

Siehe Kernobst.

### *Kirschenspanner (Lycia hirtaria)*

Siehe Kernobst.

### *Kleiner Frostspanner (Operophtera brumata)*

Siehe Kernobst.

### *Orangegelber Breitflügel-(Frost-)Spanner (Agriopis aurantiaria, Syn.: Erannis aurantiaria)*

Siehe Kernobst.

### *Rhombenspanner, Rauten-Rindenspanner (Peribatodes rhomboidaria, Syn.: Boarmia rhomboidaria, B. gemmaria)*

Siehe Weinreben.

### *Schneespanner (Phigalia pilosaria, Syn.: P. pedaria)*

**Wirtspflanzen**

Kirsche, Pflaume, Zwetschke, Schlehdorn sowie polyphag an Laubgehölzen des Waldes.

**Bedeutung**

Schädliche Übervermehrungen sind selten.

**Biologie**

Die Art ist die am zeitigsten schlüpfende Schmetterlingsart Mitteleuropas. Die relativ großen Falter schlüpfen bereits ab Jänner. Männchen fliegen bis April. Die stummelflügeligen Weibchen sind flugunfähig. Raupen findet man von April bis Juni auf ihren Wirtspflanzen. Ausgewachsen werden sie ca. 40 mm groß, sind braun und haben am Rücken Warzen mit kurzen Borsten. Die Borsten des fünften und elften Körpersegmentes sind etwas verlängert. Am zweiten

Schneespanner – Männchen © J. Beránek

Schneespanner – Männchen, Farbvariante © P. Buchner

Schneespanner – Weibchen mit stark reduzierten Flügeln © J. Beránek

Schneespanner – Raupe © J. Beránek

und dritten Segment des Rückens ist je ein v-förmiger heller Fleck. Die Raupe verpuppt im Boden und überwintert dort.

**Gegenmaßnahmen**
Nur bei Bedarf kann das Anlegen von Leimringen an den Stamm empfohlen werden.

### *Zackenbindiger Rindenspanner (Ectropis crepuscularia, Syn.: E. bistortata, Boarmia bistortata)*

Siehe Kernobst.

## Wickler (Tortricidae)

### *Apfel-(Frucht-)Schalenwickler (Adoxophyes orana, Syn.: A. reticulana)*

Siehe Kernobst.

### *Apfelwickler (Cydia pomonella)*

Siehe Kernobst.

### *Blattbüschelwickler (Acleris rhombana)*

Siehe Kernobst.

### *Brauner Laubholzwickler (Archips xylosteana)*

Siehe Kernobst.

### *Brauner Obstbaumwickler (Archips podana)*

Siehe Kernobst.

### *Gestreifter Johannisbeerwickler (Pandemis cerasana, Syn.: P. ribeana)*

Siehe Kernobst.

### *Grauer Knospenwickler (Hedya nubiferana, Syn.: H. variegana, H. dimidioalba)*

Siehe Kernobst.

### *Heckenwickler (Archips rosana)*

Siehe Kernobst.

### *Obstwickler, (Rotbrauner) Schalenwickler (Pandemis heparana)*

Siehe Kernobst.

### *Pfirsichtriebbohrer, Pfirsichtriebwickler (Grapholita molesta, Syn.: Cydia molesta, Laspeyresia molesta)*

**Wirtspflanzen**
Pfirsich, Nektarine, Marille und andere *Prunus*-Arten sowie Apfel, Birne, Quitte, Zwergmispel, Weißdorn u. a.

**Schadbild**
Im Frühjahr welken und vertrocknen Triebe 10 bis 15 cm von der Spitze abwärts. Im Sommer werden Früchte von der Stielseite her angebohrt.

**Bedeutung**
Triebbefall ist vor allem in Baumschulen schädlich. Fruchtbefall kann vor allem in wärmeren Regionen jahresweise an einzelnen Pfirsichsorten bedeutend sein. Fruchtschäden an anderen Obstarten sind meist vernachlässigbar.

**Biologie**
Im Frühjahr verpuppen sich die in einem dichten Kokon am Baumfuß überwinternden Raupen. Die dem Pflaumenwickler ähnlichen Falter der ersten Generation schlüpfen im Mai. Deren ausgewachsene, bis zu 13 mm lange, cremeweiße Raupen bohren sich in die grünen Triebwipfel ein. Ihre Verpuppung erfolgt an den sich entwickelnden Früchten, Blättern und Trieben. In Abhängigkeit von der Temperatur dauert die Entwicklungszeit einer Generation 30–50 Tage. Die Falter der Sommergenerationen fressen vor allem an den Früchten von Pfirsich oder auch an Knospen.

Pfirsichtriebbohrer – Schadbild © Clemson University – USDA Cooperative Extension Slide Series, Bugwood.org

Pfirsichtriebbohrer – Larve © Clemson University – USDA Cooperative Extension Slide Series, Bugwood.org

Pfirsichtriebbohrer – Falter © P. Buchner

In Mitteleuropa entwickelt der Pfirsichtriebbohrer drei Generationen pro Jahr.

**Ökologie**

Raupen der ersten Generation in den Trieben werden im Vergleich zu den späteren Generationen, die sich in den Früchten entwickeln, wesentlich häufiger durch Schlupfwespen und parasitische Fliegen befallen. Der Parasitierungsgrad kann hier bis zu 50 % erreichen. Eier werden durch die Gattung *Trichogramma* parasitiert.

**Gegenmaßnahmen**

**Vorbeugend**

Schutz und Förderung natürlicher Feinde sowie Bevorzugung von Frühsorten des Pfirsichs in Befallslagen.

**Gezielt**

Behandlungen mit geeigneten nützlingsschonenden Insektiziden gegen schlüpfende Raupen der zweiten und dritten Generation kurz nach dem Flughöhepunkt der Männchen. Dieser kann mittels Pheromonfallen ermittelt werden. Bereits bei Flugbeginn, kurz vor der Eiablage, können auch Chitinsynthesehemmer eingesetzt werden.

### *Pflaumenknospenwickler (Hedya pruniana) und Hedya ochroleucana*

Beide Wicklerarten sind sich sehr ähnlich.

**Wirtspflanzen**

Schlehdorn, Pflaume, Zwetschke, gelegentlich an Apfel, Birne, Walnuss.

**Schadbild**

Fraßschäden an Jungtrieben und Blättern.

**Bedeutung**

Weitverbreitet und häufig, geringere wirtschaftliche Bedeutung als die verwandte Art Grauer Knospenwickler.

Pflaumenknospenwickler – Falter © H. Melzer

Pflaumenknospenwickler – Falter, Farbvariante
© Gyorgy Csoka, Hungary Forest Research Institute, Bugwood.org

Pflaumenknospenwickler – Raupe
© Gyorgy Csoka, Hungary Forest Research Institute, Bugwood.org

**Biologie**
Ähnlich dem Grauen Knospenwickler (siehe Kapitel Kernobst).

**Gegenmaßnahmen**
Selten notwendig.

### *Pflaumenwickler (Grapholita funebrana, Syn.: Cydia funebrana)*

**Wirtspflanzen**
Pflaume und Zwetschke, seltener Marille und andere Obstgehölze der Gattung *Prunus* (z. B. Schlehdorn).

**Schadbild**
Befallene junge Früchte verfärben sich, werden notreif und fallen ab. An den Einbohrlöchern erscheinen eingetrocknete Gummitröpfchen. In befallenen, reifenden Früchten findet man im zerstörten Fruchtfleisch um den Stein Kot und die Raupe. Befallene Früchte faulen leicht.

**Bedeutung**
Vor allem bei geringem Fruchtbehang können an Zwetschke bedeutende Ernteeinbußen entstehen.

**Biologie**
Im Frühjahr verpuppen sich die in einem Kokon in Rindenverstecken oder im Boden überwinternden Raupen. Ab Ende April erscheinen die graubraunen, 11–15 mm großen Falter. Ihre Flugzeit dauert bis zu sieben Wochen. Nach der Begattung legen die Weibchen ihre 0,6 mm kleinen, uhrglasförmigen Eier an junge Früchte. Die ausgewachsenen 10 bis 12 mm großen, rötlichen Raupen mit braunem Kopf- und Nackenschild verlassen die jungen befallenen Früchte und verpuppen sich in einem Kokon in Rindenverstecken oder im Boden. Ab Juli beginnt der Flug der zweiten Faltergeneration, die bis August dauern kann und die reifenden Früchte befällt. Je nach Witterung und Standort können sich bis zu drei Generationen entwickeln. Die Raupen der letzten Generation überwintern.

**Ökologie**
Spätsorten werden wesentlich häufiger befallen. Neben zahlreichen anderen, natürlichen Feinden (siehe auch Apfelwickler) sind ein Granulosevirus sowie bodenlebende entomophage Nematoden und Pilze wichtige Regulierungsfaktoren der Raupen.

**Gegenmaßnahmen**
**Vorbeugend**
Bevorzugung früherer Sorten. Natürliche Unterdrückung durch Schutz und Förderung natürlicher Gegenspieler. In Nichterwerbsanlagen regelmäßiges Aufsammeln und Vernichten befallener Früchte. Im Hausgarten können an Stamm bzw. Hauptästen eng angelegte, ca. 10 cm breite, feinmaschige Wellpappestreifen abwandernde Raupen abfangen. Da dieses Versteck auch von Nützlingen (z. B. Spinnen) gerne angenommen wird, sollten die Streifen geöffnet und nur die eingesponnenen Raupen vernichtet werden.

Pflaumenwickler – Larve an Frucht mit Gummifluss (biohelp)

Pflaumenw. – Einbohrloch mit Gummitröpfchen (Hluchy, M.)

Pflaumenwickler – Larve (Pokorný, V.)

### Gezielt

Der Flugbeginn kann mittels Pheromonfallen selbst oder über Warnmeldungen ermittelt werden. Bei starkem Fruchtansatz und geringem Befallsdruck können Behandlungsmaßnahmen gegen die erste Generation entfallen (Fruchtausdünnung). Werden Maßnahmen notwendig, sind entwicklungshemmende Präparate zu Beginn der Eiablage, weitere zugelassene chemische Wirkstoffe sowie *Bacillus-thuringiensis*-Präparate anzuwenden. Wartefristen beachten! Der Einsatz des Pflaumenwickler-Pheromons in der „Verwirrungstechnik" ist ebenfalls möglich. Empfehlungen für Nichterwerbsanlagen – siehe auch Apfelwickler.

Pflaumenwickler – Larve in Zwetschkenfrucht (Fischer-Colbrie, P.)

Pflaumenwickler – Falter (Laštůvka, A.)

Pflaumenwickler – Falter in Ruhestellung (Höpli, H.)

## *Rindenwickler (Enarmonia formosana, Syn.: E. woeberiana)*

### Wirtspflanzen

Süß- und Sauerkirsche, Pflaume, Zwetschke, Marille, Apfel, Birne.

### Schadbild

An Stämmen vorwiegend älterer Bäume, häufig im Bereich von Verletzungs- oder Veredelungsstellen, werden die Befallsstellen durch die typischen, orangeroten, durch Gespinstrückstände zusammengehaltenen Kot- und Bohrmehlhäufchen sichtbar. An den Befallsstellen tritt auch Gummifluss aus.

### Bedeutung

Weitverbreitet und häufig an älteren Bäumen. Mehrfachbefall kann zum Absterben von Zweigen oder ganzer Bäumen führen. In Erwerbsobstanlagen kaum von Bedeutung.

### Biologie

Im Frühjahr verpuppen sich die in den Bohrgängen überwinternden, ausgewachsenen, ca. 8–11 mm langen, bräunlich bis lachsrosa gefärbten Raupen mit hellbraunem Kopf und graubraunem Rücken- und Analschild. Der Flug der Falter (Flügelspannweite 15–18 mm, Vorderflügel braun mit orangegelben

Rindenwickler – Schadbild © R. Bryner

Rindenwickler – Falter (Laštůvka, A.)

Rindenwickler – Falter © R. Bryner

Rindenwickler – Larve © R. Bryner

Rindenwickler – Puppe © R. Bryner

Rindenwickler – Aus dem Holz ausgebohrte Puppenexuvie © R. Bryner

und silberweißen unregelmäßigen Linien) beginnt Ende April. Weibchen legen ihre Eier an die Rinde im Bereich von Verletzungen oder bereits befallenen Stellen. Schlüpfende Räupchen fressen sich in die Rinde, wo sie ihre gesamte Entwicklung bis zur Verpuppung in ausgedehnten Gängen zwischen Borke und Holz verbringen. Ab Juli schlüpfen die Falter der zweiten Generation.

**Ökologie**

Bis zu 45 % der Raupen können durch die Schlupfwespe *Campoplex punctulatus* parasitiert werden. Auch die Larven der Kamelhalsfliege (Raphidioptera) sind effektive Feinde der Raupen.

**Gegenmaßnahmen**

**Vorbeugend**

Behandlung von Rindenverletzungen. Schonung und Förderung natürlicher Feinde.

**Gezielt**

Meist nicht erforderlich. Der Flugverlauf kann mittels Pheromonfallen beobachtet werden.

***Rosenwickler (Acleris variegana)***

Siehe Kernobst.

***Roter Knospenwickler (Spilonota ocellana)***

Siehe Kernobst.

***Weißdornwickler (Archips crataegana)***

Siehe Kernobst.

## Ypsolophidae

### *Zitronengelber Pfirsichfalter (Ypsolopha persicella; Syn.: Cerostoma persicellum)*

**Wirtspflanzen**

Marille, Pfirsich, Mandel.

**Schadbild**

Blattfraß.

**Bedeutung**

In Mitteleuropa kaum schädlich.

**Biologie**

Die bis zu 3 cm langen, hellgrünen Raupen mit grünem Kopf haben auf dem Rücken eine längli-

Zitronengelber Pfirsichfalter – Raupe, seitlich © F. Graf

Zitronengelber Pfirsichfalter – Raupe, dorsal © F. Graf

Zitronengelber Pfirsichfalter – Falter © F. Graf

Zitronengelber Pfirsichfalter – Schadbild an wild wachsendem Pfirsich (oben) und an Blättern im Detail (unten) © F. Graf

che, weiße Linie mit zwei breiteren weißen Streifen an den Seiten. Bei Störungen bewegen sie sich ruckartig und seilen sich an einem Faden ab. Die Verpuppung erfolgt im Mai/Juni in einem weißen, spindelförmigen Gespinst in einer Blattfalte. Nach ca. 20 Tagen schlüpfen die Falter. Sie haben eine Flügelspannweite von 19–21 mm und schwefel- bis grünlich-gelbe Vorderflügel mit zwei hellolivgrünen Querstreifen.

**Gegenmaßnahmen**

Selten notwendig. Bei Massenauftreten sind *Bacillus-thuringiensis*-Präparate gegen die Jungraupen empfehlenswert.

## Zahnspinner (Notodontidae)

### *Mondvogel (Phalera bucephala)*

Siehe Kernobst.

## Zwergminiermotten (Nepticulidae)

### *Pflaumenplatzminiermotte (Stigmella plagicolella)*

**Wirtspflanzen**
Pflaume, Zwetschke, Schlehdorn und andere *Prunus*-Arten.

**Schadbild**
Der erste Teil der Mine besteht aus einem schmalen Fraßgang, der sich nach einer Häutung abrupt in eine platzförmige Mine erweitert.

**Bedeutung**
Gering.

**Biologie**
Grauschwarze Falter mit ca. 6 mm Flügelspannweite. Dunkel gefärbte Vorderflügel mit breitem, weißlichem Band. Die Eiablage erfolgt an der Blattunterseite. Es werden zwei Faltergenerationen (Mai/Juni und Juli/August) pro Jahr gebildet.

**Gegenmaßnahmen**
Nicht notwendig.

Pflaumenplatzminiermotte – Falter (Laštůvka, A.)

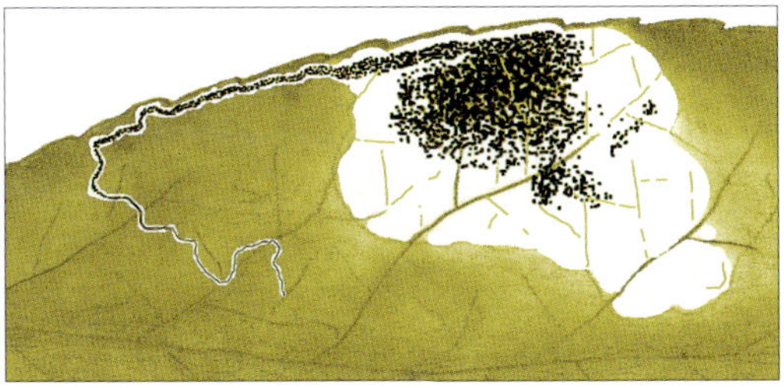
Pflaumenplatzminiermotte – Blattmine (Laštůvka, A.)

Pflaumenplatzminiermotte – Blattmine (Beránek, J.)

### *Schlehen-Zwergminiermotte (Stigmella prunetorum)*

**Wirtspflanzen**
Zahlreiche *Prunus*-Arten.

**Schadbild**
Von der Eiablagestelle ausgehende konzentrische, kotgefüllte Minen, von denen am Ende eine kotlose Mine abzweigt.

**Bedeutung**
Gering.

**Biologie**
Ähnlich *S. plagicolella,* wahrscheinlich bildet diese eher seltene Art jedoch nur eine Faltergeneration pro Jahr.

**Gegenmaßnahmen**
Nicht notwendig.

Schlehen-Zwergminiermotte – Falter (Laštůvka, A.)

Schlehen-Zwergminiermotte – Mine (Laštůvka, A.)

# Schnabelkerfe (Hemiptera)

## Blattläuse (Aphididae)

### *Distelblattlaus, Große Pflaumenblattlaus (Brachycaudus cardui)*

Sehr ähnlich der Kleinen Pflaumenblattlaus.

### *Grüne Pfirsichblattlaus (Myzus persicae)*

**Wirtspflanzen**

Pfirsich, seltener Schlehe, Pflaume, Zwetschke und nahe verwandte Arten, sowie Rübe, Kartoffel und andere Gemüsepflanzen.

**Schadbild**

Stark eingerollte und verkrümmte Blätter, gehemmtes Triebwachstum.

**Bedeutung**

Starker Befall kann Umfang und Qualität der Pfirsichernte beeinflussen. Auch als Virusüberträger gefährlich an Rübe, Kartoffel und anderen Gemüsearten, seltener als Überträger des Scharkavirus an Pflaume und Zwetschke.

**Biologie**

Die grünen Nymphen schlüpfen im zeitigen Frühjahr aus den an den Pfirsichtrieben überwinternden Eiern und beginnen mit ihrer Saugtätigkeit an den Blütenbüscheln, später an den Blättern der Jungtriebe. Die erwachsenen, flügellosen Weibchen sind ca. 2,5 mm groß und grün, gelblich oder rötlich gefärbt und haben typisch geformte Fühlersockel auf der Stirn. Im Mai und Juni entwickeln sich schlankere, geflügelte Weibchen, die auf krautige Zwischenwirte abwandern (Virusübertragung!). Im Herbst kehren sie an die Wirtsbäume zurück, wo ungeflügelte Nachkommen ihre schwarz glänzenden Wintereier an Triebe ablegen.

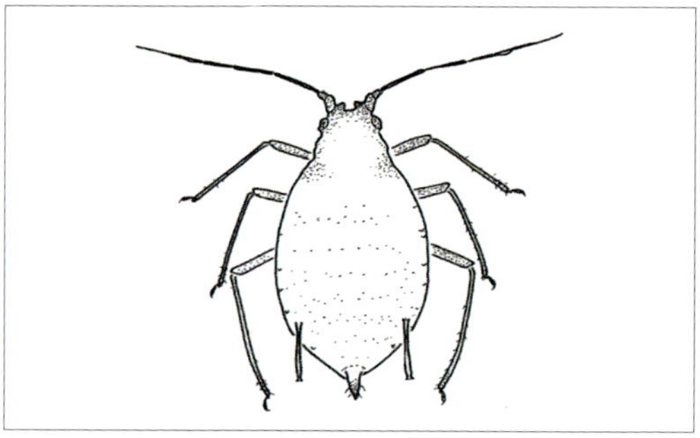

Grüne Pfirsichblattlaus – Ungeflügeltes Weibchen (Zacharda, M.)

Grüne Pfirsichblattlaus – Ungeflügelte Form © B. Chaubet, INRA

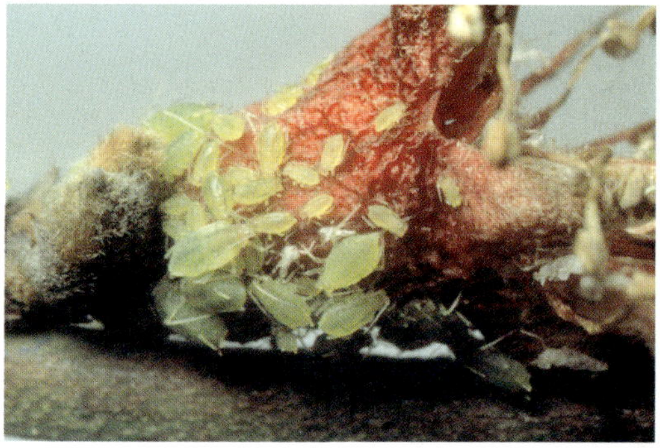

Grüne Pfirsichblattlaus – Kolonie © B. Chaubet, INRA

Grüne Pfirsichblattlaus – Geflügelte Form © B. Chaubet, INRA

Gr. Pfirsichblattlaus – Gefl. Form © R. Dransfield, InfluentialPoints.com

Grüne Pfirsichblattlaus – Schadbild © B. Chaubet, INRA

Grüne Pfirsichblattlaus – Befallsbild am Pfirsichtrieb (Rod, J.)

**Ökologie**

Die Grüne Pfirsichblattlaus hat viele natürliche Feinde. Zu den bedeutendsten zählen Parasitoide aus der Ordnung der Hymenopteren (z. B. *Aphidius matricariae*) und verschiedene Prädatoren wie der Laufkäfer (*Harpalus rufipes*), Marienkäfer, Schwebfliegen, Florfliegen, Blumenwanzen (Anthocoridae), Bodenwanzen (Lygaeidae: *Geocoris bullatus*) und die Gallmücke (*Aphidoletes aphidimyza*).

**Gegenmaßnahmen**

**Vorbeugend**

Schutz und Förderung natürlicher Feinde. Äste nach dem Winterschnitt aus der Anlage entfernen.

**Gezielt**

Kurz vor dem Austrieb sind Ölpräparate gegen Wintereier sowie nach der Blüte nützlingsschonende Aphizide gegen Nymphen empfehlenswert.

### *Hopfenblattlaus (Phorodon humuli)*

**Wirtspflanzen**

Pflaume, Zwetschke, Schlehdorn, Hopfen.

**Schadbild**

Im Gegensatz zu Hopfen kommt es an Pflaume, Zwetschke oder Schlehdorn kaum zu sichtbaren Schäden an Blättern.

**Bedeutung**

An Pflaume, Zwetschke oder Schlehe geringe direkte Schäden, als Virusüberträger jedoch potenziell gefährlich.

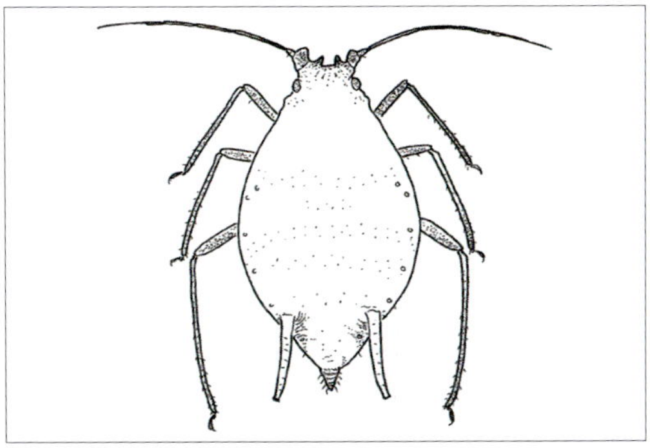

Hopfenblattlaus – Ungeflügeltes Weibchen (Zacharda, M.)

Hopfenblattlaus – Kolonie auf Pflaumenblatt (Staub, A.)

### Biologie
Ab April schlüpfen die gelbgrünen, dunkel länglich gestreiften Nymphen aus den an den Zweigen von Pflaume, Zwetschke und Schlehe überwinternden Eiern und beginnen an den Blattunterseiten zu saugen. Ab Mitte Mai entstehen geflügelte Formen, die auf Hopfen abwandern. Ab Ende August wandert die Art wieder auf den Winterwirt zurück.

### Gegenmaßnahmen
An Steinobst normalerweise nicht notwendig.

## *Kleine Pflaumenblattlaus (Brachycaudus helichrysi)*

### Wirtspflanzen
Pflaume und Zwetschke, gelegentlich Schlehdorn und andere Steinobstarten.

### Schadbild
Ab Frühjahr starke Kräuselung und Verdrehung, in der Folge auch Vertrocknung der Blätter. Hemmung des Triebwachstums.

### Bedeutung
Weitverbreitet und häufig. Auch als Überträger der Scharkakrankheit ein bedeutender Schädling an Pflaumen und Zwetschken.

Kl. Pflaumenblattlaus – Ungeflügelte Form © B. Chaubet, INRA

Kl. Pflaumenblattlaus – Ungeflügelte Form © B. Chaubet, INRA

Kleine Pflaumenblattlaus – Ungeflügelte Form
© R. Dransfield, InfluentialPoints.com

Kleine Pflaumenblattlaus – Geflügelte Form © B. Chaubet, INRA

Kleine Pflaumenblattlaus – Kolonie © B. Chaubet, INRA

### Biologie
Die Larven schlüpfen meist noch vor dem Austrieb aus den überwinternden Eiern und beginnen an der Basis der Blütenknospen zu saugen. Nach dem Austrieb wechseln sie auf die jungen Pflanzenteile. Im Juni erscheinen geflügelte Weibchen, die auf verschiedene Kräuter abwandern. Im Herbst kehren geflügelte Weibchen wieder an den Hauptwirt zurück und legen ihre glänzend schwarzen Wintereier an Triebe ab.

Kleine Pflaumenblattlaus – Schadbild (Státní rostlinolékařská)

Kleine Pflaumenblattlaus – Schadbild an *Prunus spinosa*
© R. Dransfield, InfluentialPoints.com

**Ökologie**
Die Art wird von den räuberischen Larven der Gallmücke *Aphidoletes aphidimyza* und zahlreichen Raubwanzenarten aus den Familien der Sichelwanzen (Nabidae), Baumwanzen (Pentatomidae) und Weichwanzen (Miridae) dezimiert.

**Gegenmaßnahmen**
Siehe Mehlige Pflaumenblattlaus.

### *Mehlige Pfirsichblattlaus (Hyalopterus amygdali)*

In Aussehen und Lebensweise ähnlich der Mehligen Pflaumenblattlaus.

### *Mehlige Pflaumenblattlaus (Hyalopterus pruni)*

**Wirtspflanzen**
Pflaume und Zwetschke, Schlehe, Pfirsich, seltener auch Marille.

**Schadbild**
An der Blattunterseite von jungen Trieben findet man weißlich bestäubte, dichte Kolonien von Blattläusen. Die Art verursacht kein Einrollen der Blätter. Befallene Blätter werden gelb, vertrocknen und fallen vorzeitig ab.

**Bedeutung**
Schädlichste Blattlausart an Pflaumen und Zwetschken. Starke Honigtaubildung und Blattverlust vermindern die Fotosynthese, wodurch es zu Zuwachsverlusten der Triebe und schlechter Entwicklung der Früchte kommt.

**Biologie**
Die Nymphen schlüpfen im April kurz vor Blühbeginn aus den überwinternden Eiern. Bis Juni/Juli bilden sie ihre oft die gesamte Unterseite der Blätter bedeckenden Kolonien. Danach wandern die geflügelten Weibchen auf Schilf und Riedgräser ab. Im Herbst erfolgt die Rückwanderung auf die Bäume, wo die

M. Pflaumenblattlaus – Kolonie auf Pflaumenblatt (Beránek, J.)

Mehlige Pflaumenblattlaus – Kolonie auf Schilf (Beránek, J.)

Mehlige Pflaumenblattlaus – Schwarzfärbung befallener Blätter durch Rußtau (Hluchy, M.)

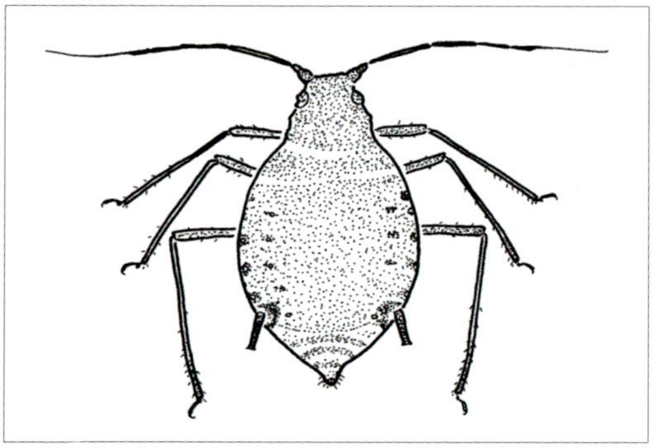

Schwarze Pfirsichblattlaus – Ungeflügeltes Weibchen (Zacharda, M.)

schwarz glänzenden Wintereier an die Knospenbasis von Jungtrieben gelegt werden.

### Ökologie

Neben zahlreichen anderen Blattlausfeinden beteiligen sich vor allem Spinnen und auf dem Zwischenwirt eine räuberische Fliege der Gattung *Leucopsis* (Chamaemyiidae) an der Unterdrückung der Mehligen Pflaumenblattlaus.

### Gegenmaßnahmen

#### Vorbeugend

Äste nach dem Schnitt aus der Anlage entfernen. Schutz natürlicher Gegenspieler durch nützlingsschonende Pflanzenschutzmaßnahmen.

#### Gezielt

Kurz vor dem Austrieb sind Behandlungen (Schadensschwelle: mehr als zehn Wintereier pro 1 m dreijähriger Zweige) mit Ölpräparaten, nach der Blüte sind Behandlungen (Schadensschwelle: auf 100 (Blüten-)Rosetten oder jungen Trieben durchschnittlich mehr als vier Läuse oder fünf Kolonien auf 100 Trieben) mit nützlingsschonenden Aphiziden gegen die Nymphen empfehlenswert.

## *Schwarze Pfirsichblattlaus (Brachycaudus persicae)*

### Wirtspflanzen

Pfirsich, Pflaume, Zwetschke.

### Schadbild

Befallene Blätter sind leicht verdreht und verkrümmt. Bei starkem Befall Störung des Triebwachstums.

Schwarze Pfirsichblattlaus – Ungeflügeltes Weibchen bei der Geburt einer Larve © B. Chaubet, INRA

Schwarze Pfirsichblattlaus – Geflügelte Form © B. Chaubet, INRA

### Bedeutung

Häufig, jedoch ausgenommen in Baumschulen, geringe Schäden. Als möglicher Überträger von Viruskrankheiten (z. B. Scharka) bedeutungsvoll.

### Biologie

Die Art lebt und überwintert als flügelloses Weibchen an den Wurzeln der Wirtsbäume. Im Frühjahr und Frühsommer wandert sie auf Blätter von Trieben und Wurzelschösslingen, wo sie an den Blattunterseiten dichte Kolonien bildet. Die kleinen, braunschwarzen Weibchen mit kurzen, dunklen Siphonen vermehren sich ausschließlich ungeschlechtlich und lebendgebärend (keine Eiablage). Die Nymphen sind gelblich- bis dunkelbraun. Im Sommer bilden sich geflügelte Formen, die für die Verbreitung der Art sorgen und zu den Wurzeln der Wirtspflanzen abwandern.

**Gegenmaßnahmen**
Normalerweise nicht notwendig.

### *Schwarze Kirschenblattlaus (Myzus cerasi)*

**Wirtspflanzen**
Diese Art tritt an Süß- und Sauerkirschen sowie an den Sekundär-Wirten u. a. der Gattungen *Galium*, *Veronica* und *Asperula* auf.

**Schadbild**
An der Süßkirsche rollen sich die Blätter an den Triebspitzen durch die Saugtätigkeit der Läuse sehr stark ein. Es entstehen Blattnester. Bei starkem Befall können die Triebspitzen verkümmern und absterben. Starke Honigtaubildung.

An der Sauerkirsche werden zwar kaum Blattrollungen oder Kräuselungen verursacht, dafür aber Wachstumshemmungen und bei starkem Befall vorzeitiger Fruchtfall.

**Bedeutung**
Diese Blattlausart verursacht beträchtliche Schäden sowohl in Baumschulen als auch an jungen Ästen von Ertragsbäumen.

**Biologie**
Kurz nach dem Austrieb schlüpfen aus den überwinternden Eiern Nymphen, die auf der Blattunterseite schnell Kolonien bilden. Die Weibchen sind rundlich, schwarz und bis zu 2 mm groß. Im Juni, wenn die Kolonien bereits groß sind, entstehen geflügelte Formen, die auf verschiedene Kräuter als Sommerwirte abwandern. An Kirschen können sich die Kolonien bis Juli/August weiterentwickeln, gehen aber dann

Schwarze Kirschenblattlaus – Schadbild © B. Chaubet, INRA

Schwarze Kirschenblattlaus – Ungeflügelte Form
© R. Dransfield, InfluentialPoints.com

Schwarze Kirschenblattlaus – Schadbild im Detail: Blattnest © R. Dransfield, InfluentialPoints.com

Schwarze Kirschenblattlaus – Kolonie an der Blattrippe
© B. Chaubet, INRA

zugrunde. Im Herbst wandern die Läuse wieder auf die Kirsche zurück, wo sie nach geschlechtlicher Fortpflanzung ihre schwarz glänzenden Überwinterungseier an Knospenbasen, Verzweigungsstellen von Lang- und Kurztrieben und in Rindenritzen ablegen.

**Ökologie**

Beide Arten haben zahlreiche natürliche Feinde, wie z. B. Marienkäfer, Schwebfliegenlarven, Parasitoide u. a.

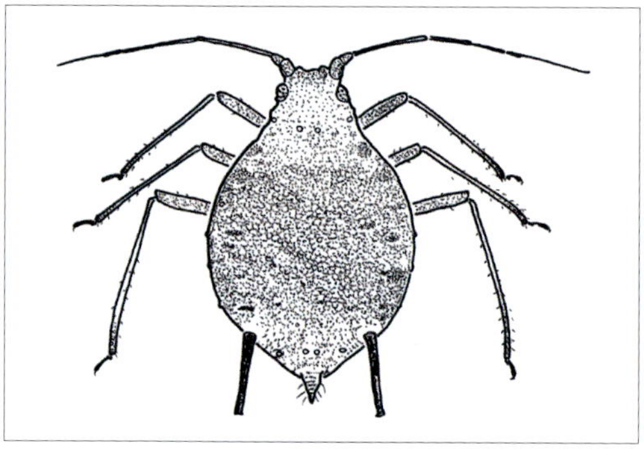

Schwarze Kirschenblattlaus – Ungeflügeltes Weibchen
(Zacharda, M.)

Schwarze Kirschenblattlaus – Ungeflügelte Form
© B. Chaubet, INRA

Schwarze Kirschenblattlaus – Geflügelte Form
© B. Chaubet, INRA

**Gegenmaßnahmen**

**Vorbeugend**

Schutz und Förderung natürlicher Feinde.

**Gezielt**

Eine Austriebbehandlung mit Ölpräparaten gegen Wintereier oder bei Überschreitung der Schadensschwelle (5–10 % befallene Triebe) eine Nachblütebehandlung mit nützlingsschonenden Aphiziden sind empfehlenswert.

### *Schwarzgefleckte Pfirsichblattlaus (Brachycaudus schwartzi)*

**Wirtspflanzen**

Vorwiegend Pfirsich, übrige *Prunus*-Arten weniger.

**Schadbild**

Starke Kräuselung und Deformation der Blätter. Befallene Blätter fallen nicht ab, sondern bilden nestartige Gruppen. Hemmung des Triebwachstums.

**Bedeutung**

Weitverbreitet und häufig. Die Art zählt zu den bedeutendsten Pfirsichschädlingen.

**Biologie**

Die im Frühjahr aus den überwinternden Eiern schlüpfenden grün- bis rötlich-braunen Nymphen saugen zuerst an Blütenknospen, später an der Unterseite von Blättern an Triebspitzen. Erwachsene, flügellose, breit ovale Weibchen sind braun bis schwarzbraun und ca. 2 mm lang. Ab Juni erscheinen geflügelte Weibchen, die auf benachbarte Pfirsichtriebe wandern. Im Herbst entstehen geschlechtliche

Schwarzgefleckte Pfirsichblattlaus – Schadbild © B. Chaubet, INRA

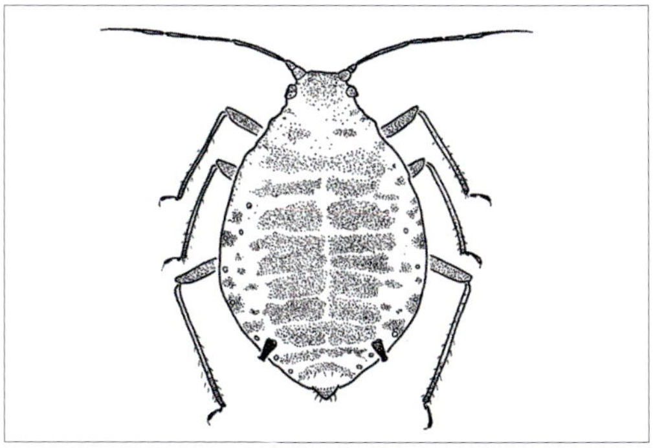

Schwarzgefleckte Pfirsichblattlaus – Ungeflügeltes Weibchen (Zacharda, M.)

*B. schwartzi* – Ungeflügelte Form © B. Chaubet, INRA

*B. schwartzi* – Geflügelte Form © B. Chaubet, INRA

Schwarzgefleckte Pfirsichblattlaus – Kolonie © B. Chaubet, INRA

Formen, die die Wintereier an Triebe ablegen. Die Art ist nicht wirtswechselnd.

**Gegenmaßnahmen**

Eine Austriebsbehandlung mit Ölpräparaten und/oder Nachblütebehandlungen mit nützlingsschonenden Aphiziden sind empfehlenswert.

## Schildläuse (Coccoidea)

### *Gelbe Austernschildlaus (Diaspidiotus ostreaeformis, Syn.: Quadraspidiotus ostreaeformis)*

Siehe Kernobst.

### *Gemeine (Zwetschken-)Napfschildlaus, Große Obstbaumschildlaus (Parthenolecanium corni, Syn.: Eulecanium corni)*

**Wirtspflanzen**

Sehr polyphag. Neben Obstgehölzen, Weinreben auch zahlreiche andere Laubgehölze.

**Schadbild**

Befallene Pflanzenteile sind geschwächt. Bei starkem Befall sind Vertrocknung und vorzeitiger Laubfall möglich. Auf der Borke der befallenen Pflanzenteile finden sich auffällige, 4–6 mm lange, rundliche, hochgewölbte, rötlich-braune bis kastanienbraune Schildchen. Starke Honig- und Rußtaubildung.

**Bedeutung**

Weitverbreitet und häufig in ungepflegten Anlagen und Gärten. Bei starkem Befall kann es bis zum Absterben ganzer Bäume kommen.

**Biologie**

Obwohl Männchen bekannt sind, vermehrt sich diese Art meist parthenogenetisch. Weibchen legen im

Gemeine (Zwetschken-)Napfschildlaus – Weibliche Schilde, teilweise mit Parasitoidenausfluglöchern (Státní rostlinolékařská)

Mai und Juni unter ihrem Schild mehrere Hundert Eier ab und sterben danach. Mitte Juni bis Mitte Juli verlassen die beweglichen Nymphen das Schildversteck, wandern zu jungen Trieben und Blättern und beginnen dort zu saugen. Im August erreichen sie das zweite Nymphenstadium und übersiedeln auf Zweige und kleine Äste, vollenden hier ihre Entwicklung und setzen sich zur Überwinterung fest. Im März/April werden sie wieder aktiv, gehen in die adulte Phase über, wechseln ihren Platz nicht mehr und bilden den Schutzschild.

**Ökologie**

Die Art ist in Europa bis in 900 m Seehöhe verbreitet. Es ist eine große Zahl von Prädatoren und Parasitoiden bekannt. Zu den bedeutendsten Prädatoren zählen Marienkäferarten. Unter den Parasitoiden sind Erzwespen (Chalcidoidea) der Gattungen *Encyrtus* und *Aphycus* (Encyrtidae), *Coccophagus* (Aphilinidae) und einige Zweiflügler-Arten bedeutend. Auch der Pilz *Verticillium lecanii* ist ein effektiver Gegenspieler von Schildläusen.

**Gegenmaßnahmen**

**Vorbeugend**

Wichtigste Maßnahme ist der Schutz (nützlingsschonende Pflanzenschutzmaßnahmen) und die Förderung (z. B. Begrünung) natürlicher Gegenspieler.

**Gezielt**

Bei Überschreitung der Schadensschwelle (an Pflaume z. B. 25 Larven pro 1 m dreijähriger Zweige) sind Behandlungen zur Zeit des Austriebs mit ölhaltigen Präparaten empfehlenswert.

Gemeine (Zwetschken-)Napfschildlaus – Schadbild an der Eiche © Haruta Ovidiu, University of Oradea, Bugwood.org

Gemeine (Zwetschken-)Napfschildlaus – Schadbild an der Heidelbeere © Jerry A. Payne, USDA Agricultural Research Service, Bugwood.org

### *Maulbeerschildlaus (Pseudaulacaspis pentagona)*

Siehe Kernobst.

### *Pflaumenschildlaus (Sphaerolecanium prunastri)*

**Wirtspflanzen**

Pflaume und Zwetschke, Pfirsich, Stachelbeere, Johannisbeere, Brombeere, Himbeere, Hasel, Eberesche, Weinrebe, seltener Apfel.

**Schadbild**

Erste Anzeichen sind Honig- und Rußtaubildung an den Blättern. An Zweigen sitzen hochgewölbte, braune Schilde.

**Bedeutung**

In Befallsjahren bzw. Befallslagen (geschützte Lagen) kann es vor allem an Pflaume und Zwetschke zu bedeutenden Schäden durch Schwächung der Wirtspflanze, vorzeitigen Laubfall, Rindennekrosen, Vertrocknen von Zweigen oder Baumteilen sowie zu Sekundärbefall z. B. durch Eichenholzbohrer kommen.

**Biologie**

Obwohl Männchen der Pflaumenschildlaus bekannt sind, vermehrt sich diese Art meistens parthenogenetisch. Ab März werden die überwinternden Nymphen aktiv und setzen sich ab April an einjährigen Zweigen fest, wo sie ihre Entwicklung beenden und den Schild ausbilden. Weibchen legen im Mai und Juni unter diesem Schild mehrere Hundert bis Tausend Eier ab. Die beweglichen, gelblich-grünen Nymphen verlassen den schützenden Schild und wandern zu den Blättern auf jungen Trieben, wo man sie meist an der Unterseite findet. Ab August wird das zweite Nymphenstadium erreicht und die nun bräunlichen Larven wandern auf Zweige und kleine Äste, wo sie sich zur Überwinterung festsetzen.

**Ökologie**

Diese Art ist in Mitteleuropa bis zu einer Seehöhe von 900 m verbreitet. Es ist eine große Zahl von Prädatoren- und Parasitoidenarten bekannt. Zu den bedeutendsten Prädatoren zählen Marienkäfer. Unter den Parasitoiden sind Erzwespen (Chalcidoidea) der Gattungen *Encyrtus* und *Aphycus* (Encyrtidae), *Coccophagus* (Aphilinidae) und einige Dipteren-Arten wirksame natürliche Feinde. Auch der Pilz *Verticillium lecanii* zählt dazu. Möglicherweise wird die Gradation der Pflaumenschildlaus durch die Zyklen der Sonnenaktivität und dem damit verbundenen Witterungsverlauf beeinflusst.

Pflaumenschildlaus © Ferran Turmo, Biodiversidad Virtual

Pflaumenschildlaus © Ferran Turmo, Biodiversidad Virtual

Pflaumenschildlaus – Detail © Ferran Turmo, Biodiversidad Virtual

**Gegenmaßnahmen**

**Vorbeugend**

Schutz und Förderung natürlicher Feinde.

**Gezielt**

Bei Überschreitung der Schadensschwelle (durchschnittlich mehr als 25 Nymphen auf 1 m mehrjährigem Fruchtholz) ist eine Behandlung bei Knospenaufbruch mit einem ölhaltigen Austriebspritzmittel empfehlenswert.

## Wanzen (Heteroptera)

### *Grüne Reiswanze (Nezara viridula)*

Siehe Kernobst.

### *Marmorierte Baumwanze (Halyomorpha halys)*

**Wirtspflanzen**

Vorzugsweise Obst- und Beerenarten aus der Familie der Rosaceae, wie Pfirsich, Nektarine, Kirsche, Apfel, Zitrus, Himbeere und Brombeere, sowie diverse Laub- und Ziergehölze.

**Schadbild**

Durch die Saugtätigkeit der Wanze an Blättern und Früchten entstehen Deformationen und sowohl oberflächliche Verkorkungen als auch Verkorkungen im Fruchtfleisch. Starker Befall kann zum Absterben betroffener Pflanzenteile führen.

**Bedeutung**

Starker Befall einer Kultur kann bedeutende Ertragseinbußen zur Folge haben.

**Biologie**

Die Marmorierte Baumwanze ist 1,7 cm lang und in verschiedenen Brauntönen gemustert. Ihre Antennen, Beine und die Oberseiten der Abdomenränder sind schwarz-weiß gestreift. Es wird eine Generation pro Jahr gebildet. Im Mai und Juni kann man adulte Wanzen auf ihren Nahrungspflanzen finden. Die Eiablage findet von Juni bis August bevorzugt an Blattunterseiten der Wirtspflanzen statt. Die Entwicklung der Larven ist bis zum Spätsommer abgeschlossen. Die Tiere überwintern als Imagines an geschützten Stellen im Freiland oder in Gebäuden.

Marmorierte Baumwanze – Eigelege mit Eilarven
© Gary Bernon, USDA APHIS, Bugwood.org

Marmorierte Baumwanze – 2. Larvenstadium
© E. Wachmann

Marmorierte Baumwanze – Mittleres Larvenstadium
© E. Wachmann

Marmorierte Baumwanze – 5. Larvenstadium
© E. Wachmann

Marmorierte Baumwanze – Befall einer Pfirsichfrucht
© Gary Bernon, USDA APHIS, Bugwood.org

Marmorierte Baumwanze – Adult © E. Wachmann

### Ökologie

Bei dieser Wanzenart handelt es sich um ein Neozoon, das – ursprünglich aus Ostasien stammend – über die USA nach Europa eingeschleppt wurde. In den USA entwickelte sie sich bereits zu einem bedeutenden landwirtschaftlichen Schädling. In Europa erstreckte sich ihr Ausbreitungsgebiet im Jahre 2013 bereits von Norditalien über die Schweiz nach Süddeutschland. Eine flächendeckende Ausbreitung ist wahrscheinlich.

### Gegenmaßnahmen

#### Vorbeugend

Ermittlung des Erstauftretens mittels visueller Kontrollen, Klopfproben oder Pheromonfallen. Schonung potenzieller natürlicher Feinde (z. B. Parasitoide, Raupenfliegen u. a.).

#### Gezielt

Eine Bestandsdezimierung mittels Pheromonfallen ist möglich.

# Zweiflügler (Diptera)

## Fruchtfliegen, Bohrfliegen (Tephritidae)

### *Amerikanische Kirschfruchtfliege (Rhagoletis cingulata)*

**Wirtspflanzen**

*Prunus*-Arten wie Süß- und Sauerkirsche, Spätblühende Traubenkirsche, Steinweichsel, Zwetschke, Pflaume u. a.

**Schadbild**

Wie Kirschfruchtfliege.

**Bedeutung**

Diese Art stammt aus Nordamerika und ist in Europa als Quarantäneschädling eingestuft. Kann vor allem an Sauerkirschen bedeutende Schäden verursachen.

**Biologie**

Ähnlich der Kirschfruchtfliege, jedoch im Frühjahr circa drei Wochen späterer Flugbeginn. Im Gegensatz zur heimischen Kirschfruchtfliege werden auch Mehrfachbelegungen der Früchte beobachtet. Ein Unterscheidungsmerkmal zur heimischen Kirschfruchtfliege ist das Flügelende mit einem gespaltenen Band oder einem dunklen Punkt.

Amerikanische Kirschfruchtfliege – Imagines auf Leimtafel (Vasas, L.)

Amerikanische Kirschfruchtfliege – Adult © Peter Cristofono, 2008

Amerikanische Kirschfruchtfliege – Typische Flügelzeichnung am Flügelende (Vasas, L.)

**Ökologie**

Durch das spätere Auftreten werden vor allem auch Sauerkirschen bevorzugt befallen.

**Gegenmaßnahmen**

Wie heimische Kirschfruchtfliege.

### *Kirschfruchtfliege (Rhagoletis cerasi)*

**Wirtspflanzen**

Mittelspäte und späte Süßkirschen, Vogel- und Heckenkirschen, Steinweichsel, Berberitze.

**Schadbild**

Befallene Früchte werden meist in der Stielgegend weich und verfärben sich braun. Im Fruchtinneren findet sich im zersetzten, fauligen Fruchtfleisch um den Kern die kopf- und beinlose, weißliche Made.

**Bedeutung**

Bedeutendster Kirschenschädling. In Befallslagen können über 80 % der Früchte befallen werden.

**Biologie**

Ab Mai schlüpfen die ca. 4–5 mm großen Imagines aus den im Boden überwinternden Puppen. Ihr Körper ist schwarz mit einem typischen, hellgelben Schildchen (Scutellum) am Rücken. Die Flügel sind durchsichtig mit dunkler Zeichnung. Nach einer kurzen Reifungs- und Paarungszeit, in der sie sich von Pflanzensäften ernähren, beginnen die Weibchen mit der Ablage von bis zu 80 Eiern an die reifen-

Kirschfruchtfliege – Imago (Beránek, J.)

Kirschfruchtfliege – Flügelzeichnung (Vasas, L.)

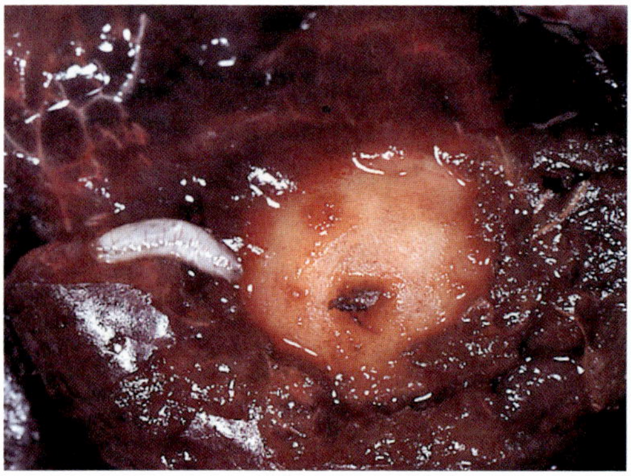

Kirschfruchtfliege – Made im Fruchtfleisch (Pokorný, V.)

Kirschfruchtliege – Imago auf der Gelbfalle (Hluchy, M.)

Kirschfruchtfliege – Gelbfallen als Gegenmaßnahme (Hluchy, M.)

den Früchte. Die Eier werden dabei einzeln unter die Fruchtschale gelegt. Die Larven schlüpfen nach wenigen Tagen und verwandeln das Fruchtfleisch um den Kern durch ihre Fraßtätigkeit in eine weiche, faulige Masse. Nach circa drei Wochen verlassen sie die Frucht, lassen sich zu Boden fallen, verpuppen sich in 3–5 cm Tiefe und überwintern dort. Der Schädling entwickelt eine Generation pro Jahr, wobei manche Puppen auch mehrere Jahre über liegen können.

### Ökologie

Die Puppenentwicklung im Frühjahr erfolgt erst bei Bodentemperaturen über 7 °C. An schattigen Stellen schlüpfen daher die Fliegen im Vergleich zu besonnten Stellen verspätet. Natürliche Gegenspieler können keinen ausreichenden Schutz gewährleisten.

### Gegenmaßnahmen

#### Vorbeugend

Durch eine rechtzeitige und möglichst vollständige Ernte – auch der madigen Früchte! – können die Maden an der Verpuppung gehindert werden. In der Nähe von Ertragsanlagen keine Vogel- oder Heckenkirschen anpflanzen.

**Gezielt**
Gelbe Leimtafeln („Gelbtafeln") können ab Anfang Mai nicht nur den Flugbeginn anzeigen, sondern auch in größerer Zahl (je nach Baumgröße zwei bis zehn Tafeln) an den sonnseitigen Kronenaußenseiten montiert, den Befall deutlich reduzieren. Zu Erntebeginn sind die Tafeln unbedingt zu entfernen (Nützlingsfänge)!

Im Erwerbsobstbau ist eine Behandlung kurz nach Flugbeginn mit einem anerkannten Insektizid mit Netzmittelzusatz empfehlenswert. In diesem Fall ist die Wartefrist zu beachten!

## Taufliegen (Drosophilidae)

### *Kirschessigfliege (Drosophila suzukii)*

**Wirtspflanzen**
Polyphag an weichschaligen Kultur- und Wildobstarten wie Süßkirsche, Zwetschke und Pflaume, Nektarine, Pfirsich, Marille, Himbeere, Heidelbeere, Brombeere, Johannis- und Stachelbeere, Erdbeere, Holunder, Kornelkirsche, Maulbeere, Wein- und Tafeltraube u. v. a.

**Schadbild**
An heranreifenden Früchten zeigen sich stichartige Verletzungen und eingedrückte, weiche Stellen. Darunter fressen im Fruchtfleisch mehrere Maden. Innerhalb von wenigen Tagen beginnen die Früchte an der Befallsstelle durch Sekundärinfektionen zu verfaulen.

**Bedeutung**
Die aus Asien eingeschleppte Art verbreitet sich derzeit von Südeuropa nach Norden aus und wurde bereits in der Schweiz und in Österreich festgestellt. Von der Europäischen und Mediterranen Pflanzenschutzorganisation (EPPO) wurde der Schädling bereits als große Gefahr für den europäischen Obst- und Weinbau eingestuft.

**Biologie**
Diese Taufliege (Drosophilidae) ist ca. 2–3,5 mm klein. Die Spannweite der bei den Männchen am Ende mit einem dunklen Fleck gezeichneten, durchscheinenden Flügel beträgt ca. 5–6 mm. Der Körper ist gelb bis braun gefärbt, die Augen sind rot. Die Über-

Kirschessigfliege – Adulte auf der Himbeere

Kirschessigfliege – Männchen mit dunklen Flügenmalen auf der Heidelbeere 

Kirschessigfliege – Weibchen auf einer Himbeerfrucht

Kirschessigfliege – Puppe auf einer Heidelbeere

winterung erfolgt in frostfreien Unterschlupfen. Im Frühjahr sucht das Weibchen nach reifenden, noch unbeschädigten Früchten und legt mithilfe eines gesägten Eiablageapparates am Hinterleib ihre Eier unter die Fruchtschale ab. Pro Tag können bis zu 16, insgesamt bis zu 400 Eier abgelegt werden. Bereits nach zwei Tagen schlüpfen die Larven. Die Verpuppung erfolgt innerhalb oder außerhalb der Früchte. Bei günstigen Bedingungen (Temperaturen um +25 °C) kann die Entwicklung vom Ei bis zur Fliege in acht Tagen erfolgen und es können bis zu 15 Generationen pro Jahr gebildet werden.

Kirschessigfliege – Puppen an befallener Traube (Hofmann, U.)

Kirschessigfliege – Larve in der Himbeerfrucht
© Hannah Burrack, North Carolina State University, Bugwood.org

### Gegenmaßnahmen

#### Vorbeugend

Vollständiges Abernten und Vernichtung (keine Kompostierung!) befallener Früchte.

#### Gezielt

Engmaschiges Einnetzen gefährdeter Kulturen sowie die Reduktion der Fliegenpopulation durch Aufhängen von mit Lockflüssigkeit (z. B. Apfelessig) gefüllten Fallen, die im Inneren zusätzlich noch mit einer Gelbtafel bestückt werden sollten, können empfohlen werden. In einem begrenzten Anwendungszeitraum ist auch die Anwendung von für die jeweilige Kultur registrierten Insektiziden möglich.

# Beerenobst

Unter **Beerenobst** werden in diesem Buch einige mehrjährige Gehölze und Stauden aufgrund ihrer gemeinsamen Eigenschaft, kleine, essbare Früchte auszubilden, zusammengefasst. Obwohl vom Fruchtaufbau keine Beere, sondern eine Sammelnussfrucht, scheint die Erdbeere in diesem Kapitel ebenso auf wie die Sammelsteinfrüchte Himbeere und Brombeere. Die Gattung *Fragaria* (Erdbeere) gehört wie die Gattung *Rubus* (Himbeere, Brombeere) zur Familie der Rosengewächse (Rosaceae). Die Gattung *Ribes* (Johannis-, Josta- und Stachelbeere) zählt zur Familie der Stachelbeergewächse (Grossulariaceae), die Heidelbeere zu den Heidelbeergewächsen (Ericaceae) und der Sanddorn zu den Ölweidengewächsen (Elaegnaceae).

**In Mitteleuropa vorwiegend kultivierte Beerenobst-Arten**

Rote Johannisbeere – *Ribes rubrum* (Richter, M.)

Weiße Johannisbeere – *Ribes rubrum* var. *alba* (Richter, M.)

Schwarze Johannisbeere – *Ribes nigrum* (Richter, M.)

Stachelbeere – *Ribes uva-crispa* (Richter, M.)

Himbeere – *Rubus idaeus* (Richter, M.)

Brombeere – *Rubus fruticosus* (Richter, M.)

Erdbeere – *Fragaria ananassa* (Richter, M.)

Heidelbeere – *Vaccinium myrtillus* (Halír, J.)

Sanddorn – *Hippophae rhamnoides* (Halír, J.)

# Physiologische Störungen

## Blattrandkrankheit der Johannisbeere

**Wirtspflanzen**

Johannisbeere, Stachelbeere.

**Schadbild**

**Johannisbeere:** Die Blattränder verfärben sich hellgrün bis gelbgrün, werden allmählich braun und vertrocknen. Der nekrotische Abschnitt breitet sich aus, die Blätter rollen sich nach unten ein und fallen ab.
**Stachelbeere:** Stachelbeerblätter werden silbrig oder rotviolett, bevor ihre Ränder vertrocknen. Die Blätter sind oft kleiner und unregelmäßig. Befallene Pflanzen haben kürzere und schwächere Triebe und blühen weniger, ihre Früchte sind klein und ungenießbar. Bei Stachelbeerbäumchen werden die Symptome durch schlechte Verheilung der Veredelungsstelle oder durch Stammverletzung deutlich verstärkt.

**Bedeutung**

Die Symptome sind bei warmer Witterung und auf trockenen Standorten deutlicher ausgeprägt. Die Erkrankung wird meistens durch Kalimangel hervorgerufen – kann aber auch durch Chlor-Überschuss oder ein Defizit einiger Mikroelemente bedingt sein.

**Gegenmaßnahmen**

**Vorbeugend**

Eine gute Standortwahl und optimale Pflege, vor allem ausreichende und ausgewogene Ernährung, sind wichtig.

Blattrandkrankheit der Johannisbeere – Schadbild an Blättern (Státní rostlinolékařská)

## Netzblättrigkeit der Jostabeere (Jostaberry leaf netting)

**Wirtspflanzen**

Jostabeere (*Ribes × nigridolaria*), seltener an anderen Arten der Gattung *Ribes*.

**Schadbild**

Im Frühling gebildete Blätter der Jostabeere weisen feine Risse und in Folge netzartig verkorkte Strukturen auf. Blätter bleiben oft kleiner und verkrüppelt.

**Bedeutung**

Die genaue Ursache dieser Störung ist noch nicht geklärt. In wissenschaftlichen Untersuchungen wurden Mikroorganismen wie Bakterien, Viren oder Pilze als Ursache ausgeschlossen. Wahrscheinlich handelt es sich um eine physiologische Störung infolge eines Komplexes aus Spätfrösten bzw. Kälteeinbrüchen und der mechanischen Einwirkung von Wind (Rissbildung). Später im Jahr gebildete Blätter zeigen diese Störung nicht mehr. Früchte stark befallener Äste bleiben kleiner und reifen langsamer.

**Gegenmaßnahmen**

Nicht bekannt.

Netzblättrigkeit der Jostabeere – Blatt mit netzartigen Verkorkungen (Stolz, M.)

# Krankheiten

## Phytoplasmosen (Vergilbungskrankheiten)

Phytoplasmen sind pflanzenpathogene Bakterien. Sie zählen zu den kleinsten bekannten Organismen, die – im Gegensatz zu Viren – zur eigenständigen Vermehrung fähig sind. Von den übrigen Bakterien unterscheiden sie sich durch das Fehlen einer festen Pflanzen-Zellwand. Sie parasitieren in Siebröhren infizierter Pflanzen und werden durch phloemsaugende Insekten übertragen. Phytoplasmen sind weltweit verbreitet, konnten jedoch bis heute nicht in vitro kultiviert werden.

### Strawberry-green-petal-Phytoplasmose

**Wirtspflanzen**

Erdbeere.

**Schadbild**

Befallene Pflanzen verkümmern und haben kurze Blatt- und Blütenstiele. Die Blätter sind kleiner und verschiedenartig deformiert. Typische Merkmale findet man bei den Blüten: Kelchblätter sind auffällig vergrößert und oft gespalten. Kronenblättchen sind kleiner, verschiedenartig deformiert und grünlich gefärbt. Auch andere Blütenteile sind oftmals verformt.

Strawberry-green-petal-Phytoplasmose – Schadbild an der Erdbeere (Hluchy, M.)

**Bedeutung**

Die Blüten sind oft steril. Ihre Bestäubung fällt aus bzw. soweit die Blüten befruchtet werden, sind die daraus entstehenden Früchte klein, grün und deformiert und weisen eine verminderte Qualität auf. Die Ausläuferbildung ist gehemmt. Befallene Pflanzen kümmern und gehen allmählich ein. Es gibt gewisse Unterschiede in der Sortenempfindlichkeit. Zu den anfälligen Sorten gehört z. B. Karmen.

**Biologie**

Die Übertragung der Strawberry-green-petal-Phytoplasmose erfolgt persistent durch Zikaden, wie beispielsweise die Zwergzikade *Aphrodes bicinctus*.

**Gegenmaßnahmen**

**Vorbeugend**

Die Schutzmaßnahmen konzentrieren sich auf die Produktion gesunden Pflanzmaterials. Kranke und verdächtige Pflanzen müssen aus dem Bestand entfernt werden.

## Viruskrankheiten (Virosen)

### Adernaufhellung (Gooseberry vein banding)

**Wirtspflanzen**

Stachelbeere, Schwarze und Rote Johannisbeere, weitere Arten und Hybride der Gattung *Ribes*.

**Schadbild**

Blattrippen und ihre Umgebung sind hell- bis gelbgrün. Die Symptome sind im durchgehenden Licht am deutlichsten sichtbar. Bei den Basalblättern sind alle, bei den Terminalblättern nur die Hauptadern betroffen. Kronen kranker Büsche sind kleiner, Triebe sind schwächer und kürzer, die Blätter sind heller – oft mit einem unregelmäßigen Rand. Die Zahl der Früchte ist niedriger und ihre Qualität schlechter. Bei schwarzen Johannisbeerensorten erscheinen die Symptome üblicherweise nur an einem Teil der Blätter.

**Bedeutung**

Bei der Stachelbeere existieren verschiedene, resistente Sorten. Einige ältere Sorten sind gänzlich verseucht.

Adernaufhellung – Schadbild an einem Blatt (Hluchy, M.)

**Biologie**
Die Krankheit wird semipersistent durch Blattlausarten, wie Johannisbeerblattlaus (*Nasonovia ribis-nigri*), Johannisbeerblasenlaus (*Cryptomyzus ribis*), Kleine Johannisbeertrieblaus (*Aphis schneideri*), Kleine Stachelbeertrieblaus (*Aphis grossularia*), Grüne Pfirsichblattlaus (*Myzus persicae*) und weitere Arten, sowie durch vegetative Vermehrung übertragen.

**Ökologie**
Anlagen werden vor allem durch krankes Pflanzmaterial verseucht.

**Gegenmaßnahmen**
**Vorbeugend**
Produktion von gesunden Setzlingen. Schutzmaßnahmen gegen Blattläuse.

## Black currant infectious variegation

**Wirtspflanzen**
Johannisbeere, Stachelbeere.

**Schadbild**
Auf den Blättern erscheinen gelbgrüne, weißlichgelbe oder gelbe, meist winzige, gut abgegrenzte Flecken. Sie verbinden sich oft untereinander und bilden größere, gelbliche Flächen. Ausnahmsweise vergilben gesamte Blätter. Die Symptome und ihre Intensität ändern sich im Lauf der Vegetationsperiode. Meistens findet man sie nur auf einzelnen älteren Blättern oder auf isolierten Buschteilen.

Black currant infectious variegation – Schadbild an Blättern (Stolz, M.)

**Bedeutung**
Einzelne Sorten sind verschieden empfindlich.

**Biologie**
Die Erkrankung wird bei vegetativer Vermehrung übertragen. Auch eine Übertragung durch Läuse kann nicht ausgeschlossen werden.

**Gegenmaßnahmen**
**Vorbeugend**
Produktion von gesundem Pflanzenmaterial.

## Brennnesselblättrigkeit der Johannisbeere (Black currant reversion virus)

**Wirtspflanzen**
Johannisbeere, Stachelbeere.

**Schadbild**
Blätter sind kleiner, schmäler und stark verändert. Anstelle von fünf haben sie nur drei – oft reduzierte – Lappen. Bei starken Symptomen erinnern die Blätter durch auffällige, scharfe, unregelmäßige Zacken an Brennnesseln. Ein scharfer Winkel beim Stiel ist typisch für diese Krankheit. Die Büsche haben mehrere schwache, oft verzweigte Äste. Blätter und Knospen sind weniger behaart. Blüten haben oft längere Stiele. Blütenblättchen sind kleiner und der Griffel tritt hervor. Ein Partialbefall von Büschen kommt häufig vor.

**Bedeutung**
Die morphologischen Veränderungen der Generativorgane verhindern die Bestäubung, die Blüten oder kleine Früchte fallen ab. Stark befallene Pflanzen blühen gar nicht. Einzelne Sorten sind verschieden

Brennnesselblättrigkeit der Johannisbeere – Rechts ein gesundes, links ein krankes Blatt (Státní rostlinolékařská)

Brennnesselblättrigkeit der Johannisbeere – Missbildungen an einem Spross (Státní rostlinolékařská)

empfindlich. Besonders gefährdet sind die Sorten Nigra und Otelo sowie die Sorte Heinemanns Späte.

**Biologie**

Die Brennnesselblättrigkeit der Johannisbeere aus der Gattung *Nepovirus* (Comoviridae) wird semipersistent bei vegetativer Vermehrung und durch Larven, Nymphen und Imagines der Johannisbeergallmilbe (*Cecidophyopsis ribis*) übertragen. Die Inkubationszeit beträgt ein bis zwei Jahre.

**Gegenmaßnahmen**

**Vorbeugend**

Pflanzung von gesundem Material und Bekämpfung der Johannisbeergallmilbe bzw. Verwendung von Johannisbeergallmilben-resistenten Sorten.

## Himbeermosaik (Raspberry mosaic complex)

**Wirtspflanzen**

Himbeere.

**Schadbild**

Die Erkrankung manifestiert sich durch verschieden gestaltete Mosaike. Sie erscheinen als hell- bis gelbgrüne oder gelbe Flecken, hell verfärbte Blattrippen oder hellgrüne bis gelbe Blattteile. Deformationen von Blättern und Triebspitzen sind häufig: Blätter sind kleiner, oft unregelmäßig geformt, gekräuselt oder andersartig deformiert. Bei stärkerer Erkrankung tritt oft auffälliger Zwergwuchs auf.

**Bedeutung**

Die Himbeere ist sehr empfänglich gegenüber Viruskrankheiten und wird von vielen spezifischen und polyphagen Viren befallen. Stark befallene Pflanzen liefern eine wesentlich niedrigere, qualitativ minderwertige Ernte.

**Biologie**

Am Himbeermosaik sind mehrere Viren beteiligt (Raspberry leaf mottle, raspberry leaf spot, black raspberry necrosis virus und rubus yellow net virus). Alle Viruserkrankungen der Himbeere können mit den Setzlingen, die meisten von ihnen auch durch Blattläuse (vor allem Große und/oder Kleine Himbeerblattlaus: *Amphorophora idaei* bzw. *Aphis idaei*) und einige freilebende Nematoden übertragen werden.

Himbeermosaik – Schadbild an Blättern (Rod, J.)

### Gegenmaßnahmen

**Vorbeugend**

Der Schutz beruht vor allem in der Sicherung von gesundem Pflanzmaterial und einer erfolgreichen Blattlausbekämpfung. Jene Viruskrankheiten, die durch Nematoden übertragen werden, können auch durch eine zielbewusste Fruchtfolge bekämpft werden.

## Viruskrankheiten der Erdbeere

Die Erdbeere ist Wirtspflanze mehrerer spezifischer oder polyphager Virusarten. Unter den spezifischen Arten können vor allem die Kräuselkrankheit der Erdbeere (Strawberry crinkle virus, SCrV), die Blattfleckkrankheit der Erdbeere, Randgilben der Erdbeere (Strawberry mild yellow edge virus, SMYE), Adernsäumung der Erdbeere (Strawberry vein banding virus) und der latente C-Virus der Erdbeere genannt werden. Unter den polyphagen Viruskrankheiten finden sich Gänsekressemosaik (Arabis mosaic virus, ArMV), Schwarze Ringkrankheit der Tomaten (Tomato black ring virus, TBRV) bzw. die Latente Ringkrankheit der Erdbeere (Strawberry latent ringspot virus, SLRSV).

### Wirtspflanzen

Erdbeere.

### Schadbild

Zu den virenbedingten Symptomen zählen: verschieden gestaltete und gefärbte Flecken, Randchlorosen, Aufhellung von Adern und deren Umgebung, Einrollen und Kräuseln von Blättern sowie Zwergwuchs. Früchte befallener Pflanzen sind meistens kleiner, zäher und oft auch deformiert.

### Bedeutung

Gezüchtete Sorten weisen oft einen latenten Befall auf. Alle oben genannten Viren können auf empfängliche Sämlinge der Erdbeere übertragen werden. Manche können auch serologisch nachgewiesen werden.

### Biologie

Alle Viruskrankheiten können mit Setzlingen, spezifische Viren auch durch Blattläuse, vor allem durch die Erdbeer-Knotenhaarlaus (*Chaetosiphon fragaefolii*, Syn. *Pentatrichopus fragaefolii*), semipersistent oder persistent übertragen werden. Polyphage Viren können darüber hinaus durch die im Boden lebenden Nematoden der Gattungen *Xiphinema* und *Longidorus* und einige auch durch Pollen und Samen übertragen werden.

Mosaik – Schadbild an Erdbeerblättern (Hluchy, M.)

### Gegenmaßnahmen

**Vorbeugend**

Die Schutzmaßnahmen konzentrieren sich auf die Produktion von gesundem Pflanzmaterial und die Bekämpfung von Blattläusen in den Vermehrungskulturen. Gegenüber jenen Viren, die durch Bodennematoden übertragen werden, wirkt sich auch die Einhaltung von Fruchtfolgerichtlinien positiv aus.

# Pilzkrankheiten (Mykosen)

## Amerikanischer Heidelbeerrost (*Thekopsora minima*)

### Wirtspflanzen

Amerikanische Heidelbeerarten *(Vaccinium corymbosum, V. angustifolium und deren Hybriden)*, außerdem verschiedene Rhododendron- und Azaleen-Arten sowie verschiedene weitere Ericaceen-Gattungen.

### Schadbild

Auf der Blattunterseite bilden sich im Spätsommer typische orange Sporen (Uredosporen). Auch auf den Früchten können Sporenlager entstehen. Sowohl auf der Blattober- als auch Blattunterseite entwickeln

Amerikanischer Heidelbeerrost – Schadbild an Blättern; oben Blattober-, unten Blattunterseite (Slemmons, C.)

sich Nekrosen. Es kommt zu frühzeitigem Blattfall, der Ertragsminderungen verursacht.

**Bedeutung**

*Thekopsora minima* wurde 2015 zum ersten Mal in Deutschland nachgewiesen. Der Pilz ist nicht in den Anhängen der VO (EU) 2019/2072 gelistet, wurde aber 2017 in die A2-Liste der EPPO aufgenommen und damit zur Regelung als Quarantäneschadorganismus empfohlen. Derzeit gibt es noch keine Einstufung als Unionsquarantäneschadorganismus oder unionsgeregelter Nicht-Quarantäneschadorganismus.

Es ist noch unklar, ob auch einheimische Heidelbeerarten im Freiland von diesem Pilz befallen werden können.

**Biologie**

Der amerikanische Heidelbeerrost zählt zu den Ständerpilzen (Basisiomycota), Ordnung Rostpilze (Pucciniales), Familie Pucciniastraceae. Die Sporen überwintern auf den Blättern des Hauptwirtes am Boden. Im späten Frühjahr wird nach Keimung der Zwischenwirt (Hemlock-Tanne, *Tsuga canadensis* und *Tsuga diversifolia*) infiziert. Die dort gebildeten Spermogonien und Aecidien produzieren Aecidiosporen, welche wieder den Wirt wechseln müssen und dann Heidelbeeren oder andere als Wirtspflanzen in Frage kommende Ericaceen infizieren. Die Infektion wird im Bestand rasch durch Uredosporen verbreitet. Im Spätherbst bilden sich wieder Teleutosporen, die überwintern.

**Ökologie**

Der Pilz kann auch ohne Wirtswechsel leben, wenn es bei den amerikanischen Heidelbeeren aufgrund milder klimatischer Verhältnisse keinen Laubfall gibt.

**Gegenmaßnahmen**

**Vorbeugend**

Gesundes Pflanzmaterial verwenden. Befallene Pflanzenteile entfernen und vernichten. Überkopfbewässerung vermeiden. Potentielle Wirte, vor allem Zwischenwirte (*Tsuga* spp.), aus der näheren Umgebung entfernen.

**Gezielt**

Eine Behandlung mit nützlingsschonenden Fungiziden wird empfohlen.

## Amerikanischer Stachelbeermehltau (*Sphaerotheca mors-uvae*)

**Wirtspflanzen**

Johannisbeere, Stachelbeere.

**Schadbild**

Einjährige Triebe, Stiele, Blätter und Früchte sind von einem mehligen Belag überzogen, der sich in weiterer Folge samtartig dunkelbraun verfärbt. Befallene Triebe wachsen nicht, ihre Wipfel verdorren, die Blätter sind klein und deformiert und es kommt zur Bildung von Adventivknospen. Kranke Früchte sind unansehnlich und zeichnen sich durch einen

Amerikanischer Stachelbeermehltau – Befallener Trieb (Státní rostlinolékařská)

Amerikanischer Stachelbeermehltau – Befallene Früchte (Ackermann, P.)

Amerikanischer Stachelbeermehltau – Späte Befallssymptome mit dichtem Myzel (Ackermann, P.)

unangenehmen Geschmack aus. Stark befallene Früchte vertrocknen.

**Bedeutung**

Eine sehr schädliche Erkrankung der Stachelbeere, die bei starkem Vorkommen die Früchte entwertet, die Zuwächse reduziert und die Fruchtbarkeit vermindert. Betroffene Pflanzen sind weniger frostfest. Die Schäden in Baumschulen sind beträchtlich. Ein mehrjähriger Befall bedeutet eine erhebliche Schwächung der Pflanzen.

Gelegentlich können auch Johannisbeeren, vor allem die schwarzen Sorten und Hybriden zwischen Johannis- und Stachelbeere (z. B. Jostabeere, *Ribes × nigridolaria*) befallen werden. Die Empfänglichkeitsunterschiede zwischen einzelnen Sorten sind beträchtlich. Neuerlich werden Sorten gezüchtet, die dieser Krankheit gegenüber resistent sind.

**Biologie**

Der Amerikanische Stachelbeermehtau ist ein Echter Mehltau der Familie Erysiphaceae innerhalb der Abteilung der Schlauchpilze (Ascomycota). Der Befall erfolgt üblicherweise während der Sommermonate, meistens erst nach der Ernte. Das Myzel bildet Konidien auf Konidiophoren und später braune Schichten eines dickwandigen Sekundärmyzels, in dem die Geschlechtsfruchtkörper (Kleistothecien) entstehen. Neben dem Myzel auf den befallenen Pflanzen überwintern auch Kleistothecien. Konidien und Ascosporen verursachen die Primärinfektion. Während der Vegetationsperiode breitet sich der Amerikanische Mehltau mithilfe von Konidien aus.

**Ökologie**

Diese Mehltauart breitet sich vor allem bei warmer Witterung aus, wobei die optimalen Ausbreitungstemperaturen bei 20–22 °C liegen. Die Infektion wird außerdem durch höhere Feuchtigkeit bei Regenschauern, Nebel und Tau unterstützt. Länger andauernde, tiefe oder zu hohe Temperaturen, eine zu niedrige Luftfeuchtigkeit, aber auch Dauerregen schränken die Ausbreitung der Krankheit ein.

**Gegenmaßnahmen**

**Vorbeugend**

Alle Maßnahmen sind bedeutend, die das Wachstum der Wirtspflanze optimieren und ihre Empfindlichkeit vermindern (Standortwahl, ausgewogene Ernährung und vor allem keine Stickstoff-Überdüngung!) sowie die Bedingungen für die Erkrankung verschlechtern (Luftigkeit des Standortes, des Bestandes und der einzelnen Pflanzen). Befallene Pflanzenteile müssen beseitigt und vernichtet werden. Auf Risikostandorten sollen keine empfindlichen Sorten gepflanzt werden.

**Gezielt**

Bei günstigen Bedingungen für die Krankheit müssen stark gefährdete Bestände bereits vor der Blüte behandelt werden. Als Standard gelten zwei bis drei Behandlungen nach der Blüte. Die Anzahl der Behandlungen und der Abstand der Applikationen (fünf bis zehn Tage) richten sich nach dem Infektionsdruck, dem Vorkommen der Krankheit und der Wirksamkeit des verwendeten Mittels. Gefährdete Johannisbeer-Bestände können ausnahmsweise einmal vor der Ernte (Einhaltung der Wartefrist!) und dann nach der Ernte behandelt werden.

## Blattfallkrankheit der Johannisbeere (*Drepanopeziza ribis*)

### Wirtspflanzen

Vor allem die roten Sorten der Johannisbeere, die Gold-Johannisbeere und Hybriden zwischen Johannisbeere und der Stachelbeere sind betroffen. Einzelne rote Sorten der Johannisbeere zeichnen sich durch verschiedene Resistenzen aus, wobei die meisten modernen Sorten resistent sind.

### Schadbild

Auf älteren Blättern befinden sich runde, 1–1,5 mm große, gelbgrüne Flecken, die vom Zentrum her nekrotisieren. Die isolierten Flecken sind hell gesäumt. Mit Fortschreiten der Krankheit nimmt die Zahl der Flecken zu. Schließlich fließen sie ineinander und es kommt zu umfangreichen Nekrosen. Die Blätter vergilben, rollen sich ein und fallen ab. Ausnahmsweise können winzige, graubraune Tüpfel auch an Stängeln und Trieben entstehen.

### Bedeutung

Eine sehr schädliche Erkrankung, die unter günstigen Bedingungen bei empfänglichen Sorten einen vorzeitigen Laubfall sowie eine Wertminderung bzw. vollständige Abwertung der Ernte verursacht. Gleichzeitig werden die Büsche geschwächt. Dadurch können sie bei der Überwinterung beschädigt und sekundär durch Pilzkrankheiten befallen werden.

### Biologie

Die Blattfallkrankheit der Johannisbeere zählt zur Familie der Hautbecherartigen (Dermateaceae) innerhalb der Abteilung der Ascomycota. Der Parasit überwintert und entwickelt sich auf dem befallenen Laub. Im Frühjahr reifen hier Apothecien mit Schläuchen und Ascosporen. Die Ascosporen sind üblicherweise zur Blütezeit der Johannisbeere reif

Blattfallkrankheit der Johannisbeere – Blattschäden (Ackermann, P.)

Blattfallkrankheit der Johannisbeere – Vorzeitiger Laubfall (Ackermann, P.)

und werden allmählich innerhalb von einigen Wochen freigesetzt. Auf denselben Blättern überwintert auch das Konidienstadium des Pilzes. Im Laufe der Vegetationsperiode sorgen Konidien, die auf den befallenen Blättern gebildet werden, für eine weitere Ausbreitung des Pilzes.

### Ökologie

Die Infektion breitet sich vor allem bei regnerischer Witterung aus. Die Temperaturverhältnisse sind dabei wenig bedeutend.

### Gegenmaßnahmen

#### Vorbeugend

Eine besondere Bedeutung haben präventive Maßnahmen, wie Standortwahl, Abstimmung zwischen Sorte und Standort, Luftigkeit des Bestandes usw. Auf Risikostandorten sollen keine empfindlichen Sorten angebaut werden.

#### Gezielt

Gefährdete Bestände werden zum ersten Mal vor der Blüte, spätestens beim Feststellen der Infektion behandelt. Die Applikation wird mit Rücksicht auf die Ausbreitungsbedingungen ein- bis zweimal wiederholt. Bei länger anhaltenden Trockenperioden erfolgt keine Behandlung. Diese wird erst vor einer erwarteten Wetteränderung durchgeführt.

## Blattfleckenkrankheit der Brombeere (*Mycosphaerella rubi*)

**Wirtspflanzen**

Himbeere, Brombeere.

**Schadbild**

Auf den Blättern erscheinen winzige grüngelbe, später rotviolett umrandete Flecken, die vom Zentrum aus nekrotisieren. Im abgestorbenen Gewebe entstehen Fruchtkörper (Pyknidien). Die Zahl der Flecken nimmt zu, sie verbinden sich miteinander. Sehr stark befallene Blätter verdorren und fallen ab. Auch die Blattstiele und ausnahmsweise auch Triebe können befallen werden.

**Bedeutung**

Die Krankheit kann sowohl Himbeere als auch Brombeere befallen. Es gibt Anfälligkeitsunterschiede bei den einzelnen Sorten.

**Biologie**

Die Blattfleckenkrankheit der Brombeere zählt zur Familie der Mycosphaerellaceae innerhalb der Ordnung der Rußtaupilzartigen (Capnodiales/Abteilung Ascomycota). Im Frühjahr reifen Fruchtkörper (Perithecien) heran, in denen sich Schläuche und Ascosporen differenzieren. Ascosporen werden im Mai und Juni freigesetzt, welche gemeinsam mit den Konidien die Primärinfektion verursachen. Auf den befallenen Blättern können auch Pyknidien überwintern. Während der Vegetationsperiode breitet sich die Erkrankung durch Konidien aus, die aus den Pyknidien im abgestorbenen Gewebe der Flecken freigesetzt werden.

Blattfleckenkrankheit der Brombeere – Schadbild an Blättern (Ackermann, P.)

**Ökologie**

Eine Infektion kann bei regnerischem und wärmerem Wetter erfolgen. Das Optimum für die Ascosporen-Keimung und Infektion liegt bei 23 °C.

**Gegenmaßnahmen**

**Vorbeugend**

Der Schutz konzentriert sich auf Präventivmaßnahmen, vor allem auf die Wahl eines luftigen Standortes und auf die Schaffung eines gut durchlüfteten Bestandes. Befallene Blätter sollen vernichtet werden. Auf gefährdeten Standorten sollte man keine anfälligen Sorten verwenden.

## Erdbeermehltau (*Podosphaera aphanis*, Syn.: *Sphaerotheca macularis*)

**Wirtspflanzen**

Die Art ist polyphag und sehr veränderlich. Sie befällt viele Kultur- und Wildpflanzen. Die Erdbeere gehört zu den bevorzugten Wirtsarten, wobei es sortenbedingt bedeutende Empfindlichkeitsunterschiede gibt.

**Schadbild**

Auf Blättern, Blütenstielen, Blüten und Früchten befindet sich ein weißlicher oder rosaroter Myzel-Belag. Am häufigsten werden die Blattspreiten befallen. Sie rollen sich nach oben ein, wobei die rosa-rötliche Verfärbung der Unterseite hervortritt. Befallene Blätter und Blüten sind kleiner und deformiert. Früchte wachsen kaum, deformieren sich, reifen nicht vollständig aus und verhärten. Diejenigen, die doch reif werden, sind unansehnlich und nekrotisch. Stark befallene Früchte vertrocknen.

**Bedeutung**

Die befallenen, heranreifenden Erdbeerfrüchte werden durch die Entwicklung eines unangenehm stinkenden Pilzbelages entwertet. Verdichtete, üppig wachsende, mit Stickstoff überdüngte Bestände werden am stärksten befallen. Der Pilz befällt die

Erdbeere und viele andere verwandte Pflanzen. Es gibt unter den einzelnen Arten große Unterschiede in der Anfälligkeit.

Das Vorkommen an der Himbeere ist eher eine Ausnahme. Am ehesten können üppig wachsende, mit Stickstoff überdüngte Bestände befallen werden.

### Biologie

Erdbeermehltau ist ein Echter Mehltau der Familie Erysiphaceae innerhalb der Abteilung der Schlauchpilze (Ascomycota). Der weiße Belag ist ein Myzel, in dem sich auf Konidiophoren Konidien bilden, die die Erkrankung während der Vegetationsperiode verbreiten. Gegen Ende des Sommers bilden sich im Myzel-Bewuchs runde schwarze Kleistothecien. Den Winter überdauern das Myzelium oder die Kleistothecien, in denen sich Schläuche mit Ascosporen differenzieren. Die Primärinfektion erfolgt durch Ascosporen und Konidien.

Erdbeermehltau – Geschädigte Kultur (Státní rostlinolékaїská)

Erdbeermehltau – Schadbild an junger Himbeerfrucht (Státní rostlinolékaїská)

Erdbeermehltau – Schadbild an der Blattunterseite (Státní rostlinolékaїská)

### Ökologie

Die Erkrankung breitet sich vor allem bei höheren Lufttemperaturen (Optimum 20–22 °C) und bei einer hohen bzw. wechselhaften Luftfeuchtigkeit aus.

### Gegenmaßnahmen

#### Vorbeugend

Für den Schutz sind alle Maßnahmen von Bedeutung, die eine Durchlüftung des Bestandes sichern und die Empfindlichkeit der Wirtspflanze vermindern. Darunter fällt vor allem eine ausgewogene Ernährung. Auf Risikostandorten sollten keine anfälligen Sorten (z. B. Zefir) angebaut werden.

#### Gezielt

Eine chemische Behandlung führt man nach dem Feststellen des ersten Vorkommens – üblicherweise vor der Blüte oder am Anfang der Blütezeit – durch. Vermehrungskulturen werden auch nach der Ernte behandelt.

## Europäischer Stachelbeermehltau (*Mycosphaerella ribis*, Syn.: *M. grossulariae*)

### Wirtspflanzen

Schwarze und Rote Johannisbeere werden am häufigsten befallen.

### Schadbild

Auf den Blättern befinden sich große rundliche oder unregelmäßig geformte, deutlich abgegrenzte Flecken. Später ist der Mittelteil der Flecken hellgrau. Im nekrotisierten Gewebe bilden sich winzige, schwarze Fruchtkörper (Pyknidien).

### Bedeutung

Die meisten massiven Infektionen kommen in der zweiten Sommerhälfte vor. Vereinzelt können auch Stiele und Früchte befallen werden. Stark befallene Blätter fallen ab.

### Biologie

Der Europäische Stachelbeermehltau zählt zur Familie der Mycosphaerellaceae innerhalb der Ordnung der Rußtaupilzartigen (Capnodiales/Abteilung Ascomycota). Auf abgefallenem Laub bilden sich im Frühjahr reife Fruchtkörper, in denen sich Schläuche und Ascosporen differenzieren. Ascosporen werden im Mai und Juni nach einer Befeuchtung der Fruchtkörper freigesetzt und verursachen die Primärinfektion. Während der Vegetationsperiode breitet sich die Krankheit mithilfe von Konidien aus, die in Pyknidien auf den befallenen Blättern gebildet werden. Eine Ansteckung erfolgt meist bei feuchtwarmer Witterung.

### Gegenmaßnahmen

#### Vorbeugend

Präventivmaßnahmen sind für den Schutz besonders wichtig. Die Wahl eines luftigen Standortes und die Luftigkeit des Bestandes und der Büsche haben eine vorrangige Bedeutung. Das abgefallene Laub muss entsorgt werden.

Europäischer Stachelbeermehltau – Schadbild an der Johannisbeere (Státní rostlinolékařská)

#### Gezielt

Bei Behandlung der Blattfallkrankheit der Johannisbeere wird auch das Vorkommen von Europäischem Stachelbeermehltau eingeschränkt.

## Falscher Mehltau der Johannisbeere (*Plasmopara ribicola*)

### Wirtspflanzen

Besonders empfindlich sind einige der roten und schwarzen Johannisbeersorten.

### Schadbild

Auf den Blättern erscheinen gelbgrüne, durch Nervatur abgegrenzte Flecken. Auf ihrer Unterseite entsteht bei feuchter Witterung ein weißlicher Belag aus Sporangiophoren und Sporangien. Das befallene Gewebe nekrotisiert, die Blätter verdorren allmählich und fallen ab.

### Bedeutung

Eine Pflanze kann nur befallen werden, wenn ihre Blätter angefeuchtet sind. Bei Befall sind erhebliche Ertragseinbußen bis zu 80 % möglich.

### Biologie

Der Falsche Mehltau der Johannisbeere zählt zur Familie der Falschen Mehltaupilze (Peronosporaceae) innerhalb der Klasse der Scheinpilze (Pernosporomycetes/Oomycota). Im abgestorbenen Blattgewebe bilden sich Oosporen, die überwintern. Im Frühjahr entwickeln sich aus ihnen Sporangiophoren mit Zoosporangien. Die Zoosporangien keimen und die Zoosporen infizieren weitere Pflanzen.

Falscher Mehltau der Johannisbeere – Blattschäden (Státní rostlinolékařská)

Falscher Mehltau der Johannisbeere – Weißlicher Sporangiophorenbewuchs mit Sporangien an der Blattunterseite (Státní rostlinolékaїská)

### Gegenmaßnahmen

#### Vorbeugend

Unter den wichtigsten Schutzmaßnahmen können vor allem die Standortwahl sowie die Luftigkeit des Bestandes und der Büsche genannt werden.

#### Gezielt

Bei Behandlung der Blattfallkrankheit der Johannisbeere mit Mancozeb-Derivaten wird auch das Vorkommen des Falschen Mehltaues der Johannisbeere eingeschränkt.

## Falscher Mehltau (*Peronospora sparsa*, Syn.: *Peronospora rubi*)

### Wirtspflanzen

Himbeere, Brombeere.

### Schadbild

An Blättern findet man üblicherweise in der Nähe der Hauptadern gelbgrün, später rotbraun verfärbte, allmählich nekrotisierende, durch die Blattnervatur abgegrenzte Flecken. Nimmt ihre Zahl zu, verbinden sie sich miteinander und stark befallene Blätter fallen vorzeitig ab. Auf der Blattunterseite befinden sich weißliche Sporangiophorenbestände, in denen sich Sporangien differenzieren. Auf den Blattstielen und Trieben sieht man rotviolett umrandete Flecken.

### Bedeutung

Die Erkrankung kommt nur vereinzelt vor und ihre wirtschaftliche Bedeutung ist gering. Am häufigsten trifft man sie auf wild wachsenden Brombeeren in natürlichen Lebensräumen.

### Biologie

Der Falsche Mehltau zählt zur Klasse der Scheinpilze (Pernosporomycetes/Oomycota). Im Gewebe der befallenen Pflanzenteile werden Oosporen gebildet. Sie und das perennierende Myzel im Gewebe der befallenen Triebe überwintern.

### Ökologie

Die Erkrankung breitet sich vor allem bei regnerischer und wärmerer Witterung aus.

### Gegenmaßnahmen

Siehe Falscher Mehltau der Johannisbeere.

Falscher Mehltau – Schadbild an Brombeerblättern (Státní rostlinolékaїská)

## Graufäule (*Botrytis cinerea*, Syn.: *Botryotinia fuckeliana*)

### Wirtspflanzen

Johannisbeere, Stachelbeere, Himbeere, Brombeere, Erdbeere.

### Schadbild

**Johannisbeere, Stachelbeere:** Die Krankheit befällt Blätter, Früchte und vor allem die verholzten Teile der Pflanze (*Botrytis*-Rindenbrand; Triebsterben). Auf den Blättern entstehen runde, scharf abgegrenzte, graue, konzentrisch angeordnete Flecken.

In Mutterkulturen konzentriert sich der Befall auf die Triebbasis. In diesem Bereich entstehen wachsende braune Flecken. Triebe welken und vertrocknen. Auf den Stämmchen kommt es zum Anschwellen und Platzen der Rinde (Wässrigkeit) und zum Wel-

Graufäule – Schadbild an der Himbeerfrucht (Rod, J.)

Graufäule – Schadbild an der Brombeerfrucht (Rod, J.)

Graufäule – Schadbild an einem Stachelbeerhochstamm (Ackermann, P.)

Graufäule – Schadbild an der Stachelbeerfrucht (Rod, J.)

ken bzw. Absterben von gesamten Pflanzen oder Teilen davon. Ausnahmsweise können auch Früchte befallen werden. Diese werden braun und verfaulen. Auf den befallenen Stellen wachsen unter günstigen Bedingungen ganze Bestände von Konidiosporen, auf denen sich Konidien differenzieren.

**Himbeere, Brombeere:** Die Graufäule befällt bei der Himbeere Blätter, Triebe, unreife Früchte und vor allem heranreifende und reife Früchte. Auf den Laubblättern entstehen große, graubraune, üblicherweise konzentrisch wachsende und umrandete Flecken. An Jungtrieben erscheinen verschieden große, zuerst wässrige, später graubraune Flecken, die den Stängel umspannen und die Triebe welken lassen. Befallene Blüten und unreife Früchte werden graubraun und vertrocknen. Heranreifende und reife Früchte werden schnell weich und faulen; bei trockener Witterung verdorren sie.

**Erdbeere:** Die Graufäule befällt Blätter, Blattstiele, Blütenstiele, Blüten, unreife Früchte und vor allem heranreifende und reife Früchte. Auf Blättern entstehen große, graubraune, meist konzentrisch heranwachsende und umrandete Flecken. Auf Blatt- und Blütenstielen bilden sich graubraun umrandete, längliche Flecken. Betroffene Blüten werden braun und vertrocknen. Befallene unreife Früchte werden braun; heranreifende und reife Früchte werden weich und verfaulen. Befallene Pflanzenteile werden bei Nässe mit einem auffälligen grauen Konidiophor- und Konidienbelag überzogen.

### Bedeutung

Diese Erkrankung ist weitverbreitet und sehr schädlich. Unter für die Ausbreitung günstigen Bedingungen und bei empfindlichen Sorten kann die gesamte Ernte entwertet werden.

Besonders häufig werden die Gold-Johannisbeere (*Ribes aureum*) in Mutterkulturen, die gepfropften Setzlinge in Baumschulen und Baumstämmchen in den Anlagen befallen. Graufäule ist die häufigste Ursache von vorzeitigem Absterben der Bäumchen und von Bestandslückigkeit.

### Biologie

Die Graufäule ist ein sehr variabler Parasit aus der Familie der Sklerotienbecherlingsverwandten (Sclerotiniaceae) innerhalb der Abteilung der Schlauchpilze (Ascomycota), der viele Kultur- und Wildpflanzen befällt. Den Winter überdauert der Pilz als Myzel im Gewebe der befallenen Pflanzenteile oder als Sklerotium. Im Frühjahr bilden sich auf den befallenen Flächen und auf Sklerotien Konidiosporen, auf denen sich Konidien differenzieren. Die Konidien sind für eine weitere Ausbreitung der Erkrankung verantwortlich. Ausnahmsweise können auf den Sklerotien Apothecien mit Schläuchen und Ascosporen gebildet werden.

### Ökologie

Die Erkrankung breitet sich vor allem bei regnerischer, warmer Witterung aus. Eine Ansteckung ist bei Temperaturen von 0,5 bis 30 °C möglich (breiteres Optimum bei 15–25 °C), wobei entweder eine Befeuchtung oder eine Luftfeuchtigkeit von mindestens 85 % notwendig ist.

### Gegenmaßnahmen

#### Vorbeugend

Sehr bedeutend sind vor allem jene präventiven Anbaumaßnahmen, die eine Ansteckung durch die Korrektur von Standortbedingungen erschweren und die Widerstandsfähigkeit der Wirtspflanzen verbessern (Standortwahl, optimale Standortdichte, Anlagendauer, ausgewogene Ernährung usw.). Überdichtete, üppig wachsende, mit Stickstoff überdüngte und ältere Bestände werden stärker befallen. Alle unnötigen Verletzungen der Pflanzen und Setzlinge sollen vermieden und befallene Pflanzenteile beseitigt werden. Das Vorkommen wird durch alle Maßnahmen eingeschränkt, die eine Fruchtbefeuchtung reduzieren (Mulchen, Kultivierung auf Folie, Einbringung einer Unterlage unter die Früchte), sowie durch die Beseitigung der befallenen Früchte. In risikoreichen Gegenden sollen resistentere Sorten kultiviert werden.

Kurzfristige Mutterkulturen sind weniger risikoreich. Das geerntete Vermehrungsmaterial muss unbedingt in kalten, gut gelüfteten und regelmäßig desinfizierten Räumen aufbewahrt werden.

#### Gezielt

Der chemische Pflanzenschutz ergänzt den Maßnahmenkomplex in Mutterkulturen der Gold-Johannisbeere bei der Lagerung, Veredelung und der Aufzucht in Baumschulen. Die Mutterkulturen werden im Frühling, bei einer Trieblänge von 20–30 cm und ein- bis zweimal im Herbst vor der Ernte behandelt.

Graufäule – Beginnender Befall bei der Erdbeere (Pokorný, V.)

Graufäule – Starkes Befallsbild bei der Erdbeere (Ackermann, P.)

Graufäule – Zerstörte Erdbeerfrucht (Pokorný, V.)

Die Ruten werden vor der Lagerung oder auch vor der Veredelung für 30 Minuten in eine Fungizidbrühe eingetaucht. Ähnlich können vor der Veredelung auch die Pfröpfe behandelt werden. Die Setzlinge werden nach der Pflanzung ein- bis zweimal behandelt.

**Erdbeeren:** Die gefährdeten Bestände (für die Krankheit günstige Wetterbedingungen, anfällige Sorte) werden am Anfang der Blütezeit (2–5 % blühende Pflanzen) behandelt. Der Eingriff wird je nach Bedarf eine Woche später wiederholt. Bei den Beständen, die für die Lebensmittelindustrie bestimmt sind, kann ausnahmsweise auch noch eine dritte Behandlung durchgeführt werden. Für eine wirksame Behandlung ist die Verwendung einer hohen Menge an Sprühflüssigkeit (1.000–2.000 l/ha) maßgebend.

## Himbeerrost (*Phragmidium rubi-idaei*)

**Wirtspflanzen**

Himbeere.

**Schadbild**

Auf den Blättern befinden sich winzige gelbgrüne, sich allmählich vergrößernde Tüpfchen. Stark befallene Blätter vertrocknen und fallen ab.

**Bedeutung**

Himbeerrost ist monophag und auf die Himbeere spezialisiert. Es gibt wesentliche Unterschiede in der Empfindlichkeit einzelner Sorten.

**Biologie**

Der Himbeerrost zählt zur Familie der Phragmidiaceae innerhalb der Ordnung der Rostpilze (Pucciniales) und der Abteilung der Ständerpilze (Basidiomycota). An der Unterseite der auf den Blättern befindlichen Tüpfchen sieht man runde, orangegelbe Herde von Sommersporen (Uredosporen), durch die sich die Erkrankung im Bestand ausbreitet. Im Spätsommer findet man auf der Blattunterseite kleinere, dunkelbraune bis schwarze Lager von Wintersporen (Teleutosporen), die sich auf denselben Blättern neben den orangegelben Uredosporen befinden. Die Teleutosporen überwintern, keimen und die Basidiosporen infizieren die Himbeerblätter. Im Frühjahr findet man auf den Blättern vereinzelt orangegelbe Aecidien, in denen sich Aecidiosporen bilden.

Himbeerrost – Häufchen von Uredosporen und ...

... Teleutosporen auf der Blattunterseite und im Detail (Státní rostlinolékaïská)

**Ökologie**

Die Erkrankung breitet sich vor allem bei feuchtem, wärmerem Wetter aus.

**Gegenmaßnahmen**

**Vorbeugend**

Es ist vor allem notwendig, luftige Standorte zu bevorzugen, die Durchlüftung des Bestandes zu gewährleisten und befallene Blätter zu vernichten.

## Himbeerrutenkrankheit (*Didymella applanata*)

**Wirtspflanzen**

Himbeere.

**Schadbild**

An der Basis einjähriger Triebe findet man verschieden große, violettbraune, umrandete Flecken. Diese werden gegen Ende des Sommers braun. Es entstehen Nekrosen, die Rinde platzt und löst sich ab. Stark befallene Triebe haben im Folgejahr einen ge-

Himbeerrutenkrankheit – Schwarze Flecken auf frischem Trieb (Stolz, M.)

Himbeerrutenkrankheit – Brauner Fleck auf einem Trieb (Rod, J.)

ringeren Zuwachs und vertrocknen unter den für den Parasiten günstigen Bedingungen vorzeitig – oftmals vor der Ernte.

**Bedeutung**
Die Qualität und der Umfang der Ernte werden beeinträchtigt.

**Biologie**
Die Himbeerrutenkrankheit zählt – mit ungeklärtem Familienstatus – zur Abteilung der Schlauchpilze (Ascomycota). Der Parasit überwintert in den befallenen Trieben, wo im Frühjahr die Fruchtkörper (Apothecien) mit Schläuchen und Ascosporen heranreifen. Jungtriebe werden im Mai und Juni infiziert. Gegen Sommerende entwickeln sich im befallenen Gewebe Pyknidien mit Konidien. Sie haben jedoch für die Ausbreitung der Erkrankung keine entscheidende Bedeutung.

**Ökologie**
Der Wetterverlauf vor der Ernte ist für die Schädlichkeit der Erkrankung entscheidend. Bei warmer und trockener Witterung kommen die Symptome häufiger vor, sind deutlicher ausgeprägt und auch die Schäden sind größer. Die Erkrankung breitet sich vor allem bei feuchtem, regnerischem Wetter aus und kommt insbesondere in älteren, verdichteten Beständen vor. Es gibt wesentliche Unterschiede in der Empfindlichkeit einzelner Sorten.

**Gegenmaßnahmen**
**Vorbeugend**
Schutzmaßnahmen konzentrieren sich auf die Prävention, vor allem auf die richtige Standortwahl und seine Gestaltung, eine optimale Ernährung, einen rechtzeitigen Bestandswechsel und das Mulchen. Stärker befallene Triebe müssen beseitigt werden. Für Risikostandorte müssen resistente Sorten gewählt werden.

**Gezielt**
Chemische Schutzmaßnahmen sind nur teilweise wirksam. Die Behandlung erfolgt bei einer Trieblänge von 20 cm und wird zwei- bis dreimal in Abständen von 7–17 Tagen wiederholt. Ihre Intensität muss man der tatsächlichen Gefährdung des Bestandes anpassen.

## Phytophthora-Rhizomfäule (*Phytophthora cactorum*)

**Wirtspflanzen**
Erdbeere, aber auch Apfel, Zwetschke, Birne und weitere Laub- und Nadelgehölze sowie krautige Pflanzen.

**Schadbild**
Im Frühjahr (nach der Blüte) werden einzelne Blätter braun, welken und sterben schließlich ab. Das Rhizom zeigt scharf begrenzte, rotbraune Faulstellen, welche die Wasserversorgung unterbrechen. Infizierte Blüten oder unreife Früchte werden braun und lederartig („Lederbeeren“). An reifen Früchten verfärben sich die Faulstellen hellrot, später braun und werden weich. Früchte an infizierten Pflanzen ohne Befallssymptome schmecken bitter. Nicht alle Pflanzen einer Kultur sind betroffen.

**Bedeutung**
An empfindlichen Sorten sind Ernteausfälle bis zu 50 % möglich.

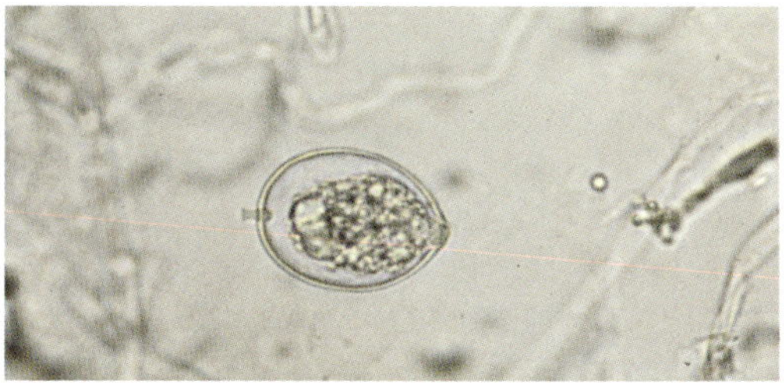

Phytophthora-Rhizomfäule – Mikroskopische Ansicht eines Sporangiums © Mary Ann Hansen, Virginia Polytechnic Institute and State University, Bugwood.org

Phytophthora-Rhizomfäule – Befallene Früchte mit lederartigen Flecken © Florida Division of Plant Industry Archive, Florida Department of Agriculture and Consumer Services, Bugwood.org

### Biologie
Phytophthora-Rhizomfäule zählt zur Familie der Falschen Mehltaue (Peronosporaceae) innerhalb der Klasse der Scheinpilze (Pernosporomycetes/Oomycota). Sie überwintert als Oosporen im Boden. Keimende Sporen dringen über den Wurzelhals oder über Wunden in die Pflanze, wo das wachsende Myzel das Rhizom durchwuchert. Früchte können bei Regen durch Sporen im Boden infiziert werden. Dies geschieht entweder durch Oosporen im Spritzwasser oder durch Zoosporen bei Früchten, die auf dem Boden liegen.

### Ökologie
Verdichtete, feuchtkalte Böden fördern die Phytophthora-Rhizomfäule.

### Gegenmaßnahmen
#### Vorbeugend
Anbau auf verseuchtem Boden unterlassen. Nur gesunde Pflanzen und bevorzugt resistente Sorten verwenden. Auf gute Durchlüftung des Bodens achten. Strohabdeckung des Bodens, um den Kontakt der Früchte zum Boden zu vermeiden.

## Rote Wurzelfäule der Erdbeere (*Phytophthora fragariae*)

### Wirtspflanzen
Erdbeere (*Fragaria* x *ananassa*) und andere *Fragaria*-Arten.

### Schadbild
Das Wachstum ist gehemmt: Befallene Pflanzen wirken rosettenartig gestaucht und haben blaugrüne Blätter. Der Fruchtansatz ist reduziert, Früchte bleiben klein und die Ausläufer sind nur schwach ausgeprägt. Die Hauptwurzel ist kahl und verdickt („Rattenschwänze"). Faserwurzeln fehlen und der Zentralzylinder ist rot verfärbt. Die Rotverfärbung ist nur im Frühjahr (knapp nach erfolgter Infektion) erkennbar. Danach stirbt das Wurzelsystem rasch ab.

### Bedeutung
Die Rote Wurzelfäule der Erdbeere ist eine Quarantänekrankheit.

### Biologie
Rote Wurzelfäule der Erdbeere zählt zur Familie der Falschen Mehltaue (Peronosporaceae) innerhalb der Klasse der Scheinpilze (Pernosporomycetes/Oomy-

Rote Wurzelfäule der Erdbeere – Befallene Pflanze (Rod, J.)

cota). Die Infektion über den Boden erfolgt mittels Zoosporen im Herbst bei niedrigen Temperaturen (6–10 °C) und guter Bodenfeuchte. Begeißelte Zoosporen befallen die Wurzeln. Das wachsende Myzel breitet sich in der Wurzel aus und zerstört diese. Im absterbenden Wurzelgewebe werden Oosporen (Dauersporen) gebildet, die bis zu 15 Jahre im Boden überdauern können.

### Ökologie

Verdichtete, feuchtkalte Böden fördern die Rote Wurzelfäule.

### Gegenmaßnahmen

#### Vorbeugend

Nur gesunde Pflanzen und bevorzugt resistente Sorten verwenden. Auf gute Durchlüftung des Bodens achten.

## Säulchenrost der Schwarzen Johannisbeere (*Cronartium ribicola*)

### Wirtspflanzen

Der Rost lebt einerseits auf den Kiefern der Untergattung *Strobus* (mit fünf Nadeln im Bündel), in Europa vor allem auf der Weymouth-Kiefer (*Pinus strobus*), und andererseits auf Johannisbeeren, inklusive der Gold-Johannisbeere und der Stachelbeere. Schwarze Sorten werden am häufigsten befallen.

### Schadbild

Auf den Blättern erscheinen ab Juni hellgelbe Flecken mit ockergelben Häufchen der Sommersporen (Uredosporen) an der Unterseite. Ab Juli erscheinen an der Blattunterseite die 1–1,5 mm hohen, dunklen Wintersporensäulchen (Teleutosporen). Die Blätter vergilben, deformieren sich, verdorren und fallen allmählich ab. Auf Stämmen und Ästen der Kiefer erscheinen auffällige Anschwellungen. Unter dem Periderm findet man flache Krankheitsherde (Spermogonien), in denen Spermatien und orange, bis zu 10 mm hohe Blasen (Aecidien) mit staubförmigen Aecidiosporen gebildet werden.

### Bedeutung

Die Erkrankung verursacht sowohl bei der Johannisbeere als auch bei Kiefern große Schäden. Der vorzeitige Laubfall ist vor allem bei wiederholt befallenen Beständen für eine Wertminderung der Ernte und Verschlechterung der Holzqualität verantwortlich.

### Biologie

Der Säulchenrost der Johannisbeere zählt zur Familie der Cronartiaceae innerhalb der Ordnung der Rostpilze (Pucciniales) und der Abteilung der Ständerpilze (Basidiomycota). Das Myzel überwintert im Kiefernholz. Im Frühjahr bilden sich an den Stämmen und Ästen Spermogonien und Aecidien. Die vom Wind übertragenen Aecidiosporen infizieren ab Mai die Johannisbeere. Auf der Blattunterseite entstehen staubbildende Uredosporenhäufchen, die die Erkrankung im Bestand weiterverbreiten. Ab Juni bilden sich auf der Blattunterseite Teleutosporen. Diese keimen und die Basidiosporen infizieren die Kiefernnadeln. Das Myzel breitet sich in die verholzten Teile aus, die auffällig anschwellen.

### Ökologie

Die Schäden können nur entstehen, wenn beide Wirtspflanzen in einem gemeinsamen Lebensraum vorkommen. Die Aecidiosporen können mit dem

Säulchenrost – Aecidien auf Ast der Weymouth-Kiefer (Státní rostlinolékaŕská)

Säulchenrost – Schadbild an der Kiefer (Ackermann, P.)

Säulchenrost – Beginnender Befall, Blattoberseite
© Joseph O'Brien, USDA Forest Service, Bugwood.org

Säulchenrost – Abdorren des Blattes (Uredosporen)
(Státní rostlinolékaïská)

Säulchenrost – Fortgeschrittener Befall, Blattoberseite
© Robert L. Anderson, USDA Forest Service, Bugwood.org

Säulchenrost – Fortgeschrittener Befall, Blattunterseite
© Robert L. Anderson, USDA Forest Service, Bugwood.org

Säulchenrost – Blattunterseite, Uredosporen im Detail
© Petr Kapitola, State Phytosanitary Administration, Bugwood.org

Wind sehr weit übertragen werden. Johannisbeerblätter werden vor allem bei regnerischem, warmem Wetter befallen, wobei die Optimaltemperaturen bei 18–20 °C liegen. Temperaturschwankungen unterstützen das Keimen der Sporen.

### Gegenmaßnahmen

#### Vorbeugend

Eine räumliche Isolierung der beiden Wirtspflanzenarten ist sehr wichtig. An gefährdeten Standorten sollten keine empfindlichen Johannisbeerensorten angebaut werden. Befallene Bäume oder ihre Teile müssen beseitigt werden.

#### Gezielt

Akut gefährdete Bestände können ausnahmsweise bereits vor der Blüte behandelt werden. Die Hauptbehandlung stellt wiederholtes Besprühen nach der Blüte und vor allem im Juni dar. Die Zahl der Behandlungen und ihr Intervall (7–14 Tage) müssen der tatsächlichen Gefährdung des Bestandes entsprechen. Die chemische Behandlung ist nur teilweise wirksam.

## Weißfleckenkrankheit (*Mycosphaerella fragariae*)

### Wirtspflanzen

Erdbeere.

### Schadbild

Auf den Blättern findet man violette Flecken, die sich vergrößern und vom Zentrum aus nekrotisieren. Auf diese Art entstehen typische Flecken mit einem weißlichen, nekrotisierten Mittelfeld, die auffällig violett gesäumt sind. Die Zahl der Flecken nimmt zu, sie verbinden sich miteinander, die Blätter deformieren sich und vertrocknen allmählich. Auf den Blatt- und Blütenstielen entstehen längliche, dunkelbraune Flecken mit hellerem Zentrum. In den nekrotisierten Mittelteilen der Flecken bilden sich auf Sklerotien Konidien aus.

**Bedeutung**
Zu einem stärkeren Befall kommt es üblicherweise erst nach der Ernte. Ältere und zu dichte Bestände sind besonders gefährdet.

**Biologie**
Die Weißfleckenkrankheit zählt zur Familie der Mycosphaerellaceae innerhalb der Ordnung der Rußtaupilzartigen (Capnodiales/Abteilung Ascomycota). Der Parasit überwintert auf den befallenen Blättern, wo sich Fruchtkörper (Perithecien mit Schläuchen und Ascosporen) entwickeln, die im Frühjahr heranreifen. Im Gewebe der befallenen Blätter überwintert gleichzeitig auch das Konidien-Stadium. Die Konidien und Ascosporen rufen die Primärinfektion hervor.

**Ökologie**
Die Erkrankung breitet sich vor allem bei regnerischem, wärmerem Wetter aus.

**Gegenmaßnahmen**
**Vorbeugend**
Unter den Präventivmaßnahmen haben die Optimaldichte des Bestandes, seine ausgewogene Ernährung und rechtzeitiger Fruchtwechsel eine besondere Bedeutung.

**Gezielt**
Bei frühem und starkem Befall ist es günstig, den Bestand abzumähen und nachträglich chemisch zu behandeln. Chemische Schutzmaßnahmen werden vor allem in Vermehrungskulturen durchgeführt. Die Behandlung erfolgt ein- bis dreimal nach der Ernte in Abständen von 10–14 Tagen. Die Zahl der Behandlungen und ihre Abstände sollten sich nach dem aktuellen Gefährdungsgrad richten.

## Zinnoberroter Pustelpilz, Rot-Pustelpilz (*Nectria cinnabarina*)

**Wirtspflanzen**
Johannisbeere, Stachelbeere und Himbeere sowie sämtliche Obstgehölze und viele weitere Zier- und Laubgehölze.

**Schadbild**
Die Fruchtkörper des Zinnoberroten Pustelpilzes haben zwei verschiedene Erscheinungsformen, die zeitgleich auftreten. Die ca. 2 mm große rote Hauptfruchtform ähnelt kleinen Himbeeren und ist aus mehreren 0,2–0,3 mm breiten becherförmigen Einzel-Fruchtkörpern zusammengesetzt. Die Nebenfruchtform besteht aus orangeroten bis rosafarbigen Pusteln (Sporodochien = Sporenlager).

**Bedeutung**
Werden lebende Sträucher und Bäume befallen, kann der Pilz Auslöser krebsartiger Wucherungen sein. Meist wird jedoch nur abgestorbenes Holz besiedelt.

Weißfleckenkrankheit – Schadbild an Erdbeerblättern (Státní rostlinolékaȉská)

Zinnoberroter Pustelpilz – Befallsbild mit beiden Fruchtformen © Dan Molter, mushroomobserver.org

Zinnoberroter Pustelpilz – Nebenfruchtform
© Jason Hollinger, mushroomobserver.org

Zinnoberroter Pustelpilz – Hauptfruchtform
© Damon Brunette, mushroomobserver.org

### Biologie und Ökologie

Dieser zu den Pustelpilzverwandten (Nectriaceae) innerhalb der Ascomycota zählende Pilz ist in Europa und Nordamerika verbreitet.

### Gegenmaßnahmen

#### Vorbeugend

Nur sauberes Schnittwerkzeug verwenden. Schnittwunden mit Wundverschlussmittel versorgen.

#### Gezielt

Befallene Äste bzw. Triebe bis in gesundes Gewebe zurückschneiden. Befallenes Material vernichten.

# Tierische Schädlinge

## Schnecken (Gastropoda)

### Nacktschnecken

#### Ackernacktschnecke (*Deroceras* spp.) und Wegschnecke (*Arion* spp.)

**Wirtspflanzen**
Erdbeere u. a.

**Schadbild**
Nacktschnecken fressen in Früchten tiefe Löcher aus. Silberfarbige Schleimspuren um die beschädigten Stellen sind für den Befall charakteristisch.

**Bedeutung**
Ein Massenauftreten von z. B. der Spanischen Wegschnecke (*Arion vulgaris*) kann zu spürbaren Beeinträchtigungen bei krautigen Kulturpflanzen führen.

**Biologie**
Die gehäuselosen, pflanzenfressenden Schnecken können bis zu 20 cm lang werden (*Arion* sp.). Die vordere Körperhälfte wird großteils von einem Mantelschild bedeckt, in dem sich das Atemloch befindet. Nacktschnecken sind Zwitter. Nach der gegenseitigen Befruchtung legen sie ihre Eier zu mehreren Hundert Stück im Boden ab.

Spanische Wegschnecke (*Arion vulgaris*) (Stolz, M.)

Garten-Wegschnecke (*Arion hortensis*) (Pokorný, V.)

**Gegenmaßnahmen**
**Vorbeugend**
Kleine Beete können durch Aufstellung von speziellen Schneckenzäunen geschützt werden. Indische Laufenten nehmen als einzige Wirbeltiere Spanische Wegschnecken als Nahrung an.

**Gezielt**
Granulierte Köderpräparate (Eisen-III-Phosphat) werden am günstigsten bei trockener Witterung abends appliziert.

Genetzte Ackerschnecke (*Deroceras reticulatum*) (Stolz, M.)

Tigerschnegel (*Limax maximus*) – Zählt nicht zu den schädlichen Nacktschnecken! (Stolz, M.)

## Fadenwürmer (Nematoda)

Im Fall der Nematoden wurde zur leichteren Identifizierung nicht die Klassen-, sondern die Stammesbezeichnung verwendet.

### Blattälchen (*Aphelenchoides fragariae*)

**Wirtspflanzen**
Erdbeere.

**Schadbild**
Befallene Pflanzen haben verkürzte und verdickte Stiele mit Anhäufungen von Blütenknospen. Die Blätter sind gekrümmt. Ältere Blätter werden rötlich mit braunen Flecken. Die Herzchen sterben ab und die Früchte sind klein und missgebildet.

Blattälchen – Befallssymptom (Státní rostlinolékaiská)

### Biologie

Bei Nässe kriechen 0,5–0,9 mm lange, durchscheinende, ektoparasitische Blattälchen auf dem Wasserfilm der Blätter. Weibchen legen ihre Eier in oder an geschützten Strukturen, wie Knospen oder Blattachseln, der Wirtspflanzen ab. Die Lebensdauer einer Generation beträgt zwei bis fünf Wochen.

### Ökologie

Die Erdbeere wird außerdem von der verwandten, freilebenden Art *Aphelenchoides ritzemabosi* befallen. Die Symptome sind ähnlich wie bei *A. fragariae*, die befallenen Blätter haben jedoch an der Basis, in der Nähe der Hauptader, graue bis silberfarbige Flecken, die vor allem im Frühjahr deutlich sichtbar sind. Das Blattälchen *Longidorus elongatus* ist vor allem als Virusvektor bedeutend (siehe Kapitel „Viruskrankheiten der Erdbeere").

### Gegenmaßnahmen

#### Vorbeugend

Nur gesundes Pflanzmaterial verwenden. Nach einem Befall sollte der Erdbeeranbau am verseuchten Standort über mehrere Jahre unterlassen werden.

#### Gezielt

Auf Pflanzmaterial befindliche Blattälchen können vernichtet werden, indem die Pflanzen für 10 Minuten in 46 °C warmes Wasser getaucht werden. Eine chemische Behandlung ist aus ökotoxikologischer Sicht problematisch.

# Spinnentiere (Arachnida)

## Milben (Acari)

### Gall- und Rostmilben (Eriophyidae)

***Himbeerblattgallmilbe (Phyllocoptes gracilis)***

### Wirtspflanzen

Himbeere, Brombeere.

### Schadbild

Gallmilben verursachen durch ihr Saugen eine Kräuselung und mosaikartige Vergilbung der Blattoberseite bei Himbeere und Brombeere. Apikalknospen der Jungtriebe vertrocknen bei massivem Befall, was zu stärkerem Wuchs der Seitentriebe führt. Bei starkem Befall können auch Früchte beschädigt werden. Brombeeren reagieren auf den Befall mit einer Verkrüppelung der blattunterseitig gelegenen Trichome.

### Biologie

Himbeerblattgallmilben sind 0,13–0,17 mm lang, weißlich bis hellbraun gefärbt mit einem langgestreckten Körper. Sie besitzen zwei Beinpaare nahe dem Kopf und nur wenige lange Borsten am Hinter-

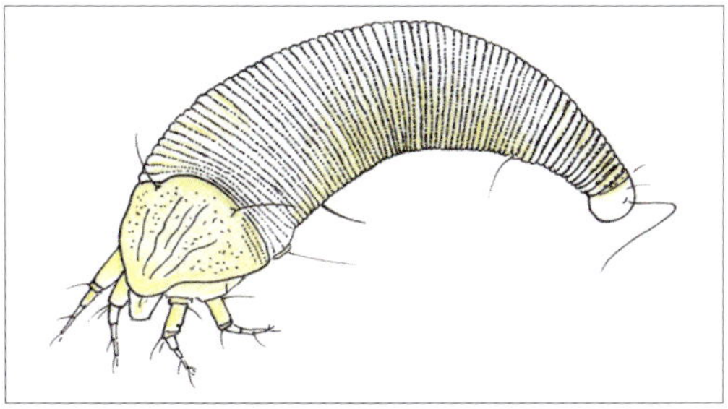

Himbeerblattgallmilbe (Stolz, M.)

Himbeerblattgallmilben – Symptome am Himbeerblatt (Rod, J.)

und Vorderende ihres sonst unbehaarten Körpers. Milbenweibchen überwintern zum Teil in Knospen, zum Teil in Rindenspalten. Während des Knospenaustriebs wechseln die Milben auf die Unterseite der sich entfaltenden Blätter, wo sie Eier legen. Im Laufe des Jahres hat diese Art mehrere, sich überlappende Generationen. Die höchste Populationsdichte wird im Hochsommer erreicht. In dieser Zeit werden auch Blüten und Früchte befallen.

### Ökologie

Es gibt große sortenspezifische Unterschiede in der Befallsempfindlichkeit.

### Gegenmaßnahmen

#### Vorbeugend

Die Populationsdichte der Himbeerblattgallmilbe wird durch Raubmilben, wie z. B. *Typhlodromus pyri*, auf natürliche Weise bedeutend reguliert. Die Unterstützung und der Schutz von Raubmilben reichen meistens aus, das Schadaufkommen der Milben zu unterdrücken.

#### Gezielt

Eine Akarizid-Behandlung kann gegen Ende des Austriebs, gegebenenfalls nochmals kurz vor der Blüte durchgeführt werden.

## *Johannisbeergallmilbe (Cecidophyopsis ribis)*

### Wirtspflanzen

Vor allem schwarze Johannisbeersorten, aber auch andere Arten der Gattung *Ribes* werden befallen.

### Schadbild

Johannisbeerknospen schwellen im Frühjahr an, treiben jedoch nicht mehr aus, sodass Gallen mit einem Durchmesser von bis zu 15 mm entstehen. Im Inneren der Gallen befinden sich Tausende von winzigen Milben. Bei der Übertragung von Brennnesselblättrigkeit der Johannisbeere (viröser Atavismus) durch die Gallmilben erscheinen auch charakteristische Formveränderungen der Blüten und Blätter (siehe Kapitel Beerenobst > Krankheiten > Viruskrankheiten). Befallene Büsche tragen keine Früchte mehr.

### Bedeutung

Einer der bedeutendsten Schädlinge der Schwarzen Johannisbeere. Er schadet nicht nur durch die Knospenzerstörung, sondern auch durch die Übertragung

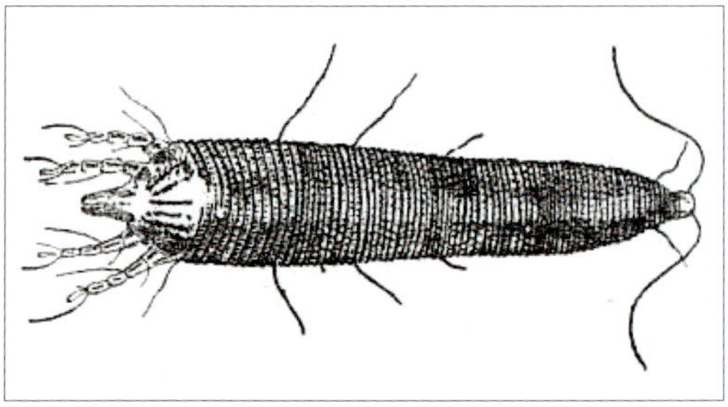

Johannisbeergallmilbe (Encyclopædia Britannica, 1911)

einer besonders gefährlichen Krankheit, der Brennnesselblättrigkeit der Johannisbeere.

### Biologie

Adulte Weibchen der Johannisbeergallmilbe werden bis zu 0,25 mm groß. Ihr Körper ist weißlich und langgestreckt. Sie besitzen zwei Beinpaare nahe dem Kopf und nur wenige lange Borsten am Hinter- und Vorderende ihres ansonsten unbehaarten Körpers. Die Milben überwintern und vermehren sich innerhalb der Knospen, die zu angeschwollenen Gallen umgewandelt sind. Während der wärmeren Peri-

Johannisbeergallmilbe – Gallen infolge eines Befalls (Státní rostlinolékařská)

Brennnesselblättrigkeit der Johannisbeere – Wachstumsabnormitäten (Hluchy, M.)

oden von März bis Mai verlassen sie die Knospen und suchen benachbarte Äste und Büsche auf. Sie breiten sich aktiv aus oder werden durch Wind, Regentropfen, Insekten, Vögel usw. übertragen. Im Juni und Anfang Juli befallen die Milben neu entstandene Knospen und beginnen, in ihnen Eier abzulegen. Die erste Vermehrungswelle kulminiert im September, die zweite im Vorfrühjahr des folgenden Jahres.

**Ökologie**

Die Johannisbeergallmilbe kann auch von Raubmilben der Familie Phytoseiidae (z. B. *Typhlodromus pyri*) angegriffen werden. Die Schädlinge sind jedoch meistens in den Gallen versteckt und dadurch schwer erreichbar. Im Hinblick auf die außerordentliche Schädlichkeit der von den Milben übertragenen Brennnesselblättrigkeit muss zugegeben werden, dass in dieser Fragestellung noch keine biologische Lösung verfügbar ist.

**Gegenmaßnahmen**

**Vorbeugend**

Beim Ankauf vom Pflanzmaterial muss man dem Vorkommen dieses Schädlings besondere Aufmerksamkeit widmen. Aus verseuchten Flächen sollte kein Pflanzmaterial bezogen werden.

**Gezielt**

Die Milben werden mit Akariziden bekämpft. Die erste Behandlung erfolgt in den ersten Frühjahrstagen, wenn die Temperatur mindestens 13 °C erreicht. Die zweite Behandlung wird knapp vor dem Aufblühen und die dritte ungefähr 10 bis 14 Tage nach Verblühen durchgeführt. Beim Erstnachweis in einer Großanlage ist es sinnvoll, über die Vernichtung und Verbrennung der befallenen Büsche nachzudenken.

## Spinnmilben (Tetranychidae)

### *Gemeine Spinnmilbe, Bohnenspinnmilbe (Tetranychus urticae)*

**Wirtspflanzen**

Zahlreiche Wild- und Kulturpflanzen. Darunter auch alle Obstgehölze – vor allem aber Beerenobst und Weinrebe. Häufig wandert diese Milbenart vom Unterwuchs in die Kulturen auf.

**Schadbild**

Blätter befallener Pflanzen vergilben zwischen den Adern bzw. werden rostbraun. Bei starkem Befall sterben die befallenen Stellen ab und das Blattgewebe kann reißen. An der Unterseite befallener Blätter findet man feine Spinnweben, unter denen alle Entwicklungsstadien der Milbe zu finden sind.

**Bedeutung**

Starker Befall kann vor allem auf Beerenobst, Weinrebe, Walnuss, Hopfen u. a. durch vorzeitigen Blattfall zu bedeutenden Zuwachsverlusten führen.

**Biologie**

Ab März verlassen die orangeroten Weibchen ihre Überwinterungsverstecke im abgefallenen Laub, in

Gemeine Spinnmilbe – Nymphenstadium (biohelp)

Ritzen der Rinde oder von Baumpfählen und legen ihre durchscheinenden, kugelförmigen, winzigen Eier an die Blätter des Unterwuchses bzw. der Kulturpflanzen. Aus ihnen schlüpfen nach wenigen Tagen die Larven. Über zwei Nymphenstadien entwickeln sich die ausgewachsenen Tiere. Die Sommerweibchen sind 0,5 mm groß, oval-kugelig, gelbgrün mit zwei dunklen Flecken am Körper. Die ähnlichen Männchen sind etwas kleiner und haben einen länglicheren Körperbau. Bei günstigen Entwicklungsbedingungen werden bis zu acht sich überlappende Generationen pro Vegetationsperiode gebildet. Bei abnehmender Tageslänge entwickeln sich zunehmend orangerote Winterweibchen, die ihre Winterquartiere aufsuchen.

### Ökologie

Eine schädliche Gradation an Obstgehölzen oder Weinreben kann durch Störung des intakten Ökosystems gefördert werden, indem zahlreiche natürliche Feinde der Spinnmilbe, wie z. B. Raubmilben, Raubwanzen, Thripse, Florfliegen u. a., durch nützlingstoxische Pflanzenschutzmaßnahmen dezimiert werden. Auch eine unausgewogene Düngung, vor allem Stickstoffüberschuss und Kalziummangel, fördert die Entwicklung der Milben. Der Wechsel der Milben vom Unterwuchs auf die Kulturpflanze wird oft durch unzeitgemäße Herbizidbehandlungen verursacht. Hohe Temperaturen und geringe Luftfeuchtigkeit schaffen optimale Bedingungen für die Milbenentwicklung.

### Gegenmaßnahmen

#### Vorbeugend

Auf die Schonung und Förderung der natürlichen Feinde ist unbedingt zu achten. Die Düngung sollte ausgewogen, ohne Stickstoffüberschuss, sein.

#### Gezielt

Gezieltes Einbringen der Raubmilbe *Typhlodromus pyri* aus unbehandelten bzw. biologischen Anlagen in Befallsherde. Bei Überschreiten der Schadensschwelle (Milben auf mehr als 60 % der Blätter bzw. von durchschnittlich über vier (Weinrebe) oder fünf (Kernobst) beweglichen Stadien pro Blatt) sind Behandlungen mit einem raubmilbenschonenden Akarizid empfehlenswert. Um Resistenzentwicklungen zu vermeiden, ist ein regelmäßiger Wirkstoffwechsel ratsam.

## Weichhautmilben (Tarsonemidae)

***Erdbeerweichhautmilbe (Tarsonemus fragariae, Syn.: T. pallidus fragariae)***

### Wirtspflanzen

Erdbeere.

### Schadbild

Die jüngsten Blätter entwickeln sich nicht, bleiben klein und kräuseln sich. Bei stärkerem Befall werden die Blätter braun und vertrocknen. Der Befall breitet sich im Bestand allmählich auf die Nachbarpflanzen aus. In den Falten befallener Blätter befinden sich kleine, milchig-weiße, sich langsam bewegende Milben.

### Bedeutung

Erdbeerweichhautmilben „vergiften" die Blätter ihrer Wirtspflanzen beim Saugen. Befallene Pflanzen setzen im kommenden Jahr wesentlich weniger Blütenknospen an und die Fruchtentwicklung ist eingeschränkt. Bei länger tragenden Sorten verfärben sich die Früchte im Sommer braun und reifen nicht heran. Befallene Pflanzen sterben innerhalb von zwei bis drei Jahren ab.

### Biologie

Die 0,2 mm (Männchen) bis 0,25 mm (Weibchen) großen Tiere sind hellbraun und besitzen einen ovalkugelförmigen Körper. Bei weiblichen Tieren ist das vierte Beinpaar sehr dünn ausgebildet und besitzt je eine lange Borste. Das letzte Beinpaar der Männchen ist mit einer kräftigen Klaue ausgestattet. Erwachsene Weibchen überwintern in den Falten der Herzblätter der Erdbeere. Im Frühjahr setzen sie ihre Aktivität fort und beginnen ab April, Eier zu legen. Die Entwicklung

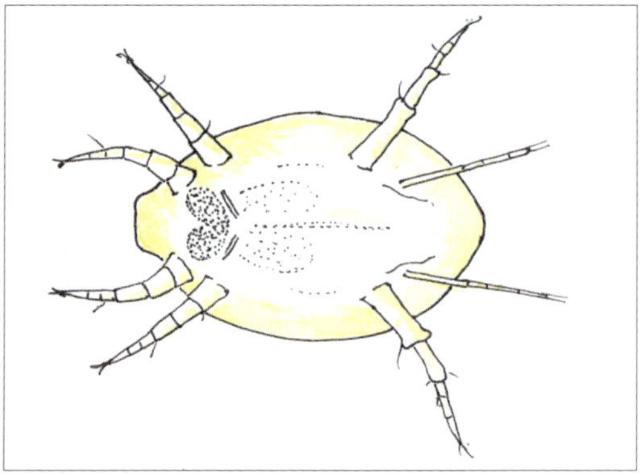

Erdbeerweichhautmilbe – Weibchen (Stolz, M.)

Erdbeerweichhautmilbe – Schadbild an Erdbeerpflanze
(Státní rostlinolékaïská)

Tausendfüßer (*Blaniulus guttulatus*)
(Pokorný, V.)

einer Generation dauert zwei bis drei Wochen. Im Laufe des Jahres hat der Schädling ungefähr sieben sich überlappende Generationen.

**Ökologie**
Diese Milben breiten sich aktiv auf Ableger und umliegenden Pflanzen aus; seltener werden sie vom Wind, durch Insekten oder durch Maschinen und Menschen übertragen.

**Gegenmaßnahmen**
**Vorbeugend**
Sehr wichtig ist, bei der Gründung von neuen Anlagen befallsfreie Pflanzen zu verwenden.

## Tausendfüßer (Myriapoda)

***Getüpfelter Tausendfüßer (Blaniulus guttulatus)***

**Wirtspflanzen**
Erdbeere u. a.

**Bedeutung**
Tausendfüßer beschädigen meistens nur die am Boden liegenden Früchte. Nur selten kommt es zu wirtschaftlich bedeutenden Verlusten, die behandelt werden müssen.

**Biologie**
Zu den Schnurfüßlern zählende Arthropoden mit je zwei Beinpaaren pro Körperglied. Eier werden im Frühjahr und im Sommer in Hohlräume in der Erde abgelegt. Die Nymphen mit drei Beinpaaren leben im Boden und ernähren sich von verwesenden, organischen Stoffen.

**Gegenmaßnahmen**
Nicht erforderlich.

# Insekten (Insecta)

## Hautflügler (Hymenoptera)

### Blattwespen (Tenthredinidae)

***Blassgefleckte Stachelbeerblattwespe (Nematus leucotrochus, Syn.: N. consobrinus, Pteronidea leucotrocha)***

**Wirtspflanzen**
Johannisbeere, Stachelbeere.

**Bedeutung**
Die Art kommt nur vereinzelt vor und daher fällt ihre Schädlichkeit im Vergleich zu der Gelben Stachelbeergallwespe viel weniger ins Gewicht.

**Biologie**
Die Larven und Imagines von *Nematus leucotrochus* sehen den entsprechenden Stadien der Gelben Stachelbeerblattwespe ähnlich, die Larven haben jedoch einen grünen Kopf und das Abdomen der 6 bis 7 mm großen Adulttiere ist gelborange mit schwarzer Zeichnung basal. Die Antennen sind durchgehend schwarz. Diese Art hat nur eine Ge-

Blassgefleckte Stachelbeerblattwespe – Larven
(Pokorný, V.)

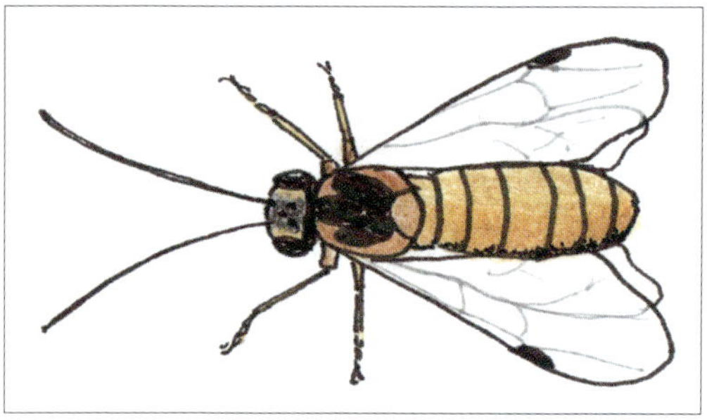

Blassgefleckte Stachelbeerblattwespe – Adult (Stolz, M.)

neration pro Jahr. Die Imagines erscheinen in den ersten Maitagen. Weibchen legen ihre Eier einzeln bzw. bis höchstens zwei bis drei Stück pro Blatt ab. Die Larvenentwicklung dauert zwei bis drei Wochen. Die beweglichen Vorpuppen bohren sich in die Erde ein, wo sie sich in einem braunen Gespinst nach der Überwinterung verpuppen.

**Gegenmaßnahmen**
Nicht erforderlich.

### *Gelbe Stachelbeerblattwespe (Nematus ribesii, Syn.: Pteronidea ribesii)*

**Wirtspflanzen**
Arten der Gattung *Ribes*, ausgenommen schwarze Johannisbeersorten.

**Schadbild**
An den Blättern der Stachelbeere und Johannisbeere erscheinen massenhaft Raupen, die fähig sind, innerhalb kurzer Zeit Kahlfraß anzurichten: Beginnend mit Lochfraß gehen die Larven zu Skelettierfraß über, bis nur mehr die Hauptadern der Blätter übrig bleiben. Die Larven mit sieben Paar Bauchbeinen (paarweise angeordnete, stummelförmige, ungegliederte Körperfortsätze des Larvenabdomens) sind grün. Nur das erste und eine Hälfte des zweiten Brustgliedes sowie die letzten Hinterleibssegmente sind gelblich. Kopf, Beine und Warzen auf dem Körper sind schwarz. Vor der Metamorphose erreichen sie eine Gesamtlänge von 20 mm.

**Bedeutung**
Dieser Schädling ist vor allem in Gärten und bei zwei- bis dreijährigen Pflanzungen bedeutend.

**Biologie**
Die Vorpuppe (Präpuppe: letztes Larvenstadium vor der Häutung zur Puppe, welches oft bereits bewegungsunfähig ist und dessen innere Organe bereits funktionslos und abgebaut werden) der letzten Herbstgeneration überwintert im Boden in einem Kokon, wo sie sich im Frühjahr auch verpuppt. Die Imagines schlüpfen von April bis Mai. Die 6–7 mm großen Weibchen mit schwarzem Kopf (Antennen oberseitig schwarz, unterseitig gelblich), schwarzer Brust und gelbem Hinterleib ohne Wespentaille legen typische Ketten von Eiern auf die Blattunterseite in eine seichte Rinne auf der Hauptader. Die Larven wachsen nach dem Schlüpfen sehr schnell und verwandeln sich bereits nach drei Wochen in eine bewegliche Vorpuppe. Diese Präpuppe bohrt sich in die Erde ein. Hier spinnt sie einen Kokon und verpuppt sich eine Woche später. Bereits eine Woche darauf schlüpfen die Imagines. So kann diese Art innerhalb eines Jahres drei bis vier Generationen bilden.

Gelbe Stachelbeerblattwespe – 5. Larvenstadium (Pultar, O.)

Gelbe Stachelbeerblattwespe – Eier (Státní rostlinolékařská)

Gelbe Stachelbeerblattwespe – Adultes Weibchen (Pokorný, V.)

**Ökologie**

Eier der Gelben Stachelbeerblattwespe werden von Parasitoiden der Familie Trichogrammatidae (siehe Kapitel: Biologische Begleit- und Gegenmaßnahmen > Biologische Gegenspieler) befallen. In Raupen können sich mehrere Parasitoidenarten aus der Gruppe der Hautflügler entwickeln. Außerdem können sie auch von Wespen angegriffen werden.

**Gegenmaßnahmen**

**Vorbeugend**

Die Biodiversität der Anlage muss geschützt und unterstützt werden. Der Einsatz von Breitbandinsektiziden ist zu vermeiden.

### *Schwarze Stachelbeerblattwespe (Pristiphora pallipes, Syn.: P. pallida, P. appendiculata)*

**Wirtspflanzen**

Johannisbeere, Stachelbeere.

**Schadbild**

Blätter befallener Pflanzen werden zunächst löchrig, später vom Rand her angefressen.

**Bedeutung**

Johannisbeer- und Stachelbeersorten mit stark behaarter Blattunterseite werden seltener befallen.

**Biologie**

Die Larven der Schwarzen Stachelbeerblattwespe (auch Kleine Stachelbeerblattwespe genannt) sind – im Gegenteil zu *N. ribesi* und *N. leucotrochus* – einfarbig hellgrün bis gelbgrün, mit einem dunkelbraunen Kopf. Vor der Verpuppung erreichen sie eine Länge von höchstens 10 mm. Die Imagines sind 4,5–5,5 mm lang, durchgehend schwarz gefärbt mit gelbweißen Beinen. Die Larven fressen in den Stachelbeer- und Johannisbeerblättern zuerst Löcher aus, später verzehren sie die Blätter vom Rand her. Die Larven der Herbstgeneration verpuppen sich im Boden, die anderen Generationen jedoch in einem Kokon zwischen oder auf den Blättern. Die Art hat drei bis vier Generationen pro Jahr. Sie verursacht jedoch nur selten Schäden.

**Gegenmaßnahmen**

**Vorbeugend**

Siehe Gelbe Stachelbeerblattwespe.

Schwarze Stachelbeerblattwespe – Puppe (Pokorný, V.)

Schwarze Stachelbeerblattwespe – Adult (Stolz, M.)

### *Weißgegürtelte Rosenblattwespe (Allantus cinctus)*

**Wirtspflanzen**
Erdbeere, Rosen.

**Schadbild**
An Erdbeerblättern findet man bis zu 12 mm lange, an der Oberseite graugrüne und der Unterseite gelbgrüne Raupen mit drei Brust- und vier Bauchbeinpaaren. Ihr Kopf ist hellgraubraun. Larven fressen die Blätter ihrer Wirtspflanzen vom Rand her ab oder durchlöchern sie.

**Bedeutung**
Diese Blattwespenart kommt auf Rosen häufiger vor.

**Biologie**
Die auch unter den Namen Gebänderte Rosenblattwespe bekannte Art ist – bis auf das weiß gefärbte, dritte Hinterleibssegment – durchgehend schwarz gefärbt. Die Beinfärbung ist an der Basis schwarz und an den Unterschenkeln gelb. Die Imagines erscheinen im Mai. Sie fliegen bei Sonnenschein relativ schnell. Die Art hat in Mitteleuropa zwei Generationen pro Jahr und kommt vor allem in Gärten vor.

**Gegenmaßnahmen**
**Gezielt**
Es ist meistens nicht notwendig, gezielte Schutzmaßnahmen durchzuführen.

Weißgegürtelte Rosenblattwespe – Larve (Pokorný, V.)

Weißgegürtelte Rosenblattwespe – Adult © U. Rindlisbacher

Weißgegürtelte Rosenblattwespe – Adult © U. Rindlisbacher

Weißgegürtelte Rosenblattwespe – Adult © U. Rindlisbacher

## Käfer (Coleoptera)

### Blatthornkäfer (Scarabaeidae)

#### *Feldmaikäfer (Melolontha melolontha) und Waldmaikäfer (Melolontha hippocastani)*

**Schadbild**
Die gesamte Pflanze welkt plötzlich und stirbt ab. In der Wurzelregion findet man die typischen weißen Maikäferlarven (Engerlinge).

Feldmaikäfer – Weibchen © AGES GmbH, Andreas Kahrer, 2013

und Juli in den Abendstunden statt. Weibchen legen etwa 35 Eier im Boden ab. Die cremeweißen, bis zu 50 mm großen Larven – sogenannte Engerlinge – leben im Boden und ernähren sich von Pflanzenwurzeln. Die Larve überwintert zweimal und verpuppt sich im Frühling des dritten Jahres.

**Gegenmaßnahmen**

**Vorbeugend**

Förderung natürlicher Gegenspieler, wie Vögel (u. a. Fasan und Rebhuhn) und Fledermäuse (Käfer), sowie Igel, Maulwurf und Grünspecht (Engerlinge). Einen wirksamen Schutz gegen Engerlinge bietet häufige Bodenbearbeitung. Auch Insektenschutznetze bieten Schutz. Beerenobstanbau in waldnahen Gebieten vermeiden.

**Gezielt**

Käfer in den frühen Morgenstunden von den Bäumen schütteln und einsammeln. In Flugjahren erfolgt der Einsatz von entomopathogenen Nematoden (*Heterorhabditis bacteriophora*) gegen das Engerling-Stadium von Anfang bis Mitte August.

Himbeerkäfer – Adult © entomart

Himbeerkäfer – Larve (Höpli, H.)

## Blütenfresser (Byturidae)

### *Himbeerkäfer (Byturus tomentosus)*

**Wirtspflanzen**

Himbeere, Brombeere und andere Vertreter der Gattung *Rubus*.

**Schadbild**

Auf Blütenknospen und zum Teil auch auf austreibenden Blättern erscheinen noch vor der Blütezeit ungefähr 4 mm lange, hellbraune, flaumig behaarte Käfer. Die, vor der Verpuppung bis zu 8 mm langen hellgrünen Larven fressen anfänglich die inneren Blütenteile aus, später dringen sie in den Samenboden ein, wo sie Gänge bohren und auch einzelne Fruchtfleischteile beschädigen. Befallene Früchte werden oft sekundär durch Pilzkrankheiten angegriffen. In Mitteleuropa kommt außerdem die etwas größere Art *B. ochraceus* (Syn.: *O. aestivus*) vor. Seine Bionomie ist ähnlich wie bei der Art *B. tomentosus*.

**Bedeutung**

Er stellt einen der bedeutendsten Brombeer- und Himbeerschädlinge dar. Sowohl Larven als auch Imagines verursachen Schäden. Larven fressen und de-

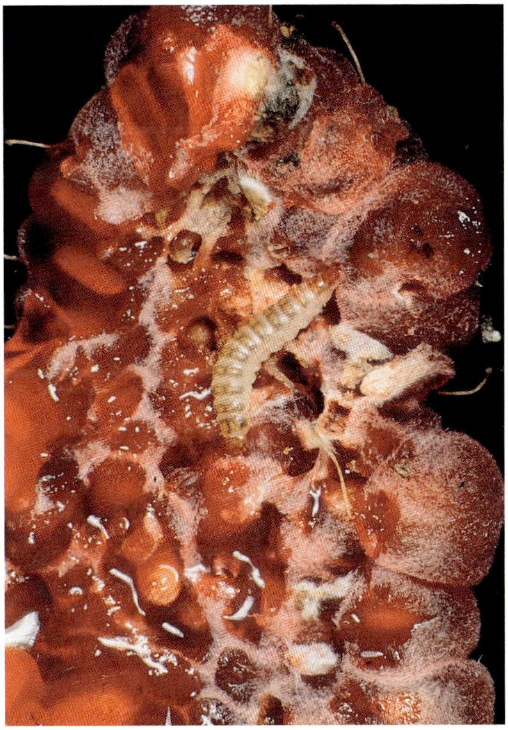

Himbeerkäfer – Larve (Höpli, H.)

Himbeerkäfer – Schadbild an Himbeerblättern (Höpli, H.)

formieren Früchte; Käfer bohren sich in Blütenknospen ein. Diese verdorren bzw. es entwickeln sich aus den beschädigten Blüten nur kleine und deformierte Früchte. Die Imagines beschädigen durch ihren Fraß auch bereits entfaltete Blüten. Frühjahrsschäden auf austreibenden Blättern sind meist vernachlässigbar.

### Biologie

Imagines schlüpfen bereits im Herbst aus den Puppen, verlassen den Boden jedoch erst nach der Überwinterung. Ab Ende April besuchen sie Blüten verschiedener Pflanzen und später die Blüten von Brombeeren und Himbeeren. Hier paaren sie sich und das Weibchen beginnt ungefähr eine Woche später mit der Eiablage in die Blüten (je ein Ei pro Blüte). Die 6–8 mm langen, weißlich-gelben Larven haben deutlich ausgebildete Bauchbeine und hellbraune Platten auf jedem Körpersegment. Auf den letzten Körpersegmenten befinden sich abstehende, cerciartige Strukturen. Himbeerkäferlarven fressen anfangs die äußeren Blütenteile und entwickeln sich später in den Früchten. Ausgewachsene Larven fallen aus den Früchten heraus und bohren sich in den Boden ein, um sich zu verpuppen.

### Gegenmaßnahmen

#### Vorbeugend

Überprüfung der Pflanzen vor der Blüte auf Fraßschäden. Eine Befallskontrolle mittels Klopfprobe oder Gelbschalen gibt Aufschluss über möglichen Käferbefall der Kultur. Konsequente Ernte der Früchte zur Fruchtreife. Keine überreifen Früchte an den Pflanzen belassen.

## Rüsselkäfer (Curculionidae)

### *Erdbeerblütenstecher (Anthonomus rubi)*

### Wirtspflanzen

Erdbeeren, Himbeeren, Brombeeren und einige weitere Arten aus der Familie der Rosengewächse.

### Schadbild

Blütenknospen der Himbeere und Brombeere haben einen angebissenen Stängel und welken.

Blütenknospen der Erdbeere welken infolge des Anfressens des Stängels und fallen nach einigen Tagen ab. In befallenen Blütenknospen entwickelt sich immer eine spindelförmige, schmutzig-weiße Larve. Auf die gleiche Art befällt der Erdbeerblütenstecher auch die Himbeere und Brombeere. Die Käfer selbst beißen zusätzlich winzige, lochartige Fraßspuren in Kronenblätter und gegebenenfalls auch in austreibende Blätter. Diese Schäden sind jedoch kaum von Bedeutung.

### Bedeutung

Der Erdbeerblütenstecher ist gebietsweise der wichtigste Schädling der Erdbeere. Bei starkem Befall können 50–80 % der Blütenknospen vernichtet werden. Dabei werden die frühesten Blütenknospen, die die größten Früchte liefern würden, bevorzugt.

### Biologie

Die Käfer schlüpfen im Juni und Juli. Nach einer kurzen Fraßperiode suchen sie Winterverstecke im Laub auf. Diese verlassen sie in der zweiten Aprilhälfte oder Anfang Mai und suchen Wirtspflanzen auf. Nach der Paarung legen die Weibchen je ein Ei in Blütenknospen ab und beschädigen danach den Blütenstängel. Die spindelförmigen, stark c-förmigen, weißlichen Larven schlüpfen ungefähr nach sechs

Erdbeerblütenstecher – Schadbild an Blütenknospen der Himbeere (Höpli, H.)

Tagen in den welkenden Knospen. Ihre Entwicklung ist nach zwei bis drei Wochen abgeschlossen. Sie verpuppen sich in der Blütenknospe, die inzwischen zum Boden gefallen ist. Die 2–4 mm langen, schwarzen oder dunkelgrau bis braun behaarten Käfer mit in Längsreihen punktierten Deckflügeln schlüpfen innerhalb von zwei Wochen. Auffallend sind ihre abstehenden, geknieten Fühler. Die Art bildet eine Generation pro Jahr.

### Gegenmaßnahmen

#### Vorbeugend

Himbeer- und Brombeerplantagen sollen nicht in der Nähe von Erdbeeranlagen errichtet werden, weil die Käfer die früher blühenden Erdbeeren verlassen, auf Himbeer- und Brombeerblüten überwandern und diese schädigen können.

#### Gezielt

Eine Beschädigung von bis zu 20 % der Blütenknospen ist tolerierbar, da die Pflanzen diesen Ausfall ersetzen können. Gegenwärtig werden Präparate auf Basis von *Bacillus thuringiensis tenebrionis* geprüft.

## *Erdbeerwurzelrüssler (Otiorhynchus ovatus)*

### Wirtspflanzen

Erdbeere, Himbeere.

### Schadbild

Die Pflanzen wachsen wenig, kümmern und manchmal vertrocknen sie. Im Boden um die Wurzeln findet man verschiedene Stadien von Larven.

### Bedeutung

Die Käfer durchlöchern die Erdbeerblätter, die Schäden sind jedoch kaum bedeutend. Die Larven verursachen größere Schäden, indem sie die Wurzel fressen. Die Art ist weitverbreitet und polyphag und befällt häufig Erdbeeren und Himbeeren.

### Biologie

Der glänzend dunkelbraune bis schwarze Rüsselkäfer mit kurzen, hellen Haaren ist ungefähr 6 mm lang. Da seine Deckflügel verwachsen sind, ist er flugunfähig. Beine und Fühlerspitzen sind rötlich-braun. Die Larven sind ca. 6 mm lang, cremeweiß mit braunem Kopf und wie alle Rüsselkäferlarven spindelförmig

Erdbeerblütenstecher – Schadbild an Blütenknospen der Erdbeere (Staub, A.)

Erdbeerwurzelrüssler – Adulter Käfer (Pokorný, V.)

Erdbeerblütenstecher – Adultes Tier (Staub, A.)

Erdbeerwurzelrüssler – Larve (Pokorný, V.)

bzw. oft c-förmig gekrümmt. Die Vermehrung erfolgt meistens parthenogenetisch. Die Imagines überwintern und erscheinen ab Ende April und im Mai. Die bis zu 800 Eier pro Weibchen werden in die Erde, gelegentlich auch auf Blattstiele gelegt. Larven leben an Wurzeln und verpuppen sich im Herbst, einige Zentimeter tief im Boden.

**Ökologie**
Zu den natürlichen Feinden des Erdbeerwurzelrüsslers gehören vor allem Amseln, Laufkäfer und parasitoide Fliegen der Gattung *Pandelleia*.

**Gegenmaßnahmen**
**Gezielt**
Nematoden der Gattung *Heterorhabditis* werden erfolgreich zur direkten Bekämpfung der Käfer eingesetzt.

### *Gestreifter Blattrandrüssler (Sitona lineatus)*

**Wirtspflanzen**
Erdbeere, Leguminosen.

**Schadbild**
Im Sommer hinterlassen diese Käfer bogenförmige Fraßspuren an Blatträndern. Im Frühjahr können sie zusätzlich die sich entwickelnden Blütenknospen befallen.

**Bedeutung**
Schäden an Erdbeeren sind wenig bedeutend. Die Art ist weitverbreitet und häufig und schädigt auch Pflanzen aus der Familie der Fabaceae.

**Biologie**
4–5 mm lange, braun bis schwarz gefärbte Käfer, die mit kupfernen, graugrünen, gelblichen oder bräunlichen Schüppchen bedeckt sind. Das Kopfschild und die Deckflügel sind mit dunkler gefärbten Streifen versehen. Bei einer Störung lassen sich die Tiere zu Boden fallen und stellen sich tot. Imagines überwintern im Boden unter pflanzlichen Überresten und erscheinen üblicherweise im April. Larven leben auf den Wurzeln der Familie Fabaceae und verpuppen sich im Boden. Die Käfer der neuen Generation schlüpfen im Juli bis September.

**Ökologie**
Warmes, feuchtes Wetter im Frühjahr unterstützt die Ausbreitung der Population. Blattrandrüssler haben zahlreiche natürliche Feinde.

**Gegenmaßnahmen**
Sind meist nicht erforderlich.

### *Kleiner Erdbeerrüssler (Otiorhynchus rugifrons)*

**Wirtspflanzen**
Erdbeere.

**Biologie**
Der Kleine oder Runzelstirnige Erdbeerrüssler ist bis zu 6 mm lang, schwarz mit gelben Haaren. Die Struktur von Halsschild, Elytren und der Kopfmitte ist braun gesprenkelt/marmoriert. Die Larve ist 6 bis 7 mm lang, cremeweiß mit einem braunen Kopf. Sie kommt vor allem in leichteren Böden vor. Die Käfer erscheinen ab Mitte April und vermehren sich parthenogenetisch. Die Larven leben an Wurzeln. Die ersten Larvenstadien minieren manchmal in den Blattstielen. Sie überwintern im Boden und verpuppen sich im Frühjahr.

**Gegenmaßnahmen**
Sind meist nicht erforderlich.

Gestreifter Blattrandrüssler (Beránek, J.)

Kleiner Erdbeerrüssler © Pest and Diseases Image Library, Bugwood.org

### *Rauer Blattrandrüssler (Sciaphilus asperatus)*

**Wirtspflanzen**

Erdbeere.

**Bedeutung**

Gelegentlich wird dieser Käfer als unbedeutender Schädling der Erdbeere beobachtet.

**Biologie**

4–6 mm langer Rüsselkäfer, der mit graubraunen Schüppchen bedeckt ist. Die Fühler sind braun, dünn. Die Käfer fressen an den Blättern, die Larven an den Wurzeln.

**Gegenmaßnahmen**

Sind meist nicht erforderlich.

Rauer Blattrandrüssler – Adult © J. Hesse

### *Rauer Erdbeerwurzelrüssler (Otiorhynchus rugosostriatus)*

**Wirtspflanzen**

Erdbeere.

**Schadbild**

Befallene Pflanzen verlangsamen ihr Wachstum, verkümmern und vertrocknen oft.

**Bedeutung**

Imagines der Käfer fressen große Löcher in Erdbeerblätter. Diese Schäden sind jedoch kaum von Be-

Rauer Erdbeerwurzelrüssler – Käfer
© Whitney Cranshaw, Colorado State University, Bugwood.org

deutung. Larven schädigen hingegen die Pflanzen ernsthaft durch das Abfressen von Wurzeln.

**Biologie**

Der Raue Erdbeerwurzelrüssler ist ein schwarzbrauner bis rotbrauner, hell behaarter, flugunfähiger, 5–7 mm langer Käfer. Die zusammengewachsenen Deckflügel sind am Hinterende des Abdomens abgerundet. Halsschild, Deckflügel und Kopfspitze sind runzelig-streifenförmig strukturiert. Die Larve ist bis zu 8 mm lang, cremeweiß und besitzt einen braunen Kopf. Die Art vermehrt sich parthenogenetisch. Die Larve überwintert und verursacht die größten Schäden im Frühjahr. Sie verpuppt sich unter der Erdoberfläche. Die Käfer erscheinen ab Juni und legen ihre Eier ab Ende Juli bis September in die Erde oder an die Unterseite der Blattstiele.

**Gegenmaßnahmen**

Sind meist nicht erforderlich.

### *Spinnenförmiger Erdbeerblattrandrüssler (Barypeithes araneiformis)*

**Wirtspflanzen**

Erdbeere, Himbeere.

**Schadbild**

Käfer fressen an Blättern und beißen an jungen Früchten Grübchen aus, die innen breiter sind als die Eingangsöffnung.

**Bedeutung**

Eine weitverbreitete, weniger bedeutende Schädlingsart, die geringfügige Schäden an Himbeeren verursacht. Schäden an jungen Erdbeerfrüchten können zuweilen bedeutend werden.

Blattrandrüssler – Fraßspuren an einem Erbsenblatt (Pokorný, V.)

Blattrandrüssler © C. Benisch, www.kerbtier.de

**Biologie**

Ein 3–4 mm langer, glänzender Käfer, dessen Farbe zwischen gelbbraun und schwarz variiert. Sein Körper ist rundlich mit einem zugespitzten Hinterleib, der Rüssel ist kurz. Die Imagines überwintern und erscheinen sehr früh im Frühjahr. Die Larven entwickeln sich an den Wurzeln verschiedener Pflanzenarten. Der Käfer hat eine bis zwei Generationen pro Jahr.

**Gegenmaßnahmen**

Sind meist nicht erforderlich.

## Schnellkäfer (Elateridae)

### *Saatschnellkäfer (Agriotes lineatus), Dunkler Humusschnellkäfer (Agriotes obscurus)*

Beide Arten sind sich in Aussehen und Lebensweise ähnlich und werden daher zusammengefasst.

**Wirtspflanzen**

Erdbeere, Hopfen sowie polyphag an Feldfrüchten und Gemüse.

**Schadbild**

Larvenfraß an Wurzeln. Vor allem Jungpflanzen können dadurch vertrocknen und absterben. An älteren Wurzeln werden Gruben und Gänge ausgefressen.

**Bedeutung**

Die Larven (Drahtwürmer) sind häufige, polyphage Bodenschädlinge. Vor allem Neuauspflanzungen von Erdbeeren und Hopfen auf umgebrochenem Grünland sind gefährdet. Die Imagines sind unschädlich.

**Biologie**

Die 6–10 mm großen, länglich ovalen, gelblich-braunen bis braunen Käfer verlassen im Frühjahr ihren Überwinterungsort im Boden und beginnen ab Mai mit der Eiablage in den Boden. Die Larven leben im Boden. Ihre Entwicklung dauert 3–5 Jahre. Im letzten Larvenstadium sind die walzenförmigen, glatten, harten, „drahtwurmartigen" gelblich-braunen Larven bis zu 25 mm lang. Vor allem im Frühjahr und Herbst fressen sie aktiv an Wurzeln in den oberen Bodenschichten, im Sommer wandern sie in tiefere, kühlere und feuchtere Bodenschichten ab. Die Verpuppung erfolgt im Spätsommer in Erdkammern in 10–25 cm Tiefe, wo der geschlüpfte Käfer überwintert.

Saatschnellkäfer © C. Benisch, www.kerbtier.de

Dunkler Humusschnellkäfer © C. Benisch, www.kerbtier.de

Schnellkäfer – Larve (Drahtwurm) (Pokorný, V.)

**Ökologie**
Hohe Bodenfeuchtigkeit, ganzjähriger Untergrundbewuchs und genügend organische Masse fördern die Entwicklung beider Käferarten. Natürliche Feinde sind Vögel, Maulwürfe, Nematoden, Laufkäfer und Pilze.

**Gegenmaßnahmen**
**Vorbeugend**
Grundvoraussetzungen, wie geeignete Fruchtfolge und kein Anbau auf frisch umgebrochenen Grünflächen, sollten eingehalten werden. Bodenbearbeitung – vor allem zu empfindlichen Entwicklungszeiten der Drahtwürmer – begrenzt das Auftreten der Käfer. Laufkäfer sollten als Antagonisten gefördert werden.

**Gezielt**
Bodenbehandlungen mit Insektiziden sind nicht empfehlenswert. Eine biologische Bekämpfung in Form von Pilzpräparaten ist möglich. In Österreich ist jedoch kein Pilz gegen diesen Schadorganismus zugelassen.

## Schmetterlinge (Lepidoptera)

### Bärenspinner (Arctiidae)

#### *Brauner Bär (Arctia caja)*

**Wirtspflanzen**
Der Braune Bär lebt polyphag an krautigen Pflanzen und Laubbäumen, an Beerenobst – vor allem an Erdbeere, Himbeere und Brombeere – sowie an Weinrebe.

**Schadbild**
Blattfraß durch Raupen.

**Bedeutung**
Kaum Übervermehrungen und wirtschaftliche Schäden bekannt. Die Art ist potenziell gefährdet.

**Biologie**
Die bis zu 6 cm großen, nachtaktiven, schwarzen Raupen mit langer schwarzer Behaarung – mit grauen Spitzen am Rücken und rostroten an den Seiten – überwintern an geschützten Stellen im Bodenbereich. Ab Ende Juni findet die Verpuppung statt. Ab Juli bis September fliegen die Falter. Die Spannweite ihrer in Farbe und Zeichnung variablen, meist braun und cremeweiß gemusterten Vorderflügel beträgt bis zu 65 mm. Die Hinterflügel sind orangerot bis rot gefärbt und zeigen schwarz eingefasste, blaue Flecken. Die Eiablage erfolgt im Juli an den Blattunterseiten der Wirtspflanzen. Ab August schlüpfen die Raupen, die bis September aktiv fressen. Die Art entwickelt nur eine Generation pro Jahr.

**Ökologie**
Natürliche Gegenspieler sind Raupenfliegen, parasitoide Hautflügler und Vögel.

**Gegenmaßnahmen**
Nicht erforderlich.

Brauner Bär – Raupe (Traxler, L.)

Brauner Bär – Falter (Hrabák, R.)

### *Breitflügeliger Fleckleibbär (Spilosoma lubricipeda)*

**Wirtspflanzen**
Polyphag an zahlreichen Kräuter- und Staudenpflanzen sowie an Beerenobststräuchern, wie Brombeere, Himbeere und Holunder.

**Schadbild**
Blattfraß durch Raupen.

**Bedeutung**
Kaum Übervermehrungen und wirtschaftliche Schäden bekannt.

**Biologie**
Die nachtaktiven, weißen Falter mit unregelmäßig verteilten, dunklen Punkten auf den Vorderflügeln und einer Flügelspannweite von 30–40 mm schlüpfen ab Mitte Mai aus den überwinternden Puppen. Die Weibchen legen ihre Eier in Gruppen an die Blattunterseite der Futterpflanzen. Raupen findet man von Juli bis September. In wärmeren Jahren kann es zur Entwicklung einer zweiten Generation kommen.

**Gegenmaßnahmen**
Nicht erforderlich.

Breitflügeliger Fleckleibbär – Raupe (Traxler, L.)

Breitflügeliger Fleckleibbär – Männlicher Falter © J. Beránek

### *Gelber Fleckleibbär (Spilosoma lutea)*

**Wirtspflanzen**
Polyphag an zahlreichen Kräuter- und Staudenpflanzen sowie an Beerenobststräuchern wie Brombeere und Himbeere vorkommend.

**Schadbild**
Blattfraß durch Raupen.

**Bedeutung**
Kaum Übervermehrungen und wirtschaftliche Schäden bekannt.

**Biologie**
Die nachtaktiven, gelben Falter mit variablen, schräg in Linien angeordneten, schwarzen Punkten auf den

Gelber Fleckleibbär – Männlicher Falter (Hrabák, R.)

Gelber Fleckleibbär – Weiblicher Falter © P. Buchner

Gelber Fleckleibbär – Raupe (Traxler, L.)

Vorderflügeln und einer Flügelspannweite von 30 bis 40 mm schlüpfen ab Mai aus den überwinternden Puppen. Die weißlichen bis gelbbraunen, stark hellbraun behaarten Raupen findet man ab Juli.

**Gegenmaßnahmen**
Nicht erforderlich.

### *Zimtbär (Phragmatobia fuliginosa)*

**Wirtspflanzen**
Polyphag an zahlreichen krautigen Pflanzen sowie an Sträuchern, wie Brombeere und Schlehdorn.

**Schadbild**
Blattfraß durch Raupen.

**Bedeutung**
Kaum Übervermehrungen und wirtschaftliche Schäden bekannt.

**Biologie**
Überwinternde Raupen verpuppen sich sehr früh, sodass der Flug der Falter bereits ab Mitte März beginnt. Die nachtaktiven Falter der ersten Generation mit zimtfarbenen Vorderflügeln mit einem dunklen Punkt in der Mitte, einer Flügelspannweite von 30 bis 35 mm sowie dunkelrot gefärbten Hinterflügeln fliegen bis Anfang Juni, jene der zweiten Generation von Juli bis Mitte August. Die Weibchen legen ihre Eier in Gelegen mit mehreren Hundert Eiern an die Blattunterseiten der Wirtspflanzen ab. Das letzte Larvenstadium der bis zu 35 mm langen, dicht rotbraun bis hellbraun behaarten, mit gelbem Rückenstreifen versehenen Raupen der zweiten Generation überwintert.

**Gegenmaßnahmen**
Nicht erforderlich.

Zimtbär – Raupe © J. Beránek

Zimtbär – Falter © J. Beránek

## Edelfalter (Nymphalidae)

### *C-Falter (Polygonia c-album)*

**Wirtspflanzen**
Brennnessel, aber auch Stachelbeere, Johannisbeere, Hasel, Hopfen und andere Gehölze.

**Bedeutung**
Schädliche Übervermehrungen sind äußerst selten.

**Biologie**
Die Raupe ist rotbraun mit weißen Flecken an der Rückenseite der Hinterleibssegmente. Typisch sind die bei einigen Raupen der Familie der Edelfalter ebenfalls vorhandenen verzweigten Dornen am Rücken und an den Seiten. Die Oberseite der Falterflügel (Spannweite 40–50 mm) ist orange mit schwarzen Flecken und bräunlichen Flügelrändern. Die in verschiedenen Brauntönen gemusterte Flügelunterseite zeigt die typische C-ähnliche Zeichnung.

**Gegenmaßnahmen**
Nicht erforderlich.

C-Falter – Adult © P. Buchner

C-Falter – Raupe (Pokorný, V.)

Achateule – Raupe (Traxler, L.)

C-Falter – Flügelunterseite mit „C"-Mal (Pokorný, V.)

Achateule – Falter (Hrabák, R.)

## Eulenfalter (Noctuidae)

### *Achateule (Phlogophora meticulosa)*

**Wirtspflanzen**

Erdbeeren, verschiedene Obstgehölze, Weinrebe sowie Zierpflanzen und Gemüse.

**Schadbild**

Raupenfraß an Blättern, Blüten und Blütentrieben.

**Bedeutung**

Übervermehrungen können vor allem durch starke Migration aus dem Mittelmeerraum verursacht werden, wodurch vor allem an Erdbeer- und Weinkulturen wirtschaftliche Schäden entstehen können.

**Biologie**

Die Falter, auch Mangoldeulen genannt, mit einer Flügelspannweite von 40–50 mm, variabel von olivgrün, rost- bis gelbbraun gefärbten Vorderflügeln mit v-förmiger, dunkler Zeichnung auf den Vorderflügeln fliegen von Mai bis September. Die Eier werden einzeln oder in kleinen Gruppen an die Blätter gelegt. Die plumpen, bis zu 35–40 mm langen, olivgrün bis bräunlich gefärbten, weiß gepunkteten Raupen mit weißer Rückenlinie sind am häufigsten von Juli bis September zu finden. Die Verpuppung erfolgt in einem Kokon im Boden.

**Gegenmaßnahmen**

Bei Bedarf ist der Einsatz eines nützlingsschonenden Insektizids (*Bacillus thuringiensis*) empfehlenswert.

### *Ampfer-Rindeneule (Acronicta rumicis)*

**Wirtspflanzen**

Polyphag an zahlreichen krautigen Pflanzen und Laubgehölzen. Bei Beerenobst vor allem an Himbeere, Brombeere, Heidelbeere und Erdbeere.

**Schadbild**
Raupenfraß an Blättern.

**Bedeutung**
Weitverbreitet und häufig. Da der Raupenfraß der einzeln lebenden Raupen erst ab Juli einsetzt, sind wirtschaftliche Schäden selten.

**Biologie**
Ab Mai schlüpft die erste Generation der – auch Ampfereule genannten – Falter aus den überwinternden Puppen. Ihre Flugzeit überschneidet sich mit jener der zweiten Generation, die von Juli bis September fliegt. Ihre Vorderflügel mit einer Spannweite von 40 mm sind dunkelgrau mit schwärzlicher Zeichnung. Die bis zu 35 mm langen, graubraunen, behaarten Raupen mit roten Punkten auf dem Rücken und weißen Flecken an den Seiten tragen am ersten und achten Hinterleibssegment flache Höcker. Die Raupen findet man von Juli bis September, die Verpuppung und Überwinterung erfolgt im Boden.

**Ökologie**
Die Raupen der Ampfer-Rindeneule werden von zahlreichen Parasitoidenarten, wie z. B. Brackwespen, Schlupfwespen oder Raupenfliegen, befallen.

Ampfer-Rindeneule – Raupe (Traxler, L.)

Ampfer-Rindeneule – Falter (Hrabák, R.)

**Gegenmaßnahmen**
**Vorbeugend**
Schutz und Förderung der natürlichen Feinde.

**Gezielt**
Nicht erforderlich. Siehe auch Kernobst.

### *Dreizack-Pfeileule (Acronicta tridens)*
Siehe Kernobst.

### *Flohkraut-Eule (Melanchra persicariae)*
**Wirtspflanzen**
Polyphag an Laubgehölzen, Kräutern und Stauden. Von Beerenobstarten werden vor allem Himbeere, Brombeere, Heidelbeere und Holunder, von Obstgehölzen auch Apfel, Kirsche, Pflaume und Zwetschke sowie Haselnuss u. a. befallen.

**Schadbild**
Raupenfraß an Blättern (bei starkem Auftreten auch Kahlfraß möglich) sowie an Früchten.

**Bedeutung**
Weitverbreitet und stellenweise häufig. Bei starkem Auftreten sind wirtschaftliche Schäden vor allem an Jungpflanzen möglich.

**Biologie**
Die Art entwickelt je nach Witterungsverhältnissen eine oder zwei Generationen pro Jahr. Die Falter mit einer Flügelspannweite von 40 mm und schwarzen bis braunschwarzen Vorderflügeln mit einem hellen Nierenfleck fliegen von Mai bis August. Die bis zu 45 mm langen, grünlichen oder bräunlichen Raupen mit dunklen, dreieckigen Mustern und einer helleren Linie auf dem Rücken sowie einem Höcker auf dem achten Hinterleibssegment findet man von Juli bis

Flohkraut-Eule – Falter © P. Buchner

Flohkraut-Eule – Raupe © P. Buchner

Flohkraut-Eule – Falter, Farbvariante © P. Buchner

Oktober. Die Überwinterung findet im Puppenstadium statt.

**Ökologie**
Siehe Kohleule.

**Gegenmaßnahmen**
**Vorbeugend**
Schutz und Förderung natürlicher Feinde.

**Gezielt**
Absammeln der Raupen. Bei starkem Auftreten ist die Anwendung von nützlingsschonenden Insektiziden, wie z. B. *Bacillus-thuringiensis*-Präparaten, empfehlenswert.

### *Gamma-Eule (Autographa gamma)*

**Wirtspflanzen**
Die Gamma-Eule ist eine breit polyphage Art. Die Raupen wurden auf mehr als 100 verschiedenen Pflanzenarten festgestellt.

**Schadbild**
Die Raupen der Gamma-Eule beginnen in frühem Larvenstadium mit Punkt- und Schabefraß an den Wirtspflanzen, der mit der weiteren Entwicklung der Raupen in Lochfraß (drittes Larvenstadium) und schließlich in Skelettierfraß (fünftes und sechstes Larvenstadium) übergeht.

**Bedeutung**
Ein bedeutender Schädling von vielen Acker- und Gartenkulturen. Bei Massenvermehrungen wird auch Kleinobst, wie Erdbeere, Himbeere und Brombeere, befallen. Auch einige Laubbaumarten können als Futterpflanze dienen. Das Vorkommen in Obstkulturen ist jedoch nur in Ausnahmefällen von Bedeutung.

**Biologie**
Die Raupen sind hellgrün, mit weißen Seitenstreifen und einem hellen Rückenstreifen. Sie sind nur schwach behaart und haben – ähnlich wie Spannerraupen – die Zahl der Bauchbeine am Hinterleib reduziert. Im Gegensatz zu Spannerraupen bleiben jedoch bei den Raupen der Gamma-Eule nur drei Bauchbeinpaare erhalten. Die Kopfkapsel ist grün oder grünbraun. Die grauschwarzen, metallisch glänzenden Falter haben auf den Vorderflügeln einen

Gamma-Eule – Falter mit typischer Zeichnung in Form des griechischen Buchstabens Gamma (Pokorný, V.)

Gamma-Eule – Raupe (Pokorný, V.)

Fleck in Form des griechischen Buchstabens „Gamma". Die Gamma-Eule ist ein typischer Wanderfalter. In Mitteleuropa überwintert nur ein Teil der Population, ein wesentlicher Teil wandert jedoch jedes Jahr aus dem Mittelmeergebiet und aus Nordafrika zu. Die Falter, die bei uns drei oder mehrere Generationen im Jahr bilden, sind von Mai bis Ende Oktober anzutreffen. Die Raupen verpuppen sich im Gegensatz zu den meisten anderen eulenartigen Schmetterlingen nicht im Boden, sondern in einem weißen Gespinst an der Blattunterseite der Futterpflanze.

**Ökologie**

Eine typisch gradierende Art. Die Gradationen kommen infolge einer starken Zuwanderung aus dem Süden, vor allem in trockeneren und wärmeren Jahren vor und werden üblicherweise durch eine Epidemie von entomopathogenen Mikroorganismen (z. B. Polyeder-Viren des Zellkernes oder Pilze der Gattung *Entomophthora*) usw. beendet. Die Raupen werden von mehreren Dutzend verschiedener parasitoider Dipteren- und Hymenopterenarten befallen.

**Gegenmaßnahmen**

**Vorbeugend**

In der Anfangsphase einer Gradation hat vorbeugende Behandlung kaum Bedeutung.

**Gezielt**

Für eine rechtzeitige Feststellung einer Gradation ist das Monitoring der Flugaktivität der Imagines mithilfe von Lichtfallen (Anlockung von Insekten mit ultraviolettem Licht bzw. Licht mit hohem Blaulichtanteil) von wesentlicher Bedeutung. Eine rechtzeitige Feststellung einer Massenmigration aus dem Süden ermöglicht die Organisation von wirksamen Gegenmaßnahmen. Die Rechtzeitigkeit ist unter anderem deshalb so wichtig, weil die ersten Raupenstadien am empfindlichsten gegenüber Insektiziden und *Bacillus thuringiensis* sind.

### *Gemeine Graseule (Agrotis exclamationis)*

**Wirtspflanzen**

Polyphag an zahlreichen krautigen Wild- und Kulturpflanzen. Häufig auch an Erdbeere, seltener an Obstgehölzen.

**Schadbild**

Raupenfraß an Blättern, Wurzeln und Wurzelhals.

**Bedeutung**

An Erdbeerkulturen kann der Fraß an Wurzeln und Wurzelhals zum Welken und Absterben der Pflanzen führen.

**Biologie**

Die Gemeine Graseule wird auch Braungraue Gras-Eule, Braungraue Gras-Erdeule oder Ausrufungszeichen genannt. In wärmeren Lagen kann diese Art zwei Generationen pro Jahr entwickeln. Die Verpuppung der überwinternden Raupen erfolgt im Frühjahr. Die Falter der ersten Generation sind von März bis August zu finden, jene der zweiten von August bis September. Die Vorderflügel (Spannweite ca. 40 mm) sind variabel braun gefärbt mit dunkler Zeichnung (Ausrufungszeichen!). Die Hinterflügel sind weißlich bis hellbraun. Die bis zu 40 mm langen bräunlich bis grünbraunen, nachtaktiven Raupen mit dunkel gerandeter heller Rückenlinie und seitlichen schwarzen Stigmenöffnungen fressen von Mai bis August an Blättern und Wurzeln.

**Ökologie** und **Gegenmaßnahmen** siehe Saateule.

Gemeine Graseule – Raupe (Pokorný, V.)

Gemeine Graseule – Falter (Pokorný, V.)

### *Goldhaar-Rindeneule (Acronicta auricoma)*

**Aussehen** und **Biologie** ähnlich der Ampfer-Rindeneule.

Goldhaar-Rindeneule – Falter (Hrabák, R.)

### *Gothica-Kätzcheneule, Bräunlichgraue Frühlingseule (Orthosia gothica)*

**Wirtspflanzen**

Polyphag an Weiden und anderen Laubgehölzen. Unter den Beerenobstarten werden vor allem Brombeere, Himbeere und Heidelbeere sowie unter Obstgehölzen Apfel befallen.

**Schadbild**

Raupenfraß an Blättern und Früchten.

**Bedeutung**

Weitverbreitet und häufig, es entstehen jedoch selten wirtschaftliche Schäden.

**Biologie**

Die Falter mit variabel – von violettgrau bis braungrau – gefärbten Vorderflügeln und der charakteristischen, an gotische Schriftzeichen erinnernden, schwarzen Zeichnung, einer Flügelspannweite von ca. 35 mm, schlüpfen bereits ab Anfang März aus den überwinternden Puppen. Die grünen, gelb quergestreiften Raupen mit breiten, weißen Seitenstreifen werden bis zu 35 mm lang. Die Verpuppung erfolgt im Boden.

**Ökologie**

Da die meisten Arten der Gattung *Orthosia* vorwiegend in Wäldern, Parks oder Waldbeständen an Flüssen auftreten, sind Obstanlagen in deren Nähe gefährdet. Zahlreiche entomophage Insekten sowie insektenfressende Vögel sind natürliche Feinde der Raupen.

Gothica-Kätzcheneule – Falter (Hrabák, R.)

Gothica-Kätzcheneule – Raupe © J. Beránek

**Gegenmaßnahmen**

**Vorbeugend**

Schutz und Förderung der natürlichen Feinde.

**Gezielt**

Bei Auftreten von mehr als zwei Raupen auf 100 Blütenrosetten ist eine Behandlung mit geeigneten nützlingsschonenden Insektiziden (z. B. Entwicklungshemmer kurz vor der Eiablage) oder *Bacillus-thuringiensis*-Präparaten (eventuell in erhöhter Konzentration gegen Jungraupen) empfehlenswert.

### *Hausmutter (Noctua pronuba)*

**Wirtspflanzen**

Polyphag an zahlreichen krautigen Wild- und Kulturpflanzen sowie an Weiden. Häufig auch an Erdbeere, gelegentlich an Brombeere und Schlehdorn.

**Schadbild**

Raupenfraß an Blättern, Wurzeln und Wurzelhals.

Hausmutter – Falter (Pokorný, V.)

Hausmutter – Junges Raupenstadium (Pokorný, V.)

**Bedeutung**
Vor allem in Erdbeerkulturen kann der Fraß an Wurzeln und Wurzelhals zum Welken und Absterben der Pflanzen führen.

**Biologie**
Die Falter erscheinen im Juni und fliegen in nur einer Generation bis Oktober. Ihre Vorderflügel mit einer Spannweite von bis zu 60 mm sind variabel von gelbbraun, rostbraun bis schwarz gefärbt, die Hinterflügel gelb mit einem schwarzbraunen Band. Die Eiablage in großen Gelegen erfolgt über einen längeren Zeitraum. Die bis zu 50 mm großen Raupen sind zuerst grünlich, später graubraun. Jedes Hinterleibssegment trägt einen schwarzen Längsbalken. Die Raupen überwintern.

**Ökologie** und **Gegenmaßnahmen** siehe Saateule.

### *Kohleule (Mamestra brassicae)*

**Wirtspflanzen**
Polyphag, jedoch bevorzugt an Kohl- und anderen Gemüsepflanzen. Seltener an Erdbeer-, Himbeer-, Brombeer- und Weinkulturen.

**Schadbild**
Unregelmäßig geformte Fraßlöcher an Blättern. Verschmutzung durch Kotausscheidung sowie Sekundärinfektionen.

**Bedeutung**
Bedeutender Schädling an Kohl- und Gemüsepflanzen. Bei Gradationen können auch wirtschaftliche Schäden an Erdbeer-, Himbeer-, Brombeer- und Weinkulturen verursacht werden.

**Biologie**
Die graubraunen, dunkel und weiß gezeichneten, nachtaktiven Falter mit einer Flügelspannweite von 45 mm schlüpfen ab Mai aus den überwinternden Puppen. Die Falter der ersten Generation fliegen im Mai und Juni, jene der zweiten Generation von Ende Juli bis September. Sie legen ihre halbkugelförmigen, gerippten Eier in Gruppen bis über 100 Stück an die Blattunterseite der Wirtspflanzen. Die bis zu 45 mm langen, erst grünen, später braun bis schwarzen Raupen mit einer helleren Rückenlinie und breiteren, gelblichen Streifen an den Seiten und einem kleinen Höcker am achten Hinterleibssegment fressen im Juni und Juli sowie von September bis Oktober.

**Ökologie**
Raupen der Kohleule werden von zahlreichen entomopathogenen Mikroorganismen, Prädatoren und

Kohleule – Raupe (grüne Form) (Pokorný, V.)

Kohleule – Raupe (schwarze Form) (Pokorný, V.)

Kohleule – Falter (Beránek, J.)

Saateule – Falter (Hrabák, R.)

Parasitoiden befallen. Eier werden von parasitoiden Wespen der Gattung *Trichogramma* befallen.

**Gegenmaßnahmen**

**Vorbeugend**

Schutz und Förderung natürlicher Gegenspieler. Rechtzeitige Abdeckung der Kulturen mit Netzen (Maschenweite 1,5–2,0 mm).

**Gezielt**

Überwachung des Flugverlaufes mittels Pheromonfallen. Bei starkem Flugverlauf ist der Einsatz von *Bacillus-thuringiensis*-Präparaten gegen die Jungraupen bzw. von Parasitoiden der Gattung *Trichogramma* gegen die Eier wirksam.

### *Pfeileule (Acronicta psi)*

Siehe Kernobst.

### *Pyramideneule (Amphipyra pyramidea)*

Siehe Kernobst.

### *Saateule (Agrotis segetum, Syn.: Scotia segetum)*

**Wirtspflanzen**

Polyphag an Gemüse- und Feldkulturen, gelegentlich an Erdbeeren.

**Schadbild**

Raupenfraß an unterirdischen Pflanzenteilen (Wurzeln, Rhizome, Knollen u. a.) und Blättern.

**Bedeutung**

An Gemüse- und Feldkulturen sind bedeutende wirtschaftliche Schäden möglich, gelegentlich auch an Wurzeln und oberirdischen Teilen der Erdbeere.

**Biologie**

Die überwinternden Raupen verpuppen sich im Frühjahr. Die nachtaktiven Falter der ersten Generation fliegen von Mai bis Juli, jene der zweiten von August bis September. Ihre Vorderflügel (Spannweite bis 45 mm) sind braun bis schwärzlich, die Hinterflügel weißlich. Die Eiablage erfolgt in kleinen bis mittleren Gruppen an Blätter der Wirtspflanzen. Die bis zu 45 mm langen, plumpen, glänzend graubraunen Raupen leben tagsüber im Boden, nachts sind sie an oberirdischen Pflanzenteilen zu finden. Die Raupen der zweiten Generation überwintern.

**Ökologie**

Strenges Winter- und trockenes Frühjahrswetter begünstigen das Überleben von überwinternden Raupenfliegen, Schlupfwespen, Brackwespen, Erzwespen sowie Prädatoren, wie z. B. Raubkäfern, Vögeln, Maulwürfen, Spitzmäusen, Igeln u. a. Eier werden häufig von Eiparasitoiden der Gattung *Trichogramma* befallen. Große Bedeutung bei der Reduktion der Raupen hat auch der entomophage Pilz *Tarichium megaspermum*. Dieser Pilz kann den Zusammenbruch einer Massenvermehrung verursachen.

Saateule – Raupe © G. Krumm

### Gegenmaßnahmen

#### Vorbeugend

Schutz und Förderung natürlicher Gegenspieler. Nicht-selektive Insektizide können die Entwicklung tierischer Nützlinge negativ beeinflussen. Die intensive Ausbringung von Fungiziden kann zusätzlich die Vermehrung nützlicher, entomophager Pilze hemmen. Das Stehenlassen von Unkräutern hilft, die Raupen von Kulturpflanzen abzuhalten.

#### Gezielt

Eine Behandlung mit den entomopathogenen Nematoden der Gattung *Steinernema carpocapsae* in der Zeit von Anfang Juli bis Ende September ist möglich.

## *Schwarzes C (Xestia c-nigrum, Syn.: Amathes c-nigrum)*

### Wirtspflanzen

Polyphag an krautigen Pflanzen, Stauden und Sträuchern. Häufig auch an Brombeere und Schlehdorn.

**Schadbild**, **Bedeutung**, **Ökologie** und **Gegenmaßnahmen** siehe Saateule. Die hellockerfarbenen bis dunkelbraunen Vorderflügel weisen eine markante c-förmige, schwarze Zeichnung auf.

## *Spitzflügel-Kätzcheneule (Orthosia gracilis)*

### Wirtspflanzen

Polyphag an Weiden und anderen Laubgehölzen. An Obstpflanzen sind sie vor allem an Brombeere, Himbeere, Erdbeere und Apfel zu finden.

### Schadbild

Raupenfraß an Blättern und Blüten. An Erdbeeren fressen die Jungraupen an Blüten unter zusammengesponnenen Blütenblättern. An Apfel werden auch Früchte geschädigt.

### Bedeutung

Obwohl weitverbreitet und häufig, sind Schäden an Obstpflanzen selten oder nur örtlich von wirtschaftlicher Bedeutung.

### Biologie

Die auch Frühlingseule genannten Falter mit weißlich-braunen, grau bestäubten Vorderflügeln mit einem runden und einem nierenförmigen Mal und einer rosafarbenen Linie nahe der Flügelenden haben eine Flügelspannweite von 35–40 mm. Sie schlüpfen, später als die nahe verwandten Arten, erst ab April aus den überwinternden Puppen. Eier werden in kleinen Gruppen von ca. 20 Stück an die Blattunterseite der Futterpflanzen abgelegt. Die grünlichen Raupen mit

Schwarzes C – Raupe © J. Beránek

Spitzflügel-Kätzcheneule – Junges Raupenstadium © P. Buchner

Schwarzes C – Falter (Pokorný, V.)

Spitzflügel-Kätzcheneule – Älteres Raupenstadium © P. Buchner

Spitzflügel-Kätzcheneule – Falter © J. Beránek

drei helleren Rückenlinien und je einem breiten gelben Seitenstreifen erreichen eine Länge von 40 bis 45 mm. Sie fressen von Mai bis Juli an den Wirtspflanzen und verpuppen sich danach im Boden in Erdhöhlen. Diese Art bildet eine Generation pro Jahr.

**Ökologie**
Da die meisten Arten der Gattung *Orthosia* vorwiegend in flussnahen Wäldern, Parks oder Waldbeständen auftreten, sind Obstanlagen in Gewässernähe gefährdet. Zahlreiche entomophage Insekten sowie insektenfressende Vögel sind natürliche Feinde der Raupen.

**Gegenmaßnahmen**
**Vorbeugend**
Schutz und Förderung natürlicher Gegenspieler.

**Gezielt**
Bei Auftreten von mehr als zwei Raupen pro 100 Blütenrosetten ist eine Behandlung mit geeigneten nützlingsschonenden Insektiziden (z. B. Entwicklungshemmer kurz vor der Eiablage) oder *Bacillus-thuringiensis*-Präparaten (eventuell in erhöhter Konzentration gegen Jungraupen) empfehlenswert.

## Glasflügler (Sesiidae)

### *Himbeerglasflügler (Pennisetia hylaeiformis, Syn.: Bembecia hylaeiformis)*

**Wirtspflanzen**
Himbeere.

**Schadbild**
Die Larven bohren im Hypokotyl (Abschnitt der Sprossachse zwischen Wurzelhals und Keimblättern) der Himbeere einen Gang, der im zweiten Jahr der Raupenentwicklung in die Rute oberhalb der Erde – höchstens jedoch 10 cm hoch – reicht. Hier verpuppt sich die Raupe innerhalb des Ganges.

**Bedeutung**
Der Himbeerglasflügler ist keine seltene Art, aber dennoch sind die verursachten Schäden meistens vernachlässigbar. Besondere Schutzmaßnahmen sind kaum erforderlich.

**Biologie**
Der schwarze Falter mit Wespenmimikry an Thorax (Brust) und Abdomen (Hinterleib) hat eine Flügelspannweite von 20–25 mm. Seine Vorderflügel besitzen ein durchscheinendes, unbeschupptes, keilförmiges Feld. Die Hinterflügel sind fast vollständig transparent. Raupen sind weißlich mit brauner Kopfkapsel. Die Raupenentwicklung dauert zwei Jahre. Die Falter fliegen im Juli und August.

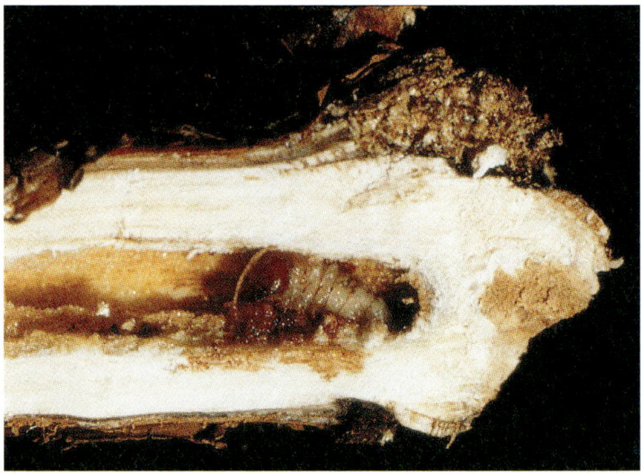

Himbeerglasflügler – Fraßspuren und Larve (Staub, A.)

Himbeerglasflügler – Weibchen (Laštůvka, A.)

**Ökologie**
Die Raupen werden durch verschiedene parasitoide Schlupfwespen- und Brackwespenarten befallen.

**Gegenmaßnahmen**
**Vorbeugend**
Natürliche Antagonisten können durch erhöhte Biodiversität unterstützt werden.

**Gezielt**
Eine zweimalige Behandlung kurz vor und während der Blüte mit Rapsöl/Naturpyrethrum (z. B. Spruzit® Neu).

Johannisbeerglasflügler – Männchen (Laštůvka, A.)

Johannisbeerglasflügler – Larve (Höpli, H.)

### *Johannisbeerglasflügler (Synanthedon tipuliformis)*

**Wirtspflanzen**
Sträucher der Gattung *Ribes* – selten auch das Pfaffenhütchen (*Euonymus europaeus*).

**Schadbild**
Die Raupe frisst das Mark von Johannisbeer- und Stachelbeerästen aus. Im unteren Abschnitt des Astes findet man oft ein Loch, aus dem die Raupe ihren Kot und Holzmehl hinauspresst. Blätter und Früchte befallener Äste welken und vertrocknen. Die Äste selbst brechen – besonders unter Eis- und Schneelast – leicht ab.

**Bedeutung**
Dieser Schädling kann bedeutende Schäden anrichten, wenn seine Populationsdichte nicht kontrolliert und die Pflege der Kultur vernachlässigt wird.

**Biologie**
Die schwarzen Falter mit Wespenmimikry am Abdomen fliegen von Mai bis August. Ihre Flügel – mit einer Spannweite von 17–21 mm – sind fast vollständig transparent. Sowohl Vorder- als auch Hinterflügel besitzen nur einen schwarzbraunen Saum. Die Vorderflügel sind zusätzlich an der Spitze orangebraun. Die Eier werden einzeln auf die Astrinde in der Nähe einer Knospe oder eines Seitentriebes abgelegt. Die cremeweißen, kahlen Räupchen mit braunem Kopf bohren sich in die Äste ein. Sie überwintern im Ast, in einem feinen Gespinst. Im Frühjahr fressen sie nur noch kurz und verpuppen sich dann in dem von ihnen angelegten Gang in einem Kokon. Die Art hat nur eine Generation.

Johannisbeerglasflügler – Männchen (Laštůvka, Z.)

**Ökologie**
Die Raupen werden durch die parasitoide Fliege *Pelatachina tibialis* befallen.

**Gegenmaßnahmen**
**Vorbeugend**
Die natürlichen Antagonisten können durch erhöhte Biodiversität unterstützt werden. Monitoring mit Pheromonfallen zur Flugüberwachung ist empfehlenswert.

**Gezielt**
Die welkenden Blätter werden an der Basis abgeschnitten und entfernt. Der Einsatz von entomopathogenen Fadenwürmern der Gattung *Steinernema* befindet sich im Versuchsstadium. In einigen Experimenten wurde ein Wirkungsgrad von mehr als 90 % erreicht.

## Miniersackmotten (Incurvariidae)

### *Himbeermotte (Lampronia corticella, Syn.: L. rubiella)*

**Wirtspflanzen**
Himbeere, Brombeere.

**Schadbild**
Auf befallenen Knospen häuft sich mit feinen Fäden versponnener Kot an. Von hier aus dringen die Räupchen in das Mark der Ruten ein, die bei einem massiven Befall verdorren können.

**Bedeutung**
Diese stellenweise häufige Art kann bei Gradationen den Fruchtertrag bedeutend verringern.

**Biologie**
Winzige, vor der Verpuppung nur 7–9 mm lange, dunkelrote Raupen bohren sich nach der Überwinterung in die austreibenden Knospen und jungen Triebe der Himbeere und Brombeere. Die Räupchen verpuppen sich in den befallenen Knospen bzw. außerhalb der Wirtspflanze an Blättern oder Ruten. Die Falter mit einer Flügelspannweite von 9–12 mm, dunkelbraunen Vorderflügeln mit beigefarbenen großen und kleinen Flecken sowie braungrauen Hinterflügeln und gelblichem Kopf schlüpfen im Mai und Juni. Die Weibchen legen ihre Eier einzeln in Blüten ab. Die Räupchen minieren nach dem Schlüpfen zuerst an der Fruchtoberfläche und bohren sich anschließend in die Früchte ein, wo sie sich ungefähr drei Wochen weiterentwickeln. Dann verlassen die inzwischen ca. 4 mm langen Räupchen die Früchte und wechseln zur Triebbasis, wo sie im Boden oder in Rindenspalten ein dichtes Gespinst bilden, das sie erst wieder im Frühjahr verlassen.

**Gegenmaßnahmen**
**Vorbeugend**
Die Bestände können im Vorfrühjahr mit Ölpräparaten behandelt werden.

### *Johannisbeermotte (Lampronia capitella, Syn.: Incurvaria capitella)*

**Wirtspflanzen**
Johannisbeere, Stachelbeere.

**Schadbild**
Auf befallenen Knospen häuft sich mit feinen Fäden versponnener Kot an. Diese Knospen treiben im Frühjahr nicht aus. Auch geöffnete Knospen und junge Blüten werden angefressen. Bei massivem Befall können befallene Triebe verdorren und absterben. Die nächste Raupengeneration frisst an Samen und grünen Früchten, die dadurch notreif werden bzw. unreif von der Pflanze fallen.

**Bedeutung**
Die Art verursacht vor allem in kälteren Gegenden Schäden.

**Biologie**
Die 2 mm langen Raupen überwintern in dichten Gespinsten in Rindenspalten auf Stachelbeer- und Johannisbeer-Ästen. Im Frühjahr bohren sich die

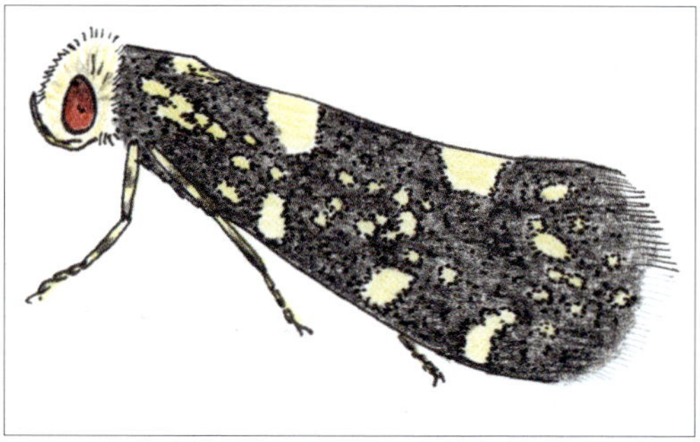

Himbeermotte – Falter (Stolz, M.)

Johannisbeermotte – Falter (Pultar, O.)

Raupen in die austreibenden Knospen, die sie vollständig vernichten. Jede Raupe befällt mehrere Knospen und junge Triebe. Sie verpuppt sich in einem Gespinst, meist außerhalb der befallenen Stellen. Die Falter mit einer Flügelspannweite von 14–18 mm, purpurbraunen Vorderflügeln mit drei cremefarbenen Flecken sowie hellgrauen Hinterflügeln und gelblichem Kopf fliegen im Mai und Juni. Die Weibchen durchstechen die Schale einer unreifen Frucht und legen einige Eier hinein. Die Raupe frisst die Samen aus, wodurch die Früchte vorzeitig reifen. Nachdem sie eine Größe von 2 mm erreicht haben, verlassen die Raupen die vollreifen Früchte und suchen sich ein Winterversteck.

**Gegenmaßnahmen**

**Gezielt**

Befallene Äste werden abgeschnitten und verbrannt. Nach einem stärkeren Vorkommen im Vorjahr empfiehlt sich im Frühjahr, knapp vor dem Austreiben, eine Behandlung mit Mischpräparaten.

## Pfauenspinner (Saturniidae)

### *Kleines Nachtpfauenauge (Saturnia pavonia, Syn.: Eudia pavonia)*

**Wirtspflanzen**

Polyphag vor allem an Sträuchern wie Schlehdorn, Hainbuche u. a.; an Beerenobst werden vorwiegend Himbeere, Brombeere oder Heidelbeere befallen.

**Schadbild**

Blattfraß.

**Bedeutung**

Schädliche Populationsentwicklungen sind selten.

**Biologie**

Die im Vergleich zum Großen bzw. Wiener Nachtpfauenauge (*Saturnia pyri*) mit maximal 85 mm Flügelspannweite etwas kleineren Falter schlüpfen im April aus den überwinternden Puppen. Die Flügelgrundfarbe der Weibchen ist weißlich-grau und damit etwas heller als jene des graurosa gefärbten Männchens. Der typische Augenfleck und die dunkelgrauen Quermuster sowie der helle Flügelrand sind bei beiden Geschlechtern zu finden. Die ockerfarbenen Eier werden ringförmig an kleine Äste gelegt. Die am Anfang gemeinschaftlich fressenden, schwarzen, dicht behaarten, später einzeln lebenden, grün gefärbten Raupen mit behaarten rosa- oder gelbfarbigen Warzen erreichen eine Länge von ca. 60 mm. Die Verpuppung erfolgt in einem braunen eiförmigen Kokon, wo auch die Überwinterung stattfindet.

Kleines Nachtpfauenauge – Weiblicher Falter (Pokorný, V.)

Kleines Nachtpfauenauge – Eier (Traxler, L.)

Kleines Nachtpfauenauge – Raupe (Traxler, L.)

**Ökologie**

Eier und Raupen werden von zahlreichen Parasitoiden aus der Ordnung der Hautflügler befallen.

**Gegenmaßnahmen**

**Vorbeugend**

Förderung und Schutz von Insektenfressern und Parasitoiden.

**Gezielt**

Meist nicht notwendig. Nur bei Übervermehrung wäre die Anwendung eines *Bacillus-thuringiensis*-Präparates empfehlenswert.

## Sichelflügler (Drepanidae)

### *Roseneule (Thyatira batis)*

**Wirtspflanzen**

Himbeeren, Brombeeren, selten auch Johannisbeere.

**Schadbild**

Von Juli bis August und dann wieder ab Ende August bis September erscheinen einzeln auf Himbeer- und Brombeerblättern bizarre, rotviolette Raupen mit pyramidenförmigen Auswüchsen auf dem zweiten bis sechsten Hinterleibssegment.

**Bedeutung**

Die Art ist zwar relativ häufig, trotzdem sind keine Vorfälle einer schädlichen Gradation bekannt.

**Biologie**

Diese Falter fliegen in zwei Generationen ab Ende Mai bis Anfang Juli und wieder im August. Weibliche Falter legen ihre Eier einzeln am Blattrand der Futterpflanzen ab. Raupen sind von Juli bis August und von Ende August bis Mitte September zu finden. Sie sind nachtaktiv und ahmen durch Mimese (Nachahmung in Form von Tarnung, bei der ein Lebewesen Gestalt und/oder Farbe eines Teils seines Lebensraumes annimmt, um so von Fressfeinden unentdeckt zu bleiben) Vogelkot nach. Raupen der ersten Generation verpuppen sich zwischen zusammengesponnenen Blättern. Die verpuppten Raupen der zweiten Generation überwintern.

Roseneule – Raupe (Traxler, L.)

Roseneule – Falter (Hrabák, R.)

**Gegenmaßnahmen**

**Gezielt**

Gezielte Schutzmaßnahmen sind nicht erforderlich.

## Spanner (Geometridae)

### *Birkenspanner (Biston betularia)*

Siehe Kernobst.

### *Brombeer-Blattspanner (Mesoleuca albicillata, Syn.: Cidaria albicillata)*

**Wirtspflanzen**

Himbeere, Brombeere.

**Schadbild**

Von August bis September erscheinen auf Himbeer- und Brombeerblättern stellenweise häufig grüne Spanner-Raupen, die durch gelbbraune, dreieckige Flecken auf der Rückseite einzelner Hinterleibssegmente charakterisiert sind. Auf den Körperseiten befinden sich gelbbraune Streifen.

**Bedeutung**

Schädliche Gradationen sind nicht bekannt.

**Biologie**

Die Falter, deren Flügelspannweite 30–38 mm beträgt, bilden zwei Generationen und sind nachtaktiv. Die Vorderflügel sind leuchtend weiß mit einem braunen Feld an der Flügelbasis und einem weiteren,

Brombeer-Blattspanner – Raupe (Stolz, M.)

Spanner *Paradarisa consonaria* – Raupe (Traxler, L.)

Brombeer-Blattspanner – Falter (Hrabák, R.)

Spanner *Paradarisa consonaria* – Falter © P. Buchner

am Vorderrand der Flügel nahe der Flügelspitze an einem grau-weißen Saumfeld anliegend. Die Hinterflügel sind weiß und besitzen ebenfalls einen grauweißen Saum. Die erste Generation fliegt von Ende April bis Ende Juni; die zweite im Juli und August.

**Gegenmaßnahmen**
Nicht erforderlich.

### Doppelzahnspanner (Odontopera bidentata, Syn.: Gonodontis bidentata)

Siehe Kernobst.

### Frühlings-Kreuzflügel, Rosskastanienspanner (Alsophila aescularia)

Siehe Kernobst.

### Großer Frostspanner (Erannis defoliaria)

Siehe Kernobst.

### Kleiner Frostspanner (Operophtera brumata)

Siehe Kernobst.

### Paradarisa consonaria, Syn.: Boarmia consonaria

**Wirtspflanzen**
Die Raupen leben auf Hasel, aber auch auf Buche, Birke, Linde, Erle, Eiche und anderen Laubhölzern.

Spanner *Paradarisa consonaria* – Falter © P. Buchner

**Biologie**
Die Raupen erscheinen von Mai bis August in zwei Generationen. Die Falter fliegen im April und Mai, die Sommergeneration im Juni und Juli. Die Puppe überwintert.

### Rhombenspanner, Rauten-Rindenspanner (Peribatodes rhomboidaria, Syn.: Boarmia rhomboidaria, B. gemmaria)

Siehe Weinreben.

### Stachelbeerspanner (Abraxas grossulariata)

**Wirtspflanzen**
Stachelbeere, Johannisbeere, vereinzelt auch Pflaume, Marille, Kreuzdorn und Traubenkirsche.

### Schadbild

Die bunten Raupen findet man von Juli bis Herbst und im Frühjahr bis Juni auf Stachel- und Johannisbeeren. Sie sind sehr auffällig gezeichnet. Die Grundfarbe ist cremeweiß, mit Reihen von schwarzen Punkten und gelben Streifen auf den Seiten. Der Kopf ist schwarz. Die Raupe kann leicht mit den viel häufigeren Blattwespenlarven verwechselt werden. Stachelbeer-Spannerraupen haben drei Beinpaare an der Brust und zwei Bauchbeinpaare am Ende des Hinterleibes. Blattwespenlarven haben neben den drei Thorax-Beinpaaren noch sieben Bauchbeinpaare.

Stachelbeerspanner – Falter (Traxler, L.)

### Bedeutung

Die Art kommt gegenwärtig eher nur selten vor, auf Beerenkulturen findet man sie nur ausnahmsweise.

### Biologie

Die Falter – auch Stachelbeerharlekin genannt – fliegen im Juli und August. Ihre Flügelspannweite beträgt 35–40 mm. Die Vorderflügel mit weißer Grundfarbe zeigen ein auffälliges Muster mit acht Querreihen schwarzer Flecken, mit einer gelben Querbinde im Flügelmittelteil und einer weiteren an der Flügelbasis. Auf den Hinterflügeln sind kleinere, schwarze Flecken auf ebenfalls weißem Grund zu erkennen. Der Körper des Spanners ist gelbschwarz gemustert. Der Kopf ist schwarz. Eier werden einzeln oder in kleinen Gruppen auf die Wirtspflanzen gelegt. Die Raupen entwickeln sich in insgesamt sieben Stadien. Im Herbst erreichen sie eine Größe von ca. 10 mm. Sie überwintern in einem Gespinst im abgefallenen Laub. Im Frühjahr setzen sie ihre Entwicklung fort, um sich schließlich im Juni in einem dünnen Gespinst zu verpuppen.

Stachelbeerspanner – Raupe (Traxler, L.)

Stachelbeerspanner – Puppe (Traxler, L.)

### Ökologie

Der Stachelbeerspanner ist in der zweiten Hälfte des 20. Jahrhunderts zu einer Seltenheit geworden. Er kommt nur in naturnahen Steppenwald- und Waldbiotopen vor. Er steht daher auf der Vorwarnliste der bedrohten Arten.

### Gegenmaßnahmen

#### Vorbeugend

Erhaltung natürlicher Gegenspieler.

#### Gezielt

Eine gezielte Behandlung wird kaum durchgeführt. Im Notfall wäre die Anwendung von *Bacillus thuringiensis* ssp. *kurstaki* möglich.

## *Vauzeichen-Eckflügelspanner (Macaria wauaria, Syn.: Itame wauaria)*

### Wirtspflanzen

Johannisbeere, Stachelbeere.

### Bedeutung

Die Raupen richten nur in Ausnahmefällen größere Schäden an.

### Biologie

Die Raupen sind hellgrün, mit schmalen weißen Streifen auf dem Rücken und breiten gelben Streifen

Vauzeichen-Eckflügelspanner – Falter © H. Melzer

Vauzeichen-Eckflügelspanner – Junges Raupenstadium © H. Melzer

Vauzeichen-Eckflügelspanner – Älteres Raupenstadium © H. Melzer

Vauzeichen-Eckflügelspanner – Puppe © H. Melzer

auf den Seiten. Ihr Kopf ist grün, die Warzen an der Haarbasis schwarz. Sie sehen den Larven der Gelben Stachelbeergallwespe ähnlich, unterscheiden sich jedoch durch die zwei Bauchbeinpaare, die für die Spannerraupen typisch sind. Puppen überwintern im oder am Boden. Die Art hat eine Generation pro Jahr. Die Eier überwintern, die Raupen kommen von April bis Juni vor und die Falter fliegen von Juni bis Juli. Vauzeichen-Eckflügelspanner mit einer Flügelspannweite von 22–30 mm haben meist hellgraue Vorderflügel mit drei dunkelbraunen Flecken und einem typischen V-förmigen Mal. Die ebenfalls hellgrauen Hinterflügel besitzen ein bräunliches Saumband. Der Kopf ist weiß.

#### Gegenmaßnahmen

**Gezielt**

Im Fall eines starken Befalls kann man *Bacillus-thuringiensis*-Präparate verwenden.

#### *Zackenbindiger Rindenspanner (Ectropis crepuscularia, Syn.: E. bistortata, Boarmia bistortata)*

Siehe Kernobst.

## Wickler (Tortricidae)

#### *Blattbüschelwickler (Acleris rhombana)*

Siehe Kernobst.

#### *Wickler der Gattung Cnephasia: Cnephasia incertana, Cnephasia virgaureana, Syn.: C. interjectana, und weitere Arten*

#### Wirtspflanzen

Erdbeere und viele andere Pflanzenarten.

#### Schadbild

Die vor der Verpuppung bis zu 17 mm langen, meist graugrünen Raupen leben zwischen den versponnenen Kronenblättern der Erdbeerblüten.

#### Bedeutung

Fraßschäden an Blättern sind meist vernachlässigbar.

#### Biologie

Die Flügelspannweite der Falter erreicht 15–18 mm, die Flügelfarbe ist grau mit undeutlicher, dunklerer Zeichnung. Die Falter der einzelnen *Cnephasia*-Arten ähneln einander sehr und eine genaue Bestimmung

Schattenwickler *Cnephasia virgaureana* – Raupe (Pokorný, V.)

Schattenwickler – Falter (Pokorný, V.)

ist meist nur mittels Analyse des Genitalapparates möglich.

Die Falter fliegen im Juni und Juli. Aus den Eiern schlüpfen im Sommer die Räupchen, die nach einer kurzen Zeit ihren Fraß unterbrechen, um sich zu verspinnen. In diesem Stadium findet eine Diapause statt. Die Spannerraupen werden erst wieder im kommenden Frühjahr aktiv, wo sie die Blüten von vielen verschiedenen Pflanzenarten befallen.

### Gegenmaßnahmen

#### Gezielt

Gegen die Raupen von *C. virgaureana* sind *Bacillus-thuringiensis*-ssp.-*kurstaki*-Präparate registriert.

### *Gestreifter Johannisbeerwickler (Pandemis cerasana, Syn.: P. ribeana)*

Siehe Kernobst.

### *Rosenwickler (Acleris variegana)*

Siehe Kernobst.

## Wurzelbohrer (Hepialidae)

### *Großer Hopfenwurzelbohrer (Hepialus humuli), Ampfer-Wurzelbohrer (Triodia sylvina, Syn.: Hepialus sylvinus), Kleiner Hopfenwurzelbohrer (Pharmacis lupulina, Syn.: Hepialus lupulinus)*

Die angeführten Arten sind in Lebensweise und Aussehen ähnlich.

### Wirtspflanzen

Erdbeere, Himbeere, Stachelbeere, Hopfen und polyphag an anderen Pflanzen, wie Wiesenkräutern und Feldfrüchten.

### Schadbild

Durch Fraß an Wurzeln sowie Fraßgänge im Wurzelhals können Pflanzen geschwächt werden bzw. absterben.

### Bedeutung

Alle angeführten Arten treten nur lokal in größeren Populationsdichten auf. In solchen Fällen können – vor allem an Erdbeerkulturen – wirtschaftliche Schäden auftreten.

### Biologie

Die Falter des Ampfer-Wurzelbohrers fliegen von Mai bis Juli, jene des Kleinen Hopfenwurzelbohrers im Mai und Juni. Der Große Hopfenwurzelbohrer fliegt von August bis September. Die Spannweite ihrer gelblich-braunen Vorderflügel beträgt 25–70 mm. Es liegt Geschlechtsdimorphismus vor: Männliche Falter sind meist erheblich kleiner und kräftiger gefärbt als die Weibchen. Nach der Begattung legen die Weibchen große Mengen von Eiern während des Fluges frei auf die Bodenoberfläche ab. Die Raupen wandern nach dem Schlüpfen in den Boden, wo sie zwei Jahre an den Wurzeln der Wirtspflanzen fressen. Die erwachsenen 35–55 mm langen, weißlichen Raupen mit schwarzen Warzen und gelbbrauner, rotbrauner oder dunkelbrauner Kopfkapsel und Rückenschild überwintern in ca. 50 cm Tiefe im Boden. Im Frühjahr beenden sie ihre Entwicklung und verpuppen sich in ca. 10–25 cm Tiefe.

### Ökologie

Raupen der beschriebenen Arten haben eine hohe natürliche Mortalitätsrate. Im Boden werden sie von entomophagen Pilzen befallen und von Tausendfü-

Ampfer-Wurzelbohrer – Männchen (Pokorný, V.)

Ampfer-Wurzelbohrer – Weibchen (Beránek, J.)

Großer Hopfenwurzelbohrer – Männchen (Beránek, J.)

Ampfer-Wurzelbohrer – Raupe (Pokorný, V.)

Großer Hopfenwurzelbohrer – Weibchen (Pokorný, V.)

Kleiner Hopfenwurzelbohrer – Falter © P. Buchner

Kleiner Hopfenwurzelbohrer – Falter © P. Buchner

Kleiner Hopfenwurzelbohrer – Falter, dorsal © P. Buchner

ßern, Raubkäfern und anderen Prädatoren als Nahrungsquelle genutzt.

**Gegenmaßnahmen**

**Vorbeugend**

Schutz und Förderung natürlicher Gegenspieler. Vor der Auspflanzung von Erdbeeren in Anlagen mit vorjährigem Auftreten von Wurzelbohrern ist ein kreuzweises Bearbeiten des Bodens mit einem Kultivator empfehlenswert, wodurch viele Raupen der Schädlinge vernichtet werden.

**Gezielt**

Meist nicht notwendig.

### Zwergminiermotten (Nepticulidae)

#### *Stigmella splendidissimella*

**Wirtspflanzen**

Himbeere, Brombeere.

**Schadbild**

Die Raupen fressen in Blättern serpentinenartig gebogene Minen aus, in deren Mitte sich eine strichartige Kotspur zieht.

**Biologie**

Raupen kommen im Juli und dann von September bis Oktober vor. Falter mit einer Flügelspannweite von ca. 6 mm fliegen im Mai und August. Ihre Vorderflügel sind kupferbraun gefärbt mit einem metallisch glänzenden Bereich an der Flügelbasis. In der Flügelmitte befindet sich eine cremefarbene Querbinde. Die Hinterflügel sind einheitlich braungrau gefärbt. Beide Flügel sind auffällig lang behaart. Kopf und Körper des Falters sind schwarz.

*Stigmella splendidissimella* – Schadbild © J. Beránek

*Stigmella splendidissimella* – Falter (Zacharda, M.)

**Gegenmaßnahmen**

**Gezielt**

Gezielte Schutzmaßnahmen sind meistens nicht notwendig.

## Schnabelkerfe (Hemiptera)

### Blattläuse (Aphididae)

#### *Acyrthosiphon malvae rogersii*

**Wirtspflanzen**

Erdbeere und andere krautige Rosengewächse.

**Bedeutung**

Auf den Erdbeeren verursacht sie keine direkten Schäden, kann aber Virosen übertragen.

**Biologie**

Eine mittelgroße, grüne Blattlaus mit langen Siphonen (paarweise angeordnete, röhrchenförmige Anhänge des Hinterleibes , die zur Abgabe von Wehrsekret dienen). Oft kommt sie gemeinsam mit der

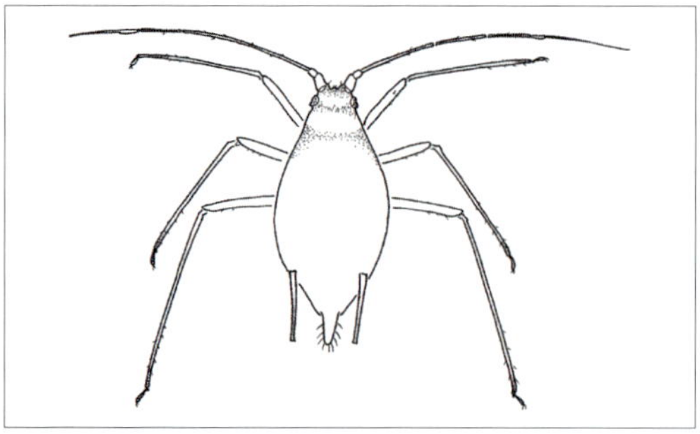

*Acyrthosiphon malvae rogersii* (Zacharda, M.)

*Acyrthosiphon malvae* ssp. © R. Dransfield, InfluentialPoints.com

*Acyrthosiphon malvae* ssp. © R. Dransfield, InfluentialPoints.com

Grünstreifigen Kartoffelblattlaus vor. Ab Mai entwickeln sich geflügelte Weibchen, die auf benachbarte Erdbeerpflanzen wechseln, um im Juni auf jungen Blättern individuenreiche Kolonien zu bilden. Die Herbstgeneration legt Eier an andere Wirtspflanzen wie Rosen-, Geranien- oder Malvengewächse.

**Gegenmaßnahmen**
Sind meist nicht erforderlich.

### *Erdbeerknotenhaarlaus (Chaetosiphon fragaefolii)*

**Wirtspflanzen**
Erdbeere.

**Schadbild**
Befallene Blätter und Triebe werden von Honigtauausscheidungen der Läuse klebrig und vertrocknen oft.

**Bedeutung**
Die Erdbeerknotenhaarlaus überträgt Viruskrankheiten, wie Blattrandvergilbung und Kräuselkrankheit. Die flügellosen Weibchen vermehren sich während der gesamten Vegetationsperiode auf der Erdbeere, treten aber meist am Anfang des Sommers am häufigsten auf.

**Biologie**
Die 1,5 mm lange, blassgelbe bis weißliche Blattlaus mit roten Augen hat schlanke Siphonen und ist mit schlegelförmig abgeschlossenen Borstenhaaren be-

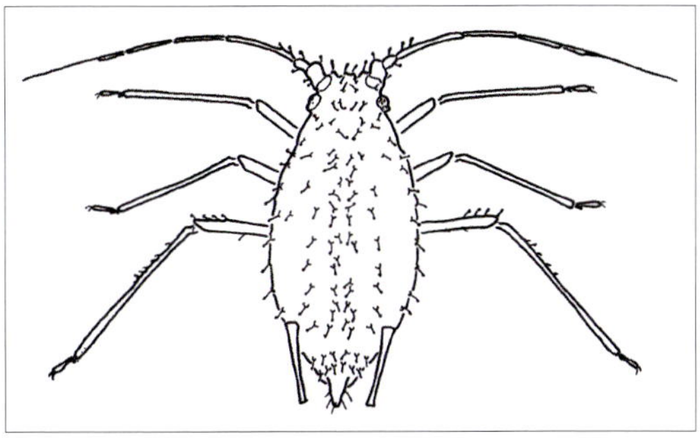

Erdbeerknotenhaarlaus (Zacharda, M.)

Erdbeerknotenhaarlaus – Ungeflügelte Form
© Jeffrey W. Lotz, Florida Department of Agriculture and Consumer Services, Bugwood.org

Erdbeerknotenhaarlaus – Saugtätigkeit an Blattader
© Jeffrey W. Lotz, Florida Department of Agriculture and Consumer Services, Bugwood.org

wachsen. Sie lebt vor allem an der Blattunterseite – aber auch an den Enden der Ausläufer –, verursacht jedoch keine Deformationen. Flügellose Weibchen sind winzig. Es wird kein Eistadium gebildet. Geflügelte Weibchen erscheinen im Mai und Juni und wechseln auf neue Bestände. Es überwintern sowohl geflügelte als auch ungeflügelte Formen.

**Gegenmaßnahmen**
Sind meist nicht erforderlich.

### *Dreizackblattlaus (Aphis triglochinis)*

**Wirtspflanzen**
Vorkommen zuweilen an der Roten Johannisbeere, seltener auch an der Schwarzen Johannisbeere.

**Schadbild**
Die befallenen Blätter rollen sich nach unten ein.

**Bedeutung**
Eher seltene, kaum bedeutende Blattlaus.

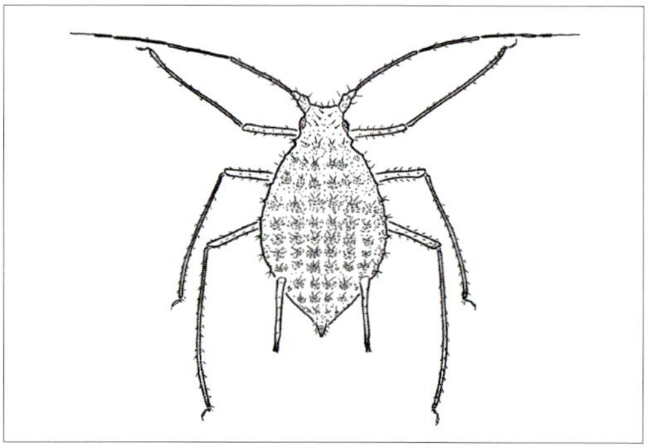

Dreizackblattlaus (Zacharda, M.)

Dreizackblattlaus – Schadbild © R. Barendse

**Biologie**
Bräunlich-grüne Blattlaus. Die Imagines wechseln im Sommer auf verschiedene Kräuter von Feuchtstandorten. Im Herbst kehren sie auf die Johannisbeere zurück und legen Wintereier ab.

**Gegenmaßnahmen**
Sind meist nicht erforderlich.

### *Große Himbeerblattlaus (Amphorophora idaei)*

**Wirtspflanzen**
Himbeere, Brombeere.

**Bedeutung**
Sie kommt auf der Himbeere oft vor, verursacht jedoch keine bedeutenden Schäden. Nur selten sind leichte Kräuselungen an Blättern zu erkennen. Diese Art kann mehrere Viruskrankheiten übertragen.

**Biologie**
Eine große, blass gelbgrüne Blattlaus mit langen Beinen und Fühlern. Die Siphonen sind lang und zylindrisch, gegen Ende etwas erweitert und an der Spitze gerandet. Das Schwänzchen ist spitz. Ab März saugen die geschlüpften Jungläuse an den Spitzen von Blattknospen. Später wechseln sie auf die Blattunterseite, wo sie lockere, zahlenmäßig kleine Kolonien bilden. Die Stammmütter schlüpfen im März. Nach zwei Generationen schlüpfen von Juni bis Juli geflügelte Formen, die auf neue Bestände wechseln, aber keinen Wirtswechsel vornehmen. Die im Oktober abgelegten Eier überwintern auf jungen Trieben – üblicherweise in einer Höhe von 30 cm über dem Boden.

**Gegenmaßnahmen**
Sind meist nicht erforderlich.

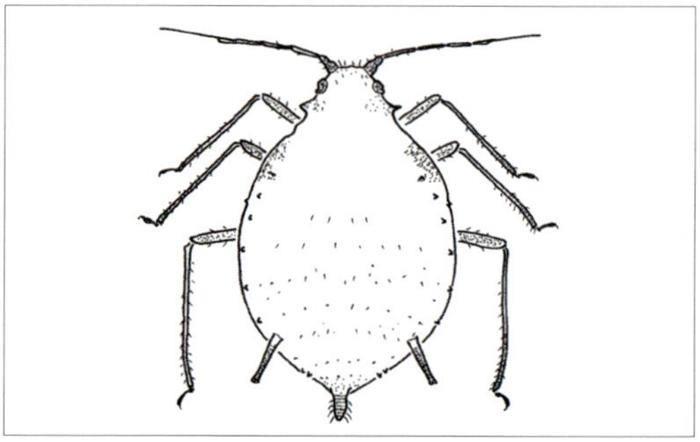

Große Himbeerblattlaus (Zacharda, M.)

Große Himbeerblattlaus – Ungeflügelte Form
© R. Dransfield, InfluentialPoints.com

Große Himbeerblattlaus – Ungeflügelte Form
© R. Dransfield, InfluentialPoints.com

Große Himbeerblattlaus – Ungeflügelte Form mit Larve © B. Chaubet, INRA

Große Himbeerblattlaus – Geflügelte Form © B. Chaubet, INRA

### *Große Johannisbeerblattlaus (Nasonovia ribisnigri)*

**Wirtspflanzen**

Die Art gedeiht auf allen Arten der Gattung *Ribes*.

**Schadbild**

Bei Befall kräuseln sich die Blätter, gegebenenfalls kann auch das Wachstum verlangsamt werden. Schäden sind jedoch meist nicht sehr groß.

**Biologie**

Grüne, breite, spindelförmige, 2–3 mm lange Blattlaus. Die Stirnhöcker (Fühlerbasis) sind gut entwickelt, die hellen Fühler sind so lang wie der Körper. Die Siphonen sind zylindrisch und sind an der Basis breiter. Das Schwänzchen ist fingerförmig. Das geflügelte Weibchen ist schwarzgrün.

Die Entwicklung beginnt im März, zuerst auf Knospen, später an Triebspitzen. Imagines wechseln schnell auf verschiedene Kräuter, wie Korbblütler (z. B. Kopfsalat) und Nachtschattengewächse. Ab September kehren sie auf ihre primären Wirtspflanzen zurück, um Eier zu legen, die überwintern.

**Gegenmaßnahmen**

Sind meist nicht erforderlich.

Große Johannisbeerblattlaus – Geflügelte Form
© B. Chaubet, INRA

Große Johannisbeerblattlaus – Kolonie © B. Chaubet, INRA

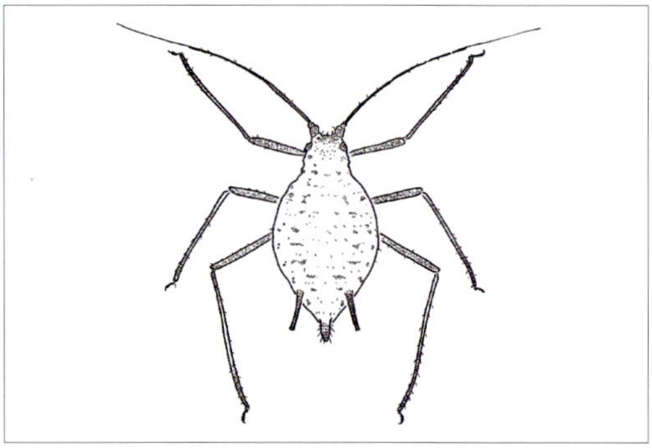

Große Johannisbeerblattlaus (Zacharda, M.)

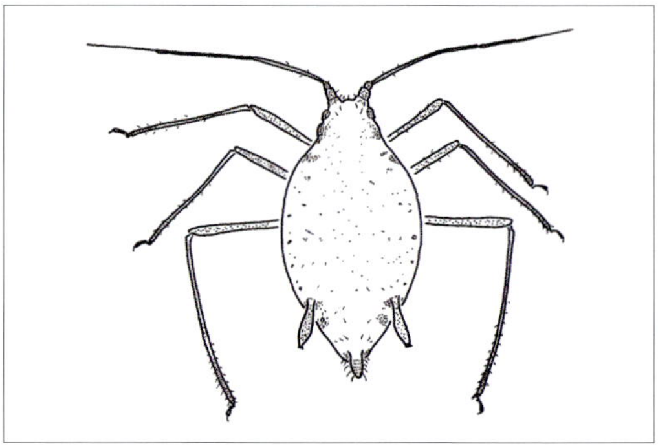

Grünliche Gänsedistellaus (Zacharda, M.)

Große Johannisbeerblattlaus – Ungeflügelte Form
© B. Chaubet, INRA

Grünliche Gänsedistellaus – Geflügelte Form © B. Chaubet, INRA

### *Grünliche Gänsedistellaus (Hyperomyzus lactucae)*

**Wirtspflanzen**
Johannisbeere.

**Schadbild**
Auf der Blattunterseite entstehen gelbe Flecken und Verkrümmungen; das Wachstum der Triebe kann beeinträchtigt werden.

**Bedeutung**
Die Art ist weitverbreitet und kommt vor allem an der Schwarzen Johannisbeere vor. Weiße und rote Sorten werden seltener befallen.

**Biologie**
Die graugrüne, 2,5–3 mm lange Blattlaus ist fein mit Wachs bereift. Die Siphonen sind apikal verdickt und hell mit dunklen Spitzen. Das Schwänzchen ist länglich. Die Eier überwintern. Nymphen schlüpfen im März und April und saugen sofort an Knospen. Später wechseln sie auf die Triebe über, wo sie Kolonien bilden. Einige Imagines der zweiten und alle der

Grünliche Gänsedistellaus – Ungefl. Form © B. Chaubet, INRA

Grünliche Gänsedistellaus – Kolonie © B. Chaubet, INRA

dritten Generation sind geflügelt und wechseln auf verschiedene Kräuter als Sommerwirt (Gänsedistel, Lattich, Alpenlattich, Wegwarte usw.). Ab September kehren die Blattläuse auf die Johannisbeere zurück.

**Gegenmaßnahmen**

Sind meist nicht erforderlich.

### *Grünfleckige Kartoffelblattlaus (Aulacorthum solani)*

**Wirtspflanzen**

Erdbeere und viele andere Pflanzen.

**Bedeutung**

Die Art ist sehr polyphag und kommt auf Erdbeeren oft vor, gehört aber dennoch nicht zu den ernsthaften Schädlingen dieser Kultur. Diese Art kann mehrere Viruskrankheiten übertragen.

**Biologie**

Das flügellose Weibchen ist klein, ca. 2–2,5 mm lang, mit gelbgrüner bis grüner Färbung. Die Art besitzt dunkelgrüne Flecken rund um die Basis der Siphonen. Siphonen sind an der Spitze schwarz. Die Beine sind lang mit dunklen Kniegelenken, die Antennen sind etwas länger als der Körper. Geflügelte Weibchen haben unterschiedliche Farben. Die dunkleren Formen mit Querstreifen auf dem Hinterleib kommen während der gesamten Vegetationsperiode häufig vor. Die beweglichen Stadien bilden kleine Kolonien auf der Blattunterseite. Die Vermehrung erreicht im Juli ihren Höhepunkt. Diese Art kann auch während des Eistadiums überwintern.

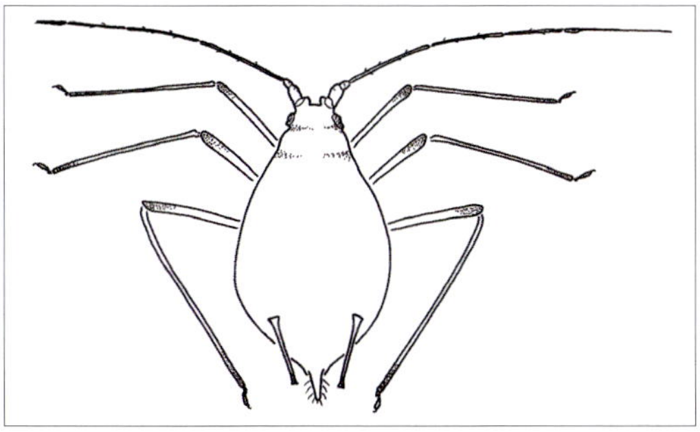

Grünfleckige Kartoffelblattlaus (Zacharda, M.)

Grünfleckige Kartoffelblattlaus (Wyss, U.)

**Gegenmaßnahmen**

Sind meist nicht erforderlich.

### *Grünstreifige Kartoffelblattlaus (Macrosiphum euphorbiae)*

**Wirtspflanzen**

Erdbeere, Himbeere.

**Bedeutung**

Diese häufig auftretende Art ist sehr polyphag und kommt oft an Erdbeeren und Himbeeren vor. Die von ihr verursachten Schäden sind wenig bedeutend.

**Biologie**

Die 2,5–3,5 mm große, grüne, oft rötliche Blattlaus besitzt lange, helle Siphonen. Unter günstigen Bedingungen überwintert die Art an Erdbeeren und vermehrt sich im Frühjahr sehr schnell an den jungen Blättern. Im April erscheinen geflügelte Weibchen, die auf verschiedene Wirtspflanzen wechseln. Bis zu zehn Generationen werden während des Sommers gebildet.

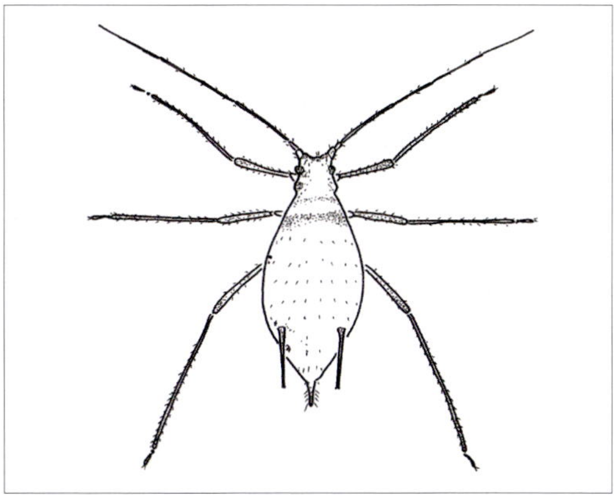

Grünstreifige Kartoffelblattlaus (Zacharda, M.)

Grünstreifige Kartoffelblattlaus – Grüne Form
© R. Dransfield, InfluentialPoints.com

Grünstr. Kartoffelblattlaus – Ungeflügelte Form © B. Chaubet, INRA

Grünstr. Kartoffelblattlaus – Geflügelte Form © B. Chaubet, INRA

Grünstreifige Kartoffelblattlaus – Kolonie © B. Chaubet, INRA

**Ökologie**
Die Art kommt auf den Erdbeeren oft gemeinsam mit der Blattlaus *Acyrthosiphon malvae rogersii* vor.

**Gegenmaßnahmen**
Sind meist nicht erforderlich.

### *Hellgrüne Brombeerblattlaus (Sitobion fragariae)*

**Wirtspflanzen**
Brombeere.

**Schadbild**
Ein starker Frühjahrsbefall verursacht eine deutliche Blatteinrollung und in der Folge einen deutlichen Ertragsrückgang.

**Bedeutung**
Die Art kommt häufig vor und ist ein bedeutender Schädling der Brombeere.

**Biologie**
Große, glänzend grüne Blattlaus mit langen, schwarzen Siphonen, die am Ende eingesäumt sind. Aus

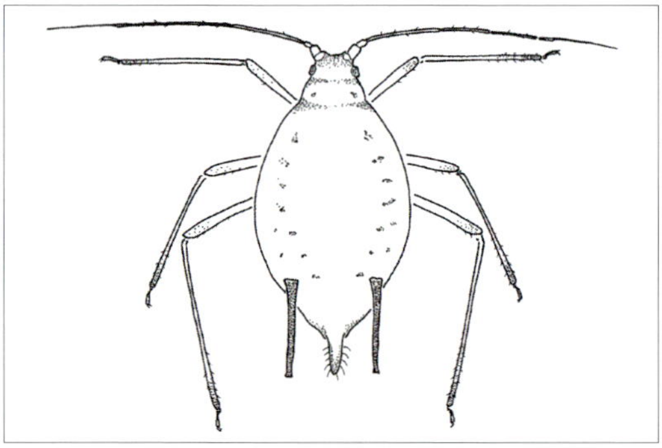

Hellgrüne Brombeerblattlaus (Zacharda, M.)

Hellgrüne Brombeerblattlaus – Ungefl. Form © B. Chaubet, INRA

Hellgrüne Brombeerblattlaus – Gefl. Form © B. Chaubet, INRA

Hellgrüne Brombeerblattlaus – Kolonie © B. Chaubet, INRA

den überwinternden Eiern schlüpfen im Frühjahr die Stammmütter. Im Mai findet man auf den Blättern der tragenden Triebe dichte Kolonien. Die geflügelten Weibchen wechseln auf Gräser über. Im Herbst kehren die Blattläuse auf Brombeeren zurück, wo sie Eier legen. Jene Eier, die auf Himbeeren und Erdbeeren gelegt wurden, können sich nicht entwickeln.

**Gegenmaßnahmen**

**Gezielt**

Gezielte Schutzmaßnahmen sind nur bei starkem Befall sinnvoll. Zur Behandlung verwendet man selektive Mittel, z. B. Produkte auf Basis von Pirimicarb.

### *Johannisbeerblasenlaus (Cryptomyzus ribis)*

**Wirtspflanzen**

Johannisbeere.

**Schadbild**

Der toxische Speichel der Läuse verursacht nach oben gewölbte, rötliche, bei Schwarzer Johannisbeere gelbgrüne Blasen. Bei starkem Befall werden die Blätter entfärbt und verkrümmt. Früchte und Blätter sind darüber hinaus mit Honigtau verklebt.

**Bedeutung**

Diese Art ist weitverbreitet und vor allem auf Roten Johannisbeeren häufig.

**Biologie**

Die Blattlaus ist länglich, bis zu 1,5 mm lang und gelbgrün. Körper und Fühler sind behaart. Die Augen sind rot und die Siphonen sehr lang und schlank. Nymphen schlüpfen im April aus den Wintereiern und bilden an der Blattunterseite dichte Kolonien. Im Sommer erscheinen geflügelte Weibchen, die auf Sekundärwirtspflanzen (z. B. Ziest, Taubnessel usw.) wechseln. Im Herbst werden von den Geschlechtsformen überwinternde Eier auf die Johannisbeerknospen abgelegt.

**Gegenmaßnahmen**

**Vorbeugend**

Die Beseitigung von stark befallenen Ästen beim Schnitt vermindert das zukünftige Vorkommen.

**Gezielt**

Im Vorfrühling soll die Behandlung mit Ölpräparaten nur gemeinsam mit der Bekämpfung anderer

Johannisbeerblasenlaus – Schadbild (Hluchy, M.)

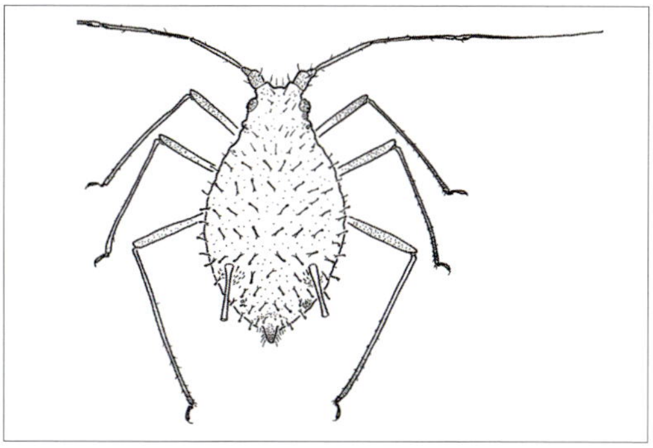

Johannisbeerblasenlaus (Zacharda, M.)

Johannisbeerblasenlaus – Befall an Blattunterseite (Pokorný, V.)

Schädlinge durchgeführt werden. Beim Auftreten von zahlreichen Kolonien empfiehlt sich, nützlingsschonende Präparate zu verwenden (z. B. Produkte auf Basis von Pirimicarb).

### *Johannisbeertrieblaus (Rhopalosiphoninus ribesinus)*

**Wirtspflanzen**

Johannisbeeren.

**Bedeutung**

Gelegentlich auf Johannisbeeren in schattigen Lagen zu finden. Kaum wirtschaftliche Bedeutung.

**Biologie**

Eine runde, dunkelbraune Blattlaus mit langen, feinen Fühlern und stark erweiterten Siphonen. Normalerweise befällt sie altes Holz. Manchmal findet man auf Trieben zahlreiche Eier.

**Gegenmaßnahmen**

Nicht erforderlich.

Johannisbeertrieblaus © R. Dransfield, InfluentialPoints.com

### *Johannisbeerwurzellaus (Eriosoma ulmi)*

**Wirtspflanzen**

Stachelbeere, Johannisbeere.

**Schadbild**

Durch die Saugtätigkeit der Läuse kommt es zu Wachstumsdepressionen an den Pflanzen.

**Bedeutung**

Der Befall ist in Ertragsanlagen unbedeutend, aber in den Baumschulen können Setzlinge geschwächt werden.

**Biologie**

Die ca. 2,5 mm kleine, rundliche, mit meist grauer Wachswatte überzogene Blattlaus – auch als Ulmenblattrollenlaus bekannt – lebt an den Wurzeln von Stachelbeere und Johannisbeere. Die Eier überwintern an Ulmen, wo die Stammmütter an der Unterseite junger Blätter saugen. Ab Ende Mai wechseln die geflügelten Stadien auf Stachelbeere und Johannisbeere, wo sie an unterirdischen Stammteilen und Wurzeln Kolonien bilden. Im Herbst werden abermals geflügelte Stadien gebildet, die als befruchtete Weibchen auf Ulmen zurückkehren.

**Gegenmaßnahmen**

Sind meist nicht erforderlich.

Johannisbeerwurzellaus – Schadbild am Ulmenblatt
© Petr Kapitola, State Phytosanitary Administration, Bugwood.org

### *Kleine Brombeerblattlaus (Aphis ruborum)*

**Wirtspflanzen**
Brombeeren, Erdbeeren.

**Schadbild**
Leicht eingerollte Blätter.

**Bedeutung**
Diese Laus kommt nur vereinzelt vor. Verursachte Schäden sind absolut unbedeutend.

**Biologie**
Winzige, blassgelbe bis dunkelgrüne Blattlaus mit dicken Siphonen. Das Ei überwintert. Im Frühjahr und Sommer saugen die Blattläuse an der Blattunterseite und an Triebspitzen.

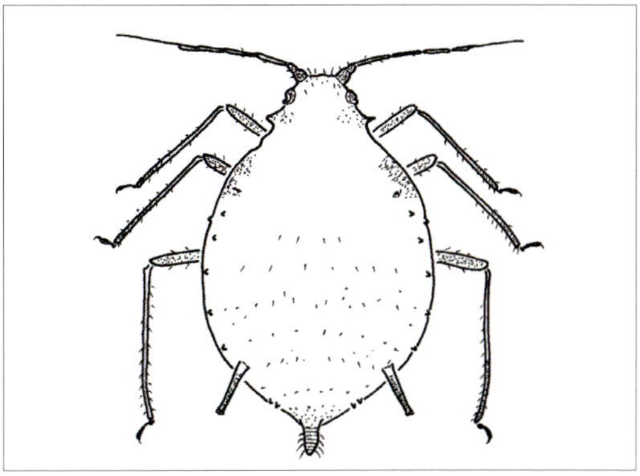

Kleine Brombeerblattlaus (Zacharda, M.)

Kleine Brombeerblattlaus – Ungefl. Form mit Larven
© B. Chaubet, INRA

Kleine Brombeerblattlaus – Ungeflügelte Form
© R. Dransfield, InfluentialPoints.com

Kleine Brombeerblattlaus – Geflügelte Form mit Larven © B. Chaubet, INRA

Kleine Brombeerblattlaus – Kolonie mit Ameise
© R. Dransfield, InfluentialPoints.com

**Gegenmaßnahmen**
Nicht erforderlich.

### *Kleine Himbeerblattlaus (Aphis idaei)*

**Wirtspflanzen**
Himbeere.

**Schadbild**
Blätter rollen sich ein und bilden nestartige Gruppen. Außerdem saugt die Blattlaus an Knospen und Blüten.

**Bedeutung**
Die Beschädigungen sind meistens nicht ernst, aber der Schädling kann Viruskrankheiten (RVCV) übertragen. Es ist eine häufige Art, die ihren gesamten Lebenszyklus an der Himbeere abwickelt.

## Biologie

Die flügellosen Weibchen sind grüne, mehr als 2 mm lange Blattläuse mit dunkelgrünen Punkten. Die Fühler sind kürzer als der Körper, hell, mit dunkleren Enden. Die Siphonen sind dunkel, mittellang, zylindrisch und leicht nach außen gebogen. Bei geflügelten Weibchen sind sowohl Kopf als auch Brust schwarz gefärbt – der Hinterleib ist gelblich. Sie saugen gesellig an der Blattunterseite junger Triebe. Die Stammmütter schlüpfen bereits im März aus den überwinternden Eiern. Von Juni bis Juli wechseln die Weibchen auf neue Ranken. Sie leben im Sommer einzeln, üblicherweise versteckt in den Mulden nahe den Blattrippen.

Kleine Himbeerblattlaus – Ungefl. Form © B. Chaubet, INRA

Kleine Himbeerblattlaus – Gefl. Form © B. Chaubet, INRA

## Gegenmaßnahmen

### Gezielt

Eine Behandlung wird nur bei einer Gradation durchgeführt. Es werden nützlingsschonende Präparate angewendet (z. B. Produkte auf Basis von Pirimicarb).

### *Kleine Johannisbeerblattlaus (Aphis schneideri)*

## Wirtspflanzen

Die Kleine Johannisbeerblattlaus ist allgemein verbreitet. Sie lebt auf allen Arten der Gattung *Ribes*. Schwarze Johannisbeeren werden am häufigsten befallen.

## Schadbild

Die Blattläuse sind auf der Blattunterseite zu finden. Sie bilden an den Triebspitzen dichte Nester aus befallenen Blättern. Die Blätter sind verkrümmt und charakteristisch nach unten gebogen. Die Triebe sind eingerollt und die Internodien verkürzt. Durch Honigtauausscheidungen der Läuse sind Schwärzepilze an Blättern und Früchten zu beobachten.

## Bedeutung

Die Kleine Johannisbeerblattlaus kann stellenweise beträchtliche Schäden an Johannisbeeren verursachen. Bedeutung vor allem in Baumschulen und auf Jungpflanzen.

## Biologie

Winzige, ca. 2 mm kleine, dunkelblaugrüne Blattläuse, bestäubt mit weißen Wachsschuppen. Die flügellosen Jungläuse schlüpfen im Frühjahr und befallen

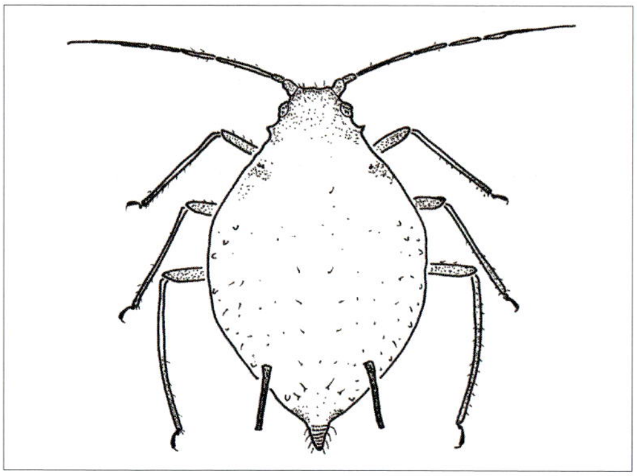

Kleine Himbeerblattlaus (Zacharda, M.)

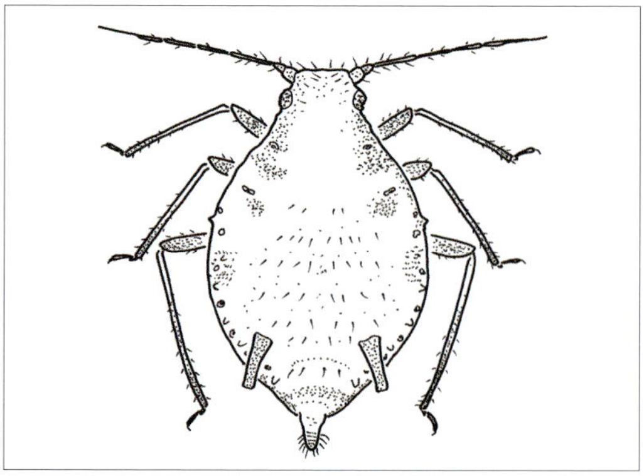

Kleine Johannisbeerblattlaus (Zacharda, M.)

Kleine Johannisbeerblattlaus – Strohgelbe Mumien (Parasitierung durch Blattlausschlupfwespen) (Pokorný, V.)

Kleine Johannisbeerblattlaus – Befall an Gold-Johannisbeere (Pokorný, V.)

zuerst die Blütentrauben. Später gehen sie auf die Triebspitzen über, wo sie dichte Kolonien bilden. Ab Juni erscheinen geflügelte Weibchen, die nach neuen Nahrungsquellen suchen und dabei auch auf Zierarten der Johannisbeere wechseln. Im Herbst erscheinen Geschlechtsformen, die ihre Eier an jungen Trieben ablegen.

**Gegenmaßnahmen**

**Gezielt**

Siehe Johannisbeerblasenlaus.

### *Kleine Stachelbeertrieblaus (Aphis grossulariae)*

**Wirtspflanzen**

Auf der Stachelbeere ist die Kleine Stachelbeertrieblaus häufig, auf Johannisbeeren schadet sie nur gelegentlich.

**Schadbild**

Befallene Triebe sind gebogen und verdreht. Die Internodien sind verkürzt. Blätter sind gekräuselt und bilden dichte Blattnester. Bei starkem Befall können Blüten und Beeren verkümmern. Durch Honigtauausscheidungen der Läuse sind Schwärzepilze an Blättern und Früchten zu beobachten.

**Bedeutung**

Die Kleine Stachelbeertrieblaus kann stellenweise beträchtliche Schäden an Stachelbeeren verursachen.

**Biologie**

Adulte Läuse sind dunkelgrün, wachsüberzogen und 1,5–1,8 mm lang. Die Fühler sind kürzer als der Körper und die Siphonen schlank und zylinderförmig. Aus den überwinternden Eiern schlüpfen ab Ende März die Nymphen. Flügellose Blattläuse vermehren sich zuerst an Blütenknospen, später befallen sie Triebspitzen. Anfang des Sommers wechseln sie auf den Zwischenwirt Schneeball (*Viburnum* sp.) bzw. Weidenröschen (*Epilobium* sp.), von wo sie im Herbst wieder zurückkehren.

**Gegenmaßnahmen**

**Vorbeugend**

Befallene Triebspitzen sollten frühzeitig entfernt werden. Der Einsatz und Schutz von Nützlingen (Florfliegen, Schlupfwespen, Marienkäfer etc.) wird empfohlen.

**Gezielt**

Eine Bekämpfung im Winter oder im Frühjahr ist bei häufigem Befall möglich. Üblicherweise wird aber eine gezielte Behandlung nicht durchgeführt. Schutzmaßnahmen wie bei der Johannisbeerblasenlaus.

Kleine Stachelbeertrieblaus (Pokorný, V.)

## *Macrosiphum funestum*

**Wirtspflanzen**
Brombeere.

**Bedeutung**
Seltenes Auftreten; befällt gelegentlich Kulturbrombeeren. Aus wirtschaftlicher Sicht ist sie jedoch bedeutungslos.

**Biologie**
Große, grüne bis rötliche Blattlaus mit langen Beinen und Fühlern. Die Art überwintert als Ei. Im Frühjahr entwickeln sich auf den Jungtrieben Kolonien, am auffälligsten ist diese Art im Mai und Juni.

**Gegenmaßnahmen**
Nicht erforderlich.

*Macrosiphum funestum* – Grüne Form
© R. Dransfield, InfluentialPoints.com

*Macrosiphum funestum* – Grüne Form
© R. Dransfield, InfluentialPoints.com

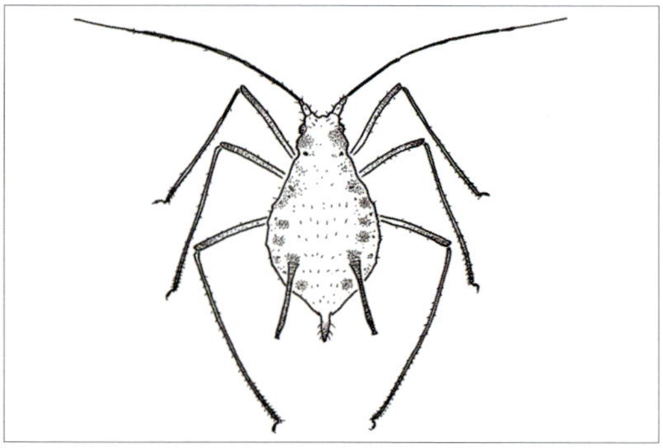

*Macrosiphum funestum* (Zacharda, M.)

## Stachelbeerblatttrieblaus (*Hyperomyzus pallidus*)

**Wirtspflanzen**
Stachelbeere, Gänsedistel.

**Schadbild**
Gelbe Adernverfärbung.

**Bedeutung**
Die Stachelbeerblatttrieblaus kommt eher selten vor.

**Biologie**
Grün gefärbte Blattlaus, die man auf der Stachelbeere findet. Geflügelte Weibchen wechseln im Sommer auf die Gänsedistel, wo sie sich bis zum Herbst auf der Blattunterseite vermehren. Dann kehren sie auf die Stachelbeere zurück, um dort zu überwintern.

**Gegenmaßnahmen**
Nicht erforderlich.

Stachelbeerblatttrieblaus – Kolonie ungefl. Individuen
© C. Pilon

Stachelbeerblatttrieblaus – Geflügelte Form © C. Pilon

## Schildläuse (Coccoidea)

### *Gelbe Austernschildlaus (Diaspidiotus ostreaeformis, Syn.: Quadraspidiotus ostreaeformis)*

Siehe Kernobst.

### *Gemeine (Zwetschken-)Napfschildlaus, Große Obstbaumschildlaus (Parthenolecanium corni, Syn.: Eulecanium corni); Pflaumenschildlaus (Sphaerolecanium prunastri)*

Siehe Steinobst.

### *Kommaschildlaus (Lepidosaphes ulmi, Syn.: Mytilococcus ulmi)*

Siehe Kernobst.

### *Maulbeerschildlaus (Pseudaulacaspis pentagona)*

**Wirtspflanzen**

Maulbeere, Pfirsich, Nektarine, Aprikose, Citrus, Mandel, Johannisbeere, Kiwi, Süßkirsche, Stachelbeere und zahlreiche Ziergehölze.

**Schadbild**

An der Rinde, z. T. auch am Laub zeigen sich weiße, wachsüberzogene, längliche Schilde. Dies sind die männlichen Larven der Maulbeerschildlaus. Die Weibchen besiedeln ausschließlich die Rinde der Wirtspflanzen und haben einen gelblich weißen, rundovalen Schild von 2–2,5 mm Durchmesser. Bei einem starken Befall wirken Stamm, Äste und Zweige der befallenen Pflanzen wie gekalkt. Es kommt zu einem Kümmerwuchs und schließlich zu einem Absterben der stark befallenen Pflanzenteile.

**Bedeutung**

Die vermutlich aus Asien stammende Maulbeerschildlaus wurde Mitte des 19. Jahrhunderts wahrscheinlich mit Maulbeerpflanzen für die Seidenraupenzucht nach Norditalien eingeschleppt und hat sich von dort in den letzten 30 Jahren stark ausgebreitet.

**Biologie**

Die Überwinterung der befruchteten Weibchen erfolgt am Holz. Je nach Witterung werden Ende April/Anfang Mai ca. 100–150 Eier unter dem Schild abgelegt. Die weißlich rötlichen, 0,2 mm großen längsovalen Larven (Crawler) schlüpfen nach ca. 2–3 Wochen. Die weiblichen Crawler wandern bis zu einem Meter, bevor sie sich festsetzen. Sie können so auch neue Bereiche oder Nachbarpflanzen besiedeln. Die männlichen Larven bleiben meist in der Nähe des mütterlichen Schildes. Bevorzugt werden borkige Rindenbereiche, die den Crawlern Schutz bieten. Nur wenige Tiere besiedeln ein- und zweijährige Triebe. Ab Mitte Juni bis Anfang Juli werden geflügelte, rötlich gefärbte Männchen der ersten Generation mit einer Flügelspannweite von 1,4 mm gebildet. Die Männchen schwärmen aus und finden, durch Pheromone angelockt, auch einzelne Weibchen und befruchten diese. Ab Mitte August bis Anfang Oktober fliegen die Männchen der zweiten Generation. Die befruchteten Weibchen überwintern und können dabei auch sehr niedrige Temperaturen (mind. bis –18 °C) unbeschadet überdauern.

**Ökologie**

Die Verbreitung der Maulbeerschildlaus geschieht durch Windverfrachtung der Larven oder Verschleppung durch befallene Pflanzen.

**Gegenmaßnahmen**

**Vorbeugend**

Die Flugaktivität der geflügelten männlichen Tiere kann mit Pheromonfallen überwacht werden.

**Gezielt**

Stämme und Leitäste können während der Vegetationsruhe vor dem Austrieb mit Wasser unter hohem Druck abgestrahlt werden (Vorsicht bei empfindlicher Rinde!). Roden stark befallener Bäume und das Wegschneiden befallener Äste und Zweige ebenfalls während der Vegetationsruhe vor dem Austrieb.

Maulbeerschildlaus – Männliche und weibliche Imagos
(© J.A. Davidson. Bugwood.org)

Zur Förderung der natürlichen Gegenspieler und zum Erhalt vorhandener Nützlingspopulationen wird empfohlen, geschnittenes Befallsmaterial unter den Bäumen zu belassen und nicht zu mulchen. In Forschungsprojekten konnte festgestellt werden, dass es bei der Maulbeerschildlaus zu Parasitierungsraten von 11 bis 30 % aufgrund natürlich vorkommender Gegenspieler kommt. Hierbei handelt es sich vor allem um Erzwespen *(Encarsia berlesei* und Aphytis-Arten, seltener Thomsonisca-Schlupfwespen). Daneben spielen auch räuberische Gallmücken und Marienkäfer (Strichfleckiger, Nierenfleckiger Kugelmarienkäfer und Deckelschildlaus-Kugelkäfer) eine Rolle bei der natürlichen Regulation des Schädlings. Zur langfristigen Etablierung von Nützlingen wird mittlerweile auch Schnittgut aus Anlagen mit einem höheren Anteil an Schildlaus-Gegenspielern in befallene Anlagen eingebracht.

#### *San-José-Schildlaus (Quadraspidiotus perniciosus, Syn.: Diaspidiotus perniciosus)*

Siehe Kernobst.

## Schmetterlingszikaden (Flatidae)

### *Bläulingszikade (Metcalfa pruinosa)*

#### Wirtspflanzen

Diese Zikade ist außerordentlich polyphag (ca. 300 Wirtsarten). Unter Kulturpflanzen werden Himbeere, Brombeere, sämtliche Stein-, Kern- und Nussobstgewächse sowie Wein bevorzugt. Es wird jedoch auch ein breites Spektrum an Laubgehölzen und krautigen Pflanzen als Wirtspflanzen angenommen.

#### Schadbild

Wachsausscheidungen der Larven an Blattunterseiten und Ästen. Vergilben der Blätter durch die Saugtätigkeit der Larven ist möglich.

#### Bedeutung

Starker Befall kann zu einer Reduktion des Pflanzenwachstums und zu schwächerer Fruchtbildung führen. Durch Wachsausscheidungen der Larven kommt es zur Verunreinigung der Früchte und folglich zu Qualitätsverlust. Auf den Honigtauausscheidungen der Larven sekundär angesiedelte Schwärzepilze (Rußtau) führen ebenfalls zu Qualitätseinbußen.

#### Biologie

Die in Mitteleuropa von Mai bis Juni aus den überwinternden Eiern schlüpfenden, weißlich-hellgrünen Larven werden bis zu 4 mm lang. Bei älteren Larvenstadien sind Flügelstummel zu erkennen. Am Hin-

Bläulingszikade – Befallsbild an der Ringlotte (Stolz, M.)

Bläulingszikade – Befallsbild an der Walnuss (Stolz, M.)

terende des Abdomens befinden sich auffällige Büschel weißer Wachsfäden. Das fünfte Larvenstadium häutet sich zur 5–8 mm langen, hell- bis dunkelgrauen erwachsenen Zikade, deren mit Wachspartikeln besetzten Flügel in Ruhelage keilförmig aufgestellt werden. Die Eiablage erfolgt im Sommer bis Herbst in Rindenritzen der Wirtspflanzen. Es wird eine Generation pro Jahr gebildet.

**Ökologie**
Die aus Nordamerika stammende Art wurde in den 70er-Jahren mit Pflanzenimporten nach Europa eingeschleppt. Sie ist – nach derzeitigem Wissensstand – kein Überträger von Viren oder Phytoplasmosen. Da der von den Larven produzierte Honigtau von Honigbienen als Trachtquelle genutzt wird, sollten Pestizideinsätze gegen *Metcalfa* entfallen, da diese auch die Honigbiene schädigen würden!

Bläulingszikade – Imagines (Stolz, M.)

Bläulingszikade – Larven mit Wachsausscheidungen (Stolz, M.)

Bläulingszikade – Frisch geschlüpfte Imagines (Stolz, M.)

**Gegenmaßnahmen**
**Vorbeugend**
Kein Pflanzmaterial auf befallenen Gegenden verwenden. Verschleppungen vermeiden. Zurückschneiden von Zweigen bringt meist keine Abhilfe, da die Eier vorwiegend an älteren Astpartien und Stämmen abgelegt werden. Förderung potenzieller natürlicher Gegenspieler, wie Marienkäfer und Florfliegen.

**Gezielt**
Spritzbehandlung mit nützlings- bzw. bienenschonenden Insektiziden gegen saugende Insekten. Freilassung der parasitischen, ebenfalls aus Nordamerika stammenden Zikadenwespe *Neodryinus typhlocybae* (derzeit noch nicht zugelassen!).

***Grüne Reiswanze (Nezara viridula)***
Siehe Kernobst.

***Marmorierte Baumwanze (Halyomorpha halys)***
Siehe Steinobst.

## Zweiflügler (Diptera)

### Gallmücken (Cecidomyiidae)

***Himbeergallmücke (Lasioptera rubi)***

**Wirtspflanzen**
Himbeere, Brombeere.

**Schadbild**
An Trieben von Himbeeren und Brombeeren entstehen infolge des Befalls Gallen, in denen man einige 2–3 mm lange, orangerote Mückenlarven findet.

**Bedeutung**
Durch die Gallenbildung kann das Pflanzenwachstum derart beeinflusst werden, dass die Triebe oberhalb der Gallen absterben und somit sowohl Blatt- als auch Fruchtwachstum gehemmt wird.

### Biologie
Die Imagines der ca. 2 mm kleinen, braunschwarzen Mücke mit silberfarbener Bänderung fliegen ab Mai bis Juli. Dire orangeroten Larven entwickeln sich ab Juni bis Juli bis zum Frühling des kommenden Jahres in den Gallen.

### Ökologie
Die Larven werden in den Gallen von den Erzwespenarten *Eupelmella vesicularis* und *Callimone abbreviatum* befallen.

### Gegenmaßnahmen
**Vorbeugend**

Im Herbst werden Triebe mit Gallen abgeschnitten und verbrannt.

## *Johannisbeerblattgallmücke (Dasineura tetensi)*

### Wirtspflanzen
Johannisbeere, Stachelbeere.

Himbeergallmücke – Galle (Pokorný, V.)

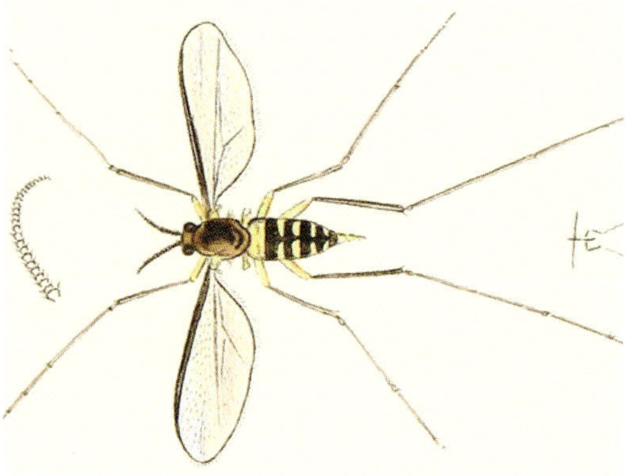

Himbeergallmücke – Adult J. F. Stephens, Public Domain

### Schadbild
Infolge der Saugtätigkeit der Larven werden die Blätter gekräuselt und deformiert (flügelartig verdreht). Junge Triebe können sich nicht mehr entfalten und vertrocknen in weiterer Folge.

### Bedeutung
Bei Massenauftreten ist das Pflanzenwachstum stark gehemmt und der Ertrag bedeutend reduziert. In Produktionsanlagen ist eine Behandlung nur selten notwendig. In Baumschulen haben die Deformationen größere Bedeutung, da die jungen Beerensträucher mit Triebverkrümmungen nicht mehr zum Verkauf geeignet sind.

### Biologie
Die 1–2 mm kleinen, braun-gelblichen Mückenweibchen legen ihre Eier an austreibenden Johannisbeer- und Stachelbeerblättern ab. Die weißlichen Larven sind bis zu 2 mm lang. Vor der Verpuppung fallen sie zu Boden und bohren sich in die Erde ein. In der Oberschicht spinnen sie einen Kokon, in dem sie sich verpuppen. Die Art hat drei bis vier Generationen im Jahr.

### Gegenmaßnahmen
Meist nicht erforderlich.

Johannisbeerblattgallmücke – Schadbild © M. Gammelgaard

Johannisbeerblattgallmücke – Larve © M. Gammelgaard

# Nussobst

Alle in diesem Buch beschriebenen **Nussobstarten** haben im botanischen Sinn Schließfrüchte, bei denen die Schichten der Fruchtwand verholzen.

Die Walnuss gehört zur Familie der Walnussgewächse (Juglandaceae). Man findet diesen Laubbaum in Amerika, Asien und Europa. In Mitteleuropa ist vorwiegend die Echte Walnuss (*Juglans regia*) anzutreffen. Wesentlich seltener ist die Schwarznuss (*Juglans nigra*). Der Walnussbaum wird bis zu 25 m hoch. Am besten gedeihen Walnüsse auf tiefgründigem, kalkhaltigem Boden.

Die Haselnuss (*Corylus avellana*) ist eine Pflanzenart aus der Familie der Birkengewächse. Der Haselnussstrauch wird bis zu 5 m hoch und ist ein sommergrüner Strauch, der in Europa und Mittelasien heimisch ist. Er wächst an Waldrändern und Feldhecken und gedeiht am besten auf gut durchlüfteten, feuchten Böden mit hohem Humusgehalt.

Die Edelkastanie ist im Mittelmeerraum heimisch und zählt zu den Buchengewächsen (Fagaceae).

### Nussobst-Arten in diesem Buch

Walnuss – *Juglans regia* (Richter, M.)

Haselnuss – *Corylus avellana* (Richter, M.)

Edelkastanie, Maroni – *Castanea sativa* (Richter, M.)

# Krankheiten

## Bakterienkrankheiten (Bakteriosen)

### Bakterienbrand der Walnuss (*Xanthomonas juglandis*)

**Wirtspflanzen**

Walnuss.

**Schadbild**

Der Bakterienbrand befällt Blätter, Triebe und vor allem Früchte. Auf den Früchten entstehen winzige, etwas erhabene, wässrige Flecken, die sich schnell vergrößern, versinken und schwarz werden. Allmählich entstehen große schwarze Flecken, die durch einen wässrigen Saum abgegrenzt sind. Die Nekrose dringt in das Innere der Frucht und befällt den Kern. Die Früchte werden schwarz, vertrocknen und fallen ab. Bei später befallenen Früchten bleiben die Kerne gesund und die Früchte fallen nicht ab. An den Blättern entstehen eckige, zuerst wässrige, später nekrotische, durch die Blattnervatur abgegrenzte Flecken. Kleine Flecken fließen zusammen und bilden große braune Flecken. Diese erscheinen vor allem auf der Blattnervatur und auf den Blattstielen. Jene auf der Rinde einjähriger Triebe sind üblicherweise dunkler verfärbt. Terminalteile der Triebe vertrocknen.

**Biologie**

Diese Bakterien überwintern überwiegend im Gewebe befallener Triebe. Am Rand der Flecken bildet sich unter günstigen Bedingungen weißliches Exsudat mit Bakterien. Diese dringen über Öffnungen, wie Spaltöffnungen oder Wunden, in die Pflanzen ein und vermehren sich im Pflanzengewebe. Später im Jahr treten sie in Form gummiartiger Schleimtröpfchen aus der Pflanze aus und können in dieser Form von Insekten oder Regentropfen weiterverbreitet werden.

**Ökologie**

Die Ausbreitung erfolgt bei feuchter Witterung, meist durch Wasser, wobei die Temperatur kaum von Bedeutung ist.

**Gegenmaßnahmen**

**Gezielt**

Das Vorkommen des Bakterienbrandes kann durch eine Frühjahrsbehandlung mit kupferhaltigen Präparaten eingeschränkt werden. Auf Standorten mit regelmäßigen Krankheitsvorkommen werden die Kulturen vor der Blüte und ein- bis zweimal nach der Blüte behandelt.

## Pilzkrankheiten (Mykosen)

### Marssonia-Blattfleckenkrankheit der Walnuss (*Gnomonia leptostyla*)

**Wirtspflanzen**

Vor allem *Juglans regia* und andere Arten der Gattung *Juglans*, inklusive der Schwarz-Walnuss (*Juglans nigra*). Es gibt wesentliche Unterschiede in der Empfindlichkeit der verschiedenen Sorten und Sämlingstypen.

**Schadbild**

Der Parasit befällt Blattflächen, Blattstiele, Triebe und Früchte. Auf den Blättern findet man zuerst kleine gelbgrüne, kaum begrenzte, vom Zentrum aus allmählich braun werdende Flecken. Die kleineren Flecken sind deutlich dunkelbraun gesäumt. Bei star-

Bakterienbrand der Walnuss – Befallene Früchte (Ackermann, P.)

Marssonia – Befall der Früchte (Ackermann, P.)

Marssonia-Blattfleckenkrankheit der Walnuss
(Státní rostlinolékařská)

Marssonia – Triebbefall (Ackermann, P.)

kem Befall verbinden sich die Flecken untereinander, die Blätter deformieren und fallen vorzeitig ab. Auf Blattnervatur und Stielen sieht man braune, dunkel gesäumte, längliche, leicht eingesenkte Flecken. Auf den Trieben sind die Flecken graubraun, länglich und eingesenkt. Auf den Früchten befinden sich verschieden große (meist 2–8 mm), oft unregelmäßige, leicht eingesenkte, graubraune bis schwarze Flecken. Sie fließen zusammen und die stark beschädigten Früchte werden sekundär von saprophytischen (fäulniszersetzenden) Pilzen besiedelt oder fallen ab. An den befallenen Stellen erscheinen Fruchtkörper (Acervuli) mit Konidien.

### Bedeutung

Bei starkem Befall kommt es zu vorzeitigem Laubfall und wesentlicher Schädigung und schließlich zum Abfallen der Früchte. Als Folge des vorzeitigen Laubfalls steigt bei nicht ausgereiften Holzteilen das Überwinterungsrisiko.

### Biologie

Der Parasit aus der Abteilung der Schlauchpilze (Ascomycota) überwintert auf abgefallenem Laub bzw. Früchten. Im Frühjahr reifen hier die Fruchtkörper (Perithecien) mit Schläuchen und Ascosporen heran. Ascosporen verursachen die Primärinfektion. Sie sind meist in der ersten Maihälfte reif und werden in Abhängigkeit von Niederschlägen bis Mitte Juni freigesetzt. Auf befallenen Pflanzenteilen entstehen Fruchtkörper, Acervuli und Konidien, welche sekundär die Krankheit verbreiten.

### Ökologie

Die Krankheit breitet sich vor allem bei warmer (Optimum 18–22 °C) und regnerischer Witterung aus. Ascosporen werden nach einer Befeuchtung der Fruchtkörper freigesetzt. Ascosporen und Konidien können nur auf feuchten Pflanzenteilen keimen und eine Infektion verursachen.

### Gegenmaßnahmen

#### Vorbeugend

Jene Präventivmaßnahmen sind bedeutend, die die Bedingungen für eine Krankheitsausbreitung verschlechtern (Standortwahl, Luftigkeit des Bestandes und der Krone usw.). Auf Risikostandorten soll der Anbau von empfindlichen Sorten vermieden werden. Abgefallenes Laub mit Winterstadien des Pilzes sollte vernichtet werden.

#### Gezielt

Eine chemische Behandlung wird vor allem in Baumschulen und jungen Beständen durchgeführt. Die Behandlung erfolgt vor der Blüte und wird nach der Blüte in einem Intervall von 7–14 Tagen ein- bis zweimal wiederholt. Die Zahl der Behandlungen und die Intervalle richten sich nach der tatsächlichen Gefährdung.

## Microstroma-Blattfleckenpilz (*Microstroma juglandis*)

### Wirtspflanzen

Walnuss und einige verwandte Arten.

### Schadbild

An der Blattunterseite entstehen in der Nähe von Adern blassgrüne bis gelbgrüne, verschieden große und gestaltete, durch Blattadern abgegrenzte Flecken. Ausnahmsweise sind die befallenen Teile mäßig gewölbt. An der Blattunterseite bildet sich weißer, niedriger Konidiophorenbewuchs („White mold", „White leaf spot"), in dem Konidien entstehen. Die

Microstroma-Blattfleckenpilz – Konidiophoren an der Blattunterseite (Beránek, J.)

Flecken werden allmählich braun und vertrocknen. Auf der Fruchtschale entstehen winzige weißliche Bläschen.

**Bedeutung**
Der Befall betrifft meist nur einzelne Blätter. Ausnahmsweise werden auch junge Früchte und Triebe befallen.

**Biologie**
Der zur Abteilung der Ständerpilze (Basidiomycota) gehörende Parasit überwintert auf Bäumen, entweder auf Blättern oder auf Trieben bzw. im Falllaub. Während der Vegetationsperiode erfolgt die Ausbreitung durch Konidien.

**Ökologie**
Die Erkrankung breitet sich vor allem bei feuchtwarmem Wetter aus und kommt überwiegend in den wärmeren Regionen vor.

**Gegenmaßnahmen**
**Vorbeugend**
Eine Behandlung gegen den Bakterienbrand schränkt gleichzeitig auch das Vorkommen von *Microstroma juglandis* ein.

## Monilia-Fruchtfäule (*Monilia fructigena*)

**Wirtspflanzen**
Haselnuss.

**Schadbild**
An jungen Nüssen entstehen braune Flecken, die sich vergrößern, bis die gesamte Frucht braun wird. Befallene Nüsse entwickeln sich nicht weiter. Ihre Blattschalen bleiben lange grün. Ab Juli vertrocknen sie allmählich und die gesamten Fruchtstände fallen ab.

**Bedeutung**
Die Krankheit aus der Familie der Sklerotienbecherlingsverwandten (Sclerotiniaceae) der Abteilung Schlauchpilze (Ascomycota) befällt einzelne Früchte oder gesamte Fruchtstände. In dem Fall, dass nur einzelne Früchte befallen sind, entwickeln sich die gesunden Früchte ganz normal weiter und reifen heran.

**Biologie**
Das Myzel überwintert im befallenen Gewebe.

**Ökologie**
Die Krankheit breitet sich bei regnerischer, warmer Witterung durch Konidien aus.

**Gegenmaßnahmen**
**Vorbeugend**
Schutzmaßnahmen konzentrieren sich auf die Prävention: Vor allem die Standortwahl sowie die Luftigkeit des Bestandes und des Busches sind wichtig. Befallene Fruchtstände müssen entfernt werden.

**Gezielt**
Die Anzahl der Behandlungen und ihre Abstände sollten sich nach dem aktuellen Gefährdungsgrad richten.

Monilia-Fruchtfäule der Haselnuss – Befallene Frucht (Rod, J.)

# Tierische Schädlinge

## Spinnentiere (Arachnida)

### Milben (Acari)

#### Gall- und Rostmilben (Eriophyidae)

***Haselnuss-Knospengallmilbe (Phytoptus avellanae)***

**Wirtspflanzen**

Haselnuss, vorwiegend die Gemeine Hasel (*Corylus avellana*), aber auch die Baumhasel (*Corylus colurna*) ist betroffen.

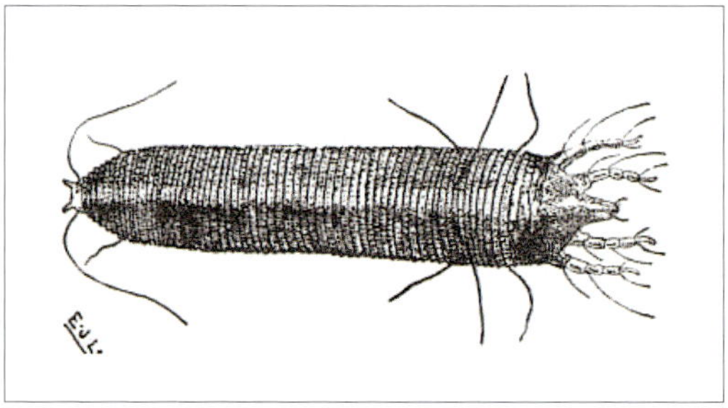


Haselnuss-Gallmilbe (Encyclopædia Britannica, 1911)

**Schadbild**

Befallene Knospen sind vergrößert und können bereits im September deutlich von gesunden Knospen unterschieden werden. Im Spätwinter erreichen die befallenen Knospen Durchmesser von 10–15 mm (Baumhasel bis zu 30 mm). Befallene Knospen treiben nicht aus und vertrocknen im Spätfrühling.

**Bedeutung**

Ein Befall durch die Haselnuss-Knospengallmilbe hat auf den Ertrag nur einen vernachlässigbaren Einfluss.

**Biologie**

Im Winter konzentrieren sich die Milben in den angeschwollenen Knospen. Im zeitigen Frühjahr findet man Milben in weiblichen und männlichen Blüten. Später im Frühjahr wechseln die Weibchen auf die Unterseite austreibender Blätter, wo sie Eier legen. Aus diesen schlüpfen bewegliche Protonymphen, aus denen sich mehr oder weniger unbewegliche Deutonymphen entwickeln, die sesshaft auf der Blattunterseite entlang der Adern leben. Im Juni wandeln sich diese zu Imagines um. In den zu Gallen umgewandelten Knospen vermehren sich die Milben weiter.

**Gegenmaßnahmen**

**Gezielt**

Es werden Rapsöl-Präparate empfohlen.

***Walnussgallmilbe (Eriophyes erineus)***

**Wirtspflanzen**

Walnuss.

**Schadbild**

Auf Blättern erscheinen nach oben gewölbte Gallen. Ihre Unterseite ist mit einem dichten Trichomgeflecht gefüllt.

**Bedeutung**

Die Art hat mehrere, sich zeitlich überdeckende Generationen im Jahr. Meist wird der Großteil der Blätter eines Baumes befallen, wobei aber weder die Bäume geschädigt noch der Umfang und die Qualität der Ernte beeinflusst werden. Bei besonders starkem

Haselnuss-Knospengallmilbe – Von Milben zu einer Galle umgewandelte Knospe (Hluchy, M.)

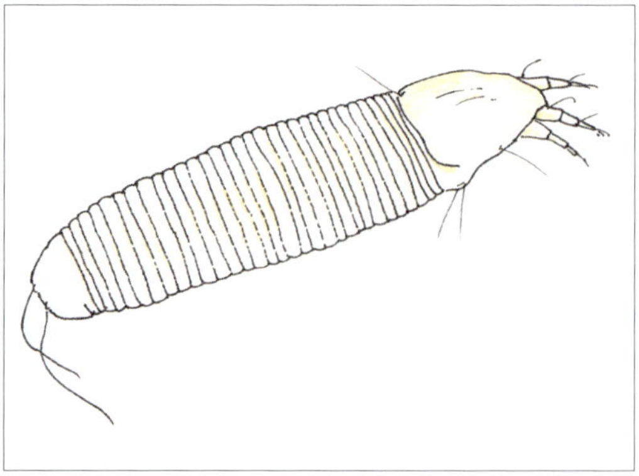

Walnussgallmilbe (Stolz, M.)

Walnussgallmilbe – Gallen an Walnussblättern (Hluchy, M.)

Walnussgallmilbe – Galle am Walnussblatt – Blattoberseite, Detail (Stolz, M.)

Walnussgallmilbe – Galle am Walnussblatt – Blattunterseite (Stolz, M.)

Walnussgallmilbe – Gallen an der Blattunterseite – Starker Befall (Stolz, M.)

Walnussgallmilbe – Gallen an Früchten (Hluchy, M.)

Befall von Jungbäumchen in Baumschulen kann die Kronenbildung beeinträchtigt werden.

**Biologie**
In den Gallen findet man zwischen den Trichomen winzige, nur 0,2–0,24 mm lange, weißliche tetrapode Milben mit einem länglichen Körperbau. Die Weibchen überwintern unter den Knospenschuppen. Im Frühjahr befallen sie austreibende Blätter.

**Gegenmaßnahmen**
Nicht erforderlich.

## Insekten (Insecta)

### Hautflügler (Hymenoptera)

#### Blattwespen (Tenthredinidae)

***Haselnuss-Blattwespe (Craesus septentrionalis)***

**Wirtspflanzen**
Die Larven leben nicht nur an der Haselnuss, sondern auch an Birken, Erlen und anderen Laubgehölzen.

**Schadbild**
Haselblätter werden vom Rand her durch Gruppen gelbgrüner bis blaugrüner Larven mit schwarzem Kopf abgefressen.

**Bedeutung**
Die Larven können gelegentlich Kahlfraß verursachen. Trotzdem erfordert ihr Vorkommen lediglich auf jungen Sträuchern Behandlung.

**Biologie**
Larven erreichen eine maximale Körperlänge von 22 mm. Bei Störung heben sie ihren Hinterleib hoch

Haselnuss-Blattwespe – Larven (Pokorný, V.)

Haselnuss-Blattwespe – Adult © C. Brückner

Haselnuss-Blattwespe – Adult © C. Brückner

Blattwespe *Nematus melanocephalus* – Adultes Tier (Pokorný, V.)

und nehmen eine s-förmige Körperposition an. Die Imagines der Frühjahrsgeneration fliegen im Mai und Juni; die Sommergeneration erscheint im August. Präpuppen bohren sich in das Erdreich ein, wo sie sich in einem länglichen braunen Gespinst verpuppen.

### Ökologie

Die ebenfalls auf der Hasel lebende Blattwespe *Nematus melanocephalus* hat eine ähnliche Bionomie. Die Larven dieser Art leben ebenfalls in Gruppen.

### Gegenmaßnahmen

#### Vorbeugend

Meistens genügt es, die Larven mechanisch zu beseitigen und zu vernichten.

## Gallwespen (Cynipidae)

***Japanische Esskastanien-Gallwespe, Kastaniengallwespe (Dryocosmus kuriphilus)***

### Wirtspflanzen

In Europa ist nur die Edelkastanie (*Castanea sativa*) betroffen.

### Schadbild

An Knospen und Blattbasen bilden sich grüne bis rosafarbene Gallen. Durch die Verkrüppelung von Knospen und Blättern wird großteils der Fruchtansatz verhindert. Das Absterben ganzer Astpartien ist möglich.

### Bedeutung

Ertragseinbußen bis zu 70 % werden beschrieben.

### Biologie

Die Kastaniengallwespe vermehrt sich parthenogenetisch. Es sind bisher nur weibliche Wespen beobachtet worden. Ende Mai bis Anfang Juli schlüpfen die adulten Wespen und legen Eipakete mit drei bis 30 Eiern in Blatt- und Blütenknospen ab. Während ihrer kurzen Lebensdauer von wenigen Tagen können die Weibchen bis zu 100 Eier produzieren. Die Larven schlüpfen nach 30–40 Tagen und beginnen im Frühjahr, nach der Überwinterung als Junglarve, mit verstärkter Fraßtätigkeit und beschleunigtem Wachstum. Mit dem beginnenden Triebwachstum der Kastanie werden neue, mehrkammerige Gallen gebildet, in denen die Larven bis zur Verpuppung

(Mitte Mai bis Mitte Juli) fressen. Nach einer kurzen Puppenruhe schlüpft die neue Wespengeneration.

Es wird eine Generation pro Jahr gebildet.

### Ökologie

Ursprünglich aus China stammend, wurde die Kastaniengallwespe vermutlich mit infiziertem Baumschulmaterial Anfang dieses Jahrtausends nach Europa eingeschleppt. Die neozoe Art ist relativ kälteempfindlich. Bisher sind Vorkommen in Italien, Slowenien und Frankreich beschrieben. Die Ausbreitung erfolgt sowohl durch befallene Pflanzenteile (Baumschulware, Veredelungsmaterial) als auch durch Windverdriftung.

Die Kastaniengallwespe wird von heimischen Parasitoiden zwar als Wirt angenommen, jedoch reicht deren Parasitierungsleistung nicht für eine ausreichende Eindämmung bzw. Bekämpfung aus.

### Gegenmaßnahmen

#### Gezielt

Freilassen der ebenfalls aus China stammenden Erzwespe *Torymus sinensis*. Der Bekämpfungserfolg stellt sich erst nach mehreren Generationen ein.

Japan. Esskastanien-Gallwespe – Schadbild an Knospe
© Jerry A. Payne, USDA Agricultural Research Service, Bugwood.org

Japan. Esskastanien-Gallwespe – Schadbild Blattgallen
© Gyorgy Csoka, Hungary Forest Research Institute, Bugwood.org

Japan. Esskastanien-Gallwespe – Larve in Galle
© Lacy L. Hyche, Auburn University, Bugwood.org

Japan. Esskastanien-Gallwespe – Schadbild Blattgalle
© Gyorgy Csoka, Hungary Forest Research Institute, Bugwood.org

Japan. Esskastanien-Gallwespe – Frisch geschlüpftes Weibchen in Galle © Fabio Stergulc, Università di Udine, Bugwood.org

Japan. Esskastanien-Gallwespe – Adulte Wespe
© Gyorgy Csoka, Hungary Forest Research Institute, Bugwood.org

## Käfer (Coleoptera)

### Blattroller (Attelabidae)

#### *Haselblattroller (Apoderus coryli)*

**Wirtspflanzen**

Haselnuss.

**Schadbild**

Ab Ende Juli bis August erscheinen auf Haseln rote, 6–7 mm lange „Rüsselkäfer" mit schwarzem Kopf und Schildchen.

**Bedeutung**

Die Art ist weitverbreitet, als Schädling jedoch kaum von Bedeutung.

**Biologie**

Weibchen rollen Haselblätter ein und legen in dieses Blattbüschel ein bis vier Eier ab. Die gesamte Larvenentwicklung sowie die Verpuppung finden in diesen Rollen statt. Im Sommer schlüpfen die fertig entwickelten Käfer, welche in Nordeuropa auch überwintern. In Mitteleuropa wird eine zweite Generation gebildet, die als Larve überwintert.

Haselblattroller – Adultes Tier (Beránek, J.)

Haselblattroller – Schadbild an Haselblättern (Pokorný, V.)

**Gegenmaßnahmen**

Nicht erforderlich.

### Rüsselkäfer (Curculionidae)

#### *Haselnussbohrer (Curculio nucum)*

**Wirtspflanzen**

Haselnuss; Larvenentwicklung auch in Eicheln.

**Schadbild**

Im Mai und Juni beißen die Käfer tiefe Löcher in junge Nüsse und die Larven fressen das innere Gewebe aus. Blätter zeigen winzige Löcher aufgrund des Käferbefalls. Die von den Käferlarven bewohnte Nuss entwickelt sich weiter und reift heran, ist jedoch voller Schrot und Kot. Oft fallen die befallenen Früchte ab, manchmal bleiben sie in den Blattschalen stecken. Sie fallen durch ein rundliches Loch mit einem Durchmesser von 2 mm auf der Seite der Nuss auf.

**Bedeutung**

Der Haselnussbohrer ist der wichtigste Schädling der Haselnuss. Die Imagines beschädigen die jungen Früchte, während die Larven die Nüsse ausfressen.

**Biologie**

Braune Käfer mit unregelmäßig hell gefleckten Deckflügeln. Der Rüssel ist lang und stark gebogen. Die Fühler sind geknickt und hell. Die Körperlänge beträgt 6–9 mm. Der Körper verschmälert sich vom Vorderrand bis zum Hinterrand des Abdomens deutlich. Die Käfer schlüpfen im Mai und sind an

Haselnussbohrer – Adultes Tier (Pokorný, V.)

sonnigen Tagen aktiv. Bei einer Störung lassen sie sich zu Boden fallen. Sie sind sehr gute Flieger. Nach einer kurzen Fraßperiode und der Paarung legen die Weibchen im Juni Eier in junge Nüsse ab. Dort entwickeln sich weiße, spindelförmige Larven mit braunem Kopf. Larven des letzten Larvenstadiums lassen sich zu Boden fallen, bohren sich in die Erde ein und überwintern in einer Tiefe von 10 cm und mehr in kleinen Hohlräumen. Die Verpuppung erfolgt im Frühjahr.

**Ökologie**
Geschädigte Früchte werden oft sekundär durch Pilze befallen.

**Gegenmaßnahmen**
**Vorbeugend**
Eine winterliche Lockerung der Erde um die Sträucher vernichtet einen wesentlichen Teil der Larven. Ein Entfernen befallener Früchte ist empfehlenswert. Einige neue Sorten zeichnen sich durch eine erhöhte Widerstandsfähigkeit gegen diesen Rüsselkäfer aus.

Haselnussbohrer – Schadbild an Haselnüssen (Rod, J.)

Haselnussbohrer – Larve in einer geschädigten Nuss (Pokorný, V.)

***Schwarzfleckiger Kranzrüssler (Strophosoma melanogrammum)***

**Wirtspflanzen**
Haselnuss, aber auch diverse andere Laub- und Nadelbäume wie Ahorn, Eiche, Fichte, Lärche und Kiefer.

**Schadbild**
Lochfraß an Blättern. Benagen junger Knospen.

**Bedeutung**
Die Art ist an Sträuchern und Waldlaubhölzern weitverbreitet und kommt an Hasel häufig vor. Sie hat jedoch als Schädling keine Bedeutung.

**Biologie**
Braune bis schwarze, 4–6 mm lange Käfer mit typisch abgerundetem Hinterleib, der mit grauen Schüppchen bedeckt ist. Die Käfer sind im April/Mai und im August/September anzutreffen. Eier der einzigen Generation werden in die Erde gelegt. Larven ernähren sich von Wurzeln krautiger Pflanzen, wie jenen des Stumpfblättrigen Ampfers (*Rumex obtusifolius*) und der Draht-Schmiele (*Deschampsia flexuosa*), und verpuppen sich gegen Sommerende. Die Käfer überwintern und kehren im Frühjahr auf die Hasel zurück.

**Gegenmaßnahmen**
Schutzmaßnahmen sind nicht notwendig.

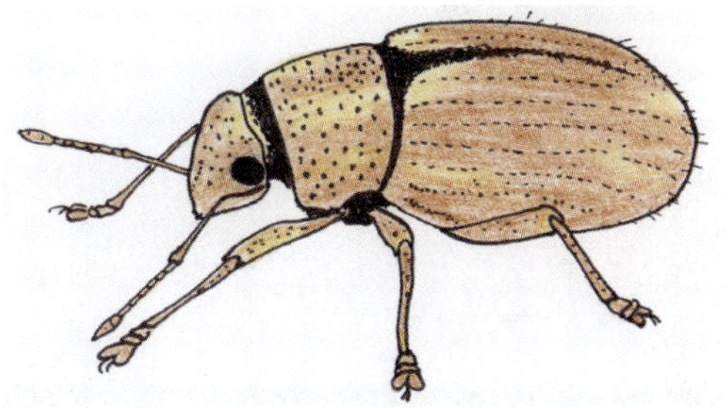

Schwarzfleckiger Kranzrüssler – Adult (Stolz, M.)

## Schmetterlinge (Lepidoptera)

### Wickler (Tortricidae)

***Apfelwickler (Cydia pomonella)***
Die Raupen des Apfelwicklers, die die Wurmstichigkeit der Äpfel verursachen, befallen auch Walnussfrüchte.

**Beschreibung**, **Biologie** und **Gegenmaßnahmen** siehe Kapitel Kernobst > Tierische Schädlinge.

# Schnabelkerfe (Hemiptera)

## Blattläuse (Aphididae)

### *Gestreifte Walnusszierlaus (Callaphis juglandis)*

**Wirtspflanzen**

Walnuss.

**Schadbild**

Kolonien findet man an der Blattoberseite in zwei Reihen entlang der Hauptader. Aufgrund der Saugtätigkeit der Läuse kommt es zu einer Braunfärbung der Blätter.

**Bedeutung**

Die Art kommt auf der Walnuss relativ häufig vor, die von ihr verursachten Schäden sind jedoch kaum von Bedeutung.

**Biologie**

Geflügelte Weibchen sind bunt gefärbt. Kopf und Thorax sind rotbraun, der Hinterleib ockergelb mit schwarzen Querstreifen und Seitenflecken. Die Augen sind rot und die Fühler kurz. Die Körperlänge beträgt 2–2,8 mm. Flügellose Weibchen sind grüngelb mit einem orangeroten Hauch und kommen nur vereinzelt vor. Das Ei überwintert, die geflügelten Weibchen erscheinen im Juli bis September. Die gesamte Entwicklung findet auf der Walnuss statt.

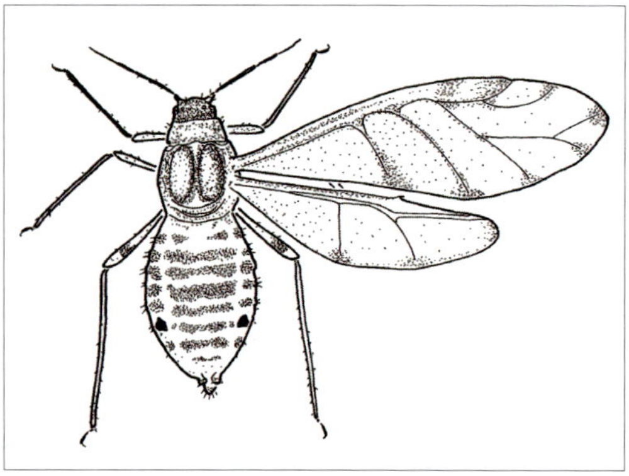

Gestr. Walnusszierlaus – Geflügeltes Adulttier (Zacharda, M.)

Gestreifte Walnusszierlaus – Befall an Walnuss (Beránek, J.)

**Gegenmaßnahmen**

Besondere Schutzmaßnahmen sind nicht notwendig.

### *Große Haselblattlaus (Corylobium avellanae)*

**Wirtspflanzen**

Haselnuss.

**Schadbild**

In den Sommermonaten erscheinen dichte Kolonien dieser Blattlaus an Trieben und Blättern der Hasel.

**Bedeutung**

Die Art kommt häufig vor, hat aber nur wenig oder gar keine Bedeutung.

**Biologie**

Die Imagines sind grün, die Farbe variiert zwischen rötlich- und blassgrün. Im Vergleich zur *Myzocallis coryli* sind die Siphonen lang und schmal.

**Ökologie**

Zu den natürlichen Feinden dieser und der vorher beschriebenen Art gehören vor allem Raubwanzen aus der Familie der Weichwanzen (Miridae), z. B. die Rote Weichwanze *Deraeocoris ruber*.

**Gegenmaßnahmen**

Nicht erforderlich.

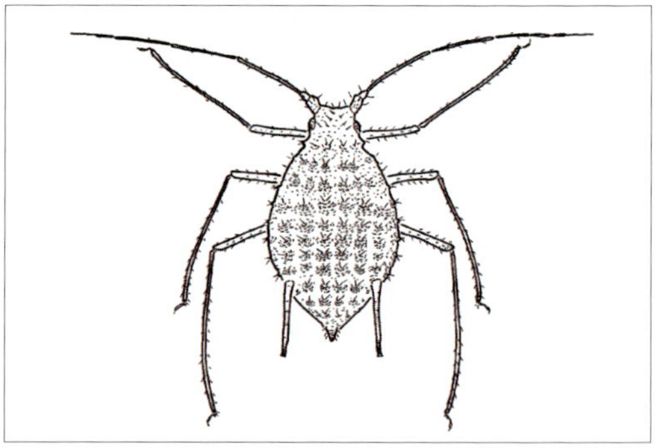

Große Haselblattlaus (Zacharda, M.)

Große Haselblattlaus – Ungefügelte Form
© Andrew Jensen, bugguide.net

Kleine Walnusszierlaus – Ungeflügelte Form
© R. Dransfield, InfluentialPoints.com

Kleine Walnusszierlaus – Geflügelte Form
© R. Dransfield, InfluentialPoints.com

### *Kleine Walnusszierlaus (Cromaphis juglandicola)*

**Wirtspflanzen**
Walnuss.

**Schadbild**
Die Kolonien entstehen auf der Blattunterseite, später wechseln sie auf junge Nüsse.

**Bedeutung**
Die Art ist an die Walnuss gebunden. In Mitteleuropa kommt sie eher selten vor und ist als Schädling kaum von Bedeutung. Der Befall durch die beiden Blattlausarten *Callaphis juglandis* und *Cromaphis juglandicola* erfolgt nur selten gleichzeitig.

**Biologie**
Eine gelbe, grünlich durchscheinende Blattlaus. Die Enden der Siphonen sind dunkler, auf dem Hinterleib befinden sich zwei Reihen schwarzer Punkte. Die Augen sind rot und die Fühler kürzer als der Körper. Die Körperlänge beträgt ungefähr 1,5 mm. Die Eier überwintern, die Nymphen schlüpfen im April.

**Ökologie**
Diese Blattläuse werden durch natürliche Gegenspieler, wie die Erzwespe *Trioxis pallidus,* und Wanzen aus der Familie Reduviidae bekämpft.

**Gegenmaßnahmen**
Nicht erforderlich.

### *Myzocallis coryli*

**Wirtspflanzen**
Haselnuss.

**Bedeutung**
Sie verursacht normalerweise nur leichte Schäden. Bei Massenauftreten wird dem Strauch durch die Saugtätigkeit der Insekten Flüssigkeit entzogen, was zu einer Beeinträchtigung der Nussqualität führen kann. Blätter können zusätzlich durch von Läusen produzierten Honigtau verschmutzt sein. Häufig anzutreffende Art auf der Haselnuss.

*Myzocallis coryli* – Ungeflügelte und geflügelte Form


**Biologie**
Winzige, glänzende, gelbliche oder weißliche bis blaßgrüne Blattlaus mit großen, roten Augen und dicken, kurzen Siphonen. Das Ei überwintert, die Blattläuse erscheinen ab Mai, die Geschlechtsgeneration erst im Spätherbst.

**Gegenmaßnahmen**
Meist nicht erforderlich.

## Zweiflügler (Diptera)

### Fruchtfliegen (Tephritidae)

#### *Walnussfruchtfliege (Rhagoletis completa)*

**Wirtspflanzen**
Nüsse (*Juglans* sp.) – in Europa vor allem Echte Walnuss (*Juglans regia*) und Schwarze Walnuss (*J. nigra*) –, unter bestimmten Bedingungen auch Pfirsich.

**Schadbild**
Das Fruchtfleisch wird weich, schwarz und schleimig. Bei starkem Befall kann sich die Nussschale schwarz färben und der Nusskern schwächer ausgebildet sein.

**Bedeutung**
Die Walnussfruchtfliege ist einer der wichtigsten Schädlinge der Walnuss und gilt zudem als Quarantäneschadorganismus in der EU.

**Biologie**
Walnussfruchtfliegen sind orangebraun gefärbt, ca. 4–8 mm groß und haben eine auffällige Bänderung der Flügel sowie ein gelbes Rückenschildchen (große Ähnlichkeit mit der verwandten Kirschfruchtfliege). Die Überwinterung erfolgt im Puppenstadium im Boden. Der Schlupf der erwachsenen Fliegen beginnt Ende Juni. Die Hauptflugzeit liegt im Juli. Die Eier werden in die noch grünen Nüsse gelegt. Die weiß-gelblichen Larven (Maden) fressen das Fruchtfleisch, das dadurch schwarz und schleimig wird. In einer Fruchtschale können sich bis zu 25 Larven aufhalten. Nach drei bis fünf Wochen lassen sich die Larven zu Boden fallen oder gelangen mit der Nuss auf den Boden, vergraben sich in der Erde und verpuppen sich dort. Es wird eine Generation pro Jahr gebildet.

**Ökologie**
Die ursprüngliche Heimat der Walnussfruchtfliege ist der Südwesten Nordamerikas. In Europa wurde sie Ende der 80er-Jahre das erste Mal in der Schweiz beobachtet.

**Gegenmaßnahmen**
**Vorbeugend**
Alle befallenen Früchte abernten und vernichten (verbrennen). Der Boden unter den Bäumen kann mit einer Plane abgedeckt werden, um die Verpuppung der Fliegen zu verhindern bzw. das Ausfliegen der Tiere im Frühjahr zu verhindern. Gelbtafeln können einen Teil der adulten Tiere abfangen.

Walnussfruchtfliege – Imago 

Walnussfruchtfliege – Larve 

# Weinreben

Als **Weinreben** werden die aus der Wildrebe *Vitis vinifera* ssp. *silvestris* vor mehr als 6.000 Jahren sowohl in Georgien wie auch – wie neueste Funde beweisen – in China durch den Menschen selektionierten Reben *Vitis vinifera* ssp. *vinifera* zur Wein- und Tafeltrauben- sowie Rosinenproduktion bezeichnet. Vom Kaukasus über das Mittelmeer bis zu den Anbaugebieten nördlich der Alpen verbreiteten sich die Reben und stellen heute einen wesentlichen ökonomischen wie auch landeskulturellen Wert im jeweiligen Anbaugebiet dar. In Steillagen und Terrassen bestimmen sie vielmals das Landschaftsbild.

Die Urform der heutigen Kulturreben hat die Eiszeit überlebt und stellte schon früh eine wichtige Nahrungsgrundlage (getrocknete Rosinen) für die damaligen Menschen dar.

Neben der eurasischen Wildform der Rebe *Vitis vinifera* ssp. *silvestris* gibt es noch eine Vielzahl von Wildreben in sehr unterschiedlichen Gegenden der Erde, beispielsweise *Vitis amurensis* Ruprecht, eine der vielen asiatischen Wildreben, oder die amerikanischen Wildreben *Vitis berlandieri*, *Vitis candicans*, *Vitis cinerea*, *Vitis labrusca*, *Vitis riparia*, *Vitis rotundiolia* sowie *Vitis rupestris*, die sowohl zur Züchtung von Unterlagen wie auch als Genpool für die moderne Resistenzzüchtung verwendet werden. Durch die Kreuzung von Wildreben mit der Kulturrebe wurden in den letzten Jahrzehnten neue gegen wichtige im Buch beschriebene Pilzkrankheiten tolerante und widerstandsfähige Rebsorten gezüchtet.

Weinrebe – *Vitis* sp. (Hluchy, M.)

# Abiotische Schädigungen

## Frost (Früh-, Winter-, Spätfrost)

Frühe Herbstfröste können dazu führen, dass die Rebe vorzeitig ihre Blätter verliert, das Holz nicht vollständig ausreift und damit stark Winterfrost-gefährdet ist. Sehr frühe Fröste können auch die Beerenreife beeinflussen und damit die Traubenqualität verschlechtern (Frostgeschmack).

Bei Winterfrösten hängt der Grad der Beschädigung hauptsächlich von dem Standort, der Frostempfindlichkeit der Rebe, dem Maß der Holzreife, der Ertragsmenge und dem Lesetermin ab. Einen ebenso bedeutenden Einfluss hat aber auch eine Unausgewogenheit der Nährstoffe im Weinberg. So bedingt ein Stickstoffüberschuss eine geringere Kalium-Einlagerung in das Holz und damit eine erhöhte Frostanfälligkeit. Zuerst werden die Augen/Knospen und das Kambium beschädigt, danach folgt die Schädigung des Holzgewebes der Rebe bis in den Rebstamm. Die meisten Sorten sind erst ab einer Temperatur von –15 °C – in Abhängigkeit der Frostlänge sowie Temperaturschwankungen – von Beschädigungen betroffen.

Im Frühjahr kann es im April und Mai bei einem Temperaturabfall auf –0,5 bis –3 °C und mehr zur Schädigung (Spätfrostschäden) der austreibenden Triebe kommen. Durch Spätfrost geschädigte Blätter verfärben sich braun und vertrocknen. Bei einem Kälteeinbruch mit einer Temperatur über dem Gefrierpunkt stockt das Triebwachstum, junge Blattspreiten kräuseln sich und hellen sich zwischen den feinen Blattadern mosaikartig auf. Blätter werden in der Nähe der Adern durchscheinend, verfärben sich anschließend braun und die Triebe vertrocknen (verwelken von der Triebspitze nach unten).

Schnitt durch ein nicht frostbeschädigtes Auge (Vanek, G.)

Winterfrost – Schnitt durch ein geschädigtes Auge (Vanek, G.)

Winterfrost – Beschädigter Rebenstamm (Vanek, G.)

Spätfrost – Geschädigter Trieb (Hofmann, U.)

Spätfrost – Geschädigtes Blatt (Vanek, G.)

### Gegenmaßnahmen

Schon bei der Pflanzung einer Neuanlage muss man über die Standortgegebenheiten inklusive der Frostgefahr der Lage Bescheid wissen, d. h. Vermeidung von Frostlöchern, Tallagen mit Kaltluftseen etc. Weitere Maßnahmen sind die Sortenwahl sowie die richtige Anbautechnik und Düngung. Das Zupflügen/Anhäufeln im Unterstockbereich über den Winter dient dem Schutz der Reserveaugen am Stamm und kann als direkte Maßnahme auf besonders gefährdeten Flächen sowie bei Junganlagen durchgeführt werden. Der Rebschnitt ist dem Ausmaß der Frostschädigung an den Augen anzupassen. Dies wird durch eine Kontrolle des Gesundheitszustandes der Augen festgestellt (Austrieb im Warmen, Untersuchung unter der Binokular-Lupe). Bei Verdacht auf Schädigung sollte mit dem Rebschnitt bis zum Anfang des Austriebes gewartet werden oder man lässt genügend Reserveaugen (Frostrute) und führt eine nachfolgende Reduktion durch.

Bei Frostrisiko im Frühjahr wird der Weinberg mittels spezieller Öfen eingeräuchert (wo dies gesetzlich zulässig ist). Dadurch wird die Luft erwärmt. Die Luftzirkulation erfolgt durch Ventilatoren. Eine Spritzung mit Wasser (Frostberegnung) erfolgt bei einer Temperatur ab +1 °C und muss während der gesamten Dauer des Frostes aufrechterhalten werden. Man benutzt eine Menge von 3 mm/h, bei niedrigeren Temperaturen 5–6 mm/h. Beschädigte Rebenteile werden abgeschnitten. Beim Nachziehen neuer Rebstöcke ist auf eine gute Leistung und Ausreifung der Triebe während der Vegetation für den nächsten Winter zu achten.

## Hagelschaden

Durch Hagelschlag können Blätter zerfetzt, junge Triebe an der Rinde bis zum Kambium beschädigt sowie Triebspitzen abgeschlagen werden. An Beeren zeigen sich leicht vertiefte, bläuliche Flecken und Platzwunden. Hagelschäden verursachen ein großes Infektionsrisiko durch Weiß- und Graufäule.

### Gegenmaßnahmen

In Gebieten mit häufig auftretendem Hagel kann mittels Hagelflieger und Ausbringen von Silberjodid die Intensität des Hagelschlages reduziert werden. Für den Einzelbetrieb werden spezielle Hagelschutznetze angeboten, die während der Vegetation über die Laubwand aufgespannt werden. Nach dem Hagelschlag sollte man schnellstmöglich in der Integrierten Produktion eine Botrytizidbehandlung und im Ökologischen Weinbau eine Wasserglas-Kupferbehandlung durchführen. Mit dieser Behandlung wird ein Schutz gegen Weiß- und Graufäule erreicht und gleichzeitig die Holzreife gefördert. Bei starkem Hagelschlag vor oder zum Zeitpunkt der Blüte empfiehlt sich ein „Winterrückschnitt" auf unbeschädigte Augen, um ein erneutes Austreiben der verbleibenden Augen zu induzieren. Beim Rebschnitt sollten entsprechend nur gesunde Triebe oder bei sehr starkem Schaden zwei Augen-Zapfen angeschnitten werden.

Hagelschaden an Beeren (Hofmann, U.)

Hagelschaden an einer Rebkultur (Hofmann, U.)

Beginnender Sonnenbrand (Ackermann, P.)

## Mechanische Verletzungen

Eine mechanische Verletzung des Rebstammes oder der Rebschulter durch nicht geeignetes Bindematerial führt zur Behinderung des Assimilattransportes (Phloemstau) und zur Störung im Stoffaustausch im Bereich der Abschnürung.

Bei der Benutzung von robustem Bindematerial muss auf seine spätere Lockerungsmöglichkeit geachtet werden.

Mechanische Verletzung durch Abschnürung (Hluchy, M.)

## Sonnenbrandschäden

Sonnenbrandschäden zeigen sich auf Beeren (Trauben) und Blättern. Zur Schädigung kommt es bei intensivem Sonnenschein sowie übermäßig hohen Temperaturen bei trockenem Wetter mit einer geringen Luftfeuchte. Meistens wird der sichtbare Schaden durch Infrarotstrahlung (Sonnenbrand) oder hohe Temperaturen in Verbindung mit starker UV-B-Strahlung (Sonnenbrand/Hitzeschäden) verursacht. Oft geht es um die kombinierte Wirkung beider Faktoren. Beschädigungen findet man vor allem auf Trauben (einzelnen Beeren, Beerengruppen und auch ganzen Trauben), die der intensiven Mittagssonne (Südwest, Süden) ausgesetzt sind. Rebsorten sind unterschiedlich stark anfällig für Sonnenbrand. Die am stärksten anfälligen Rebsorten sind z. B. Riesling, Bacchus, Müller-Thurgau, Hibernal, St. Laurent, Blauer Zweigelt und Spätburgunder.

Bei einem Sonnenbrand erscheinen zuerst kleine grün-gelbliche Flecken auf den Beeren, die sich vergrößern und von der Mitte her nekrotisieren. Nach und nach schrumpfen und vertrocknen ganze Beeren. Vertrocknete Beeren oder Traubenteile bleiben bis zur Lese an der Traube.

Diese Symptome treten häufig auf, wenn die Weinbergszeilen nach Nord-Süd orientiert sind und wenn direkt vor oder nach extremen Witterungsbedingungen die Traubenzone entblättert wird. Trauben, die im Schatten hängen, sind nach der Entblätterung weitaus empfindlicher, als jene, die schon vorher der Sonne ausgesetzt waren. Das Risiko der Beschädigung an den Trauben hängt vom rasanten Wechsel zwischen kühlem und warmem Wetter ab. Starke Beschädigung kann zu Ertragsminderung führen, wobei die Qualität der Trauben und des Mostes bzw. des Weines nicht beeinflusst wird, sofern bei der Lese diese Beeren entfernt werden. Den Sonnenbrand sieht man meist in der späteren Phase der Traubenreife. Die Trauben verfärben sich graubraun bis violett und trocknen langsam ein. Der Sonnenbrand kann auch mit starkem Hagelschaden oder *Peronospora*-

Starker Sonnenbrand an reifen Beeren (Ackermann, P.)

bzw. Schwarzfäulebefall verwechselt werden. Die Anzeichen des Sonnenbrandes an Blättern sind hellgrüne Verfärbungen und teilweise Nekrotisierung. Vor allem junge Triebspitzen trocknen ein. Weiters erkennt man Hitzeschäden durch eine lilagraue bis braune Verfärbung der oberen Blattspitzen und deren langsames Eintrocknen.

### Gegenmaßnahmen

Die Behandlung beruht auf Vorbeugung. Zunächst ist es wichtig, dass die Vitalität (optimaler physiologischer Zustand) der Weinrebe gesichert ist und eine ausreichende Beschattung der Traubenzone vorherrscht. Es ist notwendig, dass die Traubenzone sensibel und zum richtigen Zeitpunkt, mit Rücksicht auf das Wetter und das Verletzungsrisiko, entblättert wird. Eine moderate, frühe Teilentblätterung (unmittelbar nach der Blüte/Fruchtansatz) auf der Ost-Seite (Morgensonnenseite) ist bei empfindlichen Sorten angeraten.

# Physiologische Störungen und Nährstoffmangel

## Bormangel und -überschuss

Bormangel und Borüberschuss führen zu Wachstums- und Ertragsdepressionen und zeigen typische Symptome.

**Mangel:** Junge Blätter wölben sich auf und es kommt zu mosaikartigen Entfärbungen. Entlang der Hauptadern bleibt das Blatt grün. Ältere Blätter zeigen starke Deformationen. Das Triebwachstum lässt nach und es kann zum Absterben der Triebspitzen kommen. Es kommt zur enormen Geiztriebbildung, deren Spitzen ebenfalls absterben, sodass Besenwuchs entsteht (mit einer Virusinfektion oder Kräuselmilbenbefall verwechselbar!). Der Internodienabstand ist verkürzt und es kommen auffällige Verdickungen an den Internodien vor. Während der Blüte kommt es zu starken Verrieselungen bis hin zum Absterben der Gescheine. Die Traube kann teilweise oder ganz nekrotisieren.

Bormangel – Verkürzte und verdickte Internodien (Vanek, G.)

Bormangel – Geschein (Vanek, G.)

**Überschuss:** Bei Überdüngung mit Bor sind junge Blätter typisch deformiert. Sie sind verdreht und haben einen weiten breitlippigen Winkel am Blattstiel. Bei älteren Blättern können vom Blattrand her Nekrosen entstehen und es kommt zu typischen schwarz-bräunlichen Verfärbungen.

### Gegenmaßnahmen

Als gezielte Maßnahme kann sowohl eine Blatt- wie auch eine Bodendüngung mit zugelassenen Bordüngern durchgeführt werden. Bei Rückführung von kompostiertem Trester werden ebenfalls ausreichen-

Bormangel – Blätter (Vanek, G.)

Borüberschuss an Blättern (Vanek, G.)

de Mengen an Bor ausgebracht. Saure Böden sollten vor der Düngung gekalkt werden. Der Dünger wird breitflächig verteilt und nur leicht eingearbeitet. Bor wird maximal im Abstand von fünf Jahren gedüngt, damit es nicht zu einer Überdüngung kommt. Bei der Zwischenlagerung von Trester ist darauf zu achten, dass genügend Abstand zwischen dem Tresterhaufen und den Rebpflanzen herrscht, um eine lokale Überdüngung zu vermeiden.

## Chlorose – Eisenmangel

Eine temporär reduzierte Verfügbarkeit von Eisen ist wesentlich für das Auftreten der Chlorose verantwortlich. Die Blätter vergilben von der Spitze ausgehend, wobei Haupt- und Nebenadern lange grün bleiben. Später vergilbt das ganze Blatt und es kommt zur Nekrotisierung vom Blattrand her bis hin zur Verkümmerung. Bei starkem Eisenmangel zeigen die Rebstöcke schon beim Austrieb eine hellgelbe Färbung, die Blätter bleiben klein und der Ertrag ist minimal. Wenn eine Chlorose nicht behandelt wird, kann es zum Absterben des ganzen Rebstockes kommen. Weitere Ursachen für das Auftreten der Chlorose können auch eine größere Menge an aktivem Kalk oder zu wenig Sauerstoff im Boden, zu viel $CO_2$ in der Bodenlösung sowie eine zu große Menge an mineralischem Phosphat, welches das Eisen im Boden bindet, sein. Es gibt große Unterschiede in der Anfälligkeit einzelner Rebsorten und Unterlagen.

### Gegenmaßnahmen

Mit der richtigen Wahl der Unterlage (Chlorose-Festigkeit) kann der Chlorose langfristig entgegengewirkt werden. Eine ganzflächige Weingartenbegrünung mit daraus resultierender biologischer Aktivität des Bodens ist ebenfalls eine wichtige Maßnahme. Zur Symptombekämpfung kann auch eine direkte Injektion von Eisen in den Boden, am besten in Form von Chelatverbindungen, durchgeführt werden. Ebenso können auch die Blätter ein- bis zweimal vor der Blüte und nach der Blüte in 14-tägigen Intervallen behandelt werden.

Chlorose infolge induzierten Eisenmangels (Hofmann, U.)

## Kaliummangel und -überschuss

Kaliummangel reduziert das Wachstum und die Widerstandsfähigkeit der Rebe gegen Pathogene, während die Gefahr von Frostschäden durch geringere Holzreife erhöht wird. Erste Anzeichen machen sich an älteren Blättern durch eine braune bis lilafarbene Verfärbung der Blattoberfläche bemerkbar. Die Blattränder beginnen einzutrocknen und fallen bei starkem Mangel ab. Der Grad des Mangels lässt sich mittels Boden- sowie Blattanalysen feststellen. Der Boden wird mit einer Tiefendüngung behandelt. Zeitweise ist eine Blattdüngung mit Kaliumdünger ausreichend. Gute, humusreiche, mit Kompost und Mist versorgte Böden kompensieren einen Kaliummangel bzw. gleichen diesen Mangel durch kontinuierliche Nachlieferung aus. Kaliumüberschuss führt zu Depressionen im Wachstum sowie der Fruchtbarkeit und verschlechtert die Aufnahme anderer Ionen, insbesondere von Ca, Mg, $NH_4$, Zn.

Starker Kaliummangel an Blättern (Vanek, G.)

## Magnesiummangel und Stiellähme

### Schadbild

Das Blattgewebe vergilbt zwischen den Hauptadern und der Blattstiel stirbt ab. Die Adern und deren Umgebung bleiben grün, wobei sich dieser grüne Streifen vom basalen zum apikalen Abschnitt des Blattes verengt. Bei roten Rebsorten verfärbt sich das absterbende Gewebe rot bis karmin, verbunden mit grünen Streifen um die Hauptadern, die sich in Richtung Blattrand verschmälern. Blätter mit diesem Erscheinungsbild findet man hauptsächlich im Bereich der Traubenzone des Rebstockes. Je nach Rebunterlage zeigt sich Magnesiummangel unterschiedlich: Am Rand und im Zwischenbereich der Adern entstehen nekrotische Flecken, die sich verbinden können, oder es bildet sich ein auffälliger Kranz am Blattrand. Das Absterben des Stielgerüstes tritt am Anfang der Reifung auf. Dabei treten anfangs ovale gelbliche, später braune bis schwarze, scharf umrandete Flecken auf. Diese vergrößern sich und befallen den kompletten Stiel. Traubenteile verwelken und der befallene Teil stirbt ab. Bei Regenwetter kommt es zur Ansiedelung der Stielfäule mit teilweisem oder ganzem Abfallen der Trauben. Die Stiellähme wird durch ein physiologisches Ungleichgewicht zwischen den Nährstoffen Kalium zu Magnesium und Kalzium verursacht. Starke Witterungsschwankungen mit längerer Trockenheit und anschließendem intensivem Niederschlag begünstigen das Auftreten der Stiellähme. Einzelne Sorten reagieren sehr empfindlich: Riesling, Gutedel, Grüner Veltliner, St. Laurent, Spätburgunder, Dornfelder.

Magnesiummangel – Weißweinblatt (Vanek, G.)

Stiellähme – Absterben des Traubengerüstes infolge eines durch Kalium induzierten Magnesium- und Kalziummangels (Státní rostlinolékařská)

Stiellähme (biohelp)

### Gegenmaßnahmen

Einem Magnesiummangel kann durch eine optimale Bodenbewirtschaftung sowie Begrünungsmanagement und Kompostwirtschaft langfristig entgegengewirkt werden. Zusätzlich können magnesiumhaltige Gesteinsmehle zur Nährstoffverbesserung eingesetzt werden. Akuter Mangel kann durch Blattapplikationen mit Bittersalz (Magnesiumsulfat) oder Magnesiumoxid behoben werden. Mit Bittersalz oder Magnesiumoxid/-carbonat kann auch einer Stiellähme vorgebeugt werden. Dazu werden zwei bis drei Applikationen ab Fruchtansatz bis Traubenschluss durchgeführt.

## Physiologische Panaschüre

Auf den Rebblättern sind scharfe, hellgrün bis weiß umrandete Flecken zu finden. Es handelt sich um ein verhältnismäßig schwach auftretendes Phänomen genetischen Ursprungs, welches vereinzelt auf Rebtrieben und auch oft auf Jungpflanzen erscheint. Diese Beschädigung hat keine ökonomische Bedeutung. Zu beachten ist jedoch deren Verbreitung durch Viren und andere physiologische Schäden.

Panaschüre (Vanek, G.)

Panaschüre – Detail (Stolz, M.)

## Stickstoffmangel und -überschuss

Den meisten Bedarf an Stickstoff hat die Rebe ab der phänologischen Phase „Blüte" bis zum „Weichwerden der Beere". Darum wird sie im Mai mit einer ausgewogenen Menge an Stickstoff (30–50 kg pro ha) gedüngt. Ab Juli fällt der Verbrauch an Stickstoff normalerweise unter den Wert, der im Boden als Nitratstickstoff vorherrscht. Dieser Überschuss wird durch das Begrünen jeder zweiten Zeile gedämpft.

Stickstoffmangel zeigt sich in schwachem Wuchs, dünnen Trauben und hellgrünen bis hellgelben Blättern. Blattstiele und ein Teil der Hauptnerven verfärben sich rot.

Stickstoffmangel (Vanek, G.)

Stickstoffüberschuss verursacht eine erhöhte Anfälligkeit der Rebe gegenüber Krankheiten und Schädlingen sowie eine Verzögerung der Traubenreife und eine höhere Anfälligkeit gegenüber Frostschäden.

## Verrieselung und Kleinbeerigkeit

Zur Verrieselung kommt es, wenn ungewöhnlich viele Blüten nicht bestäubt werden. Die Blüten fallen ab und die Traube ist uneinheitlich. Kleinbeerigkeit tritt bei ungenügender Befruchtung der Narbe auf, wobei sich die Beeren nur bis zur Schrotkorngröße ausbilden und kernlos bleiben. Die Ursache hierfür liegt an einer unharmonischen Nährstoffversorgung – z. B. Stickstoffüberschuss, Bormangel oder Molybdänmangel. Des Weiteren kann Kleinbeerigkeit oder auch Verrieselung infolge starker Witterungsschwankungen (lang anhaltender Regen und kühle Temperaturen) während der Blüte auftreten. Auch die genetische Disposition der Rebsorte (Riesling) oder des Klones wie auch Virusinfektionen (Reisigkrankheit) oder Mycoplasmosen (Schwarzholzkrankheit) spielen dabei eine Rolle.

### Gegenmaßnahmen

Eine harmonische Düngung mit Makro- und Mikroelementen auf Grundlage von Boden- und Blattanalysen sowie ein insgesamt lebendiger und aktiver Boden durch ökologische Bodenpflege und ausreichende Humus- und Kompostwirtschaft. In extremen Mangelsituationen können auch Blattapplikationen mit Ammoniummolybdat (0,1–0,3 %) oder

Kleinbeerigkeit der Trauben (Vanek, G.)

Verrieselung (Ackermann, P.)

mit Borax (0,1 %) 14 Tage vor der Blüte erfolgen. Algenextrakte, organische Huminsäurepräparate oder Wurm-Kompostextrakte können ebenfalls als Ergänzung eingesetzt werden.

## Zinkmangel

Zu Zinkmangel bei Weinreben kommt es nur sporadisch. Bei stark tragenden Tafeltrauben kann Zinkmangel häufiger beobachtet werden. Dieser zeigt sich durch kleine Blätter sowie eine chlorotische Entfärbung des Gewebes zwischen der Blattaderung, wobei die Blattadern grün bleiben. Die Blätter deformieren und die Stielbucht ist weit geöffnet. Der Wuchs der Triebe ist krumm. Die Symptome sind vergleichbar mit jenen der Rebennekrotisierung. Die genaue Diagnose kann durch eine Blattanalyse festgestellt werden.

### Gegenmaßnahmen

Eine Behandlung erfolgt mit Zinksulfat (0,4–1 %) einmal vor und zweimal nach der Blüte.

Zinkmangel (Vanek, G.)

## Herbizidschäden

Kontaktherbizide, wie z. B. Paraquat, führen zum „Abbrennen" grüner Gewebeteile aller Pflanzen, u. a. auch der Rebe. Wenn bei unsachgemäßer Applikation das Herbizid auf die Rebenblätter gelangt, kommt es zu gelben Flecken (verwechselbar mit den Ölflecken des Falschen Mehltaus), welche später nekrotisieren. Bei stärkerer Beschädigung können ganze Blätter absterben. Der Herbizideinsatz ist im Ökologischen Weinbau nicht erlaubt.

Glyphosat ist eine nicht-selektive Herbizidsubstanz mit einer relativ schnellen Aufnahme und Verteilung in der Pflanze. Es verteilt sich sowohl akropetal (Xylem) als auch basipetal (Phloem). Es wird aus kontaminierten Blättern und anderen grünen Teilen in den Wurzelstock verlagert und wirkt dort auch als Wurzelherbizid. Bei einer Schädigung der Rebe kommt es zu Verfärbungen an den Blättern, zur Deformierung der Blattspreite und einem atypischen Wuchs der Jungtriebe. Die Blattspreiten können hellgrün und

Herbizidschaden – Blattschäden durch Paraquat (Hluchy, M.)

Herbizidschaden – Geringe Schädigung durch Glyphosat (Ackermann, P.)

Herbizidschaden – Starke Schädigung durch Glyphosat (Ackermann, P.)

gelbgrün marmoriert sein. Sie haben gelbgrüne, gefärbte Blattränder, sind unregelmäßig gezahnt, gekrümmt und haben reduzierte und verengte Blattlappen. Jungtriebe sind kürzer, kleinwüchsiger und teilweise besenartig gestaucht. Beim Herbizideinsatz gegen Ende der Vegetation können Schädigungen im Folgejahr auftreten.

Zu Schädigungen durch Wuchsstoffherbizide kommt es meistens infolge der Applikationen dieser Präparate in benachbarten Getreide-, Mais- oder Rapsfeldern, wobei die Herbizide mittels Thermik und Wind in die Weinberge verweht werden. Vor allem zum Zeitpunkt des intensiven Wuchses (Blühbeginn) können fehlerhafte Herbizidanwendungen der Rebe sehr großen Schaden zufügen. Zu diesem Zeitpunkt ist die Rebe am sensibelsten. Weitere Schädigungen können auch bei späterer Applikation, nach der Blüte, durch unsachgemäße Spritzdüsen-Einstellung sowie Applikation bei hohen Temperaturen auftreten.

### Schadbild

Das Schadbild betroffener Teile ist sehr typisch: Beschädigte Blätter verlieren den Charakter der Rebenblätter. Die Blattzahnung ist deutlich gespitzt und die Blattspreiten sind wie ein Fächer zusammengezogen (Petersilienwuchs). Der Blattstielwinkel ist offen. Die Beschädigung kann ein Einrollen bzw. ein Absterben der Triebspitzen, Ranken und Gescheine verursachen. Bei einer starken Schädigung kann es auch zum Aufreißen der Rinde kommen, wodurch Eintrittspforten für Rebenkrebs entstehen können. Falls die Rebe kurz vor der Blüte von Herbizid getroffen wurde, kommt es zur Verrieselung bzw. zum Eintrocknen und Absterben der Gescheine.

### Gegenmaßnahmen

Bei Applikation in benachbarten Getreidefeldern ist es notwendig, einen ausreichenden Abstand zum Weinberg einzuhalten. Das Pflanzenschutzgerät wird auf niedrigen Druck gestellt und erst bei windstillem Wetter benutzt. Der Schaden kann durch mehrfache Blattdüngerapplikation gemindert werden.

Herbizidschaden – Deformierung und Eintrocknen der Triebspitzen (Státní rostlinolékařská)

Herbizidschaden – Ungleichmäßige Verzahnung, atypische Aderung (Hluchy, M.)

# Krankheiten

## Bakterienkrankheiten (Bakteriosen)

### Bakterielle Blattfleckigkeit (*Pseudomonas syringae*)

Auf stark befallenen Blättern findet man mit freiem Auge sichtbare, kleine hellgrüne bis gelbgrüne, durch die Blattaderung begrenzte Flecken. Diese Flecken kommen einzeln oder in Gruppen vor. Die befallenen Stellen verfärben sich rot bis braun und nekrotisieren. An den Rändern der nekrotisierten Flecken entstehen weitere helle Flecken. Stark befallene Blätter vergilben oder werden rot und fallen vorzeitig ab. Die Bakterien überleben lange epiphytisch auf den Pflanzen und befallen unter günstigen Bedingungen das Blattgewebe. Zum Ausbruch der Krankheit kommt es vor allem bei nassem Wetter. Der Krankheitserreger hat keine besonderen Temperaturansprüche. Die Ausbrüche schränken die Vitalität des Rebstockes stark ein.

**Gegenmaßnahmen**

Eine ausgeglichene Pflanzenernährung und eine hohe biologische Aktivität wirken der Schädigung entgegen.

Bakterielle Blattfleckigkeit (Ackermann, P.)

### Mauke (*Rhizobium radiobacter*, Syn.: *Agrobacterium tumefaciens*; *Rhizobium vitis*, Syn.: *Agrobacterium vitis*)

Die Mauke tritt am stärksten im Bereich der Veredelungsstelle oder verschieden platziert am Stamm mit unterschiedlich großen Tumoren auf. Bei Jungpflanzen kommen die Tumore meistens an der Veredelungsstelle vor. Die Tumore sind anfänglich weiß oder grün, weich und knollenartig. Später verhärten sie und verholzen. Befallene Rebstämme haben hellere und kleinere Blätter sowie kürzeren und schwächeren Triebwuchs. Stark befallene Rebstöcke wachsen schwächer und erzeugen einen geringeren und qualitativ niedrigeren Ertrag (Reduktion um bis zu 20–50 %). Ebenso kommt es zu einer schlechteren Holzreife. *Agrobacterium vitis* ist ein bedeutender bakterieller Krankheitserreger der Rebe, der latent bei der Veredelung/Pfropfung übertragen wird. Zur Infektion bzw. zum Ausbruch und zur Bildung der Tumore auf der Rebe kommt es durch frische Verletzungen (Frost, Hagel, mechanische Verletzungen). Durch die Verletzung wird das latent befallene Meristemgewebe zur Bildung von Tumoren angeregt.

*Rhizobium radiobacter* ist sehr aktiv und sein Wirtsspektrum beinhaltet überwiegend zweikeimblättrige Pflanzen. Bakterien der Gattung *Rhizobium* sind natürliche Bodenorganismen. *R. vitis* wird nur in Weinbergen mit sehr geringer Bodenaktivität und

Mauke – Tumorbildung an der Veredelungsstelle sowie am Rebenstamm (Ackermann, P.)

Mauke – Tumor an der Veredelungsstelle (Ackermann, P.)

Mauke – Tumor am Wurzelhals der Unterlagsrebe (Vasas, L.)

schlechter Verrottung organischen Materials gefunden. Kommt es zu einer Infektion, wandert der Krankheitserreger in die Pflanze und es entstehen Tumore an Verletzungsstellen. Der Krankheitserreger überdauert im Wurzelbereich. Von dort gelangt er im Frühjahr auf die oberirdischen Bereiche des Rebstammes. Er bleibt verborgen/latent, bis es zu einer Gewebeverletzung kommt (beispielsweise Gewebeverletzung durch Frühjahrs- oder Winterfrost oder andere mechanische Verletzungen). Ein Teil des Plasmids des Krankheitserregers gelangt in die Zellen des verletzten Wirtsgewebes, verändert die DNA der Wirtspflanze und kodiert die Bildung der Tumore. Dieser Vorgang läuft am schnellsten bei einer Temperatur zwischen 20–27 °C ab. Die Bakterien überdauern im Gewebe befallener Pflanzen und im Boden.

### Gegenmaßnahmen
Im Hinblick auf die latente Erkrankung der Rebe ist die phytosanitäre Selektion und Herstellung von gesundem Pflanzenmaterial sehr wichtig. Im Weinberg ist darauf zu achten, dass die Rebe vor Verletzungen und Schäden durch Frost geschützt ist und diese eventuell behandelt werden. Bedeutend ist die zeitliche Spanne bis zur Modifikation der Pflanze. Das Befallsrisiko wird durch eine sorgfältige Unterstockbearbeitung und zugleich eine harmonische Pflanzenernährung verringert. Diese liefert volle Vitalität der Rebe. Erfolgsversprechend ist die Züchtung von widerstandsfähigen Sorten und die gezielte Nutzung eines antagonistisch wirkenden Bakterienstammes (Stamm *R. vitis* F2/5) im biologischen Pflanzenschutz.

## Phytoplasmosen (Vergilbungskrankheiten)
Phytoplasmen sind pflanzenpathogene Bakterien. Sie zählen zu den kleinsten bekannten Organismen, die – im Gegensatz zu Viren – zur eigenständigen Vermehrung fähig sind. Von den übrigen Bakterien unterscheiden sie sich durch das Fehlen einer festen Zellwand. Sie parasitieren in Siebröhren infizierter Pflanzen und werden durch phloemsaugende Insekten übertragen. Phytoplasmen sind weltweit verbreitet, konnten jedoch bis heute nicht in vitro kultiviert werden.

## Goldgelbe Vergilbung der Rebe (Flavescence dorée)

### Wirtspflanzen
Flavescence dorée kommt ausschließlich auf Reben (*Vitis*-Arten) sowie der Waldrebe (*Clematis* sp.) vor und wird von der Amerikanischen Rebzikade *Scaphoideus titanus* (Beschreibung siehe Zikaden) übertragen. Bedeutende Unterschiede zeigen sich in der Anfälligkeit der Sorten: Sehr anfällig sind z. B. Chardonnay, Weißburgunder, Spätburgunder und Sangiovese, während Merlot und viele Unterlagsreben nur geringe oder keine Symptome zeigen, was aber nicht bedeutet, dass sie nicht latent infiziert sind. Flavescence dorée ist ein Quarantäne-Schaderreger. Ausbrüche wurden in Frankreich, Kroatien, Italien, Portugal, Slowenien, Serbien, Spanien, Österreich und der Schweiz festgestellt.

### Schadbild
Krankheitssymptome zeigen sich auf Blättern, Trieben, Ranken, Gescheinen und Trauben. Blätter kranker Stämme verfärben sich gelb oder rot und rollen sich nach unten ein. Bei weißen Sorten findet

Goldgelbe Vergilbung – Symptome an Blättern (Ackermann, P.)

Goldgelbe Vergilbung – Rotverfärbung der Blätter und Vertrocknen der Ranken und Triebspitzen (Ackermann, P.)

man entlang der Hauptblattadern eine goldgelbe Marmorierung. Befallene Blattteile können eintrocknen. Bei stark befallenen Reben vertrocknen die Gescheine und jungen Trauben. Bei ausgebildeten Trauben sterben die Stiele ab, die Beeren verwelken und schrumpfen. Die Triebe sind schwach, kurz und infolge schlechter Lignifizierung gummiartig. Später verfärben sie sich schwarz und können auch absterben. Oft kommt nur ein partieller Ausbruch der Krankheit vor (einzelner Trieb, Bogen) und die Symptomausprägung variiert. Stark befallene Reben treiben im Frühjahr verspätet und ungleichmäßig aus. Befallene Stöcke verkümmern und sterben ab.

**Biologie**

Das Pathogen (Phytoplasma: *Candidatus Phytoplasma vitis*) ist in den Leitbahnbündeln lokalisiert. Die Erkrankung kann durch vegetative Vermehrung (Auge, Steckling) und durch die Kleinzikade *Scaphoideus titanus* übertragen werden. Diese Zikade lebt ausschließlich auf der Rebe, wo sie Ende Juli Eier in die Rinde des mehrjährigen Holzes abgelegt. Larven schlüpfen ab Mitte Mai des Folgejahres. Adulte Tiere treten von Ende Juli bis September auf. Das Pathogen wird von den Larven sowie den Adulten beim Saugen an infizierten Reben aufgenommen und kann nach einer kurzen Inkubationszeit neu übertragen werden. Einmal infizierte Zikaden bleiben persistent infiziert. *Scaphoideus titanus* ist an die Rebe (alle *Vitis*-Arten wie auch *Clematis*) gebunden und überträgt die Krankheit von kranken auf gesunde Rebstöcke. *S. titanus* ist ein sehr mobiler und effektiver Vektor. Die Ausbreitung der Krankheit kann schnell auch über größere Entfernungen geschehen. In den letzten Jahren hat sich die nördliche und östliche Grenze der Ausbreitung verschoben (z. B. Österreich, Slowenien, Ungarn).

**Gegenmaßnahmen**

**Vorbeugend**

Maßnahmen zur Verhinderung der Verschleppung des Pathogenes und des Vektors. Verwendung von gesundem Vermehrungs- und Pflanzmaterial ist wichtig. Befallene Reben sind zu entfernen und zu verbrennen. Bei stärkerem Befall ist die Rodung der gesamten Fläche durchzuführen. In Befallsregionen ist das Aufhängen von Gelbfallen zum Monitoring wie auch zum Massenfang der Zikaden sinnvoll.

**Gezielt**

In Befallsgebieten sind Behandlungen gegen die Eier der Amerikanischen Rebzikade mit Paraffin-Ölen im Voraustrieb durchzuführen. Schlüpfende Larven können von Mai bis Juli im Integrierten Anbau mit synthetischen Insektiziden und im ökologischen Anbau mit natürlichem Pyrethrum bekämpft werden. Eine weitere Behandlung gegen einfliegende Zikaden kann im August notwendig werden. Neben Pyrethrum haben sich auch Bicarbonate sowie Behandlungen mit Kaolin als erfolgreich erwiesen.

## Schwarzholzkrankheit (Stolbur), Bois noir (Potato stolbur phytoplasma)

**Wirtspflanzen**

Zu den wichtigsten Wirtspflanzen gehören die Ackerwinde, die Große Brennnessel, die Pfeilkresse und Nachtschattengewächse. Bei Kulturpflanzen sind Paprika, Tomate und Kartoffel häufig befallen. Daneben findet sich die Krankheit auch auf Sellerie, Karotte und Klee. Das Phytoplasma lebt in befallenen Wirtsunkräutern und wird von der wärmeliebenden Winden-Glasflügelzikade *Hyalesthes obsoletus* beim Saugen an diesen aufgenommen und kann dann auf die Rebe oder andere Kulturpflanzen übertragen werden.

**Schadbild**

Blätter weißer Rebsorten verfärben sich gelb und Blätter roter Rebsorten dunkelrot. Nicht immer ist das komplette Blatt verfärbt. Der Farbunterschied ist durch die Blattadern begrenzt. Die Blattränder wölben sich nach unten und die Blätter verformen sich

Schwarzholzkrankheit – Befallener Rebstock (Vanek, G.)

Schwarzholzkrankheit – Blattsymptom (Hofmann, U.)

Schwarzholzkrankheit – Eintrocknen der Gescheine und Blätter (Ackermann, P.)

zu einem Dreieck. Später vertrocknen die Blätter, nekrotisieren und können abfallen. Befallene Gescheine sowie junge Beeren vertrocknen und bei ausgebildeten Trauben schrumpfen die Beeren. Triebe haben verkürzte Internodien, reifen spät und schlecht. Triebachsen verholzen häufig nur unvollständig oder gar nicht. Im Winter sterben diese Triebteile vollständig ab und färben sich schwarz (bois noir). Nur bei sehr starkem Befall kann es zu einer Ertrags- und Qualitätsminderung kommen. Meistens ist der Befall jedoch wirtschaftlich unbedeutend. Befallene Stockteile sollten dennoch entfernt werden. Trauben auf teilbefallenen Rebstöcken schrumpfen (gummiartige Struktur) oder vertrocknen. Nach etlichen Jahren können befallene Stämme absterben oder sich teilweise wieder vollkommen revitalisieren.

**Biologie**

Das Phytoplasma lebt in befallenen Wirtsunkräutern und wird von der wärmeliebenden Winden-Glasflügelzikade (*Hyalesthes obsoletus*) beim Saugen an diesen aufgenommen und kann dann von der Zikade auf die Rebe übertragen werden. Eine Infektion der Zikade an der Rebe ist bisher nicht bekannt. Die Infektion der Zikade kann schon im Nymphenstadium wie auch im adulten Stadium erfolgen. *H. obsoletus* legt ihre Eier an den Wurzeln der Wirtsunkräuter ab, an denen sie sich im Frühjahr zu den Nymphenstadien entwickeln und erst im Sommer (Juni bis August) als adultes Tier ausfliegen. Hat sich eine Zikade infiziert, so entwickelt und vermehrt sich das Phytoplasma in der Speicheldrüse dieses Vektors. Während des Saugens an der Rebe kommt es zur Infektion, wobei das Phytoplasma, das in den Exkreten der Speicheldrüsen enthalten ist, in die Leitbahnen eingespritzt wird. Das Phytoplasma kann nur über den Vektor auf die Rebe übertragen werden, es erfolgt keine Übertragung durch den Pflanzensaft (z. B. beim Rebschnitt) oder durch Samen befallener Pflanzen. Das Phytoplasma parasitiert in den Leitbahnbündeln, verstopft diese und führt zu den sichtbaren Schädigungen.

**Gegenmaßnahmen**

**Vorbeugend**

Eine vielartige Begrünung reduziert das Vorhandensein von Wirtspflanzen, wie Ackerwinde, Brennnessel oder Gemeiner Nachtschatten, und somit auch das Befallspotenzial durch infizierte Zikaden; gleichzeitig erhöht sich dadurch auch die Population an Nützlingen und Fressfeinden. Eine offene Bodenbearbeitung begünstigt demgegenüber das Auftreten der Wirtspflanzen. Befallene Wirtspflanzen sind aus dem Weinberg zu entfernen. Den Befall der Ackerwinde erkennt man an chlorotischen, löffelartig verbogenen Blättern, verkürzten Internodien und Besenwuchs. Im Nachbarweinberg sollten aufgrund des Stolbur-Risikos keine Paprika, Tomaten oder Kartoffeln angebaut werden. Die mit Stolbur befallenen Reben sollten während der Vegetation gekennzeichnet und im Winter die befallenen Teile entfernt werden. Falls im darauffolgenden Jahr nach dem Austrieb wieder die gleichen Symptome auftreten, muss der Stamm ausgehauen werden.

#### Gezielt

Eine direkte Bekämpfung des Vektors ist weder sinnvoll noch erfolgreich, da die Rebe nur ein Zufallswirt der Zikade ist und diese auch nur für wenige Monate als adultes Tier im Weinberg vorhanden ist. Vielfältige Begrünung sowie eine hohe Nützlingspopulation wirken den Zikaden entgegen. Ebenso zeigen die Behandlungen gegen *Oidium* mit Bicarbonaten im biologischen Anbau eine Nebenwirkung auf Zikaden. Die Entfernung der Wirtspflanzen durch gezielten Herbizideinsatz im Integrierten Anbau empfiehlt sich nur im zeitigen Frühjahr oder im Herbst.

## Viruskrankheiten (Virosen)

### Adernmosaikvirus (Grapevine vein mosaic virus)

#### Schadbild

Hellgrüne bis gelbgrüne Verfärbung der Adern im Blatt-Mittellappen sowie an den Seitenlappen. Am stärksten betroffen sind die Blätter von Wasserschossen. Die Intensität der Merkmale hängt stark vom Standort wie auch von den Bodenbedingungen ab. Höhere Temperaturen verschleiern einen Krankheitsausbruch. Das Adernmosaikvirus der Rebe ist die am weitesten verbreitete, latent vorhandene Viruserkrankung in Weinbergen, die jedoch keinen wirtschaftlichen Schaden verursacht. Bei Unterlagen ist am stärksten Riparia gloire de Montpellier (*Riparia portalis*) latent befallen. Die Erkrankung verbreitet sich durch Pfropfung und vegetative Vermehrung.

Adernmosaikvirus (Státní rostlinolékařská)

#### Gegenmaßnahmen

Der Schutz beruht auf einer genauen Selektion und auf der Herstellung von gesundem Pflanzenmaterial.

### Arabis mosaic virus (ArMV)

Blätter haben eine erweiterte Stielbucht, die Blattstiele sind flächenförmig mit einer scharfen Zahnung ausgebildet. Befallene Rebenstämme treiben im Frühjahr später aus, haben kürzere Triebe und schwächere, kurzknotige Jungtriebe. Oft kommen Doppelaugen vor (schwer von Reisigkrankheit oder Adernmosaikvirus zu unterscheiden). Vereinzelt findet man gelbe Mosaikflecken auf den Blättern. Die Erkrankung ist meist latent. Das Mosaikvirus befällt eine Reihe von weiteren Hölzern und Kräutern und wird durch die vegetative Vermehrung (Auge, Rebschnitt) sowie frei lebende Nematoden der Art *Xiphinema diversicaudatum* übertragen.

Arabis-Mosaikvirus – Blattsymptome (Vanek, G.)

**Gegenmaßnahmen**
Der Schutz beruht auf einer genauen Selektion und auf der Herstellung von gesundem Pflanzenmaterial. Darüber hinaus sollte die Pflanzung einer neuen Weinanlage auf einem neuen Grundstück erfolgen, das mindestens fünf Jahre Rekultivierung/Begrünung hinter sich hat.

## Blattrollkrankheit (Grapevine leafroll associated viruses, GLRaVs)

**Wirtspflanzen**
Die Blattrollkrankheit befällt sämtliche *Vitis*-Arten und -Kreuzungen sowie Unterlagsreben. Bei Unterlagsreben ist der Ausbruch latent. Zu den sehr anfälligen Rebsorten zählen: Weißburgunder, Grauburgunder, Spätburgunder, Chardonnay, Müller-Thurgau und Grüner Veltliner.

**Schadbild**
Die Blattränder rollen sich Anfang Juni nach unten ein. Zunächst rollen sich die älteren, basalen Blätter ein. Dies setzt sich später am Trieb nach oben hin fort. Blattrollgeschädigte Blätter sind ledrig, fettig und zerbrechlich (mürbe). Erkrankte Blätter der Rebe verfärben sich früher; bei weißen Rebsorten gelb und bei roten Rebsorten rot (Frührotverfärber). Oft ist das Gewebe zwischen den Adern zuerst verfärbt. Die Blattadern bleiben jedoch grün. Stark befallene Reben treiben später aus, haben einen schwachen Wuchs, schwächeres, dünneres und unausgereiftes Holz und der Gescheinansatz ist deutlich geringer. Es kommt zur Verrieselung. Trauben bleiben bei sehr ungleichmäßiger Beerengröße klein und kompakt. Die Blattrollkrankheit stellt im Normalfall keine Ertragsreduktion dar. Nur bei stark geschädigten Reben kommt es zu Ernte- und Qualitätsreduktion. Für das Auftreten der Blattrollkrankheit sind heute zehn verschiedene Virusstämme bekannt (Grapevine leafroll associated virus 1–10). Als wichtigste Übertragungsquelle für die Blattrollkrankheit gilt die vegetative Vermehrung/Pfropfung (Steckling/Auge/Unterlage). Daneben wird sie auch durch einige Vektoren (Nematoden, Blatt- und Schmierläuse) übertragen.

**Gegenmaßnahmen**
Die Gegenmaßnahme beruht auf der konsequenten Selektion und Produktion von gesundem und virusgetestetem Rebenpflanzgut.

Blattrollkrankheit – Mosaikartige Verfärbung der Blätter (Hluchy, M.)

Blattrollkrankheit – Einrollen der Blätter und typische Verfärbung der Blattadern roter Rebsorten (Ackermann, P.)

Blattrollkrankheit – Kleine, ungleichmäßig reifende Beeren (Hluchy, M.)

## Enationenkrankheit (Grapevine enation agent)

An der Unterseite der Blattspreiten findet man befallene Auswüchse, Enationen. Diese sind verschiedenartig geformt. Im Allgemeinen sind sie 2–3 mm hoch und 3–7 mm lang, können aber auch um einiges

Enationenkrankheit an der Rebe (Vanek, G.)

länger sein. Im Allgemeinen führen sie geradlinig entlang der Hauptadern. Die Blätter sind faltig, tief gezackt und oft auch fächerartig aufgefaltet. Stark befallene Blätter fallen ab. Kranke Weinstöcke treiben im Frühjahr verspätet aus und die Triebe entwickeln sich langsamer. Die Internodien der Triebe sind kürzer und ungleichmäßig, haben oft Doppelaugen und der Weinstock bekommt ein buschiges, kompaktes Aussehen (Besenwuchs). Die Rinde kann an der Basis des Triebes rau sein. In den späteren Phasen kann das Wachstum normal sein und die Krankheitssymptome müssen nicht jährlich auftreten. Krankheitsausbrüche kommen nur vereinzelt vor. Kranke Rebstöcke wachsen und tragen weniger oder sind unfruchtbar. Vor allem Müller-Thurgau und Rhein-Riesling sind anfällig. Die Krankheit wird hauptsächlich durch die vegetative Vermehrung (Auge, Unterlagssteckling) sowie durch frei lebende Fadenwürmer der Gattung *Xiphinema* übertragen.

**Gegenmaßnahmen**

Der Schutz beruht auf einer genauen Selektion und auf der Herstellung gesunden Pflanzenmaterials.

## Holzrunzeligkeit (Grapevine rugose wood complex)

Das charakteristische Krankheitsanzeichen des Grapevine rugose wood complex ist eine längliche Runzeligkeit (Faltenbildung) der Stockrinde. Sie entsteht durch das Entfernen der Borke und der Rindenschicht. Der Stamm sowie die Wurzeln können sich faltig verändern. Befallene Weinstöcke sind hell verfärbt, haben kleinere Blätter sowie kürzere und schwächere Triebe. Bei stärkerem Befall kommt es zum vorzeitigen Absterben des Weinstockes. Die Unterlage regeneriert sich meistens. Diese schädliche Erkrankung führt zur Ertragsreduzierung und zum Rebensterben. Anfällige Rebsorten sind Müller Thurgau, Grüner Veltliner, Silvaner und Neuburger. Es können auch Unterlagen befallen sein. Im Komplex der Runzeligkeit der Rebe sind das Rupestris stem pitting associated virus (RSPaV), die Verkorkung der Rebenrinde (Grapevine virus B, GVB), Kober 5BB (Grapevine virus A, GVA) und Runzeligkeit LN 33 (Grapevine LN 33 stem pitting agent) zusammengefasst. Alle Urheber sind durch vegetative Vermehrung, den GVA-Virus und auch durch Nematoden übertragbar.

Holzrunzeligkeit – Schadbild am Rebstamm (Vanek, G.)

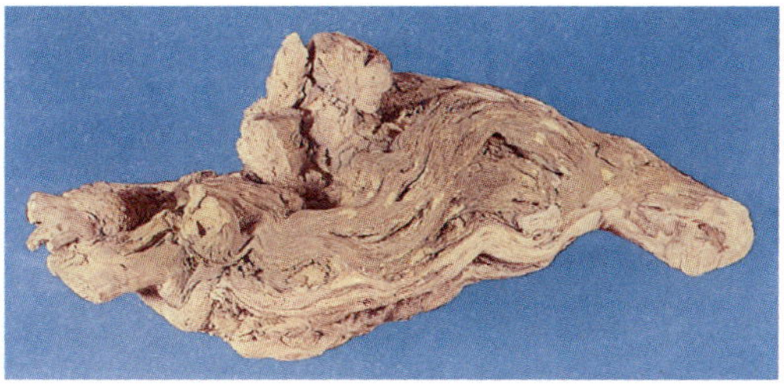

Holzrunzeligkeit – Stärkere Befallserscheinung (Státní rostlinolékařská)

**Gegenmaßnahmen**

Der Schutz basiert auf einer genauen Selektion und auf der Herstellung von gesundem Pflanzenmaterial.

## Infektiöse Nekrose (Grapevine infectious necrosis agent)

Diese Erkrankung kann sehr variabel sein. Je älter die Rebe ist, desto mehr verändern sich die Symptome. Zuerst tritt eine Veränderung der Blattform auf: Die Blattspreiten sind verengt und haben lang gezogene Lappen. Langsam kommt es zur Entfärbung und darauffolgend zur Nekrotisierung des zwischenadrigen Gewebes. Die Blätter sind asymmetrisch, haben eine scharfe Zahnung und eine weite Stielbucht. Das Gewebe zwischen den Hauptadern zerfällt langsam. Befallene Reben haben einen kürzeren Zuwachs, bilden keine Trauben und die Stöcke können absterben. Die infektiöse Nekrose ist durch starken Ertragsverlust bis hin zum Rebensterben wirtschaftlich von großer Bedeutung. Anfällig sind vor allem Neuburger, Blauer Portugieser, Weißburgunder und von den Unterlagen *Vitis riparia portalis*, *V. berlandieri*, *V. rupestris*, 5BB und weitere. Die Nekrotisierung wird durch vegetative Vermehrung übertragen.

Infektiöse Nekrose – Schadbild an Blättern
(Státní rostlinolékařská správa)

Infektiöse Nekrose – Starke Befallserscheinung
(Státní rostlinolékařská)

### Gegenmaßnahmen

Der Schutz beruht auf einer genauen Selektion und auf der Herstellung gesunden Pflanzenmaterials.

Ähnliche Symptome treten auch bei Zinkmangel auf. Wenn bei der Blattanalyse ein Wert von unter 15 mg Zn/kg ermittelt wird, deutet dies auf eine physiologische Erkrankung hin, die durch Zugabe von Zinkvitriol/Zinkchelaten behoben werden kann.

## Luzerne-Mosaikvirus (Alfalfa mosaic virus, AMV)

Das Luzerne-Mosaikvirus hat eine Vielzahl von Wirtspflanzen und wird durch Blatt- und Schmierläuse sowie durch Pfropfung befallenen Materials (Unterlagen) übertragen. Die Übertragung ist persistent und das Virus ist serologisch aktiv. Der Ausbruch an Reben ist meist vereinzelt. Die Symptome der Erkrankung sind variabel. Sie können latent oder sehr vereinzelt sichtbar auftreten. Im Frühjahr findet man an jungen Blättern gelbe Flecken. Diese sind meistens entlang der unteren Blattadern lokalisiert. In den Sommermonaten findet man an Blättern vereinzelt Flecken oder typische gelbgrüne, gelbweiße bis weiße, scharf umrandete Linien oder Ringe. Die Linien sind meistens an den Rändern der Blattspreiten lokalisiert und können auch über die Adern führen. Blattsymptome sind vielfach mit lokalen Herbizidschäden (Einsatz von Glyphosat oder Kontaktherbiziden) zu verwechseln. Diese Erkrankung verbreitet sich bei der Rebe hauptsächlich durch die vegetative Vermehrung. Die Übertragung durch Blatt- und Schmierläuse ist bei der Rebe eher selten.

### Gegenmaßnahmen

Der Schutz beruht auf einer genauen Selektion und auf der Herstellung von gesundem Pflanzenmaterial.

Luzerne-Mosaikvirus – Schadbild an Blättern
(Státní rostlinolékařská)

## Reisigkrankheit (Grapevine fanleaf virus; Himbeerringflecken-Virus, Erdbeerringflecken-Virus; Tomatenschwarzringflecken-Virus)

**Wirtspflanzen**

In erster Linie tritt die Reisigkrankheit bei allen Arten der Rebe sowie sämtlichen Unterlagssorten auf. Zu den anfälligen Rebsorten gehören vor allem Welschriesling, Silvaner und Weißburgunder. Die für die Reisigkrankheit verantwortlichen Viren (Nepoviren-Komplex) kommen neben der Rebe auch auf anderen Holzarten sowie Stauden und Kräutern, wie beispielsweise Himbeeren, Erdbeeren und Tomaten, vor.

**Schadbild**

Die Blattspreiten haben einen weiten, offenen, fächerartigen Blattstiel, ungleichmäßige und spitzgezähnte Blattränder und eine ungleichmäßige Blattaderung. Die Adern sind fächerförmig angeordnet. Zwischen den Haupt- und Nebenadern ist ein auffälliger, scharfer Winkel. Die Blattspreite kann punkt- oder fleckenförmige Aufhellungen besitzen. Sichtbare Merkmale der Reisigkrankheit können auch mit Herbizidschäden verwechselt werden (Petersilienwuchs). Oft erscheinen zwischen den Adern der Blattspreiten im Gewebe hellgrüne Flecken oder eine Verengung der Hauptadern. Es kommt zu einer ungewöhnlichen Gelbfärbung der Blätter (gelbes Mosaik). Weitere Merkmale sind Kurzknotigkeit, Besenwuchs, Doppelaugen usw. Erkrankungen führen zu Verrieselung und Kleinbeerigkeit sowie zu einem auffälligen Rückgang der Traubenentwicklung und einer bedeutenden Ertragsreduzierung. Sie stellt die wirtschaftlich wichtigste Viruskrankheit der Rebe dar, da sie zu einem starken Rückgang der Ertragsmenge und der Qualität bis hin zur vollständigen Unfruchtbarkeit und zum Absterben der Reben führen kann. Das Virus ist serologisch aktiv. Es ist übertragbar durch vegetative Vermehrung der Rebe und durch frei im Boden lebende Nematoden der Arten *Xiphinema index*, *X. italiae* und möglicherweise auch *X. vuittenezi.*

Reisigkrankheit – Adernbänderungen/mosaikartige Aufhellungen (Státní rostlinolékaŕská)

**Gegenmaßnahmen**

Die Grundlage der Behandlung ist eine Selektion und eine Sicherung der Herstellung von gesundem, getestetem Rebenpflanzmaterial. Im Hinblick auf die Übertragungsmöglichkeit durch am Boden lebende Nematoden sollte eine Neuanlage auf einer nematodenfreien Fläche bzw. bei vorhandenem Befall nach einer längeren Bodengesundungsmaßnahme (Brache mit intensiver Begrünung) erfolgen.

Reisigkrankheit – Blätter mit starken Symptomen (ähnlich einem Herbizidschaden – Petersilienwuchs) (Státní rostlinolékaŕská)

Reisigkrankheit – Gelbe, mosaikartige Verfärbung der Blätter (Vanek, G.)

## Pilzkrankheiten (Mykosen)

### Echter Mehltau der Rebe, *Oidium* (*Erysiphe necator*, Nebenfruchtform *Oidium tuckeri*)

Weltweit ist der Echte Mehltau wirtschaftlich gesehen die wichtigste Erkrankung der Rebe. Bei Befall der Trauben kommt es zur starken Reduzierung der Erntemenge und der -qualität (geringeres Mostgewicht, weniger Aromastoffe, befallene Trauben sind von der Weinbereitung auszuschließen – Muff- und Schimmeltöne!). In für den Pilz sehr günstigen Jahren kann es bei anfälligen Sorten (Dornfelder, Blaufränkisch (Lemberger), Trollinger, Portugieser oder Kerner) zu explosionsartigen Ausbreitungen bis zum Totalverlust der Ernte kommen.

#### Wirtspflanzen

Die Rebe (*Vitis vinifera*) sowie weitere *Vitis*-Arten und die Zaunrebe können von Echtem Mehltau befallen werden. Zwischen den einzelnen *V.-vinifera*-Arten gibt es große Unterschiede in der Anfälligkeit gegenüber diesem Schaderreger.

#### Schadbild

Es sind alle grünen Pflanzenteile (Triebe, Blätter, die Gescheine (Blütenstände) und vor allem unreife Trauben) betroffen. Befallene Bereiche sind mit einem weißen bis weißgrauen Pilz-Myzel bedeckt. An diesem differenzieren sich Konidien aus den Konidienträgern. Infolge der Schädigung und des Absterbens des oberflächlichen Gewebes verfärben sich die befallenen Bereiche gräulich. Es kommt zu Wuchsdepressionen und zu Deformationen. Auf den Blättern finden sich weißliche Flecken oder flächenartige, blasige Beläge. Der Befall während der Blüte führt zur Verrieselung. Befallene junge Beeren trocknen aufgrund von Wasserverlust ein. Größere Beeren platzen aufgrund der Beschädigung der Zellen bei weiterem Wuchs auf und es kommt zum typischen Schadbild des „Samenbruchs“. An den befallenen Trieben bilden sich verschiedenartig geformte Flecken, welche während der Holzreife dunkel, manchmal sogar schwarz werden.

#### Biologie

Der Krankheitserreger überwintert in den nördlichen Weinbaugebieten vor allem in den im Jahr zuvor befallenen Winteraugen. Im Frühjahr befällt der Pilz die

Echter Mehltau – Junges Pilzmyzel auf Beeren
(Hluchy, M.)

Echter Mehltau – Starker Befall an Trauben
(Hluchy, M.)

Echter Mehltau – Platzen der Beeren – „Samenbruch“
(Hluchy, M.)

Echter Mehltau – Traubenbefall (Hofmann, U.)

Echter Mehltau – Dunkle Flecken am Rebholz (*Oidium*-Figuren aus abgestorbenem Pilzmyzel) (Ackermann, P.)

Echter Mehltau – Weiß-gräulicher Pilzrasen und Bildung von Kleistothecien (Vanek, G.)

Echter Mehltau – Kleistothecien an der Blattoberseite (Státní rostlinolékařská)

Echter Mehltau – Befallssymptome am Blatt (Judt, C)

jungen Triebe nach dem Austrieb mit einem grauweißen Belag. Befallene Jungtriebe (Zeigertriebe) sind kürzer, die Blätter kleiner und deformiert. Gescheine entwickeln sich nicht oder verrieseln. Auf diesen primärinfizierten Jungtrieben entwickeln sich ab dem fünften bis sechsten Blattstadium (ca. vier Wochen nach dem Ausbruch) auf den Konidienträgern neue Konidien. Diese sind Ursprung für die weitere Verbreitung der Krankheit. Die durch den Pilz infizierten und geschädigten Augen sind anfällig für Winterfrost. Bei Temperaturen unter –15 °C werden diese Augen zerstört. Die größte Anfälligkeit der Rebe ist kurz nach der abgehenden Blüte bis zur Erbsengröße gegeben. Durch die Konidien wird die Krankheit bis in den Herbst verbreitet. Der Befall der Trauben kann bis zum Weichwerden der Beeren andauern. In wärmeren Jahren und Regionen können auch Kleistothecien (Dauerfruchtkörper) überwintern. Kleistothecien entstehen im späten Sommer und im Herbst im Pilzmyzel als braune bis schwarze, 0,1 mm große, runde Formationen mit typischen Haftorganen. Aus den Kleistothecien differenzieren sich im Frühjahr die Ascosporen, welche die Auslöser für die Primärinfektion sein können. Zur Infektion durch Ascosporen kann es schon früher (ab dem zweiten bis dritten Blattstadium) kommen. Der Echte Mehltau (*Oidium*) verbreitet sich vor allem bei warmem Wetter und bei höherer oder wechselnder Luftfeuchtigkeit (60 bis 85 % rLF). Der für die Ausbreitung und Entwicklung des Pilzes notwendige Temperaturbereich liegt zwischen 6–33 °C (optimale Bedingungen finden sich bei etwa 21–30 °C). Bei Temperaturen unter 15 °C kommt es zu keiner bedeutenden Ausbreitung. *Oidium*-Ausbrüche werden durch Regenschauer sowie Tau und Nebel, welche eine geeignete Luftfeuchtigkeit sichern, begünstigt. Eine Verbreitung wird durch Dauerregen, hohe Luftfeuchtigkeit (> 90 % rLF), niedrige Temperaturen und längere Trockenperioden (relative Luftfeuchtigkeit längere Zeit unter 40 %) begrenzt. Die Temperatur bestimmt die Geschwindigkeit des Krankheitsausbruches (Inkubationszeit beträgt bei 15 °C 14 Tage, bei 22 °C nur sieben und bei 26 °C nur noch fünf Tage). Zu den Infektionen durch Kleistothecien (Ascosporen) kommt es bei unterschiedlichen Bedingungen. Zur Ablösung der Ascosporen vom Fruchtkörper wird unbedingt Regen benötigt (mindestens 2,5 mm) und für die Infektion Feuchtigkeit. Bedeutende Infektionen können schon ab einer Temperatur über 10 °C entstehen. Die Kleistothecien sind – im

Unterschied zum überwinternden Myzel – sehr widerstandsfähig gegen Winterfrost. Die Befallsintensität hängt vom Wetter, vom lokalen Mikroklima, der Pflanzung sowie der Anfälligkeit der Rebsorte, die durch starkes Wachstum und übermäßige Düngung gefördert werden kann, ab. Durch Stickstoffüberschuss und gleichzeitigen Kaliummangel wird der Krankheitsausbruch unterstützt.

#### Gegenmaßnahmen

#### Vorbeugend

Auf risikoreichen Standorten sollte der Anbau von anfälligen Sorten vermieden werden. Bei der Reduzierung des Infektionspotenzials von *Oidium* sowie der Erhöhung der pflanzeneigenen Widerstandskraft spielt der Komplex der Kulturmaßnahmen (geeigneter Standort, auf disponierten Standorten keine anfälligen Sorten pflanzen, ausgeglichene Pflanzenernährung – vor allem eine Überdüngung mit Stickstoff vermeiden) eine wesentlichen Rolle. Zusätzlich sind die Erziehungsart, die termingerechte und optimale Durchführung der Laubarbeiten wie die Entblätterung der Traubenzone und das Entfernen von Kümmer- und Doppeltrieben von Bedeutung.

#### Gezielt

Je nach Ausgangssituation der Infektion – Primärinfektion durch Kleistothecien oder Infektionen durch infizierte Winteraugen mit der Bildung von Zeigertrieben (flag shoots) – sollten die Reben bei geeigneten Witterungsbedingungen für die Verbreitung von *Oidium* spätestens im fünften bis sechsten Blattstadium erstmals behandelt werden. Meistens wird aber schon eine frühere Behandlung zum Austrieb mit höheren Schwefelmengen gegen Schadmilben durchgeführt, die eine gute Nebenwirkung auf den *Oidium*-Pilz hat. Je nach Auswahl der eingesetzten Mittel werden zwei- bis dreimal Vorblütebehandlungen durchgeführt. Das höchste Infektionsrisiko besteht zum Zeitpunkt der Blüte, weshalb hier mit entsprechenden Fungiziden zu behandeln ist. Weiters wird im 7- bis 14-Tage-Intervall, je nach dem Gefährdungsgrad der Pflanze (Ausbreitungsbedingungen, Sortenanfälligkeit, Ausbruch und Verbreitung der Krankheit) und nach der Art des Pflanzenschutzmittels, bis zum Stadium „Weichwerden" behandelt. Bei einzelnen, systemisch wirkenden Fungiziden wurde lokaler Wirkungsrückgang festgestellt (Auftreten von Resistenz). Dieser Rückgang zeigt sich vor allem durch eine kürzere Widerstandsfähigkeit und einen Verlust der kurativen, heilenden Wirkung. Damit die Wirkung nicht noch weiter abschwächt, wird empfohlen, dass diese Präparate nur entsprechend der Zulassung und Beratungsempfehlung zwei- bis dreimal pro Vegetation verwendet werden bzw. ein Wirkstoffwechsel vorgenommen wird. Ebenso lässt sich durch den Zusatz von Schwefel die Resistenzgefahr mindern.

Beim Einsatz von Pflanzenschutz- oder -stärkungsmitteln auf der Basis von Bicarbonaten, Wasserglas oder Pflanzenextrakten (Schachtelhalm, Orangenöl) muss eine kontinuierliche vorbeugende Applikation im 7- bis 12-tägigen Rhythmus erfolgen. Eine Mischung mit Schwefel kann die Wirkung deutlich verbessern. Bei sehr anfälligen Sorten ist eine Traubenwäsche (höherer Wasseranteil) zum Stadium Erbsengröße wie auch Traubenschluss mit Pflanzenseife in Kombination mit Bicarbonaten und Pflanzenextrakten sehr hilfreich.

### Esca-Schadkomplex (*Fomitiporia mediterranea, Phaeomoniella chlamydospora, Phaeoacremonium aleophilum*)

Die Erkrankung wird durch verschiedene parasitische und teil-parasitische Pilze herbeigeführt. An der Rebe sind *Fomitiporia mediterranea* (Mittelmeer-Feuerschwamm) und *Phaeomoniella chlamydospora* sowie *Phaeoacremonium aleophilum* die wichtigsten Erreger der Esca. Esca kann zu einer Verkümmerung und zu vorzeitigem Absterben von Stöcken führen.

#### Schadbild

Während der Vegetation entstehen erst an den unteren Blättern gelbgrüne (weiße Rebsorten) oder schwarzviolette (blaue Rebsorten), unterschiedlich große und geformte Flecken. Diese Flecken vergrößern sich und nekrotisieren von der Mitte her. Zwischen den Blattadern entstehen weite Bereiche abgestorbenen Gewebes, die einen gelben oder roten Saum besitzen. Es kommt zur Nekrotisierung der Ränder, zur Vertrocknung und zu Blattfall. Die Beeren sind von schwarzvioletten Flecken befallen (black measles). Im Holz des Stockes entstehen an den infizierten Stellen Nekrosen. Im Holzquerschnitt findet man eine helle Verfärbung und einen weichen Mittelpunkt (weißer Holzzerfall), der oft durch eine braune Linie begrenzt ist. Das plötzliche Absterben

Esca – Schadsymptome bei jungen Trauben (Ackermann, P.)

Esca – Schwarzviolette Flecken auf Beeren (black measles) (Hofmann, U.)

des Stockes wird durch trockene, warme Sommerphasen begünstigt. Befallene junge Stöcke zeigen kleine chlorotische, oft vom Rand her eintrocknende Blätter und kurze Jungtriebe auf (Petri-Krankheit). Man findet im Querschnitt, direkt unter der Veredelungsstelle und an der Basis des Wurzelstammes, schwarzgraue Flecken. Im Längsschnitt sind schwarzbraune Streifen vorherrschend.

**Biologie**

Die häufigsten Verursacher der Erkrankung sind Ständerpilze (Basidiomycota), wie *Fomitiporia punctata* bzw. *F. mediterranea* und *Stereum hirsutum*. Sie bilden nur sehr selten Fruchtkörper auf der Rebe. In den Fruchtkörpern entstehen Basidiosporen, welche die Quelle der Infektion sind. Zu Infektionen kommt es hauptsächlich im Frühjahr und Herbst. Für die Verkümmerung und das Absterben des Rebstockes sind auch myzelbildende Pilze, wie *Phaemoniella chlamydospora* und Pilze der Gattung *Phaeoacremonium* (Petri-Krankheit), verantwortlich. Sie befallen auch oft junge Stöcke. Die Quelle der Infektionen sind meistens Sporen aus befallenen Stöcken. Zur Infektion kommt es durch eine Verletzung bzw. durch den

Esca – Absterbender Stock (Vanek, G.)

Esca – Befallssymptome am Blatt (Stolz, M.)

Esca – Geschädigter Stamm (Hofmann, U.)

Esca – Starke Beschädigung am Stammquerschnitt (Vanek, G.)

Rebschnitt (größere Schnittwunden), wenn gleichzeitig feuchtwarmes Wetter herrscht. Stöcke können auch über den Boden infiziert werden (*P. chlamydospora*). Die Krankheit, insbesondere beim Befall in Junganlagen (Petri-Krankheit), kann sich auch durch infiziertes Vermehrungsmaterial ausbreiten.

### Gegenmaßnahmen

#### Vorbeugend

Wichtig ist eine gute Stockvitalität. Der Rebschnitt sollte bei empfindlichen Sorten (Cabernet Sauvignon, Sauvignon blanc, Merlot, Welschriesling, Müller-Thurgau) so spät wie möglich durchgeführt werden. Größere Verletzungen sind mit speziellem Wundverschlussmittel zu behandeln. Befallene Stöcke sind zu entfernen und zu verbrennen. Gehäckselt werden nur Triebe und maximal zwei Jahre altes Holz. Solange die basalen Teile des Stammes noch nicht befallen sind, kann man den Stamm neu hochziehen.

#### Gezielt

In wärmeren Regionen kann unmittelbar nach dem Rebschnitt eine Behandlung mit dem Pilz *Trichoderma harzianum* auf größeren Schnittwunden erfolgen. Auch eine Behandlung mit Kupfersulfat-Lösung direkt auf die Schnittwunden hat sich bewährt.

## Eutypiose (*Eutypa lata*)

### Wirtspflanzen

Der Pilz befällt neben allen Arten der Rebe auch Obst- (Marillen/Aprikosen) und Laubgehölze.

### Schadbild

Befallene Stöcke haben schwache, kurze und besenartige Triebe mit typisch verkürzten Internodien. Die Blätter sind klein, chlorotisch und mit nekrotischen Flecken bedeckt. Die Gescheine verrieseln und damit haben die Trauben kleine, ungleichmäßig entwickelte Beeren. Im Stamm zeigen sich verschiedene Nekrotisierungen, die durch die Infektionen entstehen (Verstopfung der Leitbahnen und Absterben des Gewebes). Am Stammquerschnitt findet man eine braune Nekrotisierung des Holzes. Die Erkrankung bricht langsam aus. Symptome treten erst drei bis vier Jahre nach der Infektion auf. Eutypiose tritt hauptsächlich in alten Weinbergen auf. Befallene Stöcke verkümmern bis hin zum vollständigen Absterben.

### Biologie

Auf befallenen, absterbenden Gehölzen bildet der Pilz Fruchtkörper. Bei abgestorbenen Reben bilden sich Perithecien, die über Jahre Ascosporen freisetzen können. Oft findet man sie auf altem, entferntem Holz. In seltenen Fällen findet man an der Innenseite der Rinde Fruchtkörper (mit ungeschlechtlichen Mitosporen) des anamorphen (asexuellen) Pilzstadiums. Die Ascosporen lösen sich erst am Ende des Winters (Vorfrühling), nachdem der Rebschnitt durchgeführt wurde. Die Infektion erfolgt über Schnittwunden und Verletzungen (Frostrisse). Zur Infektion kommt es schon bei sehr niedrigen Temperaturen (ab 1 °C). Bei höheren Temperaturen schränkt die Infektion die Aktivitäten anderer Mikroorganismen und Pilze ein. Die Ascosporen werden durch Wind und Regen verbreitet. Regen ist unabdingbar zur Lösung der Ascosporen und auch zur Infektion. Das Pathogen ist ein typischer Wundparasit. Infiziert werden vor allem beschädigte, ältere Stämme. Die Sensibilität der Wunden für die Infektion sinkt mit dem Abstand der Verletzung und dauert drei bis sieben Wochen. Bei späterem Rebschnitt dauert dies drei bis vier Wochen.

Eutypiose – Befallener Rebstock (Vanek, G.)

Eutypiose – Verkürzte Internodien an jungen Trieben (Vanek, G.)

Eutypiose – Krankheitssymptome an jungen Trieben (Vanek, G.)

### Gegenmaßnahmen

#### Vorbeugend

Wichtig ist vor allem eine volle Stockvitalität. Der Rebschnitt sollte, bei größeren Verletzungen, so spät wie möglich im Frühjahr außerhalb des größten Infektionsrisikos durchgeführt werden. Am besten führt man den Rebschnitt bei trockenem und warmem Wetter durch. Beim Rückschnitt mit größeren Wunden erst beim „Bluten" der Reben schneiden – also kurz vor dem Austrieb. Unmittelbar nach dem Schnitt sollten die größeren Verletzungen mit speziellem Wundverschluss behandelt werden. Weiters sollten alle befallenen Stöcke und Holzteile entfernt und verbrannt werden! Um die Weinberge keine Holzlagerplätze erstellen. Solange die basalen Teile des Stammes noch nicht befallen sind, kann man den Stamm über Neuaustriebe – Wasserschosse – neu hochziehen.

## Falscher Mehltau der Rebe, Rebenperonospora (*Plasmopara viticola*)

Der Falsche Mehltau ist eine der gefährlichsten Krankheiten der Rebe. Vor allem frühe Ausbrüche der Krankheit sind bedeutend, wenn diese die Gescheine und Beeren befallen und dadurch die Ernte gefährden. Ein starker Befall der Blätter führt durch Reduzierung der Assimilationsfläche zur Beeinflussung der Qualität und des Ertrages. Gleichzeitig wird die Holzreife der Rebe negativ beeinflusst.

### Wirtspflanzen

Die Rebe *Vitis vinifera* sowie weitere *Vitis*-Arten und die Zaun- und Waldrebe können Wirtspflanzen des Falschen Mehltaues sein. Zwischen den einzelnen Rebarten gibt es große Unterschiede in der Anfälligkeit. Resistent gegen den Pilz sind Wildreben der Arten *Vitis rupestris, V. berlandieri, V. riparia, V. labrusca.* Kreuzungszüchtungen zwischen den Wildreben und den Kulturreben haben zu pilzwiderstandsfähigen Rebsorten (PIWI) geführt, die sich im Anbau bewähren. Unter den Weinreben gibt es jedoch auch Unterschiede in der Anfälligkeit.

### Schadbild

Auf den Blättern entstehen gelbgrüne bis gelbliche, verschieden große Flecken. In späteren Phasen entstehen in der Nähe der Hauptader auf älteren Blättern kleine, durch die Aderung begrenzte Flecken. Es kommt zur frühen Vergilbung der gesamten Blattfläche. An der Unterseite der Flecken findet man einen weißlichen Belag von Sporangienträgern und Sporangien. Betroffene Stellen nekrotisieren und stark befallene Blätter fallen ab. Auf den Gescheinen und den jungen Trauben bilden sich weißliche Sporangienträger. Befallene Gescheine oder befallene junge Beeren verfärben sich braun und trocknen ein. Beeren können bis zur Erbsengröße infiziert werden. Später kann die Infektion nur durch das Eindringen des Pilzes über das Stielgerüst und damit in die Beeren erfolgen. Befallene Beeren verfärben sich graugrün bis violett zu den typischen Lederbeeren, trocknen ein und fallen ab.

### Biologie

Oosporen überwintern im Gewebe von befallenen Blättern im Boden. Sie keimen im Frühjahr bei passenden Bedingungen aus und bilden auf den auskeimenden Sporangienträgern Zoosporangien mit Zoosporen, welche die Primär-Bodeninfektion auslösen. Während der Vegetation erfolgt die Krankheitsverbreitung durch Schwärmsporen (Zoosporen). Diese entstehen an keimenden Sporangienträgern an Spaltöffnungen auf der Blattunterseite und an weiteren, befallenen Bereichen des Rebstocks. Das Zoosporangium keimt und die Zoosporen lösen die neue Infektion aus. Die Krankheit verbreitet sich vor allem bei feuchtem, regnerischem und wärmerem Wetter. Für die Keimung der Oosporen ist Regen (mind. 10 mm in 24 Std.), eine Mindesttemperatur von 7 °C und eine Durchschnittstemperatur von 12 °C nötig. Für die Sporulation und Auskeimung der Zoosporen sind eine hohe Luftfeuchtigkeit (> 95 % rLF), eine geeignete Temperatur (mind. 8 °C; optimal 20 °C) und mindestens vier Stunden Dunkelheit sowie Blattnässe erforderlich. Unter günstigen Bedingungen kommt es danach zur Sporulation. Für die Auskeimung der Zoosporangien und eine Infektion ist Blattfeuchte und eine geeignete Temperatur (mind. 12 °C; optimal 22–25 °C) notwendig. Die Inkubationszeit ist bei Temperaturen zwischen 22–26 °C mit bis zu vier Tagen am kürzesten. Die Infektionsperiode (Sporulation, Auskeimung der Sporangien und Infektion) kann unter günstigen Bedingungen theoretisch in vier bis sechs und praktisch in acht bis zehn Tagen durchlaufen werden.

### Gegenmaßnahmen

#### Vorbeugend

Vorbeugende Kulturmaßnahmen sind von großer Bedeutung. Sie sichern eine gute Durchlüftung des Rebstockes und reduzieren dadurch geeignete Bedingungen für die Ausbreitung der Krankheit (Standortauswahl, Drahtrahmenerziehung, rechtzeitige und vollständig durchgeführte Laubarbeiten u. a.). Im deutschsprachigen Raum werden immer mehr pilzwiderstandsfähige Rebsorten (PIWI) für den Anbau registriert und zugelassen. Sie haben eine Toleranz bis hin zur Resistenz gegen Falschen Mehltau und teilweise eine höhere Widerstandsfähigkeit gegen Winterfrost (Kreuzungen mit *Vitis amurensis*).

#### Gezielt

Die Voraussetzung für einen optimalen Schutz ist die Beobachtung der Ausbruchsbedingungen (Bodeninfektionen) durch geeignete Prognoseverfahren. Bedeutend ist die Bestimmung des ersten Behandlungstermins und die sich daraus ergebenden, nächsten Behandlungen – je nach Infektionsbedingungen. Die Rebe ist besonders anfällig in der Zeit der Blüte (Bildung der Gescheine bis Fruchtansatz der Beeren). In diesem Zeitraum ist die Bekämpfung der Krankheit äußerst wichtig und notwendig. Bis zum Stadium „Weichwerden der Beeren" werden die Behandlungen je nach Bedarf durchgeführt. Die

Falscher Mehltau – Starker Blattbefall mit Wuchsdepressionen (Hluchy, M.)

Falscher Mehltau – Ölflecken auf Blättern (Ackermann, P.)

Falscher Mehltau – Befallenes Geschein (Vanek, G.)

Falscher Mehltau – Sporangienträger und Sporangien auf Beeren (Vanek, G.)

Falscher Mehltau – Sporangienträger und Sporangien an der Blattunterseite (biohelp)

Falscher Mehltau – Später Traubenbefall (Lederbeeren) (Státní rostlinolékaïská)

Falscher Mehltau – Pilzrasen an der Blattunterseite (Vanek, G.)

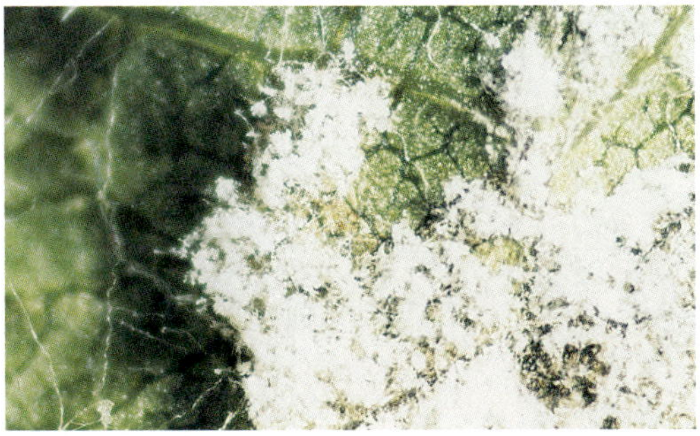

Falscher Mehltau – Sporangienträger und Sporangien – Detail (Státní rostlinolékaïská)

Falscher Mehltau – Beschädigung junger Trauben (Ackermann, P.)

Anzahl und Intensität der Behandlungen (Intervall 7–14 Tage) hängt stark von den Witterungsbedingungen zur Ausbreitung der Krankheit sowie der Wachstumsintensität der Rebe und der Wahl der Behandlungsmittel ab. Während langer Trockenperioden kann unter Umständen auf eine Behandlung verzichtet werden (Achtung: Gefahr von *Oidium*!). Bei den ersten Behandlungen genügen Kontaktfungizide. Unter optimalen Infektionsbedingungen werden im Integrierten Weinbau tiefenwirksame Fungizide verwendet. Durch die Kombination von Kontaktfungiziden mit den Salzen der Phosphonsäure wird deren Wirkung deutlich verbessert und die pflanzeneigene Widerstandskraft (induzierte Resistenz) gegen den Schaderreger erhöht. Zur Optimierung und genauen Terminierung der Behandlungen kann auf geeignete Prognoseverfahren sowie individuelle Beratung zurückgegriffen werden. Die Bekämpfung im ökologischen Weinbau beruht im Wesentlichen auf dem Einsatz von Kupferpräparaten. Dabei kommen je nach Infektionsdruck zwischen 200 und 500 g Reinkupfer pro Behandlung zum Einsatz. Zu beachten ist die jeweils zulässige Gesamtkupfermenge von 3–4 kg pro ha und Jahr. Neuere zugelassene Pflanzenschutzmittel wie COS-OGA oder Cerevisane können zur Kupferoptimierung sowie Minimierung beitragen. Der Einsatz von Myco-Sin VIN ist derzeit nur in der Schweiz zulässig.

## Graufäule, *Botrytis* (*Botryotinia fuckeliana, Botrytis cinerea*)

*Botrytis* ist eine weitverbreitete und sehr schädliche Rebenerkrankung. Es kann zu einer bedeutenden Beschädigung der Stiele, Rappen und Gescheine während der Zeit der Blüte bis zum Reifebeginn kommen. Die größte wirtschaftliche Schädigung tritt an den reifenden Beeren auf. Bei empfindlichen Sorten kann es bei günstigen Witterungsverhältnissen zu einer raschen Krankheitsausbreitung, verbunden mit deutlichen Ertrags- und Qualitätsverlusten der Ernte, kommen bis hin zum Auftreten der Sauerfäule. Bei sehr reifen Trauben (Mostgewicht über 17° KMW oder 80° Oe) kann es bei trockener/feuchter Witterung zu einer Beschädigung der Schale und dadurch zu Wasserverlust und in der Folge zu einer Mostgewichterhöhung der Beeren (Edelfäule) kommen. Bedeutende Schädigungen verursacht der Krankheitserreger auch bei Vermehrungsmaterial und in Rebschulen.

Graufäule – Beschädigtes Gescheín (Hluchy, M.)

### Wirtspflanzen

Die Graufäule ist eine weitverbreitete, polyphage und sehr variable Art (beschrieben werden drei Gruppen von Genotypen). Sie befällt eine ganze Reihe von Kulturpflanzen wie auch wild wachsende Pflanzen. Zu den bevorzugten Wirtspflanzen gehört auch die Rebe. Unter den Rebsorten gibt es eine unterschiedliche Anfälligkeit gegenüber diesem Pilz.

Graufäule – Beginnender *Botrytis*-Befall an Trauben (Ackermann, P.)

### Schadbild

Die Graufäule befällt alle oberirdischen Teile der Rebstöcke, wie junge Triebe, Blätter, Gescheine, unreife, reifende und reife Trauben. Schädlich kann der Befall während der Blüte, bei jungen Trauben nach der Blüte, an Stielen und Rappen der Trauben während des Weichwerdens und vor allem an reifenden und reifen Trauben werden. Auf den Jungtrieben erscheinen unterschiedlich große, wässrige Flecken; die Triebe verwelken. Auf den Blättern erkennt man sich konzentrisch ausdehnende und eintrocknende Flecken mit grauem Pilz-Myzel. Befallene Gescheine und junge Trauben bzw. einzelne Beeren trocknen ein. Auf Stielen und Rappen entstehen kleine braungrüne bis graubraune Flecken, welche sich ausbreiten und nekrotisieren. Befallene Bereiche verwelken und fallen ab. Bei feuchten Witterungsverhältnissen kommt es zur Ausbildung des sichtbaren Pilz-Myzels, von dem neue Infektionen ausgehen können. Vorsicht ist gegeben bei der möglichen Verwechslung durch abiotisches Absterben der Traubenstiele infolge von Stiellähme, das durch ein physiologisches Ungleichgewicht in der Aufnahme von Kalium zu Kalzium und Magnesium entsteht (siehe auch Kapitel „Physiologische Störungen und

Graufäule – Sauerfäulebefall an einer reifen Traube (Vanek, G.)

Graufäule – Raupen des Traubenwicklers ermöglichen einen sekundären Befall durch Sauerfäule (Státní rostlinolékařská)

Graufäule – Geschädigte Beeren, Detail (Judt, C)

Graufäule – Edelfäule, später Befall durch Graufäule (Ackermann, P.)

Graufäule – Trauben- und Triebbefall (Bildung von Mumien) (Hluchy, M.)

Graufäule – Konidienträger mit Konidien auf der Rebe (Vanek, G.)

Nährstoffmangel"). Auf reifenden Beeren entstehen faulige Flecken, die Oberfläche platzt und schält sich ab. Der Befall unter trockenen Bedingungen führt zu mumifizierten Beeren. Befallene Bereiche der Rebe weisen helle bis weiße Verfärbungen auf. In unreifem Zustand der Trauben entwickelt sich die Sauerfäule. In reifem Zustand kann bei anhaltend nasswarmer Witterung ebenfalls Sauerfäule in Verbindung mit sekundärem Pilzbefall (*Penicillium* sp., *Trichothecium* sp. oder *Aspergillus niger*) sowie Essigfäule auftreten. Bei günstigerem Wetter entstehen auf den befallenen Stellen typische graue Auswüchse aus Konidienträgern und Konidien, die zu einer trockenen oder Edelfäule führen.

### Biologie

Das Myzel überwintert teilweise im befallenen Pflanzengewebe als schwarze Sklerotien. Die Sklerotien sind sehr beständig gegen widrige Wetterbedingungen. Auf den befallenen Stellen oder bei den Sklerotien bilden sich im Frühjahr unter günstigen Bedingungen (mildfeuchte Witterung) Konidienträger mit Konidien, die für die weitere Verbreitung verantwortlich sind. Auf den Sklerotien bilden sich wenige Millimeter große Fruchtkörper (Apothecium) aus dem Ascus und Ascosporangium. Die Graufäule verbreitet sich vor allem bei feuchtem, regnerischem Wetter. Die Infektion setzt Feuchtigkeit oder eine hohe Luftfeuchtigkeit (über 85 %) voraus. Die Temperaturansprüche sind nicht sehr ausgeprägt (im Bereich 0,5–30 °C, Optimum 18–23 °C). Die Befallsintensität wird ausschließlich durch die großräumige Wetterlage wie auch durch das lokale Mikroklima, die Pflanzdichte, Laubwandhöhe und Wüchsigkeit sowie die Anfälligkeit der Rebsorten bestimmt. Neben den Witterungs- und Kulturbedingungen spielen auch die Reifeentwicklung der Beeren (erhöhte Sensibilität der Beeren während der Phase des Weichwerdens), die generelle Anfälligkeit der Sorte, die Dichtbeerigkeit und eine eventuelle Beerenverletzung (Hagel, Traubenwickler, Wespen- und Vogelfraß) für die Infektion eine nicht unwesentliche Rolle.

### Gegenmaßnahmen

#### Vorbeugend

Vorbeugende Kulturmaßnahmen stellen einen wichtigen Bestandteil des Schutzes gegen *Botrytis* dar. Gute Durchlüftung des Stockes, ein rasches Abtrocknen sowie Standortwahl, Sorten- und Klonenwahl,

Graufäule – Schwache Schadsymptome am Blatt (Hofmann, U.)

Erziehungsart, termingerechte, optimal durchgeführte Laubarbeiten (Ausbrechen von Doppel- und Kümmertrieben, Entfernen von Trieben am Kopf, rechtzeitiges Heften) einschließlich Entblätterung der Traubenzone und ein ausgewogenes Nährstoffverhältnis ermöglichen die Senkung der Anfälligkeit der Wirtspflanze für eine Infektion (Wuchsoptimierung, Nährstoffausgleich, vor allem keine Stickstoffüberdüngung). Bedeutend sind alle Maßnahmen, die eine Traubenbeschädigung einschränken oder gar verhindern und vor allem einen wirksamen Schutz gegen die zweite/dritte Generation des Traubenwicklers sowie gegen Wespen- und Vogelfraß darstellen. Auf disponierten Standorten sollte der Anbau von anfälligen Sorten (Müller-Thurgau, Burgundersorten, St. Laurent, Riesling) eingeschränkt werden.

#### Gezielt

Die Basis des integrierten, chemischen Schutzes ist eine selektive Behandlung. Es werden vor allem Anlagen mit anfälligen Sorten behandelt bzw. Flächen, die einen regelmäßigen Ausbruch der Erkrankung unter geeigneten Bedingungen aufweisen. Eine bedeutende Behandlung findet während der Phase „Abgehende Blüte" statt (80 % der Blütenkäppchen abgefallen). Bei vorteilhaften Bedingungen zur Krankheitsverbreitung werden nur anfällige Sorten mit kompakten Trauben behandelt. Empfohlene Behandlungen finden in den Phasen „Traubenschluss" und „Weichwerden der Beeren" statt, evtl. auch nach weiteren 10–14 Tagen. Die Behandlung während des Traubenschlusses wird wieder nur bei anfälligen Sorten mit kompakten Trauben durchgeführt, vor allem, wenn zu dieser Zeit günstige Bedingungen zur Ausbreitung der Krankheit vorliegen. Die Grundbehandlung findet beim Weichwerden der Beeren statt. Es ist wichtig, dass das Pflanzenschutzmittel direkt in die Traubenzone gelangt, damit ein perfekter Beerenschutz gewährleistet ist.

Beim Einsatz von Pflanzenstärkungsmitteln haben sich Kombinationsspritzungen von Kupferpräparaten mit Wasserglas als sehr wirksam erwiesen. Wichtig ist dabei der Zeitpunkt der Applikation vor Traubenschluss und Weichwerden der Trauben. Auch der Einsatz von Bicarbonaten oder das Stäuben von Bentonit wirken einer Beereninfektion entgegen. Bakterienpräparate auf der Basis von *Aureobasidium pullulans* (Botector) können ab dem BBCH Stadium „80 % der Blütenkäppchen abgeworfen" bis „Vollreife der Beeren (Lesereife)" im Freiland nach Warndienstaufruf bzw. bei Infektionsgefahr eingesetzt werden.

## Roter Brenner (*Pseudopeziza tracheiphila*)

#### Wirtspflanzen

Der Rote Brenner befällt alle Arten der Rebe und Unterlagsreben. Pilzwiderstandsfähige Rebsorten (PIWI) sind besonders anfällig! Daneben wird vor allem die Zaun- oder Jungfernrebe (*Parthenocissus* sp.) befallen.

#### Schadbild

Auf den unteren Blättern weißer Sorten erscheinen Anfang Juni gelbe und auf den Blättern roter Sorten rote – durch die Blattaderung deutlich eingegrenzte – Flecken. In den befallenen Bereichen verfärbt sich die Aderung dunkel. Die Flecken vergrößern sich und nekrotisieren schrittweise. Zwischen dem vertrockneten Mittelpunkt der Flecken und dem gesundem Gewebe bleibt ein auffälliger Streifen lebendigen Gewebes übrig. Dieser Streifen ist bei weißen Sorten gelb

Roter Brenner – Blatt einer weißen Sorte (Ackermann, P.)

Roter Brenner – Detail der Befallssymptome (Ackermann, P.)

und bei roten Sorten rot. Befallen werden bevorzugt ältere Blätter. Stark befallene Blätter vertrocknen und fallen vorzeitig ab. Der Krankheitsausbruch hängt stark vom Standort ab. Bevorzugt befallen werden trockene Steil- oder Terrassenlagen, wobei Riesling besonders anfällig ist. Wirtschaftliche Schäden treten erst bei einem starken Befall durch die Reduktion der Assimilationsfläche auf. Infolge des frühzeitigen Eintrocknens und Herabfallens der Blätter kommt es zu einer Ertrags- und Qualitätsminderung und zu einer schlechteren Holzreifung. Bei einigen PIWI-Sorten (Johanniter) kann es bei Verzicht auf Kupferbehandlungen während der Blüte auch zu einem Traubenbefall kommen.

**Biologie**

Der Pilz überwintert im Gewebe herabgefallener Blätter, wo ab Mitte Mai schrittweise Fruchtkörper (Apothecien) heranreifen. In ihnen differenzieren sich aus dem Ascus bis zu acht Ascosporen. Ascosporen sind der Ursprung für die Primärinfektion und die Hauptquelle der Krankheitsverbreitung. Wechselhafte, regnerische Witterung im April und Mai begünstigt die Bildung der Fruchtkörper und den Ausstoß der Sporen. Die Krankheit verbreitet sich vor allem bei warmem und regnerischem Wetter. Damit die Ascosporen sich lösen, muss der Fruchtkörper befeuchtet sein. Ebenso müssen die Blätter befeuchtet sein, damit es zu einer Infektion kommen kann. Die optimale Temperatur für eine Infektion liegt im Bereich zwischen 15 und 20 °C.

Roter Brenner – Blatt einer Unterlagsrebe (Ackermann, P.)

**Gegenmaßnahmen**

Eine Bekämpfung des Roten Brenners ist nur auf Befallslagen (trockene Steillagen, Terrassenlagen, letztjähriger Befall) angeraten. Die erste Behandlung erfolgt bei einer Trieblänge von 15–20 cm und wird nach 10–14 Tagen wiederholt. Als vorbeugende Maßnahme sollten abgefallene infizierte Blätter, auf denen der Schaderreger überwintert, entfernt werden.

Eine frühe Behandlung ab dem Drei-Blatt-Stadium mit Kupfer im Ökologischen Weinbau reduziert deutlich das Infektionspotenzial.

## Schwarzfäule (*Phyllosticta ampelicida, Syn.: Guignardia bidwellii*)

Die Schwarzfäule (Black rot) stammt ursprünglich aus Nordamerika und wurde wie *Peronospora* und *Oidium* Ende des 19. Jahrhunderts nach Europa eingeschleppt. Bis vor wenigen Jahren blieb der Erreger auf die weinbautreibenden Regionen Südeuropas (Frankreich, Norditalien, Ungarn, Rumänien) beschränkt und hat erst in jüngerer Vergangenheit eine deutliche Zunahme in Österreich, der Schweiz (Wallis, Tessin), in Tschechien und Deutschland erfahren. Anfällig sind alle *Vitis-vinifera*-Sorten sowie die meisten pilzwiderstandsfähigen Rebsorten (PIWI) und Unterlagsreben.

**Schadbild**

Die ersten Symptome der Schwarzfäule sind meist an Blättern als nekrotische Flecken zu erkennen, auf denen sich kleine, schwarze Pyknidien (fruchtkörperartige Strukturen) entwickeln. Die Sekundärinfektion erfolgt über Sporen aus diesen Pyknidien, wobei reichliche Niederschläge und Wärme, analog zur *Peronospora*, die Entwicklung und Ausbreitung fördern. Dabei sind Triebe, die kürzer als 20 cm sind, und Blätter im Alter von weniger als einer Woche besonders anfällig. Trauben werden besonders in den Entwicklungsstadien ab „Abgehende Blüte" bis

Schwarzfäule – Blatt mit erkennbaren Pyknidien (Hofmann, U.)

Schwarzfäule – Geschein (Judt, C.)

Schwarzfäule – Geschein mit eingetrockneten Beeren (Hofmann, U.)

Schwarzfäule – Befallene Beere – Detail (Judt, C.)

zum Traubenschluss befallen. Infektionen sind aber noch bis Reifebeginn möglich, die dann, aufgrund der längeren Inkubationszeit, noch kurz vor der Ernte zum Ausbruch kommen. Bei frühem Traubenbefall ähnelt das Schadbild zuerst dem Sonnenbrand mit bräunlicher Färbung. Diese Beeren trocknen innerhalb weniger Tage ein und mumifizieren. Auf den Fruchtmumien (noch an Obstgehölzen hängende, bereits ausgetrocknete Früchte) bilden sich sehr rasch neue dunkle bis schwärzliche Pyknidien.

**Biologie**

Auf vorwiegend am Rebstock verbliebenen, mumifizierten Trauben und an Fruchtmumien am Boden reifen im Laufe des Winters in Perithecien die Ascosporen heran. Der Ascosporenausstoß und damit die Primärinfektion starten bereits im Frühjahr mit dem Austrieb bei geringen Niederschlägen. Für eine optimale Entwicklung benötigt der Pilz eine feuchtwarme Witterung. Die Phase der Ascosporenausschleuderung kann sich bis weit in den Nachblütebereich hinziehen. Dabei können alle grünen Rebteile (Blätter, Triebe, Gescheine und Trauben) befallen werden.

**Gegenmaßnahmen**

**Vorbeugend**

Sogenannte Drieschen (nicht mehr bewirtschaftete Rebflächen) sind Ausgangspunkt für die Verbreitung des Schaderregers. Die konsequente Rodung bzw. die Entfernung des wilden Aufwuchses von Stockausschlägen der Reben hilft, das Infektionspotenzial und die Verbreitung zu minimieren. Gezielte Laubarbeit und ein rasches Abtrocknen der Laubwand wie auch der Trauben führt zur Eindämmung der Infektion. Befallene Blätter, Gescheine, Trauben wie auch das Rebholz sind einzusammeln und zu verbrennen. In befallenen Anlagen führt das Absammeln und Entfernen der Fruchtmumien sowie der befallenen Triebe aus dem Weinberg zu einer Dezimierung der Sporen und damit zu einer Minimierung der Infektionen im nächsten Jahr.

**Gezielt**

Eine direkte Bekämpfung der Schwarzfäule ist mit den meisten zugelassenen *Peronospora*- und *Oidium*-Fungiziden auf der Basis von Thiocarbamaten, Folpet oder Strobilurinen im Integrierten Anbau möglich. Im Ökologischen Anbau haben sich Kupferpräparate in Kombination mit Schwefel schon als Austriebsbehandlung erfolgreich bewährt.

## Schwarzfleckenkrankheit (*Phomopsis viticola*)

### Wirtspflanzen

Anfällig für eine Infektion durch den Pilz sind alle Rebarten (*Vitis vinifera*, PIWI-Sorten wie auch Unterlagsreben). Besonders gefährdet sind die Sorten Müller-Thurgau, Trollinger, Blauer Portugieser, Blaufränkisch (Lemberger), Dornfelder und Cabernet Sauvignon. Weniger gefährdet sind die Burgundersorten.

Schwarzfleckenkrankheit – Befallener Trieb mit schiffchenförmiger Aufreißung (Hofmann, U.)

### Schadbild

Der Pilz befällt Triebe, Blätter, Trauben und auch Teile des Holzes. An der Basis der Triebe bilden sich dunkelbraune bis schwarze Flecken, die sich verlängern und oft schiffchenförmig aufreißen. Auf den Blättern bilden sich dunkelbraune bis schwarze nekrotisierte Flecken mit einem hellgrünen Saum. Auf dem Blattstiel finden sich schwarze Flecken. Auf reifenden Trieben führt der Pilz zu einer Aufhellung bis hin zu einer Ausbleichung der Rinde. Auf der weißen Rinde finden sich auffällige schwarze Fruchtkörper (Pyknidien). Es kann auch altes Holz inklusive Stamm und Wurzelhals befallen sein. Nach dem Abschälen der Borke findet man eine dunkle Verfärbung des Holzes und schwarze Punkte (Pyknidien). Die Pyknidien überwintern auf befallenen Teilen des Holzes oder als Myzel. Im Frühjahr kommt es bei feuchter Witterung zur Infektion der Triebe und Blätter. Infiziert wird nur Gewebe an der Triebspitze, das sich in Zellteilung befindet. Die Hauptinfektion erfolgt bei kühler, feuchter Witterung in den Phasen „Knospenaufbruch" bis „Drei-Blatt-Stadium".

### Gegenmaßnahmen

#### Vorbeugend

Wichtig ist der Anschnitt gesunder, nicht befallener Ruten und Zapfen. Dies gilt insbesondere bei Kordon-Vertiko- und Umkehrerziehung (Eindraht).

#### Gezielt

Die wichtigsten Behandlungszeiträume liegen zwischen dem Knospenaufbruch und dem Drei-Blatt-Stadium, da spätere Infektionen mit kontinuierlichen Behandlungen gegen *Oidium* und *Peronospora* miterfasst werden. Eingesetzt werden können sowohl Netzschwefelpräparate als auch Folpet oder Strobilurine. Im Ökologischen Anbau hat sich neben Schwefel die Anwendung von Wasserglas als erfolgreich erwiesen.

Schwarzfleckenkrankheit – Pyknidien auf dem Rebstamm (Vanek, G.)

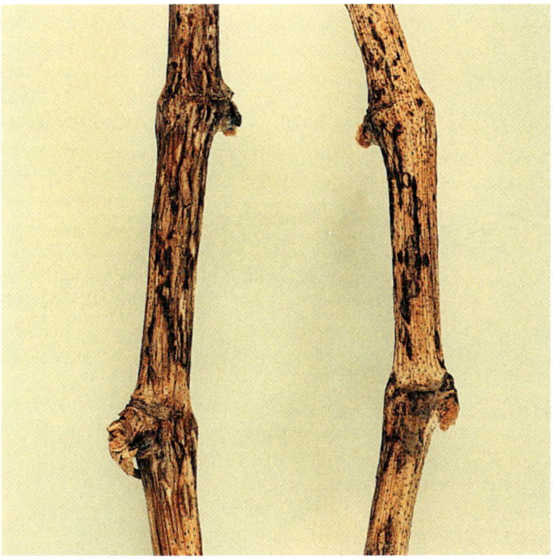

Schwarzfleckenkrankheit – Befallssymptome an der Rebe (Vanek, G.)

## Weißfäule der Rebe (*Coniella diplodiella*, Syn.: *Coniothyrium diplodiella*)

### Wirtspflanzen

Die Weißfäule befällt vor allem die Rebe. Bedeutende Unterschiede findet man in der Anfälligkeit der Sorten. Sehr anfällige Sorten sind Aurelius, Děvín, Gutedel, Müller-Thurgau, Lindenblättriger und Furmint.

### Schadbild

Befallen werden überwiegend die Beeren. In Ausnahmen können auch Triebe, Blätter und Holzteile befallen werden. Beeren können ab dem phänologischen Stadium „Abgehende Blüte" bis zum „Weichwerden der Beeren" befallen werden. Am häufigsten sind reifende Beeren befallen. Bei Temperaturen um 25 °C keimen die Sporen am Boden innerhalb weniger Stunden. Befallene Beeren von weißen Sorten verfärben sich milchig-braun; bei unreifen roten Sorten hell kaffeebraun. Die Krankheit wird auch als „Hagelkrankheit" bezeichnet, da ein später Hagelschlag die für die Infektionen nötigen Wunden hervorrufen kann. Bei warmer und feuchter Witterung ist der Ausbruch verlangsamt und die Beeren sind lang turgeszent. Bei warmem und trockenem Wetter verlieren die Beeren schnell Wasser und vertrocknen. Typisch ist hier der Essiggeruch (Essigfäule) der befallenen Trauben. Dieser wird durch eine Übervermehrung von Essigbakterien und Hefen auf beschädigten Beeren verursacht. Auf den Stielgerüsten und den Gescheinen entstehen kleine nekrotische Flecken, die sich schrittweise vergrößern. Aufgrund der Zerstörung der Leitbahnen kommt es zum teilweisen Verwelken und Vertrocknen an den befallenen Stellen. An grünen Trieben kommt es zur Ausbildung brauner Flecken, die den ganzen Trieb umspannen können, wobei der Trieb eintrocknet. Bei Befall von Holzteilen kommt es zu

Weißfäule – Befall einzelner Beeren (Vanek, G.)

Weißfäule – Detail der Beschädigung (Vanek, G.)

Weißfäule – Befall der Traube (Vanek, G.)

Weiß- und Sauerfäule – Zerstörte Trauben (Vanek, G.)

Weißfäule – Beerenbefall (Hluchy, M.)

Weißfäule – Strangförmige, aus dem Pyknidium entlassene Sporen (Ackermann, P.)

Rissen, die Rinde schält sich ab und im Bereich des Risses entstehen kleine Geschwulste oder Tumore. Befallene Blätter verwelken und trocknen ein. In Teilen des befallenen Gewebes entstehen kleine, dunkel gefärbte Pusteln – Fruchtkörper (Pyknidien).

**Biologie**

Die Pyknidien überwintern in Bereichen des befallenen Pflanzengewebes. Unter günstigen Bedingungen lösen sich aus den Pyknidien Konidien ab, welche für die Primär- und weitere Infektionen zuständig sind. In der Literatur ist auch erwähnt, dass die freien Konidien überwintern können. Es bilden sich überwinternde Fruchtkörper der Art *Pseudoperithecia*. In ihnen werden im Ascus die Ascosporen differenziert. Die Weißfäule verbreitet sich vor allem bei warmer und feuchter Witterung. Für die Infektion und die Bildung des Myzels sind ideale Temperaturen im Bereich zwischen 25–30 °C notwendig. Zur Infektion kommt es hauptsächlich von Ende Juni bis zur Lese. Es kann auch durch mechanische Verletzungen der Beeren zur Infektion kommen (Hagel, physiologisches Platzen der Beeren, Beerenbeschädigung durch den Echten Mehltau oder den Traubenwickler). Regnerisches Wetter nach einer langen Trockenperiode ist sehr risikoreich, da es zum Platzen der Beeren führen kann.

**Gegenmaßnahmen**

**Vorbeugend**

Eine wichtige, vorbeugende Maßnahme gegen Weißfäule ist ein optimaler Schutz der Beeren vor Befall durch Echten Mehltau oder den Traubenwickler. Während einer langen Trockenzeit ist es sinnvoll, eine Bewässerung durchzuführen. Diese verhindert bei darauffolgendem Regen ein Platzen der Beeren. Es ist auch von Bedeutung, dass bei Befall der Trauben eine zeitige Lese durchgeführt wird. Eine möglichst hohe Erziehung reduziert das Aufspritzen der Konidien vom Boden. Besonders gefährdet sind Anlagen mit offener Bodenbewirtschaftung, weswegen eine Begrünung der Infektion vorbeugt.

**Gezielt**

Eine Behandlung erfolgt nur an Standorten, wo ein regelmäßiger Ausbruch und ein übermäßiger Traubenbefall (hervorgerufen durch Hagel) vor Beginn des Weichwerdens der Beeren vorkommen. Die Behandlung muss schnellstmöglich – am besten innerhalb von 12 Stunden nach der Verletzung – durchgeführt werden. Bei Anwendung von Folpan-haltigen Pflanzenschutzmitteln gegen Rebenperonospora wird eine Nebenwirkung gegen die Weißfäule erzielt. Bei kontinuierlicher Anwendung von Kupfermittel in Verbindung mit Wasserglas ab der Blüte wird ebenfalls eine Wirkung gegen Weißfäule erzielt. Nach einem Hagelschlag sollte zusätzlich innerhalb von 12 Stunden eine Behandlung erfolgen.

## Wurzelschimmel (*Roesleria hypogea*)

**Schadbild**

Der Pilz befällt die unterirdischen Bereiche des Wurzelstockes. Befallene Rebstöcke haben gelbgrüne Blätter, schwächeren bzw. verkürzten Zuwachs und verkümmern allmählich. Befallene Reben sind sehr geschwächt oder beschädigt. Der Pilz befällt auch noch weitere Laub- und Obstgehölze. Die Wurzeln der befallenen Pflanzen sterben allmählich ab. An den Wurzeln bilden sich Apothecien.

**Bedeutung**

Das Myzelium durchdringt rindiges und holziges Gewebe, wobei eine Vorschädigung durch Engerlinge oder Rebläuse den Befall fördert. Am häufigsten findet man die Ausbrüche auf schweren, verdichteten und feuchten Böden. Der Ausbruch ist ein Indikator für die Unausgewogenheit der Bodenbedingungen.

**Biologie**

An Wurzeln bilden sich Apothecien. In ihnen differenziert sich der Ascus und Ascosporen. Die Apothecien sind auffällig gestielt und 2–4 mm groß. Der Stiel ist weiß, das eigentliche Apothecium grau, später grau-

Wurzelschimmel – Fruchtkörper (Apothecien) (Vanek, G.)

braun, halbkugelig und im Querschnitt ca. 1 mm. Die Verbreitungsquelle sind die Ascosporen.

### Gegenmaßnahmen

Eine direkte Behandlung ist nicht möglich, aber sämtliche bodensanierende, lockernde Maßnahmen in Verbindung mit optimaler Begrünungsführung und der Einsaat tiefwurzelnder Pflanzen (Luzerne, Esparsette, Winterwicke) sowie einer optimalen Pflanzenernährung führen zu einer Reduktion der Infektionsbedingungen. Die Entsorgung von befallenen Pflanzenresten bei der Rodung stellt eine wichtige Gegenmaßnahme dar.

## Wurzelschimmel (*Rosellinia necatrix*)

### Schadbild

Der Pilz befällt die Wurzel und führt zu ihrem allmählichen Absterben. Befallene Rebstöcke haben hellgrüne Blätter, schwächere und kürzere Triebe, verkümmern und sterben ab. Die Rinde stirbt ab, zerreißt und schält sich an den Wurzeln. Auf befallenen Wurzeln findet man einen gräulich-weißen, spinnwebartigen, pilzigen Belag mit einem Bund aus Konidienträgern. Das Myzelium bildet Rhizomorphe. Befallene Wurzeln verfärben sich dunkel und sterben ab. Auf abgestorbenen Wurzeln entstehen schwarze Sklerotien und später Fruchtkörper.

### Bedeutung

Die Erkrankung tritt allgemein in Herden auf. Der Pilz ist polyphag und befällt außer der Rebe auch andere Holzarten, inklusive Obstgehölzen und Kräutern. Die Erkrankung zeigt sich vor allem auf schweren und verschlämmten, wärmeren Böden.

### Biologie

Die Verbreitung erfolgt hauptsächlich durch das Myzel, welches unter der Rinde wächst und nach und nach den gesamten Holzzylinder durchwächst.

### Gegenmaßnahmen

Eine direkte Behandlung ist nicht möglich. Sämtliche bodensanierende, lockernde Maßnahmen in Verbindung mit optimaler Begrünungsführung und der Einsaat tiefwurzelnder Pflanzen (Luzerne, Esparsette, Winterwicke) führen zu einer Reduktion der Infektionsbedingungen. Eine Brache von mindestens fünf Jahren verbunden mit einer Kalkung des Bodens sollte vor einer Neuanlage erfolgen. Zur Vorbeugung gegen das Auftreten der Wurzelpilze ist die Erhöhung des antiphytopathogenen Potenzials des Bodens von großer Bedeutung. Dabei spielen Mykorrhiza-Pilze als Antagonisten eine wichtige Rolle.

Wurzelschimmel – Wachsendes Pilz-Myzel auf einem Wurzelstamm (Vanek, G.)

Wurzelschimmel – In den Stamm eingewachsenes Pilz-Myzel (Vanek, G.)

# Tierische Schädlinge

## Fadenwürmer (Nematoda)

Im Fall der Nematoden wurde zur leichteren Identifizierung nicht die Klassen-, sondern die Stammesbezeichnung verwendet.

#### *Wandernde Wurzelnematoden (Xiphinema spp., Longidorus spp.)*

**Schadbild**

Wucherungen und Deformationen an Wurzeln.

**Bedeutung**

Larven sowie ausgewachsene Tiere befallen Wurzelspitzen der Rebe. Auf den befallenen Wurzeln findet man aufgrund der Saugtätigkeit der Fadenwürmer kleine Wucherungen und Deformationen. Fadenwürmer schädigen sowohl durch das direkte Saugen an den Rebenwurzeln als auch durch die Übertragung von Viruskrankheiten (Reisigkrankheit, Arabis-Mosaic-Virus, Himbeerringflecken-Virus). Die direkte Beschädigung hat hauptsächlich in Rebschulen und in Neuanlagen große Bedeutung. Fadenwürmer sind wesentlich mitverantwortlich für das Auftreten der Rebenmüdigkeit verschiedener Weinbergsböden.

**Biologie**

Dem Eistadium folgen mehrere Juvenilstadien. Je nach Art ist sexuelle oder parthenogenetische Reproduktion vorherrschend.

**Gegenmaßnahmen**

Auf mit Nematoden der Gattungen *Xiphinema* (Adenophorea) oder *Longidorus* (Secernentea) verseuchten Rebböden sollte vor einer Neupflanzung mindestens eine fünfjährige Brachezeit mit einer vielartigen Pflanzenmischung eingeplant werden. Beim Aushauen des alten Weinberges sollten die alten Rebenwurzeln sorgfältig entfernt werden. Vor der Neupflanzung sollten auf der Fläche mehrere Jahre Getreide, Luzerne, Ölrettich, Senf, Raps oder Ackerbohne angebaut werden, da diese Pflanzen von diesen Nematoden nicht als Wirtspflanzen benutzt werden bzw. Senf oder Ölrettich auch als Feindpflanzen wirken. Senföle der Brassicaceae können hemmend auf Nematoden wirken (Biofumigation). Eine optimale Bodenbewirtschaftung mit Humusversorgung, einer hohen biologischen Aktivität sowie einem angepassten Begrünungsmanagement wirken ebenfalls einer Nematodenpopulation entgegen.

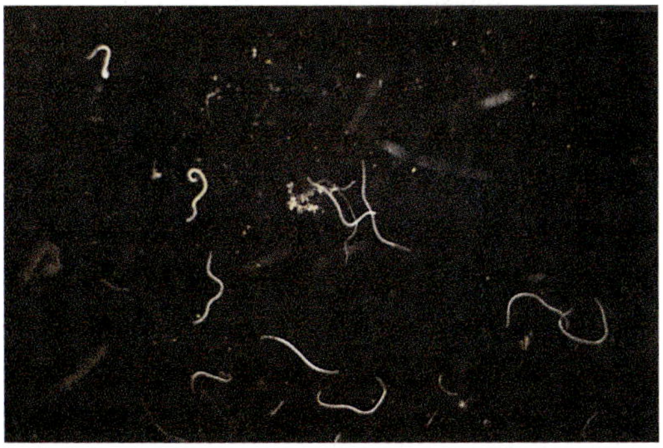

Fadenwürmer der Gattung *Xiphinema* (Vanek, G.)

## Spinnentiere (Arachnida)

### Milben (Acari)

#### Gall- und Rostmilben (Eriophyidae)

#### *Blattgallmilbe, Pockenmilbe (Colomerus vitis, Syn.: Eriophyes vitis)*

**Schadbild**

Der Befall zeigt sich durch gewölbte, rote oder gelbliche Pocken auf jungen, austreibenden Blättern. An der Blattunterseite entstehen infolge des Milbenbefalls dichte Geflechte aus den vergrößerten Trichomen der Rebenblätter, die an einen Filz erinnern (Erineum). Während der Vegetation kann es bei starkem Auftreten der Blattgallmilbe auch zu Deformationen der Gescheine kommen.

**Bedeutung**

Wissenschaftliche Studien haben gezeigt, dass ein starker Blattbefall den Ertrag und die Qualität der Trauben nicht beeinflusst.

**Biologie**

Die Entwicklung der Milben ist ähnlich jener der Kräuselmilben. Blattgallmilben leben während der Vegetation fast ausschließlich im Erineum. Die Überwinterung erfolgt als erwachsene Milbe. Es können bis zu sieben Generationen pro Jahr gebildet werden. Sie wird wirkungsvoll durch die Raubmilbe *Typhlodromus pyri* begrenzt, wobei Blattgallmilben durch ihre spezielle Lebensweise vor dem Zugriff der Raubmilben weitestgehend geschützt sind. Ist aber für die

Blattgallmilbe – Befallenes Geschein (Hluchy, M.)

Blattgallmilbe – Befallenes Blatt (Hofmann, U.)

Blattgallmilbe – Detail der Beschädigung (Hluchy, M.)

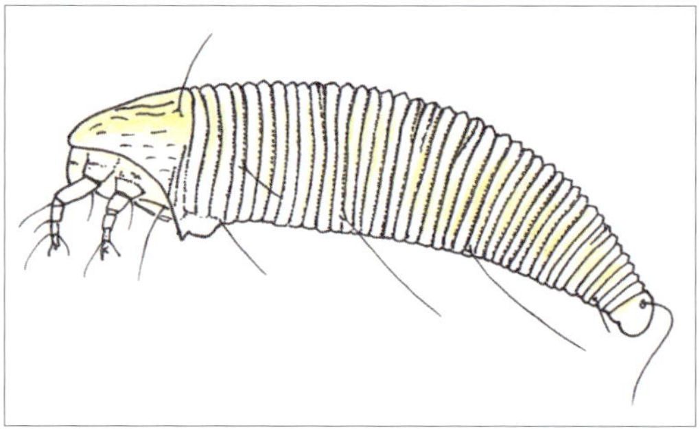

Blattgallmilbe – *Colomerus vitis* (Stolz, M.)

Raubmilben keine tierische Nahrung mehr vorhanden, machen diese auch Jagd auf Blattgallmilben. Trotz dieser speziellen Situation ist eine chemische Akarizidbehandlung nicht notwendig und weder sinnvoll noch wirtschaftlich vertretbar.

**Gegenmaßnahmen**

**Vorbeugend**

Durch die Ansiedlung sowie den Schutz der Raubmilben kann die Schadpopulation dezimiert werden. Raubmilbenschädigende Pestizidbehandlungen sind zu vermeiden.

**Gezielt**

Eine Bekämpfung wäre erst bei extrem starkem Befall notwendig, wenn sowohl die Blätter als auch die Gescheine befallen sind. Schwefelbehandlungen im Frühjahr wirken einer Massenvermehrung entgegen.

### *Kräuselmilbe (Calepitrimerus vitis)*

**Schadbild**

Von Milben befallene Augen wachsen im Frühjahr langsamer. Die Blätter sind klein und die Blattspreiten sind verbogen und gekräuselt. Die Triebe sind verkürzt und typisch zickzack-förmig geknickt. Bei starkem Befall vertrocknen die wachsenden Blätter. Typische Symptome sind Aufhellungen (sichtbar durch Halten gegen eine Lichtquelle) an den Einstichen in den Blattspreiten. Um diese Einstiche sind die Adern sternförmig zusammengezogen. Die Einstichstellen verdunkeln sich und sterben später ab.

Achtung! Die Schadmilben mit einer Größe von 0,15 mm sind nur unter dem Mikroskop zu sehen.

**Bedeutung**

Die Kräuselmilbe tritt nur auf der Rebe auf. Im zeitigen Frühjahr – beim Austrieb – schädigen die Milben sowohl durch das Saugen an den Blättern als auch durch ihren phytotoxischen Speichel. Der Befall im Frühjahr führt zu starken Wuchsdepressionen mit Besenwuchs und unzureichendem Gescheinsansatz. Erst nach lang anhaltendem, starkem Befall kann es zum Absterben des Stockes kommen (in der Mehrzahl verbunden mit dem Auftreten von Eutypiose). Die wirtschaftliche Schadensschwelle liegt bei 90 Milben pro Blatt im Frühjahr (drittes bis fünftes Blattstadium) bzw. ca. 170 Milben pro Blatt am Ende des Sommers während des Weichwerdens. Die größte Bedeutung hat der Befall in Junganlagen (in den ersten drei Jahren); häufig durch bereits in der Rebschule befallenes Pflanzgut.

### Biologie

Die pathogene Winterform der Weibchen überwintert in den Knospenschuppen der Augen. Mit dem Aufbrechen der Knospen beginnen die Weibchen zu saugen. Gleichzeitig beginnen sie, ihre Eier abzulegen. Aus diesen schlüpfen Larven, die sich über Nymphen zu adulten Tieren entwickeln. Die gesamte Population besteht aus parthenogenetischen Weibchen (Parthenogenese = Jungfernzeugung). Diese Art hat vom Frühjahr bis zum Ende des Sommers circa sechs Generationen. Meist werden junge Blätter, im Sommer auch Triebspitzen und Geiztriebe befallen. Ab August ziehen sich die Weibchen zur Überwinterung in neue differenzierte Augen und in Risse der Rinde zurück. Diese Art vermehrt sich ungewöhnlich schnell. Während der Vegetation und ohne Anwesenheit von Antagonisten (Gegenspieler) kommt es schon nach zehn Tagen zu einer Verdopplung der Populationsdichte. Die Milben befinden sich hauptsächlich an der Unterseite junger Blätter. Bei extrem starkem Befall

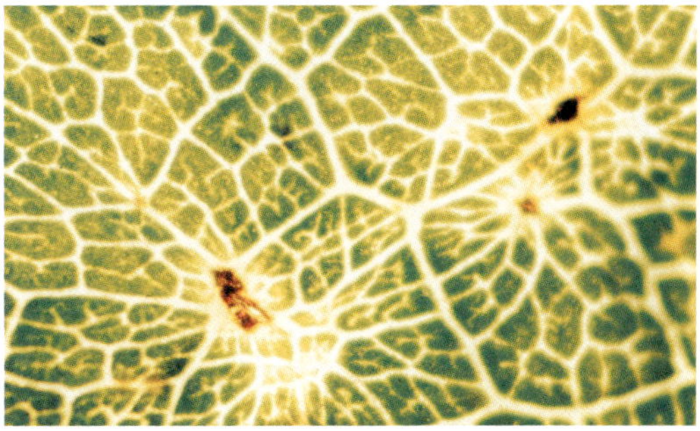

Kräuselmilbe – Typische Aufhellungen der Blattspreite mit sternförmig zusammengezogenen Adern (Státní rostlinolékaiská)

Kräuselmilbe – Gekräuseltes Blatt mit Einstichstellen (Státní rostlinolékaiská)

Kräuselmilbe – Überwinternde Milben (Státní rostlinolékaiská)

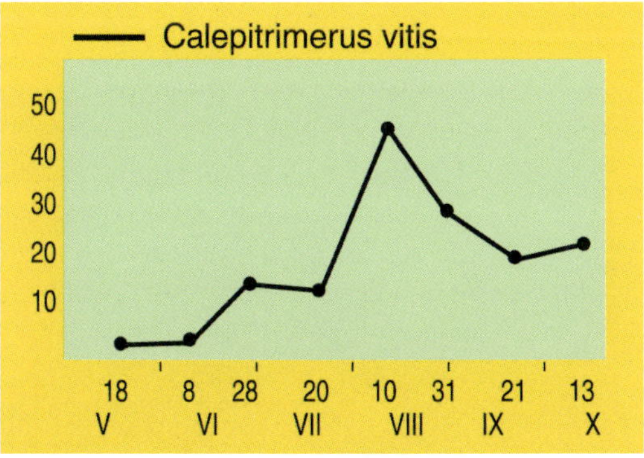


Kräuselmilben (*Calepitrimerus vitis*) nach zwei chemischen Behandlungen (Ackermann, P.)

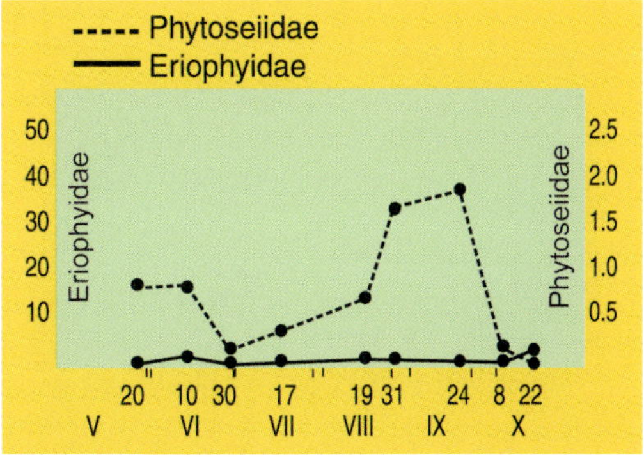


Befallsreduktion durch Ansiedelung von Raubmilben (Phytoseiidae) (Hluchy, M.)

Kräuselmilbe – Befallener Trieb mit kleinen Blättern und verkürzten Internodien (Hofmann, U.)

können mehrere Tausend Individuen auf einem Blatt auftreten. Die Population und der Befall werden durch die Anzahl und die Art der Nützlinge, insbesondere der Raubmilbenarten *Typhlodromus pyri, Euseius finlandicus, Dubininellus echinus* und weiterer Arten, stark begrenzt. Zur Senkung der Populationsdichte der Kräuselmilbe tragen ebenso Raubthripse der Familie der Aeolothripidae sowie Raubwanzen der Gattung *Orius* und weitere Räuber bei.

**Gegenmaßnahmen**

**Vorbeugend**

Durch die Ansiedlung sowie den Schutz der Raubmilben und anderer Räuber kann die Schadpopulation dezimiert werden. Raubmilbenschädigende Pestizidbehandlungen sind auszuschließen. Zusätzlich sollten die Weinberge mit einer vielartigen Kräutervegetation begrünt sein.

**Gezielt**

Die wichtigsten und nachhaltig erfolgreichsten Maßnahmen sind die Ansiedlung, Stabilisierung und der Schutz der Raubmilbenart *Typhlodromus pyri* (siehe weiterführend das Kapitel Gegenmaßnahmen – Biologische Pflanzenschutzstrategien > Biologische Pflanzenschutzmittel und Nützlinge > Nützlinge). Bevor *T. pyri* eine ausreichende Population aufgebaut hat, kann es notwendig sein, im Frühjahr eine selektive Akarizidbehandlung, die die Raubmilben nicht beeinträchtigt, durchzuführen. Im Ökologischen Anbau wäre die Anwendung eines Insektoakarizides auf Basis von *Azadirachta indica* (Neem-Azal T/S) – sofern national zugelassen – möglich. Zugelassen und wirksam sind Seifen-Alkohol-Mischungen sowie Wasserglas/Schwefel (5 kg/ha) schon beim Austrieb (nach zehn Tagen wiederholen!).

## Spinnmilben (Tetranychidae)

### *Gemeine Spinnmilbe, Bohnenspinnmilbe (Tetranychus urticae)*

**Schadbild**

Befallene Blätter verfärben sich zwischen den Adern gelb bis rostbraun. Bei starker Beschädigung sterben befallene Stellen ab und das Blattgewebe zerreißt. An der Blattunterseite befinden sich feine Gespinste, in denen sich ca. 0,5 mm große, beigefarbene Milben mit zwei seitlichen dunklen Flecken oder glasige, weiße, kleine, runde Eier und schwarze Kotkügelchen befinden.

**Bedeutung**

Die wirtschaftliche Schadensschwelle liegt bei der Rebe im Durchschnitt bei vier adulten Tieren pro Blatt. Die Milbe schädigt sowohl durch direktes Saugen als auch durch das Ausscheiden von giftigem Speichel. In den Weinbergen vermehrt sich die Bohnenspinnmilbe auf Pflanzen im Unterwuchs, vor allem auf der Winde. Von dort gelangt sie nach der Unterstockbearbeitung oder nach einem Herbizideinsatz auf die Rebe.

**Entwicklungszyklus** und **Ökologie** siehe im Kapitel Beerenobst > Tierische Schädlinge.

**Gegenmaßnahmen**

Die Bekämpfung wird durch eine Zwischenbegrünung und eine Unterstützung der natürlichen An-

Gemeine Spinnmilbe – Adultes Weibchen (Státní rostlinolékařská)

Raubmilbe *Typhlodromus pyri* – Ansiedlung mit Filzstreifen (Judt, C)

tagonisten durchgeführt, bei gleichzeitigem Verbot des Einsatzes raubmilbenschädigender Pestizide. Weiters ist eine ausgeglichene Düngung ohne Stickstoffüberschuss und die Einhaltung eines schmalen, nicht bewachsenen Streifens im Unterstockbereich wichtig. Eine nachhaltige Wirkung bietet die Ansiedlung, Stabilisierung und der Schutz der Raubmilbe *Typhlodromus pyri* sowie weiterer Räuber, wie z. B. räuberischer Wanzen oder Marienkäfer.

### *Obstbaumspinnmilbe (Panonychus ulmi)*

#### Schadbild

Bei starkem Frühjahrsbefall bleiben die Triebe kurz, mit zickzack-artigem Besenwuchs. Die Spitzen der Blattspreiten sterben ab. Während der Vegetationsperiode verfärben sich die Blätter gelb bis bronziert (rostbraun) und das Gewebe zwischen den Adern nekrotisiert.

#### Bedeutung

Bei massenhaftem Auftreten während des Austriebes kann die Obstbaumspinnmilbe die Rebe stark schädigen.

#### Biologie

Die Überwinterung der Obstbaumspinnmilbe erfolgt als karminrotes, kleines (0,15 mm), zwiebelförmiges Ei an der Triebbasis der Winteraugen und in Rissen von zweijährigem Holz. Auf beiden Blattseiten findet man mit einer Lupe kleine (0,4 mm), karminrote Larven.

Die wirtschaftliche Schadensschwelle liegt im Durchschnitt bei 50–100 Eiern pro Winter-Auge. Die Rebe ist nicht die optimale Wirtspflanze der Obstbaumspinnmilbe und die Ursache eines massenhaften Befalls der Rebe kann meist auf eine Ausrottung der Nützlinge durch nichtselektive Insektizidbehandlungen, verbunden mit übermäßiger Stickstoffüberdüngung, zurückgeführt werden.

**Entwicklungszyklus** und **Biologie** siehe im Kapitel Kernobst > Tierische Schädlinge.

#### Gegenmaßnahmen

Eine erfolgreiche Bekämpfung kann durch die Ansiedlung der Raubmilbe *Typhlodromus pyri* und weiterer natürlicher Feinde erzielt werden. Wenn im Weinberg genügend Raubmilben vorhanden sind, wird die Schadensschwelle der Obstbaumspinnmilbe nicht erreicht. Ebenso ist eine ausgeglichene Pflanzenernährung eine gute Unterstützung für die Vitalität der Pflanze und ein Schutz vor Milbenbefall. Höhere Schwefelgaben vor der Blüte wirken einer Massenvermehrung entgegen.

Obstbaumspinnmilbe – Adultus und Jugendstadien (Ackermann, P.)

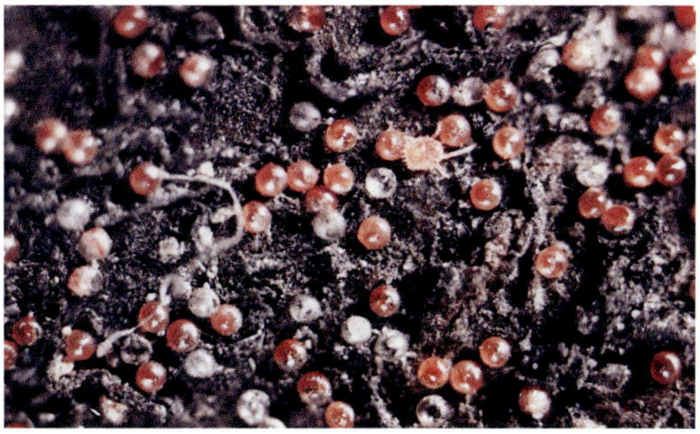

Obstbaumspinnmilbe – Wintereier (Státní rostlinolékařská)

## Insekten (Insecta)

### Fransenflügler (Thysanoptera)

#### Blasenfüßer (Thripidae)

*Rebenthrips (Drepanothrips reuteri)*

**Schadbild**

Im Weinberg treten verschiedene Arten von Thripsen auf, aber nur der Rebenthrips kann wirtschaftlichen Schaden anrichten. Durch das Saugen der Thripse entstehen an der Unter- und Oberseite der Blätter sowie an Trieben braune, nekrotisierte Verschorfungen. Befallene Blätter kräuseln sich. Später verfärben sich die Blattränder braun und trocknen ein. An den Trieben und Traubenbeeren entstehen durch das Saugen Verkorkungen. Bei starkem Befall kommt es zur Verrieselung der Blüte und zum Absterben ganzer Triebe.

**Gegenmaßnahmen**

**Gezielt**

Bei starkem Befall kann in der Integrierten Produktion (je nach nationaler Zulassung) ein Insektizid angewendet werden. Im Ökologischen Anbau dagegen sind Produkte auf Basis von *Azadirachta indica* erlaubt. Thripse werden effektiv durch Raubmilben

Rebenthrips – Beschädigtes Blatt (Hluchy, M.)

Rebenthrips – Zerstörtes Geschein (Hluchy, M.)

Rebenthrips (Stolz, M.)

Rebenthrips – Starker Kümmerwuchs (Hluchy, M.)

Rebenthrips – Beschädigte Triebe (Hluchy, M.)

(*Typhlodromus pyri, Anystis agilis*), Raubwanzen sowie Raubthripse der Familie Aeolothripidae und weitere Räuber reguliert. Die Unterstützung und der Schutz dieser Antagonisten hat hinsichtlich einer vorbeugenden Behandlung gegen schädliche Rebenthripse große Bedeutung.

## Käfer (Coleoptera)

### Blatthornkäfer (Scarabaeidae)

#### *Feldmaikäfer (Melolontha melolontha), Waldmaikäfer (M. hippocastani)*

**Schadbild**

Ab Ende April bis Ende Mai treten an der Rebe und an anderen Gehölzen typische Käfer auf. Die Larven, sogenannte Engerlinge, entwickeln sich im Boden und können dort insbesondere in Junganlagen und Rebschulen durch das Zernagen des Wurzelstammes großen Schaden hervorrufen. Adulte Käfer ernähren sich von Blättern.

Feldmaikäfer – Engerling (Pokorný, V.)

Feldmaikäfer auf Weinstock (Stolz, M.)

**Biologie**

Die 2–3 cm großen, schwarzen Käfer mit braunen Flügeldecken, weißer Musterung am Hinterleib und heller Brustbehaarung leben vier bis sieben Wochen. Männchen besitzen stark gefächerte Fühler. Weibchen legen 10–100 Eier in die Humusschicht nahe – oft auch krautiger – Wirtspflanzen. Die Entwicklung der Engerlinge bis zum Käfer dauert drei bis fünf Jahre.

**Gegenmaßnahmen**

**Gezielt**

Eine erfolgreiche Bekämpfung der Engerlinge kann mit entomopathogenen Pilzen der Art *Beauveria brongniartii* (Pilzgerste) erzielt werden. Bei starkem Befall durch Maikäfer kann auch eine Behandlung der Reben mit *Azadirachta indica* (Neem-Azal T/S) durchgeführt werden. Der Einsatz von chemisch-synthetischen Insektiziden ist wenig sinnvoll, da verstärkt auch natürliche Gegenspieler dabei abgetötet werden.

Siehe auch Kapitel Kernobst > Tierische Schädlinge.

#### Japankäfer *(Popillia japonica)*

**Wirtspflanzen**

Polyphag an zahlreichen Pflanzenkulturen (ca. 300 Arten). Im Obstbau vor allem z. B. an Kern- und Steinobst, Beerenobstkulturen, an Reb-, Gemüse- und landwirtschaftlichen Kulturen sowie an Zier- und Laubgehölzen (Ahorn, Buche und Eiche) und an Gräsern.

**Schadbild**

Vorwiegend wird zuerst der skelettierende Fraß zwischen den Adern der Blätter durch den adulten Käfer entdeckt. Wie bei den meisten Blatthornkäfern

Japankäfer – Imago (M. Maspero, Fondazione Minoprio, IT)

beginnt der Fraß in der Regel an jungen Blättern an den Zweigspitzen. Fraßschäden können auch an Blüten, Knospen und Früchten entstehen. Die Larven (Engerlinge) des Käfers fressen an den Wurzeln.

**Bedeutung**
Der Blatthornkäfer *Popillia japonica* (Japankäfer) spielt in seinem heimischen Ökosystem in Japan eine eher unauffällige Rolle. Vor etwa 100 Jahren begann die Ausbreitung über die USA und die Azoren. Da dort natürliche Gegenspieler weitgehend fehlen, breitete er sich massiv aus und verursacht bis heute hohe ökonomische Verluste. 2014 erstmals in der Lombardei (Italien) und dem Tessin nachgewiesen, verbreitet sich der Japankäfer kontinuierlich weiter nach Norden und verursacht gravierende Schäden.

Erste nachgewiesene Funde in Deutschland stammen aus dem Jahr 2021 in Südbaden. Um eine weitere Ausbreitung zu verhindern, wurde der Japankäfer in der EU als Quarantäneschädling eingestuft. Es gelten besondere Regelungen und Vorsichtsmaßnahmen, um ein Einschleppen zu verhindern und einem Ansiedeln sowie Ausbreiten vorzubeugen (Pflanzengesundheitsverordnung).

Starker Befall kann bis zum Kahlfraß sowie der unterirdische Fraß der Larven an den Wurzeln zur Schwächung, im Extremfall auch zum Absterben der Pflanzen führen.

**Biologie**
Der Käfer wird 8–11 mm lang und 7,5 mm breit, hat kupferfarbene Flügeldecken, einen metallisch goldgrün schimmernden Thorax und Kopf. Er ähnelt dem heimischen Gartenlaubkäfer *(Phyllopertha horticola)*. Auffällig sind die für die Art typischen fünf weißen Haarbüschel an beiden Seiten des Hinterleibs sowie zusätzlich zwei Büschel am letzten Körpersegment. Er entwickelt nur 1 Generation pro Jahr. Der Käfer zeigt ein spezielles Alarmverhalten, wodurch er gut von anderen Käfern zu unterscheiden ist: Er spreizt ein Beinpaar seitlich ab.

Ab Ende Mai schlüpfen die Käfer nach der Überwinterung als Larve im 3. Entwicklungsstadium aus den im Boden in 10–30 cm Tiefe befindlichen Puppen. Nach der Begattung legen die Weibchen 40–60 Eier in die Erde, insbesondere in Wiesen, gepflegte Rasen-, Sport- und Golfplätze sowie Feuchtwiesen, wo die schlüpfenden Larven an den Wurzeln fressen.

Japankäfer – Larve (J. Baker, North Carolina State University. Bugwood.org)

Japankäfer – Schadbild (M. Maspero, Fondazione Minoprio, IT)

**Ökologie**
In seiner Heimat Japan durch natürliche Feinde als unbedeutend eingeschätzt, hat der Japankäfer in Europa durch das bisherige Fehlen spezifischer Fressfeinde das Potential für einen gefährlichen Schädling.

**Gegenmaßnahmen**
Erstauftreten sind dem zuständigen Pflanzenschutzdienst zu melden.

**Vorbeugend**
Flugbeobachtung mittels Pheromonfallen. Oberflächliche Bearbeitung des Bodens. Förderung von Vögeln als biologische Fressfeinde. Schutz wertvoller Pflanzen während der Flugzeit durch Netze.

**Gezielt**
*Biologische Maßnahmen*
Als biologische Maßnahme können gegen die Larven des Japankäfers parasitische Nematoden, z. B. *Heterorhabditis bacteriophora*, eingesetzt werden. In Italien und den USA werden diese Nematoden bereits erfolgreich zur Bekämpfung genutzt.

*Mechanische Gegenmaßnahmen*
Versuche zur Bekämpfung anderer im Wurzelbereich lebender Schädlinge mittels Motorfräse zeigten eine sehr gute Wirkung. Das Fräsen könnte auch zu einer Reduktion der Käferlarven und vor allem der recht empfindlichen Puppen führen. Frisch schlüpfende Käfer können bei kleinen Befallsflächen mit feinmaschigen Netzen abgefangen werden, um sie anschließend abzutöten.

*Chemische Gegenmaßnahmen*
Neben synthetischen und natürlichen Pyrethroiden und anderen Insektiziden sind für viele Obst- und Gemüsekulturen auch Neem-Produkte (Wirkstoff: Azadirachtin) gegen adulte Käfer zugelassen.

### *Kleiner Julikäfer (Anomala vitis)*

**Wirtspflanzen**
Beim Kleinen Julikäfer handelt es sich um einen sehr polyphagen Schädling, wobei die Rebe als wichtigste Wirtspflanze gilt. Daneben werden auch Apfel-, Zwetschken-, Kirschen-, Aprikosen- und Walnussbäume befallen.

**Schadbild**
Wurzelfraß durch Larven.

**Bedeutung**
Zu einem Massenauftreten kommt es in warmen Jahren auf sandigen Böden.

**Biologie**
Der Kleine Julikäfer ist 14–18 mm groß und variabel metallisch-braun bis -smaragdgrün oder -blau. Die Tiere sind dämmerungs- und nachtaktiv. Engerlinge werden 20–25 mm lang. Diese Art des Julikäfers kommt vor allem auf sandigen Böden vor. Ihre Entwicklung dauert drei Jahre. Sie verpuppen sich im Mai, 20–30 cm unter der Erde. Adulte Käfer schlüpfen im Juni oder Juli.

Kleiner Julikäfer (Vanek, G.)

**Gegenmaßnahmen**
**Gezielt**
Das Rebenspritzmittel Bordelaiser Brühe (Kupfer-Kalk-Brühe) stößt diesen Schädling ab.

## Blattroller (Attelabidae)

### *Rebstichler, Zigarrenwickler (Byctiscus betulae)*

**Wirtspflanzen**
Der Rebstichler ist eine polyphage Art, die meist auf der Rebe und auf Birnenbäumen vorkommt. Er ist ein lokal bedeutender Schädling. Bei Massenauftreten des Käfers zur Zeit des Austriebes können Rebenknospen geschädigt werden. Die Bildung der Blattzigarren führt zu keinem wirtschaftlichen Schaden.

**Schadbild**
Im Frühjahr, zur Zeit des Austriebes, findet man auf der Rebe 5–7 mm lange, metallisch-grün oder -blau

Rebstichler – Sich im Blatt entwickelnde Larve (Pokorný, V.)

Rebstichler – Typische „Blatt-Zigarre" nach der Eiablage (Beránek, J.)

gefärbte Käfer, die dem Rüsselkäfer ähneln. Diese Käfer fressen in den Blättern schmale, 0,5 bis 1,5 cm lange Streifen aus. Die Weibchen beißen die Blattstiele an, welche dann verwelken, und rollen die Blätter durch eine typische Methode zu einer Zigarrenform ein.

**Biologie**

Diese Art hat nur eine Generation. Erwachsene Tiere überwintern im Boden. Während des Austriebes der Rebe findet ein Überlebensfraß der Käfer statt. Die Weibchen legen ihre Eier in die verwelkten, zigarrenförmig eingerollten Blätter. Die Larven ernähren sich von dem zerfallenen Blattgewebe im Inneren des eingerollten Blattes, bis es zu Boden fällt. Nach drei bis fünf Wochen kriechen die Larven 3–6 cm tief in den Boden, wo sie sich verpuppen. Von August bis September schlüpfen die Käfer.

**Gegenmaßnahmen**

**Vorbeugend**

Bei stärkerem Befall können die Zigarren abgesammelt und verbrannt werden. Die indirekte Bekämpfung basiert auf einer Unterstützung der Parasitoiden- und Räuberpopulation sowie durch Weinbergsbegrünung und Diversifizierung des Ökosystems. Sowohl die Eier des Rebstichlers wie auch die Larven können durch Schlupfwespen der Arten *Pimpla*, *Bracon*, *Apanteles* und *Microgaster* parasitiert werden.

**Gezielt**

Bei sehr starkem lokalem Befall kann im Ökologischen Weinbau eine Behandlung mit Präparaten auf Basis von *Bacillus thuringiensis tenebrionis* oder mit einem natürlichen Insektizid auf der Basis von *Azadirachta indica* (Neem-Azal T/S) notwendig sein.

## Borkenkäfer (Scolytidae)

### *Ungleicher Holzbohrer (Xyleborus dispar)*

**Schadbild**

Am Rebstamm wie auch an mehrjährigem Holz tauchen im Frühjahr Fraßgänge auf.

**Bedeutung**

Der Holzbohrer befällt hauptsächlich geschwächte Stämme.

Rebstichler – Typisches Fraßbild der Käfer am Blatt (Státní rostlinolékařská)

Rebstichler – Käfer und Fraßschäden am Blatt (Stolz, M.)

Rebstichler – Adulter Käfer (Pokorný, V.)

### Biologie
Die Weibchen legen den Hauptfraßgang an, der zunächst in Richtung Stammzentrum und dann, dem Verlauf der Jahresringe folgend, kreisförmig verläuft. Von hier aus zweigen seitlich die ausgehöhlten Gänge ersten Grades sowie senkrechte Gänge zweiten Grades als Brutstollen ab. Männchen sind 1,8–2,4 mm lang, gelb- bis dunkelbraun, matt und von oben her oval. Die Weibchen sind 3–3,8 mm lang, zylindrisch und braunschwarz bis schwarz gefärbt. Im Inneren der Brutstollen werden bis zu 40 Eier abgelegt, aus denen hörnchenartige, beinlose, gelb gefärbte Larven schlüpfen. Weibchen infizieren das befallene Holz mit dem *Monilia-candida-* oder *Ambrosia*-Pilz, von dem sich die Larven ernähren.

### Gegenmaßnahmen
Da kranke, vorgeschädigte sowie geschwächte und sehr alte Stöcke befallen werden, ist eine Bekämpfung wenig sinnvoll. Beschädigte Stöcke können entfernt und erneuert werden.

**Entwicklungszyklus** und **Biologie** siehe im Kapitel Kernobst > Tierische Schädlinge.

Ungleicher Holzbohrer (Státní rostlinolékaȉská)

Ungleicher Holzbohrer – Beschädigte Rebe
(Státní rostlinolékaȉská)

Ungleicher Holzbohrer – Schnitt durch das befallene Holz
(Státní rostlinolékaȉská)

## Rüsselkäfer (Curculionidae)
### *Gefurchter Dickmaulrüssler (Otiorhynchus sulcatus)*

### Schadbild
Buchtenfraß an Blättern und Augenausfraß im Frühjahr durch erwachsene Käfer. Wurzelfraß durch Larven.

### Bedeutung
Nur selten kommt es zu einem Schaden durch Massenauftreten. Larven findet man an Rebenwurzeln, wo sie aber keinen wirtschaftlichen Schaden anrichten. In Junganlagen kann es allerdings bei starkem Befall zu Schädigungen an Wurzeln und daraus resultierendem Kümmerwuchs und Welkerscheinungen kommen. Starker Laubfall kann zum Absterben von Pflanzen führen.

### Biologie
Die 9–13 mm großen, „langnasigen", grauschwarzen Käfer sind nachtaktiv. Sie können sich sowohl geschlechtlich als auch ungeschlechtlich (Parthenogenese) fortpflanzen. Weibchen legen 500–1.000 Eier einzeln oder in kleinen Gruppen im Boden in der Nähe von Futterpflanzen ab. Larven sind hörnchenförmig und weiß. Die Verpuppung findet in einer kleinen Erdhöhle statt. Es überwintern Larven, eventuell auch Puppen und Käfer. Normalerweise wird eine Generation pro Jahr gebildet.

### Gegenmaßnahmen
#### Gezielt
Zum Schutz gegen die Larven können entomopathogene Fadenwürmer (Älchen) der Gattung *Heterorhabditis* oder aber auch entomoparasitische Pilze (*Metharhizium anisopliae*) eingesetzt werden. Sie werden entweder mit der Spritzbrühe oder durch Gie-

ßen auf feuchtem Boden appliziert. Nach der Applikation kriechen die Älchen aktiv in den Boden, wo sie die Larven des Dickmaulrüsslers aufsuchen, befallen und vernichten. Man kann zur direkten Bekämpfung der Käfer ökotoxikologische, annehmbare organische Phosphate benutzen. Ihre Wirkung ist jedoch nicht ausreichend. Im Ökologischen Weinbau wäre es möglich, Mittel auf der Basis von *Azadirachta indica* (Neem-Azal T/S) gegen den Schadkäfer zu benutzen.

Ähnliche Beschädigungen an der Rebe können auch durch den Luzernerüssler (*Otiorhynchus ligustici*), den Echten Streckrüssler (*Tanymecus palliatus*) wie auch durch den Liebstöckelrüssler (*Otiorhynchus levistici*) verursacht werden.

Gefurchter Dickmaulrüssler (Beránek, J.)

## Schmetterlinge (Lepidoptera)

### Eulenfalter (Noctuidae)

#### *Kohleule (Mamestra brassicae)*

**Wirtspflanzen**

Die polyphage Falterart und deren Raupen sind in der Lage, sich auf etlichen Hundert Pflanzenarten zu vermehren.

Kohleule – Falter auf einem Rebenblatt (Beránek, J.)

**Bedeutung**

Bei normaler Populationsdichte werden Kohlpflanzen (Brassicaceae) bevorzugt. Bei extremer Überpopulation der Raupen der zweiten Generation befallen diese die Rebe Ende August bis September, wo sie sich während des Tages in den Trauben verstecken und in der Nacht Skelettierfraß an Blättern (nur mehr das Aderngerüst bleibt stehen) verursachen. In außergewöhnlichen Fällen wurde sogar Kahlfraß an Reben festgestellt. Durch das Einwandern der Raupen in die Trauben kann es zu einer sensorischen wie geschmacklichen Beeinträchtigung des Lesegutes kommen.

Kohleule – Eigelege © H. Melzer

**Biologie**

Die Hautfarbe der Raupen variiert stark: Ihre Färbung wechselt von hellgrün über verschiedene Grün- und Brauntöne bis hin zu schwarz.

**Entwicklungszyklus** und **Biologie** siehe im Kapitel Beerenobst > Tierische Schädlinge.

**Gegenmaßnahmen**

**Gezielt**

Ein Entfernen der Raupen aus den Trauben ist kaum möglich.

Kohleule – Raupe des vorletzten Stadiums © H. Melzer

### *Saateule-Erdraupen (Agrotis sp., Noctua sp., Euxoa sp., Xestia sp.)*

**Schadbild und Bedeutung**

Während des Austriebes können die Raupen auch Knospen ausfressen. Um die genaue Ursache sowie den Verursacher des Knospenfraßes zu ermitteln, ist es notwendig, nachts mit einer Taschenlampe die Weinberge zu kontrollieren. Auf diese Weise kann man so auf kleineren Flächen die Raupen gut einsammeln. Stärkerer Befall kann in mit Stroh gemulchten Anlagen auftreten. Begrünte Weinberge sind weniger befallen. Die Saateule befällt gelegentlich auch Rebschulen.

**Biologie**

Die Saateule ist ein Falter, dessen polyphage Raupen sich während des Tages in der Erde verstecken und in der Nacht auf Pflanzen klettern.

**Entwicklungszyklus** und **Biologie** siehe im Kapitel Beerenobst > Tierische Schädlinge.

Saateule – Falter (Hrabák, R.)

Kohleule – Raupe, graue Form © H. Melzer

Kohleule – Raupe, grüne Form © H. Melzer

Saateule – Raupen und Puppe (Vanek, G.)

Saateule – Falter (Hluchy, M.)

## Spanner (Geometridae)

### *Rhombenspanner, Rauten-Rindenspanner (Peribatodes rhomboidaria, Syn.: Boarmia rhomboidaria)*

**Wirtspflanzen**

Der Rhombenspanner ist eine polyphage Art, die auf vielen verschiedenen Gehölz- und Pflanzenarten lebt. Er kommt nur lokal vor und eine Schädigung tritt meistens in der Nähe von Waldrändern auf, wo eine stärkere Vermehrung möglich ist. Schon ein Auftreten von ein bis zwei Raupen pro Stock führt zu wirtschaftlich bedeutenden Schäden. Die Ursache von lokaler Übervermehrung ist noch ungeklärt. Ein Zusammenhang mit der reduzierten, chemischen Bekämpfung der Traubenwickler durch den Einsatz von Pheromonen kann nicht hergestellt werden.

**Schadbild**

Die Raupen höhlen Rebknospen vor dem Austrieb aus (im Unterschied zu Rehwild, welches die ganzen Knospen abbeißt). In der Nacht kann man typische Rhombenspannerraupen mit drei Brust- und zwei Bauchbeinpaare finden. Obwohl sie sich während des Tages auf dem Holz und eventuell auf den Drähten der Drahtanlage befinden, ist es nicht einfach, diese äußerst geschickt getarnten Raupen zu finden. Der Raupenbestand lässt sich durch einfaches Anschlagen der Drähte bestimmen, da ein Teil der Raupen sich danach an einem Faden zu Boden fallen lässt.

**Biologie**

Die Art hat in den Weinbaugegenden zwei Generationen. Die Falter der ersten Generation fliegen ab Ende Mai bis Ende Juni; die Falter der zweiten Generation ab Mitte August bis Oktober. Die zweite Generation tritt zahlreicher auf. Aus den Eiern der

Rhombenspanner – Ausgefressenes Auge (Ackermann, P.)

Rhombenspanner – Falter, Farbvariante © P. Buchner

Rhombenspanner – Raupe (Hofmann, U.)

Rhombenspanner – Falter © J. Beránek

Rhombenspanner – Raupe (Traxler, L.)

zweiten Generation schlüpfen im Herbst Raupen, die in Rissen der Rinde und ähnlichen Verstecken überwintern. Im Frühjahr werden die Raupen zur Zeit des Rebenaustriebes aktiv. Der Rhombenspanner hat ein ähnlich breites Spektrum an Parasitoiden und Räubern wie andere Eulenfalter (Noctuidae).

**Gegenmaßnahmen**

**Vorbeugend**

Schutz und Unterstützung natürlicher Feinde ist wichtig. Nichtspezifische Räuber, wie z. B. Laufkäfer oder Kurzflügler, liquidieren die sich verpuppenden Raupen und Puppen an der Bodenoberfläche.

**Gezielt**

In der Integrierten Produktion können zugelassene Insektizide zur Bekämpfung im Austriebsstadium eingesetzt werden. Im Ökologischen Anbau können Produkte auf Basis von *Bacillus thuringiensis kurstaki*, eventuell auch Produkte auf der Basis von *Azadirachta indica* (Neem-Azal T/S) oder Spinosad anwandt werden.

## Wickler (Tortricidae)

### *Bekreuzter Traubenwickler (Lobesia botrana), Einbindiger Traubenwickler (Eupoecilia ambiguella)*

**Wirtspflanzen**

Beide Traubenwickler-Arten sind polyphag. Sie leben jedoch bevorzugt auf der Rebe und auf anderen Vitaceae-Arten.

**Schadbild**

Es werden Gescheine während der Blüte bzw. etliche Beeren in den Trauben befallen, indem diese Bereiche angebohrt und zu „Gespinsten" versponnen werden. In den Kokons bzw. in den ausgefressenen Beeren befinden sich eine oder mehrere Raupen. Die Raupen des Einbindigen Traubenwicklers sind bis zu 10 mm lang und rotbraun mit einem schwarzbraunen Kopf. Die Raupen des Bekreuzten Traubenwicklers sind grünbraun mit einem hellen, gelbgrünen Kopf. Die Falter haben eine ungefähre Länge von 5–6 mm, eine Spannweite von 10 bis 12 mm und eine bunte Marmorierung (Bekreuzter TW) bzw. gelbe Verfärbung mit einem breiten, schwarzen Streifen quer über die Flügel (Einbindiger TW). Die erste Generation – die sogenannten „Heuwürmer" beider Traubenwickler-Arten – führt bei normalem Blütenverlauf zu geringem Schaden. Die wirtschaftliche Schadenshöhe liegt bei ca. 30 Raupen je 100 Gescheinen. Allerdings können die Gespinstreste Infektionsherde für *Botrytis* darstellen. Der Befall durch die zweite/dritte Generation (Sauerwurm/Süßwurm) führt zu starken Beschädigungen der reifenden Beeren und in der Folge zu einer Ausbreitung von Fäulnis und *Botrytis*. Raupen der dritten Generation entwickeln sich in reifen Beeren und in Geiztrauben. Durch den Befall der zweiten und dritten Generation kann die Erntequalität stark in Mitleidenschaft gezogen bzw. bei ungünstigen Witterungsbedingungen durch Fäulniserreger vollständig vernichtet werden.

**Biologie**

Die Puppe überwintert unter der Borke am Rebstamm. Die Falter der überwinternden Generation beginnen im Frühjahr – in einigen Jahren schon Anfang April – zu fliegen, wobei erst die männlichen Falter schlüpfen. Vorsicht, es herrscht nur ein geringer Zusammenhang zwischen dem Anflug der Männchen in die Pheromonfalle und dem Befall durch die Raupen des Traubenwicklers! Weibchen legen ihre befruchteten Eier einzeln auf die Gescheine ab. Nach sieben bis zehn Tagen (je nach Temperatur) schlüpfen die Raupen, fressen an

Einbindiger Traubenwickler (Laštůvka, A.)

Bekreuzter Traubenwickler (Laštůvka, A.)

Einbindiger Traubenwickler – Falter © F. Graf

Einbindiger Traubenwickler – Falter, seitlich © F. Graf

Bekreuzter Traubenwickler – Falter © P. Buchner

Traubenw. – Durch Raupen beschädigte Beeren (Ackermann, P.)

Einbindiger Traubenwickler – Raupe (Hluchy, M.)

Bekreuzter Traubenwickler – Raupe (Vanek, G.)

den Gescheinen, verspinnen diese und verpuppen sich nach drei bis vier Wochen meist innerhalb der Blütenstände. Nach einer Puppenruhe von ungefähr zehn Tagen schlüpfen die Falter der zweiten Generation. Die Entwicklung der Eier der zweiten bzw. dritten Generation dauert fünf bis sieben Tage. Die Raupen bohren sich in die reifenden Beeren ein und fressen an den unreifen Samen. Der eigentliche Schaden entsteht durch die Fäulnis der Trauben. Bei günstigen Witterungsverhältnissen können beide Arten eine dritte Generation aufbauen, wobei der Übergang zwischen später zweiter und dritter Generation fließend sein kann.

## Ökologie

Der Bekreuzte Traubenwickler (*Lobesia botrana*) kommt in wärmeren Gegenden verstärkt vor. Den Einbindigen Traubenwickler (*Eupoecilia ambiguella*) findet man häufig in kühleren und nördlichen Randbereichen des Weinbaus sowie in feuchteren Jahren. Geringe Luftfeuchtigkeit (< 40 %) senkt den Anteil an überlebenden Eiern. Die Falter fliegen abends bei einer Temperatur über 20 °C und weisen eine intensive Aktivität auf. Auf ökologisch bewirtschafteten Flächen kann die erste Generation zu mehr als 90 % von Schlupfwespen der Gattung *Trichogramma* parasitiert sein. Raupen und Puppen werden von etlichen Arten von Schlupfwespen, Florfliegen, Marienkäfern, Ohrwürmern, Spinnen und insektenfressenden Vögeln (z. B. Kohlmeise) parasitiert.

Traubenwickler – Ei und Junglarve (Judt, C)

## Gegenmaßnahmen

### Vorbeugend

In Weinbergen mit blühender Kräutervegetation in jeder zweiten Reihe, in denen die Grundsätze der Ökologischen sowie Integrierten Produktion dauerhaft eingehalten werden, reduziert sich die Anzahl der Eier, Raupen sowie Puppen der Traubenwickler durch Parasitoide und Räuber bedeutend. Die Sicher-

Traubenwickler – Junglarve, Detail (Judt, C)

Pheromondispenser (ISONET-LE) (Hluchy, M.)

Pheromondispenser RAK (Hofmann, U.)

Befallene Gescheine sind der Ursprung einer *Botrytis*-Infektion. (Hluchy, M.)

stellung einer ausdauernd blühenden Vegetation im Weinberg und die Anwendung nützlingsschonender Pestizide unterstützen die natürlichen Feinde der Traubenwickler und haben dadurch einen großen Anteil an der Reduzierung des Traubenbefalls.

### Gezielt

Die größte Wirkung zum Schutz vor Traubenwicklern weist die Verwirrungstechnik der männlichen Falter, durch Ausbringung von Pheromonen, auf. Bei konsequenter mehrjähriger Anwendung der Verwirrungstechnik (Mating Disruption) kann auf geschlossenen Flächen (mindestens 10 Hektar) auch mit einer Reduzierung der Pheromone (gilt nur für ISONET-Pheromone) eine ausreichende Bekämpfung der beiden Traubenwickler-Arten erreicht werden. Ein Nullbefall der Trauben durch Traubenwicklerraupen senkt erheblich den sekundären Befall durch Pilzkrankheiten, wie z. B. Sauerfäule und Weiß- oder Graufäule. Für die Bestimmung eines optimalen Applikationtermins eines mikrobiellen Insektizids auf der Basis von *Bacillus thuringiensis* ist der Einsatz von Pheromonfallen von großer Hilfe. Präparate auf der Basis von *B. thuringiensis* werden im Zeitraum des Hauptschlupfes der Raupen angewandt. Das bedeutet, dass das Mittel in der zweiten Generation fünf bis sieben Tage nach dem ermittelten Flughöhepunkt der Männchen angewendet werden muss. In der Mehrzahl der Jahre wie auch Regionen sind zwei bis drei Behandlungen im Abstand von sechs bis sieben Tagen notwendig. Der Einsatz von zugelassenen, synthetischen Insektiziden ist im Integrierten Anbau möglich.

Die Verwirrungstechnik wie auch das Präparat *Bacillus thuringiensis* werden im Kapitel Biologische Begleit- und Gegenmaßnahmen > Biologische Pflanzenschutzstrategien beschrieben.

### *Springwurmwickler (Sparganothis pilleriana)*

Der Springwurmwickler ist ein typischer Gelegenheitsschädling, der nur lokal begrenzt vorkommt. Im Frühjahr können die überwinternden Raupen an den Knospen fressen. Meist besteht der Schaden aber im Verspinnen einzelner Triebspitzen wie auch Gescheine. In den Gespinsten befindet sich eine bedeutend größere Raupe als die des Einbindigen oder Bekreuzten Traubenwicklers. Der Springwurmwickler ist sehr polyphag und seine Raupen haben ein breites Nahrungsspektrum unterschiedlichster holziger und krautiger Pflanzen. Außer der Rebe sind dies z. B. Kirsche, Weißdorn, Esche, Weide, Erdbeere, aber auch Kräuter, wie z. B. die Ackerwinde. Adulte Schmetterlinge sind an metallisch glänzenden Flügeln mit deutlichen Querbinden sowie zwei langen Tastern erkennbar. Die Flugzeit kann bis in den Oktober hineinreichen, wobei bis zu 50 Eier auf Rebblättern abgelegt werden.

Springwurm – Gespinst im Geschein (Judt, C)

Springwurm – Gespinst am Rebenblatt (Judt, C)

### Gegenmaßnahmen

#### Gezielt

Eine Bekämpfung kann mit zugelassenen Insektiziden sowie mit Spinosad erfolgen. Zurzeit sind noch keine speziellen Sexualpheromone zugelassen, obwohl sie in Versuchen sehr erfolgreich waren. Daneben reduzieren aber sowohl räuberisch wie auch parasitisch lebende Insekten die Schadpopulation. Besonders hervorzuheben ist dabei der Gemeine Ohrwurm (*Forficula auricularia*).

Springwurmwickler – Raupe (Hluchy, M.)

Springwurmwickler – Falter (Laštůvka, A.)

Springwurmwickler – Falter © P. Buchner

## Widderchen (Zygaenidae)

### *Wein-Grünwidderchen, Wein-Zygaene (Theresimima ampellophaga)*

#### Wirtspflanzen

Die Hauptfutterpflanze des Weinwidderchens ist die Weinrebe (*Vitis vinifera*). Es besiedelt jedoch heute meist verwilderte Weinbestände, überrankte Mauern und Hecken sowie mit Gewöhnlicher Jungfernrebe (*Parthenocissus vitacea*) und mit Selbstkletternder Jungfernrebe (*Parthenocissus quinquefolia*) bewachsene Häuser und Gärten. *T. ampellophaga* war im gesamten Mittelmeerraum sowie am Schwarzen Meer und im Kaukasus vertreten. Aus Weinbergen ist sie infolge des Insektizideinsatzes zumeist verschwunden. Sie findet sich vor allem noch auf einigen ostägäischen Inseln und in der Türkei sowie in Teilen Vorderasiens, wobei ein erneutes Zuwandern – bevorzugt an den Ersatzwirten der Gattung *Parthenocissus* – in einzelnen Regionen Ungarns und Österreichs feststellbar ist.

#### Schadbild

Die ersten Raupenstadien fressen das Parenchym der Blätter, sodass ein unregelmäßiges Netz von zurückgebliebenen Blattadern entsteht. Spätere Stadien

Wein-Grünwidderchen – Raupe in Blattgehäuse © W. Wagner

Wein-Grünwidderchen – Raupe auf Geschein © W. Wagner

Wein-Grünwidderchen – Eigelege © W. Wagner

Wein-Grünwidderchen – Männchen © W. Wagner

leben einzeln und fressen an allen Blattteilen. Ausgewachsene Raupen verpuppen sich in einem weißen kokonartigen Gespinst.

**Biologie**

Die Falter mit braunen Flügeln und glänzend blaubraunem Kopf, Brust und Abdomen, fliegen Ende Mai bis Juli. Männliche Falter besitzen auffällig lange, gefiederte Antennen. Die Weibchen legen ihre eiförmigen, zunächst perlfarbenen und später fahlgelben Eier in Gruppen von 20 bis 100 Stück an die Blattunterseiten der Reben ab. Die Raupen schlüpfen nach sechs bis acht Tagen und beginnen mit ihrem Reifungsfraß. Die Raupenstadien L1 bis L3 sind weißlich mit gelblich-weißem Bauch. Kopf und Thorakalplatte sind schwärzlich-braun gefärbt. Sie spinnen Gehäuse in austreibende Knospen. Ausgewachsene Raupen sind 18 bis 22 mm lang. Die Verpuppung findet nach dem fünften Larvenstadium in einem bräunlich-weißen, locker gewebten Kokon-Gespinst an der Rinde des Stammes, in Rindenrissen oder selten auch unter Blättern statt. Die Falter schlüpfen nach 14 bis 20 Tagen. Der Rüssel der Falter ist zurückgebildet. Normalerweise wird eine Generation pro Jahr gebildet, in manchen Regionen Südosteuropas kann auch eine zweite Generation auftreten.

**Gegenmaßnahmen**

Eine Bekämpfung ist nicht notwendig. Förderung und Erhalt natürlicher Gegenspieler, wie parasitoide Wespen und Fliegen (z. B. *Exorista* sp.).

## Schnabelkerfe (Hemiptera)

### Schildläuse (Coccoidea)
### Napfschildläuse (Coccidae)

#### *Gemeine (Zwetschken-)Napfschildlaus, Große Obstbaumschildlaus (Parthenolecanium corni), Wollige Rebenschildlaus (Pulvinaria vitis)*

Schildläuse überwintern als Larven oder als befruchtetes Weibchen unter der Borke von ein- und mehrjährigen Trieben. Im Frühjahr beginnen die Weibchen mit der Eiablage. Dabei wölbt sich ihr Rückenschild. Zum Zeitpunkt der Blüte schlüpfen die Junglarven und wandern auf die Blätter und grünen Triebe, an denen sie saugen. Nur bei extrem starkem Befall kann es in Verbindung mit Wasser- und Nährstoffstress zu Kümmerwuchs und Depressionen kommen.

**Entwicklungszyklus** und **Biologie** siehe weiterführend im Kapitel Steinobst > Tierische Schädlinge.

Gemeine (Zwetschken-)Schildlaus (Hofmann, U.)

Wollige Rebenschildlaus (Vanek, G.)

**Gegenmaßnahmen**

Schildläuse werden von vielen Parasitoiden und Räubern befallen. Natürliche Gegenspieler, insbesondere parasitierende Schlupfwespen, können durch eine nützlingsschonende Bewirtschaftung und vielartige Begrünung gefördert werden. Eine ausgewogene Nährstoffversorgung (Kalium, Stickstoff) führt zu einer verbesserten Vitalität und beugt so Stresssituationen der Rebe vor. Im Fall eines starken Befalls ist es ratsam, das Holz nach dem Rebschnitt zu verbrennen und die Rebe vor dem Austrieb mit ölhaltigen Präparaten zu behandeln.

## Zikaden (Cicadellidae)

### *Amerikanische Rebzikade (Scaphoideus titanus)*

**Wirtspflanzen**

Die Amerikanische Rebzikade *Scaphoideus titanus* lebt ausschließlich auf allen Arten der Rebe (Europäische Kulturreben, Unterlagsreben, Amerikanische Wildreben sowie Wald- und Zaunrebe), saugt an deren Blättern und schädigt durch die Übertragung des Erregers der Flavescence dorée (FD). Das FD-Phytoplasma wird vom Überträgerinsekt während

Amerikanische Rebzikade – 3. Larvenstadium

Amerikanische Rebzikade – 4. Larvenstadium

Amerikanische Rebzikade – 1. Larvenstadium

Amerikanische Rebzikade – 5. Larvenstadium

Amerikanische Rebzikade – 2. Larvenstadium

Amerikanische Rebzikade – Adultes Tier

der Nahrungsaufnahme auf infizierten Weinreben aufgenommen und kann nach etwa einem Monat auf andere Rebpflanzen übertragen werden. Ernste Infektionen dieser Krankheit wurden in verschiedenen mediterranen Weinbaugebieten und seit wenigen Jahren auch in Österreich, Ungarn und Slowenien beobachtet (siehe Kapitel Phytoplasmosen > Vergilbungskrankheiten).

### Biologie

Die Amerikanische Rebzikade legt ihre Eier in Borkenritzen am Stamm und am alten Holz ab. Der Larvenschlupf beginnt – witterungsabhängig – im Mai und die Larvenentwicklung endet nach dem fünften Nymphenstadien im Juli. Die Nymphen halten sich ausschließlich an der Blattunterseite auf. Sie unterscheiden sich durch zwei schwarze Punkte auf dem Abdomen sowie eine starke Behaarung von anderen Zikaden-Nymphen. Im Larven- wie auch im adulten Stadium können die Zikaden an infizierten Reben das Phytoplasma aufnehmen und auf weitere Pflanzen übertragen. Die sehr mobilen, fliegenden Zikaden können innerhalb kurzer Zeit ganze Bestände infizieren.

### Gegenmaßnahmen

#### Vorbeugend

Die Symptome auf einer infizierten Weinrebe manifestieren sich im Folgejahr. Infizierte Reben müssen ausgerissen und verbrannt werden, um das Infektionspotenzial des FD-Phytoplasma zu reduzieren. Alle von FD-Epidemien betroffenen, europäischen Länder definierten strenge Regeln für Kontrollmaßnahmen gegen die Rebzikade *S. titanus* und die Ausrottung verseuchter Pflanzen. Ein generelles Monitoring mittels Gelbfallen dient einerseits der Kontrolle des Auftretens und der Ausbreitung, andererseits der Möglichkeit einer Reduktion durch Massenfang. Da die Amerikanische Rebzikade fast ausschließlich auf den Reben (*Vitis*-Arten wie auch der Waldrebe – *Clematis*) vorkommt und sich auch nur dort vermehren kann, ist eine gezielte Ansaat von „Feind-" oder Ausweichpflanzen als Alternativnahrung nicht möglich.

#### Gezielt

Im Integrierten Anbau wird auf eine mehrmalige Anwendung hochwirksamer Insektizide gesetzt, die aber auch gleichzeitig starke Nebenwirkungen auf die Nützlingspopulation haben kann. Beim Einsatz dieser

Blattsymptome Flavescence dorée – Übertragen durch die Amerikanische Rebzikade (Ackermann, P.)

Insektizide ist darauf zu achten, dass der Begrünungsbestand gemulcht wird, um eine Gefährdung von Bienen auszuschließen. Im Ökologischen Weinbau beruht die Kontrolle der Amerikanischen Rebzikade auf der Anwendung von Paraffinölen zur Winterbehandlung und Reduzierung der Eier sowie der Verwendung von unspezifischen, natürlichen Insektiziden wie Pyrethrum, sofern die Behandlung nach nationalen Gesetzen erlaubt oder vorgeschrieben ist. Die Verwendung von pflanzlichen Ölen oder Nadelholzharzen kann die Wirkung der Pyrethrum-Produkte steigern. Die Verwendung von Kaliumbicarbonat (Backpulver) gegen Echten Mehltau hat einen sehr guten Nebeneffekt auf Zikaden. Alle natürlichen Feinde, die die Grüne Rebzikade angreifen, greifen auch *Scaphoideus titanus* an, wodurch der Weinbergsbegrünung als Nützlingshabitat eine wichtige Rolle zukommt.

### *Büffelzikade (Stictocephala bisonia)*

An einjährigen, jungen Trieben erscheinen im Spätsommer ab Mitte August stark rötlich gefärbte Blätter. Um die Triebe herum finden sich durchgehend geringelte Nekrosen, die zur Verfärbung und zum

Büffelzikade – Adultes Tier (Beránek, J.)

Büffelzikade – Durch das Ringeln der Triebe verfärben sich die Blätter rot. (Hofmann, U.)

Büffelzikade – Geringelter Trieb infolge der Saugtätigkeit, Detail (Hofmann, U.)

Absterben der Triebe führen. Im befallenen Bereich sterben der Bast und das Kambium ab und der Bereich stranguliert. Verursacht wird der Schaden durch die Larven der Büffelzikade. Die 8–12 mm großen Zikaden legen ihre fünf bis zwölf Eier an den Trieb ab. Die schlüpfenden Larven bohren sich in das Gewebe ein. Das Gewebe um die Wunden verkorkt und das Holz stirbt oft über diesen Wunden ab. Adulte Tiere können zusätzlich durch aktives Saugen an Trieben, Blattstielen, Ranken und Traubenstielen Schaden verursachen. Bei einer niedrigen Populationsdichte der Büffelzikade ist keine Behandlung nötig.

**Entwicklungszyklus** und **Biologie** siehe im Kapitel Kernobst > Tierische Schädlinge.

### *Grüne Rebzikade (Empoasca vitis)*

**Wirtspflanzen**

Die Grüne Rebzikade kommt hauptsächlich an der Rebe vor. Besonders anfällig sind Burgundersorten sowie Blaufränkisch, Dornfelder, Merlot und Trollinger. Ausgewachsene Tiere überwintern allerdings auf immergrünen Nadelgehölzen und Brombeerbüschen sowie Heckenrosen, die ihnen ein Saugen im Winter ermöglichen. Sie sind in der Lage, eine Entfernung von mehreren Kilometern zwischen dem Weinberg und dem Winterquartier zurückzulegen.

**Schadbild**

Nymphen und Adulte von *E. vitis* saugen ausschließlich an den Wasserleitbahnen des Phloems und verursachen dadurch eine Verstopfung dieser Wege. Bei weißen Rebsorten (Chardonnay, Burgundersorten) führt dies zum Einrollen und zur Wellung der Blattränder. Die Blattoberseite verfärbt sich gelbgrün und kann nekrotisieren. Bei roten Rebsorten (Gamay, Blauer Burgunder, Portugieser, Blaufränkisch, Dornfelder) kommt es zu mosaikartigen Verfärbungen. Meist verfärben sich auch die Blattstiele rot. Bei starkem Befall kommt es zum Absterben der Blattränder und zur Entlaubung der Traubenzone.

Grüne Rebzikade – Befallssymptome an der Rebsorte Gamay (Hluchy, M.)

Grüne Rebzikade – Blattbefall an roter Rebsorte (Hofmann, U.)

Grüne Rebzikade – Adult © T. und D. Pendleton

**Biologie**

Adulte, beflügelte Tiere sind hellgrün, ca. 4–5 mm groß und dünnhäutig. Die Zikaden bewegen sich munter an der Blattunterseite und springen bei Störung schnell einige Zentimeter weit. An der Unterseite befallener Blätter findet man deutliche Larvenexuvien. Diese Art bildet in Mitteleuropa eine bis zwei Generationen aus. *E. vits* gilt nicht als Vektor von Virosen oder Mycoplasmosen. Zu wirtschaftlichen Schäden kann es bei einer hohen Populationsdichte im Frühjahr mit ca. 10 Zikaden pro Blatt kommen. In Mitteleuropa kommt es seit der letzten Dekade des 20. Jahrhunderts zu stärkeren Populationsentwicklungen. Südlich der Alpen (Südtirol etc.) gehört *E. vitis* zu den wirtschaftlich bedeutendsten Schädlingen der Rebe.

**Gegenmaßnahmen**

**Gezielt**

Zum Schutz werden im Integrierten Weinbau zugelassene Insektizide eingesetzt. Im Ökologischen Anbau wird auf die Förderung natürlicher Gegenspieler gesetzt. Zu den wirkungsvollsten Gegenspielern zählen Eiparasitoide der Gattungen *Anagrus* und *Stethynium* sowie Mücken der Familie Pipunculidae und die Ordnung der Fächerflügler (Strepsiptera). Daneben sind aber auch viele räuberisch lebende Fraßfeinde, wie z. B. netzbauende Spinnen, sehr wirksam. Das Vorhandensein von Zikaden kann generell über Gelbfallen ermittelt werden. Ein Massenfang von *E. vitis* erscheint allerdings nicht möglich. Die Anwendung von Bicarbonaten zeigt aber eine deutliche Nebenwirkung auf die Zikadenpopulation.

### *Winden-Glasflügelzikade (Hyalesthes obsoletus)*

**Wirtspflanzen**

Erwachsene Zikaden saugen an unterschiedlichen Arten grüner Pflanzen, wobei Nachtschattengewächse, aber auch Ackerwinde und die Große Brennnessel bevorzugt werden. An der Rebe saugen sie erst, wenn aufgrund von Trockenheit die bevorzugten Wirtspflanzen verwelken oder aber durch Bodenbearbeitung und Herbizideinsatz eliminiert wurden.

**Schadbild**

Winden-Glasflügelzikaden schädigen die Reben durch die Übertragung der Schwarzholzkrankheit (Stolbur-Phytoplasmen; siehe Kapitel Phytoplasmosen > Vergilbungskrankheiten).

**Biologie**

Adulte Tiere sind 4,5–6 mm lang und satt glänzend schwarz mit glasig-durchsichtigen Flügeln mit schwarzen querliegenden Adern. Es handelt sich um südeuropäische, wärmeliebende Zikaden, die zurzeit ihre nördlichste Ausbreitung in Deutschland haben. Das Weibchen legt ca. 60 Stück 2–3 mm große Eier an die Wurzeln der Wirtspflanzen (Brennnessel, Ackerwinde, Gemeiner Nachtschatten) ab. Geschlüpfte Larven wandern in Spalten des Bodens zu den Wurzeln der Ackerwinde, selten auch zu anderen Pflanzen, wo sie sich in wachsumkleideten Nestern

Winden-Glasflügelzikade – Hauptüberträger der Schwarzholzkrankheit (Hluchy, M.)

Schwarzholzkrankheit – Symptome am Blatt (Vanek, G.)

entwickeln. Die Larven saugen an den Windenwurzeln und bilden dabei Hohlräume in den Wurzeln. Sie überwintern als 3. oder 4. Larvenstadium im Boden in einer Tiefe von 10–12 cm. Die Zikade hat fünf Larvenstadien. Die Larven des fünften Stadiums leben in einer Tiefe von ca. 5 cm. Durch das Saugen an mit Stolbur befallenen Wirtspflanzen infizieren sich die Larven und können als adulte Tiere das Phytoplasma auf die Rebe übertragen. *H. obsoletus* entwickelt im Laufe der Vegetation eine Generation. Die Adulten beginnen von Mitte Juni bis Ende August zu fliegen. Sie verlassen im Juni bei Trockenheit den aufgerissenen Boden. Nach der Begattung erfolgt Anfang Juli die Eiablage an den Wurzeln der Wirtspflanzen.

### Gegenmaßnahmen

#### Vorbeugend

Vor dem Flug der adulten Tiere kann der Unterstockbereich mechanisch bearbeitet werden. Dadurch wird nicht nur die Winde als Hauptreservoir für das Stolbur-Phytoplasma, sondern werden auch die Larven als mögliche Überträger gehemmt. In der Nähe von Weinbergen sollten keine Nachtschattengewächse (Paprika, Tomaten, Kartoffel) angebaut werden. Die Winde kann frühzeitig durch mechanische Bearbeitung oder durch Herbizideinsatz aus den Weinbergen entfernt werden. „Besenartige" Windenpflanzen, die mit dem Stolbur befallen sind, müssen rechtzeitig entfernt werden. In der Zeit des Fluges der adulten Tiere sollte keine Bodenbearbeitung oder Entfernung der Wirtspflanzen erfolgen, da diese bevorzugt aufgesucht werden und die Rebe nur ein Zufallswirt ist. Befallene Rebstöcke können während der Vegetation gekennzeichnet und beim Rebschnitt stark zurückgeschnitten werden. Eine Übertragung der Schwarzholzkrankheit durch Schnittmaßnahmen ist nicht bekannt. Symptomtragende Stöcke können schon im nächsten Jahr wieder symptomlos und gesund erscheinen.

Ackerwinde – Bedeutendes Reservoir für Stolbur im Weinberg (Hluchy, M.)

#### Gezielt

Eine chemische Bekämpfung der Zikade ist weder möglich noch sinnvoll. Eine hohe mikrobiologische Aktivität im Boden und das Vorhandensein von Räubern (Laufkäfer, Spinnen) kann zur Reduktion der Larvenpopulation beitragen.

## Zwergläuse (*Phylloxeridae*)

### *Reblaus (Daktulosphaira vitifoliae, Syn.: Phylloxera vastatrix)*

### Wirtspflanzen

Befallen werden sowohl die Wurzeln als auch die Blätter sämtlicher *Vitis*-Arten, wobei die Europäer-Reben (Kultursorten) an den Wurzeln geschädigt werden und die Amerikanischen Wildreben an den Blättern. Durch einen starken Befall der Wurzeln der Europäer-Reben kommt es zum Absterben des Stockes. Bei Unterlagsreben kann es zu einer Schädigung durch Wurzelschimmel kommen.

### Schadbild

An der Blattunterseite von Unterlagsreben und pilztoleranten Kreuzungen (PIWI) finden sich im Sommer

Reblaus – Maigallenlaus mit Eiern und Jungläusen (Stolz, M.)

Gallen, die Läuse enthalten. Auf der Blattoberseite sind Flecken mit kleinen Öffnungen. An den Wurzelspitzen der Europäer-Rebe (*Vitis vinifera*) entstehen durch das Saugen der Läuse Verdickungen, die zum Absterben der Stöcke führen. Bei Unterlagsreben entstehen an jungen Wurzeln längliche, gelbliche Verdickungen (Nodositäten). An älteren Wurzeln befinden sich, durch die Rinde bedeckt, dunkle Geschwülste (Tuberositäten). Selten findet man an den Blättern der europäischen Sorten Anzeichen der Reblaus.

**Biologie**

Die Reblaus hat sowohl einen unterirdischen als auch einen oberirdischen Zyklus. Der unterirdische Zyklus beginnt jährlich neu mit an der Rebwurzel überwinternden Läusen (Hiemalis). Diese legen im Juni Eier, aus denen sich ausschließlich weibliche Wurzelrebläuse entwickeln, die sich parthenogenetisch vermehren. Während eines Jahres werden vier bis sechs Generationen an den Wurzeln gebildet. Im Herbst gehen die Jungläuse in das Hiemalisstadium

Reblaus – Blattgallen an der Wildrebe (Hofmann, U.)

Reblaus – Vergrößerte Blattgallen (Hluchy, M.)

Reblaus – Tuberositäten an einer Rebenwurzel (Vanek, G.)

zur Überwinterung über. Ab Mitte des Sommers bilden sich parallel dazu geflügelte, oberirdische Läuse (Sexuparae). Diese legen Eier auf die Blätter von Amerikaner-Reben (Unterlagsreben) ab, aus denen sich männliche und weibliche Tiere entwickeln. Das begattete Weibchen legt ein einzelnes Winterei am mehrjährigen Holz ab. Aus diesem Ei schlüpft die sogenannte Maigallenlaus oder Fundatrix als Stammmutter für die nächsten oberirdischen Generationen. Sie legt bis zu 1.200 Eier, aus denen Jungläuse schlüpfen, die die Galle verlassen und neue Infektionen (Gallen) bilden. Im Laufe eines Jahres können sich bis zu sechs Generationen an den Blättern entwickeln. Die Blattrebläuse sind – wie auch die Wurzelrebläuse – ausnahmslos weibliche Tiere, die sich parthenogenetisch fortpflanzen. Im Herbst wandern einige Jungläuse in den Boden und überwintern als Hiemalis an den jungen Rebwurzeln.

**Gegenmaßnahmen**

**Vorbeugend**

Durch die Pfropfung der Europäer-Reben auf Amerikaner-Unterlagsreben wird einer Schädigung des Rebstockes im Wurzelbereich entgegengewirkt. Eine Vermehrung der Rebläuse wird dadurch jedoch nicht verhindert. Wichtig ist die vollständige Entfernung von Unterlagsreben beim Roden der Weinbergsflächen. Ebenso sind amerikanische Wildreben an Böschungen und Hohlwegen vollständig zu entfernen (Abbrennen im Winter, Herbizidspritzung im Sommer).

**Gezielt**

Die direkte Bekämpfung der Blattgallenlaus kann mit einem Insektizid auf der Basis von *Azadirachta indica*

(Neem-Azal T/S) während einer Vegetation durchgeführt werden. Die Wurzelläuse sind nicht direkt bekämpfbar. Eine hohe mikrobiologische Aktivität verbunden mit dem Vorhandensein von Antagonisten wirkt jedoch einer Vermehrung entgegen.

## Wanzen (Heteroptera)

### Baumwanzen (Pentatomidae), Weichwanzen (Miridae)

#### *Rebwanzen (Eurydema spp., Lygus spp., Adelphocoris spp.)*

Pflanzensaugende Baum- und Weichwanzen kommen in den nördlichen Anbaugebieten nur als Gelegenheitsschädlinge vor. Sie finden sich vor allem in krautigen Begrünungsbeständen. Die angesaugten Blätter kräuseln sich und zeigen rundliche bis eckige Perforationen bis hin zu starken Deformationen. Die Beschädigungen sind nicht artenspezifisch. Sie können auch durch viele andere phytophage Wanzenarten verursacht werden.

**Gegenmaßnahmen**

Eine Bekämpfung ist kaum möglich, da die adulten Tiere meist schon auf krautige Pflanzen abgewandert sind, bevor die Schadsymptome an der Rebe sichtbar werden.

Gemeine Zierwanze *Adelphocoris lineolatus* – Adult (Hluchy, M.)

## Zweiflügler (Diptera)

### Fruchtfliegen (Tephritidae)

#### *Kirschessigfliege (Drosophila suzukii)*

**Entwicklungszyklus** und **Biologie** siehe im Kapitel Steinobst > Tierische Schädlinge.

## Wirbeltiere (Chordata)

## Vögel (Aves)

**Bedeutung**

In Weinbergen führen hauptsächlich Sperlingsvögel (Passeriformes) wie Stare, Sperlinge und Drosseln – manchmal auch Fasane (Hühnervögel, Galliformes), Amseln und weitere Vogelarten – zu Schäden. Alle diese Arten ernähren sich während ihrer Brutzeit von Insekten oder Obst und sind außerhalb der Reifezeit der Rebe Nützlinge bzw. Schädlinge im Obstbau (Kirschen etc.).

**Gegenmaßnahmen**

Einen natürlichen Schutz großer Weinbergflächen vor Staren ermöglichen Raubvögel wie Falken und Bussarde. Eine weitere zukunftsorientierte Schutzmethode ist die Benutzung von Spektrallicht-brechenden metallischen Spiralbändern. Ähnlich funktionieren auch gebrauchte DVD-Scheiben. Gegen kleinere Schwärme Krammetsdrosseln wirken auch optische Warngeräte, die in den Weinbergen verteilt werden und meist bis zum Blattfall eine gute Wirkung aufweisen. Die mechanischen und akustischen Warngeräte haben die Tendenz, nur kurzzeitig zu funktionieren,

Spektrallicht streuende Warn-Spirale zur Vogelabwehr (Hluchy, M.)

da sich die intelligenten Vögel an sie gewöhnen. Ein Schutz kann auch durch unregelmäßiges Abschießen von Platzpatronen und Gaskanonen erreicht werden. Vogelschutznetze stellen zusätzlich einen sehr wirkungsvollen, vorbeugenden Schutz dar. Aufrollbare Hagelschutznetze wirken ebenfalls Vogel- und auch Wespenfraß entgegen. Beim Einsatz von Netzen sind naturschutzrechtliche Vorgaben zu beachten.

Star mit einer Schwammschwimmerraupe (Macháček, P.)

Akustisches Warngerät zur Vogelabwehr (Hluchy, M.)

## Säugetiere (Mammalia)

### Hasenartige (Lagomorpha)

#### *Feldhase (Lepus europaeus), Kaninchen (Oryctolagus cuniculus)*

**Schadbild**

Fraßspuren an Stamm, Trieben und Früchten. Wühlspuren (Kaninchen).

**Bedeutung**

Besonders in Junganlagen können durch Schälen der Stämme im Winter sowie Triebverbiss und Knospenfraß im Frühjahr erhebliche Schäden entstehen. Nachpflanzungen können erforderlich werden. Schäden in Ertragsanlagen sind selten. Massive Wühlspuren („Stollen") können die Befahrbarkeit der Fahrgassen beeinträchtigen.

Feldhase – Adultes Tier in einer Rebanlage (Stolz, M.)

Feldhase – Jungtier (Stolz, M.)

Kaninchen – Adult (Stolz, M.)

Kaninchen – Fraßschäden am Obstgehölz (Stolz, M.)

Schutzgitter gegen Wildverbiss (Stolz, M.)

**Biologie**

25–70 cm große, meist tarnfarbig braungefärbte Tiere. Feldhasen sind Einzelgänger mit langen Ohren, deren Junge Nestflüchter sind. Ihre kleineren Verwandten mit kürzeren Ohren, die Kaninchen, bringen nackte, blinde Junge in selbst gegrabenen Erdhöhlen zu Welt. Durchschnittlich werden mehrmals pro Jahr zwei bis acht Junge geworfen.

**Gegenmaßnahmen**

Ein verlässlicher Schutz vor dem Verbiss der Rebe durch Feldhasen und Kaninchen sind bei jungen Neupflanzungen eine Schutzhülle (Pflanzrohr) und eine dichte, bis 20 cm in den Boden eingegrabene Umzäunung der Rebanlage. Vorbeugend können die Jungpflanzen im zeitigen Frühjahr mit hydrolysierten, tierischen Eiweißen (Aminosol) mehrmals behandelt werden.

## Nagetiere (Rodentia)

### *Mäuseartige (Muroidea)*

Wühlmäuse (Arvicolinae)

#### *Feldmaus (Microtus arvalis), Große Wühlmaus, Schermaus (Arvicola terrestris)*

Das Auftreten der Feld- oder Schermaus wird wirkungsvoll durch die Anwesenheit von Raubvögeln begrenzt. Durch die Unterstützung der Raubvögel, z. B. durch Aufstellen von Aufsitzstangen, das Anlegen von Gebüschen und Gehölzstreifen um die Weinberge, das Aufhängen von Nistkästen für Turmfalken und Waldkäuze, das Errichten von Steinmauern für Wiesel und andere Räuber, werden die schädlichen Mäuse zurückgehalten. Wichtig ist vor allem, dass die Pflanzenvegetation zum Ende der Vegetation gemulcht wird, damit es den Mäusen

Feldmaus (Rödl, P.)

nicht möglich ist, sich über den Winter vor Räubern in der hohen Vegetation zu verstecken.

**Entwicklungszyklus** und **Biologie** siehe im Kapitel Kernobst > Tierische Schädlinge.

## Hirsche (*Cervidae*)

### *Rehwild (Capreolus capreolus)*

**Schadbild**

Das Abfressen austreibender Knospen durch den Rehbock wird manchmal mit dem Knospenfraß der Raupen des Rhombenspanners oder von Erdraupen verwechselt. Das Wild frisst einen großen Teil der Augen ab, macht jedoch keinen Lochfraß. Zusätzlich werden frische Triebe abgebissen. Auch Fegeschäden (Abreiben der abgestorbenen Basthaut des Geweihes an Stämmen) sind möglich.

**Bedeutung**

Bei starkem Wildverbiss durch Rehwild kann es zu beträchtlichen Ernteausfällen im Folgejahr kommen.

**Biologie**

Die 93–140 cm langen Rehe haben eine Schulterhöhe von 54–84 cm. Nur die Männchen der tarnfarbig, braun gefärbten Tiere tragen ein Geweih. Das Weibchen wirft meist ein bis zwei, selten auch drei bis vier nestflüchtende Kitze, welche rotbraunes Fell mit weißer Punktzeichnung tragen.

**Gegenmaßnahmen**

Ein wichtiger Schutz ist eine Einzäunung gefährdeter Rebanlagen sowie das Ausbringen stark riechender, tierischer Fette und Eiweiße (Schafswolle, Schafsfett, Buttersäure). Einen Vertreibungseffekt weisen auch hydrolysierte tierische Eiweiße (Aminosol) auf.

Reh in einer Rebanlage (Hofmann, U.)

Stammschaden am Gehölz durch Rehwild (Rod, J.)

# Baumpilze
## (Lignicole Pilze)

Unter dem Begriff **Baumpilze** bzw. lignicole Pilze werden jene Pilzarten zusammengefasst, die als Schwächeparasiten lebendes oder als Saprobionten totes Holz besiedeln. Diese heterogene Gruppe umfasst sowohl Ständerpilze (Basidiomycota) als auch Schlauchpilze (Ascomycota), die ihre Wirtspflanzen an Wurzeln, Stämmen oder Ästen besiedeln und mittels Weiß- bzw. Braunfäule abbauen. Befallenes Holz ist mit einem Hyphengeflecht durchzogen. Auffällig sind die meist gut sichtbaren und unterschiedlichst geformten Fruchtkörper, die der Vermehrung dienen. Diese können einjährig bis mehrjährig sein, wobei mehrjährige Fruchtkörper meist verholzen. Auch einige Speisepilze, wie beispielsweise der Hallimasch oder der Austernseitling, zählen zu den Baumpilzen.

### Baumpilze in diesem Buch

Austernseitling – Fruchtkörper an einem Baumstumpf (Fischer-Colbrie, P.)

Gemeiner Schwefelporling – Schadbild am Stamm (Fischer-Colbrie, P.)

Honiggelber Hallimasch – Schadbild an einem Stamm
© Andrew Tomlinson, mushroomobserver.org

Pflaumen-Feuerschwamm
(Fischer-Colbrie, P.)

Schmetterlings-Tramete – Dachziegelartiger Wuchs (Konsole) (Stolz, M.)

Zotteliger Schillerporling – Fruchtkörper mit Guttationströpfchen
(Fischer-Colbrie, P.)

Der Gruppe der holzbesiedelnden bzw. holzzersetzenden Pilze wurde ein eigenes Kapitel gewidmet, da sie einerseits nicht unmittelbar zu den klassischen Schadorganismen zu zählen sind und andererseits – bis auf wenige Ausnahmen – polyphag

Braunfäule durch Birkenporling (Fischer-Colbrie, P.)

Braunfäule (Fischer-Colbrie, P.)

Weißfäule an *Prunus* sp. durch Pflaumen-Feuerschwamm (Fischer-Colbrie, P.)

(kulturübergreifend) an vielen Laubhölzern bzw. auch Nadelhölzern zu finden sind. Meist handelt es sich um Vertreter der Ständerpilze (Basidiomycota). Eine Ausnahme bildet der Brand-Krustenpilz (*Ustulina deusta*; Schlauchpilze (Ascomycota)). Grundsätzlich nehmen holzzersetzende Pilze im natürlichen Kreislauf der Natur eine wichtige Stellung ein. Während gesunde Bäume eine Infektion meist erfolgreich abwehren können, sind beispielsweise durch Bodenverdichtung, lang anhaltende Trockenheit oder Staunässe gestresste Bäume anfälliger gegenüber Infektionen, die über Wunden an Stamm und Ästen sowie über Wurzeln erfolgen können. Nach den Eintrittspforten des Erregers unterscheidet man stamm- und wurzelbürtige Fäulniserreger. Stammbürtige Fäulniserreger, die als Sporen über (Schnitt-)Wunden in Bäume eindringen, machen den Hauptanteil der für Obstkulturen relevanten holzzersetzenden Pilze aus. Als Vertreter der wurzelbürtigen Fäuleerreger, die mithilfe von Pilzhyphen über die verletzte oder geschwächte Wurzel in den Baum eindringen, sei der Hallimasch (*Armillaria* spp.) genannt, der in sich berührenden Wurzelbereichen benachbarte Bäume infizieren kann. Übergänge beider Erscheinungsformen sind möglich.

Da lignicole Pilze meist geschwächte bzw. absterbende Bäume befallen, ist die Einreihung zwischen Schwächeparasit und Xylobiont (holzabbauender Organismus) fließend. Besiedeltes Holz wird vom Infektionspunkt aus mit einem Netzwerk an Pilzhyphen durchzogen. Zur geschlechtlichen Vermehrung werden einzeln stehende bis hin zu flächig/dachziegelartig wachsende (Konsolen) Fruchtkörper außerhalb des Holzes gebildet. Diese Fruchtkörper, in denen sich Sporen entwickeln, sind meist einjährig, d. h., sie werden jede Saison neu gebildet. Es ist jedoch auch mehrjähriges Wachstum in Zuwachszonen möglich (*Phellinus* spp.).

Den Holzabbau-Typus betreffend unterscheidet man Braunfäule- und Weißfäuleerreger. Während bei der Braunfäule ausschließlich Zellulose abgebaut wird, bis nur mehr ein braunes, zuerst würfelartiges, später bröselig zerfallendes Gerüst übrig bleibt, wird bei der Weißfäule sowohl Zellulose als auch Lignin zersetzt, wodurch schon früh eine erhöhte Gefahr eines Baumbruches gegeben ist. Die Zersetzungsgeschwindigkeit des Holzes ist je nach Pilzart unterschiedlich.

Im Frühstadium des Befalles kommt es bei lebenden Bäumen zur Abwehr bzw. zu einem Eindämmungsversuch des Pilzes (Abschottung). Betroffene Bereiche weisen sekundäres Dickenwachstum (Kompensationswachstum) auf. Dies ist besonders bei Baumkontrollen zu berücksichtigen, da es den ersten Hinweis auf Pilzbefall geben kann. Die Standfestigkeit des Baumes ist zu diesem Zeitpunkt noch gegeben.

In intensiv bewirtschafteten Obst-Ertragskulturen spielen holzzersetzende Pilze meist keine Rolle. Betroffen sind beinahe ausschließlich extensiv bewirtschaftete Obstkulturen, wie z. B. Streuobstwiesen und überalterte Hausgartenbestände.

Kompensationswachstum (Fischer-Colbrie, P.)

Abschottung (Fischer-Colbrie, P.)

Kulturtechnisch ist das Arbeiten mit sauberem Werkzeug selbstverständlich, um weiteren Infektionen vorzubeugen. Befallene Äste werden bis in das gesunde Holz zurückgeschnitten.

## Apfelbaum-Saftporling, Apfelbaum-Weichporling, Apfelbaum-Weißporling (*Aurantiporus fissilis*, Syn.: *Leptoporus fissilis*)

### Wirtspflanzen

Apfel, Ringlotte und weitere Laubbäume.

### Schadbild

Der weiße Fruchtkörper mit rauer, filziger Oberfläche und großen, weißlichen Poren ist etwa 20 cm breit und 10 cm dick und erscheint im Spätsommer oder Herbst. Er ist stiellos und direkt am Substrat angewachsen. Manchmal werden klare oder rötliche Guttationströpfchen abgeschieden.

### Bedeutung

Dieser Schwächepilz dringt über Wunden in seinen Wirt ein und verursacht Weißfäule im Kernholz. Infizierte Bäume sterben ab.

### Biologie und Ökologie

Der zu den Porlingsartigen (Polyporacea) zählende Saftporling wächst gerne in Baumhöhlen alter Apfelbäume.

*A. fissilis* steht auf der roten Liste Deutschlands.

Apfelbaum-Saftporling © Amadej Trnkoczy, mushroomobserver.org

Apfelbaum-Saftporling – Älterer Fruchtkörper © Irene Andersson, mushroomobserver.org

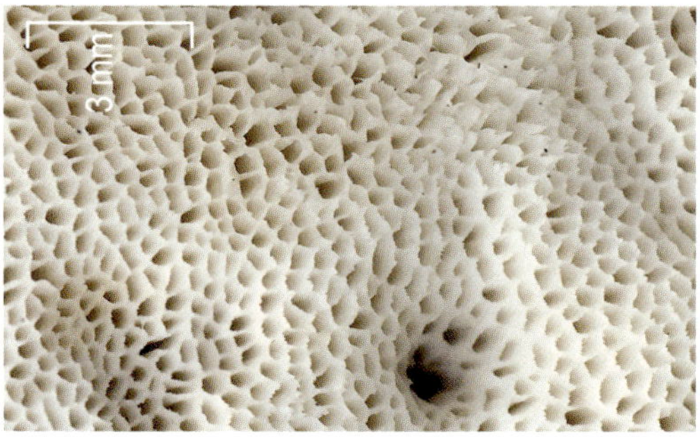


Apfelbaum-Saftporling – Detail der Hutunterseite: Poren © Amadej Trnkoczy, mushroomobserver.org

## Apfelbaum-Stachelbart (*Sarcodontia setosa*)

### Wirtspflanzen

Apfel und weitere Obstgehölze.

### Schadbild

Gelblich-weiße, 5–20 cm große Fruchtkörper sitzen ungestielt bzw. auf einem rudimentären Stiel. Krustenartig ausgebreitete Flecken überziehen ausgehend von infizierten Ritzen und Spalten des Baumes die angrenzenden Rindenareale. Die gelblich bis weinrot gefärbten, 5–10 cm langen spitzen Zahn- bzw. stachelartigen Fortsätze des Hymenophors (vergrößerte Oberfläche der Fruchtschicht) sind gut sichtbar und festfleischig. Die Fruchtkörper erscheinen vom Sommer bis zum Herbst.

### Bedeutung

Der Apfelbaum-Stachelbart ist ein aktiver Wundparasit und Weißfäuleerreger.

Die Fruchtkörper sind ungenießbar.

### Biologie und Ökologie

Selten.

### Verwechslungsmöglichkeit

Tannen-Stachelbart (*Hericium flagellum*)

Apfelbaum-Stachelbart – Fruchtkörper © Damon Brunette, mushroomobserver.org

Apfelbaum-Stachelbart – Junger Fruchtkörper © Damon Brunette, mushroomobserver.org

Apfelbaum-Stachelbart – Hymenophor, Detail
© Damon Brunette, mushroomobserver.org

## Austernseitling, Austernpilz (*Pleurotus ostreatus*)

**Wirtspflanzen**
Laubgehölze.

**Schadbild**
Büschel von weißlichen, bräunlichen, grauen oder olivfarbenen Fruchtkörpern entspringen an Stamm und Starkästen bzw. an abgestorbenen Baumstümpfen. Die 5–25 cm breiten Pilzhüte sitzen meist seitlich auf 1–4 cm kurzen Stielen und weisen eine muschelförmige bis breit-wellige Trichterform auf. Die Hutoberfläche ist glatt und trocken. Während im Jugendstadium die Hutränder eingerollt sind, können sie bei älteren Exemplaren einreißen. Die am Stiel herablaufenden Lamellen der Hutunterseite sind anfangs weiß, später gelblich.

**Bedeutung**
Der Austernseitling ist ein Wund- und Schwächeparasit, der Weißfäule hervorruft. Er ist jedoch im Vergleich zu anderen holzzersetzenden Pilzen weniger aggressiv. Befallene Bäume können kleinere Befallsherde in der Regel gut abschotten. Erst bei mehreren Befallsherden, deren Myzel zusammenwächst, bzw. bei stark geschwächten Bäumen findet intensiver Holzabbau durch Weißfäule statt. Im fortschreitenden Befallsstadium ist die Bruchsicherheit stark beeinträchtigt.

Der Austernseitling ist ein hervorragender Speisepilz, der auch an Alternativsubstrat wie Stroh kultiviert wird.

**Biologie und Ökologie**
*P. ostreatus* ist ein sogenannter „Winterpilz“: Die Fruchtbildung dieser zu den Seitlingsverwandten (Pleurotaceae) zählenden Pilzart erfolgt bei niedrigen Temperaturen von unter 11 °C. Für die Sporenbildung sind Temperaturen unter 0 °C notwendig.

**Verwechslungsmöglichkeit**
Wegen seiner Farbenvariabilität ist der Austernpilz mit dem taubenblauen Austernseitling (*Pleurotus columbinus*) zu verwechseln. Eine weitere Verwechslungsmöglichkeit bietet der etwas kleinere gelbstielige Muschelseitling (*Sarcomyxa serotina*), der zeitgleich auftritt.

Austernseitling – Jungstadium
© Matt Welter, mushroomobserver.org

Austernseitling – Fruchtkörper an einem Baumstumpf
(Fischer-Colbrie, P.)

Austernseitling – Lamellen der Hutunterseite
© Mykes Logos, mushroomobserver.org

## Brand-Krustenpilz (*Kretzschmaria deusta*, Syn.: *Ustulina deusta*)

**Wirtspflanzen**
Laubgehölze.

**Schadbild**
Das krustenförmig ausgedehnte, höckrige schwarzweiße Stroma (den Fruchtkörper umgebendes Hyphengeflecht bei Ascomycota) des Brand-Krustenpilzes ist bis zu 2 cm dick und unregelmäßig begrenzt. Die im Stroma befindlichen Perithecien münden mit kleinen höckrigen Öffnungen in die Oberfläche. Die an Holzkohle erinnernden älteren Krusten lassen sich leicht von der Rinde ablösen. Im Frühjahr bildet die Nebenfruchtform weiße bis hellgraue Krusten.

**Bedeutung**
Der Brand-Krustenpilz ist ein Moderfäuleerreger (aggressiver Weißfäuleerreger, der auf eine höhere Feuchtigkeit angewiesen ist), der die Standfestigkeit befallener Bäume ohne äußerlich sichtbare Symptome sehr stark verringert.

Die flächigen schwarzen Stromata des Pilzes lassen einen Brand des Baumes vermuten.

*Kretzschmaria deusta* ist ungenießbar.

**Biologie und Ökologie**
Der zu den Holzkeulenverwandten (Xylariaceae) innerhalb der Schlauchpilze (Ascomycota) zählende Pilz ist in ganz Europa verbreitet. Seine Sporen dringen über stamm- oder wurzelbürtige Verletzungen in den geschwächten Baum ein.

Brand-Krustenpilz – Befallsbild am Stamm
(Fischer-Colbrie, P.)

Brand-Krustenpilz – Schwarzes Stroma

Brand-Krustenpilz – Nebenfruchtform


**Verwechslungsmöglichkeit**
Die Verwechslung mit Arten der Gattung *Hypoxlon* (Kohlenbeeren) ist möglich, jedoch eher unwahrscheinlich.

## Gemeiner Schwefelporling (*Laetiporus sulphureus*)

**Wirtspflanzen**
Kern- und Steinobst sowie andere Laubbäume; seltener an Nadelbäumen.

**Schadbild**
Auffällig schwefelgelb bis orange leuchtende, dachziegelartig wachsende Pilzhorste, mit einjährigen, ungestielten, bis zu 40 cm breiten und 1–5 cm dicken Hüten, die an den Außenrändern wellig nach unten gebogen sind. Die Oberfläche ist samtig behaart.

Gemeiner Schwefelporling – Schadbild am Stamm
(Fischer-Colbrie, P.)

Gemeiner Schwefelporling – Junger Fruchtkörper an der Eintrittswunde © Caleb Brown, mushroomobserver.org

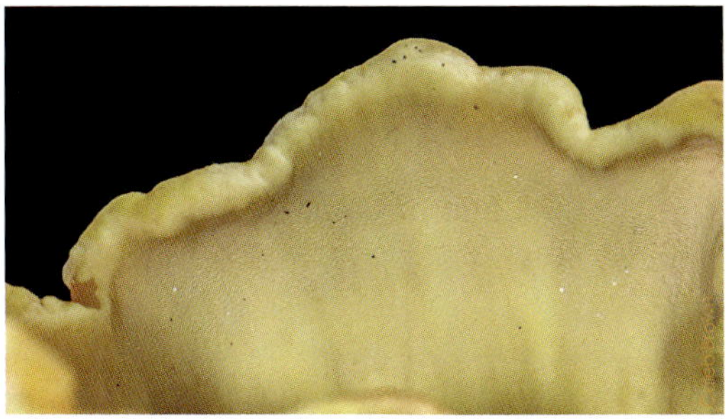

Gemeiner Schwefelporling – Hutunterseite mit gewelltem Rand © Caleb Brown, mushroomobserver.org

Gemeiner Schwefelporling – Konsole
© Andrew Tomlinson, mushroomobserver.org

An der schwefelgelben porigen Unterseite befinden sich die dicht stehenden, ca. 5 mm langen Röhren. Oft werden hier Guttationströpfchen abgeschieden. Die Fruchtkörper werden von Mai bis in den Herbst gebildet. Ältere Fruchtkörper werden zuerst bräunlich, später weißlich-grau. Das Trama (Fruchtfleisch) ist anfangs saftig weich, später trockener und spröde. Abgestorbene Fruchtkörper kann man noch im Folgejahr finden.

**Bedeutung**

Dieser aggressive Parasit dringt über Wunden in Stamm- oder Starkäste ein und verursacht durch Braunfäule im Kernholz eine Schwächung (Aushöhlung) seines Wirtsbaumes, welcher anfälliger für Windbruch wird. Bei älteren, weniger wüchsigen Bäumen wird auch das Kambium befallen. Befallene Baumteile bzw. ganze Bäume sterben relativ rasch ab und fallen in sich zusammen.

Jungstadien des Schwefelporlings gelten als gute Speisepilze!

**Biologie und Ökologie**

Der zur Familie der Stielporlingsverwandten (Polyporaceae) zählende Porling dringt durch Wunden in seinen Wirt ein, zersetzt vorerst das Kernholz und breitet sich nach und nach auf das Splintholz aus. Der Pilz nützt befallene Bäume bis zur vollständigen Zersetzung als Nahrung (Saprobiont).

**Verwechslungsmöglichkeit**

Im Jungstadium ähnelt er dem schuppigen Stiel-Porling (*Polyporus squamosus*) oder – am Stammfuß wachsend – dem Riesenporling (*Meripilus giganteus*).

## Gemeiner Spaltblättling (*Schizophyllum commune*)

### Wirtspflanzen

Obstbäume sowie andere Laub- und (seltener) Nadelbaumarten.

### Schadbild

Die grauweißen muschelförmigen, ungestielten Fruchtkörper mit 3–6 cm Durchmesser erscheinen im Herbst in Gruppen an ihren Wirtsbäumen. Die Oberseite der Hüte ist weißlich bis grau und fein zottig behaart. Die Unterseite besitzt gut sichtbare graue bis rötlich-braune Lamellen, die der Länge nach gespalten erscheinen. Interessant ist, dass der Hut dieses Pilzes eigentlich aus einzelnen becherförmigen, länglichen Fruchtkörpern (Sammel-Basidiocarp) besteht und die „Lamellen" durch die Außenseiten der zusammentreffenden Fruchtkörper gebildet werden. Obwohl es auf den ersten Blick so aussieht, ist der Spaltblättling kein Lamellenpilz!

### Bedeutung

Der Gemeine Spaltblättling ist ein Wundparasit und Schwächepilz. Er verursacht in totem und lebendem Holz Weißfäule und kann daher sowohl an gelagertem oder verbautem Holz als auch an geschwächtem lebendem Holz bedeutende Schäden anrichten.

Die Fruchtkörper sind nicht essbar.

### Biologie und Ökologie

Die Sporulation findet bei ausreichender Feuchtigkeit statt. Während trockener Phasen rollen sich die Fruchtkörper ein und können auch nach langen Trockenperioden durch ausreichende Feuchtigkeit wieder zur Sporulation gebracht werden.

Gemeiner Spaltblättling – Zottelig behaarte Oberseite; Unterseite mit „Lamellen" (Fischer-Colbrie, P.)

Gemeiner Spaltblättling – Schadbild am Stamm (Fischer-Colbrie, P.)

Der Gemeine Spaltblättling zählt zu den wahrscheinlich am weitesten verbreiteten Baumschwämmen Europas. Durch seine extreme Trockenheits- und Hitzeresistenz besiedelt dieser Spaltblättlingverwandte (Schizophyllaceae) bevorzugt sonnen- und windexponierte Bäume.

### Verwechslungsmöglichkeit

Besteht durch die einzigartige Form der „Lamellen" kaum.

## Judasohr, Holunderpilz (*Auricularia auricula-judae*, Syn.: *A. auricula*, *A. sambucina*, *Hirneola auricula-judae*)

### Wirtspflanzen

Holunder, Walnuss und weitere Laubgehölze. Selten an Nadelgehölzen.

### Schadbild

Die dunkelbraunen, lappig geformten, stiellosen 3 bis 10 cm großen Fruchtkörper stehen wie kleine Schälchen seitlich von der Rinde ab. Ihre Form erinnert an eine Ohrmuschel. Die Oberfläche dieser

Judasohr – Fruchtkörper (Stolz, M.)

Judasohr – Fruchtkörper in eingetrocknetem Zustand (links) (Stolz, M.)

Judasohr – In aufgequollenem Zustand (Stolz, M.)

Judasohr – Junge Kolonie (Stolz, M.)

gallertig wirkenden Pilze ist fein filzig behaart. Die Fruchtschicht (Hymenium) an der Unterseite ist etwas heller gefärbt als die Oberseite. In ausgetrocknetem Zustand kann das Judasohr auf wenige Millimeter bis 1 cm zusammenschrumpfen. Bei ausreichender Feuchtigkeit quellen die Fruchtkörper erneut auf.

**Bedeutung**

Das Judasohr ist ein Schwächeparasit. Es verursacht Weißfäule in lebendem und totem Holz.

Der auch unter den Namen Mu-Err und Black Fungus bekannte Pilz wird besonders in der chinesischen Küche geschätzt.

**Biologie und Ökologie**

*A. auricularia-judae* ist fast auf der ganzen Welt anzutreffen. Er ist imstande, trockene Perioden gut zu überstehen, indem er schrumpft und so seine Entwicklung unterbricht. Nach erneutem Aufquellen setzt er sein Wachstum fort.

**Verwechslungsmöglichkeit**

Der Gezonte Ohrlappenpilz (*Auricularia mesenterica*), der Pappel-Becherrindenschwamm (*Auriculariopsis ampla*) und der Rotbraune Zitterling (*Tremella foliacea*) weisen Ähnlichkeiten in Lebensweise und Aussehen auf. Auch diese Arten besitzen die Fähigkeit auszutrocknen und zu quellen.

## Honiggelber Hallimasch, Goldgelber Hallimasch, Gemeiner Hallimasch (*Armillaria mellea*)

**Wirtspflanzen**

Obstbäume u. andere Laubbaumarten; Weinstöcke.

**Schadbild**

Die gelb-bräunlichen, gestielten Fruchtkörper mit dunklerer Schuppung erscheinen meist im Spätsommer oder Herbst in Gruppen an der Stammbasis oder am Stamm ihrer lebenden oder toten Wirtsbäume. An der Hutunterseite befinden sich Lamellen, die bei jungen Pilzen cremeweiß, bei älteren Exemplaren bräunlich gefärbt sind. Der Stiel besitzt einen weißlichen Ring. Tiefer sitzende Pilze sind oft von hellem Sporenpulver der darüberstehenden Pilze bedeckt. Vor Auftreten der Fruchtkörper weisen befallene Bäume vermindertes Triebwachstum, chlorotisch erscheinende Blätter und vorzeitigen Laubfall auf.

Honiggelber Hallimasch – Schadbild an einem Stamm
© Andrew Tomlinson, mushroomobserver.org

Honiggelber Hallimasch – Jungstadium der Fruchtkörper
© Andrew Tomlinson, mushroomobserver.org

Honiggelber Hallimasch – Älterer Horst (Fischer-Colbrie, P.)

Honiggelber Hallimasch – Hutunterseite mit gelbflockigem Ring (Fischer-Colbrie, P.)

### Bedeutung

Bei Befall von lebenden Obstgehölzen ist der Honiggelbe Hallimasch ein sehr aggressiver Parasit. Bei Verflechtung der Wurzelbereiche benachbarter Bäume können weitere Infektionen erfolgen.

### Biologie und Ökologie

Der Honiggelbe Hallimasch zählt zu der Ordnung der Champignonartigen (Agaricales). Er ist ein Weißfäuleerreger. In seinen Fruchtkörpern gebildete Sporen infizieren abgestorbene Baumstöcke und bilden in weiterer Folge Rhizomorphe (verdickte Myzelstränge von Ständerpilzen). Diese Bodenrhizomorphe des Hallimasches dringen bei Bäumen mit geschwächter Abwehrkraft in die gesunde Wurzelrinde ein. Darauf folgend kann die Schädigung entweder über das Kambium oder – bei stärkeren Wurzeln mit Kernholzanteil – über das Kernholz erfolgen. In beiden Fällen steigt das holzzerstörende Myzel bis zu mehreren Metern den Stamm hinauf und bringt den Baum innerhalb kürzester Zeit zum Absterben. Das weißliche, unter der Rinde wachsende, fächerartige Myzel kann im Dunkeln leuchten.

Der nahezu weltweit verbreitete *A. mellea* findet als Speisepilz Verwendung, ist jedoch roh giftig und wird erst nach ausreichendem Erhitzen genießbar.

### Verwechslungsmöglichkeit

Eine Verwechslung mit dem Dunklen Hallimasch (*Armillaria ostoyae*), der jedoch ausschließlich auf Nadelholz wächst, und dem Sparrigen Schüppling (*Pholiota squarrosa*) ist möglich.

## Pflaumen-Feuerschwamm (*Phellinus pomaceus*, Syn.: *P. tuberculosus*)

### Wirtspflanzen

Fast ausschließlich Arten der Gattung *Prunus*. Sehr häufig an Pflaumen, Zwetschken, Ringlotten oder Schlehen, weniger an Kirschenarten und Pfirsich, vereinzelt an Apfel und Birne, seltener an *Sorbus* sp., Haselnuss, Weißdorn sowie weiteren Laubgehölzen.

### Schadbild

Graue bis graubraune, 2–7 cm kleine Fruchtkörper, die meist wulstartig an der Rinde von Astunterseiten anliegen oder seltener hutförmig ausgebildet sind. Typisch für die durch das Herabwachsen der Röhren oft treppenförmig erscheinenden Fruchtkörper ist das Fehlen einer festen Kruste. Die Fruchtkörper sind mehrjährig, in der Jugend zimtbraun, im Alter grau bis graubraun und persistieren auf der Wirtspflanze.

**Bedeutung**

Dieser Schwächeparasit ruft Weißfäule hervor, wodurch die Äste an den Befallsstellen häufig abbrechen. Er ist jedoch weit weniger aggressiv als beispielsweise der Hallimasch. Infizierte Bäume können oft noch viele Jahre ohne starke Beeinträchtigung weiterleben.

Die Fruchtkörper sind nicht essbar.

Pflaumen-Feuerschwamm – Jugendstadium (Fischer-Colbrie, P.)

Pflaumen-Feuerschwamm (Fischer-Colbrie, P.)

Pflaumen-Feuerschwamm (Fischer-Colbrie, P.)

**Biologie und Ökologie**

Der zu den Borstenscheiblingsartigen (Hymenochaetaceae) zählende Pilz gilt als stammbürtiger Fäulniserreger, dessen Infektion meist über Wunden erfolgt („Wundparasit"). Er tritt vor allem an vernachlässigten, überalterten oder geschwächten Bäumen von Süd- bis Nordeuropa auf.

**Verwechslungsmöglichkeit**

Der Pflaumen-Feuerschwamm ähnelt oft anderen Feuerschwammarten, die jedoch eher selten an *Prunus* vorkommen.

**Gegenmaßnahmen**

**Gezielt**

Das Entfernen der Fruchtkörper verhindert die Gefahr einer Infektion benachbarter Bäume.

## Schmetterlings-Tramete, Bunte Tramete, Schmetterlingsporling (*Trametes versicolor*)

**Wirtspflanzen**

Sämtliche Laub- und Nadelhölzer.

**Schadbild**

Die dachziegelartig geschichteten, bis zu 8 cm breiten, ungestielten Fruchtkörper stehen flächig an befallenen Gehölzen. Die Hutoberseite ist samtig rau und variabel in Beige-, Braun-, Schwarz- und Grüntönen gefärbt, umsäumt von einem beigen bis weißen Randbereich. Jüngere Stadien sind heller gefärbt. Die Hutunterseite ist weiß mit dicht stehenden Poren.

**Bedeutung**

Dieser Weißfäuleerreger ist sehr häufig und in großer Zahl anzutreffen. Die Schmetterlings-Tramete ist ein Schwächeparasit bzw. lebt vor allem saprobiontisch an Totholz.

*T. versicolor* ist ungenießbar, spielt jedoch wegen seiner Heilwirkung in der traditionellen chinesischen Medizin eine Rolle (Pu-Erh-Tee). Der Pilz besitzt zudem die Fähigkeit, Pestizide abzubauen.

**Biologie und Ökologie**

Die zu der Familie der Stielporlingsverwandten (Polyporaceae) zählende Art ist die am häufigsten anzutreffende Porlingsart Mitteleuropas. Frische Pilz-

Schmetterlings-Tramete (Stolz, M.)

Schmetterlings-Tramete – Hutunterseite (Stolz, M.)

Schmetterlings-Tramete – Detail (Fischer-Colbrie, P.)

Schmetterlings-Tramete – Infizierte Mostbirne (Fischer-Colbrie, P.)

hüte werden zwischen Mai und August gebildet; die Fruchtkörper sind jedoch ganzjährig präsent.

**Verwechslungsmöglichkeit**
Zonen-Tramete (*Trametes multicolor*) und Striegelige Tramete (*Trametes hirsuta*).

## Schuppiger Stiel-Porling, Schuppiger Porling, Schwarzfußporling (*Polyporus squamosus*)

**Wirtspflanzen**
Laubgehölze.

**Schadbild**
Die gelblich-braunen, trichterförmigen Fruchtkörper mit bis zu 40 (selten 60) cm Durchmesser sitzen auf einem kurzen Stiel und sind an der Hutoberseite mit braunen, konzentrisch angeordneten Schuppen bedeckt. An der Hutunterseite befinden sich weißliche bis gelbliche Röhren, die ein netzartiges Gewebe bilden. Die Stiele sind an der Basis schwarz gefärbt. Fruchtkörper erscheinen im Mai und Juni; seltener von April bis September.

Schuppiger Stiel-Porling (Fischer-Colbrie, P.)

Schuppiger Stiel-Porling – Jugendstadium
© Claude Kaufholtz-Couture, mushroomobserver.org

Schuppiger Stiel-Porling – Hutunterseite
© Dario Z., mushroomobserver.org

**Bedeutung**
Der Schuppige Porling ist ein Wundparasit, der stark geschwächte Bäume befällt.

Er ist als junger Pilz essbar.

**Biologie und Ökologie**
Der zur Familie der Stielporlingsverwandten (Polyporaceae) zählende *P. squamosus* ist ein Weißfäuleerreger. Er tritt über Wunden in den Wirtsbaum ein und zersetzt das Kernholz.

**Verwechslungsmöglichkeit**
Aufgrund der auffälligen Erscheinungsform eher unwahrscheinlich. Die Verwechslung mit dem Sklerotien-Stielporling (*P. tuberaster*) ist gelegentlich möglich.

## Striegeliger Schichtpilz (*Stereum hirsutum*)

**Wirtspflanzen**
Laubgehölze und Weinreben, selten auch Nadelgehölze.

**Schadbild**
Die dachziegelartig angeordneten, filzig behaarten Fruchtkörper sind an ihrer Oberseite weißlich-ockerfarben bis gelb gefärbt. Die lebhaft gelb leuchtende Unterseite ist porenlos und glatt. Die Fruchtkörper sind teilweise zweijährig. Letztjährige Hutareale verblassen, während frisch gebildete Hutteile leuchtende Farben aufweisen.

**Bedeutung**
Der zu den Schichtpilzverwandten (Stereaceae) zählende Ständerpilz spielt vor allem im Weinbau eine bedeutende Rolle. Er baut das durch den Mittelmeerfeuerschwamm (*Fomitiporia mediterranea*), dem Primärerreger der Esca-Krankheit, vorgeschädigte Holz der Rebstöcke ab. Die Weißfäule breitet sich aus und führt letztlich zum Absterben der Reben.

*S. hirsutum* wird in der Medizin verwendet und ist in der Lage, Pestizide abzubauen.

**Biologie und Ökologie**
Obwohl dieser Pilz auch lebende, geschwächte Bäume befällt, besiedelt er bevorzugt frisches Totholz von Ästen, Stämmen und Baumstümpfen, wo er das Splintholz, seltener das Kernholz, abbaut. Fruchtkörper treten 1 bis 3 Jahre nach einer Infektion auf.

**Verwechslungsmöglichkeit**
Der Samtige Schichtpilz (*Stereum subtomentosum*) und der Ästchen-Schichtpilz (*Stereum rameale*) ähneln dem Striegeligen Schichtpilz.

Striegeliger Schichtpilz – Befallsbild, Detail (Fischer-Colbrie, P.)

Striegeliger Schichtpilz – Frische Fruchtkörper an der Stammbasis © Gerhard Koller, mushroomobserver.org

Striegeliger Schichtpilz – Befallsbild (Fischer-Colbrie, P.)

## Striegelige Tramete (*Trametes hirsuta*)

### Wirtspflanzen

Laubgehölze, seltener Nadelgehölze.

### Schadbild

Die Fruchtkörper der Striegeligen Tramete werden meist 3–8, selten bis zu 15 cm breit, bleiben jedoch flach und stehen dachziegelartig angeordnet in Konsolen am Wirtsbaum. Sie sind weißlich bis gräulich gefärbt, wobei die Grenzen der Zuwachszonen braun erscheinen. Die Hutoberseite ist filzig behaart, die Unterseite porig. Die Fruchtkörper sind einjährig.

### Bedeutung

Die Striegelige Tramete zählt nur in Ausnahmefällen zu Holzschädlingen lebender Bäume, da bevorzugt

Striegelige Tramete – Befallsbild auf totem Apfel (Fischer-Colbrie, P.)

Striegelige Tramete – Befallsbild, Detail (Fischer-Colbrie, P.)

Striegelige Tramete – Befallsbild, Detail (Fischer-Colbrie, P.)

abgestorbene Exemplare an sonnenexponierten Standorten besiedelt werden, deren Holz durch Weißfäule zersetzt wird.

Fruchtkörper von *T. hirsuta* sind ungenießbar.

**Biologie und Ökologie**

Die Art ist in ganz Europa anzutreffen. Sporen werden erst bei niedrigen Temperaturen von etwa 0 bis 15 °C gebildet.

**Verwechslungsmöglichkeit**

Weitere Trameten-Arten, wie beispielsweise die Rötende Tramete (*Daedaleopsis confragosa*) oder die Dreifarbige Tramete (*Daedaleopsis tricolor*), sowie ähnliche Konsolenpilze.

## Violetter Knorpelschichtpilz (*Chondrostereum purpureum*, Syn.: *Stereum purpureum*)

**Wirtspflanzen**

Laubgehölze. Seltener Nadelgehölze.

**Schadbild**

Der Fruchtkörper des violetten Schichtpilzes liegt an der Rinde an, erscheint wulstig und ist violett gefärbt. Teilweise werden hutförmige Fruchtkörper mit purpurbrauner bis grauer Oberseite und lilafarbiger bis violetter Unterseite ausgebildet, die konsolenartig an der Rinde stehen. Dieser Pilz ist meist ganzjährig zu finden. Junge Fruchtkörper sondern Guttationströpfchen ab.

**Bedeutung**

Schwächeparasit und Weißfäuleerreger. Er zählt zu den Erstbesiedlern von Wunden an Totholz. An Obstbäumen werden bei Befall silbrig glänzend verfärbte Blätter beobachtet. Dieses Erscheinungsbild wird als Bleiglanz- bzw. Silberblattkrankheit bezeichnet und ist auf Stoffwechselprodukte des Violetten Schichtpilzes zurückzuführen.

Siehe auch Kapitel Steinobst.

Der Knorpelige Schichtpilz ist ungenießbar.

**Biologie und Ökologie**

Der zu den Schichtpilzverwandten (Stereaceae) zählende Pilz ist weltweit verbreitet und zeichnet sich durch schnelles Wachstum, eine hohe Reproduktionsrate und einen kurzen Lebenszyklus aus. Er entlässt seine Basidiosporen nur bei ausreichender Feuchtigkeit.

Violetter Knorpelschichtpilz – Jugendstadium
© US Forest Service 2011–2013 Southern Cascades Fungi Survey, mushroomobserver.org

Violetter Knorpelschichtpilz © Tim Sage, mushroomobserver.org

**Verwechslungsmöglichkeit**

Unwahrscheinlich.

## Zottiger Schillerporling (*Inonotus hispidus*)

**Wirtspflanzen**

Apfel, Mehlbeere, Walnuss und andere Laubgehölze.

**Schadbild**

Die einjährigen, großen Fruchtkörper sind bis zu 35 cm breit und bis zu 10 cm dick. Sie sitzen entweder einzeln oder dachziegelartig angeordnet in den oberen Bereichen des Stammes oder an stärkeren Ästen des Wirtsbaumes. Die leicht wellige Hutoberfläche des Pilzes ist rotbraun gefärbt und anfangs mit einem gelbrostroten wolligen Filz bedeckt, der später verschwindet. Die cremefarbige, später braune Unterseite sondert die typischen Guttationströpfchen ab. Frische, schwammige, stark wasserhaltige

Fruchtkörper sind von Frühsommer bis Herbst zu finden. Alte Fruchtkörper werden schwarz.

**Bedeutung**

Der Zottige Schillerporling ist ein Schwächeparasit, der über Wunden in noch lebende Bäume eindringt und diese durch Weißfäule schädigt. Durch Parasitierung des Kambiums entstehen häufig typische Rindennekrosen. Die Bruchanfälligkeit ist anfangs gering, bei fortgeschrittenem Befall kann es jedoch zu erheblichen Beeinträchtigungen kommen.

Der Pilz ist ungenießbar.

Zotteliger Schillerporling – Abgestorbener Fruchtkörper (Fischer-Colbrie, P.)

**Biologie und Ökologie**

Der zu den Bandscheiblingsverwandten (Hymenochaetaceae) zählende Zottige Schillerporling ist vor allem in südlicheren Bereichen Mitteleuropas häufig als Schwächeparasit zu finden.

**Verwechslungsmöglichkeit**

Keine.

Zotteliger Schillerporling – Fruchtkörper mit Guttationströpfchen (Fischer-Colbrie, P.)

# Quellenverzeichnis

## Buchquellen


Schwarz, A., Etter, J., Künzler, R., Potter, C., Rauchenstein, H. R. (1990): Pflanzenschutz im Integrierten Gemüsebau, Verlag Landwirtschaftliche Lehrmittelzentrale, Zollikofen.

Wachmann, E., Melber, A., Deckert, J. (2012): Wanzen – Tierwelt Deutschlands, Teil 82. Verlag Goecke & Evers, Keltern.

Woo, S. L., Ruocco, M., Vinale, F., Nigro, M., Marra, R., Lombardi, N., Pascale, A., Lanzuise, S., Manganiello, G., & Lorito, M. (2014). Trichoderma-based Products and their Widespread Use in Agriculture. The Open Mycology Journal, 8, 71–126.


## Fotos und Illustrationen

Abbot Laboratories, North Chicago, Illinois, USA

Ackermann, P., Státní rostlinolékařská správa (Behörde für Pflanzengesundheit), Brno, CZ

AfroBrazilian, Wikimedia CC BY-SA 3.0

AGES GmbH, Wien, AT

Altenburger, J., AGES GmbH, Wien, AT

Altmann, I., www.lepiforum.de, DE

Andermatt Biocontrol AG, Grossdietwil, CH

Anderson, R. L., USDA Forest Service, www.bugwood.org

Andersson, I., www.mushroomobserver.org

Andrade, R., Wikimedia CC BY-SA 3.0

Bagar, M., Biocont Laboratory spol. s.r.o., Brno, CZ

Baker, J., North Carolina State University. Bugwood.org

Barendse, R., BE

Becker Underwood, Littlehampton, U. K.

Benisch, C., www.kerbtier.de, DE

Beránek, J., Mendelova zemědělská a lesnická univerzita (Mendel Universität), Brno, CZ

Bernon, G., USDA APHIS, www.bugwood.org

bio-ferm GmbH, Tulln, AT

biohelp GmbH, Wien, AT

Blahutiaková, A., Ústav experimentálnej entomologie a fytopatologie SAV, Ivanka pri Dunaji, SK

Bohár, G., Biovéd Bt., Budapest, HU

Brown, C., www.mushroomobserver.org

Brückner, C., Humboldt-Universität, Berlin, DE

Brunette, D., www.mushroomobserver.org

Bryner, R., CH

Buchner, P., www.lepiforum.de, AT

Burrack, H., North Carolina State University, www.bugwood.org

Chaubet, B., INRA, FR

Chernilevsky, G., public domain, UA

Clemson University – USDA Cooperative Extension Slide Series, www.bugwood.org

Cranshaw, W., Colorado State University, www.bugwood.org

Cristofono, P., www.bugguide.net, Massachusetts, USA

Csóka, G., Hungary Forest Research Institute, www.bugwood.org

Dario Z., www.mushroomobserver.org

Davidson, J. A., Univ. Md, College Pk, Bugwood.org

Dransfield, R., www.influentialpoints.com

Elsner, G., SK

Encyclopaedia Britannica, 1911

e-nema GmbH, DE

Entomart, BE

Falta, V., VÚRV, Praha, CZ

Fischer-Colbrie, P., Wien, AT

Florida Division of Plant Industry Archive, Florida Department of Agriculture and Consumer Services, www.bugwood.org

Gammelgaard, M., www.plante-doktor.dk

Graf, F., www.lepiforum.de, DE

Gregor, F., Brno, CZ

Gustafsson, B., Naturhistorika Riksmuseet, SE

Gyurkovics, H., HU

Halír, J., Liberec, CZ

Hansen, M. A., Virginia Polytechnic Institute and State University, www.bugwood.org

Hausdorf, H., AGES GmbH, Wien, AT

Hesse, J., www.jonis-ansichtssache.de, DE

Hluchy, M., Biocont Laboratory spol. s.r.o., Brno, CZ

Hofmann, U., DE

Hollinger, J., www.mushroomobserver.org

Holmes, G., Strawberry Center, Cal Poly San Luis Obispo, Bugwood.org

Höpli, H., Agroscope, Wädenswil, CH
Hrabák, R., Veterinárni univerzita, Brno, CZ
Hyche, L. L., Auburn University, www.bugwood.org
Jeffdelonge, Wikimedia CC BY-SA 3.0
Jensen, A., www.bugguide.net
Judt, C., biohelp GmbH, Wien, AT
Kahrer, A., AGES GmbH, Wien, AT
Kapitola, P., State Phytosanitary Administration, www.bugwood.org
Karwath, A., Wikimedia CC BY-SA 2.5
Kaufholtz-Couture, C., www.mushroomobserver.org
Kelley, R. S., Vermont Department of Forests, Parks and Recreation, www.bugwood.org
Klózer, T., www.germany.hymis.eu
Koller, G., www.mushroomobserver.org
Krumm, G., DE
Landa, Z., České Budějovice, CZ
Lánský, M., Výzkumný a šlechtitelský ústav ovocnářský Holovousy s.r.o. (Forschung- und Zuchtinstitut für Obstbau), Holovousy, CZ
Larsen, H. J., www.bugwood.org
Laštůvka, A., Prostějov, CZ
Laštůvka, Z., Mendelova zemědělská a lesnická univerzita (Mendel Universität), Brno
Lethmayer, C., AGES GmbH, Wien, AT
Levy, K., Bugwood.org
Lindner, L., Land- und Forstwirtschaftliches Versuchszentrum Laimburg, Auer, Südtirol, IT
Litschmann, T., Velké Bílovice, CZ
Lotz, J. W., Florida Department of Agriculture and Consumer Services, www.bugwood.org
Macháček, P., Regionální muzeum, Mikulov, CZ
Maspero, M., Fondazione Minoprio, Vertemate Con Minoprio Como, IT
Melzer, H., www.lepiforum.de, DE
Molter, D., www.mushroomobserver.org
Mykes Logos, www.mushroomobserver.org
Myrta, A., Plant Pathologist, IT
Nageleisen, L.-M., Département de la Santé des Forêts, www.bugwood.org
Nelson, E. E., www.bugwood.org
O'Brien, D. D., Cornell University, www.bugwood.org
O'Brien, J., USDA Forest Service, www.bugwood.org
Ovidiu, H., University of Oradea, www.bugwood.org
Payne, J. A., USDA Agricultural Research Service, www.bugwood.org
Pendleton, T. & D., www.eakringbirds.com
Pennsylvania Department of Conservation and Natural Resources – Forestry Archive, www.bugwood.org
Pest and Diseases Image Library, www.bugwood.org
Pilon, C., www.bugguide.net, CA
Pleininger, S., Wien, AT
Pokorný, V., Praha, CZ
Polesny, F., Wien, AT
Pultar, O., Biola Chelčice, CZ
Richter, M., ÚKZÚZ, Zkušební stanice Želešice u Brna, CZ
Rindlisbacher, U., CH
Rod, J., Státní rostlinolékařská správa, Odbor diagnostiky a systémů ochrany rostlin, Olomouc, CZ
Rödl, P., Institut hygieny a epidemiologie, Praha, CZ
Sage, T., www.mushroomobserver.org
Samanek, J., State Phytosanitary Administration, www.bugwood.org
Schuster, G., Wikimedia CC BY-SA 3.0
Siegfried, W., Agroscope FAW, Wädenswil, CH
Slemmons, C., National Ecological Observatory Network, www.bugwood.org
Solomon, J., USDA Forest Service, www.bugwood.org
Staintons Natural History of the Tineina, Public Domain
Státní rostlinolékařská správa (Behörde für Pflanzengesundheit), Brno, CZ
Staub, A., Agroscope, Wädenswil, CH
Steinert, E., Wikimedia CC BY-SA 3.0
Stephens, J. F., Public Domain
Stergulc, F., Universita di Udine, www.bugwood.org
Stolz, M., Wien, AT
Storch, T., LLH Hessen, DE
Toffel, Wikimedia CC BY-SA 3.0
Tomlinson, A., www.mushroomobserver.org
Traxler, L., Pardubice, CZ
Trifolio GmbH, DE
Trnkoczy, A., www.mushroomobserver.org
Turmo, F., Biodiversidad Virtual, Barcelona, ES
Turner, C., USDA Agricultural Research Service, www.bugwood.org
US Forest Service 2011–2013, Southern Cascades Fungi Survey, www.mushroomobserver.org
Vanek, G., Komplexný výzkomný ústav vinohradnícko vinárský, Bratislava, SK
Vasas, L., NTSZ, Békécsaba, HU
Wachmann, E., www.ekkehard-wachmann.de, DE

Wagner, W., www.pyrgus.de, DE
Welter, M., www.mushroomobserver.org
Wright, N., Florida Department of Agriculture and Consumer Services, www.bugwood.org
Wyss, U., Institut für Pathologie, Universität Kiel, DE
Zacharda, M., Ústav entomologie krajiny AV ČR, České Budějovice, CZ
Zeisner, N., AGES GmbH, Wien, AT
Zell, H., Wikimedia CC BY-SA 3.0

# Index

## A

## B

## C

## D



## E

## F

## G

## H

## L

## M

## N

## O

## P

## S

# T

## U



## V

## W

## X



## Y



## Z

Die Autoren (v.l.n.r.): Dr. Michaela Stolz, DI Sabine Pleininger, DI Dr. Uwe Hoffmann, DI Dr. Peter Fischer-Colbrie, Dr. Michael Groß

## Wie dieses Buch entstand!

Als Milan Hluchy und Michael Groß das Buchprojekt 2006 das erste Mal erörterten, war die direkte Übersetzung eines bereits bestehenden tschechischen Werkes geplant. Die enorme Dynamik in diesem Fachgebiet und die notwendige Expertise erforderten es, dass sich über fünf Jahre sukzessive ein für die Realisierung notwendiges Autorenkollegium, bestehend aus den Spezialisten Peter Fischer-Colbrie, Uwe Hofmann, Sabine Pleininger und Michaela Stolz, formierte. So entwickelte sich das vorliegende Buch zu einem komplett eigenständigen Nachschlagewerk, dem lediglich ein Großteil der Bebilderung des Basiswerkes zugrunde liegt.

Die Autoren (von links oben nach rechts unten): DI Dr. Peter Fischer-Colbrie, DI Dr. Uwe Hoffmann, Mag. Dr. Michaela Stolz, DI Dr. Mathilde Knoll, DI Sabine Pleininger, Dr. Michael Groß.

Die Überarbeitung der 1. Auflage wurde während der Covid-Pandemie vorgenommen – alle Besprechungen konnten nur „remote" (siehe Abbildung) abgehalten werden. Seit Veröffentlichung des Werkes im Jahr 2014 gab es gravierende Gesetzesänderungen. Um diese Anpassungen fachlich gut abzudecken, wurde das Autorenkollegium durch Frau Dr. Mathilde Knoll erweitert.

Schädlinge
gesucht!
Unsere Nützlinge
brauchen Futter!
biohelp
Garten & Bienen
In unserem Webshop finden
Sie über 350 Produkte für
den naturnahen Garten,
Haushalt & Imkerei.
biohelp Garten & Bienen
Kapleigasse 16 • 1110 Wien
+43 (0)1 767 98 51
office@garten-bienen.at
www.garten-bienen.at
/garten.und.bienen
@gartenundbienen
© stock.adobe.com

Koppert
Partners
with Nature
• Biologischer Pflanzenschutz
• Natürliche Bestäubung
• Gesundes Pflanzenwachstum
koppertbio.de

biobest
SUSTAINABLE CROP MANAGEMENT

# Aus unserem Programm

ISBN: 978-3-7020-1432-2

ISBN: 978-3-7020-1308-0

## Leopold Stocker Verlag

Graz – Stuttgart

www.stocker-verlag.com

UNSER
LAGERHAUS
Die Kraft fürs Land